01 / 함수의 극한   8~25쪽

0001 2   0002 -4 0003 1   0004 $\sqrt{7}$ 0005 0   0006 1

0007 ∞ 0008 $-\infty$ 0009 $-\infty$ 0010 ∞

0011 (1) 2   (2) -1

0012 (1) 1   (2) 1   (3) 1   (4) 2   (5) -1 (6) 존재하지 않는다.

0013 존재하지 않는다.   0014 존재하지 않는다.

0015 12   0016 2   0017 10   0018 -8 0019 -2 0020 $\dfrac{3}{4}$

0021 -5 0022 7   0023 -10 0024 1   0025 8

0026 -1 0027 $\dfrac{3}{2}$ 0028 $-\dfrac{4}{3}$ 0029 ∞ 0030 3

0031 0   0032 4   0033 3   0034 2   0035 $\dfrac{1}{6}$ 0036 $\dfrac{1}{2}$

0037 -3 0038 2   0039 -2 0040 1

0041 ⑤   0042 ③   0043 2   0044 4   0045 ⑤   0046 ㄴ, ㄷ

0047 ④   0048 ②   0049 2   0050 ③   0051 ①   0052 ⑤

0053 30   0054 ④   0055 $\dfrac{3}{2}$ 0056 2   0057 ①   0058 ②

0059 ④   0060 ②   0061 16   0062 ④   0063 ④   0064 8

0065 6   0066 4   0067 ⑤   0068 ④   0069 ④   0070 $\dfrac{5}{4}$

0071 ①   0072 $\dfrac{1}{2}$ 0073 ①   0074 8   0075 ①   0076 -2

0077 ④   0078 ①   0079 2   0080 $-\dfrac{\sqrt{2}}{2}$ 0081 ③

0082 ①   0083 ③   0084 ③   0085 0   0086 2   0087 11

0088 ④   0089 3   0090 ⑤   0091 8   0092 ③   0093 $\dfrac{3}{2}$

0094 ⑤   0095 $\sqrt{2}$ 0096 ②   0097 $\dfrac{5}{2}$

0098 ④   0099 10   0100 3   0101 ⑤   0102 ②   0103 ㄱ

0104 ③   0105 3   0106 ④   0107 ⑤   0108 2   0109 4

0110 $\dfrac{1}{8}$ 0111 ④   0112 15   0113 ③   0114 -3 0115 -2

0116 8

0117 2   0118 7   0119 ③   0120 ②

02 / 함수의 연속   26~39쪽

0121 ㄴ   0122 ㄱ   0123 ㄷ   0124 연속   0125 연속

0126 불연속   0127 불연속   0128 $(2, 6)$

0129 $[-1, 5]$ 0130 $(3, 7)$ 0131 $[-4, -2]$

0132 $(0, \infty)$ 0133 $[-6, \infty)$ 0134 $(-\infty, -5)$

0135 $(-\infty, 1]$ 0136 $(-\infty, \infty)$

0137 $(-\infty, 3), (3, \infty)$ 0138 $[1, \infty)$

0139 $(-\infty, \infty)$ 0140 $(-\infty, \infty)$

0141 $(-\infty, -2), (-2, \infty)$ 0142 $(-\infty, 5]$

0143 ㄱ, ㄴ, ㄷ   0144 $(-\infty, \infty)$ 0145 $(-\infty, \infty)$

0146 $\left(-\infty, \dfrac{1}{3}\right), \left(\dfrac{1}{3}, \infty\right)$

0147 $(-\infty, -2), (-2, 2), (2, \infty)$

0148 (1) $(-\infty, \infty)$

     (2) $(-\infty, \infty)$

     (3) $(-\infty, -1), (-1, 2), (2, \infty)$

     (4) $(-\infty, 0), (0, \infty)$

0149 (1) 최댓값: 0, 최솟값: -1

     (2) 최댓값: 1, 최솟값: -1

     (3) 최댓값: 1

     (4) 최솟값: 0

0150 최댓값: 1, 최솟값: -3 0151 최댓값: 4, 최솟값: -4

0152 최댓값: 3, 최솟값: 1   0153 최댓값: 0, 최솟값: -2

0154 (개) 연속 (내) 2 (대) 1 (래) 사잇값   0155 풀이 참조

0156 풀이 참조

0157 ㄱ, ㄹ   0158 ④   0159 2   0160 ④   0161 6

0162 ④   0163 ㄱ, ㄴ, ㄷ   0164 ④   0165 ③   0166 ①

0167 6   0168 ①   0169 5   0170 -2 0171 ⑤   0172 ③

0173 6   0174 ③   0175 6   0176 ④   0177 ㄱ, ㄴ

0178 7   0179 ④   0180 24   0181 ㄷ   0182 ㄱ, ㅁ

0183 $\dfrac{19}{5}$ 0184 ④   0185 ④   0186 14   0187 ③   0188 3개

0189 4개   0190 2개   0191 3개

0192 ②   0193 7   0194 ㄴ   0195 32   0196 ⑤   0197 ③

0198 6   0199 2   0200 ②   0201 ⑤   0202 3   0203 ③

0204 10   0205 ④   0206 3   0207 ㄱ, ㄴ   0208 8

0209 -2 0210 5

0211 9   0212 ④   0213 ①   0214 99

04 / 도함수의 활용(1)   20~25쪽

1회   **1** 1   **2** ③   **3** $(-3, 19)$ **4** 13   **5** ⑤   **6** 16
7 10   **8** $\dfrac{32\sqrt{5}}{5}$ **9** ④   **10** 2   **11** ④   **12** 1   **13** ①
14 ①   **15** $\dfrac{\sqrt{26}}{5}$ **16** $\dfrac{2}{3}$ **17** 4   **18** ③   **19** $\dfrac{\sqrt{3}}{3}$ **20** ③

2회   **1** 26   **2** ②   **3** ③   **4** $y=-3x+2$ **5** 20   **6** ①
7 7   **8** ⑤   **9** -15 **10** ④   **11** ④   **12** ①   **13** $(0, 2)$
14 $\dfrac{27}{8}$ **15** $\dfrac{17}{8}$ **16** -1 **17** ③   **18** ②   **19** 2   **20** ④

05 / 도함수의 활용(2)   26~31쪽

1회   **1** ③   **2** $a\geq\dfrac{1}{6}$ **3** ④   **4** 3   **5** ⑤   **6** 3
7 ③   **8** -1 **9** ②   **10** ①   **11** ⑤   **12** 25   **13** -5
14 $a<-8$ 또는 $a>8$ **15** ⑤   **16** -17 **17** -1 **18** 4
19 27   **20** ⑤

2회   **1** ②   **2** ②   **3** 1   **4** $a\geq3$ **5** ②   **6** ①   **7** -8
8 4   **9** ⑤   **10** ①   **11** ②   **12** 3   **13** $4<a<\dfrac{25}{6}$ **14** $\dfrac{1}{4}$
15 $-\dfrac{2}{3}$ **16** 8   **17** 90   **18** 252π **19** ①
20 30 kg

06 / 도함수의 활용(3)   32~37쪽

1회   **1** 2   **2** ③   **3** ④   **4** ③   **5** $-17<k<15$
6 ③   **7** ⑤   **8** $k>28$ **9** ②   **10** -7 **11** ④   **12** -16
13 ⑤   **14** ③   **15** ④   **16** -40 m/s   **17** ②   **18** ③
19 13.5π m²/s   **20** 68 cm³/s

2회   **1** 6   **2** ⑤   **3** ②   **4** ④   **5** 33   **6** 1
7 $4<a<5$ **8** $k\leq-32$ **9** ②   **10** 4   **11** 18   **12** 3
13 $\dfrac{1}{6}$ **14** ④   **15** 64   **16** 16   **17** ④   **18** ④   **19** ②
20 $\dfrac{9}{2}\pi$ m³/s

07 / 부정적분   38~43쪽

1회   **1** ②   **2** ⑤   **3** 16   **4** 29   **5** 1   **6** ④   **7** ①
8 13   **9** 1   **10** ④   **11** -4 **12** -10 **13** ⑤   **14** ⑤
15 ②   **16** ①   **17** 8   **18** ⑤   **19** ④   **20** $f(x)=x^2-2x$

2회   **1** ③   **2** 4   **3** ②   **4** 15   **5** ②   **6** 6   **7** -4
8 7   **9** 15   **10** ③   **11** -40 **12** 18   **13** 8   **14** 12
15 ②   **16** -3 **17** ⑤   **18** ④   **19** 3   **20** 4

08 / 정적분   44~49쪽

1회   **1** ②   **2** 10   **3** ⑤   **4** 62   **5** ④   **6** ③   **7** ①
8 4   **9** 4   **10** ③   **11** 4   **12** 12   **13** ⑤   **14** 2   **15** -6
16 ②   **17** 81   **18** ㄱ, ㄷ   **19** ③   **20** -2

2회   **1** ④   **2** 1   **3** 11   **4** ⑤   **5** 7   **6** ③   **7** $\dfrac{5}{2}$
8 4   **9** 3   **10** ⑤   **11** ③   **12** 15   **13** 10   **14** 6   **15** 4
16 -14 **17** ①   **18** $\dfrac{1}{4}$ **19** ⑤   **20** ②

09 / 정적분의 활용   50~55쪽

1회   **1** $\dfrac{1}{2}$ **2** ③   **3** ④   **4** $\dfrac{11}{3}$ **5** ⑤   **6** $\dfrac{4}{3}$ **7** $\dfrac{1}{3}$
8 ③   **9** 3   **10** $\dfrac{7}{6}$ **11** 54   **12** $\dfrac{1}{2}$ **13** ④   **14** $\dfrac{45}{4}$ **15** ⑤
16 ④   **17** $\dfrac{3}{2}$ **18** ②   **19** 145 m   **20** ㄴ, ㄹ

2회   **1** ④   **2** ③   **3** $\dfrac{9}{2}$ **4** $\dfrac{5}{6}$ **5** ④   **6** 9   **7** ②
8 $\dfrac{16}{3}$ **9** $\dfrac{14}{3}$ **10** 1   **11** $\dfrac{2}{3}$ **12** $\dfrac{4}{3}$ **13** ①   **14** 17   **15** ②
16 ㄱ, ㄷ   **17** 19   **18** 4초   **19** ②   **20** 4

09 / 정적분의 활용   134~148쪽

0818 36   0819 $\dfrac{32}{3}$ 0820 $\dfrac{4}{3}$ 0821 $\dfrac{37}{12}$ 0822 $\dfrac{2}{3}$ 0823 2

0824 $\dfrac{19}{3}$ 0825 $\dfrac{21}{4}$ 0826 $\dfrac{9}{2}$ 0827 $\dfrac{1}{3}$ 0828 $\dfrac{32}{3}$ 0829 $\dfrac{8}{3}$

0830 $\dfrac{4}{3}$ 0831 $\dfrac{1}{4}$ 0832 -9 0833 -8 0834 10   0835 4

0836 -2 0837 6

0838 $\dfrac{31}{6}$ 0839 ③   0840 $\dfrac{20}{3}$ 0841 2   0842 ④   0843 7

0844 9   0845 ⑤   0846 8   0847 ④   0848 14   0849 32

0850 $\dfrac{37}{12}$ 0851 ③   0852 -8 0853 ④   0854 $\dfrac{1}{3}$ 0855 $\dfrac{4\sqrt{2}}{3}$

0856 ②   0857 ③   0858 $\dfrac{3}{2}$ 0859 ⑤   0860 6   0861 ④

0862 -6 0863 4   0864 8   0865 ⑤   0866 ②   0867 4

0868 38   0869 ③   0870 ③   0871 $\dfrac{65}{12}$ 0872 48   0873 ③

0874 17   0875 -9 0876 25 m   0877 ③   0878 ③

0879 16   0880 3   0881 65 m   0882 ④   0883 9초

0884 ㄴ, ㄷ   0885 ①   0886 8초   0887 1

0888 ㄱ, ㄴ, ㄹ

0889 2   0890 ②   0891 8   0892 $\dfrac{1}{2}$ 0893 $\dfrac{8}{3}$ 0894 18

0895 ②   0896 3   0897 ④   0898 32   0899 ①   0900 28

0901 12   0902 2   0903 10 m   0904 ①   0905 $\dfrac{11}{12}$

0906 -1 0907 24

0908 ③   0909 ③   0910 $\dfrac{8}{3}$ 0911 ③

기출 BOOK

01 / 함수의 극한   2~7쪽

1회   1 ⑤   2 ㄱ, ㄷ   3 3   4 -1 5 $-\dfrac{1}{4}$

6 ②   7 2   8 $\dfrac{5}{2}$ 9 ⑤   10 4   11 ②   12 -15

13 2   14 ②   15 ③   16 -11 17 ③   18 ④   19 $\dfrac{5}{2}$

20 $\dfrac{1}{2}$

2회   1 ④   2 -1 3 ②   4 4   5 3   6 ③   7 8

8 ①   9 7   10 ③   11 ①   12 $\dfrac{1}{6}$ 13 32   14 ⑤   15 -24

16 9   17 ①   18 -5 19 ③   20 2

02 / 함수의 연속   8~13쪽

1회   1 ①   2 0   3 ㄱ, ㄷ   4 2   5 ②   6 ④

7 ⑤   8 -2 9 2   10 7   11 -4 12 ⑤   13 ①   14 ㄷ

15 ③   16 ㄱ, ㄴ   17 ⑤   18 ①   19 ③   20 1개

2회   1 ⑤   2 5   3 ㄱ   4 ④   5 9   6 1   7 4

8 ②   9 -2 10 ④   11 8   12 ㄱ, ㄴ, ㄹ   13 ⑤   14 2

15 ④   16 1   17 ④   18 ⑤   19 2   20 2

03 / 미분계수와 도함수   14~19쪽

1회   1 5   2 -5 3 ⑤   4 1   5 -4 6 ④   7 ②

8 ㄱ, ㄴ, ㄹ   9 5   10 (가) $(x+h)^2$ (나) $2x+3$ (다) $2x$

11 ⑤   12 4   13 ④   14 1   15 ②   16 ⑤   17 ①   18 4

19 ④   20 -5

2회   1 5   2 ③   3 1   4 ②   5 3   6 4   7 ④

8 ㄱ, ㄷ   9 ③   10 (가) $(x+h)^2$ (나) $2x+h$ (다) $2xf(x)$

11 ④   12 3   13 51   14 2   15 ③   16 ③   17 -6 18 -6

19 -9 20 ⑤

0215 1   0216 8   0217 -4 0218 10

0219 (1) -1 (2) $2+\varDelta x$ 0220 -2 0221 1   0222 -6

0223 3   0224 3   0225 1   0226 0   0227 -7 0228 -4

0229 (1) $x=2$에서 연속이다.

    (2) $x=2$에서 미분가능하지 않다.

0230 (1) $x=3$에서 연속이다.

    (2) $x=3$에서 미분가능하지 않다.

0231 $f'(x)=0$ 0232 $f'(x)=1$ 0233 $f'(x)=-2$

0234 $f'(x)=2x+5$ 0235 $y'=3x^2$

0236 $y'=9x^8$ 0237 $y'=-12x^{11}$ 0238 $y'=0$

0239 $y'=-1$ 0240 $y'=x+4$

0241 $y'=-3x^2+12x$ 0242 $y'=-x^5+6x^3+4x$

0243 (1) 2 (2) 18   0244 $y'=2x-9$ 0245 $y'=2x+3$

0246 $y'=9x^2-8x-3$ 0247 $y'=3x^2+14x-2$

0248 $y'=3x^2+2x-6$ 0249 $y'=-6x^2+26x-13$

0250 $y'=18x-30$ 0251 $y'=6(2x+1)^2$

0252 $y'=(4x-1)(12x+23)$

0253 ②   0254 ④   0255 2   0256 0   0257 ④   0258 -3

0259 ⑤   0260 10   0261 ⑤   0262 6   0263 3   0264 ①

0265 4   0266 ④   0267 ⑤   0268 -1 0269 $\dfrac{3}{8}$ 0270 ③

0271 9   0272 3   0273 ⑤   0274 ㄴ, ㄷ   0275 6

0276 $b<x<c$ 0277 ②   0278 ③   0279 ①   0280 ㄱ, ㄴ

0281 ⑤   0282 ②   0283 (가) $x+h$ (나) $3x^2h$ (다) $3x^2$

0284 ㄱ, ㄴ   0285 ⑤   0286 ②   0287 ⑤   0288 -2

0289 24   0290 ⑤   0291 ③   0292 -6 0293 ⑤   0294 ③

0295 ②   0296 24   0297 ⑤   0298 -2 0299 -10

0300 3   0301 21   0302 ④   0303 3   0304 -5 0305 ②

0306 ①   0307 ①   0308 18   0309 ③   0310 ②   0311 30

0312 4   0313 8   0314 ③   0315 16   0316 ⑤   0317 8

0318 2   0319 ③   0320 -6 0321 6   0322 ④   0323 ①

0324 2

0325 ③   0326 $\dfrac{1}{2}$ 0327 ④   0328 8   0329 ⑤   0330 ㄱ, ㄴ

0331 ㄴ, ㄷ   0332 ③   0333 2   0334 27   0335 5

0336 ③   0337 -16 0338 34   0339 ④   0340 8

0341 ④   0342 13   0343 11   0344 8

0345 28   0346 ②   0347 9   0348 ②

0349 $y=-4x-1$ 0350 $y=3x-7$ 0351 $y=-7x+2$

0352 $y=-5x-1$ 0353 $y=-\dfrac{1}{3}x-\dfrac{2}{3}$ 0354 $y=\dfrac{1}{4}x+\dfrac{3}{2}$

0355 $y=2x+3$ 0356 $y=2x+18$ 또는 $y=2x-18$

0357 $y=4x-1$ 0358 $y=x-2$ 또는 $y=x+2$

0359 $y=-3x$ 또는 $y=5x$ 0360 $y=3x+5$ 0361 0

0362 1   0363 3   0364 $-\dfrac{1}{2}$

0365 ②   0366 ④   0367 3   0368 ①   0369 ④   0370 $\dfrac{9}{2}$

0371 4   0372 ④   0373 $\dfrac{1}{2}$ 0374 5   0375 -1 0376 ②

0377 ①   0378 ④   0379 -16 0380 ③   0381 ④

0382 6   0383 $\dfrac{13}{2}$ 0384 $\dfrac{16}{9}$ 0385 -3 0386 ③   0387 8

0388 -1 0389 ②   0390 $\dfrac{1}{4}$ 0391 ③   0392 $\sqrt{17}$

0393 $y=2x-2$ 0394 ②   0395 ②   0396 $\dfrac{1}{2}$ 0397 5

0398 1   0399 ①   0400 5   0401 ③   0402 ⑤

0403 1   0404 ①   0405 ⑤   0406 ①   0407 2   0408 4

0409 $2\sqrt{2}$ 0410 $\dfrac{1}{2}$ 0411 6   0412 2   0413 ④   0414 ①

0415 $(2, 2)$ 0416 3   0417 ③   0418 7   0419 ③

0420 $y=9x-32$ 0421 8   0422 -4

0423 $\dfrac{1}{2}$ 0424 ③   0425 ⑤   0426 9

0427 감소　　　0428 증가　　　0429 증가

0430 증가

0431 구간 $[-2, \infty)$에서 증가, 구간 $(-\infty, -2]$에서 감소

0432 구간 $(-\infty, 3]$에서 증가, 구간 $[3, \infty)$에서 감소

0433 구간 $(-\infty, -1]$, $[0, \infty)$에서 증가,

　　구간 $[-1, 0]$에서 감소

0434 구간 $[0, 2]$에서 증가, 구간 $(-\infty, 0]$, $[2, \infty)$에서 감소

0435 극댓값: 1, 극솟값: -3　0436 (1) a, c, f　(2) b, e, g

0437 극댓값: 9, 극솟값: 5　0438 극댓값: 16, 극솟값: 0

0439 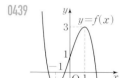　　0440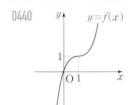

0441 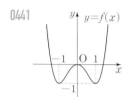　　0442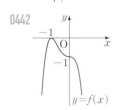

0443 최댓값: 23, 최솟값: -9

0444 최댓값: $\dfrac{5}{4}$, 최솟값: -4

0445 ①　0446 10　0447 39　0448 -3　0449 ⑤　0450 3

0451 -8　0452 2　0453 ③　0454 $0 \leq a \leq 6$　0455 ⑤

0456 11　0457 28　0458 $2\sqrt{5}$　0459 3　0460 $-\dfrac{19}{2}$

0461 ②　0462 -22　　0463 1　0464 -4　0465 -4

0466 4　0467 $\dfrac{3}{2}$　0468 ③　0469 $\dfrac{32}{3}$　0470 ②　0471 -1

0472 c　0473 ③　0474 ①　0475 ㄱ, ㄴ

0476 $-1 \leq a \leq 3$　0477 ④　0478 5　0479 $-2 < a < 0$

0480 ⑤　0481 2　　0482 $a < 0$ 또는 $a > \dfrac{2}{3}$　　0483 ①

0484 12　0485 ⑤　0486 -7　0487 -10　　0488 21

0489 ②　0490 -3　0491 ④　0492 $\dfrac{64\sqrt{3}}{9}$　　0493 ③

0494 8　0495 16　0496 $3\sqrt{3}$　0497 $\dfrac{4\sqrt{3}}{9}\pi$　　0498 $16\sqrt{2}$

0499 ③　0500 6　0501 ⑤　0502 ⑤　0503 16　0504 ⑤

0505 3　0506 ㄱ, ㄹ　　0507 15　0508 5

0509 $-\dfrac{1}{5} < k < 0$　0510 ②　0511 13　0512 12　0513 256

0514 ③　0515 -2　0516 -25　　0517 256

0518 ④　0519 10　0520 ⑤　0521 370

0522 3　0523 1　0524 3　0525 4

0526 (1) $-4 < k < 0$

　　(2) $k = -4$ 또는 $k = 0$

　　(3) $k < -4$ 또는 $k > 0$

0527 (개) 1　(내) 3　　0528 풀이 참조　　0529 풀이 참조

0530 (1) 5　(2) -22　(3) 3　(4) 1　　0531 6

0532 (1) 16π　(2) 36π

0533 $-\dfrac{19}{2}$　　0534 ③　0535 -4　0536 4

0537 $5 < k < 7$　　0538 4　　0539 -4　0540 $0 < k < 9$

0541 $-5 < k < 27$　0542 ①　0543 $0 < a < \dfrac{1}{4}$　　0544 20

0545 ③　0546 ④　0547 2　0548 $a < -4$ 또는 $a > 0$

0549 5　0550 ③　0551 -32　　0552 $k \leq -3$

0553 -6　0554 ②　0555 $k < -17$　　0556 3　0557 5

0558 $k \geq 8$　　0559 ③　0560 32　0561 ④　0562 1

0563 -4　0564 -2　0565 27　0566 ③　0567 15　0568 12

0569 $2 < t < 3$　　0570 64 m　　0571 6　0572 3

0573 ①　0574 ③　0575 35　0576 ③　0577 ⑤　0578 ㄱ, ㄷ

0579 1 m/s　　0580 $\dfrac{2\sqrt{2}}{3}$　　0581 3.2　0582 ①

0583 20π cm²/s　　0584 18π cm³/s　　0585 ④

0586 5　0587 ④　0588 7　0589 ⑤　0590 $3 \leq k < 10$

0591 $-\dfrac{1}{27} < a < 0$　0592 $6 < a < 8$　0593 ⑤　0594 7

0595 11　0596 ①　0597 ⑤　0598 ①　0599 50 m

0600 ③　0601 36　0602 ⑤　0603 -1　0604 3　0605 76

0606 -1　0607 ④　0608 2　0609 44

07 / 부정적분　104~115쪽

0610 $5x+C$　0611 $-x^2+C$　0612 x^3+C

0613 x^6+C　0614 $f(x)=3$　0615 $f(x)=4x+7$

0616 $f(x)=-x^2+8x-1$　0617 $f(x)=4x^3-6x^2+5$

0618 x^2　0619 x^2+C　0620 x^3-2x

0621 x^3-2x+C　0622 $x+C$　0623 $\frac{1}{4}x^4+C$

0624 $\frac{1}{21}x^{21}+C$　0625 $\frac{1}{100}x^{100}+C$　0626 $3x^2+C$

0627 $\frac{3}{2}x^2+5x+C$　0628 $\frac{1}{3}x^3-2x^2+7x+C$

0629 $\frac{1}{2}x^4+4x^2+C$　0630 $2x^3-\frac{5}{2}x^2-6x+C$

0631 $\frac{1}{4}x^4-x+C$　0632 $\frac{1}{2}x^2-2x+C$

0633 $\frac{1}{3}x^3+\frac{1}{2}x^2+x+C$

0634 ⑤　0635 ③　0636 8　0637 ①　0638 3　0639 ③

0640 8　0641 ②　0642 12　0643 4　0644 ㄷ　0645 -2

0646 2　0647 10　0648 4　0649 ④　0650 ②　0651 ②

0652 $-\frac{3}{2}$　0653 ⑤　0654 ④　0655 -6　0656 3

0657 -18　0658 $\frac{5}{4}$　0659 5　0660 ⑤　0661 -1

0662 4　0663 2　0664 ⑤　0665 8　0666 ⑤　0667 ④

0668 8　0669 ③　0670 ①　0671 -2

0672 ⑤　0673 ④　0674 10　0675 1　0676 ③　0677 ②

0678 5　0679 11　0680 ⑤　0681 9　0682 ④　0683 -1

0684 2　0685 4　0686 ④　0687 -6　0688 5　0689 4

0690 ②　0691 9　0692 ①　0693 30

08 / 정적분　116~133쪽

0694 $-\frac{9}{2}$　0695 2　0696 $-\frac{5}{2}$

0697 $7x-2$　0698 $6x^2+x-8$

0699 $(x-1)(x^2+3x+1)$　0700 $2x^2+3x-2$

0701 $3x^3+x^2-7x+4$　0702 $(x+1)(x-1)$

0703 2　0704 18　0705 3　0706 $-\frac{15}{4}$　0707 0

0708 $-\frac{27}{2}$　0709 0　0710 -16　0711 -20

0712 $\frac{26}{3}$　0713 5　0714 -12　0715 0　0716 4

0717 -9　0718 0　0719 $\frac{52}{3}$　0720 39　0721 $\frac{5}{2}$　0722 1

0723 4　0724 16　0725 -24　0726 $-\frac{2}{3}$

0727 $f(x)=2x+3$　0728 $f(x)=6x^2+10x-1$　0729 12

0730 6

0731 -9　0732 ③　0733 ④　0734 ④　0735 ③　0736 -12

0737 ④　0738 -16　0739 4　0740 ②　0741 -8

0742 ④　0743 ④　0744 ①　0745 ①　0746 $\frac{46}{3}$　0747 ③

0748 3　0749 43　0750 ①　0751 ⑤　0752 4　0753 $\frac{\sqrt{2}}{2}$

0754 $f(x)=x^2-2x+2$　0755 ②　0756 ⑤　0757 $\frac{1}{2}$

0758 ②　0759 -16　0760 ②　0761 18　0762 2

0763 5　0764 9　0765 $\frac{41}{3}$　0766 11　0767 ②　0768 1

0769 ⑤　0770 3　0771 4　0772 ③　0773 ⑤　0774 $\frac{22}{3}$

0775 ①　0776 0　0777 ⑤　0778 10　0779 9　0780 14

0781 $\frac{29}{2}$　0782 ⑤　0783 ④　0784 1　0785 ③　0786 ①

0787 ④　0788 -1　0789 6　0790 2　0791 22　0792 ①

0793 ①　0794 ③　0795 2　0796 28　0797 ⑤　0798 $\frac{1}{6}$

0799 ②　0800 ②　0801 ②　0802 1　0803 ②　0804 8

0805 ④　0806 9　0807 ③　0808 18　0809 ①　0810 -5

0811 28　0812 $\frac{2}{3}$

0813 6　0814 -4　0815 28　0816 ④　0817 7

유형 만렙

기출로 다지는 필수 유형서

미적분 I

Structure
구성과 특징

A 개념 확인

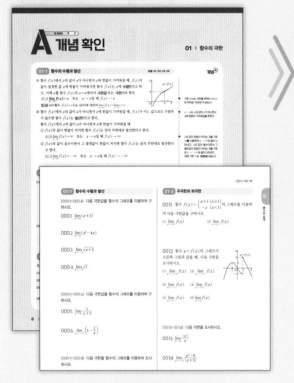

- 교과서 핵심 개념을 중단원별로 제공
- 개념을 익힐 수 있도록 충분한 기본 문제 제공
- 개념 이해를 도울 수 있는 예, 참고, TIP, 개념⁺ 등을 제공

B 유형 완성

- 학교 기출 문제를 철저하게 분석하여 '개념, 발문 형태, 전략'에 따라 유형을 분류
- 학교 시험에 자주 출제되는 유형을 빈출로 구성
- 유형별로 문제를 해결하는 데 필요한 개념이나 풀이 전략 제공
- 유형별로 실력을 완성할 수 있게 유형 내 문제를 난이도 순서대로 구성
- 다양한 기출 문제를 풀어볼 수 있도록 학평, 모평, 수능 문제 구성
- 서술형으로 출제되는 문제는 답안 작성을 연습할 수 있도록 서술형 문제 구성
- 각 유형마다 실력을 탄탄히 다질 수 있게 개념루트 교재와 연계

AB 유형 점검

C 실력 향상

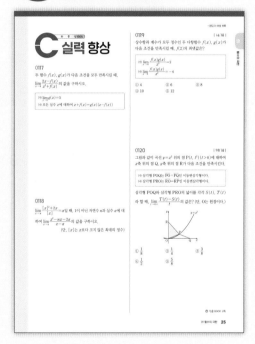

- 앞에서 학습한 A, B단계 문제를 풀어 실력 점검
- 틀린 문제는 해당 유형을 다시 점검할 수 있도록 문제마다 유형 제공
- 학교 시험에 자주 출제되는 서술형 문제 제공

- 사고력 문제를 풀어 고난도 시험 문제 대비

기출
BOOK

시험 직전 기출 360문제로 실전 대비

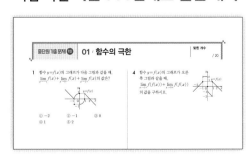

- 학교 시험에 자주 출제되는 문제로 실전 대비

Contents
차례

적분

기출
BOOK

I

함수의 극한과 연속

개념 확인

01-1 **함수의 수렴과 발산**　　　　　유형 01, 02, 03, 05　　개념➕

(1) 함수 $f(x)$에서 x의 값이 a가 아니면서 a에 한없이 가까워질 때, $f(x)$의 값이 일정한 값 α에 한없이 가까워지면 함수 $f(x)$는 α에 **수렴**한다고 하고, 이때 α를 함수 $f(x)$의 $x=a$에서의 **극한값** 또는 **극한**이라 한다.

　　기호 $\lim\limits_{x \to a} f(x) = \alpha$　또는　$x \to a$일 때 $f(x) \to \alpha$

　　참고 상수함수 $f(x)=c$ (c는 상수)에 대하여 $\lim\limits_{x \to a} f(x) = \lim\limits_{x \to a} c = c$

● 기호 lim은 극한을 뜻하는 limit의 약자로 '리미트'라 읽는다.

(2) 함수 $f(x)$에서 x의 값이 a가 아니면서 a에 한없이 가까워질 때, $f(x)$가 어느 값으로도 수렴하지 않으면 함수 $f(x)$는 **발산**한다고 한다.

함수 $f(x)$에서 x의 값이 a가 아니면서 a에 한없이 가까워질 때

　① $f(x)$의 값이 한없이 커지면 함수 $f(x)$는 양의 무한대로 발산한다고 한다.

　　　기호 $\lim\limits_{x \to a} f(x) = \infty$　또는　$x \to a$일 때 $f(x) \to \infty$

　② $f(x)$의 값이 음수이면서 그 절댓값이 한없이 커지면 함수 $f(x)$는 음의 무한대로 발산한다고 한다.

　　　기호 $\lim\limits_{x \to a} f(x) = -\infty$　또는　$x \to a$일 때 $f(x) \to -\infty$

● $x \to a$는 x의 값이 a가 아니면서 a에 한없이 가까워짐을 뜻한다.

● x의 값이 한없이 커지는 것을 기호 ∞를 사용하여 $x \to \infty$와 같이 나타내고, x의 값이 음수이면서 그 절댓값이 한없이 커지는 것을 기호로 $x \to -\infty$와 같이 나타낸다. 이때 기호 ∞는 **무한대**라 읽는다.

01-2 **우극한과 좌극한**　　　　　유형 01, 02, 03, 05

(1) 우극한과 좌극한

　① 함수 $f(x)$에서 $x \to a+$일 때, $f(x)$의 값이 일정한 값 α에 한없이 가까워지면 α를 $x=a$에서 함수 $f(x)$의 **우극한**이라 한다.

　　　기호 $\lim\limits_{x \to a+} f(x) = \alpha$　또는　$x \to a+$일 때 $f(x) \to \alpha$

　② 함수 $f(x)$에서 $x \to a-$일 때, $f(x)$의 값이 일정한 값 β에 한없이 가까워지면 β를 $x=a$에서 함수 $f(x)$의 **좌극한**이라 한다.

　　　기호 $\lim\limits_{x \to a-} f(x) = \beta$　또는　$x \to a-$일 때 $f(x) \to \beta$

(2) 함수 $f(x)$에 대하여 $\lim\limits_{x \to a} f(x) = \alpha$ (α는 실수)이면 $x=a$에서 $f(x)$의 우극한과 좌극한이 모두 존재하고 그 값은 α로 같다. 또 그 역도 성립한다. 즉,

$$\lim_{x \to a} f(x) = \alpha \iff \lim_{x \to a+} f(x) = \lim_{x \to a-} f(x) = \alpha$$

● x의 값이 a보다 크면서 a에 한없이 가까워지는 것을 기호로 $x \to a+$와 같이 나타내고, x의 값이 a보다 작으면서 a에 한없이 가까워지는 것을 기호로 $x \to a-$와 같이 나타낸다.

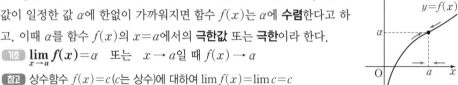

01-3 **함수의 극한에 대한 성질**　　　　　유형 04, 05

두 함수 $f(x)$, $g(x)$에 대하여 $\lim\limits_{x \to a} f(x) = \alpha$, $\lim\limits_{x \to a} g(x) = \beta$ (α, β는 실수)일 때

(1) $\lim\limits_{x \to a} kf(x) = k\lim\limits_{x \to a} f(x) = k\alpha$ (단, k는 실수)

(2) $\lim\limits_{x \to a} \{f(x) \pm g(x)\} = \lim\limits_{x \to a} f(x) \pm \lim\limits_{x \to a} g(x) = \alpha \pm \beta$ (복부호 동순)

(3) $\lim\limits_{x \to a} f(x)g(x) = \lim\limits_{x \to a} f(x) \times \lim\limits_{x \to a} g(x) = \alpha\beta$

(4) $\lim\limits_{x \to a} \dfrac{f(x)}{g(x)} = \dfrac{\lim\limits_{x \to a} f(x)}{\lim\limits_{x \to a} g(x)} = \dfrac{\alpha}{\beta}$ (단, $\beta \neq 0$)

● 함수의 극한에 대한 성질은 극한값이 존재할 때만 성립한다.

● 함수의 극한에 대한 성질은 $x \to a+$, $x \to a-$, $x \to \infty$, $x \to -\infty$일 때도 모두 성립한다.

01-1 함수의 수렴과 발산

[0001~0004] 다음 극한값을 함수의 그래프를 이용하여 구하시오.

0001 $\lim_{x \to 0} (x+2)$

0002 $\lim_{x \to 2} (x^2-4x)$

0003 $\lim_{x \to -2} \sqrt{x+3}$

0004 $\lim_{x \to -3} \sqrt{7}$

[0005~0006] 다음 극한값을 함수의 그래프를 이용하여 구하시오.

0005 $\lim_{x \to \infty} \dfrac{1}{x+2}$

0006 $\lim_{x \to -\infty} \left(1-\dfrac{1}{x}\right)$

[0007~0008] 다음 극한을 함수의 그래프를 이용하여 조사하시오.

0007 $\lim_{x \to 3} \dfrac{1}{|x-3|}$

0008 $\lim_{x \to 0} \left(-\dfrac{1}{|x|}\right)$

[0009~0010] 다음 극한을 함수의 그래프를 이용하여 조사하시오.

0009 $\lim_{x \to \infty} (-x^2-2x+1)$

0010 $\lim_{x \to -\infty} \sqrt{-x+1}$

01-2 우극한과 좌극한

0011 함수 $f(x) = \begin{cases} x+1 & (x \geq 1) \\ -x & (x < 1) \end{cases}$ 의 그래프를 이용하여 다음 극한값을 구하시오.

(1) $\lim_{x \to 1+} f(x)$ (2) $\lim_{x \to 1-} f(x)$

0012 함수 $y=f(x)$의 그래프가 오른쪽 그림과 같을 때, 다음 극한을 조사하시오.

(1) $\lim_{x \to -1+} f(x)$ (2) $\lim_{x \to -1-} f(x)$

(3) $\lim_{x \to -1} f(x)$ (4) $\lim_{x \to 1+} f(x)$

(5) $\lim_{x \to 1-} f(x)$ (6) $\lim_{x \to 1} f(x)$

[0013~0014] 다음 극한을 조사하시오.

0013 $\lim_{x \to 0} \dfrac{|x|}{x}$

0014 $\lim_{x \to -3} \dfrac{x^2-9}{|x+3|}$

01-3 함수의 극한에 대한 성질

[0015~0020] 두 함수 $f(x)$, $g(x)$에 대하여 $\lim_{x \to 1} f(x)=4$, $\lim_{x \to 1} g(x)=-2$일 때, 다음 극한값을 구하시오.

0015 $\lim_{x \to 1} 3f(x)$

0016 $\lim_{x \to 1} \{f(x)+g(x)\}$

0017 $\lim_{x \to 1} \{2f(x)-g(x)\}$

0018 $\lim_{x \to 1} f(x)g(x)$

0019 $\lim_{x \to 1} \dfrac{f(x)}{g(x)}$

0020 $\lim_{x \to 1} \dfrac{\{g(x)\}^2-1}{f(x)}$

01-4 함수의 극한값의 계산   유형 06~09, 13

(1) $\dfrac{0}{0}$ **꼴의 극한** $\to \dfrac{0}{0}$ 꼴에서 0은 0에 한없이 가까워지는 것을 의미한다.

  ① 분모, 분자가 모두 다항식인 경우 ➡ 분모, 분자를 각각 인수분해한 후 약분한다.

  ② 분모 또는 분자가 무리식인 경우 ➡ 근호가 있는 쪽을 유리화한 후 약분한다.

(2) $\dfrac{\infty}{\infty}$ **꼴의 극한**

  분모의 최고차항으로 분모, 분자를 각각 나눈 후 $\displaystyle\lim_{x \to \infty} \dfrac{c}{x^p}=0$($c$는 상수, p는 양수)임을 이용한다.

  TIP ① (분자의 차수)<(분모의 차수) ➡ 극한값은 0이다.

       ② (분자의 차수)=(분모의 차수) ➡ 극한값은 분모, 분자의 최고차항의 계수의 비이다.

       ③ (분자의 차수)>(분모의 차수) ➡ 발산한다.

(3) $\infty - \infty$ **꼴의 극한**

  분모 또는 분자에서 근호가 있는 쪽을 유리화한다.

(4) $\infty \times 0$ **꼴의 극한**

  ① (유리식)×(유리식)인 경우 ➡ 통분하거나 인수분해한다.

  ② 무리식을 포함하는 경우 ➡ 근호가 있는 쪽을 유리화한다.

  참고 $\infty + \infty$, $\infty \times \infty$, $\infty \times c$(c는 0이 아닌 상수) 꼴은 모두 발산한다.

> **개념+**
> $f(x)$가 다항함수일 때,
> $$\lim_{x \to a} f(x)=f(a)$$
> ➡ $f(x)$에 $x=a$를 대입한 값과 같다.

01-5 함수의 극한의 응용   유형 10, 11

두 함수 $f(x)$, $g(x)$에 대하여

(1) $\displaystyle\lim_{x \to a} \dfrac{f(x)}{g(x)}=\alpha$ (α는 실수)이고 $\displaystyle\lim_{x \to a} g(x)=0$이면 $\displaystyle\lim_{x \to a} f(x)=0$

(2) $\displaystyle\lim_{x \to a} \dfrac{f(x)}{g(x)}=\alpha$ (α는 0이 아닌 실수)이고 $\displaystyle\lim_{x \to a} f(x)=0$이면 $\displaystyle\lim_{x \to a} g(x)=0$

  참고 $\displaystyle\lim_{x \to a} \dfrac{f(x)}{g(x)}=\alpha$ (α는 실수)이고 $\displaystyle\lim_{x \to a} g(x)=0$이면 함수의 극한에 대한 성질에 의하여

$$\lim_{x \to a} f(x)=\lim_{x \to a} \left\{ \dfrac{f(x)}{g(x)} \times g(x) \right\}=\lim_{x \to a} \dfrac{f(x)}{g(x)} \times \lim_{x \to a} g(x)=\alpha \times 0=0$$

> $x \to a$일 때
> (1) (분모) $\to$ 0이고 극한값이 존재하면
>   ➡ (분자) $\to$ 0
> (2) (분자) $\to$ 0이고 0이 아닌 극한값이 존재하면
>   ➡ (분모) $\to$ 0

01-6 함수의 극한의 대소 관계   유형 12

두 함수 $f(x)$, $g(x)$에 대하여 $\displaystyle\lim_{x \to a} f(x)=\alpha$, $\displaystyle\lim_{x \to a} g(x)=\beta$ (α, β는 실수)일 때, a가 아니면서 a에 가까운 모든 실수 x에 대하여

(1) $f(x) \leq g(x)$이면 $\alpha \leq \beta$

(2) 함수 $h(x)$에 대하여 $f(x) \leq h(x) \leq g(x)$이고 $\alpha=\beta$이면

    $\displaystyle\lim_{x \to a} h(x)=\alpha$

  참고 a가 아니면서 a에 가까운 모든 실수 x에 대하여 $f(x)<g(x)$인 경우에 반드시 $\displaystyle\lim_{x \to a} f(x) < \lim_{x \to a} g(x)$

  인 것은 아니다.

  예를 들어 $f(x)=x^2$, $g(x)=2x^2$일 때, 0이 아니면서 0에 가까운 모든 실수 x에 대하여 $f(x)<g(x)$

  이지만 $\displaystyle\lim_{x \to 0} f(x)=\lim_{x \to 0} g(x)=0$이다.

> 함수의 극한의 대소 관계는
> $x \to a+$, $x \to a-$, $x \to \infty$,
> $x \to -\infty$일 때도 모두 성립한다.

01-4 함수의 극한값의 계산

[0021~0024] 다음 극한값을 구하시오.

0021 $\lim\limits_{x \to 3}(-2x+1)$

0022 $\lim\limits_{x \to -2}(x^2-x+1)$

0023 $\lim\limits_{x \to 0}(x+2)(x^2-5)$

0024 $\lim\limits_{x \to -1}\dfrac{-x+1}{x+3}$

[0025~0028] 다음 극한값을 구하시오.

0025 $\lim\limits_{x \to 1}\dfrac{x^2+6x-7}{x-1}$

0026 $\lim\limits_{x \to -1}\dfrac{x^2+x}{x+1}$

0027 $\lim\limits_{x \to 2}\dfrac{\sqrt{3x-5}-1}{x-2}$

0028 $\lim\limits_{x \to -3}\dfrac{x+3}{\sqrt{x^2+7}-4}$

[0029~0032] 다음 극한을 조사하시오.

0029 $\lim\limits_{x \to \infty}\dfrac{x^2+3x}{x+2}$

0030 $\lim\limits_{x \to \infty}\dfrac{3x^2+2x+1}{x^2+5}$

0031 $\lim\limits_{x \to \infty}\dfrac{2x^2+x+1}{x^3-x-1}$

0032 $\lim\limits_{x \to \infty}\dfrac{4x}{\sqrt{x^2+2x+1}}$

[0033~0034] 다음 극한값을 구하시오.

0033 $\lim\limits_{x \to \infty}(\sqrt{x^2+6x}-x)$

0034 $\lim\limits_{x \to \infty}\dfrac{1}{\sqrt{x^2+x}-x}$

[0035~0036] 다음 극한값을 구하시오.

0035 $\lim\limits_{x \to 0}\dfrac{1}{x}\left(\dfrac{3}{x+3}-\dfrac{2}{x+2}\right)$

0036 $\lim\limits_{x \to \infty}x\left(\dfrac{\sqrt{x}}{\sqrt{x-1}}-1\right)$

01-5 함수의 극한의 응용

[0037~0038] 다음 등식이 성립하도록 하는 상수 a의 값을 구하시오.

0037 $\lim\limits_{x \to 3}\dfrac{x^2+ax}{x-3}=3$

0038 $\lim\limits_{x \to -1}\dfrac{x+1}{x^2+3x+a}=1$

01-6 함수의 극한의 대소 관계

0039 모든 실수 x에 대하여 함수 $f(x)$가
$$-x-1 \le f(x) \le x^2-3x$$
를 만족시킬 때, $\lim\limits_{x \to 1}f(x)$의 값을 구하시오.

0040 모든 실수 x에 대하여 함수 $f(x)$가
$$1-\dfrac{1}{x^2} < f(x) < 1+\dfrac{1}{x^2}$$
을 만족시킬 때, $\lim\limits_{x \to \infty}f(x)$의 값을 구하시오.

B 유형 완성

하 10% ···· 중 80% ···· 상 10%

◈ 개념루트 미적분 I 18쪽

빈출
유형 01 함수의 우극한과 좌극한

함수 $f(x)$에 대하여

(1) x의 값이 a보다 크면서 a에 한없이 가까워질 때, $f(x)$의 값이 일정한 값 α에 한없이 가까워지면

➡ $\displaystyle\lim_{x \to a+} f(x)=\alpha$ →는 $x=a$에서 함수 $f(x)$의 우극한

(2) x의 값이 a보다 작으면서 a에 한없이 가까워질 때, $f(x)$의 값이 일정한 값 β에 한없이 가까워지면

➡ $\displaystyle\lim_{x \to a-} f(x)=\beta$ →는 $x=a$에서 함수 $f(x)$의 좌극한

참고 절댓값 기호를 포함한 함수의 극한은 절댓값의 성질을 이용하여 우극한과 좌극한을 구한다.

(1) $x \to 0+$일 때, $x>0$이므로 $\displaystyle\lim_{x \to 0+}|x|=\lim_{x \to 0+}x=0$

(2) $x \to 0-$일 때, $x<0$이므로 $\displaystyle\lim_{x \to 0-}|x|=\lim_{x \to 0-}(-x)=0$

0041 대표 문제

함수 $y=f(x)$의 그래프가 오른쪽 그림과 같을 때,
$f(-1)+\displaystyle\lim_{x \to 0+} f(x)+\lim_{x \to 1-} f(x)$
의 값은?

① -1 ② 0
③ 1 ④ 2
⑤ 3

0042 하

함수 $f(x)=\begin{cases} (x+1)^2 & (x \geq 1) \\ x^2 & (x<1) \end{cases}$에 대하여
$\displaystyle\lim_{x \to 1+} f(x)+\lim_{x \to 1-} f(x)$의 값은?

① 3 ② 4 ③ 5
④ 6 ⑤ 7

0043 중

서술형

함수 $f(x)=\dfrac{|x+1|}{x+1}$에 대하여 $\displaystyle\lim_{x \to -1+} f(x)-\lim_{x \to -1-} f(x)$의 값을 구하시오.

빈출
유형 02 함수의 극한값의 존재

◈ 개념루트 미적분 I 20쪽

함수 $f(x)$에 대하여 $x=a$에서 우극한과 좌극한이 모두 존재하고 그 값이 α(α는 실수)로 서로 같으면 극한값 $\displaystyle\lim_{x \to a} f(x)$가 존재하고 그 값은 α이다.

➡ $\displaystyle\lim_{x \to a+} f(x)=\lim_{x \to a-} f(x)=\alpha \iff \lim_{x \to a} f(x)=\alpha$

0044 대표 문제

함수 $f(x)=\begin{cases} kx+3 & (x \geq 3) \\ x^2+2x & (x<3) \end{cases}$에 대하여 $\displaystyle\lim_{x \to 3} f(x)$의 값이 존재하도록 하는 상수 k의 값을 구하시오.

0045 중

보기에서 극한값이 존재하는 것만을 있는 대로 고른 것은?

보기
ㄱ. $\displaystyle\lim_{x \to \infty} (x-5)$ ㄴ. $\displaystyle\lim_{x \to 1} \sqrt{x+1}$

ㄷ. $\displaystyle\lim_{x \to -\infty} \left(\dfrac{1}{x}+1\right)$ ㄹ. $\displaystyle\lim_{x \to 0} \dfrac{x^3}{|x|}$

① ㄴ   ② ㄱ, ㄹ   ③ ㄷ, ㄹ
④ ㄱ, ㄴ, ㄷ   ⑤ ㄴ, ㄷ, ㄹ

0046 ⑧

$-1 \leq x \leq 3$에서 함수 $y = f(x)$의 그래프가 오른쪽 그림과 같을 때, 보기에서 옳은 것만을 있는 대로 고르시오.

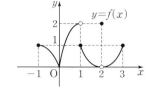

┌ 보기 ┐
ㄱ. $\lim\limits_{x \to 1} f(x)$의 값이 존재한다.

ㄴ. $\lim\limits_{x \to 2} f(x)$의 값이 존재한다.

ㄷ. $-1 < a < 1$인 임의의 실수 a에 대하여 $\lim\limits_{x \to a} f(x)$의 값이 존재한다.

◆◆ 개념루트 미적분 I 22쪽

유형 03 합성함수의 극한

두 함수 $f(x)$, $g(x)$에 대하여 $\lim\limits_{x \to a+} f(g(x))$의 값은 $g(x) = t$로 놓고 다음을 이용하여 구한다.

(1) $x \to a+$일 때, $t \to b+$이면 $\lim\limits_{x \to a+} f(g(x)) = \lim\limits_{t \to b+} f(t)$

(2) $x \to a+$일 때, $t \to b-$이면 $\lim\limits_{x \to a+} f(g(x)) = \lim\limits_{t \to b-} f(t)$

(3) $x \to a+$일 때, $t = b$이면 $\lim\limits_{x \to a+} f(g(x)) = f(b)$

0047 대표 문제

두 함수 $y = f(x)$, $y = g(x)$의 그래프가 다음 그림과 같을 때, $\lim\limits_{x \to 1+} f(g(x)) + \lim\limits_{x \to 0-} g(f(x))$의 값은?

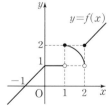

① 1 　　　② 2 　　　③ 3
④ 4 　　　⑤ 5

0048 ⑧

함수 $f(x) = \begin{cases} 2 & (x \geq 0) \\ x-1 & (x < 0) \end{cases}$에 대하여 보기에서 옳은 것만을 있는 대로 고른 것은?

┌ 보기 ┐
ㄱ. $f(0) = 2$　　　　　ㄴ. $\lim\limits_{x \to 0} f(x) = 2$

ㄷ. $\lim\limits_{x \to 0+} f(f(x)) = 0$　　　ㄹ. $\lim\limits_{x \to -1-} f(f(x)) = -3$

① ㄱ, ㄴ 　　② ㄱ, ㄹ 　　③ ㄴ, ㄷ
④ ㄴ, ㄹ 　　⑤ ㄱ, ㄷ, ㄹ

0049 ⑧ 　　　　서술형 ♬

함수 $y = f(x)$의 그래프가 오른쪽 그림과 같을 때,
$$\lim\limits_{x \to 0-} f(x+1) + \lim\limits_{x \to 1-} f(-x)$$
의 값을 구하시오.

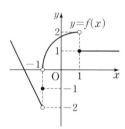

0050 ㊣ 　　　　| 모평 기출 |

실수 전체의 집합에서 정의된 함수 $y = f(x)$의 그래프가 그림과 같다. $\lim\limits_{t \to \infty} f\left(\dfrac{t-1}{t+1}\right) + \lim\limits_{t \to -\infty} f\left(\dfrac{4t-1}{t+1}\right)$의 값은?

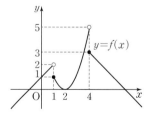

① 3 　　　② 4 　　　③ 5
④ 6 　　　⑤ 7

유형 04 함수의 극한에 대한 성질

$\lim\limits_{x \to a} f(x) = \alpha$, $\lim\limits_{x \to a} g(x) = \beta$ (α, β는 실수)일 때

(1) $\lim\limits_{x \to a} kf(x) = k\lim\limits_{x \to a} f(x) = k\alpha$ (단, k는 실수)

(2) $\lim\limits_{x \to a} \{f(x) \pm g(x)\} = \lim\limits_{x \to a} f(x) \pm \lim\limits_{x \to a} g(x) = \alpha \pm \beta$

(복부호 동순)

(3) $\lim\limits_{x \to a} f(x)g(x) = \lim\limits_{x \to a} f(x) \times \lim\limits_{x \to a} g(x) = \alpha\beta$

(4) $\lim\limits_{x \to a} \dfrac{f(x)}{g(x)} = \dfrac{\lim\limits_{x \to a} f(x)}{\lim\limits_{x \to a} g(x)} = \dfrac{\alpha}{\beta}$ (단, $\beta \neq 0$)

0051 대표 문제

두 함수 $f(x)$, $g(x)$에 대하여

$$\lim_{x \to \infty} f(x) = \infty, \quad \lim_{x \to \infty} \{2f(x) + g(x)\} = -3$$

일 때, $\lim\limits_{x \to \infty} \dfrac{f(x) - 3g(x)}{3f(x) + 2g(x) - 1}$ 의 값은?

① -7 ② -5 ③ -3

④ -1 ⑤ 1

0052 ㉢

두 함수 $y = f(x)$, $y = g(x)$의 그래프가 다음 그림과 같을 때, 보기에서 극한값이 존재하는 것만을 있는 대로 고른 것은?

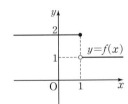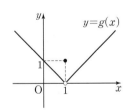

보기
ㄱ. $\lim\limits_{x \to 1} \{f(x) + g(x)\}$ ㄴ. $\lim\limits_{x \to 1} \{g(x) - f(x)\}$

ㄷ. $\lim\limits_{x \to 1} f(x)g(x)$ ㄹ. $\lim\limits_{x \to 1} \dfrac{g(x)}{f(x)}$

① ㄱ, ㄷ   ② ㄱ, ㄹ   ③ ㄴ, ㄷ

④ ㄴ, ㄹ   ⑤ ㄷ, ㄹ

0053 ㉢

함수 $f(x)$가 $\lim\limits_{x \to 1} (x+1)f(x) = 1$을 만족시킬 때,

$\lim\limits_{x \to 1} (2x^2 + 1)f(x) = a$이다. $20a$의 값을 구하시오.

0054 ㉢

두 함수 $f(x)$, $g(x)$에 대하여

$$\lim_{x \to 3} f(x) = 4, \quad \lim_{x \to 3} \{f(x) + 2g(x)\} = 3$$

일 때, $\lim\limits_{x \to 3} \{f(x) - 6g(x)\}$의 값은?

① -7 ② -3 ③ 3

④ 7 ⑤ 13

0055 ㉢

서술형

두 함수 $f(x)$, $g(x)$에 대하여 $\lim\limits_{x \to 2} \dfrac{f(x-2)}{x-2} = 3$,

$\lim\limits_{x \to 0} \dfrac{g(x)}{x} = 2$일 때, $\lim\limits_{x \to 0} \dfrac{f(x) + 3x}{2g(x) - x^2}$ 의 값을 구하시오.

0056 ㉢

함수 $f(x)$에 대하여 $\lim\limits_{x \to 0} \dfrac{x}{f(x)} = -\dfrac{1}{2}$일 때,

$\lim\limits_{x \to -1} \dfrac{x^2 - 2x - 3}{f(x+1)}$의 값을 구하시오.

0057 ㉾

두 함수 $f(x)$, $g(x)$에 대하여 보기에서 옳은 것만을 있는 대로 고른 것은? (단, a는 실수)

┌ 보기 ┐
ㄱ. $\lim\limits_{x\to a}\{f(x)+g(x)\}$와 $\lim\limits_{x\to a}\{f(x)-g(x)\}$의 값이 각각 존재하면 $\lim\limits_{x\to a}f(x)$와 $\lim\limits_{x\to a}g(x)$의 값도 각각 존재한다.

ㄴ. $\lim\limits_{x\to a}g(x)$와 $\lim\limits_{x\to a}\dfrac{f(x)}{g(x)}$의 값이 각각 존재하면 $\lim\limits_{x\to a}f(x)$의 값도 존재한다.

ㄷ. $\lim\limits_{x\to a}\{f(x)-g(x)\}=0$이면 $\lim\limits_{x\to a}f(x)=\lim\limits_{x\to a}g(x)$이다.

ㄹ. $\lim\limits_{x\to a}f(x)$와 $\lim\limits_{x\to a}g(x)$의 값이 모두 존재하지 않으면 $\lim\limits_{x\to a}\{f(x)+g(x)\}$의 값도 존재하지 않는다.

① ㄱ, ㄴ 　② ㄱ, ㄹ 　③ ㄴ, ㄷ
④ ㄱ, ㄷ, ㄹ 　⑤ ㄴ, ㄷ, ㄹ

유형 05　$[x]$를 포함한 함수의 극한

$[x]$가 x보다 크지 않은 최대의 정수일 때, 정수 n에 대하여
(1) $n\le x<n+1$이면 $[x]=n$ ➡ $\lim\limits_{x\to n+}[x]=n$
(2) $n-1\le x<n$이면 $[x]=n-1$ ➡ $\lim\limits_{x\to n-}[x]=n-1$

참고 $[\ ]$를 가우스 기호라 한다.

0058 대표문제

$\lim\limits_{x\to 0-}[x+1]+\lim\limits_{x\to 2+}([x]-3)$의 값은?

(단, $[x]$는 x보다 크지 않은 최대의 정수)

① -2 　② -1 　③ 0
④ 1 　⑤ 2

0059 ㉾

$\lim\limits_{x\to 0-}\dfrac{[x-1]}{x-1}+\lim\limits_{x\to 1+}[-x^2+2x-1]$의 값은?

(단, $[x]$는 x보다 크지 않은 최대의 정수)

① -2 　② -1 　③ 0
④ 1 　⑤ 2

0060 ㉖

함수 $f(x)=[x]^2+(k+5)[x]$에 대하여 $\lim\limits_{x\to -1}f(x)$의 값이 존재하도록 하는 상수 k의 값은?

(단, $[x]$는 x보다 크지 않은 최대의 정수)

① -3 　② -2 　③ -1
④ 0 　⑤ 1

 빈출

◆ 개념루트 미적분 I 30쪽

유형 06　$\dfrac{0}{0}$ 꼴의 극한

(1) 분모, 분자가 모두 다항식인 경우
➡ 분모, 분자를 각각 인수분해한 후 약분한다.
(2) 분모 또는 분자가 무리식인 경우
➡ 근호가 있는 쪽을 유리화한 후 약분한다.

0061 대표문제

$\lim\limits_{x\to 2}\dfrac{x^2-4}{\sqrt{x+2}-2}$의 값을 구하시오.

0062 (하)

$\displaystyle\lim_{x \to 1} \frac{x^3+x-2}{x^2-1}$의 값은?

① $\dfrac{1}{2}$ ② 1 ③ $\dfrac{3}{2}$

④ 2 ⑤ $\dfrac{5}{2}$

0063 (중)

다음 중 옳지 않은 것은?

① $\displaystyle\lim_{x \to 2} \sqrt{x+2}=2$

② $\displaystyle\lim_{x \to -1} (-x+2)=3$

③ $\displaystyle\lim_{x \to 1} \frac{x^2+3x-4}{x-1}=5$

④ $\displaystyle\lim_{x \to 3} \frac{\sqrt{x+6}-3}{x-3}=\frac{1}{3}$

⑤ $\displaystyle\lim_{x \to 0} \frac{4x}{\sqrt{2+x}-\sqrt{2-x}}=4\sqrt{2}$

0064 (중)

다항함수 $f(x)$에 대하여 $\displaystyle\lim_{x \to 2} \frac{x^4-16}{(x^2-4)f(x)}=1$일 때, $f(2)$의 값을 구하시오.

0065 (중)   서술형

$\displaystyle\lim_{x \to -2+} \frac{x^2-2x-8}{|x+2|}=a$, $\displaystyle\lim_{x \to 1-} \frac{x^2-x}{|x-1|}=b$라 할 때, 실수 a, b에 대하여 ab의 값을 구하시오.

빈출   ◇◆ 개념루트 미적분 I 32쪽

유형 07 $\dfrac{\infty}{\infty}$ 꼴의 극한

분모의 최고차항으로 분모, 분자를 각각 나눈 후

$\displaystyle\lim_{x \to \infty} \frac{c}{x^p}=0$ (c는 상수, p는 양수)임을 이용한다.

참고 (1) (분자의 차수)<(분모의 차수) ➡ 극한값은 0이다.

(2) (분자의 차수)=(분모의 차수)

➡ 극한값은 분모, 분자의 최고차항의 계수의 비이다.

(3) (분자의 차수)>(분모의 차수) ➡ 발산한다.

0066   대표 문제

$\displaystyle\lim_{x \to -\infty} \frac{x-\sqrt{9x^2-1}}{x+1}$의 값을 구하시오.

0067 (하)

$\displaystyle\lim_{x \to \infty} \frac{(x-1)(3x+1)}{x^2+3x+2}$의 값은?

① 0 ② $\dfrac{1}{3}$ ③ 1

④ 2 ⑤ 3

0068 (하)

$\lim\limits_{x \to \infty} \dfrac{\sqrt{4x^2 - x} + 3}{x - 1}$의 값은?

① -4 ② -2 ③ 1

④ 2 ⑤ 4

0069 (중)

다음 중 옳지 <u>않은</u> 것은?

① $\lim\limits_{x \to \infty} \dfrac{2x + 4}{x^2 + 5} = 0$ ② $\lim\limits_{x \to \infty} \dfrac{5x^2 - 1}{x^2 - x + 1} = 5$

③ $\lim\limits_{x \to \infty} \dfrac{\sqrt{x^2 + 5} - 1}{3x} = \dfrac{1}{3}$ ④ $\lim\limits_{x \to \infty} \dfrac{2x^2}{\sqrt{x^2 + 1} - 3} = 2$

⑤ $\lim\limits_{x \to -\infty} \dfrac{\sqrt{x^2 + 2}}{3x + 1} = -\dfrac{1}{3}$

0070 (중) 서술형

함수 $f(x) = \dfrac{\sqrt{x^2 - x + 4} - 2}{x - 1}$에 대하여 $\lim\limits_{x \to \infty} f(x) = a$, $\lim\limits_{x \to 1} f(x) = b$라 할 때, 실수 a, b에 대하여 $a + b$의 값을 구하시오.

유형 08 ∞ − ∞ 꼴의 극한

근호가 있는 쪽을 유리화하여 $\dfrac{\infty}{\infty}$ 꼴로 변형한다.

0071 대표 문제

$\lim\limits_{x \to \infty} (\sqrt{4x^2 - 2x + 3} - 2x)$의 값은?

① $-\dfrac{1}{2}$ ② 0 ③ 1

④ $\dfrac{3}{2}$ ⑤ 2

0072 (중)

$\lim\limits_{x \to \infty} \dfrac{1}{\sqrt{x^2 + 2x} - \sqrt{x^2 - 2x}}$의 값을 구하시오.

0073 (중)

$\lim\limits_{x \to -\infty} (\sqrt{9x^2 - 2x} + 3x)$의 값은?

① $\dfrac{1}{3}$ ② $\dfrac{2}{3}$ ③ 1

④ $\dfrac{4}{3}$ ⑤ $\dfrac{5}{3}$

0074 (중)

$\lim\limits_{x \to \infty} (\sqrt{x^2 + ax} - \sqrt{x^2 - ax}) = 8$일 때, 상수 a의 값을 구하시오.

유형 09 ∞×0 꼴의 극한

통분 또는 유리화하여 $\dfrac{0}{0}$, $\dfrac{\infty}{\infty}$, $\infty \times c$, $\dfrac{c}{\infty}$ (c는 상수) 꼴로 변형한다.

0075 대표 문제

$\displaystyle\lim_{x \to -2} \dfrac{1}{x^2-4}\left(2 - \dfrac{2}{x+3}\right)$의 값은?

① $-\dfrac{1}{2}$ ② $-\dfrac{1}{4}$ ③ $\dfrac{1}{4}$

④ $\dfrac{1}{2}$ ⑤ 1

0076 ⑧

$\displaystyle\lim_{x \to -\infty} x\left(\dfrac{x}{\sqrt{x^2-4x}}+1\right)$의 값을 구하시오.

0077 ⑧

함수 $f(x)=x^2+4x+4$에 대하여

$\displaystyle\lim_{x \to \infty} x\left\{f\left(1+\dfrac{3}{x}\right)-f\left(1-\dfrac{2}{x}\right)\right\}$의 값은?

① 15 ② 20 ③ 25

④ 30 ⑤ 35

유형 10 극한값을 이용하여 미정계수 구하기

$\dfrac{0}{0}$ 꼴의 극한에서 $x \to a$일 때

(1) (분모) $\to$ 0이고 극한값이 존재하면 ➡ (분자) $\to$ 0

(2) (분자) $\to$ 0이고 0이 아닌 극한값이 존재하면 ➡ (분모) $\to$ 0

0078 대표 문제

$\displaystyle\lim_{x \to 1} \dfrac{x^2+ax+b}{x-1} = -1$일 때, 상수 a, b에 대하여 $a-b$의 값은?

① -5 ② -4 ③ -3

④ -2 ⑤ -1

0079 ⑧   서술형

$\displaystyle\lim_{x \to -2} \dfrac{x^2+(a+2)x+2a}{x^2+b} = 5$일 때, 상수 a, b에 대하여 $a-5b$의 값을 구하시오.

0080 ⑧

$\displaystyle\lim_{x \to -1} \dfrac{\sqrt{2x+a}-\sqrt{x+3}}{x^2-1} = b$일 때, 상수 a, b에 대하여 ab의 값을 구하시오.

0081 ⓝ

$\lim\limits_{x \to 3} \dfrac{\sqrt{x+a}-b}{x-3} = \dfrac{1}{4}$일 때, 상수 a, b에 대하여 $a-b$의 값은?

① -3　　　　② -2　　　　③ -1

④ 0　　　　⑤ 1

0082 ⓝ

함수 $f(x) = x^3 + ax^2 + bx$가 $\lim\limits_{x \to 2} \dfrac{f(x)}{x-2} = 6$을 만족시킬 때, $f(-2)$의 값은? (단, a, b는 상수)

① -8　　　　② -4　　　　③ -2

④ 4　　　　⑤ 8

0083 ⓢ

$\lim\limits_{x \to \infty} (\sqrt{x^2 + ax + 2} - bx) = 3$일 때, 상수 a, b에 대하여 $a-b$의 값은?

① 3　　　　② 4　　　　③ 5

④ 6　　　　⑤ 7

유형 11 극한값을 이용하여 함수의 식 구하기

두 다항함수 $f(x)$, $g(x)$에 대하여

(1) $\lim\limits_{x \to \infty} \dfrac{f(x)}{g(x)} = \alpha$ (α는 0이 아닌 실수)이면

➡ $f(x)$와 $g(x)$의 차수가 같다.

➡ $\alpha = \dfrac{(f(x)\text{의 최고차항의 계수})}{(g(x)\text{의 최고차항의 계수})}$ → 최고차항의 계수의 비가 α

(2) $\lim\limits_{x \to a} \dfrac{f(x)}{g(x)} = \beta$ (β는 실수)일 때, $\lim\limits_{x \to a} g(x) = 0$이면

➡ $\lim\limits_{x \to a} f(x) = 0$

0084 대표 문제

다항함수 $f(x)$가 다음 조건을 모두 만족시킬 때, $f(2)$의 값은?

(가) $\lim\limits_{x \to \infty} \dfrac{f(x)}{x^2 - 2x - 3} = 2$　　(나) $\lim\limits_{x \to 1} \dfrac{f(x)}{x-1} = 4$

① 4　　　　② 5　　　　③ 6

④ 7　　　　⑤ 8

0085 ⓝ

다항함수 $f(x)$가

$$\lim\limits_{x \to \infty} \dfrac{f(x) - x^3}{2x+1} = 2, \quad \lim\limits_{x \to 0} f(x) = -5$$

를 만족시킬 때, $f(1)$의 값을 구하시오.

0086 ⓝ　　　　서술형

이차함수 $f(x)$에 대하여 $\lim\limits_{x \to 3} \dfrac{f(x)}{x-3} = 8$이고 $\lim\limits_{x \to -1} \dfrac{f(x)}{x+1}$의 값이 존재할 때, $\lim\limits_{x \to \infty} \dfrac{f(x)}{x^2}$의 값을 구하시오.

0087 (상)

다항함수 $f(x)$가

$$\lim_{x \to \infty} \frac{f(x)}{x^3} = 0, \quad \lim_{x \to 2} \frac{f(x)}{x-2} = 6$$

을 만족시킨다. 방정식 $f(x) = 3x - 4$의 한 근이 $x = 1$일 때, $f(3)$의 값을 구하시오.

0088 (상)

다항함수 $f(x)$가

$$\lim_{x \to \infty} \frac{x^2 f\left(\frac{1}{x}\right)}{3x+1} = 3, \quad \lim_{x \to \infty} \frac{f(x) - x^3}{x^2 + 4} = 2$$

를 만족시킬 때, $f(1)$의 값은?

① 10   ② 11   ③ 12
④ 13   ⑤ 14

◇◆ 개념루트 미적분Ⅰ 42쪽

유형 12 함수의 극한의 대소 관계

세 함수 $f(x)$, $g(x)$, $h(x)$에 대하여 $f(x) \le h(x) \le g(x)$이고 $\lim\limits_{x \to a} f(x) = \lim\limits_{x \to a} g(x) = \alpha$ (α는 실수)이면
➡ $\lim\limits_{x \to a} h(x) = \alpha$

0089 대표 문제

함수 $f(x)$가 모든 양의 실수 x에 대하여

$$3x^2 - x + 1 < f(x) < 3x^2 + 2x + 4$$

를 만족시킬 때, $\lim\limits_{x \to \infty} \dfrac{f(x)}{x^2 + 1}$의 값을 구하시오.

0090 (중)

함수 $f(x)$가 모든 실수 x에 대하여

$$5x^2 - 1 < (x^2 + 3)f(x) < 5x^2 + 2$$

를 만족시킬 때, $\lim\limits_{x \to \infty} f(x)$의 값은?

① 3   ② $\dfrac{7}{2}$ ③ 4
④ $\dfrac{9}{2}$ ⑤ 5

0091 (중)   서술형

함수 $f(x)$가 모든 양의 실수 x에 대하여 $|f(x) - 2x| < 1$을 만족시킬 때, $\lim\limits_{x \to \infty} \dfrac{\{f(x)\}^3}{x^3 + 1}$의 값을 구하시오.

0092 (상)

함수 $f(x)$가 모든 실수 x에 대하여

$$-x^2 + 2x \le f(x) \le x^2 + 2x$$

를 만족시킬 때, $\lim\limits_{x \to 0+} \dfrac{\{f(x)\}^2}{x\{2x + f(x)\}}$의 값은?

① $\dfrac{1}{4}$ ② $\dfrac{1}{2}$ ③ 1
④ 2   ⑤ 4

빈출

유형 13 함수의 극한의 활용

◆◆ **개념루트 미적분 Ⅰ 36쪽**

구하는 점의 좌표, 선분의 길이, 도형의 넓이 등을 식으로 나타낸 후 극한값을 구한다.

0093 대표 문제

오른쪽 그림과 같이 곡선 $y=\sqrt{3x}$ 위의 점 $P(t, \sqrt{3t})$에서 x축에 내린 수선의 발을 H라 할 때, $\lim\limits_{t \to \infty} (\overline{OP} - \overline{OH})$의 값을 구하시오.

(단, O는 원점)

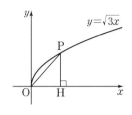

0094 ❀

오른쪽 그림과 같이 곡선 $y=x^2 (x \geq 0)$ 위의 점 $P(a, a^2)$에서 두 직선 $x=2$, $y=4$에 내린 수선의 발을 각각 A, B라 할 때, $\lim\limits_{a \to 2-} \dfrac{\overline{PB}}{\overline{PA}}$의 값은?

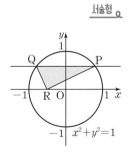

① $\dfrac{1}{4}$ ② $\dfrac{1}{2}$

③ 1 ④ 2

⑤ 4

0095 ❀

서술형

오른쪽 그림과 같이 원 $x^2+y^2=1$ 위를 움직이는 제1사분면 위의 점 $P(a, b)$를 지나고 x축에 평행한 직선을 그어 원과 만나는 다른 점을 Q라 하고, x축 위의 한 점을 R라 하자. 삼각형 PQR의 넓이를 $S(a)$라 할 때, $\lim\limits_{a \to 1-} \dfrac{S(a)}{\sqrt{1-a}}$의 값을 구하시오.

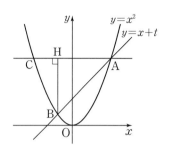

0096 ❀

| 모평 기출 |

실수 $t(t>0)$에 대하여 직선 $y=x+t$와 곡선 $y=x^2$이 만나는 두 점을 A, B라 하자. 점 A를 지나고 x축에 평행한 직선이 곡선 $y=x^2$과 만나는 점 중 A가 아닌 점을 C, 점 B에서 선분 AC에 내린 수선의 발을 H라 하자.

$\lim\limits_{t \to 0+} \dfrac{\overline{AH} - \overline{CH}}{t}$의 값은? (단, 점 A의 x좌표는 양수이다.)

① 1 ② 2 ③ 3

④ 4 ⑤ 5

0097 ❀

오른쪽 그림과 같이 곡선 $y=x^2+2$ 위의 점 $A(0, 2)$가 아닌 점 P에 대하여 점 P와 점 A를 지나고 y축 위의 점 Q를 중심으로 하는 원이 있다. 점 P가 곡선 $y=x^2+2$를 따라 점 A에 한없이 가까워질 때, 점 Q는 점 $(0, a)$에 한없이 가까워진다. 이때 a의 값을 구하시오.

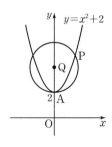

AB 유형 점검

0098 유형 01 + 02

|수능기출|

함수 $y=f(x)$의 그래프가 그림과 같다. $\lim\limits_{x \to -1-} f(x) + \lim\limits_{x \to 2} f(x)$의 값은?

① 1   ② 2
③ 3   ④ 4
⑤ 5

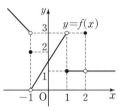

0099 유형 01 + 02

함수 $f(x)=\begin{cases} 5x-2 & (x>2) \\ kx+4 & (-2 \le x \le 2) \\ 2x^2-6 & (x<-2) \end{cases}$에 대하여 $\lim\limits_{x \to 2} f(x)$의

값이 존재할 때, $\lim\limits_{x \to 2} f(x) + \lim\limits_{x \to -2+} f(x) + \lim\limits_{x \to -2-} f(x)$의
값을 구하시오. (단, k는 상수)

0100 유형 03

함수 $y=f(x)$의 그래프가 오른쪽
그림과 같을 때, 함수
$g(x)=x^2-2x$에 대하여
$\lim\limits_{x \to -1-} g(f(x)) + \lim\limits_{x \to 1+} g(f(x))$
의 값을 구하시오.

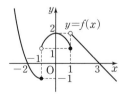

0101 유형 04

함수 $f(x)$에 대하여 $\lim\limits_{x \to -2} \dfrac{f(x)}{x+2}=-4$일 때,

$\lim\limits_{x \to -2} \dfrac{6f(x)}{x^2+2x}$의 값은?

① -12 ② -4 ③ -1
④ 4   ⑤ 12

0102 유형 04

두 함수 $f(x)$, $g(x)$에 대하여
$$\lim_{x \to 2} \{3f(x)+g(x)\}=1, \quad \lim_{x \to 2} \{f(x)-2g(x)\}=5$$
일 때, $\lim\limits_{x \to 2} f(x)g(x)$의 값은?

① $-\dfrac{5}{2}$ ② -2 ③ $-\dfrac{3}{2}$

④ -1 ⑤ $-\dfrac{1}{2}$

0103 유형 04

두 함수 $f(x)$, $g(x)$에 대하여 보기에서 옳은 것만을 있는
대로 고르시오. (단, a는 실수)

┌ 보기 ┐

ㄱ. $\lim\limits_{x \to a} f(x)$와 $\lim\limits_{x \to a} \{2f(x)+g(x)\}$의 값이 각각 존재하면
$\lim\limits_{x \to a} g(x)$의 값도 존재한다.

ㄴ. $\lim\limits_{x \to a} f(x)$와 $\lim\limits_{x \to a} f(x)g(x)$의 값이 각각 존재하면
$\lim\limits_{x \to a} g(x)$의 값도 존재한다.

ㄷ. $\lim\limits_{x \to a} f(x)$와 $\lim\limits_{x \to a} \dfrac{f(x)}{g(x)}$의 값이 각각 존재하면 $\lim\limits_{x \to a} g(x)$
의 값도 존재한다.

ㄹ. $\lim\limits_{x \to a} f(x)=\infty$, $\lim\limits_{x \to a} g(x)=\infty$이면 $\lim\limits_{x \to a} \dfrac{f(x)}{g(x)}=1$이다.

0104 유형 02 + 05

다음 중 극한값이 존재하지 <u>않는</u> 것은?

(단, $[x]$는 x보다 크지 않은 최대의 정수)

① $\lim\limits_{x \to 3} (x^2 - 2)$

② $\lim\limits_{x \to \infty} \dfrac{1}{|x+1|}$

③ $\lim\limits_{x \to 2} \dfrac{x^2 - 4}{|x - 2|}$

④ $\lim\limits_{x \to -\infty} \dfrac{x+1}{|x| - 2}$

⑤ $\lim\limits_{x \to 2} \dfrac{[x]^2 + x}{[x]}$

0105 유형 06

다항함수 $f(x)$에 대하여 $\lim\limits_{x \to 5} \dfrac{(x-5)f(x)}{x^2 - 4x - 5} = \dfrac{1}{2}$일 때, $f(5)$의 값을 구하시오.

0106 유형 06

$\lim\limits_{x \to 0} \dfrac{\sqrt{1+x} - \sqrt{1+x^2}}{\sqrt{1-x^2} - \sqrt{1-x}}$의 값은?

① -2 ② -1 ③ 0

④ 1 ⑤ 2

0107 유형 07

다음 중 옳은 것은?

① $\lim\limits_{x \to \infty} \dfrac{3x - 2}{3x^2 + 1} = 1$

② $\lim\limits_{x \to \infty} \dfrac{-x^2 + 4x}{2x^2 - 3x + 5} = \dfrac{1}{2}$

③ $\lim\limits_{x \to \infty} \dfrac{\sqrt{x^2 + 6}}{x - 2} = 3$

④ $\lim\limits_{x \to \infty} \dfrac{-x^2 + 3}{\sqrt{x^2 + 1} + 2} = -1$

⑤ $\lim\limits_{x \to -\infty} \dfrac{\sqrt{4x^2 + 1} - x}{2x - 1} = -\dfrac{3}{2}$

0108 유형 06 + 07

함수 $f(x) = x^2 + ax$에 대하여 $\lim\limits_{x \to 0} \dfrac{f(x)}{x} = 2$일 때, $\lim\limits_{x \to \infty} \dfrac{ax^3 + 2f(x)}{xf(x)}$의 값을 구하시오. (단, a는 상수)

0109 유형 08

함수 $f(x) = a(x+1)^2$에 대하여

$$\lim\limits_{x \to \infty} \{\sqrt{f(x)} - \sqrt{f(-x)}\} = 4$$

일 때, 양수 a의 값을 구하시오.

0110 유형 09

$\lim\limits_{x \to \infty} x^2 \left(1 - \dfrac{2x}{\sqrt{4x^2+1}}\right)$의 값을 구하시오.

0111 유형 10

$\lim\limits_{x \to 1} \dfrac{ax^2 - 4x + b}{x - 1} = 2$일 때, 상수 a, b에 대하여 $a - b$의 값은?

① -4 ② -2 ③ -1

④ 2 ⑤ 4

0112 유형 10 | 학평 기출 |

두 상수 a, b에 대하여 $\lim\limits_{x \to 9} \dfrac{x - a}{\sqrt{x} - 3} = b$일 때, $a + b$의 값을 구하시오.

0113 유형 12

함수 $f(x)$가 모든 양의 실수 x에 대하여
$$\sqrt{9x + 1} < f(x) < \sqrt{9x + 4}$$
를 만족시킬 때, $\lim\limits_{x \to \infty} \dfrac{\{f(x)\}^2}{6x + 2}$의 값은?

① $\dfrac{1}{2}$ ② 1 ③ $\dfrac{3}{2}$

④ 2 ⑤ $\dfrac{5}{2}$

서술형

0114 유형 04

두 함수 $f(x)$, $g(x)$에 대하여 $\lim\limits_{x \to 1} f(x) = \alpha$, $\lim\limits_{x \to 1} g(x) = \beta$
이고
$$\lim\limits_{x \to 1}\{f(x) + g(x)\} = 1, \lim\limits_{x \to 1} f(x)g(x) = -6$$
일 때, $\lim\limits_{x \to 1} \dfrac{5f(x) + 1}{2g(x) - 3}$의 값을 구하시오. (단, $\alpha < \beta$)

0115 유형 11

다항함수 $f(x)$가 다음 조건을 모두 만족시킬 때, $f(-1)$의 값을 구하시오.

(가) $\lim\limits_{x \to \infty} \dfrac{2x - 3x^2}{f(x)} = 1$	(나) $\lim\limits_{x \to 0} \dfrac{f(x)}{x^2 - x} = 1$

0116 유형 13

오른쪽 그림과 같이 두 점 $\mathrm{A}(0, t)\ (t > 0)$, $\mathrm{B}(-2, 0)$을 지나는 직선과 원 $x^2 + y^2 = 4$의 교점 중 B가 아닌 점을 P라 하고, 점 P에서 x축에 내린 수선의 발을 H라 할 때, $\lim\limits_{t \to \infty} (\overline{\mathrm{OA}} \times \overline{\mathrm{PH}})$의 값을 구하시오. (단, O는 원점)

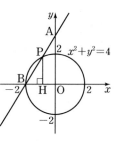

C 실력 향상

하 ···· 중 ···· 상100%

0117

두 함수 $f(x)$, $g(x)$가 다음 조건을 모두 만족시킬 때,

$\displaystyle\lim_{x\to 0}\frac{2x-f(x)}{x^2+f(x)}$의 값을 구하시오.

(가) $\displaystyle\lim_{x\to 0}g(x)=5$

(나) 모든 실수 x에 대하여 $x+f(x)=g(x)\{x-f(x)\}$

0118

$\displaystyle\lim_{x\to n}\frac{[x]^2+2x}{[x]}=\alpha$일 때, 1이 아닌 자연수 n과 실수 α에 대

하여 $\displaystyle\lim_{x\to\alpha}\frac{x^2-nx-2\alpha}{x-\alpha}$의 값을 구하시오.

(단, $[x]$는 x보다 크지 않은 최대의 정수)

0119

| 수능 기출 |

상수항과 계수가 모두 정수인 두 다항함수 $f(x)$, $g(x)$가
다음 조건을 만족시킬 때, $f(2)$의 최댓값은?

(가) $\displaystyle\lim_{x\to\infty}\frac{f(x)g(x)}{x^3}=2$

(나) $\displaystyle\lim_{x\to 0}\frac{f(x)g(x)}{x^2}=-4$

① 4　　　　　② 6　　　　　③ 8

④ 10　　　　　⑤ 12

0120

| 학평 기출 |

그림과 같이 곡선 $y=x^2$ 위의 점 $P(t,\ t^2)\ (t>0)$에 대하여
x축 위의 점 Q, y축 위의 점 R가 다음 조건을 만족시킨다.

(가) 삼각형 POQ는 $\overline{PO}=\overline{PQ}$인 이등변삼각형이다.

(나) 삼각형 PRO는 $\overline{RO}=\overline{RP}$인 이등변삼각형이다.

삼각형 POQ와 삼각형 PRO의 넓이를 각각 $S(t)$, $T(t)$

라 할 때, $\displaystyle\lim_{t\to 0+}\frac{T(t)-S(t)}{t}$의 값은? (단, O는 원점이다.)

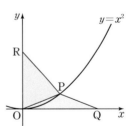

① $\dfrac{1}{8}$　　　　② $\dfrac{1}{4}$　　　　③ $\dfrac{3}{8}$

④ $\dfrac{1}{2}$　　　　⑤ $\dfrac{5}{8}$

↪ 기출 BOOK 2쪽

02-1 함수의 연속과 불연속   유형 01~06

개념⊕

(1) 함수의 연속

함수 $f(x)$가 실수 a에 대하여 다음 조건을 모두 만족시킬 때, 함수
$f(x)$는 $x=a$에서 연속이라 한다.

(ⅰ) 함수 $f(x)$가 $x=a$에서 정의된다. → 함숫값 존재

(ⅱ) 극한값 $\lim\limits_{x \to a} f(x)$가 존재한다. → 극한값 존재

(ⅲ) $\lim\limits_{x \to a} f(x) = f(a)$ → (극한값)=(함숫값)

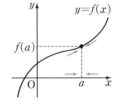

(2) 함수의 불연속

함수 $f(x)$가 $x=a$에서 연속이 아닐 때, 함수 $f(x)$는 $x=a$에서 **불연속**이라 한다.

참고 다음과 같이 함수 $f(x)$가 함수가 연속일 조건 (ⅰ), (ⅱ), (ⅲ) 중 어느 한 가지라도 만족시키지 않으면
함수 $f(x)$는 $x=a$에서 불연속이다.

➡ $x=a$에서 정의되지
않는다.

➡ $\lim\limits_{x \to a} f(x)$의 값이
존재하지 않는다.

➡ $\lim\limits_{x \to a} f(x) \neq f(a)$

함수 $f(x)$가 $x=a$에서 연속이라는 것은 함수 $y=f(x)$의 그래프가 $x=a$에서 연결되어 있다는 것이고, 함수 $f(x)$가 $x=a$에서 불연속이라는 것은 함수 $y=f(x)$의 그래프가 $x=a$에서 끊어져 있다는 것이다.

02-2 구간

두 실수 a, b $(a<b)$에 대하여 집합

$\{x|a<x<b\}$, $\{x|a \leq x \leq b\}$, $\{x|a<x \leq b\}$, $\{x|a \leq x<b\}$

를 각각 구간이라 하고, 기호로 각각

(a, b), $[a, b]$, $(a, b]$, $[a, b)$

와 같이 나타낸다. 이때 (a, b)를 **열린구간**, $[a, b]$를 **닫힌구간**, $(a, b]$와 $[a, b)$를 **반열린구간**
또는 **반닫힌구간**이라 한다.

참고 실수 a에 대하여 집합 $\{x|x>a\}$, $\{x|x \geq a\}$, $\{x|x<a\}$, $\{x|x \leq a\}$도 구간이라 하고, 기호로 각각
(a, ∞), $[a, \infty)$, $(-\infty, a)$, $(-\infty, a]$와 같이 나타낸다.
특히 실수 전체의 집합은 기호로 $(-\infty, \infty)$와 같이 나타낸다.

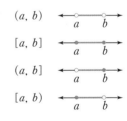

02-3 연속함수   유형 01~06

함수 $f(x)$가 어떤 열린구간에 속하는 모든 실수 x에서 연속일 때, $f(x)$는 그 구간에서 연속이라
한다.

또 닫힌구간 $[a, b]$에서 정의된 함수 $f(x)$가

(ⅰ) 열린구간 (a, b)에서 연속이고

(ⅱ) $\lim\limits_{x \to a+} f(x) = f(a)$, $\lim\limits_{x \to b-} f(x) = f(b)$

일 때, $f(x)$는 닫힌구간 $[a, b]$에서 연속이라 한다.

일반적으로 어떤 구간에서 연속인 함수를 그 구간에서 **연속함수**라 한다.

02-1 함수의 연속과 불연속

[0121~0123] 다음 함수가 $x=0$에서 불연속인 이유를 보기에서 고르시오.

보기
ㄱ. 함수 $f(x)$가 $x=0$에서 정의되지 않는다.
ㄴ. $\lim\limits_{x\to 0} f(x)$의 값이 존재하지 않는다.
ㄷ. $\lim\limits_{x\to 0} f(x) \neq f(0)$

0121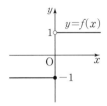

0122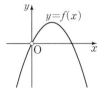

0123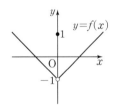

[0124~0127] 다음 함수가 $x=1$에서 연속인지 불연속인지 판정하시오.

0124 $f(x)=x^3$

0125 $f(x)=|x-1|$

0126 $f(x)=\dfrac{1}{x-1}$

0127 $f(x)=\begin{cases} x^2 & (x\geq 1) \\ x-2 & (x<1) \end{cases}$

02-2 구간

[0128~0135] 다음 실수의 집합을 구간의 기호로 나타내시오.

0128 $\{x \mid 2<x<6\}$

0129 $\{x \mid -1\leq x\leq 5\}$

0130 $\{x \mid 3<x\leq 7\}$

0131 $\{x \mid -4\leq x<-2\}$

0132 $\{x \mid x>0\}$

0133 $\{x \mid x\geq -6\}$

0134 $\{x \mid x<-5\}$

0135 $\{x \mid x\leq 1\}$

[0136~0138] 다음 함수의 정의역을 구간의 기호로 나타내시오.

0136 $f(x)=2x+1$

0137 $f(x)=\dfrac{1}{x-3}$

0138 $f(x)=\sqrt{x-1}$

02-3 연속함수

[0139~0142] 다음 함수가 연속인 구간을 구하시오.

0139 $f(x)=10$

0140 $f(x)=-x^2+2x+9$

0141 $f(x)=\dfrac{4}{x+2}$

0142 $f(x)=\sqrt{5-x}$

02-4 연속함수의 성질
유형 07

두 함수 $f(x)$, $g(x)$가 $x=a$에서 연속이면 다음 함수도 $x=a$에서 연속이다.

(1) $kf(x)$ (단, k는 실수)

(2) $f(x)+g(x)$, $f(x)-g(x)$

(3) $f(x)g(x)$

(4) $\dfrac{f(x)}{g(x)}$ (단, $g(a)\neq 0$)

참고 • 함수 $y=x$와 상수함수는 모든 실수 x에서 연속이므로 연속함수의 성질 (1), (2), (3)에 의하여 다항함수 $f(x)=a_nx^n+a_{n-1}x^{n-1}+\cdots+a_1x+a_0(a_0, a_1, ..., a_n$은 상수, n은 자연수)은 모든 실수 x에서 연속이다.

• 두 다항함수 $f(x)$, $g(x)$에 대하여 유리함수 $\dfrac{f(x)}{g(x)}$는 연속함수의 성질 (4)에 의하여 $g(x)\neq 0$인 모든 실수 x에서 연속이다.

예 • 함수 $y=x^3+2x-1$은 모든 실수 x에서 연속이다.

• 함수 $y=\dfrac{2x-1}{x-2}$은 $x\neq 2$인 모든 실수 x에서 연속이다.

> 일반적으로 함수 $f(x)$가 $x=a$에서 연속이고 함수 $g(x)$가 $x=f(a)$에서 연속이면 합성함수 $(g\circ f)(x)$는 $x=a$에서 연속이다.

02-5 최대·최소 정리
유형 08

함수 $f(x)$가 닫힌구간 $[a, b]$에서 연속이면 함수 $f(x)$는 이 구간에서 반드시 최댓값과 최솟값을 갖는다.
이를 **최대·최소 정리**라 한다.

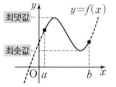

> 최대·최소 정리는 연속인 함수에 대하여 성립함에 주의한다.

참고 주어진 구간이 닫힌구간이 아니거나 불연속일 때는 함수 $f(x)$가 최댓값 또는 최솟값을 갖지 않을 수도 있다.

(1) 닫힌구간이 아닌 경우   (2) 불연속인 경우

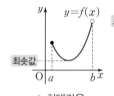   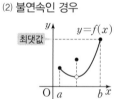

➡ 최댓값을   ➡ 최솟값을   ➡ 최댓값과 최솟값을   ➡ 최솟값을
갖지 않는다.   갖지 않는다.   갖지 않는다.   갖지 않는다.

02-6 사잇값 정리
유형 09, 10

(1) **사잇값 정리**

함수 $f(x)$가 닫힌구간 $[a, b]$에서 연속이고 $f(a)\neq f(b)$일 때, $f(a)$와 $f(b)$ 사이의 임의의 값 k에 대하여 $f(c)=k$인 c가 열린구간 (a, b)에 적어도 하나 존재한다.

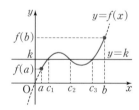

(2) **사잇값 정리의 응용**

함수 $f(x)$가 닫힌구간 $[a, b]$에서 연속이고 $f(a)$와 $f(b)$의 부호가 서로 다를 때, 즉 $f(a)f(b)<0$일 때, 사잇값 정리에 의하여 $f(c)=0$인 c가 열린구간 (a, b)에 적어도 하나 존재한다.
따라서 방정식 $f(x)=0$은 열린구간 (a, b)에서 적어도 하나의 실근을 갖는다.

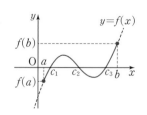

> 사잇값 정리를 이용하여 $f(x)$가 연속함수일 때, 방정식 $f(x)=0$의 실근의 존재 여부를 판단할 수 있다.

02-4 연속함수의 성질

0143 두 함수 $f(x)$, $g(x)$가 $x=a$에서 연속일 때, 보기의 함수 중 $x=a$에서 항상 연속인 것만을 있는 대로 고르시오. (단, a는 실수)

> ┌ 보기 ┐
> ㄱ. $f(x)+g(x)$ ㄴ. $f(x)-g(x)$
> ㄷ. $f(x)g(x)$ ㄹ. $\dfrac{f(x)}{g(x)}$

[0144~0147] 다음 함수가 연속인 구간을 구하시오.

0144 $f(x)=3x^2-x-2$

0145 $f(x)=(x+5)(x^2-3x)$

0146 $f(x)=\dfrac{x+2}{3x-1}$

0147 $f(x)=\dfrac{3x+1}{x^2-4}$

0148 두 함수 $f(x)=x$, $g(x)=x^2-x-2$에 대하여 다음 함수가 연속인 구간을 구하시오.

(1) $f(x)+g(x)$ (2) $f(x)g(x)$

(3) $\dfrac{f(x)}{g(x)}$ (4) $\dfrac{g(x)}{f(x)}$

02-5 최대·최소 정리

0149 함수 $y=f(x)$의 그래프가 오른쪽 그림과 같을 때, 함수 $f(x)$가 다음 구간에서 최댓값 또는 최솟값을 가지면 그 값을 구하시오.

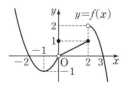

(1) $[-2, -1]$ (2) $[-1, 2]$

(3) $[0, 2]$ (4) $[1, 3]$

[0150~0153] 주어진 구간에서 다음 함수의 최댓값과 최솟값을 구하시오.

0150 $f(x)=x^2+2x-2$　$[-2, 1]$

0151 $f(x)=-x^2+4x+1$　$[3, 5]$

0152 $f(x)=\dfrac{3}{x-1}$　$[2, 4]$

0153 $f(x)=\sqrt{x+6}-3$　$[-5, 3]$

02-6 사잇값 정리

0154 다음은 함수 $f(x)=x^2-3x+2$에 대하여 $f(c)=1$인 c가 열린구간 $(1, 3)$에 적어도 하나 존재함을 증명한 것이다. ㈎~㈑에 알맞은 것을 구하시오.

> ┌ 증명 ┐
> 함수 $f(x)=x^2-3x+2$는 닫힌구간 $[1, 3]$에서 ㈎ 이다.
> 또 $f(1)=0$, $f(3)=$ ㈏ 에서 $f(1)\neq f(3)$이고,
> $f(1)<$ ㈐ $<f(3)$이므로 ㈑ 정리에 의하여
> $f(c)=1$인 c가 열린구간 $(1, 3)$에 적어도 하나 존재한다.

[0155~0156] 주어진 구간에서 다음 방정식이 적어도 하나의 실근을 가짐을 보이시오.

0155 $x^3+x-4=0$　$(1, 2)$

0156 $x^4-2x^2+x-1=0$　$(-2, 1)$

B 유형 완성

하 10% ···· 중 80% ···· 상 10%

빈출

◈◆ 개념루트 미적분 I 50쪽

유형 01 함수의 연속과 불연속

함수 $f(x)$가 실수 a에 대하여 다음 조건을 모두 만족시키면 함수 $f(x)$는 $x=a$에서 연속이다.

(i) 함수 $f(x)$가 $x=a$에서 정의된다. → 함숫값 존재

(ii) 극한값 $\lim_{x \to a} f(x)$가 존재한다. → 극한값 존재

(iii) $\lim_{x \to a} f(x)=f(a)$ → (극한값)=(함숫값)

참고 함수 $f(x)$가 위의 세 조건 중 어느 하나라도 만족시키지 않으면 함수 $f(x)$는 $x=a$에서 불연속이다.

0157 대표 문제

보기의 함수 중 $x=3$에서 연속인 것만을 있는 대로 고르시오. (단, $[x]$는 x보다 크지 않은 최대의 정수)

보기
ㄱ. $f(x)=2x+1$ ㄴ. $f(x)=[x-3]$

ㄷ. $f(x)=\dfrac{1}{x^2-9}$ ㄹ. $f(x)=\begin{cases} x+2 & (x \geq 3) \\ 2x-1 & (x<3) \end{cases}$

ㅁ. $f(x)=\begin{cases} \dfrac{|x-3|}{x-3} & (x \neq 3) \\ 1 & (x=3) \end{cases}$

0158 중

다음 중 $x=2$에서 불연속인 함수는?

① $f(x)=\dfrac{2}{x}$

② $f(x)=|x-2|+x$

③ $f(x)=\begin{cases} \sqrt{x+2} & (x \geq 2) \\ x & (x<2) \end{cases}$

④ $f(x)=\begin{cases} \dfrac{x^2-4}{x-2} & (x \neq 2) \\ 2 & (x=2) \end{cases}$

⑤ $f(x)=\begin{cases} \dfrac{(x-2)^2}{|x-2|} & (x \neq 2) \\ 0 & (x=2) \end{cases}$

0159 중

서술형

함수 $f(x)=\begin{cases} -x^2+4x & (x \geq 3) \\ x^2-2x & (x<3) \end{cases}$ 의 그래프와 직선 $y=t$가 만나는 점의 개수를 $g(t)$라 할 때, 함수 $g(t)$가 불연속인 실수 t의 값의 개수를 구하시오.

◈◆ 개념루트 미적분 I 52쪽

유형 02 함수의 그래프와 연속 (1)

함수 $y=f(x)$의 그래프가 $x=a$에서

(1) 이어져 있으면 ➡ 함수 $f(x)$는 $x=a$에서 연속이다.

(2) 끊어져 있으면 ➡ 함수 $f(x)$는 $x=a$에서 불연속이다.

0160 대표 문제

함수 $y=f(x)$의 그래프가 오른쪽 그림과 같을 때, 다음 중 옳지 않은 것은?

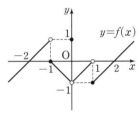

① $f(-1)=0$

② $\lim_{x \to 0} f(x)=-1$

③ $\lim_{x \to 2} f(x)=f(2)$

④ $-2 \leq x \leq 2$에서 함수 $f(x)$가 불연속인 x의 값은 2개이다.

⑤ 열린구간 $(-2, 2)$에서 함수 $f(x)$의 극한값이 존재하지 않는 x의 값은 2개이다.

0161 하

열린구간 $(-2, 3)$에서 함수 $y=f(x)$의 그래프가 오른쪽 그림과 같다. 함수 $f(x)$의 극한값이 존재하지 않는 x의 값의 개수를 m, 함수 $f(x)$가 불연속인 x의 값의 개수를 n이라 할 때, $m+n$의 값을 구하시오.

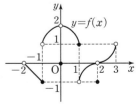

◆◆ **개념루트** 미적분Ⅰ 54쪽

유형 03 함수의 그래프와 연속(2)

(1) $f(x) \pm g(x)$, $f(x)g(x)$와 같이 새롭게 정의된 함수의 연속은 두 함수 $f(x)$, $g(x)$의 그래프를 이용하여 함숫값, 우극한, 좌극한을 구하여 조사한다.

(2) 합성함수 $f(g(x))$의 연속은 $g(x)=t$로 치환하여 조사한다.
➡ 합성함수 $f(g(x))$가 $x=a$에서 연속이면
$$\lim_{x \to a+} f(g(x)) = \lim_{x \to a-} f(g(x)) = f(g(a))$$

0162 대표 문제

두 함수 $y=f(x)$, $y=g(x)$의 그래프가 다음 그림과 같을 때, 보기에서 옳은 것만을 있는 대로 고른 것은?

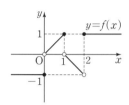 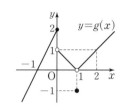

보기
ㄱ. $\lim\limits_{x \to 1} f(x)g(x)$의 값은 존재하지 않는다.
ㄴ. 함수 $f(x)+g(x)$는 $x=0$에서 연속이다.
ㄷ. 함수 $f(x)-g(x)$는 $x=2$에서 불연속이다.

① ㄱ   ② ㄷ   ③ ㄱ, ㄴ
④ ㄴ, ㄷ   ⑤ ㄱ, ㄴ, ㄷ

0163 중

두 함수 $y=f(x)$, $y=g(x)$의 그래프가 다음 그림과 같을 때, 보기에서 옳은 것만을 있는 대로 고르시오.

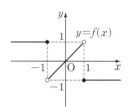 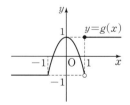

보기
ㄱ. $\lim\limits_{x \to -1} f(x)g(x)$의 값은 존재하지 않는다.
ㄴ. 함수 $f(g(x))$는 $x=1$에서 연속이다.
ㄷ. 함수 $g(f(x))$는 $x=-1$에서 불연속이다.

0164 상

함수 $y=f(x)$의 그래프가 오른쪽 그림과 같을 때, 보기에서 옳은 것만을 있는 대로 고른 것은?

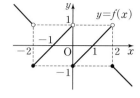

보기
ㄱ. $\lim\limits_{x \to -2-} f(x) + \lim\limits_{x \to 2+} f(x) = 0$
ㄴ. 함수 $f(x)+f(-x)$는 $x=2$에서 연속이다.
ㄷ. 함수 $f(x-1)f(x+1)$은 $x=1$에서 연속이다.

① ㄱ   ② ㄴ   ③ ㄷ
④ ㄱ, ㄷ   ⑤ ㄴ, ㄷ

빈출
◆◆ **개념루트** 미적분Ⅰ 56쪽

유형 04 함수가 연속일 조건(1)

(1) $x \neq a$에서 연속인 함수 $g(x)$에 대하여 함수
$$f(x) = \begin{cases} g(x) & (x \neq a) \\ b & (x = a) \end{cases}$$가 모든 실수 x에서 연속이면
➡ $\lim\limits_{x \to a} g(x) = b$

(2) $x \geq a$에서 연속인 함수 $g(x)$, $x < a$에서 연속인 함수 $h(x)$에 대하여 함수 $f(x) = \begin{cases} g(x) & (x \geq a) \\ h(x) & (x < a) \end{cases}$가 모든 실수 x에서 연속이면
➡ $\lim\limits_{x \to a+} g(x) = \lim\limits_{x \to a-} h(x) = g(a)$

참고 (1) 구간에 따라 다르게 정의된 함수가 연속이려면
➡ 구간의 경계에서 연속이어야 한다.
(2) 분수 꼴이 포함된 함수가 연속이려면
➡ 분모가 0이 되는 x의 값에서 연속이어야 한다.

0165 대표 문제

함수 $f(x) = \begin{cases} \dfrac{x^2+ax+b}{x-1} & (x \neq 1) \\ -4 & (x = 1) \end{cases}$가 $x=1$에서 연속일 때, 상수 a, b에 대하여 $a+2b$의 값은?

① 0   ② 2   ③ 4
④ 6   ⑤ 8

02
함수의 연속

0166 ⑤ 　　　　　　　　　　　　 | 모평 기출 |

함수 $f(x)=\begin{cases} -2x+a & (x\leq a) \\ ax-6 & (x>a) \end{cases}$ 가 실수 전체의 집합에서

연속이 되도록 하는 모든 상수 a의 값의 합은?

① -1 　　　　② -2 　　　　③ -3

④ -4 　　　　⑤ -5

0167 ⑤ 　　　　　　　　　　　　 | 수능 기출 |

함수 $f(x)=\begin{cases} -3x+a & (x\leq 1) \\ \dfrac{x+b}{\sqrt{x+3}-2} & (x>1) \end{cases}$ 이 실수 전체의 집합에서

연속일 때, $a+b$의 값을 구하시오. (단, a와 b는 상수이다.)

0168 ⑤

함수 $f(x)=\begin{cases} (x-1)^2 & (|x|\geq 1) \\ -x^2+ax+b & (|x|<1) \end{cases}$ 가 모든 실수 x에

서 연속일 때, 상수 a, b에 대하여 ab의 값은?

① -6 　　　　② -2 　　　　③ -1

④ 2 　　　　⑤ 6

0169 ⑧ 　　　　　　　　　　　　 서술형 ♀

모든 실수 x에서 연속인 함수 $f(x)$가 닫힌구간 $[0, 4]$에서

$$f(x)=\begin{cases} 4x & (0\leq x<2) \\ a(x-1)^2+b & (2\leq x\leq 4) \end{cases}$$

이고, 모든 실수 x에 대하여 $f(x)=f(x+4)$를 만족시킬

때, $f(19)$의 값을 구하시오. (단, a, b는 상수)

유형 05 **함수가 연속일 조건(2)**

두 함수 $f(x)$, $g(x)$에 대하여 새롭게 정의된 함수 $h(x)$가

$x=a$에서 연속이면 $\lim\limits_{x\to a+} h(x)=\lim\limits_{x\to a-} h(x)=h(a)$임을 이용

하여 등식을 세워 미지수의 값을 구한다.

0170 대표 문제

두 함수 $f(x)=\begin{cases} x+3 & (x\geq 2) \\ 5-x & (x<2) \end{cases}$, $g(x)=x+k$에 대하여

함수 $f(x)g(x)$가 $x=2$에서 연속일 때, 상수 k의 값을 구

하시오.

0171 ⑧

함수 $y=f(x)$의 그래프가 오른쪽

그림과 같다. 함수 $(x-a)f(x)$가

$x=2$에서 연속일 때, 상수 a의 값

은?

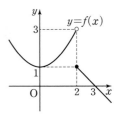

① -2 　　　　② -1

③ 0 　　　　④ 1

⑤ 2

0172 ⑧

실수 전체의 집합에서 정의된 함수

$y=f(x)$의 그래프가 오른쪽 그림과

같다. 함수 $g(x)=x^3+ax^2+bx+2$

에 대하여 합성함수 $g(f(x))$가 모든

실수 x에서 연속일 때, ab의 값은?

(단, a, b는 상수)

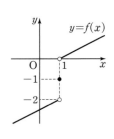

① 2 　　　　② 4 　　　　③ 6

④ 8 　　　　⑤ 10

◆◈ 개념루트 미적분 I 58쪽

유형 06 $(x-a)f(x)=g(x)$ 꼴의 함수의 연속

모든 실수 x에서 연속인 두 함수 $f(x)$, $g(x)$가
$(x-a)f(x)=g(x)$를 만족시키면
$$\Rightarrow f(a)=\lim_{x\to a}\frac{g(x)}{x-a}$$

0173 대표 문제

모든 실수 x에서 연속인 함수 $f(x)$가
$$(x-1)f(x)=x^2+ax-3$$
을 만족시킬 때, $a+f(1)$의 값을 구하시오. (단, a는 상수)

0174 중

$x\geq-6$인 모든 실수 x에서 연속인 함수 $f(x)$가
$$(x-3)f(x)=a\sqrt{x+6}+b$$
를 만족시키고 $f(3)=-\dfrac{1}{3}$일 때, 상수 a, b에 대하여
$a+b$의 값은?

① 0   ② 2   ③ 4
④ 6   ⑤ 8

0175 중

모든 실수 x에서 연속인 함수 $f(x)$가
$$(x^2-x-2)f(x)=2x^3+ax+b$$
를 만족시킬 때, $f(-1)+f(2)$의 값을 구하시오.
(단, a, b는 상수)

빈출

◆◈ 개념루트 미적분 I 64쪽

유형 07 연속함수의 성질

두 함수 $f(x)$, $g(x)$가 $x=a$에서 연속이면 다음 함수도 $x=a$에서 연속이다.
(1) $kf(x)$ (단, k는 실수)   (2) $f(x)+g(x)$, $f(x)-g(x)$
(3) $f(x)g(x)$ (4) $\dfrac{f(x)}{g(x)}$ (단, $g(a)\neq0$)

0176 대표 문제

두 함수 $f(x)=x+8$, $g(x)=x^2+2$에 대하여 보기의 함수 중 모든 실수 x에서 연속인 것만을 있는 대로 고른 것은?

보기
ㄱ. $f(x)+3g(x)$ ㄴ. $\{f(x)\}^2$
ㄷ. $\dfrac{f(x)}{g(x)}$ ㄹ. $\dfrac{f(x)}{g(x)-f(x)}$

① ㄱ, ㄴ   ② ㄴ, ㄷ   ③ ㄷ, ㄹ
④ ㄱ, ㄴ, ㄷ   ⑤ ㄱ, ㄴ, ㄹ

0177 중

실수 전체의 집합에서 정의된 두 함수 $f(x)$, $g(x)$가 $x=a$에서 연속일 때, 보기의 함수 중 $x=a$에서 항상 연속인 것만을 있는 대로 고르시오.

보기
ㄱ. $2f(x)-g(x)$ ㄴ. $\{g(x)\}^2$
ㄷ. $\dfrac{1}{f(x)g(x)}$ ㄹ. $\dfrac{f(x)}{f(x)+g(x)}$

0178 중   서술형

두 함수 $f(x)=x+3$, $g(x)=x^2+ax+4$에 대하여 함수 $\dfrac{f(x)}{g(x)}$가 모든 실수 x에서 연속일 때, 정수 a의 개수를 구하시오.

0179 (중)

| 수능 기출 |

두 함수

$$f(x)=\begin{cases} x^2-4x+6 & (x<2) \\ 1 & (x\geq2) \end{cases}, g(x)=ax+1$$

에 대하여 함수 $\dfrac{g(x)}{f(x)}$ 가 실수 전체의 집합에서 연속일 때,

상수 a의 값은?

① $-\dfrac{5}{4}$ 　 ② -1 　 ③ $-\dfrac{3}{4}$

④ $-\dfrac{1}{2}$ 　 ⑤ $-\dfrac{1}{4}$

0180 (상)

| 모평 기출 |

이차함수 $f(x)$가 다음 조건을 만족시킨다.

(가) 함수 $\dfrac{x}{f(x)}$ 는 $x=1$, $x=2$에서 불연속이다.

(나) $\displaystyle\lim_{x\to2}\dfrac{f(x)}{x-2}=4$

$f(4)$의 값을 구하시오.

0181 (상)

두 함수 $f(x)$, $g(x)$에 대하여 보기에서 옳은 것만을 있는 대로 고르시오. (단, a는 실수)

보기

ㄱ. 함수 $\{f(x)\}^2$이 $x=a$에서 연속이면 함수 $f(x)$도 $x=a$에서 연속이다.

ㄴ. 함수 $f(x)+g(x)$가 $x=a$에서 연속이면 두 함수 $f(x)$, $g(x)$도 $x=a$에서 연속이다.

ㄷ. 두 함수 $f(x)$, $f(x)-g(x)$가 $x=a$에서 연속이면 함수 $g(x)$도 $x=a$에서 연속이다.

ㄹ. 두 함수 $f(x)$, $\dfrac{f(x)}{g(x)}$ 가 $x=a$에서 연속이면 함수 $g(x)$도 $x=a$에서 연속이다.

함수 $f(x)$가 닫힌구간 $[a, b]$에서 연속이면 함수 $f(x)$는 이 구간에서 반드시 최댓값과 최솟값을 갖는다.

참고 함수 $f(x)$가 닫힌구간 $[a, b]$에서 연속이 아니면

➡ 함수 $y=f(x)$의 그래프를 이용하여 최댓값과 최솟값의 존재를 확인한다.

0182 [대표 문제]

함수 $f(x)=\dfrac{x+2}{2x-4}$에 대하여 보기의 구간에서 최댓값과 최솟값이 모두 존재하는 것만을 있는 대로 고르시오.

보기

ㄱ. $[-1, 0]$ 　 ㄴ. $[0, 1)$ 　 ㄷ. $[1, 3)$

ㄹ. $[2, 3]$ 　 ㅁ. $[3, 4]$

0183 (하)

닫힌구간 $[-1, 3]$에서 함수 $f(x)=\dfrac{3x+5}{x+2}$의 최댓값을 M, 함수 $g(x)=\sqrt{-x+4}$의 최솟값을 m이라 할 때, $M+m$의 값을 구하시오.

0184 (중)

닫힌구간 $[-1, 4]$에서 정의된 함수 $y=f(x)$의 그래프가 오른쪽 그림과 같을 때, 다음 중 옳은 것은?

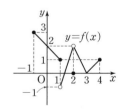

① $\displaystyle\lim_{x\to1}f(x)=1$

② 열린구간 $(-1, 4)$에서 함수 $f(x)$가 불연속인 x의 값은 3개이다.

③ 함수 $f(x)$는 닫힌구간 $[-1, 2]$에서 최댓값을 갖지 않는다.

④ 함수 $f(x)$는 닫힌구간 $[1, 3]$에서 최댓값과 최솟값을 모두 갖지 않는다.

⑤ 함수 $f(x)$는 닫힌구간 $[3, 4]$에서 최솟값을 갖지 않는다.

유형 09 사잇값 정리의 응용

함수 $f(x)$가 닫힌구간 $[a, b]$에서 연속이고 $f(a)f(b)<0$일 때, 방정식 $f(x)=0$은 열린구간 (a, b)에서 적어도 하나의 실근을 갖는다.

0185 대표 문제

방정식 $x^3-8x-10=0$이 오직 하나의 실근을 가질 때, 다음 중 이 방정식의 실근이 존재하는 구간은?

① $(0, 1)$ ② $(1, 2)$ ③ $(2, 3)$
④ $(3, 4)$ ⑤ $(4, 5)$

0186 종

방정식 $x^2+4x+a=0$이 열린구간 $(-1, 2)$에서 적어도 하나의 실근을 갖도록 하는 정수 a의 개수를 구하시오.

0187 종

보기의 방정식에서 사잇값 정리에 의하여 열린구간 $(2, 3)$에서 적어도 하나의 실근을 갖는다고 할 수 있는 것만을 있는 대로 고른 것은?

보기
ㄱ. $x^3-3x^2+3=0$ ㄴ. $\dfrac{4}{2x-1}-1=0$
ㄷ. $\sqrt{x}-\dfrac{3}{x}-1=0$

① ㄱ   ② ㄷ   ③ ㄱ, ㄴ
④ ㄴ, ㄷ   ⑤ ㄱ, ㄴ, ㄷ

유형 10 사잇값 정리의 응용 – 실근의 개수

방정식 $f(x)=0$이 어떤 구간에서 적어도 몇 개의 실근을 갖는지 구할 때는 그 구간에서 주어진 함숫값의 부호와 사잇값 정리를 이용한다.

0188 대표 문제

모든 실수 x에서 연속인 함수 $f(x)$에 대하여
$$f(-2)=-1, f(-1)=2, f(0)=-3,$$
$$f(1)=-2, f(2)=1$$
일 때, 방정식 $f(x)=0$은 열린구간 $(-2, 2)$에서 적어도 몇 개의 실근을 갖는지 구하시오.

0189 종

모든 실수 x에서 연속인 함수 $f(x)$에 대하여
$f(x)=f(-x)$가 성립하고
$$f(1)f(2)<0, f(4)f(5)<0$$
일 때, 방정식 $f(x)=0$은 적어도 몇 개의 실근을 갖는지 구하시오.

0190 종   서술형

모든 실수 x에서 연속인 함수 $f(x)$에 대하여 함수 $y=f(x)$의 그래프가 네 점 $(-1, -2)$, $(0, 2)$, $(1, -3)$, $(2, -2)$를 지날 때, 방정식 $f(x)=x$는 열린구간 $(-1, 2)$에서 적어도 몇 개의 실근을 갖는지 구하시오.

0191 상

다항함수 $f(x)$에 대하여
$$\lim_{x \to 0}\frac{f(x)}{x}=4, \lim_{x \to 2}\frac{f(x)}{x-2}=2$$
일 때, 방정식 $f(x)=0$은 닫힌구간 $[0, 2]$에서 적어도 몇 개의 실근을 갖는지 구하시오.

AB 유형 점검

0192 유형 01

보기의 함수 중 모든 실수 x에서 연속인 것만을 있는 대로 고른 것은?

> **보기**
> ㄱ. $f(x) = x|x|$　　　　ㄴ. $f(x) = \dfrac{x^2 + 3x + 1}{x - 4}$
>
> ㄷ. $f(x) = \begin{cases} \sqrt{x-1} & (x \ge 1) \\ x - 1 & (x < 1) \end{cases}$　ㄹ. $f(x) = \begin{cases} \dfrac{x^3 - 8}{x - 2} & (x \ne 2) \\ 2 & (x = 2) \end{cases}$

① ㄱ, ㄴ　　　② ㄱ, ㄷ　　　③ ㄱ, ㄹ
④ ㄴ, ㄷ　　　⑤ ㄷ, ㄹ

0193 유형 02

열린구간 $(-1, 5)$에서 정의된 함수 $y = f(x)$의 그래프가 오른쪽 그림과 같을 때, 함수 $f(x)$가 불연속인 모든 x의 값의 합을 구하시오.

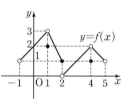

0194 유형 03

두 함수 $y = f(x)$, $y = g(x)$의 그래프가 다음 그림과 같을 때, 보기의 함수 중 $x = 0$에서 연속인 것만을 있는 대로 고르시오.

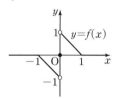 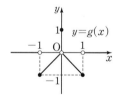

> **보기**
> ㄱ. $f(x) + g(x)$　　　ㄴ. $f(x)g(x)$
> ㄷ. $f(g(x))$　　　　　ㄹ. $g(f(x))$

0195 유형 04

함수 $f(x) = \begin{cases} \dfrac{x^2 - 4}{\sqrt{x + a} - 2} & (x \ne 2) \\ b & (x = 2) \end{cases}$ 가 $x = 2$에서 연속일 때,

상수 a, b에 대하여 ab의 값을 구하시오. (단, $b \ne 0$)

0196 유형 04 　　　| 모평 기출 |

실수 전체의 집합에서 정의된 두 함수 $f(x)$와 $g(x)$에 대하여

　　$x < 0$일 때, $f(x) + g(x) = x^2 + 4$
　　$x > 0$일 때, $f(x) - g(x) = x^2 + 2x + 8$

이다. 함수 $f(x)$가 $x = 0$에서 연속이고
$\lim\limits_{x \to 0-} g(x) - \lim\limits_{x \to 0+} g(x) = 6$일 때, $f(0)$의 값은?

① -3　　　② -1　　　③ 0
④ 1　　　⑤ 3

0197 유형 05 　　　| 모평 기출 |

함수 $f(x) = \begin{cases} x - \dfrac{1}{2} & (x < 0) \\ -x^2 + 3 & (x \ge 0) \end{cases}$ 에 대하여 함수 $\{f(x) + a\}^2$

이 실수 전체의 집합에서 연속일 때, 상수 a의 값은?

① $-\dfrac{9}{4}$　　　② $-\dfrac{7}{4}$　　　③ $-\dfrac{5}{4}$
④ $-\dfrac{3}{4}$　　　⑤ $-\dfrac{1}{4}$

0198 유형 05

두 함수

$$f(x)=x^2+ax+b, \quad g(x)=\begin{cases} -x+4 & (x \geq 2) \\ x-1 & (1 < x < 2) \\ x+1 & (x \leq 1) \end{cases}$$

에 대하여 함수 $f(x)g(x)$가 모든 실수 x에서 연속일 때, $f(-1)$의 값을 구하시오. (단, a, b는 상수)

0199 유형 05

함수 $f(x)=\begin{cases} -x+a & (x > 0) \\ x+2 & (x \leq 0) \end{cases}$에 대하여 함수

$f(x)f(x-1)$이 $x=1$에서 연속일 때, 모든 상수 a의 값의 곱을 구하시오.

0200 유형 06

모든 실수 x에서 연속인 함수 $f(x)$가
$$(x-a)f(x)=x^2+2x+1$$
을 만족시킬 때, 상수 a에 대하여 $a+f(a)$의 값은?

① -2 ② -1 ③ 0
④ 1 ⑤ 2

0201 유형 07

두 함수 $f(x)=3x$, $g(x)=x^2-9$에 대하여 다음 중 모든 실수 x에서 연속인 함수가 <u>아닌</u> 것은?

① $3f(x)-g(x)$ ② $\dfrac{f(x)g(x)}{3}$

③ $g(f(x))$ ④ $f(g(x))$

⑤ $\dfrac{f(x)}{g(x)}$

0202 유형 07

함수 $f(x)=\dfrac{1}{x-\dfrac{2}{x-1}}$이 불연속인 x의 값의 개수를 구하시오.

0203 유형 08

함수 $f(x)=\dfrac{2}{x-1}$에 대하여 다음 중 최댓값이 존재하지 <u>않는</u> 구간은?

① $[-1, 0]$ ② $[0, 1)$ ③ $(1, 2]$
④ $[2, 3]$ ⑤ $[3, 4]$

0204 유형 09

모든 실수 x에서 연속인 함수 $f(x)$에 대하여
$f(0)=k+2$, $f(2)=k-3$이다. 방정식 $f(x)=3x$가 중근이 아닌 오직 하나의 실근을 가질 때, 이 실근이 열린구간 $(0, 2)$에 존재하도록 하는 정수 k의 개수를 구하시오.

0205 유형 09 　　　　　　　　　　　　　|학평 기출|

두 자연수 m, n에 대하여 함수 $f(x)=x(x-m)(x-n)$이

$$f(1)f(3)<0,\ f(3)f(5)<0$$

을 만족시킬 때, $f(6)$의 값은?

① 30　　　　　② 36　　　　　③ 42

④ 48　　　　　⑤ 54

0206 유형 10

모든 실수 x에서 연속인 함수 $f(x)$에 대하여 함수 $y=f(x)$의 그래프가 네 점 $(-2, 1)$, $(-1, -1)$, $(0, 3)$, $(1, 1)$을 지날 때, 방정식 $f(x)=x+1$은 열린구간 $(-2, 1)$에서 적어도 n개의 실근을 갖는다. 이때 n의 값을 구하시오.

0207 유형 10

A 지점에서 출발한 자동차가 중간에 휴게소에서 한 번 정차하였다가 B 지점에 도착하여 멈췄다. A 지점에서 휴게소까지 갈 때의 이 자동차의 최고 속력은 시속 80 km이고, 휴게소에서 B 지점까지 갈 때의 이 자동차의 최고 속력은 시속 60 km일 때, 보기에서 항상 옳은 것만을 있는 대로 고르시오.

┌ 보기 ┐
ㄱ. 속력이 시속 70 km인 순간이 적어도 2번 존재한다.
ㄴ. 속력이 시속 50 km인 순간이 적어도 4번 존재한다.
ㄷ. A 지점에서 휴게소까지 갈 때의 평균 속력이 휴게소에서 B 지점까지 갈 때의 평균 속력보다 빠르다.
└─────┘

서술형

0208 유형 04

함수 $f(x)=\begin{cases} x^2+a & (x\geq1) \\ 3x+3 & (-1\leq x<1) \\ x+b & (x<-1) \end{cases}$ 가 모든 실수 x에서 연속일 때, $f(-2)+f(2)$의 값을 구하시오. (단, a, b는 상수)

0209 유형 06

모든 실수 x에서 연속인 함수 $f(x)$가 다음 조건을 모두 만족시킬 때, $f(-1)$의 값을 구하시오. (단, a, b는 상수)

┌─────────────────────┐
(개) $(x+1)f(x)=x^3+ax^2+bx$
(내) $\displaystyle\lim_{x\to1}f(x)=4$
└─────────────────────┘

0210 유형 04 + 08

닫힌구간 $[-1, 2]$에서 정의된 함수 $f(x)$가 연속이고

$$f(x)=\begin{cases} \dfrac{x^2-ax+b}{x-1} & (-1\leq x<1) \\ x^2+c & (1\leq x\leq 2) \end{cases}$$

일 때, 함수 $f(x)$의 최댓값과 최솟값의 차를 구하시오.

　　　　　　　　　　　　　　　　(단, a, b, c는 상수)

C 실력 향상

0211

실수 t에 대하여 직선 $y=t$가 곡선 $y=|x^2-4x|$와 만나는 점의 개수를 $f(t)$라 하자. 최고차항의 계수가 1인 이차함수 $g(t)$에 대하여 함수 $f(t)g(t)$가 모든 실수 t에서 연속일 때, $f(3)+g(5)$의 값을 구하시오.

0212 | 모평 기출 |

두 함수 $f(x)=\begin{cases} -2x+3 & (x<0) \\ -2x+2 & (x\geq0) \end{cases}$,

$g(x)=\begin{cases} 2x & (x<a) \\ 2x-1 & (x\geq a) \end{cases}$가 있다. 함수 $f(x)g(x)$가 실수 전체의 집합에서 연속이 되도록 하는 상수 a의 값은?

① -2 ② -1 ③ 0
④ 1 ⑤ 2

0213 | 수능 기출 |

최고차항의 계수가 1인 삼차함수 $f(x)$에 대하여 실수 전체의 집합에서 연속인 함수 $g(x)$가 다음 조건을 만족시킨다.

> (가) 모든 실수 x에 대하여 $f(x)g(x)=x(x+3)$이다.
> (나) $g(0)=1$

$f(1)$이 자연수일 때, $g(2)$의 최솟값은?

① $\dfrac{5}{13}$ ② $\dfrac{5}{14}$ ③ $\dfrac{1}{3}$
④ $\dfrac{5}{16}$ ⑤ $\dfrac{5}{17}$

0214

함수 $f(x)=x^2-12x+a$에 대하여 함수 $g(x)$를

$$g(x)=\begin{cases} 2x+4a & (x\geq a) \\ f(x+6) & (x<a) \end{cases}$$

이라 할 때, 다음 조건을 모두 만족시키는 모든 실수 a의 값의 곱을 구하시오.

> (가) 방정식 $f(x)=0$은 열린구간 $(0, 2)$에서 적어도 하나의 실근을 갖는다.
> (나) 함수 $f(x)g(x)$는 $x=a$에서 연속이다.

🔖 기출 BOOK 8쪽

II

/

미분

03-1 평균변화율   유형 01, 02

개념+

(1) 증분

함수 $y=f(x)$에서 x의 값이 a에서 b까지 변할 때

① x의 값의 변화량 $b-a$를 x의 **증분**이라 한다.   기호 Δx

② y의 값의 변화량 $f(b)-f(a)$를 y의 **증분**이라 한다.   기호 Δy

(2) 평균변화율

함수 $y=f(x)$에서 x의 값이 a에서 b까지 변할 때의 **평균변화율**은

$$\frac{\Delta y}{\Delta x}=\frac{f(b)-f(a)}{b-a}=\frac{f(a+\Delta x)-f(a)}{\Delta x}$$

참고 함수 $y=f(x)$의 평균변화율은 함수 $y=f(x)$의 그래프 위의 두 점 $(a, f(a))$, $(b, f(b))$를 지나는 직선의 기울기와 같다.

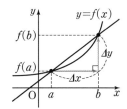

> Δ는 차를 뜻하는 Difference의 첫 글자 D에 해당하는 그리스 문자로, '델타(delta)'라 읽는다.

03-2 미분계수   유형 02~06

(1) 미분계수

함수 $y=f(x)$의 $x=a$에서의 **순간변화율** 또는 **미분계수**는

$$f'(a)=\lim_{\Delta x \to 0}\frac{\Delta y}{\Delta x}=\lim_{\Delta x \to 0}\frac{f(a+\Delta x)-f(a)}{\Delta x}=\lim_{x \to a}\frac{f(x)-f(a)}{x-a}$$

이고 함수 $f(x)$의 $x=a$에서의 미분계수 $f'(a)$가 존재할 때 함수 $f(x)$는 $x=a$에서 **미분가능**하다고 한다.

> 참고 • 함수 $f(x)$가 정의역에 속하는 모든 x에서 미분가능하면 함수 $f(x)$는 미분가능한 함수라 한다.
>
> • 미분계수의 정의에서 Δx 대신 h를 사용하여 $f'(a)=\lim_{h \to 0}\dfrac{f(a+h)-f(a)}{h}$와 같이 나타낼 수도 있다.

(2) 미분계수의 기하적 의미

함수 $f(x)$의 $x=a$에서의 미분계수 $f'(a)$는 곡선 $y=f(x)$ 위의 점 $(a, f(a))$에서의 접선의 기울기와 같다.

> 미분계수 $f'(a)$는 'f prime a'라 읽는다.

03-3 미분가능성과 연속성   유형 07, 08

함수 $f(x)$가 $x=a$에서 미분가능하면 $f(x)$는 $x=a$에서 연속이다.

> 참고 일반적으로 위의 역은 성립하지 않는다. 즉, $x=a$에서 연속인 함수 $f(x)$가 $x=a$에서 반드시 미분가능한 것은 아니다.

> 함수 $f(x)$가 $x=a$에서 미분가능하지 않은 경우
> ① $x=a$에서 불연속인 경우
> ② $x=a$에서 그래프가 꺾인 경우

03-1 평균변화율

[0215~0218] 다음 함수에서 x의 값이 1에서 3까지 변할 때의 평균변화율을 구하시오.

0215 $f(x)=x+2$

0216 $f(x)=2x^2$

0217 $f(x)=-x^2+1$

0218 $f(x)=x^3-3x$

0219 함수 $f(x)=x^2+5$에서 x의 값이 다음과 같이 변할 때의 평균변화율을 구하시오.

(1) -3에서 2까지 변할 때

(2) 1에서 $1+\Delta x$까지 변할 때

03-2 미분계수

[0220~0223] 다음 함수의 $x=1$에서의 미분계수를 구하시오.

0220 $f(x)=-2x+1$

0221 $f(x)=x^2-x$

0222 $f(x)=-3x^2$

0223 $f(x)=x^3$

[0224~0225] 다음 함수의 $x=a$에서의 미분계수가 6일 때, 양수 a의 값을 구하시오.

0224 $f(x)=x^2+2$

0225 $f(x)=2x^3-4$

[0226~0228] 다음 함수 $f(x)$에 대하여 곡선 $y=f(x)$ 위의 주어진 점에서의 접선의 기울기를 구하시오.

0226 $f(x)=-3x^2+7$ $(0,\ 7)$

0227 $f(x)=2x^2-3x+1$ $(-1,\ 6)$

0228 $f(x)=-x^3-x$ $(1,\ -2)$

03-3 미분가능성과 연속성

0229 함수 $f(x)=\begin{cases} x-1 & (x\geq 2) \\ -x^2+5 & (x<2) \end{cases}$ 에 대하여 다음 물음에 답하시오.

(1) $x=2$에서의 연속성을 조사하시오.

(2) $x=2$에서의 미분가능성을 조사하시오.

0230 함수 $f(x)=|x-3|$에 대하여 다음 물음에 답하시오.

(1) $x=3$에서의 연속성을 조사하시오.

(2) $x=3$에서의 미분가능성을 조사하시오.

03-4 도함수   유형 09   개념⁺

(1) 도함수

미분가능한 함수 $f(x)$의 정의역의 각 원소 x에 미분계수 $f'(x)$를 대응시키는 새로운 함수를 함수 $f(x)$의 **도함수**라 하고, 기호로

$$f'(x),\ y',\ \frac{dy}{dx},\ \frac{d}{dx}f(x)$$

와 같이 나타낸다. 즉,

$$f'(x)=\lim_{\Delta x \to 0}\frac{f(x+\Delta x)-f(x)}{\Delta x}$$

> **참고** 도함수의 정의에서 Δx 대신 h를 사용하여 $f'(x)=\lim\limits_{h \to 0}\dfrac{f(x+h)-f(x)}{h}$와 같이 나타낼 수도 있다.

(2) 함수 $f(x)$의 도함수 $f'(x)$를 구하는 것을 함수 $f(x)$를 x에 대하여 미분한다고 하고, 그 계산법을 미분법이라 한다.

> $\dfrac{dy}{dx}$는 y를 x에 대하여 미분한다는 뜻으로 '디와이(dy) 디엑스 (dx)'라 읽는다.

> 함수 $f(x)$의 $x=a$에서의 미분계수 $f'(a)$는 도함수 $f'(x)$의 식에 $x=a$를 대입한 것과 같다.

03-5 미분법의 공식   유형 10~18

(1) 함수 $f(x)=x^n$ (n은 양의 정수)과 상수함수의 도함수

① $f(x)=x^n$ ($n\geq2$인 정수)이면 $f'(x)=nx^{n-1}$

② $f(x)=x$이면 $f'(x)=1$

③ $f(x)=c$ (c는 상수)이면 $f'(x)=0$

$$(x^n)'=nx^{n-1}$$

(2) 함수의 실수배, 합, 차의 미분법

두 함수 $f(x)$, $g(x)$가 미분가능할 때

① $\{kf(x)\}'=kf'(x)$ (단, k는 실수)

② $\{f(x)+g(x)\}'=f'(x)+g'(x)$

③ $\{f(x)-g(x)\}'=f'(x)-g'(x)$

> ②, ③은 세 개 이상의 함수에서도 성립한다.

03-6 함수의 곱의 미분법   유형 11, 12, 13, 18

세 함수 $f(x)$, $g(x)$, $h(x)$가 미분가능할 때

(1) $\{f(x)g(x)\}'=f'(x)g(x)+f(x)g'(x)$

(2) $\{f(x)g(x)h(x)\}'=f'(x)g(x)h(x)+f(x)g'(x)h(x)+f(x)g(x)h'(x)$

(3) $[\{f(x)\}^n]'=n\{f(x)\}^{n-1}\times f'(x)$ (단, $n\geq2$인 정수)

> **참고** $[\{f(x)\}^n]'=\{\underbrace{f(x)\times f(x)\times\cdots\times f(x)}_{n개}\}'$
> $=f'(x)\times\{f(x)\}^{n-1}\times n$
> $=n\{f(x)\}^{n-1}\times f'(x)$

> 함수의 곱의 미분법을 이용하면 곱의 꼴로 나타내어진 함수를 전개하지 않고 미분할 수 있다.

> a가 실수일 때,
> $y=(x+a)^n$ ($n\geq2$ 정수)이면
> $y'=n(x+a)^{n-1}$

예 (1) $y=x(2x+1)$이면
$y'=\{x(2x+1)\}'=(x)'(2x+1)+x(2x+1)'=2x+1+x\times2=4x+1$

(2) $y=x(x+1)(x-2)$이면
$y'=\{x(x+1)(x-2)\}'=(x)'(x+1)(x-2)+x(x+1)'(x-2)+x(x+1)(x-2)'$
$=(x+1)(x-2)+x(x-2)+x(x+1)=x^2-x-2+x^2-2x+x^2+x=3x^2-2x-2$

(3) $y=(2x+3)^2$이면
$y'=\{(2x+3)^2\}'=2(2x+3)\times(2x+3)'=2(2x+3)\times2=8x+12$

03-4 도함수

[0231~0234] 도함수의 정의를 이용하여 다음 함수의 도함수를 구하시오.

0231 $f(x)=8$

0232 $f(x)=x+6$

0233 $f(x)=-2x-1$

0234 $f(x)=x^2+5x$

03-5 미분법의 공식

[0235~0238] 다음 함수를 미분하시오.

0235 $y=x^3$

0236 $y=x^9$

0237 $y=-x^{12}$

0238 $y=-6$

[0239~0242] 다음 함수를 미분하시오.

0239 $y=-x+10$

0240 $y=\dfrac{1}{2}x^2+4x$

0241 $y=-x^3+6x^2-2$

0242 $y=-\dfrac{1}{6}x^6+\dfrac{3}{2}x^4+2x^2$

0243 미분가능한 두 함수 $f(x)$, $g(x)$에 대하여
$$f'(0)=6,\ g'(0)=-4$$
일 때, 다음 함수의 $x=0$에서의 미분계수를 구하시오.

(1) $f(x)+g(x)$

(2) $f(x)-3g(x)$

03-6 함수의 곱의 미분법

[0244~0247] 다음 함수를 미분하시오.

0244 $y=x(x-9)$

0245 $y=(x+5)(x-2)$

0246 $y=(3x-4)(x^2-1)$

0247 $y=(x^2+6x-8)(x+1)$

[0248~0249] 다음 함수를 미분하시오.

0248 $y=x(x-2)(x+3)$

0249 $y=(-x+5)(x-2)(2x+1)$

[0250~0252] 다음 함수를 미분하시오.

0250 $y=(3x-5)^2$

0251 $y=(2x+1)^3$

0252 $y=(x+3)(4x-1)^2$

B 유형 완성

하 10% ···· 중 80% ···· 상 10%

유형 01 평균변화율

함수 $y=f(x)$에서 x의 값이 a에서 b까지 변할 때의 평균변화율은

$$\frac{\Delta y}{\Delta x}=\frac{f(b)-f(a)}{b-a}=\frac{f(a+\Delta x)-f(a)}{\Delta x}$$

0253 대표 문제

함수 $f(x)=x^2-x+2$에서 x의 값이 a에서 $a+1$까지 변할 때의 평균변화율이 4일 때, 상수 a의 값은?

① 1   ② 2   ③ 3

④ 4   ⑤ 5

0254 하

함수 $f(x)=x^3+ax+1$에서 x의 값이 -2에서 3까지 변할 때의 평균변화율이 10일 때, 상수 a의 값은?

① -3 ② -1 ③ 1

④ 3   ⑤ 5

0255 중 서술형

함수 $f(x)=x(x-1)(x+2)$에서 x의 값이 -3에서 0까지 변할 때의 평균변화율과 x의 값이 0에서 a까지 변할 때의 평균변화율이 서로 같을 때, 양수 a의 값을 구하시오.

유형 02 미분계수

함수 $f(x)$의 $x=a$에서의 순간변화율 또는 미분계수는

$$f'(a)=\lim_{\Delta x \to 0}\frac{f(a+\Delta x)-f(a)}{\Delta x}$$
$$=\lim_{h \to 0}\frac{f(a+h)-f(a)}{h}$$
$$=\lim_{x \to a}\frac{f(x)-f(a)}{x-a}$$

0256 대표 문제

함수 $f(x)=-x^2+x+2$에 대하여 x의 값이 -1에서 1까지 변할 때의 평균변화율과 $x=a$에서의 미분계수가 같을 때, 상수 a의 값을 구하시오.

0257 중

함수 $f(x)=x^2-4x+1$에 대하여 x의 값이 0에서 a까지 변할 때의 평균변화율과 $x=3$에서의 미분계수가 같을 때, 상수 a의 값은? (단, $a>0$)

① 3   ② 4   ③ 5

④ 6   ⑤ 7

0258 중 서술형

함수 $f(x)=2x^2+ax+1$에 대하여 x의 값이 1에서 3까지 변할 때의 평균변화율이 $x=1$에서의 순간변화율의 5배일 때, 상수 a의 값을 구하시오.

0259 (중)

| 학평 기출 |

0이 아닌 모든 실수 h에 대하여 다항함수 $f(x)$에서 x의 값이 1에서 $1+h$까지 변할 때의 평균변화율이 h^2+2h+3일 때, $f'(1)$의 값은?

① 1   ② $\dfrac{3}{2}$ ③ 2

④ $\dfrac{5}{2}$ ⑤ 3

빈출

◈ 개념루트 미적분 Ⅰ 78쪽

유형 03 미분계수를 이용한 극한값의 계산 (1)

분모의 항이 1개이면
$$\lim_{h \to 0}\frac{f(a+h)-f(a)}{h}=f'(a) \to \lim_{\bullet \to 0}\frac{f(a+\bullet)-f(a)}{\bullet}=f'(a)$$
임을 이용하여 주어진 극한값을 $f'(a)$로 나타낸다.

0260 대표 문제

미분가능한 함수 $f(x)$에 대하여 $f'(2)=4$일 때,
$\lim\limits_{h \to 0}\dfrac{f(2+5h)-f(2)}{2h}$의 값을 구하시오.

0261 (하)

미분가능한 함수 $f(x)$에 대하여
$\lim\limits_{h \to 0}\dfrac{f(a+h)-f(a-4h)}{3h}$의 값을 $f'(a)$를 이용하여 나타내면?

① $-\dfrac{5}{3}f'(a)$ ② $-f'(a)$ ③ $-\dfrac{2}{3}f'(a)$

④ $\dfrac{2}{3}f'(a)$ ⑤ $\dfrac{5}{3}f'(a)$

0262 (중)

미분가능한 함수 $f(x)$에 대하여 $f'(3)=2$이고
$\lim\limits_{h \to 0}\dfrac{f(3+ah)-f(3)}{h}=12$일 때, 상수 a의 값을 구하시오.

0263 (중)

미분가능한 함수 $f(x)$에 대하여 $\lim\limits_{h \to 0}\dfrac{f(2+3h)-1}{h}=9$일 때, $f'(2)$의 값을 구하시오.

0264 (중)

미분가능한 함수 $f(x)$에 대하여 $f'(1)=3$일 때,
$\lim\limits_{t \to \infty} t\left\{f\left(1+\dfrac{2}{t}\right)-f\left(1+\dfrac{1}{t}\right)\right\}$의 값은?

① 3   ② 6   ③ 9

④ 12   ⑤ 15

0265 (상)

미분가능한 두 함수 $f(x)$, $g(x)$가 다음 조건을 모두 만족시킬 때, $\lim\limits_{h \to 0}\dfrac{g(h)}{h}$의 값을 구하시오.

(가) $f'(a)=-2$

(나) $\lim\limits_{h \to 0}\dfrac{f(a-2h)-f(a)-g(h)}{h}=0$

유형 04 미분계수를 이용한 극한값의 계산 (2)

분모의 항이 2개이면
$$\lim_{x \to a} \frac{f(x)-f(a)}{x-a}=f'(a) \to \lim_{\bullet \to \blacktriangle} \frac{f(\bullet)-f(\blacktriangle)}{\bullet - \blacktriangle}=f'(\blacktriangle)$$
임을 이용하여 주어진 극한값을 $f'(a)$로 나타낸다.

0266 대표 문제

미분가능한 함수 $f(x)$에 대하여 $f(2)=-1$, $f'(2)=-3$

일 때, $\lim_{x \to 2} \frac{x^2 f(2)-4f(x)}{x-2}$의 값은?

① -8 ② -4 ③ 4

④ 8 ⑤ 12

0267 중

미분가능한 함수 $f(x)$에 대하여 $f'(1)=2$일 때,

$\lim_{x \to 1} \frac{f(x^3)-f(1)}{x^2-1}$의 값은?

① 1 ② $\frac{3}{2}$ ③ 2

④ $\frac{5}{2}$ ⑤ 3

0268 중

서술형

미분가능한 함수 $f(x)$에 대하여

$\lim_{h \to 0} \frac{f(1+h)-f(1-3h)}{2h}=-6$일 때, $\lim_{x \to 1} \frac{f(x)-f(1)}{x^3-1}$

의 값을 구하시오.

0269 중

미분가능한 함수 $f(x)$에 대하여 $f(3)=4$, $f'(3)=9$일 때,

$\lim_{x \to 3} \frac{\sqrt{f(x)}-\sqrt{f(3)}}{x^2-9}$의 값을 구하시오.

0270 상

| 학평 기출 |

두 다항함수 $f(x)$, $g(x)$가 다음 조건을 만족시킨다.

> (가) $\lim_{x \to 1} \frac{f(x)-g(x)}{x-1}=5$
>
> (나) $\lim_{x \to 1} \frac{f(x)+g(x)-2f(1)}{x-1}=7$

두 실수 a, b에 대하여 $\lim_{x \to 1} \frac{f(x)-a}{x-1}=b \times g(1)$일 때, ab

의 값은?

① 4 ② 5 ③ 6

④ 7 ⑤ 8

유형 05 관계식이 주어질 때 미분계수 구하기

함수 $f(x)$에 대한 관계식이 주어지면 미분계수 $f'(a)$는 다음과
같은 순서로 구한다.
(i) 주어진 관계식의 x, y에 $x=0$, $y=0$을 대입하여 $f(0)$의 값
 을 구한다.
(ii) $f'(a)=\lim_{h \to 0} \frac{f(a+h)-f(a)}{h}$에서 $f(a+h)$를 주어진 관계
 식을 이용하여 변형한다.
(iii) 주어진 조건을 이용하여 $f'(a)$의 값을 구한다.

0271 대표 문제

미분가능한 함수 $f(x)$가 모든 실수 x, y에 대하여
$$f(x+y)=f(x)+f(y)+3xy-1$$
을 만족시키고 $f'(0)=3$일 때, $f'(2)$의 값을 구하시오.

0272 ⓤ

서술형

미분가능한 함수 $f(x)$가 모든 실수 x, y에 대하여
$$f(x+y)=f(x)+f(y)+xy$$
를 만족시키고 $f'(2)=4$일 때, $f'(1)$의 값을 구하시오.

0273 ⓤ

미분가능한 함수 $f(x)$가 모든 실수 x, y에 대하여
$$f(x+y)=2f(x)f(y)$$
를 만족시키고 $f'(0)=2$일 때, $\dfrac{f'(1)}{f(1)}$의 값은?

(단, $f(x) \neq 0$)

① $\dfrac{1}{4}$ ② $\dfrac{1}{2}$ ③ 1

④ 2   ⑤ 4

◆◆ 개념루트 미적분 I 82쪽

유형 06 미분계수의 기하적 의미

함수 $f(x)$의 $x=a$에서의 미분계수 $f'(a)$는 곡선 $y=f(x)$ 위의 점 $(a, f(a))$에서의 접선의 기울기와 같다.

0274 대표 문제

함수 $y=f(x)$의 그래프와 직선 $y=x$가 오른쪽 그림과 같다.
$0<a<1<b$일 때, 보기에서 옳은 것만을 있는 대로 고르시오.

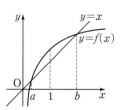

보기
ㄱ. $\dfrac{f(b)}{b}<1<\dfrac{f(a)}{a}$ ㄴ. $f'(a)>f'(b)$

ㄷ. $f'(b)<\dfrac{f(b)-f(a)}{b-a}$

0275 ⓤ

곡선 $y=f(x)$ 위의 점 $(2, f(2))$에서의 접선의 기울기가 3일 때, $\displaystyle\lim_{h \to 0}\dfrac{f(2+h)-f(2-5h)}{3h}$의 값을 구하시오.

0276 ⓤ

두 이차함수 $y=f(x)$, $y=g(x)$의 그래프가 오른쪽 그림과 같다. b, c는 각각 두 함수 $y=g(x)$, $y=f(x)$의 그래프의 꼭짓점의 x좌표이고, $a<b<c<d$일 때, 부등식 $f'(x)g'(x)>0$의 해를 구하시오.

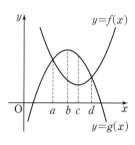

0277 ⓤ

함수 $y=f(x)$의 그래프와 직선 $y=k$가 오른쪽 그림과 같다.
$a<b<c$일 때, 보기에서 옳은 것만을 있는 대로 고른 것은?

(단, k는 상수)

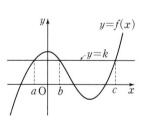

보기
ㄱ. $f'(a)+f'(c)>0$ ㄴ. $f'(a)f'(b)f'(c)>0$

ㄷ. $\dfrac{f(b)}{b}>\dfrac{f(c)}{c}$ ㄹ. $\dfrac{f(c)-f(0)}{c}>f'(a)$

① ㄱ, ㄴ   ② ㄱ, ㄷ   ③ ㄱ, ㄹ
④ ㄴ, ㄷ   ⑤ ㄷ, ㄹ

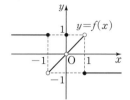

유형 07 미분가능성과 연속성 (1)

함수 $f(x)$가 실수 a에 대하여
(1) $\lim\limits_{x \to a} f(x) = f(a)$이면 $x=a$에서 연속이다.
(2) $f'(a) = \lim\limits_{x \to a} \dfrac{f(x)-f(a)}{x-a}$가 존재하면 $x=a$에서 미분가능하다.

0278 [대표 문제]

다음 함수 중 $x=1$에서 연속이지만 미분가능하지 않은 것은?

① $f(x) = x-1$
② $f(x) = |x|(x-1)$
③ $f(x) = |x^2 - x|$
④ $f(x) = \dfrac{x^2-1}{|x-1|}$
⑤ $f(x) = \begin{cases} x^2 & (x \ge 1) \\ 2x-1 & (x < 1) \end{cases}$

0279 ⑧

함수 $f(x) = |x-2|$에 대하여 보기에서 옳은 것만을 있는 대로 고른 것은?

| 보기 |
ㄱ. 함수 $f(x)$는 $x=2$에서 연속이다.
ㄴ. 함수 $xf(x)$는 $x=2$에서 미분가능하다.
ㄷ. 함수 $x(x-2)f(x)$는 $x=2$에서 연속이지만 미분가능하지 않다.

① ㄱ
② ㄴ
③ ㄷ
④ ㄱ, ㄴ
⑤ ㄱ, ㄷ

0280 ⑧

두 함수 $y=f(x)$, $y=g(x)$의 그래프가 다음 그림과 같을 때, 보기에서 옳은 것만을 있는 대로 고르시오.

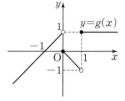

| 보기 |
ㄱ. 함수 $f(x)+g(x)$는 $x=1$에서 연속이다.
ㄴ. 함수 $f(x)-g(x)$는 $x=-1$에서 불연속이다.
ㄷ. 함수 $f(x)g(x)$는 $x=0$에서 미분가능하다.

유형 08 미분가능성과 연속성 (2)

함수 $f(x)$가
(1) $x=a$에서 불연속인 경우
 ➡ $x=a$에서 그래프가 끊어져 있다.
(2) $x=a$에서 미분가능하지 않은 경우
 ➡ ① $x=a$에서 불연속이다.
  ② $x=a$에서 그래프가 꺾여 있다.

0281 [대표 문제]

$-2 < x < 4$에서 정의된 함수 $y=f(x)$의 그래프가 오른쪽 그림과 같을 때, 다음 중 옳지 <u>않은</u> 것은?

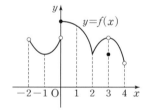

① $\lim\limits_{x \to 1} \dfrac{f(x)-f(1)}{x-1} < 0$
② $\lim\limits_{x \to 3} f(x)$의 값이 존재한다.
③ $f'(x)=0$인 x의 값은 1개이다.
④ 불연속인 x의 값은 2개이다.
⑤ 미분가능하지 않은 x의 값은 2개이다.

0282 (하)

$-1<x<6$에서 정의된 함수 $y=f(x)$의 그래프가 다음 그림과 같을 때, 함수 $f(x)$가 불연속인 x의 값의 개수를 m, 미분가능하지 않은 x의 값의 개수를 n이라 하자. 이때 $m+n$의 값은?

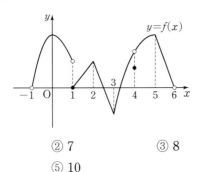

① 6   ② 7   ③ 8

④ 9   ⑤ 10

유형 09   도함수의 정의

미분가능한 함수 $f(x)$의 도함수는

$$f'(x)=\lim_{\Delta x \to 0}\frac{f(x+\Delta x)-f(x)}{\Delta x}$$
$$=\lim_{h \to 0}\frac{f(x+h)-f(x)}{h}$$

0283 [대표 문제]

다음은 도함수의 정의를 이용하여 함수 $f(x)=x^3$의 도함수를 구하는 과정이다. 이때 (가), (나), (다)에 알맞은 것을 구하시오.

$$f'(x)=\lim_{h \to 0}\frac{f(x+h)-f(x)}{h}$$
$$=\lim_{h \to 0}\frac{(\boxed{\text{(가)}})^3-x^3}{h}$$
$$=\lim_{h \to 0}\frac{\boxed{\text{(나)}}+3xh^2+h^3}{h}$$
$$=\lim_{h \to 0}(\boxed{\text{(다)}}+3xh+h^2)$$
$$=\boxed{\text{(다)}}$$

0284 (중)

미분가능한 함수 $f(x)$에 대하여 보기에서 도함수 $f'(x)$와 같은 것만을 있는 대로 고르시오.

> 보기
> ㄱ. $\lim_{h \to 0}\dfrac{f(x+2h)-f(x)}{2h}$
>
> ㄴ. $\lim_{h \to 0}\dfrac{f(x)-f(x-h)}{h}$
>
> ㄷ. $\lim_{h \to 0}\dfrac{f(x+h)-f(x-h)}{3h}$

0285 (중)

미분가능한 함수 $f(x)$가 모든 실수 x, y에 대하여
$$f(x+y)=f(x)+f(y)+6xy-1$$
을 만족시키고 $f'(0)=2$일 때, $f'(x)$는?

① $f'(x)=2x-1$ ② $f'(x)=2x+2$

③ $f'(x)=6x-1$ ④ $f'(x)=6x+1$

⑤ $f'(x)=6x+2$

[빈출]
◆◆ 개념루트 미적분 I 96쪽

유형 10   미분법의 공식

(1) 함수 $y=x^n$ (n은 양의 정수)과 상수함수의 도함수
   ① $y=x^n$ ($n \geq 2$인 정수) ➡ $y'=nx^{n-1}$
   ② $y=x$ ➡ $y'=1$
   ③ $y=c$ (c는 상수) ➡ $y'=0$

(2) 함수의 실수배, 합, 차의 미분법
   두 함수 $f(x)$, $g(x)$가 미분가능할 때
   ① $y=kf(x)$ (k는 실수) ➡ $y'=kf'(x)$
   ② $y=f(x)+g(x)$ ➡ $y'=f'(x)+g'(x)$
   ③ $y=f(x)-g(x)$ ➡ $y'=f'(x)-g'(x)$

0286 [대표 문제]

함수 $f(x)=x^3-4x^2+3x$에 대하여 $f'(2)$의 값은?

① -2 ② -1 ③ 1

④ 2   ⑤ 3

0287 (중)

함수 $f(x)=1-x+x^2-x^3+\cdots+x^{10}$에 대하여 $f'(0)+f'(1)$의 값은?

① -6　　　　② -4　　　　③ -1

④ 1　　　　⑤ 4

0288 (중)

함수 $f(x)=x^3+ax^2-(a+1)x+1$에 대하여 $f'(2)=5$일 때, 상수 a의 값을 구하시오.

0289 (중)　　　　　　　　　　　　　　　서술형

함수 $f(x)=ax^2+bx+c$에 대하여

$$f(2)=2, \ f'(1)=2, \ f'(2)=8$$

일 때, abc의 값을 구하시오. (단, a, b, c는 상수)

0290 (중)

미분가능한 함수 $f(x)$가 $f(x)=2x^3-4x^2-xf'(1)$을 만족시킬 때, $f'(2)$의 값은?

① 1　　　　② 3　　　　③ 5

④ 7　　　　⑤ 9

빈출

유형 11　**곱의 미분법**

세 함수 $f(x)$, $g(x)$, $h(x)$가 미분가능할 때

(1) $y=f(x)g(x)$
  ➡ $y'=f'(x)g(x)+f(x)g'(x)$

(2) $y=f(x)g(x)h(x)$
  ➡ $y'=f'(x)g(x)h(x)+f(x)g'(x)h(x)+f(x)g(x)h'(x)$

(3) $y=\{f(x)\}^n$ (단, $n\geq 2$인 정수)
  ➡ $y'=n\{f(x)\}^{n-1}f'(x)$

0291　**대표 문제**

함수 $f(x)=(2x^2+1)(x^3+x^2-1)$에 대하여 $f'(1)$의 값은?

① 15　　　　② 17　　　　③ 19

④ 21　　　　⑤ 23

0292 (하)

함수 $f(x)=(x^2+3x)(x+1)(x-2)$에 대하여 $f'(1)$의 값을 구하시오.

0293 (중)

함수 $f(x)=(x^3+1)(x^2+k)$에 대하여 $f'(-1)=9$일 때, 상수 k의 값은?

① -2　　　　② -1　　　　③ 0

④ 1　　　　⑤ 2

0294 (종)
| 수능 기출 |

다항함수 $f(x)$에 대하여 함수 $g(x)$를
$$g(x)=x^2 f(x)$$
라 하자. $f(2)=1$, $f'(2)=3$일 때, $g'(2)$의 값은?

① 12   ② 14   ③ 16
④ 18   ⑤ 20

유형 12 접선의 기울기와 미분법

함수 $y=f(x)$의 그래프 위의 점 (a, b)에서의 접선의 기울기가 m이면
➡ $f(a)=b$, $f'(a)=m$

0297 대표 문제

곡선 $y=-x^3+2ax^2+bx-1$ 위의 점 $(-1, 2)$에서의 접선의 기울기가 3일 때, 상수 a, b에 대하여 $a-b$의 값은?

① 2   ② 3   ③ 4
④ 5   ⑤ 6

0295 (종)

함수 $f(x)=(3x-2)^3(x^2+x)^2$에 대하여 $f'(1)$의 값은?

① 46   ② 48   ③ 50
④ 52   ⑤ 54

0298 (종)
서술형 ㅇ

곡선 $y=x^2+ax+5$ 위의 점 $(2, 3)$에서의 접선의 기울기가 m일 때, 상수 a, m에 대하여 $a+m$의 값을 구하시오.

0299 (종)

곡선 $y=x^3-9x^2+17x+5$에 접하는 직선의 기울기를 m이라 할 때, m의 최솟값을 구하시오.

0296 (종)
| 학평 기출 |

두 다항함수 $f(x)$, $g(x)$가
$$\lim_{x \to 2} \frac{f(x)-4}{x^2-4}=2, \quad \lim_{x \to 2} \frac{g(x)+1}{x-2}=8$$
을 만족시킨다. 함수 $h(x)=f(x)g(x)$에 대하여 $h'(2)$의 값을 구하시오.

0300 (상)

함수 $f(x)=(x-k)^2$과 다항함수 $g(x)$에 대하여 $x=1$인 점에서의 곡선 $y=f(x)g(x)$의 접선의 기울기가 -16이고 $g(1)=1$, $g'(1)=-3$일 때, 양수 k의 값을 구하시오.

유형 **13** 미분계수와 극한값

함수 $f(x)$의 식이 주어지면 함수 $f(x)$에 대한 극한값은 미분계수를 이용하여 다음과 같은 순서로 구한다.
(ⅰ) 미분계수의 정의를 이용하여 구하는 극한값을 $f'(a)$로 나타낸다.
(ⅱ) 도함수 $f'(x)$를 구한다.
(ⅲ) $f'(a)$의 값을 구하여 (ⅰ)의 식에 대입한다.

0301 대표 문제

함수 $f(x)=x^3+4x-2$에 대하여
$\displaystyle\lim_{h\to0}\frac{f(1+2h)-f(1-h)}{h}$의 값을 구하시오.

0302 하 | 학평 기출 |

함수 $f(x)=2x^3+3x$에 대하여 $\displaystyle\lim_{h\to0}\frac{f(2h)-f(0)}{h}$의 값은?

① 0   ② 2   ③ 4
④ 6   ⑤ 8

0303 중   서술형

함수 $f(x)=x^3-3x^2+2$에 대하여 $\displaystyle\lim_{x\to-1}\frac{f(x)-f(-1)}{x^3+1}$의 값을 구하시오.

0304 중

함수 $f(x)=2x^4-3x+1$에 대하여
$\displaystyle\lim_{x\to1}\frac{f(x)-f(2x-1)}{x-1}$의 값을 구하시오.

0305 중

두 함수 $f(x)=x^5-5x^3$, $g(x)=x^4-6x^2$에 대하여
$\displaystyle\lim_{h\to0}\frac{f(2+2h)-g(2-3h)}{h}$의 값은?

① 63   ② 64   ③ 65
④ 66   ⑤ 67

0306 상

미분가능한 두 함수 $f(x)$, $g(x)$가 다음 조건을 모두 만족시킬 때, $\displaystyle\lim_{h\to0}\frac{f(1+h)g(1+h)-f(1)g(1)}{h}$의 값은?

㈎ $f(1)=5$, $f'(1)=9$
㈏ $f(x)+g(x)=2x^3-x+1$

① -47 ② -27 ③ -7
④ 27   ⑤ 47

◆◆ 개념루트 미적분 Ⅰ 100쪽

유형 14 치환을 이용한 극한값의 계산

$\dfrac{0}{0}$ 꼴의 극한에서 식을 간단히 할 수 없는 경우에는 주어진 식의 일부를 $f(x)$로 놓고 미분계수의 정의를 이용하여 극한값을 구한다.

0307 대표 문제

$\displaystyle\lim_{x \to -1} \dfrac{x^{10} - x^3 + 3x + 1}{x + 1}$의 값은?

① -10 ② -8 ③ -6
④ -4 ⑤ -2

0308 ⑧

$\displaystyle\lim_{x \to 1} \dfrac{x^n + 2x - 3}{x^2 - 1} = 10$을 만족시키는 자연수 n의 값을 구하시오.

유형 15 미분계수를 이용한 미정계수의 결정

주어진 극한값을 미분계수로 나타낸 후 $f'(x)$를 이용하여 미정계수를 구한다.

참고 미분가능한 함수 $f(x)$에 대하여

$\displaystyle\lim_{x \to a} \dfrac{f(x) - b}{x - a} = c\ (c$는 실수$)$이면

➡ $f(a) = b$, $f'(a) = c$

0309 대표 문제

함수 $f(x) = x^3 + ax^2 + b$에 대하여 $\displaystyle\lim_{x \to 1} \dfrac{f(x)}{x - 1} = 7$일 때, $a - b$의 값은? (단, a, b는 상수)

① 3   ② 4   ③ 5
④ 6   ⑤ 7

0310 ⑧

함수 $f(x) = 2x^3 - x^2 + ax + 3$에 대하여

$\displaystyle\lim_{h \to 0} \dfrac{f(1 + 4h) - f(1 + h)}{h} = 6$일 때, 상수 a의 값은?

① -4 ② -2 ③ 0
④ 2   ⑤ 4

0311 ⑧   서술형

함수 $f(x) = x^4 + ax + b$에 대하여 $\displaystyle\lim_{x \to -2} \dfrac{f(x+1) + 1}{x^2 - 4} = 2$일 때, $f(2) + f'(2)$의 값을 구하시오. (단, a, b는 상수)

0312 ⑧

미분가능한 함수 $f(x)$가 다음 조건을 모두 만족시킬 때, $f'(-1)$의 값을 구하시오.

(가) $\displaystyle\lim_{x \to \infty} \dfrac{f(x)}{2x^3 + x - 2} = 1$ (나) $\displaystyle\lim_{x \to 0} \dfrac{f'(x)}{x} = 2$

0313 (상)

삼차함수 $f(x)$에 대하여 $\lim\limits_{x \to 0} \dfrac{f(x)}{x}=1$, $\lim\limits_{x \to 2} \dfrac{f(x)-2}{x-2}=5$

일 때, $f'(-1)$의 값을 구하시오.

유형 16 **미분의 항등식에의 활용**

함수 $f(x)$와 도함수 $f'(x)$를 포함한 관계식이 주어지면 함수 $f(x)$는 다음과 같은 순서로 구한다.

(i) 조건에 맞게 함수 $f(x)$의 식을 세운다.

(ii) 도함수 $f'(x)$를 구하여 $f(x)$와 $f'(x)$를 주어진 관계식에 대입한 후 항등식의 성질을 이용한다.

> **참고** $ax^2+bx+c=a'x^2+b'x+c'$이 x에 대한 항등식이면
> ➡ $a=a'$, $b=b'$, $c=c'$

0314 (대표 문제)

이차함수 $f(x)$가 모든 실수 x에 대하여

$$xf'(x)-2f(x)=x+2$$

를 만족시키고 $f(1)=2$일 때, $f'(2)$의 값은?

① 11   ② 13   ③ 15

④ 17   ⑤ 19

0315 (종)

| 학평 기출 |

최고차항의 계수가 1인 이차함수 $f(x)$가 모든 실수 x에 대하여

$$2f(x)=(x+1)f'(x)$$

를 만족시킬 때, $f(3)$의 값을 구하시오.

0316 (상)

다항함수 $f(x)$가 모든 실수 x에 대하여

$$\{f'(x)\}^2=4f(x)+1$$

을 만족시키고 $f'(1)=5$일 때, $f(3)$의 값은?

① 16   ② 17   ③ 18

④ 19   ⑤ 20

빈출   ◇◆ 개념루트 미적분 Ⅰ 104쪽

유형 17 **미분가능성을 이용한 미정계수의 결정**

두 다항함수 $g(x)$, $h(x)$에 대하여 함수

$f(x)=\begin{cases} g(x) & (x \geq a) \\ h(x) & (x < a) \end{cases}$가 $x=a$에서 미분가능하려면 다음 두

가지 조건을 만족시켜야 한다.

(1) 함수 $f(x)$가 $x=a$에서 연속이다.

➡ $\lim\limits_{x \to a-} f(x)=f(a)$ ➡ $h(a)=g(a)$

(2) 미분계수 $f'(a)$가 존재한다.

➡ $\lim\limits_{x \to a+} \dfrac{f(x)-f(a)}{x-a}=\lim\limits_{x \to a-} \dfrac{f(x)-f(a)}{x-a}$

➡ $g'(a)=h'(a)$

0317 (대표 문제)

함수 $f(x)=\begin{cases} ax+b & (x \geq -1) \\ x^3+3x & (x < -1) \end{cases}$가 $x=-1$에서 미분가능

할 때, 상수 a, b에 대하여 $a+b$의 값을 구하시오.

0318 (종)

함수 $f(x)=\begin{cases} 2x+b & (x \geq a) \\ x^2-2x & (x < a) \end{cases}$가 모든 실수 x에서 미분가

능할 때, $f(3)$의 값을 구하시오. (단, a, b는 상수)

0319 ⓒ

함수 $f(x) = |x-1|(x-2a)$가 모든 실수 x에서 미분가능할 때, 상수 a의 값은?

① $\dfrac{1}{4}$ ② $\dfrac{1}{3}$ ③ $\dfrac{1}{2}$

④ 1 ⑤ $\dfrac{3}{2}$

0320 ⓢ

함수 $f(x) = [x](x^3+ax+b)$가 $x=1$에서 미분가능할 때, 상수 a, b에 대하여 ab의 값을 구하시오.

(단, $[x]$는 x보다 크지 않은 최대의 정수)

◇◆ 개념루트 미적분Ⅰ 106쪽

유형 18 다항식의 나눗셈에서 미분법의 활용

다항식 $f(x)$를 $(x-a)^2$으로 나누었을 때
(1) 나누어떨어지면
  ➡ $f(a)=0$, $f'(a)=0$
(2) 몫이 $Q(x)$, 나머지가 $R(x)$이면
  ➡ $f(x) = (x-a)^2Q(x) + R(x)$
  ∴ $f'(x) = 2(x-a)Q(x) + (x-a)^2Q'(x) + R'(x)$

참고 다항식 $f(x)$를 다항식 $g(x)$ $(g(x) \neq 0)$로 나누었을 때의 나머지가 $R(x)$이면 $R(x)$는 상수이거나 ($R(x)$의 차수)<($g(x)$의 차수)이다.

0321 대표 문제

다항식 $x^{10}+x^5+1$을 $(x+1)^2$으로 나누었을 때의 나머지를 $R(x)$라 할 때, $R(-2)$의 값을 구하시오.

0322 ⓒ

다항식 x^7-ax^3+bx+2가 $(x-1)^2$으로 나누어떨어질 때, 상수 a, b에 대하여 $a+b$의 값은?

① -2 ② -1 ③ 0
④ 1 ⑤ 2

0323 ⓒ

다항식 x^6+2x^3+ax+b를 $(x+1)^2$으로 나누었을 때의 나머지가 $3x-4$일 때, 상수 a, b에 대하여 ab의 값은?

① -9 ② -6 ③ -3
④ 3 ⑤ 6

0324 ⓢ   서술형 ✎

다항함수 $f(x)$가 $\displaystyle\lim_{x \to -2} \dfrac{f(x)+3}{x+2} = 1$을 만족시킨다. 다항식 $f(x)$를 $(x+2)^2$으로 나누었을 때의 나머지가 $ax+b$일 때, 상수 a, b에 대하여 $a-b$의 값을 구하시오.

AB 유형 점검

0325 유형 01

함수 $f(x)=2x^2-3x+1$에서 x의 값이 a에서 b까지 변할 때의 평균변화율이 -1일 때, 상수 a, b에 대하여 $a+b$의 값은? (단, $a<b$)

① -2 ② -1 ③ 1
④ 2 ⑤ 3

0326 유형 02

미분가능한 함수 $f(x)$에서 임의의 실수 h에 대하여 x의 값이 1에서 $1+h$까지 변할 때의 평균변화율이 $\dfrac{\sqrt{4+h}-\sqrt{4-h}}{h}$ 이다. 이때 함수 $f(x)$의 $x=1$에서의 미분계수를 구하시오. (단, $0<h<4$)

0327 유형 03 + 04

미분가능한 함수 $f(x)$에 대하여 $f(1)=2$, $f'(1)=3$일 때, 다음 중 옳지 <u>않은</u> 것은?

① $\displaystyle\lim_{h\to 0}\dfrac{f(1+2h)-f(1)}{h}=6$
② $\displaystyle\lim_{h\to 0}\dfrac{f(1-3h)-f(1)}{3h}=-3$
③ $\displaystyle\lim_{h\to 0}\dfrac{f(1+2h)-f(1-h)}{h}=9$
④ $\displaystyle\lim_{x\to 1}\dfrac{f(x)-f(1)}{x^2-1}=2$
⑤ $\displaystyle\lim_{x\to 1}\dfrac{x^2 f(1)-f(x)}{x-1}=1$

0328 유형 04

미분가능한 함수 $f(x)$에 대하여 $\displaystyle\lim_{x\to 3}\dfrac{f(x)-2}{x^2-9}=1$일 때, $f(3)+f'(3)$의 값을 구하시오.

0329 유형 06

함수 $y=f(x)$의 그래프가 오른쪽 그림과 같을 때, $\dfrac{f(b)-f(a)}{b-a}$, $f'(a)$, $f'(b)$의 값의 대소 관계는?

(단, $0<a<b$)

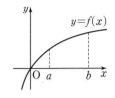

① $\dfrac{f(b)-f(a)}{b-a}<f'(a)<f'(b)$
② $\dfrac{f(b)-f(a)}{b-a}<f'(b)<f'(a)$
③ $f'(a)<f'(b)<\dfrac{f(b)-f(a)}{b-a}$
④ $f'(a)<\dfrac{f(b)-f(a)}{b-a}<f'(b)$
⑤ $f'(b)<\dfrac{f(b)-f(a)}{b-a}<f'(a)$

0330 유형 07

보기의 함수 중 $x=1$에서 연속이지만 미분가능하지 않은 것만을 있는 대로 고르시오.

(단, $[x]$는 x보다 크지 않은 최대의 정수)

> **보기**
> ㄱ. $f(x)=[x](x-1)$
> ㄴ. $f(x)=|x-1|-x+1$
> ㄷ. $f(x)=\begin{cases} x^3 & (x\geq 1) \\ 3x-2 & (x<1) \end{cases}$

0331 유형 08

구간 $(-2, 5)$에서 정의된 함수 $y=f(x)$의 그래프가 오른쪽 그림과 같을 때, 보기에서 옳은 것만을 있는 대로 고르시오.

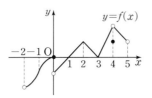

┌ 보기 ┐
ㄱ. $\lim_{x \to 0} f(x)$의 값이 존재한다.
ㄴ. $f'(-1) > 0$
ㄷ. 불연속인 x의 값은 2개이다.
ㄹ. 연속이지만 미분가능하지 않은 x의 값은 3개이다.
└─────────┘

0332 유형 09

미분가능한 함수 $f(x)$가 모든 실수 x, y에 대하여
$$f(x-y)=f(x)+f(y)-xy$$
를 만족시키고 $f'(0)=0$일 때, $f'(x)$는?

① $f'(x)=0$ ② $f'(x)=-x$
③ $f'(x)=x$ ④ $f'(x)=-x^2$
⑤ $f'(x)=x^2$

0333 유형 10

이차함수 $f(x)$에 대하여
$$f(0)=2, \ f(1)=8, \ f'(-1)=0$$
일 때, $f(-2)$의 값을 구하시오.

0334 유형 11 + 12

오른쪽 그림과 같이 미분가능한 함수 $y=f(x)$의 그래프 위의 $x=2$인 점에서의 접선을 l이라 하자. 함수 $g(x)$를 $g(x)=(x^2+2x+1)f(x)$라 할 때, $g'(2)$의 값을 구하시오.

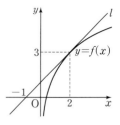

0335 유형 12

곡선 $y=2x^2+ax+b$ 위의 점 $(1, 1)$에서의 접선과 수직인 직선의 기울기가 $-\dfrac{1}{2}$일 때, 상수 a, b에 대하여 a^2+b^2의 값을 구하시오.

0336 유형 01 + 13 | 학평 기출 |

함수 $f(x)=2x^2-3x+5$에서 x의 값이 a에서 $a+1$까지 변할 때의 평균변화율이 7이다. $\lim\limits_{h \to 0} \dfrac{f(a+2h)-f(a)}{h}$의 값은? (단, a는 상수이다.)

① 6   ② 8   ③ 10
④ 12   ⑤ 14

0337 유형 13

함수 $f(x)=x^4-2x^3-1$에 대하여 $\lim\limits_{x \to 2} \dfrac{\{f(x)\}^2-\{f(2)\}^2}{x-2}$의 값을 구하시오.

0338 유형 14

$\lim_{x \to 2} \dfrac{x^n - 2x - 12}{x-2} = k$일 때, 자연수 n과 상수 k에 대하여 $n+k$의 값을 구하시오.

0339 유형 15 | 학평 기출 |

$f(3)=2$, $f'(3)=1$인 다항함수 $f(x)$와 최고차항의 계수가 1인 이차함수 $g(x)$가 $\lim_{x \to 3} \dfrac{f(x)-g(x)}{x-3}=1$을 만족시킬 때, $g(1)$의 값은?

① 3   ② 4   ③ 5
④ 6   ⑤ 7

0340 유형 16

함수 $f(x)=ax^2+b$가 모든 실수 x에 대하여
$$8f(x)=\{f'(x)\}^2+4x^2-8$$
을 만족시킬 때, $f(3)$의 값을 구하시오. (단, a, b는 상수)

0341 유형 17 | 모평 기출 |

함수 $f(x)=\begin{cases} x^3+ax+b & (x<1) \\ bx+4 & (x \geq 1) \end{cases}$이 실수 전체의 집합에서 미분가능할 때, $a+b$의 값은? (단, a, b는 상수이다.)

① 6   ② 7   ③ 8
④ 9   ⑤ 10

서술형

0342 유형 05

미분가능한 함수 $f(x)$가 모든 실수 x, y에 대하여
$$f(x+y)=f(x)+f(y)+4xy+1$$
을 만족시키고 $f'(1)=5$일 때, $f'(3)$의 값을 구하시오.

0343 유형 13

두 함수 $f(x)=-x^2+3x+2$, $g(x)=2x^3-x^2+2x-5$에 대하여 $\lim_{x \to 1} \dfrac{f(x)g(x)-f(1)g(1)}{x^2-1}$의 값을 구하시오.

0344 유형 18

다항식 x^3-3x^2+b가 $(x-a)^2$으로 나누어떨어질 때, 상수 a, b에 대하여 ab의 값을 구하시오. (단, $a \neq 0$)

C 실력 향상

하 ···· 중 ···· 상100%

0345

최고차항의 계수가 1인 삼차함수 $y=f(x)$의 그래프가 다음 그림과 같이 x축과 세 점 $\mathrm{A}(a,\,0)$, $\mathrm{B}(b,\,0)$, $\mathrm{C}(c,\,0)$에서 만나고 $\overline{\mathrm{AB}}=4$, $\overline{\mathrm{BC}}=3$일 때, 함수 $y=f(x)$의 그래프 위의 점 A에서의 접선의 기울기를 구하시오. (단, $a<b<c$)

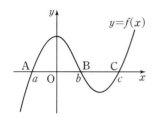

0346 | 모평 기출 |

최고차항의 계수가 a인 이차함수 $f(x)$가 모든 실수 x에 대하여

$$|f'(x)|\leq 4x^2+5$$

를 만족시킨다. 함수 $y=f(x)$의 그래프의 대칭축이 직선 $x=1$일 때, 실수 a의 최댓값은?

① $\dfrac{3}{2}$ ② 2 ③ $\dfrac{5}{2}$

④ 3 ⑤ $\dfrac{7}{2}$

0347

두 다항함수 $f(x)$, $g(x)$에 대하여

$$f(x)+g(x)=x,\ f(x)f'(x)+g(x)g'(x)=5x$$

이고 $f(0)=g(0)=0$일 때, $g(3)-f(3)$의 값을 구하시오.

(단, $f(3)<0$)

0348 | 수능 기출 |

함수

$$f(x)=\begin{cases} -x & (x\leq 0) \\ x-1 & (0<x\leq 2) \\ 2x-3 & (x>2) \end{cases}$$

와 상수가 아닌 다항식 $p(x)$에 대하여 보기에서 옳은 것만을 있는 대로 고른 것은?

┌ 보기 ┐
ㄱ. 함수 $p(x)f(x)$가 실수 전체의 집합에서 연속이면 $p(0)=0$이다.
ㄴ. 함수 $p(x)f(x)$가 실수 전체의 집합에서 미분가능하면 $p(2)=0$이다.
ㄷ. 함수 $p(x)\{f(x)\}^2$이 실수 전체의 집합에서 미분가능하면 $p(x)$는 $x^2(x-2)^2$으로 나누어떨어진다.

① ㄱ   ② ㄱ, ㄴ   ③ ㄱ, ㄷ
④ ㄴ, ㄷ   ⑤ ㄱ, ㄴ, ㄷ

🔗 기출 BOOK 14쪽

A 개념 확인

하100% ···· 중 ···· 상

04-1 접선의 방정식

유형 01~07

개념➕

(1) 접선의 방정식

함수 $f(x)$가 $x=a$에서 미분가능할 때, 곡선 $y=f(x)$ 위의 점 $(a, f(a))$에서의 접선의 방정식은

$$y-f(a)=f'(a)(x-a)$$

참고 곡선 $y=f(x)$ 위의 점 $(a, f(a))$를 지나고 이 점에서의 접선에 수직인 직선의 방정식은

$$y-f(a)=-\frac{1}{f'(a)}(x-a) \text{ (단, } f'(a)\neq0)$$

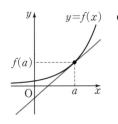

함수 $f(x)$가 $x=a$에서 미분가능할 때, 곡선 $y=f(x)$ 위의 점 $(a, f(a))$에서의 접선의 기울기는 $x=a$에서의 미분계수 $f'(a)$와 같다.

(2) 접선의 방정식을 구하는 방법

① 곡선 $y=f(x)$ 위의 점 $(a, f(a))$에서의 접선의 방정식

  (i) 접선의 기울기 $f'(a)$를 구한다.

  (ii) 접선의 방정식 $y-f(a)=f'(a)(x-a)$를 구한다.

② 곡선 $y=f(x)$에 접하고 기울기가 m인 접선의 방정식

  (i) 접점의 좌표를 $(t, f(t))$로 놓는다.

  (ii) $f'(t)=m$임을 이용하여 t의 값과 접점의 좌표를 구한다.

  (iii) 접선의 방정식 $y-f(t)=m(x-t)$를 구한다.

③ 곡선 $y=f(x)$ 밖의 한 점 (x_1, y_1)에서 곡선에 그은 접선의 방정식

  (i) 접점의 좌표를 $(t, f(t))$로 놓는다.

  (ii) 접선의 방정식 $y-f(t)=f'(t)(x-t)$에 $x=x_1$, $y=y_1$을 대입하여 t의 값을 구한다.

  (iii) (ii)에서 구한 t의 값을 $y-f(t)=f'(t)(x-t)$에 대입하여 접선의 방정식을 구한다.

두 곡선 $y=f(x)$, $y=g(x)$가 점 (a, b)에서 공통인 접선을 가지면
➡ $f(a)=g(a)=b$,
  $f'(a)=g'(a)$

04-2 롤의 정리

유형 08

함수 $f(x)$가 닫힌구간 $[a, b]$에서 연속이고 열린구간 (a, b)에서 미분가능할 때, $f(a)=f(b)$이면

$$f'(c)=0$$

인 c가 열린구간 (a, b)에 적어도 하나 존재한다.
이를 **롤의 정리**라 한다.

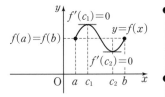

롤의 정리는 곡선 $y=f(x)$에서 $f(a)=f(b)$이면 x축에 평행한 접선을 갖는 점이 열린구간 (a, b)에 적어도 하나 존재함을 의미한다.

함수 $f(x)$가 열린구간 (a, b)에서 미분가능하지 않으면 롤의 정리가 성립하지 않음에 주의한다.

04-3 평균값 정리

유형 09

함수 $f(x)$가 닫힌구간 $[a, b]$에서 연속이고 열린구간 (a, b)에서 미분가능할 때,

$$\frac{f(b)-f(a)}{b-a}=f'(c)$$

인 c가 열린구간 (a, b)에 적어도 하나 존재한다.
이를 **평균값 정리**라 한다.

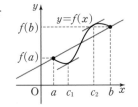

평균값 정리는 곡선 $y=f(x)$ 위의 두 점 $(a, f(a))$, $(b, f(b))$를 지나는 직선에 평행한 접선을 갖는 점이 열린구간 (a, b)에 적어도 하나 존재함을 의미한다.

평균값 정리에서 $f(a)=f(b)$인 경우가 롤의 정리이다.

04-1 접선의 방정식

[0349~0352] 다음 곡선 위의 주어진 점에서의 접선의 방정식을 구하시오.

0349 $y=x^2-2x$ $(-1,\ 3)$

0350 $y=\dfrac{1}{2}x^2-x+1$ $(4,\ 5)$

0351 $y=x^3-7x+2$ $(0,\ 2)$

0352 $y=-3x^3+2x^2-5$ $(1,\ -6)$

[0353~0354] 다음 직선의 방정식을 구하시오.

0353 곡선 $y=x^3-2$ 위의 점 $(1,\ -1)$을 지나고 이 점에서의 접선에 수직인 직선

0354 곡선 $y=-x^3+8x+9$ 위의 점 $(-2,\ 1)$을 지나고 이 점에서의 접선에 수직인 직선

[0355~0356] 다음 곡선에 접하고 기울기가 2인 접선의 방정식을 구하시오.

0355 $y=-x^2+2$

0356 $y=\dfrac{1}{3}x^3-7x$

[0357~0358] 다음 직선의 방정식을 구하시오.

0357 곡선 $y=x^2+3$에 접하고 직선 $y=4x$에 평행한 직선

0358 곡선 $y=-x^3+4x$에 접하고 직선 $y=-x+1$에 수직인 직선

[0359~0360] 다음 접선의 방정식을 구하시오.

0359 점 $(0,\ 0)$에서 곡선 $y=x^2+x+4$에 그은 접선

0360 점 $(-1,\ 2)$에서 곡선 $y=x^3+7$에 그은 접선

04-2 롤의 정리

[0361~0362] 다음 함수에 대하여 주어진 구간에서 롤의 정리를 만족시키는 실수 c의 값을 구하시오.

0361 $f(x)=x^2$ $[-3,\ 3]$

0362 $f(x)=-x^2+2x$ $[0,\ 2]$

04-3 평균값 정리

[0363~0364] 다음 함수에 대하여 주어진 구간에서 평균값 정리를 만족시키는 실수 c의 값을 구하시오.

0363 $f(x)=x^2+x$ $[1,\ 5]$

0364 $f(x)=-x^2+5x$ $[-2,\ 1]$

유형 완성

하 10% ··· 중 80% ··· 상 10%

빈출

◆◆ 개념루트 미적분 I 114쪽

유형 01 접점의 좌표가 주어진 접선의 방정식

곡선 $y=f(x)$ 위의 점 $(a, f(a))$에서의 접선의 방정식은 다음과 같은 순서로 구한다.
(i) 접선의 기울기 $f'(a)$를 구한다.
(ii) 접선의 방정식 $y-f(a)=f'(a)(x-a)$를 구한다.

참고 곡선 $y=f(x)$ 위의 점 $(a, f(a))$에서의 접선 $y=g(x)$가 이 곡선과 다시 만나는 점의 x좌표는 방정식 $f(x)=g(x)$의 $x\neq a$인 실근이다.

0365 대표 문제

곡선 $y=x^3+2x^2+ax+1$ 위의 점 $(-1, 3)$에서의 접선의 방정식이 $y=bx+c$일 때, 상수 a, b, c에 대하여 $a+b+c$의 값은?

① -3 ② -2 ③ -1
④ 0 ⑤ 1

0366 하

곡선 $y=2x^2+x-1$ 위의 점 $(2, 9)$에서의 접선의 y절편은?

① -6 ② -7 ③ -8
④ -9 ⑤ -10

0367 중

곡선 $y=2x^3+ax+b$ 위의 점 $(1, 1)$에서의 접선이 원점을 지날 때, 상수 a, b에 대하여 $a+2b$의 값을 구하시오.

0368 중

다항함수 $f(x)$에 대하여 $\lim\limits_{x \to 1}\dfrac{f(x)-1}{x-1}=2$일 때, 곡선 $y=f(x)$ 위의 점 $(1, f(1))$에서의 접선의 방정식을 $y=g(x)$라 하자. 이때 $g(-1)$의 값은?

① -3 ② -1 ③ 1
④ 3 ⑤ 5

0369 중

곡선 $y=f(x)$ 위의 점 $(1, 2)$에서의 접선의 방정식이 $y=3x-1$이다. 곡선 $y=(x^3-2x)f(x)$ 위의 $x=1$인 점에서의 접선의 방정식이 $y=ax+b$일 때, 상수 a, b에 대하여 ab의 값은?

① -2 ② -1 ③ 0
④ 1 ⑤ 2

0370 중   서술형

오른쪽 그림과 같이 곡선 $y=x^3-2x+1$ 위의 점 $A(1, 0)$에서의 접선이 이 곡선과 다시 만나는 점을 B, 점 B에서 x축에 내린 수선의 발을 H라 할 때, 삼각형 AHB의 넓이를 구하시오.

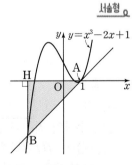

64 Ⅱ. 미분

유형 02 접선에 수직인 직선의 방정식

곡선 $y=f(x)$ 위의 점 $(a, f(a))$를 지나고 이 점에서의 접선에 수직인 직선의 방정식은

$$y-f(a)=-\frac{1}{f'(a)}(x-a) \text{ (단, } f'(a) \neq 0)$$

0371 대표 문제

곡선 $y=-3x^3+3x^2+2$ 위의 점 $(1, 2)$를 지나고 이 점에서의 접선에 수직인 직선의 방정식이 $ax+by+5=0$일 때, 상수 a, b에 대하여 $a-b$의 값을 구하시오.

0372 중

곡선 $y=x^3-3x^2+2x+4$ 위의 점 $\mathrm{P}(0, 4)$에서의 접선을 l, 점 P를 지나고 직선 l에 수직인 직선을 m이라 할 때, 두 직선 l, m 및 x축으로 둘러싸인 도형의 넓이는?

① $\dfrac{37}{2}$　　　② 19　　　③ $\dfrac{39}{2}$

④ 20　　　⑤ $\dfrac{41}{2}$

0373 상

오른쪽 그림과 같이 곡선 $y=x^3+x^2$ 위를 움직이는 점 $\mathrm{P}(t, t^3+t^2)$이 있다. 점 P를 지나고 점 P에서의 접선에 수직인 직선이 y축과 만나는 점을 $\mathrm{Q}(0, f(t))$라 할 때, $\lim\limits_{t \to 0} f(t)$의 값을 구하시오.

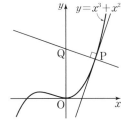

빈출

유형 03 기울기가 주어진 접선의 방정식

곡선 $y=f(x)$에 접하고 기울기가 m인 접선의 방정식은 다음과 같은 순서로 구한다.

(i) 접점의 좌표를 $(t, f(t))$로 놓는다.
(ii) $f'(t)=m$임을 이용하여 t의 값과 접점의 좌표를 구한다.
(iii) 접선의 방정식 $y-f(t)=m(x-t)$를 구한다.

0374 대표 문제

곡선 $y=-x^2-x+4$에 접하고 직선 $y=3x+2$에 평행한 직선의 방정식이 $y=ax+b$일 때, 상수 a, b에 대하여 $b-a$의 값을 구하시오.

0375 중　　　　서술형

곡선 $y=-x^3+6x^2-10x+7$ 위의 점에서의 접선 중 기울기가 최대인 접선의 y절편을 구하시오.

0376 중

직선 $y=2x+k$가 곡선 $y=x^3-x+2$에 접할 때, 양수 k의 값은?

① 3　　　② 4　　　③ 5

④ 6　　　⑤ 7

0377 중　　　　| 모평 기출 |

곡선 $y=x^3-4x+5$ 위의 점 $(1, 2)$에서의 접선이 곡선 $y=x^4+3x+a$에 접할 때, 상수 a의 값은?

① 6　　　② 7　　　③ 8

④ 9　　　⑤ 10

◆◆ 개념루트 미적분 I 118쪽

유형 04 곡선 밖의 한 점에서 그은 접선의 방정식

곡선 $y=f(x)$ 밖의 한 점 (x_1, y_1)에서 그은 접선의 방정식은 다음과 같은 순서로 구한다.
(i) 접점의 좌표를 $(t, f(t))$로 놓는다.
(ii) 접선의 방정식 $y-f(t)=f'(t)(x-t)$에 $x=x_1$, $y=y_1$을 대입하여 t의 값을 구한다.
(iii) (ii)에서 구한 t의 값을 $y-f(t)=f'(t)(x-t)$에 대입하여 접선의 방정식을 구한다.

0378 대표 문제

점 $(0, 3)$에서 곡선 $y=x^3+2x+1$에 그은 접선의 방정식이 $y=ax+b$일 때, 상수 a, b에 대하여 $a-b$의 값은?

① -2 ② -1 ③ 1
④ 2 ⑤ 3

0379 ⓐ

원점에서 곡선 $y=x^4+3$에 그은 두 접선의 기울기의 곱을 구하시오.

0380 ⓐ

점 $(1, 4)$에서 곡선 $y=x^3-x$에 그은 접선이 점 $(k, 6)$을 지날 때, k의 값은?

① 0 ② 1 ③ 2
④ 3 ⑤ 4

0381 ⓐ

원점에서 곡선 $y=x^2+4$에 그은 두 접선의 접점과 원점을 꼭짓점으로 하는 삼각형의 넓이는?

① $\dfrac{29}{2}$ ② 15 ③ $\dfrac{31}{2}$
④ 16 ⑤ $\dfrac{33}{2}$

0382 ⓐ   서술형 ₀

점 $(3, 0)$에서 곡선 $y=x^3-3x^2+2$에 그을 수 있는 세 접선의 접점의 x좌표를 각각 x_1, x_2, x_3이라 할 때, $x_1+x_2+x_3$의 값을 구하시오.

0383 ⓐ

점 $(0, k)$에서 곡선 $y=-x^2+5x$에 그은 두 접선이 서로 수직일 때, 양수 k의 값을 구하시오.

0384 ⓐ

점 $(a, 5)$에서 곡선 $y=x^3+4x^2+5$에 그은 접선이 오직 한 개 존재하도록 하는 실수 a의 값의 범위를 $m<a<n$이라 하자. 이때 mn의 값을 구하시오. (단, $a\neq-4$, $a\neq0$)

◆◈ 개념루트 미적분Ⅰ 120쪽

유형 05 두 곡선에 공통인 접선

두 곡선 $y=f(x)$, $y=g(x)$가 점 (a, b)에서 공통인 접선을 가지면

(1) $x=a$인 점에서 두 곡선이 만난다.
➡ $f(a)=g(a)=b$

(2) $x=a$인 점에서의 두 곡선의 접선의 기울기가 같다.
➡ $f'(a)=g'(a)$

0385 대표 문제

두 곡선 $y=x^3+1$, $y=3x^2-3$이 한 점에서 공통인 접선 $y=ax+b$를 가질 때, 상수 a, b에 대하여 $a+b$의 값을 구하시오.

0386 ⑧

두 곡선 $y=-x^3+ax+3$, $y=bx^2+2$가 $x=1$인 점에서 공통인 접선을 가질 때, 상수 a, b에 대하여 ab의 값은?

① 3 　　　　② 6 　　　　③ 9
④ 12 　　　 ⑤ 15

0387 ⑧ 　　　　　　　　　　서술형

두 곡선 $y=x^3+a$, $y=-x^2+bx+c$가 점 $(1, 2)$에서 공통인 접선을 가질 때, 상수 a, b, c에 대하여 $a+b-c$의 값을 구하시오.

0388 ⑧

두 곡선 $y=x^3+ax$, $y=x^2-1$이 한 점에서 접할 때, 상수 a의 값을 구하시오.

◆◈ 개념루트 미적분Ⅰ 120쪽

유형 06 곡선 위의 점과 직선 사이의 거리

곡선 위의 점과 직선 l 사이의 거리의 최댓값 또는 최솟값은 곡선의 접선 중 직선 l에 평행한 접선의 접점과 직선 l 사이의 거리와 같다.

0389 대표 문제

곡선 $y=x^2+1$ 위의 점과 직선 $y=2x-3$ 사이의 거리의 최솟값은?

① $\dfrac{\sqrt{5}}{2}$ 　　　② $\dfrac{3\sqrt{5}}{5}$ 　　　③ $\dfrac{2\sqrt{5}}{3}$

④ $\sqrt{5}$ 　　　⑤ $2\sqrt{5}$

0390 ⑧

곡선 $y=-\dfrac{1}{4}x^2+1$ 위의 두 점 A$(0, 1)$, B$(2, 0)$과 곡선 위의 점 P에 대하여 삼각형 PAB의 넓이의 최댓값을 구하시오. (단, 점 P는 제1사분면 위의 점이다.)

0391 (상)

| 모평 기출 |

그림과 같이 실수 $t\,(0<t<1)$에 대하여 곡선 $y=x^2$ 위의 점 중에서 직선 $y=2tx-1$과의 거리가 최소인 점을 P라 하고, 직선 OP가 직선 $y=2tx-1$과 만나는 점을 Q라 할 때, $\displaystyle\lim_{t\to 1-}\frac{\overline{PQ}}{1-t}$의 값은? (단, O는 원점이다.)

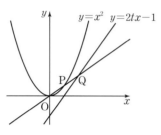

① $\sqrt{6}$ ② $\sqrt{7}$ ③ $2\sqrt{2}$

④ 3 ⑤ $\sqrt{10}$

유형 07   곡선과 원의 접선

곡선 $y=f(x)$와 원 C가 접할 때
(1) 원 C의 중심과 접점을 지나는 직선은 그 접점에서의 접선과 수직이다.
(2) 원 C의 반지름의 길이는 원 C의 중심과 접점 사이의 거리와 같다.

0392   대표 문제

곡선 $y=x^3-2x^2+1$과 점 $(2,\ 1)$에서 접하고 중심이 x축 위에 있는 원의 반지름의 길이를 구하시오.

0393 (상)

오른쪽 그림과 같이 중심의 좌표가 $(0,\ 3)$인 원이 곡선 $y=\dfrac{1}{2}x^2$과 서로 다른 두 점에서 접할 때, 원과 곡선의 공통인 접선 중 기울기가 양수인 접선의 방정식을 구하시오.

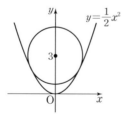

◆◇ 개념루트 미적분 I 124쪽

유형 08   롤의 정리

함수 $f(x)$가 닫힌구간 $[a,\ b]$에서 연속이고 열린구간 $(a,\ b)$에서 미분가능할 때, $f(a)=f(b)$이면
$$f'(c)=0$$
인 c가 열린구간 $(a,\ b)$에 적어도 하나 존재한다.

0394   대표 문제

함수 $f(x)=x^3+2x^2+x-2$에 대하여 닫힌구간 $[-1,\ 0]$에서 롤의 정리를 만족시키는 실수 c의 값은?

① $-\dfrac{1}{2}$ ② $-\dfrac{1}{3}$ ③ $-\dfrac{1}{6}$

④ $\dfrac{1}{6}$ ⑤ $\dfrac{1}{3}$

0395 (중)

함수 $f(x)=x^3-6x+1$에 대하여 닫힌구간 $[-\sqrt{6},\ \sqrt{6}]$에서 롤의 정리를 만족시키는 모든 실수 c의 값의 곱은?

① -4 ② -2 ③ 0

④ 2 ⑤ 4

0396 (중)

서술형

함수 $f(x)=x^2-kx+1$에 대하여 닫힌구간 $[-1,\ 2]$에서 롤의 정리를 만족시키는 실수 c의 값을 구하시오.

(단, k는 상수)

0397 ⊚

함수 $y=f(x)$의 그래프가 오른쪽 그림과 같고 $f(0)=f(10)$이다. 닫힌구간 $[0, 10]$에서 롤의 정리를 만족시키는 실수 c의 개수를 구하시오.

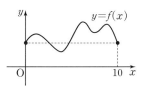

◆◆ 개념루트 미적분Ⅰ 126쪽

유형 09 평균값 정리

함수 $f(x)$가 닫힌구간 $[a, b]$에서 연속이고 열린구간 (a, b)에서 미분가능할 때,

$$\frac{f(b)-f(a)}{b-a}=f'(c)$$

인 c가 열린구간 (a, b)에 적어도 하나 존재한다.

0398 대표 문제

함수 $f(x)=x^3+x-1$에 대하여 닫힌구간 $[-1, 2]$에서 평균값 정리를 만족시키는 실수 c의 값을 구하시오.

0399 ⊚

함수 $f(x)=-x^2+3x$에 대하여 닫힌구간 $[1, k]$에서 평균값 정리를 만족시키는 실수 c의 값이 2일 때, k의 값은? (단, $k>2$)

① 3   ② 4   ③ 5
④ 6   ⑤ 7

0400 ⊚

함수 $y=f(x)$의 그래프가 오른쪽 그림과 같을 때, 닫힌구간 $[a, b]$에서 평균값 정리를 만족시키는 실수 c의 개수를 구하시오.

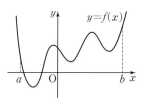

0401 ⊚

함수 $f(x)=x^2-2x$와 닫힌구간 $[-3, 0]$에 속하는 임의의 두 실수 $a, b\,(a<b)$에 대하여 $\dfrac{f(b)-f(a)}{b-a}=k$를 만족시키는 모든 정수 k의 값의 합은?

① -27 ② -26 ③ -25
④ -24 ⑤ -23

0402 ⊛

모든 실수 x에서 미분가능한 함수 $f(x)$가 다음 조건을 모두 만족시킬 때, $f(2)$의 최댓값과 최솟값의 합은?

> (가) $f(3)=4$
> (나) 모든 실수 x에 대하여 $|f'(x)|\le 2$이다.

① 4   ② 5   ③ 6
④ 7   ⑤ 8

AB 유형 점검

0403 유형 01
곡선 $y=x^3-x^2+8$ 위의 점 $(-1, 6)$에서의 접선이 점 $(-2, a)$를 지날 때, a의 값을 구하시오.

0404 유형 01
| 학평 기출 |

다항함수 $f(x)$에 대하여 곡선 $y=f(x)$ 위의 점 $(0, f(0))$에서의 접선의 방정식이 $y=3x-1$이다. 함수 $g(x)=(x+2)f(x)$에 대하여 $g'(0)$의 값은?

① 5 　　　　② 6 　　　　③ 7
④ 8 　　　　⑤ 9

0405 유형 01
| 모평 기출 |

최고차항의 계수가 1이고 $f(0)=0$인 삼차함수 $f(x)$가 $\lim\limits_{x \to a}\dfrac{f(x)-1}{x-a}=3$을 만족시킨다. 곡선 $y=f(x)$ 위의 점 $(a, f(a))$에서의 접선의 y절편이 4일 때, $f(1)$의 값은? (단, a는 상수이다.)

① -1 　　　② -2 　　　③ -3
④ -4 　　　⑤ -5

0406 유형 02
| 수능 기출 |

곡선 $y=x^3-3x^2+2x+2$ 위의 점 A$(0, 2)$에서의 접선과 수직이고 점 A를 지나는 직선의 x절편은?

① 4 　　　　② 6 　　　　③ 8
④ 10 　　　⑤ 12

0407 유형 02
곡선 $y=x^3+x+k$ 위의 점 $(1, a)$를 지나고 이 점에서의 접선에 수직인 직선이 점 $(-3, 2)$를 지날 때, $a-k$의 값을 구하시오. (단, k는 상수)

0408 유형 03
직선 $y=2x+1$이 곡선 $y=x^4-2x+a$에 접할 때, 상수 a의 값을 구하시오.

0409 유형 03
곡선 $y=x^3-4x+5$에 접하고 직선 $x+y+1=0$에 평행한 두 직선 사이의 거리를 구하시오.

0410 유형 03

곡선 $y=x^3-3x^2+2x$ 위의 점에서의 접선 중 기울기가 최소인 접선과 x축 및 y축으로 둘러싸인 삼각형의 넓이를 구하시오.

0411 유형 04

점 $(0, -4)$에서 곡선 $y=x^2-2x$에 그은 접선 중 기울기가 양수인 접선의 방정식이 $y=ax+b$일 때, 상수 a, b에 대하여 $a-b$의 값을 구하시오.

0412 유형 04

점 $A(1, 2)$에서 곡선 $y=-x^2+x+1$에 그은 두 접선의 접점을 각각 B, C라 할 때, 삼각형 ABC의 넓이를 구하시오.

0413 유형 05

두 곡선 $y=x^3+a$, $y=-x^2+bx+c$가 제1사분면 위의 한 점에서 공통인 접선 $y=3x-1$을 가질 때, 상수 a, b, c에 대하여 $a+b-c$의 값은?

① 5   ② 6   ③ 7
④ 8   ⑤ 9

0414 유형 06

오른쪽 그림과 같이 곡선 $y=-x^3+5x-3$ 위의 점 P$(1, 1)$에서의 접선이 이 곡선과 다시 만나는 점을 Q, y축과 만나는 점을 R라 하자. 점 Q와 점 P 사이에서 이 곡선 위를 움직이는 점을 A라 할 때, 삼각형 ARQ의 넓이의 최댓값은?

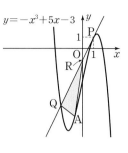

① 4   ② $4\sqrt{5}$ ③ $6\sqrt{5}$
④ 8   ⑤ $8\sqrt{5}$

0415 유형 07

중심의 좌표가 $(4, 3)$인 원과 곡선 $y=-x^2+2x+2$가 제1사분면에서 접할 때, 접점의 좌표를 구하시오.

0416 유형 08

함수 $f(x)=x^4-8x^2+5$에 대하여 닫힌구간 $[-3, 3]$에서 롤의 정리를 만족시키는 실수 c의 개수를 구하시오.

0417 유형 08 + 09

함수 $f(x)=x^2+ax+1$에 대하여 닫힌구간 $[1, 5]$에서 롤의 정리를 만족시키는 실수 c_1이 존재하고, 닫힌구간 $[1, 6]$에서 평균값 정리를 만족시키는 실수 c_2가 존재할 때, c_2-c_1의 값은? (단, a는 상수)

① $-\dfrac{1}{2}$ ② 0 ③ $\dfrac{1}{2}$

④ 1 ⑤ $\dfrac{3}{2}$

0418 유형 08 + 09

함수 $y=f(x)$의 그래프가 오른쪽 그림과 같을 때, 닫힌구간 $[a, b]$에서 롤의 정리를 만족시키는 실수 c_1의 개수를 p, 닫힌구간 $[a, c]$에서 평균값 정리를 만족시키는 실수 c_2의 개수를 q라 하자. 이때 $p+q$의 값을 구하시오.

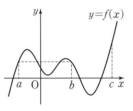

0419 유형 09

n이 자연수일 때, 함수 $f(x)=4x^2-3x+10$에 대하여 닫힌구간 $[n, n+2]$에서 평균값 정리를 만족시키는 실수를 a_n이라 하자. 이때 $a_1+a_3+a_5$의 값은?

① 10 ② 11 ③ 12
④ 13 ⑤ 14

서술형

0420 유형 01

곡선 $y=x^3-6x^2+9x$ 위의 점 $(1, 4)$에서의 접선이 이 곡선과 다시 만나는 점을 P라 할 때, 점 P에서의 접선의 방정식을 구하시오.

0421 유형 03

곡선 $y=-2x^3+7x+1$에 접하고 x축의 양의 방향과 이루는 각의 크기가 $45°$인 두 접선이 y축과 만나는 점을 각각 A, B라 하자. 이때 선분 AB의 길이를 구하시오.

0422 유형 07

곡선 $y=\dfrac{1}{2}x^2$과 원 $x^2+(y-3)^2=5$에 동시에 접하는 서로 다른 두 직선 l, m의 기울기의 곱을 구하시오.

C 실력 향상

0423

곡선 $y=\dfrac{1}{2}x^2+k$의 접선 중 서로 수직인 두 직선의 교점이 항상 x축 위에 있도록 하는 상수 k의 값을 구하시오.

0424 | 모평 기출 |

함수 $f(x)=\dfrac{1}{3}x^3-kx^2+1\,(k>0$인 상수$)$의 그래프 위의 서로 다른 두 점 A, B에서의 접선 l, m의 기울기가 모두 $3k^2$이다. 곡선 $y=f(x)$에 접하고 x축에 평행한 두 직선과 접선 l, m으로 둘러싸인 도형의 넓이가 24일 때, k의 값은?

① $\dfrac{1}{2}$ ② 1 ③ $\dfrac{3}{2}$

④ 2 ⑤ $\dfrac{5}{2}$

0425

양수 a에 대하여 점 $(a,\,0)$에서 곡선 $y=4x^3$에 그은 접선과 점 $(0,\,a)$에서 곡선 $y=4x^3$에 그은 접선이 서로 평행할 때, a의 값은?

① $\dfrac{\sqrt{3}}{5}$ ② $\dfrac{\sqrt{3}}{6}$ ③ $\dfrac{\sqrt{3}}{7}$

④ $\dfrac{\sqrt{3}}{8}$ ⑤ $\dfrac{\sqrt{3}}{9}$

0426

실수 전체의 집합에서 미분가능한 함수 $f(x)$가 $\displaystyle\lim_{x\to\infty}f'(x)=-3$을 만족시킬 때, $\displaystyle\lim_{x\to\infty}\{f(x-1)-f(x+2)\}$의 값을 구하시오.

◐ 기출 BOOK 20쪽

05-1 **함수의 증가와 감소** 　　　　　　　　　　　　 유형 01, 02, 03

(1) 함수의 증가와 감소

함수 $f(x)$가 어떤 구간에 속하는 임의의 두 실수 x_1, x_2에 대하여

① $x_1 < x_2$일 때, $f(x_1) < f(x_2)$이면 $f(x)$는 그 구간에서 **증가**한다고 한다.

② $x_1 < x_2$일 때, $f(x_1) > f(x_2)$이면 $f(x)$는 그 구간에서 **감소**한다고 한다.

(2) 함수의 증가와 감소의 판정

함수 $f(x)$가 어떤 열린구간에서 미분가능할 때, 그 구간의 모든 x에 대하여

① $f'(x) > 0$이면 $f(x)$는 그 구간에서 **증가**한다.

② $f'(x) < 0$이면 $f(x)$는 그 구간에서 **감소**한다.

> **참고** 일반적으로 위의 역은 성립하지 않는다.
> 예를 들어 함수 $f(x) = x^3$은 열린구간 $(-\infty, \infty)$에서 증가하지만 $f'(x) = 3x^2$이므로 $f'(0) = 0$이다.

● 함수 $f(x)$가 어떤 열린구간에서 미분가능할 때, 그 구간에서
(1) $f(x)$가 증가하면 그 구간의 모든 x에 대하여 $f'(x) \geq 0$
(2) $f(x)$가 감소하면 그 구간의 모든 x에 대하여 $f'(x) \leq 0$

05-2 **함수의 극대와 극소** 　　　　　　　　　　　　 유형 04~07

(1) 함수의 극대와 극소

함수 $f(x)$에서 $x = a$를 포함하는 어떤 열린구간에 속하는 모든 x에 대하여

① $f(x) \leq f(a)$이면 함수 $f(x)$는 $x = a$에서 **극대**가 된다고 하고, $f(a)$를 **극댓값**이라 한다.

② $f(x) \geq f(a)$이면 함수 $f(x)$는 $x = a$에서 **극소**가 된다고 하고, $f(a)$를 **극솟값**이라 한다.

이때 극댓값과 극솟값을 통틀어 **극값**이라 한다.

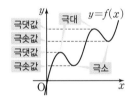

(2) 극값과 미분계수

미분가능한 함수 $f(x)$가 $x = a$에서 극값을 가지면 $f'(a) = 0$이다.

(3) 함수의 극대와 극소의 판정

미분가능한 함수 $f(x)$에 대하여 $f'(a) = 0$일 때, $x = a$의 좌우에서 $f'(x)$의 부호가

① 양에서 음으로 바뀌면 $f(x)$는 $x = a$에서 극대이고, 극댓값 $f(a)$를 갖는다.

② 음에서 양으로 바뀌면 $f(x)$는 $x = a$에서 극소이고, 극솟값 $f(a)$를 갖는다.

● $f'(a) = 0$이라 해서 함수 $f(x)$가 $x = a$에서 항상 극값을 갖는 것은 아니다.
예를 들어 함수 $f(x) = x^3$은 $f'(x) = 3x^2$이므로 $f'(0) = 0$이지만 $f(x)$는 $x = 0$에서 극값을 갖지 않는다.

05-3 **함수의 그래프** 　　　　　　　　　　　　 유형 08~11

미분가능한 함수 $y = f(x)$의 그래프의 개형은 다음과 같은 순서로 그린다.

(i) 도함수 $f'(x)$를 구한 후 $f'(x) = 0$인 x의 값을 구한다.

(ii) 함수 $f(x)$의 증가와 감소를 표로 나타내고, 극값을 구한다.

(iii) 함수 $y = f(x)$의 그래프와 좌표축과의 교점의 좌표를 구한다.

(iv) (ii), (iii)을 이용하여 함수 $y = f(x)$의 그래프의 개형을 그린다.

● (iii)은 교점의 좌표를 구하기 어려운 경우에 생략할 수 있다.

05-4 **함수의 최댓값과 최솟값** 　　　　　　　　　　　　 유형 12~15

닫힌구간 $[a, b]$에서 연속인 함수 $f(x)$에 대하여 주어진 구간에서의 극댓값, 극솟값, $f(a)$, $f(b)$ 중에서 가장 큰 값이 최댓값, 가장 작은 값이 최솟값이다.

● 닫힌구간 $[a, b]$에서 함수 $f(x)$가 연속이고 극값이 하나뿐일 때
(1) 하나뿐인 극값이 극댓값이면 (극댓값)=(최댓값)
(2) 하나뿐인 극값이 극솟값이면 (극솟값)=(최솟값)

05-1 함수의 증가와 감소

[0427~0430] 주어진 구간에서 다음 함수의 증가와 감소를 조사하시오.

0427 $f(x)=-x^2$ $[0, \infty)$

0428 $f(x)=x^2+2x+3$ $[-1, \infty)$

0429 $f(x)=6x-x^2$ $(-\infty, 3]$

0430 $f(x)=x^3$ $(-\infty, \infty)$

[0431~0434] 다음 함수의 증가와 감소를 조사하시오.

0431 $f(x)=x^2+4x$

0432 $f(x)=-x^2+6x+3$

0433 $f(x)=2x^3+3x^2+1$

0434 $f(x)=-\dfrac{1}{3}x^3+x^2-1$

05-2 함수의 극대와 극소

0435 삼차함수 $y=f(x)$의 그래프가 오른쪽 그림과 같을 때, 함수 $f(x)$의 극 댓값과 극솟값을 구하시오.

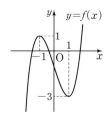

0436 함수 $y=f(x)$의 그래프가 다음 그림과 같을 때, 구 간 $[\alpha, \beta]$에서 다음을 구하시오.

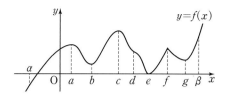

(1) 함수 $f(x)$가 극대가 되는 x의 값

(2) 함수 $f(x)$가 극소가 되는 x의 값

[0437~0438] 다음 함수의 극값을 구하시오.

0437 $f(x)=x^3-6x^2+9x+5$

0438 $f(x)=-x^4+8x^2$

05-3 함수의 그래프

[0439~0442] 다음 함수의 그래프를 그리시오.

0439 $f(x)=-x^3+3x+1$

0440 $f(x)=x^3-3x^2+3x$

0441 $f(x)=x^4-2x^2$

0442 $f(x)=-3x^4-4x^3-1$

05-4 함수의 최댓값과 최솟값

[0443~0444] 주어진 구간에서 다음 함수의 최댓값과 최솟 값을 구하시오.

0443 $f(x)=-x^3+6x^2-9$ $[0, 5]$

0444 $f(x)=\dfrac{1}{4}x^4+x^3$ $[-2, 1]$

B 유형 완성

◈ 개념루트 미적분 I 134쪽

유형 01 함수의 증가와 감소

함수 $f(x)$가 어떤 열린구간에서 미분가능하고 그 구간의 모든 x에 대하여
(1) $f'(x)>0$이면 ➡ $f(x)$는 그 구간에서 증가한다.
(2) $f'(x)<0$이면 ➡ $f(x)$는 그 구간에서 감소한다.

0445 대표 문제

함수 $f(x)=-x^3+3x^2+9x+4$가 증가하는 구간이 $[a, b]$일 때, $a+b$의 값은?

① 2   ② 4   ③ 6
④ 8   ⑤ 10

0446 중

함수 $f(x)=x^3+6x^2+ax-2$가 감소하는 x의 값의 범위가 $-3\le x\le b$일 때, 상수 a, b에 대하여 $a-b$의 값을 구하시오.

0447 중

함수 $f(x)=-2x^3+ax^2+bx-1$이 다음 조건을 모두 만족시킬 때, 상수 a, b에 대하여 $a+b$의 값을 구하시오.

> ㈎ 함수 $f(x)$가 구간 $(-\infty, -2]$, $[3, \infty)$에서 감소한다.
> ㈏ 함수 $f(x)$가 구간 $[-2, 3]$에서 증가한다.

◈ 개념루트 미적분 I 136쪽

유형 02 삼차함수가 실수 전체의 집합에서 증가 또는 감소하기 위한 조건

삼차함수 $f(x)$가 실수 전체의 집합에서
(1) 증가하면 ➡ 모든 실수 x에 대하여 $f'(x)\ge 0$
(2) 감소하면 ➡ 모든 실수 x에 대하여 $f'(x)\le 0$

참고 이차방정식 $ax^2+bx+c=0$의 판별식을 D라 할 때, 모든 실수 x에 대하여
(1) 이차부등식 $ax^2+bx+c\ge 0$이 성립하려면 ➡ $a>0$, $D\le 0$
(2) 이차부등식 $ax^2+bx+c\le 0$이 성립하려면 ➡ $a<0$, $D\le 0$

0448 대표 문제

함수 $f(x)=-x^3+ax^2-3x+5$가 실수 전체의 집합에서 감소하도록 하는 실수 a의 최솟값을 구하시오.

0449 중

함수 $f(x)=ax^3+x^2+4x$가 구간 $(-\infty, \infty)$에서 증가하도록 하는 실수 a의 값의 범위는?

① $a\le -\dfrac{1}{12}$ ② $-\dfrac{1}{12}\le a<0$

③ $-\dfrac{1}{12}\le a<\dfrac{1}{12}$ ④ $0<a\le \dfrac{1}{12}$

⑤ $a\ge \dfrac{1}{12}$

0450 중   서술형

함수 $f(x)=-x^3+3ax^2+(a-4)x+1$이 $x_1<x_2$인 임의의 두 실수 x_1, x_2에 대하여 $f(x_1)>f(x_2)$가 성립하도록 하는 정수 a의 개수를 구하시오.

0451 중

실수 전체의 집합에서 정의된 함수 $f(x)=\dfrac{2}{3}x^3+4x^2-kx-1$의 역함수가 존재하기 위한 실수 k의 최댓값을 구하시오.

◈◆ **개념루트** 미적분Ⅰ 136쪽

유형 03 삼차함수가 주어진 구간에서
증가 또는 감소하기 위한 조건

삼차함수 $f(x)$의 도함수 $f'(x)$를 구한 후 주어진 구간에서
$f(x)$가 증가하면 $f'(x) \geq 0$, $f(x)$가 감소하면 $f'(x) \leq 0$임을
이용한다.
(1) 최고차항의 계수가 양수일 때, $a \leq x \leq b$에서 $f'(x) \leq 0$이려면
➡ $f'(a) \leq 0$, $f'(b) \leq 0$
(2) 최고차항의 계수가 음수일 때, $a \leq x \leq b$에서 $f'(x) \geq 0$이려면
➡ $f'(a) \geq 0$, $f'(b) \geq 0$

0452 대표 문제

함수 $f(x) = -x^3 + ax^2 + 12x + 1$이 구간 $[-1, 3]$에서 증
가하도록 하는 정수 a의 개수를 구하시오.

0453 중

함수 $f(x) = x^3 - x^2 - ax + 2$가 $0 \leq x \leq 1$에서 감소하도록
하는 실수 a의 최솟값은?

① -1 ② 0 ③ 1
④ 2 ⑤ 3

0454 중

함수 $f(x) = x^3 - \dfrac{9}{2}x^2 + ax + 5$가 구간 $[1, 2]$에서 감소하
고, 구간 $[3, \infty)$에서 증가하도록 하는 실수 a의 값의 범위
를 구하시오.

◈◆ **개념루트** 미적분Ⅰ 140쪽

유형 04 함수의 극대와 극소

미분가능한 함수 $f(x)$에 대하여 $f'(a) = 0$일 때, $x = a$의 좌우
에서 $f'(x)$의 부호가
(1) 양에서 음으로 바뀌면 $f(x)$는 $x = a$에서 극대이고, 극댓값
$f(a)$를 갖는다. └ $f(x)$가 증가하다가 감소
(2) 음에서 양으로 바뀌면 $f(x)$는 $x = a$에서 극소이고, 극솟값
$f(a)$를 갖는다. └ $f(x)$가 감소하다가 증가

0455 대표 문제

함수 $f(x) = x^3 + 3x^2 - 9x + 1$의 극댓값을 M, 극솟값을
m이라 할 때, $M - m$의 값은?

① 24 ② 26 ③ 28
④ 30 ⑤ 32

0456 중 | 모평 기출 |

함수 $f(x) = x^3 - 3x + 12$가 $x = a$에서 극소일 때,
$a + f(a)$의 값을 구하시오. (단, a는 상수이다.)

0457 중

함수 $f(x) = -3x^4 + 4x^3 + 12x^2 - 3$의 모든 극값의 합을
구하시오.

0458 중   서술형 ⚬

함수 $f(x) = x^3 - 6x^2 + 9x + 1$의 그래프에서 극대인 점을
A, 극소인 점을 B라 할 때, 선분 AB의 길이를 구하시오.

05

도함수의 활용 (2)

유형 05 함수의 극대와 극소를 이용하여 미정계수 구하기

미분가능한 함수 $f(x)$가 $x=\alpha$에서 극값 β를 가지면
$$f'(\alpha)=0,\ f(\alpha)=\beta$$
임을 이용하여 미정계수를 구한다.

0459 대표 문제

함수 $f(x)=-x^3+ax^2+bx+3$이 $x=1$에서 극솟값 -1을 가질 때, $f(x)$의 극댓값을 구하시오. (단, a, b는 상수)

0460 중

함수 $f(x)=x^3-\dfrac{3}{2}x^2-6x+a$의 극댓값이 4일 때, $f(x)$의 극솟값을 구하시오. (단, a는 상수)

0461 중 | 수능 기출 |

함수 $f(x)=2x^3-9x^2+ax+5$는 $x=1$에서 극대이고, $x=b$에서 극소이다. $a+b$의 값은? (단, a, b는 상수이다.)

① 12　　　　② 14　　　　③ 16
④ 18　　　　⑤ 20

0462 중

함수 $f(x)=2x^3+ax^2+bx+c$가 $x=-2$에서 극댓값 5를 갖고 $x=1$에서 극솟값을 가질 때, $f(x)$의 극솟값을 구하시오. (단, a, b, c는 상수)

0463 중

함수 $f(x)=2x^3+3ax^2-12a^2x+a^3$의 극댓값과 극솟값의 합이 15일 때, 양수 a의 값을 구하시오.

0464 중　　　　　　　　　　　　　　　　서술형 ọ

함수 $f(x)=-2x^3+(a+2)x^2+6x+b$의 그래프에서 극대인 점과 극소인 점이 원점에 대하여 대칭일 때, $f(x)$의 극솟값을 구하시오. (단, a, b는 상수)

0465 중

삼차함수 $y=f(x)$의 그래프 위의 점 $(0,\ 1)$에서의 접선의 방정식이 $y=-9x+1$이다. 함수 $f(x)$가 $x=-3$에서 극댓값 28을 가질 때, $f(x)$의 극솟값을 구하시오.

0466 상

최고차항의 계수가 1인 삼차함수 $f(x)$와 그 도함수 $f'(x)$가 다음 조건을 모두 만족시킬 때, $f(x)$의 극댓값과 극솟값의 차를 구하시오.

> ㈎ 함수 $f(x)$는 $x=2$에서 극솟값을 갖는다.
> ㈏ 모든 실수 x에 대하여 $f'(1-x)=f'(1+x)$

빈출

유형 06 도함수의 그래프와 함수의 극대, 극소

미분가능한 함수 $f(x)$의 도함수 $y=f'(x)$의
그래프가 오른쪽 그림과 같을 때, x축과 만나
는 점의 좌우에서 $f'(x)$의 부호가
(1) 양에서 음으로 바뀌면
  ➡ $f(x)$는 $x=a$에서 극대
(2) 음에서 양으로 바뀌면
  ➡ $f(x)$는 $x=b$에서 극소

유형 07 도함수의 그래프의 해석

함수 $f(x)$의 도함수 $y=f'(x)$의 그래프에 대하여
(1) $f'(x)>0$인 구간에서 $f(x)$는 증가하고, $f'(x)<0$인 구간
  에서 $f(x)$는 감소한다.
(2) $f'(a)=0$이고 $x=a$의 좌우에서 $f'(x)$의 부호가 바뀌면
  $f(x)$는 $x=a$에서 극값을 갖는다.

0467 대표 문제

최고차항의 계수가 1인 삼차함수 $f(x)$
의 도함수 $y=f'(x)$의 그래프가 오른
쪽 그림과 같다. 함수 $f(x)$의 극댓값이
15일 때, $f(x)$의 극솟값을 구하시오.

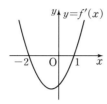

0470 대표 문제

함수 $f(x)$의 도함수 $y=f'(x)$
의 그래프가 오른쪽 그림과 같을
때, 다음 중 옳은 것은?

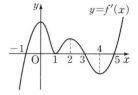

① 함수 $f(x)$는 구간 $[2, 4]$에
  서 감소한다.
② 함수 $f(x)$는 $x=1$에서 미분가능하다.
③ 함수 $f(x)$는 $x=2$에서 극대이다.
④ 함수 $f(x)$는 $x=3$에서 극소이다.
⑤ 구간 $(-1, 5)$에서 함수 $f(x)$는 2개의 극값을 갖는다.

0468 중

삼차함수 $f(x)$의 도함수 $y=f'(x)$의
그래프가 오른쪽 그림과 같다. 함수
$f(x)$의 극댓값이 1, 극솟값이 0일 때,
$f(-2)$의 값은?

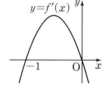

① 3   ② 4
③ 5   ④ 6
⑤ 7

0471 중

함수 $f(x)$의 도함수 $y=f'(x)$의 그래프가 다음 그림과 같
다. 구간 $[a, b]$에서 함수 $f(x)$가 극대가 되는 x의 값의
개수를 m, 극소가 되는 x의 값의 개수를 n이라 할 때,
$m-n$의 값을 구하시오.

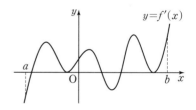

0469 중

삼차함수 $f(x)$의 도함수 $y=f'(x)$의
그래프가 오른쪽 그림과 같을 때,
$f(x)$의 극댓값과 극솟값의 차를 구하
시오.

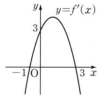

0472 중

삼차함수 $f(x)$의 도함수
$y=f'(x)$의 그래프와 사차함수
$g(x)$의 도함수 $y=g'(x)$의 그
래프가 오른쪽 그림과 같다.
$h(x)=f(x)-g(x)$라 할 때, 함
수 $h(x)$가 극소가 되는 x의 값을
구하시오.

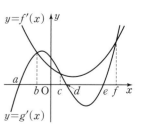

05

도함수의 활용 (2)

유형 08 함수의 그래프

함수 $y=f(x)$의 그래프의 개형은 다음과 같은 순서로 그린다.
(i) 도함수 $f'(x)$를 구하고 $f'(x)=0$인 x의 값을 구한다.
(ii) 함수 $f(x)$의 증가와 감소를 표로 나타내고, 극값을 구한다.
(iii) 함수 $y=f(x)$의 그래프와 좌표축과의 교점의 좌표를 구한다.
(iv) (ii), (iii)을 이용하여 함수 $y=f(x)$의 그래프의 개형을 그린다.

0473 대표 문제

함수 $f(x)$의 도함수 $y=f'(x)$의 그래프가 오른쪽 그림과 같을 때, 다음 중 함수 $y=f(x)$의 그래프의 개형이 될 수 있는 것은?

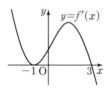

① 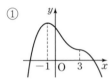 ②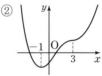

③ 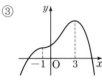 ④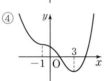

⑤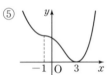

0474 중

다음 중 함수 $y=x^4-6x^2+5$의 그래프의 개형이 될 수 있는 것은?

① 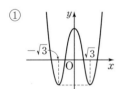 ②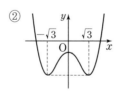

③ 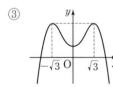 ④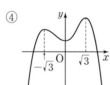

⑤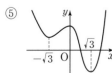

0475 중

삼차함수 $f(x)=x^3+ax^2+bx+c$의 그래프가 오른쪽 그림과 같을 때, 보기에서 옳은 것만을 있는 대로 고르시오.
(단, $|\beta|>|\alpha|$, a, b, c는 상수)

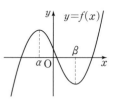

보기
ㄱ. $abc>0$ ㄴ. $a+bc<0$
ㄷ. $\dfrac{|a|}{a}+\dfrac{|b|}{b}+\dfrac{|c|}{c}=1$

유형 09 삼차함수가 극값을 가질 조건

(1) 삼차함수 $f(x)$가 극값을 갖는다. → 극댓값과 극솟값을 모두 갖는다.
   ⟺ 이차방정식 $f'(x)=0$이 서로 다른 두 실근을 갖는다.
   ⟺ 이차방정식 $f'(x)=0$의 판별식을 D라 하면 $D>0$
(2) 삼차함수 $f(x)$가 극값을 갖지 않는다.
   ⟺ 이차방정식 $f'(x)=0$이 중근 또는 허근을 갖는다.
   ⟺ 이차방정식 $f'(x)=0$의 판별식을 D라 하면 $D\leq0$

0476 대표 문제

함수 $f(x)=\dfrac{2}{3}x^3+(a-1)x^2+2x-5$가 극값을 갖지 않도록 하는 실수 a의 값의 범위를 구하시오.

0477 중

함수 $f(x)=x^3+ax^2+(a^2-4a)x+3$이 극값을 갖도록 하는 모든 정수 a의 값의 합은?

① 12   ② 13   ③ 14
④ 15   ⑤ 16

0478 (중)

서술형

함수 $f(x)=ax^3-6x^2+(a-1)x-2$가 극댓값과 극솟값을 모두 갖도록 하는 정수 a의 개수를 구하시오. (단, $a\neq0$)

◆◆ 개념루트 미적분 I 154쪽

유형 10 **삼차함수가 주어진 구간에서 극값을 가질 조건**

삼차함수 $f(x)$가 열린구간 (a, b)에서 극댓값과 극솟값을 모두 가지려면 이차방정식 $f'(x)=0$이 $a<x<b$에서 서로 다른 두 실근을 가져야 하므로 다음 세 가지 조건을 조사한다.
(i) 이차방정식 $f'(x)=0$의 판별식을 D라 하면 $D>0$
(ii) $f'(a)$, $f'(b)$의 값의 부호
(iii) 이차함수 $y=f'(x)$의 그래프의 축의 방정식이 $x=k$일 때, $a<k<b$

0479 대표 문제

함수 $f(x)=x^3-ax^2+2ax+1$이 구간 $(-2, 2)$에서 극댓값과 극솟값을 모두 갖도록 하는 실수 a의 값의 범위를 구하시오.

0480 (중)

함수 $f(x)=-x^3+(a+1)x^2-x+1$이 $x<1$에서 극솟값을 갖고 $x>1$에서 극댓값을 갖도록 하는 정수 a의 최솟값은?

① -2 ② -1 ③ 0
④ 1 ⑤ 2

0481 (중)

함수 $f(x)=\frac{1}{3}x^3-ax^2+(a^2-1)x+3$이 구간 $(-1, 2)$에서 극댓값을 갖고 구간 $(2, \infty)$에서 극솟값을 갖도록 하는 정수 a의 값을 구하시오.

◆◆ 개념루트 미적분 I 156쪽

유형 11 **사차함수가 극값을 가질 조건**

(1) 사차함수 $f(x)$가 극댓값과 극솟값을 모두 갖는다.
 ➡ 삼차방정식 $f'(x)=0$이 서로 다른 세 실근을 갖는다.
(2) 사차함수 $f(x)$가 극값을 하나만 갖는다.
 ➡ 삼차방정식 $f'(x)=0$이 중근 또는 허근을 갖는다.

0482 대표 문제

함수 $f(x)=x^4-4ax^3+3ax^2+1$이 극댓값과 극솟값을 모두 갖도록 하는 실수 a의 값의 범위를 구하시오.

0483 (중)

함수 $f(x)=-x^4+4x^3+2ax^2$이 극솟값을 갖도록 하는 정수 a의 최솟값은?

① -2 ② -1 ③ 0
④ 1 ⑤ 2

0484 (중)

함수 $f(x)=3x^4-4x^3-3(a+4)x^2+12ax$가 극값을 하나만 갖도록 하는 실수 a의 최댓값을 구하시오.

빈출

유형 12 함수의 최댓값과 최솟값

닫힌구간 $[a, b]$에서 연속인 함수 $f(x)$에 대하여 극댓값, 극솟값, $f(a)$, $f(b)$ 중에서 가장 큰 값이 최댓값, 가장 작은 값이 최솟값이다.

0485 [대표 문제]

구간 $[0, 5]$에서 함수 $f(x)=-x^3+6x^2-9x+10$의 최댓값을 M, 최솟값을 m이라 할 때, $M-m$의 값은?

① 12　　　　② 14　　　　③ 16
④ 18　　　　⑤ 20

0486 (하)

함수 $f(x)=x^4-6x^2-8x+15$가 $x=a$에서 최솟값 m을 가질 때, $a+m$의 값을 구하시오.

0487 (중)

서술형

구간 $[a, a+1]$에서 함수 $f(x)=-x^2(x+3)$의 최솟값을 $g(a)$라 할 때, $g(-3)+g(-1)+g(0)$의 값을 구하시오.

0488 (상)

두 함수 $f(x)=x^3-3x+3$, $g(x)=-x^2+6x-6$에 대하여 함수 $(f \circ g)(x)$의 최댓값을 구하시오.

빈출

유형 13 함수의 최댓값과 최솟값을 이용하여 미정계수 구하기

함수 $f(x)$의 최댓값 또는 최솟값이 주어지면 함수 $f(x)$의 최댓값 또는 최솟값을 미정계수를 포함한 식으로 나타낸 후 주어진 값을 이용하여 미정계수를 구한다.

0489 [대표 문제]

구간 $[-2, 0]$에서 함수 $f(x)=ax^4-2ax^2+b+1$의 최댓값이 11, 최솟값이 2일 때, 상수 a, b에 대하여 $a+b$의 값은? (단, $a>0$)

① 2　　　　② 3　　　　③ 4
④ 5　　　　⑤ 6

0490 (중)

구간 $[-1, 3]$에서 함수 $f(x)=-2x^3+6x^2+a$의 최댓값이 5일 때, $f(x)$의 최솟값을 구하시오. (단, a는 상수)

0491 (중)

구간 $[0, 4]$에서 함수 $f(x)=x^4-4x^3-2x^2+12x+a$의 최댓값과 최솟값의 합이 11일 때, 상수 a의 값은?

① -4　　　　② -2　　　　③ 0
④ 2　　　　⑤ 4

◈ 개념루트 미적분 I 164쪽

유형 14　함수의 최댓값과 최솟값의 활용 – 길이, 넓이

평면도형의 길이 또는 넓이에 대한 최대, 최소 문제는 피타고라스 정리와 두 점 사이의 거리, 도형의 넓이를 구하는 공식 등을 이용하여 길이 또는 넓이를 한 문자에 대한 함수로 나타낸 후 도함수를 이용하여 최댓값 또는 최솟값을 구한다.

0492 대표 문제

오른쪽 그림과 같이 두 곡선 $y=x^2-4$, $y=-x^2+4$로 둘러싸인 부분에 내접하고 한 쌍의 대변이 x축에 평행한 직사각형의 넓이의 최댓값을 구하시오.

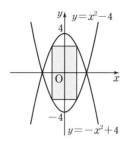

0493 종

곡선 $y=x^2$ 위를 움직이는 점 P와 점 $A(3, 0)$에 대하여 선분 AP의 길이의 최솟값은?

① $\sqrt{3}$ 　② 2 　③ $\sqrt{5}$

④ $\sqrt{6}$ 　⑤ $\sqrt{7}$

0494 종　　　　　　　　　　서술형

오른쪽 그림과 같이 곡선 $y=x^2-6x+9$ 위의 점 $P(a, b)(0<a<3)$에서의 접선이 x축, y축과 만나는 점을 각각 A, B라 할 때, 삼각형 OAB의 넓이의 최댓값을 구하시오. (단, O는 원점)

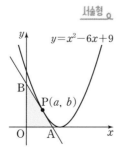

◈ 개념루트 미적분 I 164쪽

빈출

유형 15　함수의 최댓값과 최솟값의 활용 – 부피

입체도형의 부피에 대한 최대, 최소 문제는 입체도형의 부피를 구하는 공식을 이용하여 부피를 한 문자에 대한 함수로 나타낸 후 도함수를 이용하여 최댓값 또는 최솟값을 구한다.

0495 대표 문제

오른쪽 그림과 같이 한 변의 길이가 6인 정사각형 모양의 종이의 네 모퉁이에서 같은 크기의 정사각형을 잘라 내고 남은 부분을 접어서 뚜껑이 없는 직육면체 모양의 상자를 만들려고 한다. 이때 이 상자의 부피의 최댓값을 구하시오.

0496 종

밑면의 반지름의 길이가 r, 높이가 h인 원기둥을 이 원기둥의 밑면의 지름을 포함하고 밑면에 수직인 평면으로 자른 단면의 대각선의 길이가 9로 일정할 때, 원기둥의 부피가 최대가 되도록 하는 높이 h의 값을 구하시오.

0497 종

오른쪽 그림과 같이 반지름의 길이가 1인 구에 내접하는 원기둥의 부피의 최댓값을 구하시오.

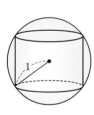

0498 상

오른쪽 그림과 같이 밑면이 정사각형이고 옆면이 모두 합동인 사각뿔의 모든 모서리의 길이가 6일 때, 이 사각뿔에 내접하는 직육면체의 부피의 최댓값을 구하시오.

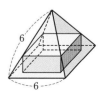

AB 유형 점검

0499 유형 01

다음 중 함수 $f(x)=x^4-2x^2-2$가 감소하는 구간은?

① $[-1, 0]$ ② $[-1, 1]$ ③ $[0, 1]$

④ $[1, 2]$ ⑤ $[2, 3]$

0500 유형 02 | 수능 기출 |

함수 $f(x)=x^3+ax^2-(a^2-8a)x+3$이 실수 전체의 집합에서 증가하도록 하는 실수 a의 최댓값을 구하시오.

0501 유형 03

함수 $f(x)=2x^3+ax^2-4ax+1$이 구간 $[-2, 1]$에서 감소하도록 하는 실수 a의 값의 범위는?

① $a\leq-3$ ② $-3\leq a\leq 0$ ③ $a\geq 0$

④ $0\leq a\leq 3$ ⑤ $a\geq 3$

0502 유형 01 + 04

함수 $f(x)=x^3+ax^2+bx+1$이 감소하는 구간이 $[-1, 1]$일 때, $f(x)$의 극댓값을 M, 극솟값을 m이라 하자. 이때 $M+m$의 값은? (단, a, b는 상수)

① -2 ② -1 ③ 0

④ 1 ⑤ 2

0503 유형 04 | 수능 기출 |

두 다항함수 $f(x)$와 $g(x)$가 모든 실수 x에 대하여
$$g(x)=(x^3+2)f(x)$$
를 만족시킨다. $g(x)$가 $x=1$에서 극솟값 24를 가질 때, $f(1)-f'(1)$의 값을 구하시오.

0504 유형 05

함수 $f(x)=\begin{cases} ax+54 & (x\leq-3) \\ -x^3+3x^2-3a & (x>-3) \end{cases}$의 모든 극값의 합이 13일 때, 양수 a의 값은?

① 1 ② 2 ③ 3

④ 4 ⑤ 5

0505 유형 05

사차함수 $f(x)=\dfrac{1}{4}x^4+\dfrac{a}{3}x^3+\dfrac{b}{2}x^2+cx+1$과 두 실수 α, β가 다음 조건을 모두 만족시킬 때, 상수 a, b, c에 대하여 $a+b+2c$의 값을 구하시오. (단, $\alpha<\beta$)

(가) $f'(-1)=6$
(나) 함수 $f(x)$는 $x=1$에서 극대이고 $x=\alpha$, $x=\beta$에서 극소이다.
(다) $\alpha-\beta=-4$

0506 유형 07

함수 $f(x)$의 도함수 $y=f'(x)$의 그래프가 오른쪽 그림과 같을 때, 보기에서 옳은 것만을 있는 대로 고르시오.

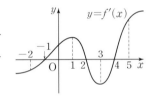

┌ 보기 ┐
ㄱ. 함수 $f(x)$는 구간 $[-2, -1]$에서 감소한다.
ㄴ. 함수 $f(x)$는 구간 $[3, \infty)$에서 증가한다.
ㄷ. 함수 $f(x)$는 $x=1$에서 극대이다.
ㄹ. 함수 $f(x)$는 $x=4$에서 극소이다.

0507 유형 05 + 08

함수 $f(x)=x^3+ax^2+bx$의 그래프는 원점이 아닌 점에서 x축에 접하고 극솟값이 -4일 때, 상수 a, b에 대하여 $a+b$의 값을 구하시오.

0508 유형 09

함수 $f(x)=-\dfrac{1}{3}x^3-ax^2+(2a-3)x-1$이 극값을 갖고, 함수 $g(x)=\dfrac{4}{3}x^3-(a+2)x^2+(2a+1)x+1$이 극값을 갖지 않도록 하는 실수 a의 값의 범위를 $\alpha<a\leq\beta$라 할 때, $\alpha+\beta$의 값을 구하시오.

0509 유형 10

함수 $f(x)=\dfrac{1}{3}x^3-kx^2+3kx+7$이 $-1<x<1$에서 극 댓값과 극솟값을 모두 갖도록 하는 실수 k의 값의 범위를 구하시오.

0510 유형 11

다음 중 함수 $f(x)=x^4+4x^3+2ax^2+a$가 극댓값을 갖지 않도록 하는 실수 a의 값이 될 수 없는 것은?

① 0   ② 1   ③ $\dfrac{9}{4}$

④ 3   ⑤ $\dfrac{21}{4}$

0511 유형 12

구간 $[-1, 2]$에서 함수 $f(x)=x^4-2x^2+3$의 최댓값과 최솟값의 합을 구하시오.

0512 유형 13

구간 $[0, 4]$에서 함수 $f(x)=ax^3-3ax^2+b$의 최댓값이 5, 최솟값이 -15일 때, 상수 a, b에 대하여 $a-b$의 값을 구하시오. (단, $a>0$)

0513 유형 15

오른쪽 그림과 같이 한 변의 길이가 24인 정삼각형 모양의 종이의 세 모퉁이에서 합동인 사각형을 잘라 내고 남은 부분을 접어서 뚜껑이 없는 삼각기둥 모양의 상자를 만들려고 한다. 이때 이 상자의 부피의 최댓값을 구하시오.

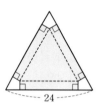

0514 유형 15

오른쪽 그림과 같이 밑면의 반지름의 길이가 4이고 높이가 8인 원뿔에 내접하는 원기둥 중에서 부피가 최대인 원기둥의 밑면의 반지름의 길이는?

① 2
② $\dfrac{7}{3}$
③ $\dfrac{8}{3}$
④ 3
⑤ $\dfrac{10}{3}$

서술형

0515 유형 05

함수 $f(x)=x^3-6x^2+9x+a$의 극댓값과 극솟값의 절댓값이 같고 그 부호가 서로 다를 때, 상수 a의 값을 구하시오.

0516 유형 06 + 12

함수 $f(x)=x^3+ax^2+bx+c$의 도함수 $y=f'(x)$의 그래프가 오른쪽 그림과 같다. 함수 $f(x)$의 극댓값이 7일 때, 구간 $[-2, 4]$에서 $f(x)$의 최솟값을 구하시오. (단, a, b, c는 상수)

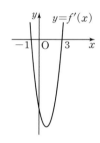

0517 유형 14

오른쪽 그림과 같이 곡선 $y=-x^2+8x+20$이 x축과 만나는 두 점을 각각 A, B라 할 때, x축과 곡선으로 둘러싸인 부분에 내접하는 사다리꼴 ABCD의 넓이의 최댓값을 구하시오.

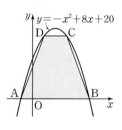

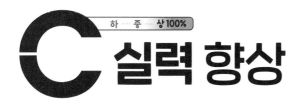

C 실력 향상

하 ···· 중 ···· 상100%

0518

최고차항의 계수가 1인 삼차함수 $f(x)$가 다음 조건을 모두 만족시킬 때, $f(-3)$의 최댓값은?

> (개) $x_1 \neq x_2$인 모든 실수 x_1, x_2에 대하여 $f(x_1) \neq f(x_2)$가 성립한다.
> (내) 곡선 $y=f(x)$ 위의 점 $(1, f(1))$에서의 접선이 점 $(0, 1)$을 지난다.

① -2 ② -1 ③ 0
④ 1 ⑤ 2

0519

| 모평 기출 |

두 삼차함수 $f(x)$와 $g(x)$가 모든 실수 x에 대하여
$$f(x)g(x)=(x-1)^2(x-2)^2(x-3)^2$$
을 만족시킨다. $g(x)$의 최고차항의 계수가 3이고, $g(x)$가 $x=2$에서 극댓값을 가질 때, $f'(0)=\dfrac{q}{p}$이다. $p+q$의 값을 구하시오. (단, p와 q는 서로소인 자연수이다.)

0520

| 학평 기출 |

두 함수
$$f(x)=x^2+2x+k, \quad g(x)=2x^3-9x^2+12x-2$$
에 대하여 함수 $(g \circ f)(x)$의 최솟값이 2가 되도록 하는 실수 k의 최솟값은?

① 1 ② $\dfrac{9}{8}$ ③ $\dfrac{5}{4}$
④ $\dfrac{11}{8}$ ⑤ $\dfrac{3}{2}$

0521

오른쪽 그림과 같이 한 변의 길이가 8인 정사각형 ABCD에서 변 AD, CD의 중점을 각각 E, F라 하고, 세 점 B, E, C를 지나는 포물선과 선분 BF가 만나는 점을 G라 하자. 선분 BG 위를 움직이는 점 P를 지나고 직선 AB에 평행한 직선이 포물선과 만나는 점을 Q라 할 때, 삼각형 BPQ의 넓이의 최댓값은 $\dfrac{q}{p}$이다. 서로소인 두 자연수 p, q에 대하여 $p+q$의 값을 구하시오.
(단, 세 점 B, P, G는 서로 다른 점이다.)

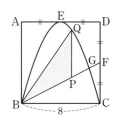

🔵 기출 BOOK 26쪽

06-1 방정식에의 활용

유형 01~05

 개념➕

(1) 방정식의 실근의 개수

① 방정식 $f(x)=0$의 실근의 개수는 함수 $y=f(x)$의 그래프와 x축의 교점의 개수와 같다.

② 방정식 $f(x)=g(x)$의 실근의 개수는 두 함수 $y=f(x)$, $y=g(x)$의 그래프의 교점의 개수와 같다.

● 방정식 $f(x)=g(x)$의 실근의 개수는 함수 $y=f(x)-g(x)$의 그래프와 x축의 교점의 개수와 같다.

(2) 삼차방정식의 근의 판별

삼차함수 $f(x)$가 극값을 가질 때, 삼차방정식 $f(x)=0$의 근은 극값을 이용하여 다음과 같이 판별할 수 있다.

① (극댓값)×(극솟값)<0 ⟺ 서로 다른 세 실근을 갖는다.

② (극댓값)×(극솟값)=0 ⟺ 중근과 다른 한 실근을 갖는다. → 서로 다른 두 실근

③ (극댓값)×(극솟값)>0 ⟺ 한 실근과 두 허근을 갖는다. → 오직 한 실근

● 삼차함수 $f(x)$가 극값을 갖는다. ⟺ 이차방정식 $f'(x)=0$이 서로 다른 두 실근을 갖는다.

참고 삼차함수 $f(x)$가 극값을 갖지 않을 때, 삼차방정식 $f(x)=0$은 삼중근을 갖거나 한 실근과 두 허근을 가지므로 실근은 하나뿐이다.

06-2 부등식에의 활용

유형 06, 07, 08

(1) 어떤 구간에서 부등식 $f(x)\geq0$이 성립함을 보일 때

➡ 그 구간에서 ($f(x)$의 최솟값)≥0임을 보인다.

참고 어떤 구간에서 부등식 $f(x)\leq0$이 성립함을 보일 때

➡ 그 구간에서 ($f(x)$의 최댓값)≤0임을 보인다.

● 어떤 구간에서 $f(x)$의 최솟값이 k이면 그 구간에서 $f(x)\geq k$이다.

(2) 어떤 구간에서 부등식 $f(x)\geq g(x)$가 성립함을 보일 때

➡ $h(x)=f(x)-g(x)$로 놓고 그 구간에서 ($h(x)$의 최솟값)≥0임을 보인다.

06-3 속도와 가속도

유형 09~15

(1) 속도와 가속도

수직선 위를 움직이는 점 P의 시각 t에서의 위치를 $x=f(t)$라 할 때, 시각 t에서의 점 P의 속도 v와 가속도 a는

① 속도: $v=\dfrac{dx}{dt}=f'(t)$

② 가속도: $a=\dfrac{dv}{dt}$

● 속도 v의 절댓값 $|v|$를 시각 t에서의 점 P의 속력이라 한다.

(2) 시각에 대한 변화율

시각 t에서의 길이가 l, 넓이가 S, 부피가 V인 각각의 도형에서 시간이 $\varDelta t$만큼 경과한 후 길이가 $\varDelta l$만큼, 넓이가 $\varDelta S$만큼, 부피가 $\varDelta V$만큼 변할 때

① 시각 t에서의 길이 l의 변화율: $\displaystyle\lim_{\varDelta t \to 0}\dfrac{\varDelta l}{\varDelta t}=\dfrac{dl}{dt}$

② 시각 t에서의 넓이 S의 변화율: $\displaystyle\lim_{\varDelta t \to 0}\dfrac{\varDelta S}{\varDelta t}=\dfrac{dS}{dt}$

③ 시각 t에서의 부피 V의 변화율: $\displaystyle\lim_{\varDelta t \to 0}\dfrac{\varDelta V}{\varDelta t}=\dfrac{dV}{dt}$

06-1 방정식에의 활용

[0522~0525] 다음 방정식의 서로 다른 실근의 개수를 구하시오.

0522 $x^3-6x^2+9x-3=0$

0523 $2x^3-3x^2-1=0$

0524 $x^4+4x^3+4x^2-1=0$

0525 $x^4+3x^2-1=3x^4-x^2$

0526 방정식 $x^3-3x^2-k=0$의 근이 다음과 같도록 하는 실수 k의 값 또는 범위를 구하시오.

(1) 서로 다른 세 실근

(2) 서로 다른 두 실근

(3) 한 개의 실근

06-2 부등식에의 활용

0527 다음은 $x\geq0$일 때, 부등식 $2x^3-3x^2+4>0$이 성립함을 증명하는 과정이다. (개), (내)에 알맞은 것을 구하시오.

> ┌ 증명 ┐
> $f(x)=2x^3-3x^2+4$라 하면
> $f'(x)=6x^2-6x=6x(x-1)$
> $f'(x)=0$인 x의 값은 $x=0$ 또는 $x=1$
> $x\geq0$에서 함수 $f(x)$는 $x=$ (개) 일 때 최솟값 (내) 을 가지므로
> $f(x)>0$
> 따라서 $x\geq0$일 때, 부등식 $2x^3-3x^2+4>0$이 성립한다.

0528 모든 실수 x에 대하여 부등식 $x^4-4x+3\geq0$이 성립함을 증명하시오.

0529 $x>-2$일 때, 부등식 $x^3+3x^2+1>0$이 성립함을 증명하시오.

06-3 속도와 가속도

0530 수직선 위를 움직이는 점 P의 시각 t에서의 위치 x가 $x=-t^3+4t^2-1$일 때, 다음을 구하시오.

(1) $t=1$에서의 점 P의 속도

(2) $t=5$에서의 점 P의 가속도

(3) 점 P의 속도가 -3이 되는 시각

(4) 점 P의 가속도가 2가 되는 시각

0531 어떤 물체의 시각 t에서의 길이 l이 $l=3t^2-6t+5$일 때, $t=2$에서의 물체의 길이의 변화율을 구하시오.

0532 시각 t에서의 반지름의 길이가 t인 구에 대하여 다음을 구하시오.

(1) $t=2$에서의 구의 겉넓이의 변화율

(2) $t=3$에서의 구의 부피의 변화율

B 유형 완성

◆ 개념루트 미적분 I 174쪽

빈출

유형 01 방정식 $f(x)=k$의 실근의 개수

방정식 $f(x)=k$의 서로 다른 실근의 개수
⟺ 함수 $y=f(x)$의 그래프와 직선 $y=k$의 교점의 개수

0533 대표 문제

방정식 $\dfrac{3}{2}x^4+4x^3-3x^2-12x-k=0$이 오직 하나의 실근을 갖도록 하는 실수 k의 값을 구하시오.

0534 중 | 수능 기출 |

방정식 $2x^3-3x^2-12x+k=0$이 서로 다른 세 실근을 갖도록 하는 정수 k의 개수는?

① 20   ② 23   ③ 26

④ 29   ⑤ 32

0535 중

삼차함수 $f(x)$의 도함수 $y=f'(x)$의 그래프가 오른쪽 그림과 같고 $f(-2)=2$, $f(1)=-4$일 때, 방정식 $2f(x)-k=0$이 서로 다른 두 실근을 갖도록 하는 모든 실수 k의 값의 합을 구하시오.

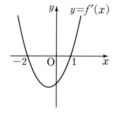

0536 중

임의의 실수 k에 대하여 방정식 $x^3-6x^2+9x-k=0$의 서로 다른 실근의 개수를 $f(k)$라 하자. 함수 $f(k)$가 $k=a$에서 불연속일 때, 모든 실수 a의 값의 합을 구하시오.

0537 중

함수 $f(x)=3x^3-9x^2+5$에 대하여 방정식 $|f(x)|=k$가 서로 다른 네 실근을 갖도록 하는 실수 k의 값의 범위를 구하시오.

◆ 개념루트 미적분 I 176쪽

유형 02 방정식 $f(x)=k$의 실근의 부호

방정식 $f(x)=k$에서
(1) 양의 실근 ➡ 함수 $y=f(x)$의 그래프와 직선 $y=k$가 y축의 오른쪽에서 만나는 점의 x좌표
(2) 음의 실근 ➡ 함수 $y=f(x)$의 그래프와 직선 $y=k$가 y축의 왼쪽에서 만나는 점의 x좌표

0538 대표 문제

방정식 $x^3-3x^2-9x-k=0$이 한 개의 양의 실근과 서로 다른 두 개의 음의 실근을 갖도록 하는 정수 k의 개수를 구하시오.

0539 중 서술형

방정식 $x^3-3x+a=0$이 한 개의 양의 실근과 한 개의 음의 실근만을 갖도록 하는 모든 실수 a의 값의 곱을 구하시오.

0540 ⑧

방정식 $4x^3-12x=x^4-2x^2+k$가 서로 다른 두 개의 양의 실근과 서로 다른 두 개의 음의 실근을 갖도록 하는 실수 k의 값의 범위를 구하시오.

 빈출

◆◆ 개념루트 미적분 I 174쪽

유형 03 **함수의 극값을 이용한 삼차방정식의 근의 판별**

삼차함수 $f(x)$가 극값을 가질 때, $f(x)$의 극값과 삼차방정식 $f(x)=0$의 근 사이의 관계는 다음과 같다.
(1) (극댓값)×(극솟값)<0
   ⟺ 서로 다른 세 실근
(2) (극댓값)×(극솟값)=0
   ⟺ 중근과 다른 한 실근(서로 다른 두 실근)
(3) (극댓값)×(극솟값)>0
   ⟺ 한 실근과 두 허근(오직 한 실근)

0541 **대표 문제**

방정식 $x^3+3x^2-9x-k=0$이 서로 다른 세 실근을 갖도록 하는 실수 k의 값의 범위를 구하시오.

0542 ⑧

방정식 $2x^3-15x^2+24x+6+k=0$이 서로 다른 두 실근을 갖도록 하는 모든 실수 k의 값의 합은?

① -7 ② -4 ③ -1
④ 3 ⑤ 7

0543 ⑧

서술형

함수 $f(x)=x^3-3ax+a$가 극값을 갖고, 방정식 $f(x)=0$이 오직 하나의 실근을 갖도록 하는 실수 a의 값의 범위를 구하시오.

◆◆ 개념루트 미적분 I 174쪽

유형 04 **두 그래프의 교점의 개수**

두 함수 $y=f(x)$, $y=g(x)$의 그래프의 교점의 개수는 방정식 $f(x)=g(x)$, 즉 $f(x)-g(x)=0$의 서로 다른 실근의 개수와 같다.

0544 **대표 문제**

곡선 $y=2x^3+3x^2-10x$와 직선 $y=2x+k$가 서로 다른 두 점에서 만나도록 하는 양수 k의 값을 구하시오.

0545 ⑧

두 삼차함수 $f(x)$, $g(x)$에 대하여 $h(x)=f(x)-g(x)$라 할 때, 함수 $h(x)$의 도함수 $y=h'(x)$의 그래프는 오른쪽 그림과 같다. 다음 중 두 곡선 $y=f(x)$, $y=g(x)$가 오직 한 점에서 만나기 위한 필요충분조건은? (단, $\alpha \neq \beta$)

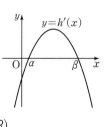

① $h(\alpha)h(\beta)<0$ ② $h(\alpha)h(\beta)=0$
③ $h(\alpha)h(\beta)>0$ ④ $h(\alpha)>h(\beta)$
⑤ $h(\alpha)<h(\beta)$

0546 ⑤

두 곡선 $y=-x^4+2x-k$, $y=x^2+8x+k$가 오직 한 점에서 만나도록 하는 실수 k의 값은?

① -2 ② -1 ③ 1

④ 2 ⑤ 3

유형 05   접선의 개수

곡선 밖의 한 점에서 곡선에 그을 수 있는 접선의 개수는 접점의 개수와 같다.

> **참고** 곡선 $y=f(x)$ 밖의 한 점 (a,b)에서 곡선 $y=f(x)$에 그은 접선의 접점의 좌표를 $(t, f(t))$라 하면 접선의 방정식은
> $$y-f(t)=f'(t)(x-t)$$

0547 [대표 문제]

점 $(1, a)$에서 곡선 $y=x^3+2$에 서로 다른 두 개의 접선을 그을 수 있도록 하는 a의 값을 구하시오. (단, $a\neq 3$)

0548 ⑤   서술형 🅠

점 $(2, 1)$에서 곡선 $y=x^3+ax+1$에 오직 하나의 접선을 그을 수 있도록 하는 실수 a의 값의 범위를 구하시오.

0549 ⑤

점 $(0, n)$에서 곡선 $y=x^3-6x^2-5x+10$에 그을 수 있는 서로 다른 접선의 개수를 $f(n)$이라 할 때, $f(15)+f(18)$의 값을 구하시오.

유형 06   모든 실수에 대하여 성립하는 부등식

(1) 모든 실수 x에 대하여 부등식 $f(x)\geq 0$이 성립하려면
   ➡ ($f(x)$의 최솟값)≥ 0

(2) 모든 실수 x에 대하여 부등식 $f(x)\geq g(x)$가 성립하려면 두 함수 $f(x)$, $g(x)$에 대하여 $h(x)=f(x)-g(x)$라 할 때,
   ➡ ($h(x)$의 최솟값)≥ 0

> **참고** 함수 $y=f(x)$의 그래프가 함수 $y=g(x)$의 그래프보다 항상 위쪽에 있으려면 모든 실수 x에 대하여 부등식 $f(x)>g(x)$가 성립해야 한다.

0550 [대표 문제]

모든 실수 x에 대하여 부등식 $x^4-6x^2-8x+10+k>0$이 성립하도록 하는 정수 k의 최솟값은?

① 13 ② 14 ③ 15

④ 16 ⑤ 17

0551 ⑤

구간 $(-\infty, \infty)$에서 부등식 $3x^4+4x^3-12x^2\geq a$가 성립하도록 하는 실수 a의 최댓값을 구하시오.

0552 ⑤

두 함수 $f(x)=-3x^4+16x^3-14x^2-24$, $g(x)=4x^2-k$가 있다. 모든 실수 x에 대하여 부등식 $f(x)\leq g(x)$가 성립하도록 하는 실수 k의 값의 범위를 구하시오.

0553 ⑤

두 함수 $f(x)=x^4+3x^2+4x$, $g(x)=x^2-4x+a$에 대하여 함수 $y=f(x)$의 그래프가 함수 $y=g(x)$의 그래프보다 항상 위쪽에 있도록 하는 정수 a의 최댓값을 구하시오.

유형 07 주어진 구간에서 성립하는 부등식
－최대, 최소 이용

(1) 어떤 구간에서 부등식 $f(x) \geq 0$이 성립하려면
    ➡ 그 구간에서 ($f(x)$의 최솟값)≥ 0
(2) 어떤 구간에서 부등식 $f(x) \leq 0$이 성립하려면
    ➡ 그 구간에서 ($f(x)$의 최댓값)≤ 0

0554 대표 문제

$x \geq 0$일 때, 부등식 $x^3+3x^2-24x+40>k$가 성립하도록 하는 정수 k의 최댓값은?

① 10   ② 11   ③ 12
④ 13   ⑤ 14

0555 중

$x \geq -2$일 때, 부등식 $x^3-x^2+x+3>2x^2+x+k$가 성립하도록 하는 실수 k의 값의 범위를 구하시오.

0556 중 | 모평 기출 |

두 함수 $f(x)=x^3+3x^2-k$, $g(x)=2x^2+3x-10$에 대하여 부등식 $f(x) \geq 3g(x)$가 닫힌구간 $[-1, 4]$에서 항상 성립하도록 하는 실수 k의 최댓값을 구하시오.

0557 상

$0 \leq x \leq 3$일 때, 부등식 $|x^4-4x^3-2x^2+12x+k| \leq 10$이 성립하도록 하는 정수 k의 개수를 구하시오.

유형 08 주어진 구간에서 성립하는 부등식
－증가, 감소 이용

(1) 구간 (a, b)에서 증가하는 함수 $f(x)$에 대하여 이 구간에서 $f(x)>0$이 성립하려면
    ➡ $f(a) \geq 0$
(2) 구간 (a, b)에서 감소하는 함수 $f(x)$에 대하여 이 구간에서 $f(x)<0$이 성립하려면
    ➡ $f(a) \leq 0$

0558 대표 문제

$2<x<4$일 때, 부등식 $x^3+16x<8x^2+k$가 성립하도록 하는 실수 k의 값의 범위를 구하시오.

0559 중

$x>1$일 때, 부등식 $x^3+5x-a(a-1)>0$이 성립하도록 하는 실수 a의 최댓값을 M, 최솟값을 m이라 하자. 이때 $M+m$의 값은?

① -3 ② -1 ③ 1
④ 3 ⑤ 5

0560 중   서술형

$x>2$일 때, 곡선 $y=x^3+3x^2$이 직선 $y=-6x+k$보다 항상 위쪽에 있도록 하는 실수 k의 최댓값을 구하시오.

빈출
유형 09 수직선 위를 움직이는 점의 속도와 가속도

수직선 위를 움직이는 점 P의 시각 t에서의 위치 x가 $x=f(t)$일 때, 시각 t에서의 점 P의 속도 v와 가속도 a는
$$v=\frac{dx}{dt}=f'(t),\ a=\frac{dv}{dt}$$

0561 대표 문제

수직선 위를 움직이는 점 P의 시각 t에서의 위치 x가 $x=\frac{2}{3}t^3-t^2+2$일 때, 속도가 4인 순간의 점 P의 가속도는?

① 3   ② 4   ③ 5
④ 6   ⑤ 7

0562 하

수직선 위를 움직이는 점 P의 시각 t에서의 위치 x가 $x=-4t^3+12t^2$일 때, 점 P의 속도가 최대일 때의 시각을 구하시오.

0563 중

수직선 위를 움직이는 점 P의 시각 t에서의 위치 x가 $x=t^3-3t^2+2t+k$이다. 속도가 -1이 되는 순간의 점 P의 위치가 -4일 때, 상수 k의 값을 구하시오.

0564 중   서술형

원점을 출발하여 수직선 위를 움직이는 점 P의 시각 t에서의 위치 x가 $x=t^3-4t^2+3t$일 때, 점 P가 출발 후 처음으로 다시 원점을 지나는 순간의 가속도를 구하시오.

0565 중 | 수능 기출 |

수직선 위를 움직이는 두 점 P, Q의 시각 t $(t \geq 0)$에서의 위치 x_1, x_2가 $x_1=t^3-2t^2+3t$, $x_2=t^2+12t$이다. 두 점 P, Q의 속도가 같아지는 순간 두 점 P, Q 사이의 거리를 구하시오.

0566 중

수직선 위를 움직이는 점 P의 시각 t에서의 위치 x가 $x=t^3-9t^2+24t+1$이고 점 P의 속도가 0인 시각은 $t=\alpha$, $t=\beta$일 때, 보기에서 옳은 것만을 있는 대로 고른 것은? (단, $\alpha<\beta$)

┌─ 보기 ┐
ㄱ. $\alpha+\beta=6$
ㄴ. $t=\beta$에서의 점 P의 가속도는 6이다.
ㄷ. $t=\alpha$에서의 점 P의 위치가 $t=\beta$에서의 점 P의 위치보다 원점에 더 가깝다.
└──────┘

① ㄱ   ② ㄴ   ③ ㄱ, ㄴ
④ ㄴ, ㄷ   ⑤ ㄱ, ㄴ, ㄷ

0567 상

수직선 위를 움직이는 두 점 P, Q의 시각 t에서의 위치가 각각 $x_P=t^4-8t^3+18t^2$, $x_Q=mt$이다. 두 점 P, Q의 속도가 같아지는 순간이 세 번 있을 때, 정수 m의 개수를 구하시오.

◈ 개념루트 미적분 I 190쪽

유형 10 수직선 위를 움직이는 점의 운동 방향

(1) 수직선 위를 움직이는 점 P가 운동 방향을 바꾸는 순간의 속도는 0이다.

(2) 수직선 위를 움직이는 두 점 P, Q가 서로 반대 방향으로 움직이면
 ➡ (점 P의 속도)×(점 Q의 속도) < 0 → 속도의 부호가 반대이다.

참고 움직이는 물체가 제동을 건 후 t초 동안 움직인 거리를 x라 할 때

(1) 제동을 건 지 t초 후의 속도 ➡ $\dfrac{dx}{dt}$

(2) 물체가 정지하는 순간의 속도 ➡ 0

0568 대표 문제

수직선 위를 움직이는 점 P의 시각 t에서의 위치 x가
$x=2t^3-6t^2+5$일 때, 점 P가 운동 방향을 바꾸는 순간의 가속도를 구하시오.

0569 중

수직선 위를 움직이는 두 점 P, Q의 시각 t에서의 위치가
각각 $x_P=t^2-6t+1$, $x_Q=2t^2-8t+3$일 때, 두 점 P, Q가 서로 반대 방향으로 움직이는 시각 t의 값의 범위를 구하시오.

0570 중

서술형

직선 선로를 달리는 열차가 제동을 건 후 t초 동안 움직인 거리를 x m라 하면 $x=32t-4t^2$일 때, 이 열차가 제동을 건 후 정지할 때까지 움직인 거리를 구하시오.

0571 중

수직선 위를 움직이는 점 P의 시각 t에서의 위치 x가
$x=t^3+mt^2+nt$이고, 점 P가 운동 방향을 바꾸는 시각 $t=1$에서의 위치가 4이다. 점 P가 $t=1$ 이외에 운동 방향을 바꾸는 순간의 가속도를 구하시오. (단, m, n은 상수)

0572 상

수직선 위를 움직이는 점 P의 시각 t에서의 위치 x가
$x=t^3-3t^2+at+1$이다. 점 P의 운동 방향이 바뀌지 않도록 하는 상수 a의 최솟값을 구하시오.

◈ 개념루트 미적분 I 192쪽

유형 11 위로 던진 물체의 위치와 속도

지면과 수직으로 쏘아 올린 물체의 t초 후의 높이를 x라 할 때

(1) t초 후의 물체의 속도 ➡ $\dfrac{dx}{dt}$

(2) 물체가 최고 높이에 도달하는 순간의 속도 ➡ 0

(3) 물체가 지면에 떨어지는 순간의 높이 ➡ 0

0573 대표 문제

지면에서 25 m/s의 속도로 지면과 수직으로 쏘아 올린 물체의 t초 후의 높이를 x m라 하면 $x=25t-5t^2$이다. 이 물체가 지면에 떨어지는 순간의 속도는?

① -25 m/s   ② -20 m/s   ③ -15 m/s
④ -10 m/s   ⑤ -5 m/s

0574 중

지면으로부터 30 m 높이에서 20 m/s의 속도로 지면과 수직으로 쏘아 올린 공의 t초 후의 높이를 x m라 하면
$x=30+20t-5t^2$이다. 이 공의 최고 높이는?

① 40 m   ② 45 m   ③ 50 m
④ 55 m   ⑤ 60 m

06 도함수의 활용 (3)

0575 (중)

지면으로부터 40 m 높이에서 a m/s의 속도로 지면과 수직으로 쏘아 올린 물체의 t초 후의 높이를 x m라 하면 $x=40+at+bt^2$이다. 이 물체가 최고 높이에 도달할 때까지 걸린 시간은 3초이고, 그때의 높이는 85 m일 때, 상수 a, b에 대하여 $a-b$의 값을 구하시오.

◇◆ 개념루트 미적분 I 192쪽

유형 12 위치, 속도의 그래프의 해석

(1) 수직선 위를 움직이는 점 P의 시각 t에서의 위치 $x(t)$의 그래프에서
　① $x'(t)>0$인 구간에서 점 P는 양의 방향으로 움직인다.
　② $x'(t)=0$일 때, 점 P는 정지하거나 운동 방향을 바꾼다.
　③ $x'(t)<0$인 구간에서 점 P는 음의 방향으로 움직인다.
　　참고 $t=a$에서의 속도 $x'(a)$ ➡ $t=a$인 점에서의 접선의 기울기

(2) 수직선 위를 움직이는 점 P의 시각 t에서의 속도 $v(t)$의 그래프에서 $v(a)=0$이고 $t=a$의 좌우에서 $v(t)$의 부호가 바뀌면 점 P는 $t=a$에서 운동 방향을 바꾼다.
　　참고 $t=a$에서의 가속도 $v'(a)$ ➡ $t=a$인 점에서의 접선의 기울기

0576 대표 문제

수직선 위를 움직이는 점 P의 시각 t에서의 위치 $x(t)$의 그래프가 오른쪽 그림과 같을 때, 보기에서 옳은 것만을 있는 대로 고른 것은?

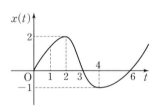

보기
ㄱ. $t=4$에서의 점 P의 속도는 0이다.
ㄴ. 점 P의 $t=1$에서의 속도가 $t=2$에서의 속도보다 느리다.
ㄷ. $t=3$에서 점 P는 운동 방향을 바꾼다.
ㄹ. $0<t<2$에서와 $2<t<4$에서의 점 P의 운동 방향은 서로 반대이다.

① ㄱ, ㄴ　　　　② ㄱ, ㄷ　　　　③ ㄱ, ㄹ
④ ㄴ, ㄷ　　　　⑤ ㄴ, ㄹ

0577 (중)

수직선 위를 움직이는 점 P의 시각 t에서의 속도 $v(t)$의 그래프가 오른쪽 그림과 같을 때, 다음 중 옳지 않은 것은?

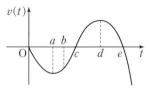

① $t=a$에서의 점 P의 가속도는 0이다.
② $t=b$에서의 점 P의 가속도는 양의 값이다.
③ $t=b$에서와 $t=d$에서의 점 P의 운동 방향은 서로 반대이다.
④ $c<t<d$에서 점 P의 속도는 증가한다.
⑤ $0<t<e$에서 점 P는 운동 방향을 두 번 바꾼다.

0578 (중)

수직선 위를 움직이는 두 점 P, Q의 시각 t에서의 위치 $f(t)$, $g(t)$의 그래프가 오른쪽 그림과 같을 때, 보기에서 옳은 것만을 있는 대로 고르시오.

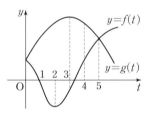

보기
ㄱ. $0<t<5$에서 점 P는 운동 방향을 한 번 바꾼다.
ㄴ. $t=3$에서 점 Q의 속도가 점 P의 속도보다 빠르다.
ㄷ. $t=5$에서 두 점 P, Q는 만난다.
ㄹ. $4<t<5$에서 두 점 P, Q의 운동 방향은 서로 같다.

◇◆ 개념루트 미적분 I 194쪽

유형 13 시각에 대한 길이의 변화율

시각 t에서의 길이 l의 변화율은
➡ $\displaystyle\lim_{\Delta t \to 0} \frac{\Delta l}{\Delta t} = \frac{dl}{dt}$

0579 대표 문제

오른쪽 그림과 같이 키가 1.6 m인 사람이 높이가 4 m인 가로등의 바로 밑에서 출발하여 매초 1.5 m의 일정한 속도로 일직선으로 걸을 때, 이 사람의 그림자의 길이의 변화율을 구하시오.

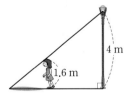

0580 ⑧

오른쪽 그림과 같이 좌표평면 위의 원점 O에서 동시에 출발하여 x축의 양의 방향으로 움직이는 점 A와 y축의 양의 방향으로 움직이는 점 B가 있다. 점 A는 매초 1의 일정한 속력으로 움직이고, 점 B는 매초 2의 일정한 속력으로 움직인다고 한다. 두 점 A, B를 1 : 2로 내분하는 점을 P라 할 때, 선분 OP의 길이의 변화율을 구하시오.

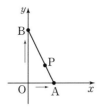

◆◆ 개념루트 미적분 I 194쪽

유형 14 시각에 대한 넓이의 변화율

시각 t에서의 넓이 S의 변화율은

➡ $\lim\limits_{\Delta t \to 0} \dfrac{\Delta S}{\Delta t} = \dfrac{dS}{dt}$

0581 대표 문제

반지름의 길이가 1 cm인 구 모양의 풍선에 바람을 넣으면 반지름의 길이가 매초 2 mm씩 늘어난다고 한다. 바람을 넣은 지 5초 후의 풍선의 겉넓이의 변화율을 $a\pi \, \text{cm}^2/\text{s}$라 할 때, a의 값을 구하시오.

0582 ⑧

한 변의 길이가 10 cm인 정사각형의 가로의 길이는 매초 2 cm씩 늘어나고 세로의 길이는 매초 1 cm씩 줄어들어 넓이가 88 cm²인 직사각형이 되었을 때의 넓이의 변화율은?

① $-14 \, \text{cm}^2/\text{s}$　② $-8 \, \text{cm}^2/\text{s}$　③ $-2 \, \text{cm}^2/\text{s}$
④ $4 \, \text{cm}^2/\text{s}$　⑤ $10 \, \text{cm}^2/\text{s}$

0583 ⑧

오른쪽 그림과 같이 반지름의 길이가 20 cm인 반구 모양의 빈 용기에 매초 1 cm씩 일정하게 수면이 상승하도록 물을 채우려고 한다. 물을 넣기 시작한 지 10초 후의 수면의 넓이의 변화율을 구하시오.

서술형

◆◆ 개념루트 미적분 I 194쪽

유형 15 시각에 대한 부피의 변화율

시각 t에서의 부피 V의 변화율은

➡ $\lim\limits_{\Delta t \to 0} \dfrac{\Delta V}{\Delta t} = \dfrac{dV}{dt}$

0584 대표 문제

오른쪽 그림과 같이 밑면의 반지름의 길이가 10 cm, 높이가 20 cm인 원뿔 모양의 빈 용기에 매초 2 cm씩 일정하게 수면이 상승하도록 물을 채울 때, 수면의 높이가 6 cm인 순간의 물의 부피의 변화율을 구하시오.

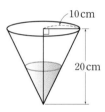

0585 ⑧

밑면의 반지름의 길이가 2 cm이고 높이가 4 cm인 원기둥이 있다. 이 원기둥의 밑면의 반지름의 길이는 매초 2 cm씩 늘어나고 높이는 매초 1 cm씩 늘어난다고 할 때, 1초 후의 원기둥의 부피의 변화율은?

① $90\pi \, \text{cm}^3/\text{s}$　② $92\pi \, \text{cm}^3/\text{s}$　③ $94\pi \, \text{cm}^3/\text{s}$
④ $96\pi \, \text{cm}^3/\text{s}$　⑤ $98\pi \, \text{cm}^3/\text{s}$

AB 유형 점검

0586 유형 01

방정식 $\frac{1}{2}x^4-4x^3+8x^2-5+k=0$이 서로 다른 두 실근을 갖도록 하는 양수 k의 값을 구하시오.

0587 유형 01

함수 $f(x)=2x^3-9x^2+12x-2$에 대하여 방정식 $|f(x)|=k$의 서로 다른 실근의 개수를 $g(k)$라 하자. 이 때 $g(0)+g(1)+g(2)+g(3)$의 값은?

① 6   ② 7   ③ 8
④ 9   ⑤ 10

0588 유형 02 | 수능 기출 |

방정식 $2x^3-6x^2+k=0$의 서로 다른 양의 실근의 개수가 2가 되도록 하는 정수 k의 개수를 구하시오.

0589 유형 03

다음 중 방정식 $x^3-12x-a=0$이 오직 하나의 실근을 갖도록 하는 정수 a의 값이 될 수 있는 것은?

① -6 ② 0   ③ 6
④ 12   ⑤ 18

0590 유형 04

곡선 $y=x^3+3x^2-8x+k$가 두 점 $A(-5,\ 0)$, $B(2,\ 7)$을 이은 선분 AB와 서로 다른 세 점에서 만나도록 하는 실수 k의 값의 범위를 구하시오.

0591 유형 05

점 $(0,\ a)$에서 곡선 $y=x^3+x^2$에 서로 다른 세 개의 접선을 그을 수 있도록 하는 실수 a의 값의 범위를 구하시오.

0592 유형 06

모든 실수 x에 대하여 부등식 $x^4-32x-a^2+14a>0$이 성립하도록 하는 실수 a의 값의 범위를 구하시오.

0593 유형 07 　　　　　　　　　　　　| 모평 기출 |

두 함수 $f(x)=x^3-x+6$, $g(x)=x^2+a$가 있다. $x \geq 0$인 모든 실수 x에 대하여 부등식 $f(x) \geq g(x)$가 성립할 때, 실수 a의 최댓값은?

① 1　　　　　② 2　　　　　③ 3
④ 4　　　　　⑤ 5

0594 유형 07

두 함수 $f(x)=x^4+2x^2-6x+a$, $g(x)=-x^2+4x$에 대하여 구간 $[0, 2]$에서 함수 $y=f(x)$의 그래프가 함수 $y=g(x)$의 그래프보다 항상 위쪽에 있도록 하는 정수 a의 최솟값을 구하시오.

0595 유형 08

$1<x<3$일 때, 부등식 $2x^3+9x^2-k>0$이 성립하도록 하는 자연수 k의 개수를 구하시오.

0596 유형 09 　　　　　　　　　　　　| 모평 기출 |

수직선 위를 움직이는 두 점 P, Q의 시각 $t\,(t \geq 0)$에서의 위치가 각각 $x_1=t^2+t-6$, $x_2=-t^3+7t^2$이다. 두 점 P, Q의 위치가 같아지는 순간 두 점 P, Q의 가속도를 각각 p, q라 할 때, $p-q$의 값은?

① 24　　　　　② 27　　　　　③ 30
④ 33　　　　　⑤ 36

0597 유형 10

수직선 위를 움직이는 점 P의 시각 t에서의 위치 x가 $x=t^3-9t^2+15t$일 때, 점 P가 출발 후 두 번째로 운동 방향을 바꾸는 순간의 가속도는?

① 4　　　　　② 6　　　　　③ 8
④ 10　　　　　⑤ 12

0598 유형 09 + 10

수직선 위를 움직이는 점 P의 시각 t에서의 위치 x가 $x=2t^3-9t^2+12t$일 때, 보기에서 옳은 것만을 있는 대로 고른 것은?

┌ 보기 ┐
ㄱ. 점 P가 출발할 때의 속도는 12이다.
ㄴ. 점 P는 움직이는 동안 운동 방향을 두 번 바꾼다.
ㄷ. $t=2$에서의 점 P의 가속도는 -6이다.
ㄹ. 점 P는 출발 후 원점을 다시 지난다.
└──────┘

① ㄱ, ㄴ　　　　② ㄱ, ㄷ　　　　③ ㄷ, ㄹ
④ ㄱ, ㄴ, ㄹ　　　⑤ ㄴ, ㄷ, ㄹ

0599 유형 11

지면으로부터 $5\,m$ 높이에서 $30\,m/s$의 속도로 지면과 수직으로 쏘아 올린 물체의 t초 후의 높이를 $x\,m$라 하면 $x=5+30t-5t^2$이다. 이 물체의 최고 높이를 구하시오.

0600 유형 12

수직선 위를 움직이는 점 P의 시각 t에서의 위치 $x(t)$의 그 래프가 오른쪽 그림과 같을 때, 보기에서 옳은 것만을 있는 대로 고른 것은?

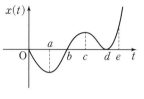

┌ 보기 ┐
ㄱ. $t=a$에서의 점 P의 속도는 0이다.
ㄴ. $t=c$에서의 점 P의 속도가 최대이다.
ㄷ. $0<t<e$에서 점 P는 운동 방향을 두 번 바꾼다.
ㄹ. $0<t<e$에서 점 P는 원점을 두 번 지난다.

① ㄱ, ㄴ   ② ㄱ, ㄷ   ③ ㄱ, ㄹ
④ ㄴ, ㄹ   ⑤ ㄷ, ㄹ

0601 유형 13

오른쪽 그림과 같이 좌표평면 위의 원점 O에서 출발하여 x축의 양의 방향으로 매초 2의 일정한 속력으로 움직이는 점 P가 있다. 점 P를 지나고 x축에 수직인 직선이 곡선 $y=x^3-4x^2+2x+5$와 만나는 점을 Q라 할 때, 점 P가 출발한 지 2초가 되는 순간의 선분 PQ의 길이의 변화율을 구하시오.

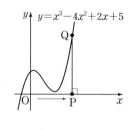

0602 유형 15

반지름의 길이가 3 cm인 구의 반지름의 길이가 매초 2 cm씩 늘어난다고 할 때, 3초 후의 구의 부피의 변화율은?

① 632π cm³/s   ② 636π cm³/s   ③ 640π cm³/s
④ 644π cm³/s   ⑤ 648π cm³/s

서술형

0603 유형 01

방정식 $|x^3+3x^2|=k^3+3k^2$이 서로 다른 세 실근을 갖도록 하는 서로 다른 실수 k의 값의 합을 구하시오.

0604 유형 02

방정식 $(x+2)(x-1)^2-k=0$의 세 실근을 α, β, γ라 할 때, $\alpha<\beta<0<\gamma$를 만족시키는 정수 k의 값을 구하시오.

0605 유형 14

점 P는 좌표평면 위의 원점 O를 출발하여 x축의 양의 방향으로 매초 2의 일정한 속력으로 움직이고, 점 Q는 점 P가 출발한 지 3초 후에 원점을 출발하여 y축의 양의 방향으로 매초 3의 일정한 속력으로 움직인다. 이때 점 P가 출발한 지 5초 후의 선분 PQ를 한 변으로 하는 정사각형의 넓이의 변화율을 구하시오.

C 실력 향상

하 ···· 중 ···· 상100%

0606

최고차항의 계수가 1인 삼차함수 $f(x)$가 다음 조건을 모두 만족시킬 때, $f(-1)$의 값을 구하시오.

⑴ 함수 $f(x)$는 $x=0$에서 극댓값 3을 갖는다.
⑵ 방정식 $|f(x)|=1$의 서로 다른 실근의 개수는 5이다.

0607

$x \geq k$일 때, 부등식 $x^3 + 3kx^2 + 1 \geq 0$이 성립하도록 하는 실수 k에 대하여 k^3의 최솟값은?

① -1　　　② $-\dfrac{1}{2}$　　　③ $-\dfrac{1}{3}$

④ $-\dfrac{1}{4}$　　　⑤ $-\dfrac{1}{5}$

0608

최고차항의 계수가 1인 삼차함수 $f(x)$가 다음 조건을 모두 만족시킨다. $g(x)=f(x)-f'(x)$라 할 때, $g(1)$의 최솟값을 구하시오.

⑴ $f(0)=f'(0)$
⑵ $x \geq -1$인 모든 실수 x에 대하여 $f(x) \geq f'(x)$

0609

다음 그림과 같이 한 변의 길이가 8인 정사각형 ABCD와 한 변의 길이가 4인 정사각형 EFGH가 직선 AF 위에 놓여 있다. 점 P는 점 A를 출발하여 매초 2의 일정한 속력으로 정사각형 ABCD의 변을 따라 A → B → C → D → A → …의 방향으로 움직이고, 점 Q는 점 F를 출발하여 매초 1의 일정한 속력으로 정사각형 EFGH의 변을 따라 F → G → H → E → F → …의 방향으로 움직인다. $\overline{BE}=4$일 때, 두 점 P, Q가 각각 점 A, F를 동시에 출발한 지 10초가 되는 순간의 $\overline{PQ}^2$의 변화율을 구하시오.

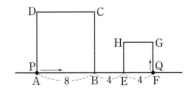

⤷ 기출 BOOK 32쪽

06
도함수의 활용 (3)

III

적분

A 개념 확인

 개념 ⊕

07-1 부정적분   유형 01

(1) 부정적분

함수 $F(x)$의 도함수가 $f(x)$일 때, 즉 $F'(x)=f(x)$일 때 함수 $F(x)$를 $f(x)$의 **부정적분**이라 한다.   **기호** $\displaystyle\int f(x)\,dx$

(2) 함수 $f(x)$의 부정적분 중 하나를 $F(x)$라 하면

$$\int f(x)\,dx=F(x)+C \text{ (단, } C\text{는 상수)}$$

이때 상수 C를 **적분상수**라 한다.

예 $(x^3)'=3x^2$이므로 $\displaystyle\int 3x^2\,dx=x^3+C$

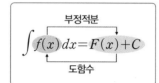
$$\int f(x)\,dx=F(x)+C$$

> 기호 $\displaystyle\int$은 'integral'이라 읽고 $\displaystyle\int f(x)\,dx$에서 $f(x)$를 피적분함수, x를 적분변수라 한다.

> 부정적분을 구하는 것은 도함수를 구하는 것의 역과정이다.

07-2 부정적분과 미분의 관계   유형 02, 06

(1) $\dfrac{d}{dx}\left\{\displaystyle\int f(x)\,dx\right\}=f(x)$

(2) $\displaystyle\int\left\{\dfrac{d}{dx}f(x)\right\}dx=f(x)+C$ (단, C는 적분상수)

주의 일반적으로 $\dfrac{d}{dx}\left\{\displaystyle\int f(x)\,dx\right\}\neq\displaystyle\int\left\{\dfrac{d}{dx}f(x)\right\}dx$임에 주의한다.

> 적분한 후 미분하면 적분상수가 없어지고 원래의 식이 된다.

> 미분한 후 적분하면 원래의 식에 적분상수 C가 붙는다.

07-3 함수 $y=x^n$(n은 양의 정수)과 상수함수의 부정적분   유형 03~09

(1) n이 양의 정수일 때,

$$\int x^n\,dx=\frac{1}{n+1}x^{n+1}+C \text{ (단, } C\text{는 적분상수)}$$

(2) k가 상수일 때,

$$\int k\,dx=kx+C \text{ (단, } C\text{는 적분상수)}$$

예 (1) $\displaystyle\int x^2\,dx=\dfrac{1}{3}x^3+C$

    (2) $\displaystyle\int 2\,dx=2x+C$

> $\displaystyle\int 1\,dx$는 간단히 $\displaystyle\int dx$로 나타내기도 한다.

07-4 함수의 실수배, 합, 차의 부정적분   유형 03~09

두 함수 $f(x)$, $g(x)$가 부정적분을 가질 때

(1) $\displaystyle\int kf(x)\,dx=k\displaystyle\int f(x)\,dx$ (단, k는 0이 아닌 실수)

(2) $\displaystyle\int\{f(x)+g(x)\}\,dx=\displaystyle\int f(x)\,dx+\displaystyle\int g(x)\,dx$

(3) $\displaystyle\int\{f(x)-g(x)\}\,dx=\displaystyle\int f(x)\,dx-\displaystyle\int g(x)\,dx$

> (2), (3)은 세 개 이상의 함수에서도 성립한다.

07-1 부정적분

[0610~0613] 부정적분의 정의를 이용하여 다음 부정적분을 구하시오.

0610 $\displaystyle\int 5\,dx$

0611 $\displaystyle\int (-2x)\,dx$

0612 $\displaystyle\int 3x^2\,dx$

0613 $\displaystyle\int 6x^5\,dx$

[0614~0617] 다음 등식을 만족시키는 다항함수 $f(x)$를 구하시오. (단, C는 적분상수)

0614 $\displaystyle\int f(x)\,dx=3x+C$

0615 $\displaystyle\int f(x)\,dx=2x^2+7x+C$

0616 $\displaystyle\int f(x)\,dx=-\frac{1}{3}x^3+4x^2-x+C$

0617 $\displaystyle\int f(x)\,dx=x^4-2x^3+5x+C$

07-2 부정적분과 미분의 관계

[0618~0621] 다음을 구하시오.

0618 $\dfrac{d}{dx}\left(\displaystyle\int x^2\,dx\right)$

0619 $\displaystyle\int\left(\dfrac{d}{dx}x^2\right)dx$

0620 $\dfrac{d}{dx}\left\{\displaystyle\int (x^3-2x)\,dx\right\}$

0621 $\displaystyle\int\left\{\dfrac{d}{dx}(x^3-2x)\right\}dx$

07-3 함수 $y=x^n$ (n은 양의 정수)과 상수함수의 부정적분

[0622~0625] 다음 부정적분을 구하시오.

0622 $\displaystyle\int dx$

0623 $\displaystyle\int x^3\,dx$

0624 $\displaystyle\int x^{20}\,dx$

0625 $\displaystyle\int x^{99}\,dx$

07-4 함수의 실수배, 합, 차의 부정적분

[0626~0629] 다음 부정적분을 구하시오.

0626 $\displaystyle\int 6x\,dx$

0627 $\displaystyle\int (3x+5)\,dx$

0628 $\displaystyle\int (x^2-4x+7)\,dx$

0629 $\displaystyle\int (2x^3+8x)\,dx$

[0630~0633] 다음 부정적분을 구하시오.

0630 $\displaystyle\int (3x+2)(2x-3)\,dx$

0631 $\displaystyle\int (x-1)(x^2+x+1)\,dx$

0632 $\displaystyle\int \frac{x^2-4}{x+2}\,dx$

0633 $\displaystyle\int \frac{x^3}{x-1}\,dx-\int \frac{1}{x-1}\,dx$

◆◈ 개념루트 미적분 I 202쪽

유형 01 부정적분의 정의

$F(x)$는 $f(x)$의 한 부정적분이다.
$\iff F'(x)=f(x)$
$\iff$ 함수 $F(x)$의 도함수가 $f(x)$이다.
$\iff \displaystyle\int f(x)\,dx=F(x)+C$ (단, C는 적분상수)

0634 대표 문제

다항함수 $f(x)$가
$$\int f(x)\,dx=x^3-2x^2+x+C$$
를 만족시킬 때, $f(2)$의 값은? (단, C는 적분상수)

① -3 ② -1 ③ 1
④ 3 ⑤ 5

0635 하

다음 중 $4x^3$의 부정적분이 <u>아닌</u> 것은?

① x^4-1 ② x^4 ③ $2x^4$
④ x^4+1 ⑤ x^4+2

0636 중

등식 $\displaystyle\int (8x^3-ax^2+1)\,dx=bx^4-2x^3+x+C$를 만족시키는 상수 a, b에 대하여 $a+b$의 값을 구하시오.

(단, C는 적분상수)

0637 중

다항함수 $f(x)$가
$$\int (x-2)f(x)\,dx=-x^4+2x^3+2x^2+C$$
를 만족시킬 때, $f(1)$의 값은? (단, C는 적분상수)

① -6 ② -3 ③ -2
④ 3 ⑤ 6

0638 중   서술형

함수 $f(x)$의 한 부정적분이 $F(x)=x^3+ax^2$이고 $f(2)=-4$일 때, $f(3)$의 값을 구하시오. (단, a는 상수)

0639 중

함수 $f(x)=\displaystyle\int (x^2+x)\,dx$에 대하여
$\displaystyle\lim_{h\to 0}\frac{f(1+h)-f(1-2h)}{h}$의 값은?

① 2 ② 4 ③ 6
④ 8 ⑤ 10

◈ 개념루트 미적분 I 204쪽

유형 02 **부정적분과 미분의 관계 (1)**

(1) $\dfrac{d}{dx}\left\{\displaystyle\int f(x)\,dx\right\}=f(x)$

(2) $\displaystyle\int\left\{\dfrac{d}{dx}f(x)\right\}dx=f(x)+C$ (단, C는 적분상수)

0640 대표 문제

함수 $f(x)=\displaystyle\int\left\{\dfrac{d}{dx}(x^3+3x^2-5x)\right\}dx$에 대하여 $f(1)=0$일 때, $f(-1)$의 값을 구하시오.

0641 ⑨

함수 $f(x)=\dfrac{d}{dx}\left\{\displaystyle\int(2x^3-x^2+5)\,dx\right\}$에 대하여 $f(2)$의 값은?

① 13　　　　　② 17　　　　　③ 21
④ 25　　　　　⑤ 29

0642 ⑧ | 학평 기출 |

함수 $f(x)=\displaystyle\int\left\{\dfrac{d}{dx}(x^2-6x)\right\}dx$에 대하여 $f(x)$의 최솟값이 8일 때, $f(1)$의 값을 구하시오.

0643 ⑧ 서술형

함수 $f(x)=\displaystyle\int\left\{\dfrac{d}{dx}(x^3+ax)\right\}dx$에 대하여 $f(2)=6$, $f'(0)=-2$일 때, $f(-1)+f'(-1)$의 값을 구하시오.
(단, a는 상수)

0644 ⑧

두 다항함수 $f(x)$, $g(x)$에 대하여 보기에서 항상 옳은 것만을 있는 대로 고르시오.

┌ 보기 ┐

ㄱ. $\displaystyle\int\left\{\dfrac{d}{dx}f(x)\right\}dx=\dfrac{d}{dx}\left\{\displaystyle\int f(x)\,dx\right\}$

ㄴ. $\dfrac{d}{dx}\left[\displaystyle\int\left\{\dfrac{d}{dx}f(x)\right\}dx\right]=f(x)$

ㄷ. $\dfrac{d}{dx}\left\{\displaystyle\int f(x)\,dx\right\}=\displaystyle\int\left\{\dfrac{d}{dx}g(x)\right\}dx$이면 $f'(x)=g'(x)$이다.

빈출　◈ 개념루트 미적분 I 208쪽

유형 03 **부정적분의 계산**

(1) 함수 $y=x^n$ (n은 양의 정수)과 상수함수의 부정적분

① n이 양의 정수일 때, $\displaystyle\int x^n\,dx=\dfrac{1}{n+1}x^{n+1}+C$

② k가 상수일 때, $\displaystyle\int k\,dx=kx+C$

(2) 함수의 실수배, 합, 차의 부정적분

① $\displaystyle\int kf(x)\,dx=k\displaystyle\int f(x)\,dx$ (단, k는 0이 아닌 실수)

② $\displaystyle\int\{f(x)+g(x)\}\,dx=\displaystyle\int f(x)\,dx+\displaystyle\int g(x)\,dx$

③ $\displaystyle\int\{f(x)-g(x)\}\,dx=\displaystyle\int f(x)\,dx-\displaystyle\int g(x)\,dx$

0645 대표 문제

함수 $f(x)=\displaystyle\int\dfrac{x^2}{x-2}\,dx-\displaystyle\int\dfrac{5x-6}{x-2}\,dx$에 대하여 $f(-2)=10$일 때, $f(4)$의 값을 구하시오.

0646 ⑧

함수 $f(x)=\displaystyle\int(5x^4+4x^3+3x^2+2x+1)\,dx$에 대하여 $f(0)=-3$일 때, $f(1)$의 값을 구하시오.

0647 ⑧

함수

$$f(x) = \int (x+1)(x^2-x+1)\,dx$$
$$+ \int (x-1)(x^2+x+1)\,dx$$

에 대하여 $f(0)=2$일 때, $f(2)$의 값을 구하시오.

0648 ⑧

함수 $f(x)$가 다음 조건을 모두 만족시킬 때, $f(0)$의 최솟값을 구하시오.

> ㈎ $f(x) = \int (2x-4)\,dx$
>
> ㈏ 모든 실수 x에 대하여 $f(x) \geq 0$이다.

◇◆ 개념루트 미적분 I 210쪽

유형 04 도함수가 주어질 때 함수 구하기

함수 $f(x)$의 도함수 $f'(x)$가 주어지면 $f(x)$는 다음과 같은 순서로 구한다.

(i) $f(x) = \int f'(x)\,dx$임을 이용하여 $f(x)$를 적분상수를 포함한 식으로 나타낸다.

(ii) 주어진 조건을 이용하여 적분상수를 구한다.

[참고] 곡선 $y=f(x)$ 위의 임의의 점 $(x, f(x))$에서의 접선의 기울기는 $f'(x)$이다.

0649 대표 문제

함수 $f(x)$에 대하여 $f'(x) = 3x^2 - 6$이고 $f(0) = 8$일 때, $f(-1)$의 값은?

① 10　　　　② 11　　　　③ 12
④ 13　　　　⑤ 14

0650 ⑧

함수 $f(x)$를 적분해야 할 것을 잘못하여 미분하였더니 $6x+8$이었다. $f(0)=3$일 때, $f(x)$를 바르게 적분하면?
(단, C는 적분상수)

① $x^3 + 2x^2 + 3x + C$　　② $x^3 + 4x^2 + 3x + C$
③ $2x^3 + 2x^2 - 3x + C$　　④ $2x^3 + 4x^2 - 3x + C$
⑤ $3x^3 + 2x^2 + 3x + C$

0651 ⑧

점 $(0, 3)$을 지나는 곡선 $y=f(x)$ 위의 임의의 점 $(x, f(x))$에서의 접선의 기울기가 $6x^2 + 2x + 5$일 때, $f(-1)$의 값은?

① -7　　　　② -3　　　　③ 1
④ 5　　　　　⑤ 9

0652 ⑧　　　　서술형

함수 $f(x)$에 대하여 $f'(x) = 4x + a$이고 $f(2) = 4$이다. 방정식 $f(x)=0$의 모든 근의 곱이 -5일 때, 방정식 $f(x)=0$의 모든 근의 합을 구하시오. (단, a는 상수)

0653 ⑧

다항함수 $f(x)$에 대하여

$$\lim_{h \to 0} \frac{f(x+h)-f(x-h)}{h}=4x^2-6x+2$$

가 성립하고 $f(0)=1$일 때, $f(1)$의 값은?

① $\dfrac{1}{2}$　　　　② $\dfrac{2}{3}$　　　　③ $\dfrac{5}{6}$

④ 1　　　　⑤ $\dfrac{7}{6}$

0654 ⑧　　　　| 모평 기출 |

다항함수 $f(x)$가

$$f'(x)=6x^2-2f(1)x, \ f(0)=4$$

를 만족시킬 때, $f(2)$의 값은?

① 5　　　　② 6　　　　③ 7

④ 8　　　　⑤ 9

0655 ⑧

다항함수 $f(x)$가 다음 조건을 모두 만족시킬 때, $f(-2)$의 값을 구하시오.

㈎ $f'(x)=3x^2+2x$
㈏ 곡선 $y=f(x)$ 위의 점 $(1, f(1))$에서의 접선의 x절편은 1이다.

유형 05　함수와 그 부정적분 사이의 관계식이 주어질 때 함수 구하기

함수 $f(x)$와 그 부정적분 $F(x)$ 사이의 관계식이 주어지면 $f(x)$는 다음과 같은 순서로 구한다.
(ⅰ) 주어진 등식의 양변을 x에 대하여 미분한 후 $F'(x)=f(x)$임을 이용하여 $f'(x)$를 구한다.
(ⅱ) $f(x)=\displaystyle\int f'(x)\,dx$임을 이용하여 $f(x)$를 구한다.

0656 대표 문제

다항함수 $f(x)$의 한 부정적분을 $F(x)$라 하면

$$F(x)=xf(x)-2x^3+x^2$$

이 성립하고 $f(1)=-1$일 때, $f(-1)$의 값을 구하시오.

0657 ⑧

다항함수 $f(x)$의 한 부정적분을 $F(x)$라 하면

$$F(x)+\int (x-1)f(x)\,dx=x^4-8x^3+9x^2$$

이 성립할 때, $f(x)$의 최솟값을 구하시오.

0658 ⑧　　　　서술형

다항함수 $f(x)$에 대하여

$$\int xf(x)\,dx=\{f(x)\}^2$$

이 성립하고 $f(0)=1$일 때, $f(1)$의 값을 구하시오.

0659 ⑧

다항함수 $f(x)$에 대하여

$$f(x)+\int xf(x)\,dx=x^3-2x^2+3x-5$$

가 성립할 때, $f(3)$의 값을 구하시오.

유형 06 부정적분과 미분의 관계(2)

$\dfrac{d}{dx}f(x)=g(x)$ 꼴이 주어지면

➡ 양변을 x에 대하여 적분하여 $f(x)=\displaystyle\int g(x)\,dx$임을 이용한다.

0660 대표 문제

두 다항함수 $f(x)$, $g(x)$가

$$\frac{d}{dx}\{f(x)-g(x)\}=4x-4,$$
$$\frac{d}{dx}\{f(x)g(x)\}=6x^2+6x-5$$

를 만족시키고 $f(0)=4$, $g(0)=3$일 때, $f(2)-g(1)$의 값은?

① -2 ② -1 ③ 0
④ 1 ⑤ 2

0661 종

두 다항함수 $f(x)$, $g(x)$가

$$\frac{d}{dx}\{f(x)+g(x)\}=2,\ \frac{d}{dx}\{f(x)-g(x)\}=4x$$

를 만족시키고 $f(0)=-4$, $g(0)=3$일 때, $f(-1)+g(1)$의 값을 구하시오.

0662 종 서술형

상수함수가 아닌 두 다항함수 $f(x)$, $g(x)$가

$$\frac{d}{dx}\{f(x)g(x)\}=3x^2$$

을 만족시키고 $f(1)=-1$, $g(1)=7$일 때, $f(3)+g(-1)$의 값을 구하시오.

유형 07 함수의 연속과 부정적분

함수 $f(x)$에 대하여 $f'(x)=\begin{cases} g(x) & (x>a) \\ h(x) & (x<a) \end{cases}$이고, $f(x)$가

$x=a$에서 연속이면 $f(x)=\begin{cases} \displaystyle\int g(x)\,dx & (x\geq a) \\ \displaystyle\int h(x)\,dx & (x<a) \end{cases}$ 에서

➡ $\displaystyle\lim_{x\to a+}\int g(x)\,dx=\lim_{x\to a-}\int h(x)\,dx=f(a)$

0663 대표 문제

모든 실수 x에서 연속인 함수 $f(x)$에 대하여

$$f'(x)=\begin{cases} 2x-1 & (x\geq 0) \\ 3x^2-1 & (x<0) \end{cases}$$

이고 $f(1)=2$일 때, $f(-1)$의 값을 구하시오.

0664 종

모든 실수 x에서 연속인 함수 $f(x)$에 대하여

$$f'(x)=-x+|x-1|$$

이고 $f(2)=3$일 때, $f(0)$의 값은?

① -4 ② -2 ③ 0
④ 2 ⑤ 4

0665 종

미분가능한 함수 $f(x)$의 도함수 $y=f'(x)$의 그래프가 오른쪽 그림과 같다. 함수 $y=f(x)$의 그래프가 점 $(0,\,4)$를 지날 때, $f(1)+f(-1)$의 값을 구하시오.

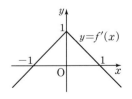

◈◈ 개념루트 미적분 I 214쪽

유형 08 **부정적분과 함수의 극값**

$f(x) = \int f'(x)\,dx$임을 이용하여 함수 $f(x)$를 적분상수를 포함한 식으로 나타낸 후 극값을 이용하여 적분상수를 구한다.

0666 대표 문제

함수 $f(x)$에 대하여 $f'(x) = -3x^2 + 12x$이고 $f(x)$의 극솟값이 -15일 때, $f(x)$의 극댓값은?

① 13   ② 15   ③ 17

④ 19   ⑤ 21

0667 중 | 학평 기출 |

삼차함수 $y = f(x)$의 도함수 $y = f'(x)$의 그래프가 그림과 같다.
$f'(-1) = f'(1) = 0$이고 함수 $f(x)$의 극댓값이 4, 극솟값이 0일 때, $f(3)$의 값은?

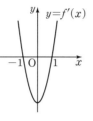

① 14   ② 16

③ 18   ④ 20

⑤ 22

0668 상   서술형

함수 $f(x)$에 대하여 $f'(x) = 3(x+1)(x-2)$이고 함수 $y = f(x)$의 그래프가 x축에 접할 때, $f(-2)$의 값을 구하시오. (단, $f(0) > 0$)

유형 09 **도함수의 정의를 이용하여 함수 구하기**

$f(x+y) = f(x) + f(y)$를 포함하는 관계식이 주어지면 함수 $f(x)$는 다음과 같은 순서로 구한다.
(ⅰ) 주어진 관계식의 양변에 $x=0$, $y=0$을 대입하여 $f(0)$의 값을 구한다.
(ⅱ) $f'(x) = \lim\limits_{h \to 0} \dfrac{f(x+h) - f(x)}{h}$임을 이용하여 $f'(x)$를 구한다.
(ⅲ) $f'(x)$의 부정적분을 구하고, $f(0)$의 값을 대입하여 적분상수를 구한다.

0669 대표 문제

미분가능한 함수 $f(x)$가 모든 실수 x, y에 대하여
$$f(x+y) = f(x) + f(y) + 3xy(x+y)$$
를 만족시키고 $f'(1) = 4$일 때, $f(2)$의 값은?

① 6   ② 8   ③ 10

④ 12   ⑤ 15

0670 중

미분가능한 함수 $f(x)$가 모든 실수 x, y에 대하여
$$f(x+y) = f(x) + f(y)$$
를 만족시키고 $\lim\limits_{h \to 0} \dfrac{f(h) - f(0)}{h} = 1$일 때, $f(3)$의 값은?

① 3   ② 4   ③ 5

④ 6   ⑤ 7

0671 중

미분가능한 함수 $f(x)$가 모든 실수 x, y에 대하여
$$f(x+y) = f(x) + f(y) - 3$$
을 만족시키고 $f(3) = -3$일 때, $f'(0)$의 값을 구하시오.

0672 유형 01

다항함수 $f(x)$가
$$\int (x+1)f(x)\,dx=x^3+\frac{9}{2}x^2+6x+C$$
를 만족시킬 때, $f(3)$의 값은? (단, C는 적분상수)

① 11   ② 12   ③ 13
④ 14   ⑤ 15

0673 유형 02 | 학평 기출 |

다항함수 $f(x)$가
$$\frac{d}{dx}\int \{f(x)-x^2+4\}\,dx=\int \frac{d}{dx}\{2f(x)-3x+1\}\,dx$$를
만족시킨다. $f(1)=3$일 때, $f(0)$의 값은?

① -2 ② -1 ③ 0
④ 1   ⑤ 2

0674 유형 03

함수 $f(x)=\int \left(\sqrt{x}+\dfrac{1}{\sqrt{x}}\right)^2 dx-\int \left(\sqrt{x}-\dfrac{1}{\sqrt{x}}\right)^2 dx$에 대
하여 $f(1)=2$일 때, $f(3)$의 값을 구하시오.

0675 유형 03

함수 $f(x)=\displaystyle\int (1+2x+3x^2+\cdots+nx^{n-1})\,dx$에 대하여
$f(0)=1$, $f(1)=5$일 때, $f(-1)$의 값을 구하시오.
(단, $n\geq 2$인 자연수)

0676 유형 04

함수 $f(x)$에 대하여 $f'(x)=3x^2-ax$이고 $f(1)=6$,
$f(2)=4$일 때, 상수 a의 값은?

① 4   ② 5   ③ 6
④ 7   ⑤ 8

0677 유형 04

함수 $f(x)$에 대하여 $f'(x)=12x^2+6x-2$이고 $f(1)=2$
이다. $f(x)$의 한 부정적분 $F(x)$에 대하여 $F(1)=3$일 때,
$F(-1)$의 값은?

① 5   ② 7   ③ 9
④ 11   ⑤ 13

0678 유형 04

곡선 $y=f(x)$ 위의 임의의 점 $(x, f(x))$에서의 접선의 기울기가 $-2x+3$이고 이 곡선이 두 점 $(1, 5)$, $(2, k)$를 지날 때, k의 값을 구하시오.

0681 유형 05 | 학평 기출 |

다항함수 $f(x)$의 한 부정적분 $F(x)$가 모든 실수 x에 대하여

$$F(x)=(x+2)f(x)-x^3+12x$$

를 만족시킨다. $F(0)=30$일 때, $f(2)$의 값을 구하시오.

0679 유형 04

다항함수 $f(x)$가 다음 조건을 모두 만족시킬 때, $f(2)$의 값을 구하시오. (단, a는 상수)

> (가) $\dfrac{d}{dx}\left\{\displaystyle\int f'(x)\,dx\right\}=3x^2+2x+a$
>
> (나) $\displaystyle\lim_{x \to 1}\dfrac{f(x)}{x-1}=2a+4$

0682 유형 06

두 다항함수 $f(x)$, $g(x)$가

$$\dfrac{d}{dx}\{f(x)+g(x)\}=2x+1,$$

$$\dfrac{d}{dx}\{f(x)g(x)\}=3x^2-2x+1$$

을 만족시키고 $f(0)=-1$, $g(0)=1$일 때, $f(4)+g(2)$의 값은?

① 5   ② 6   ③ 7

④ 8   ⑤ 9

0680 유형 05

다항함수 $f(x)$에 대하여

$$\int\{f(x)+6x\}\,dx=xf(x)+2x^3-3x^2$$

이 성립하고 $f(0)=3$일 때, $f(x)$의 최댓값은?

① 3   ② 6   ③ 9

④ 12   ⑤ 15

0683 유형 07

모든 실수 x에서 연속인 함수 $f(x)$에 대하여

$$f'(x)=6x^2+|x|$$

이고 $f(1)=2$일 때, $f(2)+f(-2)$의 값을 구하시오.

07 부정적분

0684 유형 08

삼차함수 $f(x)$의 도함수 $y=f'(x)$의 그 래프가 오른쪽 그림과 같다. 함수 $f(x)$의 극솟값이 -7일 때, $f(x)$의 극댓값을 구하시오.

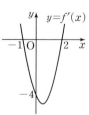

0685 유형 08

삼차함수 $f(x)$가 다음 조건을 모두 만족시킬 때, $f(4)$의 값을 구하시오.

㉮ 함수 $f(x)$는 $x=1$에서 극대, $x=3$에서 극소이다.
㉯ $0 \le x \le 3$에서 함수 $f(x)$의 최댓값은 4, 최솟값은 0이다.

0686 유형 09

미분가능한 함수 $f(x)$가 모든 실수 x, y에 대하여
$$f(x+y)=f(x)+f(y)+xy(x+y)-2$$
를 만족시키고 $f'(1)=3$일 때, $f(3)$의 값은?

① 8　　　　　② 11　　　　　③ 14
④ 17　　　　　⑤ 20

서술형

0687 유형 02

다항함수 $f(x)$가 모든 실수 x에 대하여
$$\int \left[\frac{d}{dx} \{x^2 f(x)\} \right] dx = x^4 - 2x^3 - 6x^2 + 1$$
을 만족시킬 때, 방정식 $f(x)=0$의 모든 근의 곱을 구하시오.

0688 유형 07

모든 실수 x에서 연속인 함수 $f(x)$에 대하여
$$f'(x) = \begin{cases} x+a & (x>2) \\ -2x & (x<2) \end{cases}$$
이고 $f(0)=-1$, $f(3)=\dfrac{5}{2}$일 때, 상수 a의 값을 구하시오.

0689 유형 08

함수 $f(x)$에 대하여 $f'(x)=3x(x-2)$이고 $f(x)$의 극댓값이 극솟값의 2배일 때, $f(-1)$의 값을 구하시오.

C 실력 향상

0690

이차함수 $f(x)$에 대하여 함수 $g(x)$가

$$g(x)=\int \{x^2+f(x)\}\, dx,\ f(x)g(x)=-2x^4+8x^3$$

을 만족시킬 때, $g(1)$의 값은?

① 1 ② 2 ③ 3
④ 4 ⑤ 5

0691

두 다항함수 $f(x)$, $g(x)$가 모든 실수 x에 대하여 다음 조건을 모두 만족시키고 $f(0)=g(0)$일 때, $g(2)$의 값을 구하시오.

> (가) $f(x)+xf'(x)=4x^3+6x^2-8x+1$
> (나) $f'(x)+g'(x)=6x+2$

0692

사차함수 $f(x)$의 도함수 $y=f'(x)$의 그래프가 그림과 같고, $f'(-\sqrt{2})=f'(0)=f'(\sqrt{2})=0$이다. $f(0)=1$, $f(\sqrt{2})=-3$일 때, $f(m)f(m+1)<0$을 만족시키는 모든 정수 m의 값의 합은?

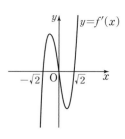

① -2 ② -1 ③ 0
④ 1 ⑤ 2

0693

미분가능한 함수 $f(x)$가 모든 실수 x, y에 대하여
$$f(x+y)=f(x)+f(y)+4xy$$
를 만족시킨다. 함수 $F(x)=\int (x-1)f'(x)\, dx$의 극값이 존재하지 않을 때, $f(5)$의 값을 구하시오.

⊙ 기출 BOOK 38쪽

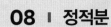
08-1 정적분 유형 01, 02, 03 개념⁺

(1) 정적분의 정의

닫힌구간 $[a, b]$에서 연속인 함수 $f(x)$의 정적분은 다음과 같이 정의한다.

① $f(x) \geq 0$일 때

곡선 $y = f(x)$와 x축 및 두 직선 $x = a$, $x = b$로 둘러싸인 도형의 넓이를 함수 $f(x)$의 a에서 b까지의 **정적분**이라 한다.

기호 $\displaystyle\int_a^b f(x)\,dx$

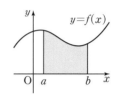

● 정적분 $\displaystyle\int_a^b f(x)\,dx$의 값을 구하는 것을 함수 $f(x)$를 a에서 b까지 적분한다고 하고, a를 아래끝, b를 위끝이라 한다.

② $f(x) \leq 0$일 때

곡선 $y = f(x)$와 x축 및 두 직선 $x = a$, $x = b$로 둘러싸인 도형의 넓이를 S라 하면

$$\int_a^b f(x)\,dx = -S$$

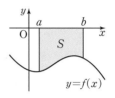

● 정적분 $\displaystyle\int_a^b f(x)\,dx$에서 적분변수 x 대신 다른 문자를 사용하여도 그 값은 변하지 않는다.

$$\Rightarrow \int_a^b f(x)\,dx = \int_a^b f(y)\,dy = \int_a^b f(t)\,dt$$

③ 함수 $f(x)$가 양의 값과 음의 값을 모두 가질 때

$f(x) \geq 0$인 부분의 넓이를 S_1, $f(x) \leq 0$인 부분의 넓이를 S_2라 하면

$$\int_a^b f(x)\,dx = S_1 - S_2$$

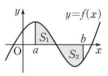

(2) $a \geq b$일 때, 정적분 $\displaystyle\int_a^b f(x)\,dx$의 정의

① $a = b$일 때, $\displaystyle\int_a^a f(x)\,dx = 0$

② $a > b$일 때, $\displaystyle\int_a^b f(x)\,dx = -\int_b^a f(x)\,dx$

08-2 적분과 미분의 관계

함수 $f(t)$가 실수 a를 포함하는 열린구간에서 연속일 때, 이 구간에 속하는 임의의 x에 대하여

$$\frac{d}{dx}\int_a^x f(t)\,dt = f(x)$$

08-3 부정적분과 정적분의 관계 유형 01

함수 $f(x)$가 닫힌구간 $[a, b]$를 포함하는 열린구간에서 연속일 때, $f(x)$의 한 부정적분을 $F(x)$라 하면

$$\int_a^b f(x)\,dx = \Big[F(x)\Big]_a^b = F(b) - F(a) \rightarrow \text{이 관계를 '미적분의 기본정리'라고도 한다.}$$

예 $\displaystyle\int_1^2 2x\,dx = \Big[x^2\Big]_1^2 = 2^2 - 1^2 = 4 - 1 = 3$

● $\Big[F(x) + C\Big]_a^b$
$= \{F(b) + C\} - \{F(a) + C\}$
$= F(b) - F(a)$
$= \Big[F(x)\Big]_a^b$

이므로 정적분의 계산에서는 적분상수를 고려하지 않는다.

08-1 정적분

[0694~0696] 오른쪽 그림의 직선 $y=x-3$에 대하여 다음 정적분의 값을 구하시오.

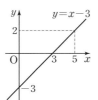

0694 $\int_0^3 (x-3)\,dx$

0695 $\int_3^5 (x-3)\,dx$

0696 $\int_0^5 (x-3)\,dx$

08-2 적분과 미분의 관계

[0697~0699] 다음을 구하시오.

0697 $\dfrac{d}{dx}\int_1^x (7t-2)\,dt$

0698 $\dfrac{d}{dx}\int_{-1}^x (6t^2+t-8)\,dt$

0699 $\dfrac{d}{dx}\int_0^x (t-1)(t^2+3t+1)\,dt$

[0700~0702] 다음을 x에 대하여 미분하시오.

0700 $\int_0^x (2t^2+3t-2)\,dt$

0701 $\int_{-2}^x (3t^3+t^2-7t+4)\,dt$

0702 $\int_3^x (t+1)(t-1)\,dt$

08-3 부정적분과 정적분의 관계

[0703~0706] 다음 정적분의 값을 구하시오.

0703 $\int_0^1 6x^2\,dx$

0704 $\int_0^3 (2x+3)\,dx$

0705 $\int_{-1}^2 (y^2-2y+1)\,dy$

0706 $\int_1^2 (t^3-3t^2+t-2)\,dt$

[0707~0708] 다음 정적분의 값을 구하시오.

0707 $\int_5^5 (3x^3-x^2+5x-1)\,dx$

0708 $\int_1^{-2} (x^2-x+3)\,dx$

[0709~0712] 다음 정적분의 값을 구하시오.

0709 $\int_0^3 x(x-2)\,dx$

0710 $\int_{-3}^1 x(x+1)(x-1)\,dx$

0711 $\int_{-2}^0 (x-1)^3\,dx$

0712 $\int_{-1}^1 \dfrac{t^3-8}{t-2}\,dt$

08-4 정적분의 계산
유형 02~05, 08
개념+

(1) 함수의 실수배, 합, 차의 정적분

두 함수 $f(x)$, $g(x)$가 닫힌구간 $[a, b]$에서 연속일 때

① $\displaystyle\int_a^b kf(x)\,dx = k\int_a^b f(x)\,dx$ (단, k는 실수)

② $\displaystyle\int_a^b \{f(x)+g(x)\}\,dx = \int_a^b f(x)\,dx + \int_a^b g(x)\,dx$

③ $\displaystyle\int_a^b \{f(x)-g(x)\}\,dx = \int_a^b f(x)\,dx - \int_a^b g(x)\,dx$

● ②, ③은 세 개 이상의 함수에서도 성립한다.

(2) 정적분의 성질

함수 $f(x)$가 임의의 실수 a, b, c를 포함하는 구간에서 연속일 때,

$$\int_a^c f(x)\,dx + \int_c^b f(x)\,dx = \int_a^b f(x)\,dx$$

예 $\displaystyle\int_{-1}^2 x\,dx + \int_2^3 x\,dx = \int_{-1}^3 x\,dx = \left[\frac{1}{2}x^2\right]_{-1}^3 = \frac{9}{2} - \frac{1}{2} = 4$

● 정적분의 성질은 a, b, c의 대소에 관계없이 성립한다.

08-5 그래프가 대칭인 함수의 정적분
유형 06, 07

닫힌구간 $[-a, a]$에서 연속인 함수 $f(x)$에 대하여 다음이 성립한다.

(1) $f(-x) = f(x)$이면 → 함수 $y=f(x)$의 그래프는 y축에 대하여 대칭

$$\int_{-a}^a f(x)\,dx = 2\int_0^a f(x)\,dx$$

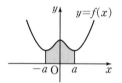

(2) $f(-x) = -f(x)$이면 → 함수 $y=f(x)$의 그래프는 원점에 대하여 대칭

$$\int_{-a}^a f(x)\,dx = 0$$

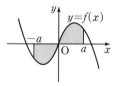

참고 (1) 다항함수 $f(x)$가 짝수 차수의 항 또는 상수항으로만 이루어져 있으면 $f(-x)=f(x)$이므로

$$\int_{-a}^a f(x)\,dx = 2\int_0^a f(x)\,dx$$

(2) 다항함수 $f(x)$가 홀수 차수의 항으로만 이루어져 있으면 $f(-x)=-f(x)$이므로

$$\int_{-a}^a f(x)\,dx = 0$$

08-6 정적분으로 정의된 함수
유형 09~14

(1) 정적분으로 정의된 함수의 미분

① $\dfrac{d}{dx}\displaystyle\int_a^x f(t)\,dt = f(x)$ (단, a는 상수)

② $\dfrac{d}{dx}\displaystyle\int_x^{x+a} f(t)\,dt = f(x+a) - f(x)$ (단, a는 상수)

● $\displaystyle\int_a^x f(t)\,dt$에서 t는 적분변수이므로 $\displaystyle\int_a^x f(t)\,dt$는 t에 대한 함수가 아니라 x에 대한 함수이다.

(2) 정적분으로 정의된 함수의 극한

함수 $f(x)$의 한 부정적분을 $F(x)$라 할 때

① $\displaystyle\lim_{x\to a}\frac{1}{x-a}\int_a^x f(t)\,dt = \lim_{x\to a}\frac{F(x)-F(a)}{x-a} = F'(a) = f(a)$

② $\displaystyle\lim_{x\to 0}\frac{1}{x}\int_a^{x+a} f(t)\,dt = \lim_{x\to 0}\frac{F(x+a)-F(a)}{x} = F'(a) = f(a)$

08-4 정적분의 계산

[0713~0716] 다음 정적분의 값을 구하시오.

0713 $\int_1^2 (3x^2+2x-5)\,dx + \int_1^2 (-2x+3)\,dx$

0714 $\int_{-1}^3 (2x^3+x-1)\,dx - \int_{-1}^3 (2y^3+3)\,dy$

0715 $\int_{-2}^1 (x^2-3x+2)\,dx + 3\int_{-2}^1 (x-1)\,dx$

0716 $\int_0^1 (x+2)\,dx + \int_1^0 (x-2)\,dx$

[0717~0720] 다음 정적분의 값을 구하시오.

0717 $\int_{-1}^0 (2x-4)\,dx + \int_0^2 (2x-4)\,dx$

0718 $\int_{-1}^0 (x^3+2x+5)\,dx + \int_0^{-1} (x^3+2x+5)\,dx$

0719 $\int_0^1 (3x^3-x^2+2x+2)\,dx$
$\qquad -\int_2^1 (3x^3-x^2+2x+2)\,dx$

0720 $\int_{-2}^3 (5x^4-2x+1)\,dx - \int_1^3 (5y^4-2y+1)\,dy$

[0721~0722] 다음 정적분의 값을 구하시오.

0721 $\int_{-1}^2 |x|\,dx$

0722 $\int_1^3 |x-2|\,dx$

08-5 그래프가 대칭인 함수의 정적분

[0723~0726] 다음 정적분의 값을 구하시오.

0723 $\int_{-1}^1 (x^5-2x^3+3x^2+1)\,dx$

0724 $\int_{-2}^2 (5x^4-7x^3-6x^2+x-4)\,dx$

0725 $\int_{-3}^3 (2x^7+x^5-x^2+5x-1)\,dx$

0726 $\int_{-1}^1 (x+1)(2x-1)\,dx$

08-6 정적분으로 정의된 함수

[0727~0728] 모든 실수 x에 대하여 다음 등식을 만족시키는 다항함수 $f(x)$를 구하시오.

0727 $\int_0^x f(t)\,dt = x^2+3x$

0728 $\int_{-2}^x f(t)\,dt = 2x^3+5x^2-x-6$

[0729~0730] 다음 극한값을 구하시오.

0729 $\lim_{x\to 1} \frac{1}{x-1}\int_1^x (t^2+5t+6)\,dt$

0730 $\lim_{h\to 0} \frac{1}{h}\int_2^{2+h} (x^2-x+4)\,dx$

유형 완성

하 10% ···· 중 80% ···· 상 10%

◆◈ 개념루트 미적분 I 224쪽

빈출

유형 01 부정적분과 정적분의 관계

(1) 닫힌구간 $[a, b]$를 포함하는 열린구간에서 연속인 함수 $f(x)$
의 한 부정적분을 $F(x)$라 하면
$$\int_a^b f(x)\,dx = \Big[F(x)\Big]_a^b = F(b) - F(a)$$
(2) $a \geq b$일 때, 정적분 $\int_a^b f(x)\,dx$의 정의
　① $a = b$일 때, $\int_a^a f(x)\,dx = 0$
　② $a > b$일 때, $\int_a^b f(x)\,dx = -\int_b^a f(x)\,dx$

0731 대표 문제

$\int_{-2}^1 2(x+2)(x-1)\,dx + \int_3^3 (2x-1)^3\,dx$의 값을 구하시오.

0732 하

| 수능 기출 |

$\int_0^1 (2x+a)\,dx = 4$일 때, 상수 a의 값은?

① 1　　　　② 2　　　　③ 3
④ 4　　　　⑤ 5

0733 중

$\int_{-1}^a (x^2+2x)\,dx = \dfrac{2}{3}$일 때, 상수 a의 값은? (단, $a > -1$)

① $\dfrac{1}{3}$　　　　② $\dfrac{1}{2}$　　　　③ $\dfrac{2}{3}$
④ 1　　　　⑤ $\dfrac{3}{2}$

0734 중

다항함수 $f(x)$에 대하여
$$\int_1^3 \{2f'(x)-4x\}\,dx = 6, \quad f(1) = 3$$
일 때, $f(3)$의 값은?

① 11　　　　② 12　　　　③ 13
④ 14　　　　⑤ 15

0735 중

$\int_0^1 (5x^2-a)^2\,dx$의 값이 최소가 되도록 하는 상수 a의 값을 m, 그때의 정적분의 값을 n이라 할 때, $m+n$의 값은?

① $\dfrac{31}{9}$　　　　② $\dfrac{11}{3}$　　　　③ $\dfrac{35}{9}$
④ 4　　　　⑤ $\dfrac{37}{9}$

0736 중

서술형

일차함수 $f(x)$가 다음 조건을 모두 만족시킬 때, $f(3)$의 값을 구하시오.

| (가) $\int_0^1 f(x)\,dx = 3$　　　(나) $\int_0^1 xf(x)\,dx = 1$ |

◆ 개념루트 미적분 I 226쪽

유형 02 **정적분의 계산(1)**

두 함수 $f(x)$, $g(x)$가 닫힌구간 $[a, b]$에서 연속일 때

(1) $\int_a^b kf(x)\,dx = k\int_a^b f(x)\,dx$ (단, k는 실수)

(2) $\int_a^b \{f(x)+g(x)\}\,dx = \int_a^b f(x)\,dx + \int_a^b g(x)\,dx$

(3) $\int_a^b \{f(x)-g(x)\}\,dx = \int_a^b f(x)\,dx - \int_a^b g(x)\,dx$

0737 대표 문제

$\int_0^5 (x+1)^2\,dx - \int_0^5 (x-1)^2\,dx$의 값은?

① 47 　② 48 　③ 49

④ 50 　⑤ 51

0738 ⑧

$\int_{-1}^3 \dfrac{4x^2}{x+2}\,dx + \int_3^{-1} \dfrac{16}{t+2}\,dt$의 값을 구하시오.

0739 ⑧

$\int_0^2 (3x^3+2x)\,dx + \int_0^2 (k+2x-3x^3)\,dx = 16$일 때, 상수 k의 값을 구하시오.

0740 ⑧

$\int_1^k (8x+4)\,dx + 4\int_k^1 (1+x-x^3)\,dx = 0$일 때, 모든 실수 k의 값의 곱은?

① -3 　② -1 　③ 0

④ 1 　⑤ 3

0741 ⑧

서술형

두 다항함수 $f(x)$, $g(x)$가

$$\int_{-1}^3 \{3f(x)-2g(x)\}\,dx = 1,$$

$$\int_{-1}^3 \{f(x)-2g(x)\}\,dx = 7$$

을 만족시킬 때, $\int_{-1}^3 \{f(x)+g(x)\}\,dx$의 값을 구하시오.

◆ 개념루트 미적분 I 228쪽

유형 03 **정적분의 계산(2)**

함수 $f(x)$가 임의의 실수 a, b, c를 포함하는 구간에서 연속일 때,

$$\int_a^c f(x)\,dx + \int_c^b f(x)\,dx = \int_a^b f(x)\,dx$$

0742 대표 문제

함수 $f(x)=x^2-x$에 대하여

$$\int_0^2 f(x)\,dx - \int_{-3}^2 f(x)\,dx + \int_{-3}^3 f(x)\,dx$$

의 값은?

① 3 　② $\dfrac{7}{2}$ 　③ 4

④ $\dfrac{9}{2}$ 　⑤ 5

0743 ⑧

모든 실수 x에서 연속인 함수 $f(x)$에 대하여

$$\int_{-3}^2 f(x)\,dx = 5, \int_0^2 f(x)\,dx = 8, \int_0^3 f(x)\,dx = 6$$

일 때, $\int_{-3}^3 f(x)\,dx$의 값은?

① -3 　② -1 　③ 1

④ 3 　⑤ 5

0744 ⑧

$$\int_0^2 (2x+1)^2\,dx - \int_{-1}^2 (2x+1)^2\,dx + \int_{-1}^0 (2x-1)^2\,dx$$의 값은?

① 4   ② 8   ③ 12

④ 16   ⑤ 20

0745 ⑧

| 수능 기출 |

이차함수 $f(x)$는 $f(0)=-1$이고,

$$\int_{-1}^1 f(x)\,dx = \int_0^1 f(x)\,dx = \int_{-1}^0 f(x)\,dx$$

를 만족시킨다. $f(2)$의 값은?

① 11   ② 10   ③ 9

④ 8   ⑤ 7

◆ 개념루트 미적분 I 230쪽

유형 04 구간에 따라 다르게 정의된 함수의 정적분

구간에 따라 다르게 정의된 함수의 정적분은 적분 구간을 나누어 계산한다.

➡ 함수 $f(x)=\begin{cases} g(x) & (x \geq c) \\ h(x) & (x \leq c) \end{cases}$가 닫힌구간 $[a,\,b]$에서 연속이고 $a < c < b$일 때,

$$\int_a^b f(x)\,dx = \int_a^c h(x)\,dx + \int_c^b g(x)\,dx$$

0746 대표 문제

함수 $f(x)=\begin{cases} -x^2+6x & (x \geq 1) \\ x^2+4 & (x \leq 1) \end{cases}$에 대하여

$\displaystyle\int_{-1}^2 f(x)\,dx$의 값을 구하시오.

0747 ⑧

함수 $y=f(x)$의 그래프가 오른쪽 그림과 같을 때, $\displaystyle\int_{-3}^1 f(x)\,dx$의 값은?

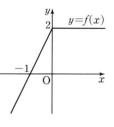

① -5 ② -3

③ -1 ④ 1

⑤ 3

0748 ⑧

서술형 ₀

함수 $f(x)=\begin{cases} 4-2x & (x \geq -1) \\ 3x^2+3 & (x \leq -1) \end{cases}$에 대하여

$\displaystyle\int_{-2}^k f(x)\,dx=18$일 때, 상수 k의 값을 구하시오.

(단, $k>1$)

0749 ⑧

| 모평 기출 |

구간 $[0,\,8]$에서 정의된 함수 $f(x)$는

$$f(x)=\begin{cases} -x(x-4) & (0 \leq x < 4) \\ x-4 & (4 \leq x \leq 8) \end{cases}$$

이다. 실수 $a\,(0 \leq a \leq 4)$에 대하여 $\displaystyle\int_a^{a+4} f(x)\,dx$의 최솟값은 $\dfrac{q}{p}$이다. $p+q$의 값을 구하시오.

(단, p와 q는 서로소인 자연수이다.)

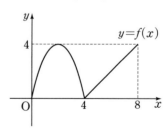

◈◆ 개념루트 미적분 I 230쪽

유형 05 **절댓값 기호를 포함한 함수의 정적분**

절댓값 기호를 포함한 함수의 정적분은 다음과 같은 순서로 구한다.
(i) 절댓값 기호 안의 식의 값이 0이 되는 x의 값을 구한다.
(ii) (i)에서 구한 x의 값을 경계로 적분 구간을 나누어 정적분의 값을 구한다.

0750 대표 문제

$\displaystyle\int_0^2 |x^2-x|\,dx$의 값은?

① 1　　　　　② 3　　　　　③ 5
④ 7　　　　　⑤ 9

0751 ⑧

$\displaystyle\int_0^3 \frac{|x^2-4|}{x+2}\,dx$의 값은?

① $\dfrac{1}{2}$　　　　② 1　　　　③ $\dfrac{3}{2}$

④ 2　　　　⑤ $\dfrac{5}{2}$

0752 ⑧

$\displaystyle\int_1^a |x-3|\,dx=\dfrac{5}{2}$일 때, 상수 a의 값을 구하시오.

(단, $a>3$)

0753 ⑧

서술형

$\displaystyle\int_0^1 x|x-a|\,dx$의 값이 최소가 되도록 하는 상수 a의 값을 구하시오. (단, $0<a<1$)

0754 ⑧

$0\le x\le 2$인 실수 x에 대하여 함수 $f(x)=\displaystyle\int_0^2 |t-x|\,dt$를 만족시키는 함수 $f(x)$를 구하시오.

◈◆ 개념루트 미적분 I 234쪽

유형 06 **그래프가 대칭인 함수의 정적분**
－피적분함수가 주어진 경우

(1) 다항함수 $f(x)$가 짝수 차수의 항 또는 상수항으로만 이루어져 있으면 $f(-x)=f(x)$이므로
$$\int_{-a}^a f(x)\,dx=2\int_0^a f(x)\,dx$$

(2) 다항함수 $f(x)$가 홀수 차수의 항으로만 이루어져 있으면 $f(-x)=-f(x)$이므로
$$\int_{-a}^a f(x)\,dx=0$$

0755 대표 문제

$\displaystyle\int_{-a}^a (x^3+2x+3)\,dx=12$일 때, 상수 a의 값은?

① 1　　　　　② 2　　　　　③ 3
④ 4　　　　　⑤ 5

0756 (하)

$\displaystyle\int_{-2}^{0}(x^3-3x^2+5x+6)\,dx+\int_{0}^{2}(x^3-3x^2+5x+6)\,dx$의 값은?

① -8 ② -4 ③ 0

④ 4 ⑤ 8

0757 (중) 서술형

함수 $f(x)=x^2+ax+b$가

$$\int_{-1}^{1}f(x)\,dx=1,\quad \int_{-1}^{1}xf(x)\,dx=2$$

를 만족시킬 때, ab의 값을 구하시오. (단, a, b는 상수)

0758 (중) | 수능 기출 |

삼차함수 $f(x)$가 모든 실수 x에 대하여

$$xf(x)-f(x)=3x^4-3x$$

를 만족시킬 때, $\displaystyle\int_{-2}^{2}f(x)\,dx$의 값은?

① 12 ② 16 ③ 20

④ 24 ⑤ 28

유형 07 그래프가 대칭인 함수의 정적분
－피적분함수가 주어지지 않은 경우

다항함수 $f(x)$에 대하여
(1) $f(-x)=f(x)$이면
$$\int_{-a}^{a}f(x)\,dx=2\int_{0}^{a}f(x)\,dx$$
(2) $f(-x)=-f(x)$이면
$$\int_{-a}^{a}f(x)\,dx=0$$

0759 대표 문제

다항함수 $f(x)$가 모든 실수 x에 대하여

$f(-x)=f(x)$를 만족시키고 $\displaystyle\int_{0}^{2}f(x)\,dx=4$일 때,

$\displaystyle\int_{-2}^{2}(3x^3+5x-2)f(x)\,dx$의 값을 구하시오.

0760 (중)

다항함수 $f(x)$, $g(x)$가 모든 실수 x에 대하여

$$f(-x)=f(x),\ g(-x)=-g(x)$$

를 만족시키고 $\displaystyle\int_{0}^{1}f(x)\,dx=3$, $\displaystyle\int_{0}^{1}g(x)\,dx=-1$일 때,

$\displaystyle\int_{-1}^{1}\{g(x)-f(x)\}\,dx$의 값은?

① -8 ② -6 ③ -4

④ -2 ⑤ 0

0761 (중)

다항함수 $f(x)$가 모든 실수 x에 대하여 $f(-x)=-f(x)$
를 만족시키고 $\displaystyle\int_{-1}^{3}f(x)\,dx=15$, $\displaystyle\int_{0}^{1}f(x)\,dx=3$일 때,

$\displaystyle\int_{0}^{3}f(x)\,dx$의 값을 구하시오.

0762 ㊠ 서술형

두 다항함수 $f(x)$, $g(x)$가 모든 실수 x에 대하여
$$f(-x)=-f(x),\ g(-x)=g(x)$$
를 만족시킨다. 함수 $h(x)=f(x)g(x)+f(x)$에 대하여
$\int_{-3}^{3}(12x+1)h(x)\,dx=48$일 때, $\int_{0}^{3}xh(x)\,dx$의 값을
구하시오.

◈ 개념루트 미적분 I 236쪽

유형 08 $f(x+p)=f(x)$를 만족시키는
함수 $f(x)$의 정적분

함수 $f(x)$가 모든 실수 x에 대하여
$f(x+p)=f(x)$ (p는 0이 아닌 상수)를 만족시키고 연속일 때,
$$\int_{a}^{b}f(x)\,dx=\int_{a+p}^{b+p}f(x)\,dx=\int_{a+2p}^{b+2p}f(x)\,dx=\cdots$$
$$=\int_{a+np}^{b+np}f(x)\,dx \ (단,\ n은\ 정수)$$

0763 대표 문제

함수 $f(x)$가 모든 실수 x에 대하여 $f(x+2)=f(x)$를 만
족시키고
$$f(x)=\begin{cases}1-4x^3 & (-1\le x\le 0)\\ 4x+1 & (0\le x\le 1)\end{cases}$$
일 때, $\int_{2}^{4}f(x)\,dx$의 값을 구하시오.

0764 ㊞

모든 실수 x에서 연속인 함수 $f(x)$가 다음 조건을 모두 만
족시킬 때, $\int_{1}^{10}f(x)\,dx$의 값을 구하시오.

(가) 모든 실수 x에 대하여 $f(x+3)=f(x)$
(나) $\int_{1}^{4}f(x)\,dx=3$

0765 ㊞

함수 $f(x)$가 모든 실수 x에 대하여 $f(x+4)=f(x)$를 만
족시키고 $-2\le x\le 2$에서 $f(x)=x^2$일 때, $\int_{-2}^{9}f(x)\,dx$의
값을 구하시오.

 빈출

◈ 개념루트 미적분 I 244쪽

유형 09 적분 구간이 상수인 정적분을 포함한 등식

$f(x)=g(x)+\int_{a}^{b}f(t)\,dt$ 꼴의 등식이 주어지면 $f(x)$는 다음
과 같은 순서로 구한다.
(i) $\int_{a}^{b}f(t)\,dt=k$ (k는 상수)로 놓는다.
(ii) $f(x)=g(x)+k$를 (i)의 식에 대입하여 k의 값을 구한다.
(iii) k의 값을 $f(x)=g(x)+k$에 대입하여 $f(x)$를 구한다.

0766 대표 문제

다항함수 $f(x)$가
$$f(x)=3x^2+2x\int_{0}^{2}f(t)\,dt$$
를 만족시킬 때, $f(3)$의 값을 구하시오.

0767 ㊞

다항함수 $f(x)$가
$$f(x)=x^3-2x+\int_{-1}^{2}f'(t)\,dt$$
를 만족시킬 때, $f(-2)$의 값은?

① -3 ② -1 ③ 0
④ 1   ⑤ 3

08
정적분

0768 ⓒ 서술형 o

다항함수 $f(x)$가

$$f(x) = -6x^2 + 4x\int_0^1 f(t)\,dt + \int_{-1}^0 f(t)\,dt$$

를 만족시킬 때, $f(-1)$의 값을 구하시오.

0769 ⓒ

다항함수 $f(x)$가

$$f(x) = -4x^3 + \int_0^1 (2x+1)f(t)\,dt$$

를 만족시킬 때, $f(0)$의 값은?

① $-\dfrac{6}{5}$ ② -1 ③ $-\dfrac{3}{5}$

④ $\dfrac{1}{2}$ ⑤ 1

빈출

◈ 개념루트 미적분 I 246쪽

유형 10   적분 구간에 변수가 있는 정적분을 포함한 등식

$\int_a^x f(t)\,dt = g(x)$ 꼴의 등식이 주어지면 등식의 양변을 x에 대하여 미분하여 $f(x)$를 구한다.

이때 함수 $g(x)$에 미정계수가 있으면 $\int_a^a f(t)\,dt = 0$임을 이용한다.

0770 대표 문제

다항함수 $f(x)$가 모든 실수 x에 대하여

$$\int_2^x f(t)\,dt = x^3 + ax^2 + 8$$

을 만족시킬 때, $f(3)$의 값을 구하시오. (단, a는 상수)

0771 ⓗ

함수 $f(x) = \int_3^x (3t^2 - 2t)\,dt$에 대하여 $\int_0^2 f'(x)\,dx$의 값을 구하시오.

0772 ⓒ

다항함수 $f(x)$가 모든 실수 x에 대하여

$$\int_a^x f(t)\,dt = 2x^2 - 5x - 3$$

을 만족시킬 때, 양수 a에 대하여 $a + f(5)$의 값은?

① 16 ② 17 ③ 18

④ 19 ⑤ 20

0773 ⓒ | 수능 기출 |

다항함수 $f(x)$가 모든 실수 x에 대하여

$$\int_1^x \left\{ \frac{d}{dt}f(t) \right\} dt = x^3 + ax^2 - 2$$

를 만족시킬 때, $f'(a)$의 값은? (단, a는 상수이다.)

① 1 ② 2 ③ 3

④ 4 ⑤ 5

0774 (중)

서술형

다항함수 $f(x)$가 모든 실수 x에 대하여

$$\int_1^x f(t)\,dt = xf(x) - \frac{4}{3}x^3$$

을 만족시킬 때, $f(2)$의 값을 구하시오.

0775 (상)

상수함수가 아닌 두 다항함수 $f(x)$, $g(x)$가 모든 실수 x에 대하여

$$g(x) + \int_1^x f(t)\,dt = -4x^2 + 9x + 5,$$

$$f(x)g'(x) = -20x^2 + 54x - 36$$

을 만족시키고 $g(2) = 7$일 때, $g(3)$의 값은?

① -6 ② -5 ③ -4

④ -3 ⑤ -2

유형 11 **적분 구간과 피적분함수에 변수가 있는 정적분을 포함한 등식**

◆◆ 개념루트 미적분 I 248쪽

$\int_a^x (x-t)f(t)\,dt = g(x)$ 꼴의 등식이 주어지면

$x\int_a^x f(t)\,dt - \int_a^x tf(t)\,dt = g(x)$이므로 양변을 x에 대하여 미분한다.

0776 [대표 문제]

다항함수 $f(x)$가 모든 실수 x에 대하여

$$\int_2^x (x-t)f(t)\,dt = x^3 + ax^2 + 4x$$

를 만족시킬 때, $a + f(2)$의 값을 구하시오. (단, a는 상수)

0777 (하)

다항함수 $f(x)$의 한 부정적분 $F(x)$에 대하여

$$F(x) = \int_1^x x(3t+1)\,dt$$일 때, $f(1)$의 값은?

① 0   ② 1   ③ 2

④ 3   ⑤ 4

0778 (중)

다항함수 $f(x)$가 모든 실수 x에 대하여

$$\int_1^x (x-t)f(t)\,dt = x^3 - x^2 - x + 1$$

을 만족시킬때, $f(2)$의 값을 구하시오.

0779 (중)

다항함수 $f(x)$가 모든 실수 x에 대하여

$$\int_0^x (x-t)f'(t)\,dt = x^4 - x^3$$

을 만족시키고 $f(0) = 2$일 때, $f'(1) + f(1)$의 값을 구하시오.

0780 (상)

서술형

다항함수 $f(x)$가 모든 실수 x에 대하여

$$\int_{-1}^x (x-t)f(t)\,dt = 2x^3 + ax^2 + bx$$

를 만족시킬 때, $\int_0^1 f(x)\,dx$의 값을 구하시오.

(단, a, b는 상수)

◆◆ **개념루트 미적분 I** 250쪽

유형 12 정적분으로 정의된 함수의 극대와 극소

$f(x)=\displaystyle\int_{a}^{x}g(t)\,dt$ 꼴로 정의된 함수 $f(x)$의 극값은 다음과 같은 순서로 구한다.

(i) 양변을 x에 대하여 미분한다. ➡ $f'(x)=g(x)$
(ii) $f'(x)=0$을 만족시키는 x의 값을 구한다.
(iii) (i)에서 구한 x의 값을 주어진 식에 대입하여 극값을 구한다.

0781 대표 문제

함수 $f(x)=\displaystyle\int_{-2}^{x}(t^2-3t+2)\,dt$가 $x=\alpha$에서 극댓값 β를 가질 때, $\alpha+\beta$의 값을 구하시오.

0782 ⓤ

함수 $f(x)=\displaystyle\int_{0}^{x}(t^2+at+b)\,dt$가 $x=2$에서 극솟값 $\dfrac{2}{3}$를 가질 때, 상수 a, b에 대하여 $b-a$의 값은?

① -5 ② -3 ③ 1
④ 3 ⑤ 5

0783 ⓤ

함수 $f(x)=\displaystyle\int_{x}^{x+1}(2t^3-2t)\,dt$의 극댓값을 M, 극솟값을 m이라 할 때, $M-m$의 값은?

① -2 ② -1 ③ 0
④ 1 ⑤ 2

0784 ⓤ

함수 $y=f(x)$의 그래프가 오른쪽 그림과 같을 때, 함수 $F(x)=\displaystyle\int_{-1}^{x}f(t)\,dt$의 극솟값을 구하시오.

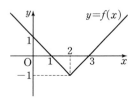

◆◆ **개념루트 미적분 I** 250쪽

유형 13 정적분으로 정의된 함수의 최댓값과 최솟값

$f(x)=\displaystyle\int_{a}^{x}g(t)\,dt$ 꼴로 정의된 함수 $f(x)$의 최댓값과 최솟값은 $f(x)$의 극값과 주어진 구간의 양 끝 값에서의 함숫값을 비교하여 구한다.

0785 대표 문제

$-1\le x\le1$에서 함수 $f(x)=\displaystyle\int_{-1}^{x}(6t^3-6t)\,dt$의 최댓값은?

① $\dfrac{1}{2}$ ② 1 ③ $\dfrac{3}{2}$
④ 2 ⑤ $\dfrac{5}{2}$

0786 ⓤ

$0\le x\le4$에서 함수 $f(x)=\displaystyle\int_{-1}^{x}(1-|t|)\,dt$의 최댓값은?

① 1 ② 2 ③ 3
④ 4 ⑤ 5

0787 ⑧

삼차함수 $y=f(x)$의 그래프가 오른
쪽 그림과 같다. 다음 중 구간 $[0, 4]$
에서 함수 $F(x)=\int_0^x f(t)\,dt$의 최
솟값과 같은 것은?

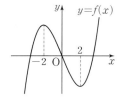

① $F(0)$ ② $F(\sqrt{3})$ ③ $F(2)$
④ $F(2\sqrt{3})$ ⑤ $F(4)$

0788 ⑧

함수 $y=f(t)$의 그래프가 오른쪽
그림과 같고 $\int_0^1 f(t)\,dt=1$,
$\int_1^3 f(t)\,dt=-2$이다. $0 \le x \le 3$에
서 함수 $F(x)=\int_0^x f(t)\,dt$의 최
댓값과 최솟값의 곱을 구하시오.

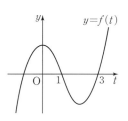

◇◆ **개념루트 미적분 I 252쪽**

유형 14 **정적분으로 정의된 함수의 극한**

함수 $f(x)$의 한 부정적분을 $F(x)$라 할 때

(1) $\displaystyle\lim_{x\to a}\frac{1}{x-a}\int_a^x f(t)\,dt=\lim_{x\to a}\frac{F(x)-F(a)}{x-a}$
$\qquad\qquad\qquad\qquad\qquad =F'(a)=f(a)$

(2) $\displaystyle\lim_{x\to 0}\frac{1}{x}\int_a^{x+a} f(t)\,dt=\lim_{x\to 0}\frac{F(x+a)-F(a)}{x}$
$\qquad\qquad\qquad\qquad\qquad =F'(a)=f(a)$

0789 대표 문제

함수 $f(x)=-2x^3+5x^2$에 대하여 $\displaystyle\lim_{h\to 0}\frac{1}{h}\int_1^{1+2h} f(x)\,dx$
의 값을 구하시오.

0790 ⑧

함수 $f(x)=x^2+ax-3$에 대하여
$\displaystyle\lim_{x\to 3}\frac{1}{x^2-9}\int_3^x f(t)\,dt=2$일 때, 상수 a의 값을 구하시오.

0791 ⑧   서술형 ♀

다항함수 $f(x)$가 모든 실수 x에 대하여
$$xf(x)-x^3=\int_1^x \{f(t)-t\}\,dt$$
를 만족시킬 때, $\displaystyle\lim_{h\to 0}\frac{1}{h}\int_{3-h}^{3+h} f(x)\,dx$의 값을 구하시오.

0792 ⑧ | 학평 기출 |

다항함수 $f(x)$가 $\displaystyle\lim_{x\to 1}\frac{\displaystyle\int_1^x f(t)\,dt-f(x)}{x^2-1}=2$를 만족할 때,
$f'(1)$의 값은?

① -4 ② -3 ③ -2
④ -1 ⑤ 0

AB 유형 점검

0793 유형 01

함수 $f(x)=x-2$에 대하여 $\int_0^2 (x^2+2x+4)f(x)\,dx$의 값은?

① -12 ② -10 ③ -8

④ -6 ⑤ -4

0794 유형 01

$\int_{-1}^2 (9x^2-2kx+3)\,dx>6$을 만족시키는 정수 k의 최댓값은?

① 7 ② 8 ③ 9

④ 10 ⑤ 11

0795 유형 02

$\int_{-1}^k (x^2-2x)\,dx-2\int_k^{-1}(x^2+x+3)\,dx=9k+9$를 만족시키는 상수 k의 값을 구하시오. (단, $k\ne-1$)

0796 유형 02 + 03

$\int_2^4 (\sqrt{x}+2)^2\,dx-\int_4^8(\sqrt{t}-2)^2\,dt+\int_2^8(\sqrt{y}-2)^2\,dy$의 값을 구하시오.

0797 유형 03

모든 실수 x에서 연속인 함수 $f(x)$에 대하여

$$\int_{-4}^0 f(x)\,dx=3,\ \int_{-4}^3 f(x)\,dx=7,\ \int_0^4 f(x)\,dx=5$$

일 때, $\int_3^4 \{f(x)+4x\}\,dx$의 값은?

① 3 ② 6 ③ 9

④ 12 ⑤ 15

0798 유형 04

함수 $y=f(x)$의 그래프가 오른쪽 그림과 같을 때, $\int_{-2}^3 xf(x)\,dx$의 값을 구하시오.

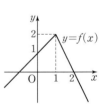

0799 유형 05

$\int_{-1}^2 (|x|+|x-1|)\,dx$의 값은?

① 4 ② 5 ③ 6

④ 7 ⑤ 8

0800 유형 06

함수 $f(x)=1+2x+3x^2+\cdots+20x^{19}$에 대하여
$\int_{-1}^{1} f(x)\,dx$의 값은?

① 10 ② 20 ③ 30
④ 40 ⑤ 50

0801 유형 07

다항함수 $f(x)$가 모든 실수 x에 대하여
$f(-x)=-f(x)$를 만족시키고 $\int_{0}^{1} xf(x)\,dx=3$일 때,
$\int_{-1}^{1} (x^4+x+1)f(x)\,dx$의 값은?

① 4 ② 6 ③ 8
④ 10 ⑤ 12

0802 유형 08

모든 실수 x에서 연속인 함수 $f(x)$가 다음 조건을 모두 만족시킬 때, $\int_{3}^{8} f(x)\,dx$의 값을 구하시오.

(가) 모든 실수 x에 대하여 $f(x+1)=f(x-1)$
(나) $\int_{-1}^{1} f(x)\,dx=2$, $\int_{0}^{1} f(x)\,dx=5$

0803 유형 04 + 08 | 학평 기출 |

실수 전체에서 정의된 연속함수 $f(x)$가 $f(x)=f(x+4)$를 만족하고
$$f(x)=\begin{cases} -4x+2 & (0\le x<2) \\ x^2-2x+a & (2\le x\le 4) \end{cases}$$
일 때, $\int_{9}^{11} f(x)\,dx$의 값은?

① -8 ② $-\dfrac{26}{3}$ ③ $-\dfrac{28}{3}$
④ -10 ⑤ $-\dfrac{32}{3}$

0804 유형 09

다항함수 $f(x)$가
$$f(x)=12x^2+\int_{0}^{1} (6x-4t)f(t)\,dt$$
를 만족시킬 때, $f(1)$의 값을 구하시오.

0805 유형 10 | 모평 기출 |

다항함수 $f(x)$가 모든 실수 x에 대하여
$$xf(x)=2x^3+ax^2+3a+\int_{1}^{x} f(t)\,dt$$
를 만족시킨다. $f(1)=\int_{0}^{1} f(t)\,dt$일 때, $a+f(3)$의 값은? (단, a는 상수이다.)

① 5 ② 6 ③ 7
④ 8 ⑤ 9

0806 유형 11

다항함수 $f(x)$가 모든 실수 x에 대하여

$$x^2 f(x) = x^3 + \int_0^x (x^2 + t) f'(t)\, dt$$

를 만족시키고 $f(0) = 3$일 때, $f(2)$의 값을 구하시오.

0807 유형 12

함수 $f(x) = \displaystyle\int_1^x (-3t^2 + 6t + 9)\, dt$의 극댓값과 극솟값의 합은?

① -2 ② -1 ③ 0
④ 1 ⑤ 2

0808 유형 13

$-2 \le x \le 2$에서 함수 $f(x) = \displaystyle\int_{x-1}^{x+1} (t^2 - 2t)\, dt$의 최댓값을 M, 최솟값을 m이라 할 때, $M - m$의 값을 구하시오.

0809 유형 14

| 학평 기출 |

함수 $f(x)$에 대하여 $f'(x) = 3x^2 - 4x + 1$이고

$\displaystyle\lim_{x \to 0} \frac{1}{x} \int_0^x f(t)\, dt = 1$일 때, $f(2)$의 값은?

① 3 ② 4 ③ 5
④ 6 ⑤ 7

서술형

0810 유형 02

$\displaystyle\int_{-2}^1 (x+k)^2\, dx + \int_1^{-2} (x-k)^2\, dx = 30$일 때, 상수 k의 값을 구하시오.

0811 유형 05

함수 $f(x) = |x+2| + |x-2| + |x|$의 최솟값 a에 대하여 $\displaystyle\int_0^a f(x)\, dx$의 값을 구하시오.

0812 유형 09 + 10

다항함수 $f(x)$가 모든 실수 x에 대하여

$$\int_0^x f(t)\, dt = -3x^3 + 2x^2 - 2x \int_0^1 f(t)\, dt$$

를 만족시킬 때, $f(0)$의 값을 구하시오.

C 실력 향상

0813

모든 실수 x에서 연속인 함수 $f(x)$가 다음 조건을 모두 만족시킬 때, $\int_7^8 f(x)\,dx$의 값을 구하시오.

(가) $\int_0^1 f(x)\,dx=1$

(나) $\int_n^{n+2} f(x)\,dx=\int_n^{n+1} 2x\,dx$ (단, $n=0,\ 1,\ 2,\ \ldots$)

0814

함수 $f(x)=2x^3-6x$에 대하여 $-1\le x\le t$에서 $f(x)$의 최솟값을 $g(t)$라 할 때, $\int_{-1}^2 g(t)\,dt$의 값을 구하시오.

0815

함수 $f(x)$가 모든 실수 x에 대하여

$$f(x)=4x^3-4x\int_0^1 |f(t)|\,dt$$

를 만족시킨다. $f(1)>0$일 때, $f(2)$의 값을 구하시오.

0816

모든 실수 x에서 연속인 함수 $f(x)$가 다음 조건을 모두 만족시킨다. 함수 $y=f(x)$의 그래프를 x축의 방향으로 2만큼, y축의 방향으로 1만큼 평행이동하면 함수 $y=g(x)$의 그래프와 일치할 때, $\int_2^7 g(x)\,dx$의 값은?

(가) 모든 실수 x에 대하여
$$f(-x)=-f(x),\ f(x+2)=f(x)$$

(나) $\int_0^1 f(x)\,dx=2$

① 4   ② 5   ③ 6

④ 7   ⑤ 8

0817 | 수능 기출 |

다항함수 $f(x)$가 다음 조건을 만족시킨다.

(가) 모든 실수 x에 대하여
$$\int_1^x f(t)\,dt=\frac{x-1}{2}\{f(x)+f(1)\}\text{이다.}$$

(나) $\int_0^2 f(x)\,dx=5\int_{-1}^1 xf(x)\,dx$

$f(0)=1$일 때, $f(4)$의 값을 구하시오.

⌾ 기출 BOOK 44쪽

09-1 곡선과 x축 사이의 넓이

유형 01, 05, 06, 12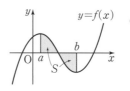

함수 $f(x)$가 닫힌구간 $[a, b]$에서 연속일 때, 곡선 $y=f(x)$와 x축 및 두 직선 $x=a$, $x=b$로 둘러싸인 도형의 넓이 S는

$$S=\int_a^b |f(x)|\, dx$$

참고 닫힌구간 $[a, b]$에서 함수 $f(x)$가 양의 값과 음의 값을 모두 가질 때는 $f(x)$의 값이 양수인 구간과 음수인 구간으로 나누어 생각한다.

TIP 곡선 $y=f(x)$와 x축으로 둘러싸인 도형의 넓이가 서로 같으면

$$\int_a^b f(x)\, dx=0$$

> 곡선과 x축 및 두 직선 $x=a$, $x=b$로 둘러싸인 도형의 넓이를 구할 때는 닫힌구간 $[a, b]$에서 생각한다.

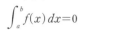

09-2 두 곡선 사이의 넓이

유형 02~08

두 함수 $f(x)$, $g(x)$가 닫힌구간 $[a, b]$에서 연속일 때, 두 곡선 $y=f(x)$, $y=g(x)$와 두 직선 $x=a$, $x=b$로 둘러싸인 도형의 넓이 S는

$$S=\int_a^b |f(x)-g(x)|\, dx \longrightarrow \int_a^b \{(위의\ 식)-(아래의\ 식)\}\, dx$$

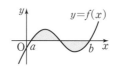

참고 닫힌구간 $[a, b]$에서 두 함수 $f(x)$, $g(x)$의 대소가 바뀔 때는 $f(x)-g(x)$의 값이 양수인 구간과 음수인 구간으로 나누어 생각한다.

09-3 수직선 위를 움직이는 점의 위치와 움직인 거리

유형 09~12

수직선 위를 움직이는 점 P의 시각 t에서의 속도가 $v(t)$이고 시각 t_0에서의 점 P의 위치를 x_0이라 할 때

(1) 시각 t에서의 점 P의 위치 x는

$$x=x_0+\int_{t_0}^t v(s)\, ds$$

(2) 시각 $t=a$에서 $t=b$까지 점 P의 위치의 변화량은

$$\int_a^b v(t)\, dt$$

(3) 시각 $t=a$에서 $t=b$까지 점 P가 움직인 거리는

$$\int_a^b |v(t)|\, dt$$

> 속도 $\xrightarrow[\text{미분}]{\text{적분}}$ 위치

> $v(t)>0$이면 점 P는 양의 방향으로 움직이고, $v(t)<0$이면 점 P는 음의 방향으로 움직인다.

참고 시각 t에서의 위치가 $x=f(t)$이고 $t=c$에서 운동 방향이 바뀔 때, $t=a$에서 $t=c$까지 움직인 거리를 s_1, $t=c$에서 $t=b$까지 움직인 거리를 s_2라 하면

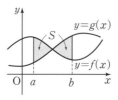

$t=a$에서 $t=b$까지 $\begin{cases} \text{위치의 변화량} \Rightarrow s_1-s_2 \\ \text{움직인 거리} \Rightarrow s_1+s_2 \end{cases}$

09-1 곡선과 x축 사이의 넓이

[0818~0821] 다음 곡선과 x축으로 둘러싸인 도형의 넓이를 구하시오.

0818 $y=-x^2+9$

0819 $y=(x+3)(x-1)$

0820 $y=-x^3+2x^2$

0821 $y=x^3-x^2-2x$

[0822~0825] 다음 곡선과 두 직선 및 x축으로 둘러싸인 도형의 넓이를 구하시오.

0822 $y=(x-2)^2$, $x=1$, $x=3$

0823 $y=x^2+4x+3$, $x=-2$, $x=0$

0824 $y=-x^2-x+2$, $x=-3$, $x=1$

0825 $y=x^3-3x^2$, $x=-1$, $x=2$

09-2 두 곡선 사이의 넓이

[0826~0828] 다음 곡선과 직선으로 둘러싸인 도형의 넓이를 구하시오.

0826 $y=x^2$, $y=3x$

0827 $y=-2x^2+3x$, $y=x$

0828 $y=x^2-5$, $y=-2x-2$

[0829~0831] 다음 두 곡선으로 둘러싸인 도형의 넓이를 구하시오.

0829 $y=x^2$, $y=-x^2+2$

0830 $y=x^3+x^2$, $y=-x^2$

0831 $y=3x^3-5x^2$, $y=-2x^2$

09-3 수직선 위를 움직이는 점의 위치와 움직인 거리

[0832~0834] 좌표가 6인 점을 출발하여 수직선 위를 움직이는 점 P의 시각 t에서의 속도가 $v(t)=2t-8$일 때, 다음을 구하시오.

0832 시각 $t=3$에서의 점 P의 위치

0833 시각 $t=1$에서 $t=5$까지 점 P의 위치의 변화량

0834 시각 $t=1$에서 $t=5$까지 점 P가 움직인 거리

[0835~0837] 원점을 출발하여 수직선 위를 움직이는 점 P의 시각 t에서의 속도가 $v(t)=6t-3t^2$일 때, 다음을 구하시오

0835 시각 $t=2$에서의 점 P의 위치

0836 시각 $t=1$에서 $t=3$까지 점 P의 위치의 변화량

0837 시각 $t=1$에서 $t=3$까지 점 P가 움직인 거리

09

정적분의 활용

유형 완성 하 10% ···· 중 80% ···· 상 10%

◈ 개념루트 미적분 I 260쪽

빈출

유형 01 **곡선과 x축 사이의 넓이**

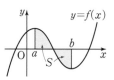

곡선 $y=f(x)$와 x축 및 두 직선 $x=a$, $x=b$로 둘러싸인 도형의 넓이 S는

$$S=\int_a^b |f(x)|\, dx$$

0838 대표 문제

곡선 $y=x^2+3x$와 x축 및 두 직선 $x=-2$, $x=1$로 둘러싸인 도형의 넓이를 구하시오.

0839 ⑧

곡선 $y=ax^2-2ax$와 x축으로 둘러싸인 도형의 넓이가 4일 때, 양수 a의 값은?

① 2   ② $\dfrac{8}{3}$ ③ 3

④ $\dfrac{10}{3}$ ⑤ 4

0840 ⑧

함수 $y=x^2-|x|-2$의 그래프와 x축으로 둘러싸인 도형의 넓이를 구하시오.

0841 ⑧

오른쪽 그림과 같이 곡선 $y=x^2\,(x\ge 0)$과 y축 및 직선 $y=1$로 둘러싸인 도형의 넓이를 S_1, 곡선 $y=x^2\,(x\ge 0)$과 x축 및 직선 $x=1$로 둘러싸인 도형의 넓이를 S_2라 할 때, $\dfrac{S_1}{S_2}$의 값을 구하시오.

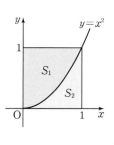

0842 ⑧

오른쪽 그림과 같이 곡선 $y=x^2-kx$와 x축 및 직선 $x=1$로 둘러싸인 도형의 넓이가 최소가 되도록 하는 상수 k의 값은? (단, $0<k<1$)

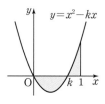

① $\dfrac{1}{4}$ ② $\dfrac{\sqrt{2}}{4}$

③ $\dfrac{1}{2}$ ④ $\dfrac{\sqrt{2}}{2}$

⑤ $\dfrac{\sqrt{3}}{2}$

0843 ⑧   서술형 ₒ

다항함수 $f(x)$가 모든 실수 x에 대하여

$$\int_3^x f(t)\, dt=x^3-ax^2$$

을 만족시킨다. 곡선 $y=f(x)$와 x축으로 둘러싸인 도형의 넓이를 S라 할 때, $a+S$의 값을 구하시오. (단, a는 상수)

0844 ③

다항함수 $f(x)$가 다음 조건을 모두 만족시킬 때, 오른쪽 그림과 같이 곡선 $y=f(x)$와 x축 및 두 직선 $x=-2$, $x=4$로 둘러싸인 도형의 넓이를 구하시오.

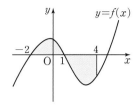

(가) $2\displaystyle\int_{-2}^{1} f(x)\,dx = -\int_{1}^{4} f(x)\,dx$

(나) $\displaystyle\int_{-2}^{4} f(x)\,dx = -3$

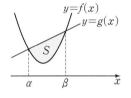

◈ 개념루트 미적분Ⅰ 262쪽

빈출

유형 02 곡선과 직선 사이의 넓이

오른쪽 그림과 같이 곡선 $y=f(x)$와 직선 $y=g(x)$의 교점의 x좌표가 α, $\beta\,(\alpha<\beta)$일 때, 곡선 $y=f(x)$와 직선 $y=g(x)$로 둘러싸인 도형의 넓이 S는

$$S=\int_{\alpha}^{\beta} |f(x)-g(x)|\,dx$$

0845 대표 문제

곡선 $y=-x^2-2x+3$과 직선 $y=-3x+1$로 둘러싸인 도형의 넓이는?

① $\dfrac{1}{2}$　　　② $\dfrac{3}{2}$　　　③ $\dfrac{5}{2}$

④ $\dfrac{7}{2}$　　　⑤ $\dfrac{9}{2}$

0846 ③

곡선 $y=x^3-2x-1$과 직선 $y=2x-1$로 둘러싸인 도형의 넓이를 구하시오.

0847 ③

곡선 $y=-2x^2+ax$와 직선 $y=x$로 둘러싸인 도형의 넓이가 9일 때, 상수 a의 값은? (단, $a>1$)

① 4　　　② 5　　　③ 6

④ 7　　　⑤ 8

0848 ③

| 수능 기출 |

두 함수 $f(x)=\dfrac{1}{3}x(4-x)$, $g(x)=|x-1|-1$의 그래프로 둘러싸인 부분의 넓이를 S라 할 때, $4S$의 값을 구하시오.

빈출

◈ 개념루트 미적분Ⅰ 262쪽

유형 03 두 곡선 사이의 넓이

오른쪽 그림과 같이 두 곡선 $y=f(x)$, $y=g(x)$의 교점의 x좌표가 α, $\beta\,(\alpha<\beta)$일 때, 두 곡선으로 둘러싸인 도형의 넓이 S는

$$S=\int_{\alpha}^{\beta} |f(x)-g(x)|\,dx$$

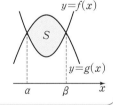

0849 대표 문제

두 곡선 $y=x^2-x-2$, $y=-2x^2+5x+7$로 둘러싸인 도형의 넓이를 구하시오.

0850 🖐

두 곡선 $y=x^3-2x$, $y=x^2$으로 둘러싸인 도형의 넓이를 구하시오.

0851 🖐

| 모평 기출 |

함수 $f(x)=x^2-2x$에 대하여 두 곡선 $y=f(x)$, $y=-f(x-1)-1$로 둘러싸인 부분의 넓이는?

① $\dfrac{1}{6}$ ② $\dfrac{1}{4}$ ③ $\dfrac{1}{3}$

④ $\dfrac{5}{12}$ ⑤ $\dfrac{1}{2}$

0852 🖐

오른쪽 그림과 같이 두 곡선 $y=f(x)$, $y=g(x)$로 둘러싸인 세 도형의 넓이를 각각 A, B, C라 할 때, $A=6$, $B=8$, $C=10$이다. 이때 $\displaystyle\int_{-3}^{9}\{f(x)-g(x)\}dx$의 값을 구하시오.

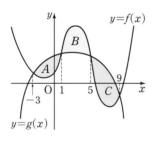

유형 04 **곡선과 접선으로 둘러싸인 도형의 넓이**

접선의 방정식을 구한 후 곡선과 접선의 위치 관계를 파악하여 도형의 넓이를 구한다.

참고 곡선 $y=f(x)$ 위의 점 $(a, f(a))$에서의 접선의 방정식은
$$y=f'(a)(x-a)+f(a)$$

0853 **대표 문제**

곡선 $y=x^3-3x^2+2x+1$과 이 곡선 위의 점 $(0, 1)$에서의 접선으로 둘러싸인 도형의 넓이는?

① $\dfrac{21}{4}$ ② $\dfrac{23}{4}$ ③ $\dfrac{25}{4}$

④ $\dfrac{27}{4}$ ⑤ $\dfrac{29}{4}$

0854 🖐

곡선 $y=-x^2+x+2$와 이 곡선 위의 점 $(1, 2)$에서의 접선 및 y축으로 둘러싸인 도형의 넓이를 구하시오.

0855 🖐

서술형 ✏

곡선 $y=x^2+2$와 원점에서 이 곡선에 그은 두 접선으로 둘러싸인 도형의 넓이를 구하시오.

0856 ⓒ

곡선 $y=-x^2$ 위의 점 $(a, -a^2)$에서의 접선을 l이라 할 때, 곡선 $y=-x^2$과 접선 l 및 두 직선 $x=0$, $x=2$로 둘러싸인 도형의 넓이를 $S(a)$라 하자. 이때 $S(a)$의 최솟값은?

(단, $0 \leq a \leq 2$)

① $\dfrac{1}{3}$ ② $\dfrac{2}{3}$ ③ 1

④ $\dfrac{4}{3}$ ⑤ $\dfrac{5}{3}$

빈출

유형 05 두 도형의 넓이가 같은 경우

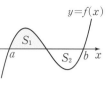

(1) 곡선 $y=f(x)$와 x축으로 둘러싸인 두 도형의 넓이 S_1, S_2에 대하여 $S_1=S_2$이면

$$\int_a^b f(x)\,dx=0$$

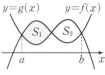

(2) 두 곡선 $y=f(x)$, $y=g(x)$로 둘러싸인 두 도형의 넓이 S_1, S_2에 대하여 $S_1=S_2$이면

$$\int_a^b \{f(x)-g(x)\}\,dx=0$$

0858 대표 문제

오른쪽 그림과 같이 곡선 $y=x^3-ax^2$과 x축으로 둘러싸인 도형의 넓이를 A, 이 곡선과 x축 및 직선 $x=2$로 둘러싸인 도형의 넓이를 B라 하면 $A=B$이다. 이때 상수 a의 값을 구하시오.

(단, $0 < a < 2$)

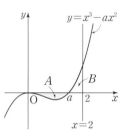

0857 ⓒ

| 학평 기출 |

최고차항의 계수가 -3인 삼차함수 $y=f(x)$의 그래프 위의 점 $(2, f(2))$에서의 접선 $y=g(x)$가 곡선 $y=f(x)$와 원점에서 만난다. 곡선 $y=f(x)$와 직선 $y=g(x)$로 둘러싸인 도형의 넓이는?

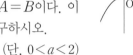

① $\dfrac{7}{2}$ ② $\dfrac{15}{4}$

③ 4 ④ $\dfrac{17}{4}$

⑤ $\dfrac{9}{2}$

0859 ⓒ

오른쪽 그림과 같이 곡선 $y=x(x-a)(x-1)$과 x축으로 둘러싸인 두 도형의 넓이가 서로 같을 때, 상수 a의 값은? (단, $0<a<1$)

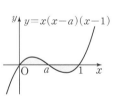

① $\dfrac{1}{6}$ ② $\dfrac{1}{5}$ ③ $\dfrac{1}{4}$

④ $\dfrac{1}{3}$ ⑤ $\dfrac{1}{2}$

0860 ⑥

오른쪽 그림과 같이 곡선 $y=x^2-4x$와 x축으로 둘러싸인 도형의 넓이를 A, 이 곡선과 x축 및 직선 $x=k$로 둘러싸인 도형의 넓이를 B라 하면 $A=B$이다. 이때 상수 k의 값을 구하시오. (단, $k>4$)

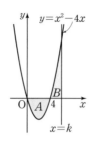

0861 ⑥

| 수능 기출 |

두 곡선 $y=x^3+x^2$, $y=-x^2+k$와 y축으로 둘러싸인 부분의 넓이를 A, 두 곡선 $y=x^3+x^2$, $y=-x^2+k$와 직선 $x=2$로 둘러싸인 부분의 넓이를 B라 하자. $A=B$일 때, 상수 k의 값은? (단, $4<k<5$)

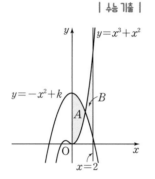

① $\dfrac{25}{6}$ ② $\dfrac{13}{3}$ ③ $\dfrac{9}{2}$

④ $\dfrac{14}{3}$ ⑤ $\dfrac{29}{6}$

0862 ⑥

오른쪽 그림과 같이 곡선 $y=-x^2+6x+k$와 x축 및 y축으로 둘러싸인 도형의 넓이를 A, 이 곡선과 x축으로 둘러싸인 도형의 넓이를 B라 하면 $A:B=1:2$이다. 이때 상수 k의 값을 구하시오.

(단, $-9<k<0$)

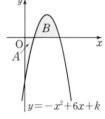

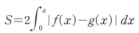 **유형 06** **도형의 넓이를 이등분하는 경우**

곡선 $y=f(x)$와 x축으로 둘러싸인 도형의 넓이 S가 곡선 $y=g(x)$에 의하여 이등분되면

$$S=2\int_0^a |f(x)-g(x)|\,dx$$

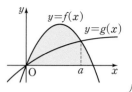

0863 [대표 문제]

곡선 $y=-x^2+2x$와 x축으로 둘러싸인 도형의 넓이가 직선 $y=ax$에 의하여 이등분될 때, 상수 a에 대하여 $(2-a)^3$의 값을 구하시오.

0864 ⑥

서술형 ♀

오른쪽 그림과 같이 곡선 $y=2x^2$ $(x\geq0)$과 y축 및 직선 $y=2$로 둘러싸인 도형의 넓이가 곡선 $y=ax^2$ $(x\geq0)$에 의하여 이등분될 때, 양수 a의 값을 구하시오.

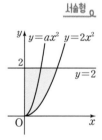

0865 ⑤

곡선 $y=x^2-4x+2$와 직선 $y=x-2$로 둘러싸인 도형의 넓이가 직선 $x=a$에 의하여 이등분될 때, 상수 a의 값은?

① $\dfrac{1}{2}$ ② 1 ③ $\dfrac{3}{2}$

④ 2 ⑤ $\dfrac{5}{2}$

◆◈ 개념루트 미적분 I 270쪽

유형 07 **역함수의 그래프와 넓이**

함수 $y=f(x)$의 그래프와 그 역함수 $y=g(x)$의 그래프는 직선 $y=x$에 대하여 대칭이므로 두 곡선 $y=f(x)$, $y=g(x)$로 둘러싸인 도형의 넓이는 곡선 $y=f(x)$와 직선 $y=x$로 둘러싸인 도형의 넓이의 2배와 같다.

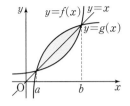

➡ $\int_a^b |f(x)-g(x)|\,dx=2\int_a^b |f(x)-x|\,dx$

0866 대표 문제

함수 $f(x)=x^2-2x+2$ $(x\geq 1)$의 역함수를 $g(x)$라 할 때, 두 곡선 $y=f(x)$, $y=g(x)$로 둘러싸인 도형의 넓이는?

① $\dfrac{1}{6}$ ② $\dfrac{1}{3}$ ③ $\dfrac{1}{2}$

④ $\dfrac{2}{3}$ ⑤ $\dfrac{5}{6}$

0867 중

오른쪽 그림과 같이 함수 $y=f(x)$와 그 역함수 $y=g(x)$의 그래프가 두 점 $(0, 0)$, $(4, 4)$에서 만나고 $\int_0^4 f(x)\,dx=6$일 때, 두 곡선 $y=f(x)$, $y=g(x)$로 둘러싸인 도형의 넓이를 구하시오.

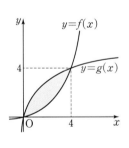

0868 상

함수 $f(x)=x^3-6$의 역함수를 $g(x)$라 할 때, 두 곡선 $y=f(x)$, $y=g(x)$와 직선 $y=-x-6$으로 둘러싸인 도형의 넓이를 구하시오.

◆◈ 개념루트 미적분 I 270쪽

유형 08 **함수와 그 역함수의 정적분**

함수 $y=f(x)$의 그래프와 그 역함수 $y=g(x)$의 그래프는 직선 $y=x$에 대하여 대칭이므로 $A=B$임을 이용하여 정적분의 값을 구한다.

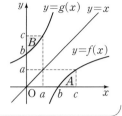

➡ $\underbrace{\int_b^c f(x)\,dx+\int_0^a g(x)\,dx}_{=A=B}=ac$

0869 대표 문제

함수 $f(x)=x^3+2$의 역함수를 $g(x)$라 할 때, $\int_0^1 f(x)\,dx+\int_2^3 g(x)\,dx$의 값은?

① 1   ② 2   ③ 3

④ 4   ⑤ 5

0870 중

역함수를 갖고, 모든 실수 x에서 연속인 함수 $f(x)$에 대하여

$$f(1)=1,\ f(3)=3,\ \int_1^3 f(x)\,dx=\frac{7}{2}$$

이다. 함수 $f(x)$의 역함수를 $g(x)$라 할 때, $\int_1^3 g(x)\,dx$의 값은?

① $\dfrac{7}{2}$ ② 4 ③ $\dfrac{9}{2}$

④ 5 ⑤ $\dfrac{11}{2}$

0871 상   서술형

함수 $f(x)=x(x+2)^2$ $(x\geq 0)$의 역함수를 $g(x)$라 할 때, $\int_0^9 g(x)\,dx$의 값을 구하시오.

유형 09 수직선 위를 움직이는 점의 위치와 움직인 거리(1)

수직선 위를 움직이는 점 P의 시각 t에서의 속도가 $v(t)$이고 시각 t_0에서의 점 P의 위치를 x_0이라 할 때

(1) 시각 t에서의 점 P의 위치 x는

$$x = x_0 + \int_{t_0}^{t} v(s)\, ds$$

(2) 시각 $t=a$에서 $t=b$까지 점 P의 위치의 변화량은

$$\int_{a}^{b} v(t)\, dt$$

(3) 시각 $t=a$에서 $t=b$까지 점 P가 움직인 거리는

$$\int_{a}^{b} |v(t)|\, dt$$

0872 대표 문제

원점을 출발하여 수직선 위를 움직이는 점 P의 시각 t에서의 속도가 $v(t) = 3t^2 + 4t + k$이다. 시각 $t=1$에서의 점 P의 위치가 6일 때, 시각 $t=1$에서 $t=3$까지 점 P의 위치의 변화량을 구하시오. (단, k는 상수)

0873 ㉢ |수능 기출|

수직선 위를 움직이는 점 P의 시각 t $(t \geq 0)$에서의 속도 $v(t)$가 $v(t) = 2t - 6$이다. 점 P가 시각 $t=3$에서 $t=k$ $(k>3)$까지 움직인 거리가 25일 때, 상수 k의 값은?

① 6   ② 7   ③ 8
④ 9   ⑤ 10

0874 ㉣ |수능 기출|

수직선 위를 움직이는 점 P의 시각 t $(t \geq 0)$에서의 속도 $v(t)$와 가속도 $a(t)$가 다음 조건을 만족시킨다.

㉮ $0 \leq t \leq 2$일 때, $v(t) = 2t^3 - 8t$이다.
㉯ $t \geq 2$일 때, $a(t) = 6t + 4$이다.

시각 $t=0$에서 $t=3$까지 점 P가 움직인 거리를 구하시오.

유형 10 수직선 위를 움직이는 점의 위치와 움직인 거리(2)

(1) 수직선 위를 움직이는 점 P가 정지하거나 운동 방향을 바꿀 때의 속도는 0이다.

(2) 수직선 위를 움직이는 점 P의 시각 t에서의 속도가 $v(t)$이고 점 P가 $t=a$일 때 출발한 점으로 다시 돌아오면 $t=0$에서 $t=a$까지 점 P의 위치의 변화량이 0이다.

➡ $\int_{0}^{a} v(t)\, dt = 0$

0875 대표 문제

원점을 출발하여 수직선 위를 움직이는 점 P의 시각 t에서의 속도가 $v(t) = t^2 - 2t - 3$일 때, 점 P가 출발 후 운동 방향을 바꾸는 순간까지 점 P의 위치의 변화량을 구하시오.

0876 ㉢ 서술형

직선 도로를 10 m/s로 달리는 자동차가 있다. 이 자동차가 제동을 건 지 t초 후의 속도를 $v(t)$ m/s라 하면 $v(t) = 10 - 2t$일 때, 제동을 건 후 자동차가 정지할 때까지 달린 거리를 구하시오.

0877 ㉢

원점을 출발하여 수직선 위를 움직이는 점 P의 시각 t에서의 속도가 $v(t) = t^3 - 3t^2$이다. 점 P가 출발 후 다시 원점으로 돌아올 때까지 움직인 거리는?

① 10   ② $\dfrac{23}{2}$ ③ $\dfrac{27}{2}$
④ 15   ⑤ $\dfrac{35}{2}$

0878 (중)

원점을 동시에 출발하여 수직선 위를 움직이는 두 점 P, Q의 시각 t에서의 속도가 각각 $2t^2-4t+1$, $-t^2+8t-8$이다. 두 점 P, Q가 출발 후 다시 만나는 시각은?

① 1   ② 2   ③ 3

④ 4   ⑤ 5

0879 (중) | 모평 기출 |

시각 $t=0$일 때 원점을 출발하여 수직선 위를 움직이는 점 P의 시각 $t\,(t\geq0)$에서의 속도 $v(t)$가

$$v(t)=\begin{cases} -t^2+t+2 & (0\leq t\leq 3) \\ k(t-3)-4 & (t>3) \end{cases}$$

이다. 출발한 후 점 P의 운동 방향이 두 번째로 바뀌는 시각에서의 점 P의 위치가 1일 때, 양수 k의 값을 구하시오.

0880 (상)

수직선 위를 움직이는 두 점 P, Q의 시각 t에서의 속도가 각각 $4t+7$, $3t^2-8t+16$이다. 점 P는 원점, 점 Q는 좌표가 -3인 점에서 동시에 출발한다고 할 때, 두 점 P, Q가 만나는 횟수를 구하시오.

유형 **11** **위로 던진 물체의 위치와 움직인 거리**

지면과 수직으로 쏘아 올린 물체가
(1) 최고 높이에 도달할 때의 속도는 0이다.
(2) 지면에 떨어질 때의 높이는 0이다.

0881 대표 문제

지면으로부터 20 m 높이에서 30 m/s의 속도로 지면과 수직으로 쏘아 올린 공의 t초 후의 속도를 $v(t)$ m/s라 하면 $v(t)=30-10t\,(0\leq t\leq 6)$이다. 공이 최고 높이에 도달했을 때의 지면으로부터의 높이를 구하시오.

0882 (중)

지면으로부터 25 m 높이에서 40 m/s의 속도로 지면과 수직으로 쏘아 올린 물체의 t초 후의 속도를 $v(t)$ m/s라 하면 $v(t)=40-10t\,(0\leq t\leq 8)$이다. 물체를 쏘아 올린 후 두 번째로 지면으로부터 60 m 높이에 도달할 때까지 물체가 움직인 거리는?

① 110 m   ② 115 m   ③ 120 m

④ 125 m   ⑤ 130 m

0883 (중)   서술형

지면으로부터 45 m 높이에서 지면과 수직으로 쏘아 올린 공의 t초 후의 속도를 $v(t)$ m/s라 하면 $v(t)=a-10t$이다. 공이 처음 쏘아 올린 위치로 다시 돌아오는 데 걸리는 시간이 8초일 때, 공을 쏘아 올린 후 지면에 떨어질 때까지 걸리는 시간을 구하시오. (단, $a>0$)

◆● 개념루트 미적분 I 280쪽

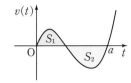

유형 12 그래프에서의 위치와 움직인 거리

수직선 위를 움직이는 점 P의 시각 t에서의 속도 $v(t)$의 그래프가 오른쪽 그림과 같을 때

(1) 시각 $t=0$에서 $t=a$까지 점 P의 위치의 변화량은

$$\int_0^a v(t)\,dt = S_1 - S_2$$

(2) 시각 $t=0$에서 $t=a$까지 점 P가 움직인 거리는

$$\int_0^a |v(t)|\,dt = S_1 + S_2$$

참고 속도 $v(t)$의 그래프가 주어질 때, 시각 $t=0$에서 $t=a$까지 점 P가 움직인 거리는 $v(t)$의 그래프와 t축 및 두 직선 $t=0$, $t=a$로 둘러싸인 도형의 넓이와 같다.

0884 대표 문제

원점을 출발하여 수직선 위를 움직이는 점 P의 시각 t에서의 속도 $v(t)$의 그래프가 오른쪽 그림과 같을 때, 보기에서 옳은 것만을 있는 대로 고르시오. (단, $0 \le t \le 7$)

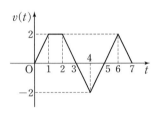

보기
ㄱ. $t=5$일 때 점 P는 원점을 다시 지난다.
ㄴ. $t=0$에서 $t=6$까지 점 P의 위치의 변화량은 3이다.
ㄷ. 점 P는 출발 후 $t=7$까지 운동 방향을 두 번 바꾼다.

0885 ⑤

원점을 출발하여 수직선 위를 움직이는 점 P의 시각 t에서의 속도 $v(t)$의 그래프가 오른쪽 그림과 같다. 점 P가 원점으로부터 가장 멀리 떨어져 있을 때, 점 P의 위치는? (단, $0 \le t \le 6$)

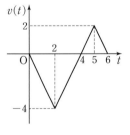

① -8 ② -4 ③ 2
④ 4 ⑤ 8

0886 ⑤

원점을 출발하여 수직선 위를 움직이는 점 P의 t초 후의 속도 $v(t)$의 그래프가 오른쪽 그림과 같다. 점 P가 출발 후 처음으로 다시 원점을 지날 때까지 걸리는 시간을 구하시오. (단, $0 \le t \le 10$)

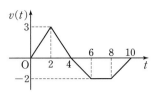

0887 ③

원점을 출발하여 수직선 위를 움직이는 점 P의 시각 $t\,(0 \le t \le 6)$에서의 속도 $v(t)$의 그래프가 오른쪽 그림과 같다. 시각 $t=0$에서 $t=3$까지 점 P가 움직인 거리가 $\dfrac{5}{2}$일 때, 시각 $t=6$에서의 점 P의 위치를 구하시오. (단, $a<0$)

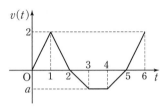

0888 ⑤

원점을 출발하여 수직선 위를 움직이는 점 P의 시각 $t\,(0 \le t \le 3)$에서의 속도 $v(t)$의 그래프가 오른쪽 그림과 같고, $\displaystyle\int_0^2 v(t)\,dt = \int_2^3 |v(t)|\,dt$일 때, 보기에서 옳은 것만을 있는 대로 고르시오.

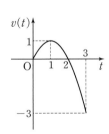

보기
ㄱ. $t=3$일 때 점 P의 속력이 가장 크다.
ㄴ. $t=3$일 때 점 P는 원점에 있다.
ㄷ. $t=1$일 때 점 P의 가속도는 양의 값이다.
ㄹ. $t=2$일 때 점 P는 원점에서 가장 멀리 떨어져 있다.

AB 유형 점검

0889 유형 01

곡선 $y=2x^3$과 x축 및 두 직선 $x=-2$, $x=a$로 둘러싸인 도형의 넓이가 16일 때, 양수 a의 값을 구하시오.

0890 유형 01

| 모평 기출 |

양수 k에 대하여 함수 $f(x)$는 $f(x)=kx(x-2)(x-3)$이다. 곡선 $y=f(x)$와 x축이 원점 O와 두 점 P, Q($\overline{\text{OP}}<\overline{\text{OQ}}$)에서 만난다. 곡선 $y=f(x)$와 선분 OP로 둘러싸인 영역을 A, 곡선 $y=f(x)$와 선분 PQ로 둘러싸인 영역을 B라 하자.

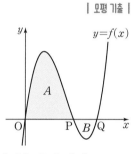

$$(A\text{의 넓이})-(B\text{의 넓이})=3$$

일 때, k의 값은?

① $\dfrac{7}{6}$ ② $\dfrac{4}{3}$ ③ $\dfrac{3}{2}$

④ $\dfrac{5}{3}$ ⑤ $\dfrac{11}{6}$

0891 유형 02

곡선 $y=x|x-2|$와 직선 $y=2x$로 둘러싸인 도형의 넓이를 구하시오.

0892 유형 03

두 곡선 $y=x^3-2x^2$, $y=x^2-2x$로 둘러싸인 도형의 넓이를 구하시오.

0893 유형 03

곡선 $y=x^2$을 원점에 대하여 대칭이동한 후 x축의 방향으로 2만큼, y축의 방향으로 4만큼 평행이동한 곡선을 $y=f(x)$라 할 때, 두 곡선 $y=x^2$, $y=f(x)$로 둘러싸인 도형의 넓이를 구하시오.

0894 유형 03

두 곡선 $y=a^2x^2$, $y=-x^2$과 직선 $x=3$으로 둘러싸인 도형의 넓이를 $S(a)$라 할 때, $\dfrac{S(a)}{a}$의 최솟값을 구하시오.

(단, $a>0$)

0895 유형 04

곡선 $y=x^2-3x+4$와 점 $(2, 1)$에서 이 곡선에 그은 두 접선으로 둘러싸인 도형의 넓이는?

① $\dfrac{1}{3}$ ② $\dfrac{2}{3}$ ③ 1

④ $\dfrac{4}{3}$ ⑤ $\dfrac{5}{3}$

0896 유형 05

오른쪽 그림과 같이 곡선 $y=-2x^2+4x$와 x축으로 둘러싸인 도형의 넓이를 A, 이 곡선과 x축 및 직선 $x=a$로 둘러싸인 도형의 넓이를 B라 하면 $A=B$이다. 이때 상수 a의 값을 구하시오. (단, $a>2$)

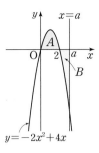

0897 유형 05 | 모평 기출 |

함수
$$f(x)=\begin{cases} -x^2-2x+6 & (x<0) \\ -x^2+2x+6 & (x\geq 0) \end{cases}$$
의 그래프가 x축과 만나는 서로 다른 두 점을 P, Q라 하고, 상수 $k\,(k>4)$에 대하여 직선 $x=k$가 x축과 만나는 점을 R이라 하자. 곡선 $y=f(x)$와 선분 PQ로 둘러싸인 부분의 넓이를 A, 곡선 $y=f(x)$와 직선 $x=k$ 및 선분 QR로 둘러싸인 부분의 넓이를 B라 하자. $A=2B$일 때, k의 값은?
(단, 점 P의 x좌표는 음수이다.)

① $\dfrac{9}{2}$　　　　② 5　　　　③ $\dfrac{11}{2}$

④ 6　　　　⑤ $\dfrac{13}{2}$

0898 유형 06

곡선 $y=x^2-4x$와 x축으로 둘러싸인 도형의 넓이가 직선 $y=ax$에 의하여 이등분될 때, 상수 a에 대하여 $(a+4)^3$의 값을 구하시오.

0899 유형 07

함수 $f(x)=x^3-2x^2+2x$의 역함수를 $g(x)$라 할 때, 두 곡선 $y=f(x)$, $y=g(x)$로 둘러싸인 도형의 넓이는?

① $\dfrac{1}{6}$　　　　② $\dfrac{1}{3}$　　　　③ $\dfrac{1}{2}$

④ $\dfrac{2}{3}$　　　　⑤ $\dfrac{5}{6}$

0900 유형 08

함수 $f(x)=x^3-3x^2+4x$의 역함수를 $g(x)$라 할 때, $\displaystyle\int_2^3 f(x)\,dx+\int_4^{12} g(x)\,dx$의 값을 구하시오.

0901 유형 09 | 모평 기출 |

시각 $t=0$일 때 동시에 원점을 출발하여 수직선 위를 움직이는 두 점 P, Q의 시각 $t\,(t\geq 0)$에서의 속도가 각각
$$v_1(t)=3t^2+t,\quad v_2(t)=2t^2+3t$$
이다. 출발한 후 두 점 P, Q의 속도가 같아지는 순간 두 점 P, Q 사이의 거리를 a라 할 때, $9a$의 값을 구하시오.

0902 유형 10

수직선 위를 움직이는 점 P의 시각 t에서의 속도가 $v(t)=3t^2-6at$이다. 점 P가 출발 후 운동 방향을 바꿀 때까지 움직인 거리가 32일 때, 양수 a의 값을 구하시오.

0903 유형 11

지면에서 지면과 수직으로 출발한 드론의 t초 후의 속도를 $v(t)$ m/s라 하면

$$v(t)=\begin{cases} \dfrac{1}{4}t & (0 \le t \le 8) \\ 10-t & (8 \le t \le 10) \end{cases}$$

이다. 이때 출발한 지 10초 후의 드론의 높이를 구하시오.

0904 유형 12

원점을 출발하여 수직선 위를 움직이는 점 P의 시각 t에서의 속도 $v(t)$의 그래프가 다음 그림과 같을 때, 보기에서 옳은 것만을 있는 대로 고른 것은? (단, $0 \le t \le 7$)

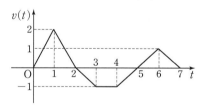

┌ 보기 ┌
ㄱ. $t=5$일 때 점 P는 원점을 다시 지난다.
ㄴ. $t=1$일 때 점 P의 속력이 최대이다.
ㄷ. 점 P는 출발 후 $t=7$까지 운동 방향을 3번 바꾼다.
ㄹ. $t=0$에서 $t=6$까지 점 P가 움직인 거리는 1이다.

① ㄱ, ㄴ   ② ㄴ, ㄷ   ③ ㄷ, ㄹ
④ ㄱ, ㄴ, ㄷ   ⑤ ㄱ, ㄴ, ㄹ

서술형

0905 유형 03

두 곡선 $y=x^3-x$, $y=x^2+ax+b$가 $x=1$인 점에서 공통인 접선을 가질 때, $x \le 0$인 부분에서 두 곡선과 y축으로 둘러싸인 도형의 넓이를 구하시오. (단, a, b는 상수)

0906 유형 06

오른쪽 그림과 같이 두 곡선 $y=x^2+3x+1$, $y=-2x^2-3x+10$으로 둘러싸인 도형의 넓이가 직선 $x=k$에 의하여 이등분될 때, 상수 k의 값을 구하시오.

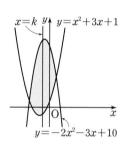

0907 유형 09

원점을 동시에 출발하여 수직선 위를 움직이는 두 점 P, Q의 시각 t에서의 속도가 각각 $6t^2+4t-15$, $-6t^2+8t-9$이다. 선분 PQ의 중점을 R라 할 때, 점 R가 출발 후 원점을 지날 때까지 움직인 거리를 구하시오.

09 정적분의 활용

C 실력 향상
하 ···· 중 ···· 상100%

0908

오른쪽 그림과 같이 삼차함수 $y=f(x)$의 그래프와 직선 $y=g(x)$로 둘러싸인 도형의 넓이가 2일 때, $f(-1)-g(-1)$의 값은?

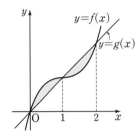

① -28 ② -26

③ -24 ④ -22

⑤ -20

0909
| 수능 기출 |

함수 $f(x)=\dfrac{1}{9}x(x-6)(x-9)$와 실수 $t(0<t<6)$에 대하여 함수 $g(x)$는

$$g(x)=\begin{cases} f(x) & (x<t) \\ -(x-t)+f(t) & (x\geq t) \end{cases}$$

이다. 함수 $y=g(x)$의 그래프와 x축으로 둘러싸인 영역의 넓이의 최댓값은?

① $\dfrac{125}{4}$ ② $\dfrac{127}{4}$ ③ $\dfrac{129}{4}$

④ $\dfrac{131}{4}$ ⑤ $\dfrac{133}{4}$

0910

이차함수 $f(x)=(x-a)(x-b)\,(0<a<b)$가 모든 실수 t에 대하여

$$\int_{2-t}^{2} f(x)\,dx + \int_{2+t}^{2} f(x)\,dx = 0$$

을 만족시킨다. 곡선 $y=f(x)$와 x축 및 y축으로 둘러싸인 도형의 넓이를 S_1, 곡선 $y=f(x)$와 x축으로 둘러싸인 도형의 넓이를 S_2라 하면 $S_2=2S_1$이다. 이때 $f(0)$의 값을 구하시오.

0911
| 모평 기출 |

실수 $a\,(a\geq 0)$에 대하여 수직선 위를 움직이는 점 P의 시각 $t\,(t\geq 0)$에서의 속도 $v(t)$를

$$v(t)=-t(t-1)(t-a)(t-2a)$$

라 하자. 점 P가 시각 $t=0$일 때 출발한 후 운동 방향을 한 번만 바꾸도록 하는 a에 대하여 시각 $t=0$에서 $t=2$까지 점 P의 위치의 변화량의 최댓값은?

① $\dfrac{1}{5}$ ② $\dfrac{7}{30}$ ③ $\dfrac{4}{15}$

④ $\dfrac{3}{10}$ ⑤ $\dfrac{1}{3}$

◎ 기출 BOOK 50쪽

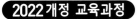

유형
만렙 기출
BOOK

360문항 수록

미적분 I

visang

ABOVE IMAGINATION

우리는 남다른 상상과 혁신으로
교육 문화의 새로운 전형을 만들어
모든 이의 행복한 경험과 성장에 기여한다

미적분 I

1 함수 $y=f(x)$의 그래프가 다음 그림과 같을 때, $\lim\limits_{x \to -1} f(x) + \lim\limits_{x \to 0-} f(x) + \lim\limits_{x \to 1+} f(x)$의 값은?

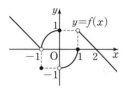

① -2　　　　② -1　　　　③ 0

④ 1　　　　⑤ 2

2 보기에서 극한값이 존재하는 것만을 있는 대로 고르시오.

보기

ㄱ. $\lim\limits_{x \to -1} \dfrac{x^2-x-2}{x+1}$　　ㄴ. $\lim\limits_{x \to 4} \dfrac{1}{|x-4|}$

ㄷ. $\lim\limits_{x \to 0} (x+|x|)$　　ㄹ. $\lim\limits_{x \to 1} \dfrac{x^2-1}{|x-1|}$

3 함수 $f(x)=\begin{cases} x-a & (x \geq 2) \\ x^2-1 & (x<2) \end{cases}$에 대하여 $\lim\limits_{x \to 2} f(f(x))$의 값이 존재하도록 하는 양수 a의 값을 구하시오.

4 함수 $y=f(x)$의 그래프가 오른쪽 그림과 같을 때, $\lim\limits_{x \to 1+} f(f(x)) + \lim\limits_{x \to 0+} f(f(x))$ 의 값을 구하시오.

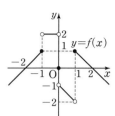

5 두 함수 $f(x)$, $g(x)$에 대하여
$$\lim\limits_{x \to 2} f(x) = -3, \quad \lim\limits_{x \to 2} g(x) = 2$$
일 때, $\lim\limits_{x \to 2} \dfrac{f(x) + \{g(x)\}^2}{2f(x) + g(x)}$의 값을 구하시오.

6 함수 $f(x)$에 대하여 $\lim\limits_{x \to 1} \dfrac{f(x)}{x-1} = -3$일 때, $\lim\limits_{x \to 1} \dfrac{4f(x)}{x^2-1}$의 값은?

① -12　　　　② -6　　　　③ 0

④ 6　　　　⑤ 12

7 함수 $f(x)$에 대하여 $\displaystyle\lim_{x \to 0} \frac{x}{f(x)} = \frac{1}{3}$일 때,

$\displaystyle\lim_{x \to 1} \frac{x^2 + 4x - 5}{f(x-1)}$의 값을 구하시오.

8 $\displaystyle\lim_{x \to 2+} ([x]^2 - x) + \lim_{x \to 2-} \frac{[x]}{x}$의 값을 구하시오.

(단, $[x]$는 x보다 크지 않은 최대의 정수)

9 $\displaystyle\lim_{x \to 1} \frac{\sqrt{x^2 + 3} - 2}{\sqrt{x+8} - 3}$의 값은?

① 0   ② $\dfrac{2}{3}$ ③ 1

④ $\dfrac{3}{2}$ ⑤ 3

10 함수 $f(x) = x + \dfrac{4}{x}$에 대하여 $\displaystyle\lim_{x \to 0} \frac{\{f(x)\}^2}{f(x^2)}$의 값을 구하시오.

11 $\displaystyle\lim_{x \to -\infty} (\sqrt{x^2 + 4x} + x)$의 값은?

① -4 ② -2 ③ -1

④ 1   ⑤ 2

12 두 함수 $f(x) = \dfrac{3x^2 - 2x + 1}{x^2 + 5x - 7}$,

$g(x) = \dfrac{1}{\sqrt{25x^2 - 2x} - 5x}$에 대하여 $\displaystyle\lim_{x \to \infty} f(x)g(x)$의

값을 구하시오.

13 $\displaystyle\lim_{x \to 2} (\sqrt{x^2 - 3} - 1)\left(2 + \dfrac{1}{x-2}\right)$의 값을 구하시오.

14 $\displaystyle\lim_{x \to 3} \frac{x^2 + ax + b}{6 - 2x} = -2$일 때, 상수 a, b에 대하여

$a + b$의 값은?

① -7 ② -5 ③ -3

④ -1 ⑤ 1

15 $\lim\limits_{x \to 2}\dfrac{x-2}{\sqrt{x^2+a}-b}=2$일 때, 상수 a, b에 대하여 $a+b$의 값은?

① 12 ② 14 ③ 16
④ 18 ⑤ 20

16 다항함수 $f(x)$가
$$\lim_{x \to \infty}\frac{f(x)-x^3}{x^2}=7, \quad \lim_{x \to 1}\frac{f(x)}{x-1}=20$$
을 만족시킬 때, $f(0)$의 값을 구하시오.

17 함수 $f(x)$가 모든 실수 x에 대하여
$$x^3+3x^2-4 < f(x) < x^3+3x^2+7$$
을 만족시킬 때, $\lim\limits_{x \to \infty}\dfrac{f(x)-x^3}{5x^2+1}$의 값은?

① $\dfrac{1}{5}$ ② $\dfrac{2}{5}$ ③ $\dfrac{3}{5}$
④ $\dfrac{4}{5}$ ⑤ 1

18 함수 $f(x)$가 모든 실수 x에 대하여
$$x^2-1 \le f(x) \le 3x^2-4x+1$$
을 만족시킬 때, $\lim\limits_{x \to 1}\dfrac{f(x)}{x-1}$의 값은?

① $\dfrac{1}{2}$ ② 1 ③ $\dfrac{3}{2}$
④ 2 ⑤ $\dfrac{5}{2}$

19 오른쪽 그림과 같이 곡선 $y=\sqrt{x}$ 위의 점 $\mathrm{P}(a, \sqrt{a})$에서 y축에 내린 수선의 발을 H라 하자. x축 위의 점 $\mathrm{A}(3, 0)$에 대하여 $\lim\limits_{a \to \infty}(\overline{\mathrm{PH}}-\overline{\mathrm{PA}})$의 값을 구하시오.

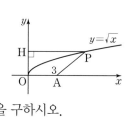

20 오른쪽 그림과 같이 중심이 원점이고 반지름의 길이가 a인 원이 직선 $y=2ax$와 제1사분면에서 만나는 점을 P라 하자. 점 P의 x좌표를 $f(a)$라 할 때, $\lim\limits_{a \to \infty}f(a)$의 값을 구하시오.

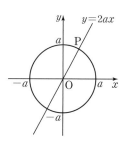

| **01 / 함수의 극한**

1 실수 t에 대하여 직선 $y=t$가 함수 $y=|x^2-1|$의 그래프와 만나는 점의 개수를 $f(t)$라 할 때,
$f(0)+\lim\limits_{t\to1-}f(t)+\lim\limits_{t\to1+}f(t)$의 값은?

① 5 　　　　② 6 　　　　③ 7
④ 8 　　　　⑤ 9

2 함수 $f(x)=\begin{cases}x^2-2k & (x\geq2)\\ kx+8 & (x<2)\end{cases}$에 대하여 $\lim\limits_{x\to2}f(x)$의 값이 존재할 때, 상수 k의 값을 구하시오.

3 함수 $y=f(x)$의 그래프가 오른쪽 그림과 같다. $\lim\limits_{x\to1+}f(x)=a$ 일 때, $\lim\limits_{x\to a-}f(x-3)$의 값은?

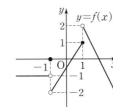

① -2 　　　　② -1
③ 0 　　　　④ 1
⑤ 2

4 함수 $f(x)$에 대하여 $\lim\limits_{x\to1}(x+2)f(x)=6$일 때, $\lim\limits_{x\to1}(x^2+1)f(x)$의 값을 구하시오.

5 이차함수 $f(x)$와 다항함수 $g(x)$가
$$\lim_{x\to\infty}\{2f(x)-3g(x)\}=2$$
를 만족시킬 때, $\lim\limits_{x\to\infty}\dfrac{8f(x)-3g(x)}{3g(x)}$의 값을 구하시오.

6 다음 중 옳은 것은?
(단, $[x]$는 x보다 크지 않은 최대의 정수)

① $\lim\limits_{x\to0-}\dfrac{[x]}{x+1}=0$ 　　　　② $\lim\limits_{x\to2+}\dfrac{x}{[x-1]}=1$

③ $\lim\limits_{x\to1-}\dfrac{[x-2]}{x-2}=2$ 　　　　④ $\lim\limits_{x\to3+}\dfrac{[x]^2+1}{[x]}=3$

⑤ $\lim\limits_{x\to-1+}[x^2-1]=0$

7 $\lim\limits_{x \to a} \dfrac{x^3-a^3}{x^2-a^2}=3$일 때, $\lim\limits_{x \to a} \dfrac{x^3-ax^2+a^2x-a^3}{x-a}$의 값을 구하시오. (단, a는 상수)

8 $\lim\limits_{x \to -\infty} \dfrac{\sqrt{9x^2+5}-4}{x+2}$의 값은?

① -3　　　　② -1　　　　③ 1
④ 3　　　　⑤ 5

9 $\lim\limits_{x \to \infty} \dfrac{f(x)}{x}=4$일 때, $\lim\limits_{x \to \infty} \dfrac{3x^2+xf(x)}{x^2-f(x)}$의 값을 구하시오.

10 보기에서 옳은 것만을 있는 대로 고른 것은?

> **보기**
> ㄱ. $\lim\limits_{x \to 1} \dfrac{x^2-x}{x^3-1}=0$　　　ㄴ. $\lim\limits_{x \to 0} \dfrac{x-\dfrac{1}{x}}{x+\dfrac{1}{x}}=1$
> ㄷ. $\lim\limits_{x \to \infty} (\sqrt{2x+4}-\sqrt{2x+1})=0$

① ㄱ　　　　② ㄴ　　　　③ ㄷ
④ ㄴ, ㄷ　　　⑤ ㄱ, ㄴ, ㄷ

11 $\lim\limits_{x \to 0} \dfrac{1}{x^2-x}\left(\dfrac{1}{\sqrt{x+9}}-\dfrac{1}{3}\right)$의 값은?

① $\dfrac{1}{54}$　　　② $\dfrac{1}{27}$　　　③ $\dfrac{1}{9}$
④ $\dfrac{1}{6}$　　　　⑤ $\dfrac{1}{3}$

12 $\lim\limits_{x \to 0} x^2\left[\dfrac{1}{6x^2}\right]$의 값을 구하시오.

(단, $[x]$는 x보다 크지 않은 최대의 정수)

13 $\lim\limits_{x \to 3} \dfrac{a\sqrt{x-2}+b}{x-3}=2$일 때, 상수 a, b에 대하여 a^2+b^2의 값을 구하시오.

14 $\lim\limits_{x \to -\infty} (\sqrt{ax^2+2x}+x)=b$일 때, 상수 a, b에 대하여 $a-b$의 값은?

① -2　　　　② -1　　　　③ 0
④ 1　　　　⑤ 2

15 두 다항함수 $f(x)$, $g(x)=3x-9$가

$$\lim_{x \to \infty} \frac{xg(x)}{f(x)}=1, \quad \lim_{x \to 3} \frac{f(x)}{xg(x)}=2$$

를 만족시킬 때, $f(1)$의 값을 구하시오.

16 두 다항함수 $f(x)$, $g(x)$에 대하여

$$\lim_{x \to \infty} \frac{f(x)}{g(x)}=2, \quad \lim_{x \to \infty} \frac{f(x)-g(x)}{x-4}=3$$

이고 $\lim_{x \to -1} \frac{f(x)+g(x)}{x+1}=\alpha$일 때, 실수 α의 값을 구하시오.

17 보기에서 옳은 것만을 있는 대로 고른 것은?

(단, a는 실수)

┌ **보기** ┐
ㄱ. $\lim\limits_{x \to a} f(x)$와 $\lim\limits_{x \to a} \{g(x)-f(x)\}$의 값이 각각 존재
  하면 $\lim\limits_{x \to a} g(x)$의 값도 존재한다.

ㄴ. $\lim\limits_{x \to a} f(x)g(x)$의 값이 존재하면 $\lim\limits_{x \to a} f(x)$와
  $\lim\limits_{x \to a} g(x)$의 값 중 적어도 하나는 존재한다.

ㄷ. 모든 실수 x에 대하여 $f(x)<g(x)$이면
  $\lim\limits_{x \to \infty} f(x)<\lim\limits_{x \to \infty} g(x)$이다.
└────────┘

① ㄱ   ② ㄴ   ③ ㄷ
④ ㄱ, ㄴ   ⑤ ㄴ, ㄷ

18 함수 $f(x)$가 모든 실수 x에 대하여

$$x-6 \le f(x) \le x^2-x-5$$

를 만족시킬 때, $\lim\limits_{x \to 1} f(x)$의 값을 구하시오.

19 함수 $f(x)$가 모든 양의 실수 x에 대하여

$$2x^2+1 < \frac{x}{f(x)} < 2x^2+x+3$$

을 만족시킬 때, $\lim\limits_{x \to \infty} 10xf(x)$의 값은?

① 3   ② 4   ③ 5
④ 6   ⑤ 7

20 오른쪽 그림과 같이 $\overline{AB}=\overline{AC}=4$이고 $\angle A=90°$인 직각삼각형 ABC가 있다. 변 AC 위의 점 P에서 변 BC에 내린 수선의 발을 Q라 하고, 삼각형 PBQ의 넓이를 S, $\overline{QC}$의 길이를 t라 할 때, $\lim\limits_{t \to 0+} \dfrac{S}{PC}$의 값을 구하시오.

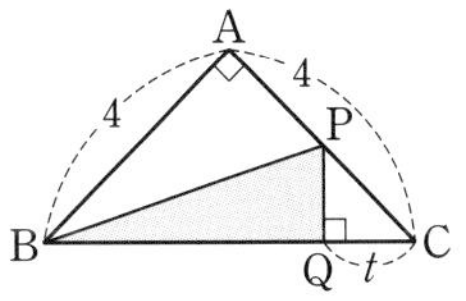

1 보기의 함수 중 $x=0$에서 연속인 것만을 있는 대로 고른 것은?

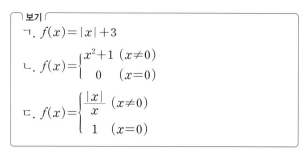

보기
ㄱ. $f(x)=|x|+3$

ㄴ. $f(x)=\begin{cases} x^2+1 & (x \neq 0) \\ 0 & (x=0) \end{cases}$

ㄷ. $f(x)=\begin{cases} \dfrac{|x|}{x} & (x \neq 0) \\ 1 & (x=0) \end{cases}$

① ㄱ   ② ㄴ   ③ ㄷ
④ ㄱ, ㄴ   ⑤ ㄴ, ㄷ

2 함수 $f(x)=\begin{cases} 5-\dfrac{1}{2}x & (|x|>1) \\ 1 & (|x| \leq 1) \end{cases}$에 대하여 함수 $f(x)-f(-x)$가 불연속인 모든 x의 값의 합을 구하시오.

3 함수 $y=f(x)$의 그래프가 오른쪽 그림과 같을 때, 보기에서 옳은 것만을 있는 대로 고르시오.

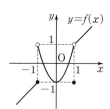

보기
ㄱ. $\lim_{x \to 0} f(x) = -1$
ㄴ. 함수 $f(x)$는 $x=-1$에서 극한값이 존재한다.
ㄷ. 함수 $f(x)$는 $x=1$에서 불연속이다.

4 두 함수 $y=f(x)$, $y=g(x)$의 그래프가 다음 그림과 같을 때, 열린구간 $(0, 4)$에서 함수 $f(x)g(x)$가 불연속인 x의 값의 개수를 구하시오.

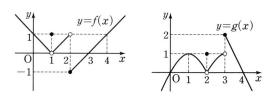

5 모든 실수 x에서 연속인 함수 $f(x)$에 대하여 $\lim_{x \to 1} \dfrac{(x^2-1)f(x)}{x-1}=6$일 때, $f(1)$의 값은?

① 2   ② 3   ③ 4
④ 5   ⑤ 6

6 함수 $f(x)=\begin{cases} 4x-4 & (x \geq 2) \\ (3x-a)^2 & (x<2) \end{cases}$이 $x=2$에서 연속일 때, 모든 상수 a의 값의 곱은?

① 8   ② 16   ③ 24
④ 32   ⑤ 40

7 함수 $f(x)=\begin{cases} \dfrac{x^2+ax-3}{x-3} & (x\neq3) \\ b & (x=3) \end{cases}$ 가 $x=3$에서 연속

일 때, 상수 a, b에 대하여 $a+b$의 값은?

① -2 ② -1 ③ 0

④ 1 ⑤ 2

8 두 함수 $f(x)=ax^2+x+b$,

$g(x)=\begin{cases} 2x+1 & (x\geq1) \\ -x+5 & (-2<x<1) \\ x^2+1 & (x\leq-2) \end{cases}$ 에 대하여 함수

$f(x)g(x)$가 모든 실수 x에서 연속일 때, ab의 값을 구하시오. (단, a, b는 상수)

9 함수 $f(x)=\begin{cases} 5x-2 & (x\geq a) \\ -5x+a & (x<a) \end{cases}$ 에 대하여 함수

$\{f(x)\}^2$이 모든 실수 x에서 연속일 때, 정수 a의 값을 구하시오.

10 모든 실수 x에서 연속인 함수 $f(x)$가

$$(x-2)f(x)=x^3-kx+2$$

를 만족시킬 때, $f(2)$의 값을 구하시오. (단, k는 상수)

11 모든 실수 x에서 연속인 함수 $f(x)$가

$$(x^2-4)f(x)=x^3-2x^2-4x+8$$

을 만족시킬 때, $f(-2)+f(2)$의 값을 구하시오.

12 두 함수 $f(x)=x^2-x-5$, $g(x)=-3x$에 대하여 함

수 $\dfrac{f(x)}{f(x)+g(x)}$가 연속인 구간은?

① $(-\infty,\ \infty)$

② $(-\infty,\ -1)$, $(-1,\ \infty)$

③ $(-\infty,\ 1)$, $(1,\ \infty)$

④ $(-\infty,\ 5)$, $(5,\ \infty)$

⑤ $(-\infty,\ -1)$, $(-1,\ 5)$, $(5,\ \infty)$

13 두 함수 $f(x)=x^2-4x+1$, $g(x)=x^2+2ax-2a+3$

에 대하여 함수 $\dfrac{f(x)}{g(x)}$가 모든 실수 x에서 연속일 때,

모든 정수 a의 값의 합은?

① -3 ② -2 ③ -1

④ 0 ⑤ 1

14 두 함수 $f(x)$, $g(x)$에 대하여 보기에서 옳은 것만을 있는 대로 고르시오. (단, a는 실수)

> **보기**
> ㄱ. 두 함수 $f(x)$, $g(x)$가 $x=a$에서 불연속이면 함수 $f(x)+g(x)$도 $x=a$에서 불연속이다.
> ㄴ. 두 함수 $f(x)$, $f(x)g(x)$가 $x=a$에서 연속이면 함수 $g(x)$도 $x=a$에서 연속이다.
> ㄷ. 두 함수 $f(x)+g(x)$, $f(x)-g(x)$가 $x=a$에서 연속이면 함수 $f(x)$도 $x=a$에서 연속이다.
> ㄹ. 함수 $|f(x)|$가 $x=a$에서 연속이면 함수 $f(x)$도 $x=a$에서 연속이다.

15 함수 $f(x)=\dfrac{2x+1}{x-1}$에 대하여 다음 중 최솟값이 존재하지 <u>않는</u> 구간은?

① $[-2, -1]$ ② $(-1, 0]$ ③ $[0, 1]$
④ $[2, 3]$ ⑤ $(3, 4]$

16 닫힌구간 $[a, b]$에서 연속인 두 함수 $f(x)$, $g(x)$에 대하여 보기의 함수 중 최댓값과 최솟값을 모두 갖는 것만을 있는 대로 고르시오.

> **보기**
> ㄱ. $f(x)-g(x)$ ㄴ. $\{f(x)\}^2$
> ㄷ. $\dfrac{f(x)}{g(x)}$ ㄹ. $f(g(x))$

17 방정식 $2x^3-5x-9=0$이 오직 하나의 실근을 가질 때, 다음 중 이 방정식의 실근이 존재하는 구간은?

① $(-2, -1)$ ② $(-1, 0)$ ③ $(0, 1)$
④ $(1, 2)$ ⑤ $(2, 3)$

18 두 함수 $f(x)=2x^2-x-k$, $g(x)=x^2+2x-1$에 대하여 방정식 $f(x)=g(x)$가 열린구간 $(-1, 0)$에서 적어도 하나의 실근을 갖도록 하는 정수 k의 개수는?

① 3 ② 4 ③ 5
④ 6 ⑤ 7

19 모든 실수 x에서 연속인 함수 $f(x)$에 대하여
$$f(-1)=2,\ f(0)=-1,\ f(1)=1,$$
$$f(2)=3,\ f(3)=-2,\ f(4)=5$$
일 때, 방정식 $f(x)=0$은 열린구간 $(-1, 4)$에서 적어도 몇 개의 실근을 갖는가?

① 2개 ② 3개 ③ 4개
④ 5개 ⑤ 6개

20 모든 실수 x에서 연속인 함수 $f(x)$에 대하여 함수 $y=f(x)$의 그래프가 네 점 $(-3, 2)$, $(-2, -1)$, $(-1, 3)$, $(0, 4)$를 지날 때, 방정식 $f(x)+2x=0$은 열린구간 $(-3, 0)$에서 적어도 몇 개의 실근을 갖는지 구하시오.

중단원 기출 문제 2회 | **02** / **함수의 연속**

1 다음 중 $x=-1$에서 불연속인 함수는?

① $f(x)=\sqrt{x+3}$

② $f(x)=\dfrac{1}{x+2}$

③ $f(x)=|x+1|$

④ $f(x)=\begin{cases} -x & (x\geq -1) \\ x^2 & (x<-1) \end{cases}$

⑤ $f(x)=\begin{cases} \dfrac{x^2+x}{x+1} & (x\neq -1) \\ 1 & (x=-1) \end{cases}$

2 함수 $y=f(x)$의 그래프가 오른쪽 그림과 같다. 열린구간 $(0, 4)$에서 함수 $f(x)$의 극한값이 존재하지 않는 x의 값의 개수를 a, 함수 $f(x)$가 불연속인 x의 값의 개수를 b라 할 때, $a+b$의 값을 구하시오.

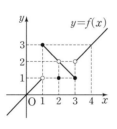

3 닫힌구간 $[-3, 3]$에서 정의된 두 함수 $y=f(x)$, $y=g(x)$의 그래프가 다음 그림과 같을 때, 보기에서 옳은 것만을 있는 대로 고르시오.

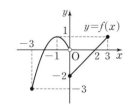 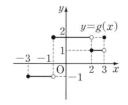

┌ 보기 ┐
ㄱ. 함수 $f(x)+g(x)$는 $x=-1$에서 불연속이다.
ㄴ. 함수 $f(x)-g(x)$는 $x=0$에서 연속이다.
ㄷ. 함수 $f(x)g(x)$는 $x=2$에서 불연속이다.
└────────────────────────┘

4 함수 $y=f(x)$의 그래프가 오른쪽 그림과 같을 때, 보기에서 함수 $f(g(x))$가 $x=1$에서 연속이 되도록 하는 함수 $y=g(x)$의 그래프인 것만을 있는 대로 고른 것은?

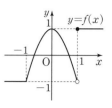

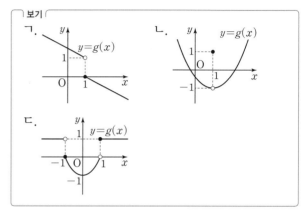

① ㄱ   ② ㄴ   ③ ㄷ
④ ㄱ, ㄷ   ⑤ ㄱ, ㄴ, ㄷ

5 함수 $f(x)$가 $x=3$에서 연속이고
$$\lim_{x\to 3+} f(x)=2a-3, \quad \lim_{x\to 3-} f(x)=-a+9$$
를 만족시킬 때, $a+f(3)$의 값을 구하시오.
(단, a는 상수)

6 함수 $f(x)=\begin{cases} 3-x^2 & (x\geq a) \\ x^2-2x & (x<a) \end{cases}$ 가 모든 실수 x에서 연속일 때, 모든 실수 a의 값의 합을 구하시오.

7 함수 $f(x)=\begin{cases} \dfrac{2x+4}{\sqrt{x^2-a}+b} & (x\neq -2) \\ -1 & (x=-2) \end{cases}$ 이 $x=-2$에서 연속일 때, 상수 a, b에 대하여 $a-b$의 값을 구하시오.

8 함수 $y=f(x)$의 그래프가 오른쪽 그림과 같다. 함수 $(x^2+ax+b)f(x)$가 $x=1$에서 연속일 때, 상수 a, b에 대하여 $a+b$의 값은?

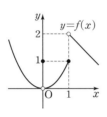

① -2 ② -1 ③ 0
④ 1 ⑤ 2

9 함수 $f(x)=\begin{cases} -4x & (x\geq 0) \\ x+4 & (x<0) \end{cases}$에 대하여 함수 $f(x)\{f(x)+2k\}$가 $x=0$에서 연속일 때, 상수 k의 값을 구하시오.

10 열린구간 $(-2, 2)$에서 연속인 함수 $f(x)$가
$$(\sqrt{2+x}-\sqrt{2-x})f(x)=4x$$
를 만족시킬 때, $f(0)$의 값은?

① $\sqrt{2}$ ② $2\sqrt{2}$ ③ $3\sqrt{2}$
④ $4\sqrt{2}$ ⑤ $5\sqrt{2}$

11 다항함수 $f(x)$와 모든 실수 x에서 연속인 함수 $g(x)$가 다음 조건을 모두 만족시킬 때, $f(2)+g(1)$의 값을 구하시오.

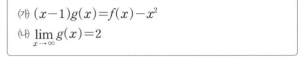

(가) $(x-1)g(x)=f(x)-x^2$
(나) $\displaystyle \lim_{x\to\infty} g(x)=2$

12 두 함수 $f(x)=x+2$, $g(x)=x^2-3x$에 대하여 보기의 함수 중 모든 실수 x에서 연속인 것만을 있는 대로 고르시오.

보기
ㄱ. $f(x)+g(x)$ ㄴ. $f(x)g(x)$
ㄷ. $\dfrac{g(x)}{f(x)}$ ㄹ. $\dfrac{1}{g(x)+3}$

13 다음 중 함수 $f(x)=1-\dfrac{1}{x-\dfrac{1}{x-\dfrac{1}{x}}}$이 불연속인 x의 값이 아닌 것은?

① $-\sqrt{2}$ ② 0 ③ 1
④ $\sqrt{2}$ ⑤ 2

14 두 함수 $f(x)=\begin{cases} 5 & (x\geq-1) \\ x^2+2x+3 & (x<-1) \end{cases}$,

$g(x)=ax+2$에 대하여 함수 $\dfrac{g(x)}{f(x)}$가 모든 실수 x에서 연속일 때, 상수 a의 값을 구하시오.

15 다음 중 주어진 구간에서 최댓값과 최솟값을 모두 갖는 함수가 <u>아닌</u> 것은?

① $f(x)=x+5$ $[-1,0]$

② $f(x)=\dfrac{x}{x-2}$ $[-1,1]$

③ $f(x)=x^2-2x-2$ $(0,3]$

④ $f(x)=\sqrt{x+3}$ $[-3,2)$

⑤ $f(x)=\begin{cases} 2 & (x\geq2) \\ 1 & (x<2) \end{cases}$ $[0,2]$

16 닫힌구간 $[-1,1]$에서 함수 $f(x)=x^2+4x-2$의 최댓값을 M, 함수 $g(x)=\dfrac{2-x}{x+2}$의 최솟값을 m이라 할 때, Mm의 값을 구하시오.

17 방정식 $x^3-2x^2-x+a=0$이 열린구간 $(2,3)$에서 오직 하나의 실근을 갖도록 하는 상수 a의 값의 범위가 $\alpha<a<\beta$일 때, $\beta-\alpha$의 값은?

① 5   ② 6   ③ 7
④ 8   ⑤ 9

18 모든 실수 x에서 연속인 함수 $f(x)$에 대하여
$$f(1)=-a^2+5a-3, \quad f(2)=1$$
이다. 방정식 $f(x)-x=0$이 중근이 아닌 오직 하나의 실근을 가질 때, 이 실근이 열린구간 $(1,2)$에 존재하도록 하는 모든 정수 a의 값의 합은?

① 1   ② 2   ③ 3
④ 4   ⑤ 5

19 모든 실수 x에서 연속인 함수 $f(x)$에 대하여
$$f(-2)=-2, \ f(-1)=-4, \ f(0)=3, \ f(1)=0$$
일 때, 방정식 $x^2f(x)=3x-1$은 열린구간 $(-2,1)$에서 적어도 n개의 실근을 갖는다. 이때 n의 값을 구하시오.

20 어느 날 A 도시의 오전 10시부터 오후 6시까지의 기온이 다음과 같았다. 이날 오전 10시부터 오후 6시까지 A 도시의 기온이 12°C인 순간이 적어도 k번 있었다고 할 때, k의 값을 구하시오.

시각	오전 10시	오후 12시	오후 2시	오후 4시	오후 6시
기온(°C)	7	14	15	13	8

03 / 미분계수와 도함수

1 함수 $f(x)=x^2-3x$에서 x의 값이 2에서 a까지 변할 때의 평균변화율이 4일 때, 상수 a의 값을 구하시오. (단, $a>2$)

2 다항함수 $f(x)$에 대하여 $f(1)=5$이고, x의 값이 1에서 a까지 변할 때의 평균변화율이 $-a$일 때, $x=3$에서의 미분계수를 구하시오. (단, $a>1$)

3 미분가능한 함수 $f(x)$에 대하여 $f'(1)=3$일 때, $\lim\limits_{h \to 0}\dfrac{f(1+3h)-f(1)}{h}$의 값은?

① -9 ② -3 ③ 1
④ 3 ⑤ 9

4 미분가능한 함수 $f(x)$에 대하여 $\lim\limits_{h \to 0}\dfrac{f(2+3h)-f(2-4h)}{2h}=14$일 때, $\lim\limits_{x \to 2}\dfrac{f(x)-f(2)}{x^2-4}$의 값을 구하시오.

5 미분가능한 함수 $f(x)$에 대하여 $f(1)=3$, $f'(1)=-1$일 때, $\lim\limits_{x \to 1}\dfrac{f(x)-3x}{x-1}$의 값을 구하시오.

6 미분가능한 함수 $f(x)$가 모든 실수 x, y에 대하여 $f(x+y)=f(x)+f(y)+5xy$를 만족시키고 $f'(0)=1$일 때, $f'(1)$의 값은?

① 3 ② 4 ③ 5
④ 6 ⑤ 7

7 보기의 함수의 그래프 중 $x>1$에서

$$\frac{f(x)-f(1)}{x-1}\le f'(1)$$

을 항상 만족시키는 것만을 있는 대로 고른 것은?

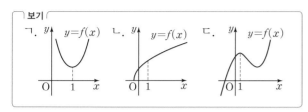

① ㄱ　　　　　② ㄴ　　　　　③ ㄷ
④ ㄱ, ㄴ　　　　⑤ ㄴ, ㄷ

8 보기의 함수 중 $x=0$에서 연속이지만 미분가능하지 않은 것만을 있는 대로 고르시오.

보기
ㄱ. $f(x)=\sqrt{x^2}$　　　　ㄴ. $f(x)=x^2-2|x|+3$
ㄷ. $f(x)=x|x|$　　　　ㄹ. $f(x)=\begin{cases} 2x & (x\ge 0) \\ -2x & (x<0) \end{cases}$

9 $-3<x<3$에서 정의된 함수 $y=f(x)$의 그래프가 다음 그림과 같을 때, 함수 $f(x)$가 불연속인 x의 값의 개수를 m, 미분가능하지 않은 x의 값의 개수를 n이라 하자. 이때 $m+n$의 값을 구하시오.

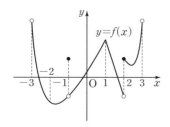

10 다음은 도함수의 정의를 이용하여 함수 $f(x)=x^2+3x$의 도함수를 구하는 과정이다. 이때 ㈎, ㈏, ㈐에 알맞은 것을 구하시오.

$$f'(x)=\lim_{h\to 0}\frac{f(x+h)-f(x)}{h}$$
$$=\lim_{h\to 0}\frac{\{\boxed{\text{㈎}}+3(x+h)\}-(x^2+3x)}{h}$$
$$=\lim_{h\to 0}\frac{(\boxed{\text{㈏}})h+h^2}{h}$$
$$=\lim_{h\to 0}(\boxed{\text{㈏}}+h)$$
$$=\boxed{\text{㈐}}+3$$

11 함수 $f(x)=2x^3-4x^2-5x+2$에 대하여 $f'(-1)$의 값은?

① -7　　　　② -3　　　　③ 1
④ 5　　　　　⑤ 9

12 함수 $f(x)=(1+x-x^2)(1-x+x^2)$에 대하여 $\dfrac{f'(2)}{f(2)}$의 값을 구하시오.

13 미분가능한 두 함수 $f(x)$, $g(x)$가
$$g(x)=(x^3+x+1)f(x)$$
를 만족시키고 $f(1)=4$, $f'(1)=1$일 때, $g'(1)$의 값은?

① 16　　　　② 17　　　　③ 18
④ 19　　　　⑤ 20

14 곡선 $y=x^4+ax^2+b$ 위의 점 $(1, -2)$에서의 접선의 기울기가 2일 때, 상수 a, b에 대하여 $a-b$의 값을 구하시오.

15 함수 $f(x)=x^3-2x^2+3x$에 대하여
$$\lim_{h \to 0}\frac{f(1+h)-f(1-h)}{h}$$의 값은?

① 3　　　　② 4　　　　③ 5
④ 6　　　　⑤ 7

16 $\lim_{x \to 1}\dfrac{x^9+x^2+x-3}{x-1}$의 값은?

① 8　　　　② 9　　　　③ 10
④ 11　　　　⑤ 12

17 함수 $f(x)=x^3+ax+b$에 대하여
$$\lim_{x \to 1}\frac{f(x+1)-3}{x^2-1}=4$$일 때, ab의 값은?

(단, a, b는 상수)

① -12　　　② -10　　　③ -8
④ -6　　　⑤ -4

18 이차함수 $f(x)$가 모든 실수 x에 대하여
$$f(x)+xf'(x)=3x^2+4x-3$$
을 만족시킬 때, $f'(1)$의 값을 구하시오.

19 함수 $f(x)=\begin{cases}ax^2+2x & (x \geq 1) \\ bx+3 & (x < 1)\end{cases}$이 $x=1$에서 미분가능할 때, 상수 a, b에 대하여 a^2+b^2의 값은?

① 5　　　　② 13　　　　③ 20
④ 25　　　　⑤ 34

20 다항함수 $f(x)$에 대하여 $f(2)=9$, $f'(2)=14$이다. 다항식 $f(x)$를 $(x-2)^2$으로 나누었을 때의 나머지를 $R(x)$라 할 때, $R(1)$의 값을 구하시오.

03 / 미분계수와 도함수

1 함수 $f(x)=x^2+4x-3$에서 x의 값이 -1에서 2까지 변할 때의 평균변화율을 구하시오.

2 함수 $y=f(x)$의 그래프와 직선 $y=x$가 오른쪽 그림과 같다. 함수 $f(x)$의 역함수를 $g(x)$라 할 때, 다음 중 함수 $g(x)$에서 x의 값이 b에서 c까지 변할 때의 평균변화율과 같은 것은?
(단, 모든 점선은 x축 또는 y축에 평행하다.)

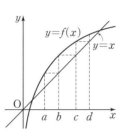

① $\dfrac{c-b}{b-a}$ 　② $\dfrac{d-c}{b-a}$ 　③ $\dfrac{b-a}{c-b}$

④ $\dfrac{d-c}{c-b}$ 　⑤ $\dfrac{c-b}{d-c}$

3 함수 $f(x)=x^2-5x+4$에 대하여 x의 값이 a에서 $a+2$까지 변할 때의 평균변화율과 $x=2$에서의 미분계수가 같을 때, 상수 a의 값을 구하시오.

4 미분가능한 함수 $f(x)$에 대하여
$$\lim_{h \to 0}\frac{f(1+2h)-3}{h}=-4$$일 때, $f'(1)$의 값은?

① -4 　② -2 　③ 2
④ 4 　⑤ 6

5 미분가능한 함수 $f(x)$에 대하여 $f(1)=4$, $f'(1)=-2$일 때, $\lim\limits_{x \to 1}\dfrac{xf(1)-f(x)}{x^2-1}$의 값을 구하시오.

6 미분가능한 함수 $f(x)$가 모든 실수 x, y에 대하여
$$f(x+y)=f(x)+f(y)-2xy+1$$
을 만족시키고 $f'(1)=2$일 때, $f'(0)$의 값을 구하시오.

7 함수 $y=f(x)$의 그래프와 직선 $y=2x$가 오른쪽 그림과 같다. $0<a<b$일 때, 보기에서 옳은 것만을 있는 대로 고른 것은?

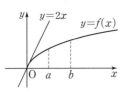

⎡보기⎤
ㄱ. $f(b)-f(a)>2(b-a)$
ㄴ. $f(b)-f(a)<(b-a)f'(a)$
ㄷ. $f(b)>bf'(b)$

① ㄱ   ② ㄷ   ③ ㄱ, ㄴ
④ ㄴ, ㄷ   ⑤ ㄱ, ㄴ, ㄷ

8 함수 $y=f(x)$의 그래프가 오른쪽 그림과 같을 때, 보기에서 옳은 것만을 있는 대로 고르시오.

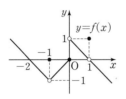

⎡보기⎤
ㄱ. $\lim\limits_{x\to 1}f(x)f(-x)=0$
ㄴ. 함수 $f(x)f(-x)$는 $x=-1$에서 불연속이다.
ㄷ. 함수 $f(x)f(-x)$는 $x=0$에서 미분가능하지 않다.

9 $-1<x<4$에서 정의된 함수 $y=f(x)$의 그래프가 오른쪽 그림과 같을 때, 다음 중 옳지 <u>않은</u> 것은?

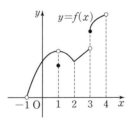

① $f'(0)>0$
② $\lim\limits_{x\to 1}f(x)$의 값이 존재한다.
③ $f'(x)=0$인 x의 값은 1개이다.
④ 불연속인 x의 값은 2개이다.
⑤ 미분가능하지 않은 x의 값은 3개이다.

10 다음은 도함수의 정의를 이용하여 함수 $y=x^2f(x)$의 도함수를 구하는 과정이다. 이때 (가), (나), (다)에 알맞은 것을 구하시오.

$g(x)=x^2f(x)$라 하면 $y=g(x)$에서

$$y'=\lim_{h\to 0}\frac{g(x+h)-g(x)}{h}$$
$$=\lim_{h\to 0}\frac{(x+h)^2f(x+h)-x^2f(x)}{h}$$
$$=\lim_{h\to 0}\boxed{\text{(가)}}\times\lim_{h\to 0}\frac{f(x+h)-f(x)}{h}$$
$$+f(x)\times\lim_{h\to 0}(\boxed{\text{(나)}})$$
$$=x^2f'(x)+\boxed{\text{(다)}}$$

11 미분가능한 함수 $f(x)$가 모든 실수 x, y에 대하여
$$f(x+y)=f(x)+f(y)+3xy$$
를 만족시키고 $f'(0)=1$일 때, $f'(x)$는?

① $f'(x)=x+1$ ② $f'(x)=x+3$
③ $f'(x)=3x-1$ ④ $f'(x)=3x+1$
⑤ $f'(x)=3x+3$

12 함수 $f(x)=x^3+kx^2+x-1$에 대하여 $f'(-2)=1$일 때, 상수 k의 값을 구하시오.

13 두 함수 $f(x)=2x^2+5x-2$, $g(x)=x^3+3$에 대하여 함수 $f(x)g(x)$의 $x=1$에서의 미분계수를 구하시오.

14 곡선 $y=(x-a)(x-b)(x-c)$ 위의 점 $(2, 4)$에서의 접선의 기울기가 8일 때, $\dfrac{1}{2-a}+\dfrac{1}{2-b}+\dfrac{1}{2-c}$의 값을 구하시오. (단, a, b, c는 상수)

15 함수 $f(x)=(x^2-1)(x^3+x^2+3x+1)$에 대하여 $\displaystyle\lim_{h \to 0}\dfrac{f(-1+h)}{4h}$의 값은?

① -4 ② -1 ③ 1
④ 4 ⑤ 8

16 $\displaystyle\lim_{x \to 1}\dfrac{x^{3n}-x^{2n}+x^n-1}{x-1}=12$를 만족시키는 자연수 n의 값은?

① 4 ② 5 ③ 6
④ 7 ⑤ 8

17 미분가능한 함수 $f(x)$가 다음 조건을 모두 만족시킬 때, $f(1)+f'(1)$의 값을 구하시오.

$$\text{(가) } \lim_{x \to \infty}\dfrac{f(x)-x^3}{-x^2+4x+3}=3 \quad \text{(나) } \lim_{x \to 2}\dfrac{f(x)+5}{x-2}=-2$$

18 이차함수 $f(x)$가 모든 실수 x에 대하여
$$xf'(x)=f(x)-3x^2+2$$
를 만족시키고 $f(1)=-1$일 때, $f(2)$의 값을 구하시오.

19 함수 $f(x)=x^3+3x^2-9x$에 대하여 함수 $g(x)$를
$$g(x)=\begin{cases} m-f(x) & (x \geq a) \\ f(x) & (x < a) \end{cases}$$
라 하자. 함수 $g(x)$가 모든 실수 x에서 미분가능할 때, 상수 a, m에 대하여 $a+m$의 값을 구하시오.
(단, $a>0$)

20 다항식 $x^8+x^4+x^3+2$를 $x^2(x-1)$로 나누었을 때의 나머지를 $R(x)$라 할 때, $R(3)$의 값은?

① 21 ② 23 ③ 25
④ 27 ⑤ 29

1 곡선 $y=x^2-3x+2$ 위의 두 점 $(1, 0)$, $(3, 2)$에서의 두 접선의 교점의 좌표가 (a, b)일 때, $a+b$의 값을 구하시오.

2 곡선 $y=-x^3+ax+3$ 위의 점 $(1, 4)$에서의 접선의 방정식이 $y=bx+c$일 때, 상수 a, b, c에 대하여 abc의 값은?

① -18 ② -14 ③ -10
④ -6 ⑤ -2

3 곡선 $y=-x^3-x^2+x+4$ 위의 점 $(1, 3)$에서의 접선이 이 곡선과 다시 만나는 점을 P라 할 때, 점 P의 좌표를 구하시오.

4 다항함수 $f(x)$에 대하여 $\lim\limits_{x \to -1} \dfrac{f(x+3)-5}{x^2-1}=2$일 때, 곡선 $y=f(x)$ 위의 점 $(2, f(2))$에서의 접선의 y절편을 구하시오.

5 삼차함수 $f(x)$에 대하여 곡선 $y=f(x)$ 위의 점 $(0, 0)$에서의 접선과 곡선 $y=(x+1)f(x)$ 위의 점 $(1, 4)$에서의 접선이 일치할 때, $f'(-2)$의 값은?

① 4 ② 10 ③ 16
④ 22 ⑤ 28

6 곡선 $y=x^3+2x+1$ 위의 점 $(-1, -2)$를 지나고 이 점에서의 접선에 수직인 직선의 방정식이 $x+ay+b=0$일 때, 상수 a, b에 대하여 $a+b$의 값을 구하시오.

7 곡선 $y=-x^2+3x+1$에 접하고 직선 $y=-\dfrac{1}{5}x+1$에 수직인 직선의 방정식이 $y=ax+b$일 때, 상수 a, b에 대하여 ab의 값을 구하시오.

8 곡선 $y=x^3-10x-4$에 접하고 기울기가 2인 두 접선 사이의 거리를 구하시오.

9 점 $(0,\ 1)$에서 곡선 $y=x^3+3$에 그은 접선의 방정식이 $y=ax+b$일 때, 상수 a, b에 대하여 $a+2b$의 값은?

① -1 ② 1 ③ 3
④ 5 ⑤ 7

10 원점에서 곡선 $y=-x^4-3$에 그은 두 접선의 접점을 각각 A, B라 할 때, 선분 AB의 길이를 구하시오.

11 점 $(2,\ -3)$에서 곡선 $y=-x^2-2x+a$에 그은 한 접선의 기울기와 곡선 $y=x^2-2x-3$ 위의 점 $(-1,\ 0)$에서의 접선의 기울기가 같을 때, 상수 a의 값은?

① 1 ② 2 ③ 3
④ 4 ⑤ 5

12 두 곡선 $y=x^3+a$, $y=bx^2-6$이 $x=2$인 점에서 공통인 접선을 가질 때, 상수 a, b에 대하여 $a+b$의 값을 구하시오.

13 두 곡선 $y=x^3-3x^2+6$, $y=-x^2+4x-2$가 한 점에서 공통인 접선을 가질 때, 이 접선의 방정식은?

① $y=2$ ② $y=4$ ③ $y=x-2$
④ $y=x+2$ ⑤ $y=8x+4$

14 오른쪽 그림과 같이 직선 $y=2x-7$ 위의 두 점 A$(4, 1)$, B$(6, 5)$와 곡선 $y=x^2-4x+5$ 위의 점 P에 대하여 삼각형 PAB의 넓이의 최솟값은?

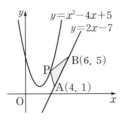

① 3
② 4
③ 5
④ 6
⑤ 7

15 곡선 $y=x^3+x^2-2$와 점 $(1, 0)$에서 접하고 중심이 y축 위에 있는 원의 반지름의 길이를 구하시오.

16 함수 $f(x)=x^3-4x^2+4x$에 대하여 닫힌구간 $[0, 2]$에서 롤의 정리를 만족시키는 실수 c의 값을 구하시오.

17 함수 $f(x)=(x+1)(x-a)$에 대하여 닫힌구간 $[-1, a]$에서 롤의 정리를 만족시키는 실수 c의 값이 $\dfrac{3}{2}$일 때, 실수 a의 값을 구하시오.

18 보기의 함수 중 닫힌구간 $[-1, 1]$에서 롤의 정리가 성립하는 것만을 있는 대로 고른 것은?

> **보기**
> ㄱ. $f(x)=|x|$
> ㄴ. $f(x)=x^2+4x+1$
> ㄷ. $f(x)=x^3-x+20$

① ㄱ
② ㄴ
③ ㄷ
④ ㄱ, ㄴ
⑤ ㄴ, ㄷ

19 함수 $f(x)=x^3+2x$에 대하여 닫힌구간 $[0, 1]$에서 평균값 정리를 만족시키는 실수 c의 값을 구하시오.

20 함수 $f(x)=x^2-7x+2$에 대하여 닫힌구간 $[a, b]$에서 평균값 정리를 만족시키는 실수 c의 값이 3일 때, $a+b$의 값은?

① 4
② 5
③ 6
④ 7
⑤ 8

04 / 도함수의 활용(1)

1 곡선 $y=-x^3+2x^2+x+5$ 위의 점 $(3, a)$에서의 접선의 방정식이 $y=mx+n$일 때, $a+m+n$의 값을 구하시오. (단, m, n은 상수)

2 곡선 $y=x^3+ax+b$ 위의 점 $(1, 2)$에서의 접선의 방정식이 $y=x+c$일 때, 상수 a, b, c에 대하여 abc의 값은?

① -8 ② -6 ③ -4

④ 4 ⑤ 6

3 곡선 $y=x^4-3x^2+1$ 위의 점 $(-1, -1)$에서의 접선과 x축 및 y축으로 둘러싸인 삼각형의 넓이는?

① $\dfrac{1}{16}$ ② $\dfrac{1}{8}$ ③ $\dfrac{1}{4}$

④ $\dfrac{1}{2}$ ⑤ 1

4 미분가능한 두 함수 $f(x)$, $g(x)$가 다음 조건을 모두 만족시킬 때, 곡선 $y=g(x)$ 위의 점 $(1, g(1))$에서의 접선의 방정식을 구하시오.

> (가) $\displaystyle\lim_{x\to 1}\dfrac{f(x)g(x)-3}{x-1}=15$
>
> (나) $f(1)=-3$, $f'(1)=-6$

5 곡선 $y=x^3-11x+k$ 위의 점 $(2, a)$를 지나고 이 점에서의 접선에 수직인 직선이 점 $(1, 4)$를 지날 때, $a+k$의 값을 구하시오. (단, k는 상수)

6 곡선 $y=5x^2-1$ 위의 점 $\mathrm{P}(a, 5a^2-1)$을 지나고 점 P에서의 접선에 수직인 직선의 y절편을 $f(a)$라 할 때, $\displaystyle\lim_{a\to 0}f(a)$의 값은?

① $-\dfrac{9}{10}$ ② $-\dfrac{7}{10}$ ③ $-\dfrac{1}{2}$

④ $-\dfrac{3}{10}$ ⑤ $-\dfrac{1}{10}$

7 곡선 $y=3x^2-4x-2$에 접하고 두 점 $(-2, 3)$, $(0, 7)$을 지나는 직선에 평행한 직선의 방정식이 $y=ax+b$일 때, 상수 a, b에 대하여 $a-b$의 값을 구하시오.

8 곡선 $y=-4x^3+12x^2-8x-1$ 위의 점에서의 접선 중 기울기가 최대인 접선이 점 $(k, 3)$을 지날 때, k의 값은?

① -2 ② -1 ③ 0
④ 1 ⑤ 2

9 함수 $f(x)=x^3+ax$에 대하여 점 $(0, 2)$에서 곡선 $y=f(x)$에 그은 접선의 기울기가 -1일 때, $f(a+1)$의 값을 구하시오. (단, a는 상수)

10 점 $P(-1, -1)$에서 곡선 $y=x^3+4$에 그은 접선의 접점을 Q라 할 때, 선분 PQ의 길이는?

① 4 ② $2\sqrt{5}$ ③ 6
④ $2\sqrt{10}$ ⑤ 8

11 두 곡선 $y=-x^3+ax+b$, $y=x^2+c$가 점 $(-1, 3)$에서 공통인 접선을 가질 때, 상수 a, b, c에 대하여 $a+b+c$의 값은?

① 0 ② 2 ③ 4
④ 6 ⑤ 8

12 두 곡선 $y=-x^2-1$, $y=ax^2-2$의 한 교점에서 각각의 곡선에 그은 접선이 서로 수직일 때, 양수 a의 값은?

① $\dfrac{1}{3}$ ② $\dfrac{1}{2}$ ③ 1
④ 2 ⑤ 3

13 곡선 $y=-x^2+x+2$ 위의 점 P와 직선 $y=x+5$ 사이의 거리가 최소가 될 때, 점 P의 좌표를 구하시오.

14 곡선 $y=-x^2+4$ 위에 두 점 $A(2, 0)$, $B(-1, 3)$이 있다. 점 A와 점 B 사이에서 이 곡선 위를 움직이는 점 P에 대하여 삼각형 PAB의 넓이의 최댓값을 구하시오.

15 곡선 $y=x^3-4x$는 중심이 이 곡선 위에 있는 원 C와 원점에서 만난다. 이 곡선 위의 원점에서의 접선에 수직이고 원점을 지나는 직선이 원 C의 중심을 지날 때, 원 C의 반지름의 길이를 구하시오.

16 함수 $f(x)=2x^3-6x-1$에 대하여 닫힌구간 $[-\sqrt{3}, \sqrt{3}]$에서 롤의 정리를 만족시키는 모든 실수 c의 값의 곱을 구하시오.

17 함수 $f(x)=3(x-a)(x-b)+2$에 대하여 다음 중 닫힌구간 $[a, b]$에서 롤의 정리를 만족시키는 실수 c의 값을 a, b로 나타낸 것은?

① $\dfrac{a+b}{6}$ ② $\dfrac{a+b}{3}$ ③ $\dfrac{a+b}{2}$

④ $\dfrac{a+b}{3}+2$ ⑤ $\dfrac{a+b}{2}+2$

18 이차함수 $f(x)=ax^2+bx+6$에 대하여 닫힌구간 $[0, 2]$에서 평균값 정리를 만족시키는 값이 a이고 $f(3)=9$일 때, $f(-2)$의 값은? (단, a, b는 실수)

① 13   ② 14   ③ 15
④ 16   ⑤ 17

19 함수 $y=f(x)$의 그래프가 오른쪽 그림과 같을 때, 닫힌구간 $[1, 6]$에서 평균값 정리를 만족시키는 실수 c의 개수를 구하시오.

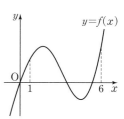

20 모든 실수 x에서 미분가능한 함수 $f(x)$가 다음 조건을 모두 만족시킬 때, $f(4)$의 최댓값은?

> (가) $f(1)=2$
> (나) $1<x<4$인 모든 실수 x에 대하여 $0 \le f'(x) \le 3$이다.

① 5   ② 7   ③ 9
④ 11   ⑤ 13

1 다음 중 함수 $f(x)=-x^3+6x^2-9x$가 증가하는 구간은?

① $(-\infty, 1]$ ② $[-1, 1]$ ③ $[1, 3]$

④ $[3, 4]$ ⑤ $[3, \infty)$

2 함수 $f(x)=2ax^3-x^2+6ax+5$가 $x_1<x_2$인 임의의 두 실수 x_1, x_2에 대하여 $f(x_1)<f(x_2)$가 성립하도록 하는 실수 a의 값의 범위를 구하시오.

3 함수 $f(x)=x^3-(a+2)x^2+ax-1$이 구간 $[1, 2]$에서 감소하도록 하는 실수 a의 최솟값은?

① -1 ② 0 ③ $\dfrac{1}{3}$

④ $\dfrac{4}{3}$ ⑤ $\dfrac{7}{3}$

4 함수 $y=f(x)$의 그래프가 다음 그림과 같을 때, 구간 $[a, \beta]$에서 함수 $f(x)$가 극대가 되는 x의 값의 개수를 구하시오.

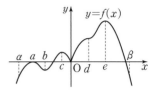

5 함수 $f(x)=-x^3+6x^2+5$의 극댓값을 M, 극솟값을 m이라 할 때, $M+m$의 값은?

① 32 ② 35 ③ 37

④ 40 ⑤ 42

6 함수 $f(x)=x^3+ax^2+bx+c$가 $x=0$에서 극댓값을 갖고 $x=2$에서 극솟값 -1을 가질 때, $f(x)$의 극댓값을 구하시오. (단, a, b, c는 상수)

7 함수 $f(x)=x^3-3(a+1)x^2+3(a^2+2a)x$의 극댓값이 2이고 $f(3)<0$일 때, $f(\sqrt{3})$의 값은?

(단, a는 상수)

① $-6\sqrt{3}$ ② $-3\sqrt{3}$ ③ 0

④ $3\sqrt{3}$ ⑤ $6\sqrt{3}$

8 함수 $f(x)=-2x^3+ax^2+bx+c$의 도함수 $y=f'(x)$의 그래프가 오른쪽 그림과 같다. 함수 $f(x)$의 극솟값이 -7일 때, 상수 a, b, c에 대하여 $a+b+c$의 값을 구하시오.

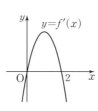

9 함수 $f(x)$의 도함수 $y=f'(x)$의 그래프가 다음 그림과 같을 때, 보기에서 함수 $f(x)$가 증가하는 구간인 것만을 있는 대로 고른 것은?

┌ 보기 ┐
ㄱ. $(\infty, -2]$ ㄴ. $[-2, 0]$
ㄷ. $[1, 2]$ ㄹ. $[2, 4]$
ㅁ. $[4, \infty)$
└─────────┘

① ㄱ, ㄷ   ② ㄴ, ㅁ   ③ ㄹ, ㅁ
④ ㄱ, ㄴ, ㅁ   ⑤ ㄴ, ㄷ, ㄹ

10 함수 $f(x)$의 도함수 $y=f'(x)$의 그래프가 오른쪽 그림과 같을 때, 다음 중 함수 $y=f(x)$의 그래프의 개형이 될 수 있는 것은?

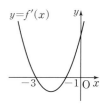

① 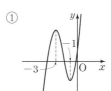   ②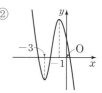

③ 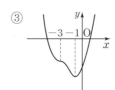   ④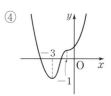

⑤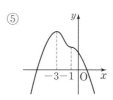

11 함수 $f(x)=x^3+ax^2-(a-6)x+5$가 극값을 갖지 않도록 하는 정수 a의 개수는?

① 6   ② 7   ③ 8
④ 9   ⑤ 10

12 함수 $f(x)=-x^3+3x^2+ax$가 $x<-2$에서 극솟값을 갖고 $x>-2$에서 극댓값을 갖도록 하는 자연수 a의 최솟값을 구하시오.

13 함수 $f(x)=x^3-(a+2)x^2+3ax+3$이 구간 $(-1, 2)$에서 극댓값과 극솟값을 모두 갖도록 하는 실수 a의 값의 범위를 $\alpha<a<\beta$라 할 때, $5\alpha+2\beta$의 값을 구하시오.

14 함수 $f(x)=3x^4+ax^3+6x^2-5$가 극댓값을 갖도록 하는 실수 a의 값의 범위를 구하시오.

15 구간 $[-3, 1]$에서 함수 $f(x)=-x^4+8x^2+7$의 최댓값을 M, 최솟값을 m이라 할 때, $M-m$의 값은?

① 13 ② 16 ③ 19
④ 22 ⑤ 25

16 구간 $[-1, 3]$에서 함수
$$f(x)=(x+1)^3-3(x+1)^2-9(x+1)+5$$
의 최댓값과 최솟값의 합을 구하시오.

17 구간 $[-1, 2]$에서 함수 $f(x)=-x^3-3x^2+9x+a$의 최댓값이 10이고 최솟값이 m일 때, $a+m$의 값을 구하시오. (단, a는 상수)

18 오른쪽 그림과 같이 곡선 $y=-x^2+3$과 x축으로 둘러싸인 부분에 내접하고 한 변이 x축 위에 있는 직사각형 ABCD의 넓이의 최댓값을 구하시오.

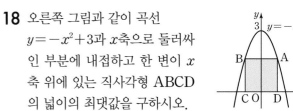

19 밑면이 정사각형인 직육면체의 모든 모서리의 길이의 합이 36일 때, 이 직육면체의 부피의 최댓값을 구하시오.

20 오른쪽 그림과 같이 모선의 길이가 12인 원뿔의 부피가 최대가 되도록 하는 밑면의 반지름의 길이와 높이의 비는?

① 3:1 ② 2:1 ③ 3:2
④ $\sqrt{3}:1$ ⑤ $\sqrt{2}:1$

중단원 기출 문제 2회 05 / 도함수의 활용 (2)

맞힌 개수 / 20

1 함수 $f(x)=2x^3-15x^2+24x$가 감소하는 구간이 $[a, b]$일 때, $b-a$의 값은?

① 2 ② 3 ③ 4
④ 5 ⑤ 6

2 함수 $f(x)=x^3+ax^2+ax-1$이 실수 전체의 집합에서 증가하도록 하는 정수 a의 개수는?

① 3 ② 4 ③ 5
④ 6 ⑤ 7

3 실수 전체의 집합에서 정의된 함수 $f(x)=-x(x^2-3ax+3a)$의 역함수가 존재하기 위한 실수 a의 최댓값을 구하시오.

4 함수 $f(x)=-x^3+2ax^2-3ax+1$이 구간 $[2, 3]$에서 증가하도록 하는 실수 a의 값의 범위를 구하시오.

5 함수 $f(x)=x^4-4x^3+16x+11$이 $x=\alpha$에서 극솟값 m을 가질 때, $\alpha+m$의 값은?

① -4 ② -1 ③ 2
④ 5 ⑤ 8

6 함수 $f(x)=2x^3+ax^2+bx+1$이 $x=-1$에서 극댓값 8을 가질 때, $f(x)$의 극솟값은? (단, a, b는 상수)

① -19 ② -14 ③ -9
④ -4 ⑤ 1

7 최고차항의 계수가 1인 사차함수 $f(x)$가 다음 조건을 모두 만족시킬 때, $f(x)$의 극댓값을 구하시오.

> (개) $f(2+x)=f(2-x)$
> (내) 함수 $f(x)$는 $x=1$에서 극소이다.
> (대) 함수 $y=f(x)$의 그래프는 원점을 지난다.

8 최고차항의 계수가 1인 삼차함수 $f(x)$의 도함수 $y=f'(x)$의 그래프가 오른쪽 그림과 같다. 함수 $f(x)$의 극솟값이 0일 때, $f(x)$의 극댓값을 구하시오.

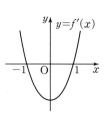

9 구간 $[-4, 4]$에서 함수 $f(x)$의 도함수 $y=f'(x)$의 그래프가 아래 그림과 같을 때, 다음 중 옳은 것은?

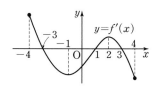

① 함수 $f(x)$는 $-1 \le x \le 1$에서 증가한다.
② 함수 $f(x)$는 $2 \le x \le 4$에서 감소한다.
③ 함수 $f(x)$는 $x=-3$에서 극소이다.
④ 함수 $f(x)$는 $x=1$에서 극대이다.
⑤ 함수 $f(x)$가 극값을 갖는 x의 값은 3개이다.

10 함수 $f(x)$의 도함수 $y=f'(x)$의 그래프가 오른쪽 그림과 같을 때, 다음 중 함수 $y=f(x)$의 그래프의 개형이 될 수 있는 것은?

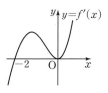

①   ②   ③

④   ⑤

11 함수 $f(x)=-x^4+\dfrac{8}{3}x^3-2x^2+7$에 대하여 보기에서 옳은 것만을 있는 대로 고른 것은?

> ┌ 보기 ┐
> ㄱ. 함수 $f(x)$는 $x=0$, $x=1$에서 극값을 갖는다.
> ㄴ. 함수 $f(x)$는 구간 $[0, \infty)$에서 감소한다.
> ㄷ. 함수 $y=f(x)$의 치역은 $\{y|y \ge 7\}$이다.

① ㄱ   ② ㄴ   ③ ㄷ
④ ㄱ, ㄴ   ⑤ ㄴ, ㄷ

12 함수 $f(x)=3x^3+2(a+1)x^2+4x+11$이 극값을 갖도록 하는 자연수 a의 최솟값을 구하시오.

13 함수 $f(x)=\dfrac{1}{3}x^3-(a-2)x^2+4x$가 극댓값과 극솟값을 모두 갖고, 함수 $y=f(x)$의 그래프에서 극대인 점과 극소인 점이 모두 두 직선 $x=-1$, $x=3$ 사이에 존재하도록 하는 실수 a의 값의 범위를 구하시오.

14 함수 $f(x)=-x^4-2(a-1)x^2-4ax+1$이 극솟값을 갖지 않도록 하는 양수 a의 최솟값을 구하시오.

15 구간 $[0, 2]$에서 함수 $f(x)=-\dfrac{2}{3}x^3+ax^2-a$의 최댓값을 $g(a)$라 할 때, $g(a)$의 최솟값을 구하시오.
(단, $0<a<2$)

16 구간 $[-2, 2]$에서 함수 $f(x)=x^3-3x+a$의 최댓값과 최솟값의 곱이 60일 때, 양수 a의 값을 구하시오.

17 점 P가 곡선 $y=x^2+1$ 위를 움직일 때, 두 점 O$(0, 0)$, A$(10, 0)$에 대하여 $\overline{\text{OP}}^2+\overline{\text{AP}}^2$의 최솟값을 구하시오.

18 오른쪽 그림과 같이 원기둥 위에 반구가 얹어진 모양의 입체도형이 있다. 원기둥의 밑면의 반지름의 길이와 높이의 합이 9로 일정할 때, 원기둥의 부피가 최대일 때의 전체 입체도형의 부피를 구하시오.

19 오른쪽 그림과 같이 반지름의 길이가 10인 구에 내접하는 원뿔 중에서 부피가 최대인 원뿔의 높이는?

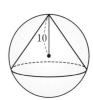

① $\dfrac{40}{3}$ 　　　② 14

③ $\dfrac{44}{3}$ 　　　④ $\dfrac{46}{3}$

⑤ 16

20 제품 A를 하루에 x kg 생산하는 데 드는 비용을 $f(x)$ 원이라 하면
$$f(x)=2x^3-90x^2+5000x+2000$$
이다. 이 제품의 1 kg당 판매 가격이 5000원일 때, 이익을 최대로 하기 위해 하루에 생산해야 할 제품 A는 몇 kg인지 구하시오.

1 방정식 $x^4 - 2x^2 - 3 = 0$의 서로 다른 실근의 개수를 구하시오.

2 방정식 $3x^4 - 4x^3 - 12x^2 - k = 0$이 서로 다른 세 실근을 갖도록 하는 모든 실수 k의 값의 합은?

① -9 ② -7 ③ -5
④ -3 ⑤ -1

3 방정식 $2x^3 - 3x^2 - 12x + k = 0$이 서로 다른 두 개의 양의 실근과 한 개의 음의 실근을 갖도록 하는 정수 k의 개수는?

① 16   ② 17   ③ 18
④ 19   ⑤ 20

4 방정식 $2x^3 - 6x^2 - 18x - k = 0$이 중근과 다른 한 실근을 갖도록 하는 자연수 k의 값은?

① 8   ② 9   ③ 10
④ 11   ⑤ 12

5 두 곡선 $y = x^3 + 2x^2 - 5x - 12$, $y = -x^2 + 4x + k$가 서로 다른 세 점에서 만나도록 하는 실수 k의 값의 범위를 구하시오.

6 다음 중 점 $(2, 4)$에서 곡선 $y = x^3 + kx$에 오직 하나의 접선을 그을 수 있도록 하는 실수 k의 값이 될 수 없는 것은?

① -9 ② -5 ③ -1
④ 3   ⑤ 7

7 모든 실수 x에 대하여 부등식 $x^4+3x^2-10x+k>0$이 성립하도록 하는 정수 k의 최솟값은?

① 3   ② 4   ③ 5
④ 6   ⑤ 7

8 두 함수 $f(x)=2x^3+x+k$, $g(x)=9x^2+x+1$에 대하여 $x>0$일 때, 부등식 $f(x)>g(x)$가 성립하도록 하는 실수 k의 값의 범위를 구하시오.

9 $-1\le x\le 2$일 때, 부등식 $0\le x^3-3x+k^2+k\le 4$가 성립하도록 하는 모든 실수 k의 값의 합은?

① -2 ② -1 ③ 0
④ 1   ⑤ 2

10 $2<x<3$일 때, 부등식 $2x^3-6x^2-k+1>0$이 성립하도록 하는 실수 k의 최댓값을 구하시오.

11 수직선 위를 움직이는 점 P의 시각 t에서의 위치 x가 $x=t^3+at^2-8t$이다. $t=2$에서의 점 P의 가속도가 20일 때, 상수 a의 값을 구하시오.

12 원점을 출발하여 수직선 위를 움직이는 점 P의 시각 t에서의 위치 x가 $x=-t^3+4t^2$일 때, 점 P가 출발 후 다시 원점을 지나는 순간의 가속도를 구하시오.

13 수직선 위를 움직이는 두 점 P, Q의 시각 t에서의 위치가 각각 $x_P=\dfrac{1}{3}t^3+9t-6$, $x_Q=3t^2-7$일 때, 두 점 P, Q의 속도가 같아지는 순간의 두 점 P, Q 사이의 거리는?

① 6   ② 7   ③ 8
④ 9   ⑤ 10

14 수직선 위를 움직이는 점 P의 시각 t에서의 위치 x가 $x=t^3-9t^2+15t$일 때, 점 P가 $t=\alpha$, $t=\beta$에서 운동 방향을 바꾼다고 한다. 이때 $\beta-\alpha$의 값은? (단, $\alpha<\beta$)

① 2   ② 3   ③ 4
④ 5   ⑤ 6

15 직선 선로를 달리는 열차가 제동을 건 후 t초 동안 움직인 거리를 x m라 하면 $x=75t-t^3$일 때, 열차가 역에 정확하게 정지하려면 역으로부터 몇 m 떨어진 지점에서부터 제동을 걸어야 하는가?

① 175 m   ② 200 m   ③ 225 m

④ 250 m   ⑤ 275 m

16 지면으로부터 35 m 높이에서 30 m/s의 속도로 지면과 수직으로 쏘아 올린 물 로켓의 t초 후의 높이를 x m라 하면 $x=35+30t-5t^2$이다. 이 물 로켓이 지면에 떨어지는 순간의 속도를 구하시오.

17 수직선 위를 움직이는 점 P의 시각 t에서의 위치 $x(t)$의 그래프가 오른쪽 그림과 같을 때, 다음 중 옳지 <u>않은</u> 것은?

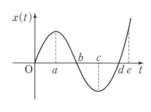

① $t=a$에서의 점 P의 속도는 0이다.
② $t=c$에서의 점 P의 속도가 최소이다.
③ $0<t<d$에서 점 P는 운동 방향을 두 번 바꾼다.
④ $b<t<c$에서 점 P는 음의 방향으로 움직인다.
⑤ $0<t<e$에서 점 P는 원점을 두 번 지난다.

18 오른쪽 그림과 같이 키가 1.7 m인 학생이 높이가 3.4 m인 가로등의 바로 밑에서 출발하여 매초 2 m의 일정한 속도로 일직선으로 걸을 때, 이 학생의 그림자의 길이의 변화율은?

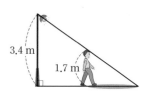

① 1 m/s   ② $\dfrac{3}{2}$ m/s   ③ 2 m/s

④ $\dfrac{5}{2}$ m/s   ⑤ 3 m/s

19 잔잔한 호수에 돌을 던지면 동심원 모양의 원이 생긴다. 이 원의 반지름의 길이가 매초 1.5 m씩 늘어날 때, 돌을 던진 지 3초 후의 원의 넓이의 변화율을 구하시오.

20 밑면이 한 변의 길이가 2 cm인 정사각형이고 옆면이 모두 합동인 사각뿔의 높이가 3 cm이다. 이 사각뿔의 밑면의 각 변의 길이는 매초 1 cm씩 늘어나고 높이는 매초 2 cm씩 늘어난다고 할 때, 4초 후의 사각뿔의 부피의 변화율을 구하시오.

06 / 도함수의 활용 (3)

1 방정식 $3x^4+4x^3-24x^2-48x-k=0$이 서로 다른 네 실근을 갖도록 하는 정수 k의 개수를 구하시오.

2 방정식 $|x^3-12x+6|=k$의 서로 다른 실근의 개수가 5가 되도록 하는 실수 k의 값은?

① 6   ② 7   ③ 8
④ 9   ⑤ 10

3 방정식 $x^3-3x^2+3-k=0$이 1보다 큰 서로 다른 두 개의 실근과 1보다 작은 한 개의 근을 갖도록 하는 실수 k의 값의 범위가 $\alpha<k<\beta$일 때, $\alpha\beta$의 값은?

① -3 ② -1 ③ 0
④ 1   ⑤ 3

4 방정식 $x^3+6x^2+9x+k=0$이 서로 다른 세 실근을 갖도록 하는 실수 k의 값의 범위는?

① $k<0$ ② $k>4$
③ $-4<k<0$ ④ $0<k<4$
⑤ $k<0$ 또는 $k>4$

5 방정식 $x^3-6x^2+k=0$이 한 실근과 두 허근을 갖도록 하는 자연수 k의 최솟값을 구하시오.

6 곡선 $y=-x^3+x^2$과 직선 $y=-x+k$가 서로 다른 두 점에서 만나도록 하는 양수 k의 값을 구하시오.

7 점 $(-1, a)$에서 곡선 $y=-x^3+4$에 서로 다른 세 개의 접선을 그을 수 있도록 하는 a의 값의 범위를 구하시오.

8 두 함수 $f(x)=-x^4+6x^2+k$, $g(x)=2x^4-4x^3-6x^2$이 있다. 모든 실수 x에 대하여 부등식 $f(x)\leq g(x)$가 성립하도록 하는 실수 k의 값의 범위를 구하시오.

9 $x<0$일 때, 부등식 $2x^3-9x^2-24x+k\leq0$이 성립하도록 하는 실수 k의 최댓값은?

① -15 ② -13 ③ -11
④ -9 ⑤ -7

10 $x>1$일 때, 2 이상의 자연수 n에 대하여 부등식
$$x^n+n(n-3)>nx+1$$
이 성립하도록 하는 n의 최솟값을 구하시오.

11 수직선 위를 움직이는 점 P의 시각 t에서의 위치 x가 $x=2t^3-3t^2-10t$일 때, 속도가 2인 순간의 점 P의 가속도를 구하시오.

12 수직선 위를 움직이는 점 P의 시각 t에서의 위치 $x(t)$가 $x(t)=\dfrac{1}{6}t^3-\dfrac{1}{2}t^2-t+4$일 때, $0\leq t\leq4$에서 점 P의 속력의 최댓값을 구하시오.

13 수직선 위를 움직이는 두 점 P, Q의 시각 t에서의 위치가 각각 $x_P=t^4+kt^2$, $x_Q=4t^2$이다. $t>0$에서 두 점 P, Q의 가속도가 같아지는 순간이 존재하도록 하는 모든 t의 값의 곱을 구하시오. (단, k는 자연수)

14 수직선 위를 움직이는 점 P의 시각 t에서의 위치 x가 $x=t^3-3t^2-9t$일 때, 점 P가 운동 방향을 바꾸는 순간의 가속도는?

① 3 ② 6 ③ 9
④ 12 ⑤ 15

15 수직선 위를 움직이는 두 점 A, B의 시각 t에서의 위치가 각각 $x_A = t^3 - 8t^2 + 12t$, $x_B = t^3 - 10t^2 + 36t$이다. 두 점 A, B가 움직이는 동안 선분 AB의 중점 M은 운동 방향을 두 번 바꿀 때, 점 M이 두 번째로 운동 방향을 바꾸는 순간의 선분 AB의 길이를 구하시오.

16 지면으로부터 10 m 높이에서 10 m/s의 속도로 지면과 수직으로 쏘아 올린 물체의 t초 후의 높이를 x m라 하면 $x = 10 + 10t - 5t^2$이다. 이 물체가 최고 높이에 도달할 때까지 걸린 시간을 a초, 그때의 높이를 b m라 할 때, $a + b$의 값을 구하시오.

17 수직선 위를 움직이는 점 P의 시각 t에서의 속도 $v(t)$의 그래프가 오른쪽 그림과 같을 때, 보기에서 옳은 것만을 있는 대로 고른 것은?

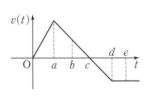

┌ 보기 ┐
ㄱ. $t = b$에서의 점 P의 가속도는 양의 값이다.
ㄴ. $a < t < c$에서 점 P의 가속도는 일정하다.
ㄷ. $0 < t < e$에서 점 P는 운동 방향을 두 번 바꾼다.
ㄹ. $t = a$에서와 $t = d$에서의 점 P의 운동 방향은 서로 반대이다.

① ㄱ, ㄴ　　② ㄱ, ㄹ　　③ ㄴ, ㄷ
④ ㄴ, ㄹ　　⑤ ㄷ, ㄹ

18 수직선 위를 움직이는 두 점 A, B의 시각 t에서의 위치가 각각 $x_A = t^2 - 2t$, $x_B = t^3 + t^2 + t$일 때, $t = 2$에서의 선분 AB의 길이의 변화율은?

① 6　　② 9　　③ 12
④ 15　　⑤ 18

19 한 변의 길이가 5 cm인 정사각형의 각 변의 길이가 매초 0.1 cm씩 늘어날 때, 5초 후의 정사각형의 넓이의 변화율은?

① 1 cm²/s　　② 1.1 cm²/s　　③ 1.2 cm²/s
④ 1.3 cm²/s　　⑤ 1.4 cm²/s

20 오른쪽 그림과 같이 밑면의 반지름의 길이가 3 m, 높이가 5 m인 원뿔 모양의 빈 물탱크에 매초 50 cm씩 일정하게 수면이 상승하도록 물을 채울 때, 물탱크에 물이 가득 차는 순간의 물의 부피의 변화율을 구하시오.

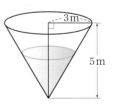

1 다항함수 $f(x)$가

$$\int f(x)\,dx = \frac{1}{4}x^4 - 2x^3 + 4x^2 + 2x + C$$

를 만족시킬 때, $f(1)$의 값은? (단, C는 적분상수)

① 4 　　　　② 5 　　　　③ 6
④ 7 　　　　⑤ 8

2 함수 $f(x)$의 한 부정적분이 $F(x) = ax^3 - x^2$이고 $f(1) = 4$일 때, $f(2)$의 값은? (단, a는 상수)

① 12 　　　　② 14 　　　　③ 16
④ 18 　　　　⑤ 20

3 두 다항함수 $f(x)$, $g(x)$가

$$f(x) = \int xg(x)\,dx,$$

$$\frac{d}{dx}\{f(x) - g(x)\} = 6x^3 - 2x$$

를 만족시킬 때, $g(1)$의 값을 구하시오.

4 함수 $f(x) = \int \left\{ \dfrac{d}{dx}(x^4 + 5x) \right\} dx$에 대하여 $f(1) = f'(1)$일 때, $f(2)$의 값을 구하시오.

5 다항함수 $f(x)$가

$$\frac{d}{dx}\left[\int \{2f(x) + 2x^2 - 3x\}\,dx \right]$$
$$= \int \left[\frac{d}{dx}\{f(x) + x^2 - 1\} \right] dx$$

를 만족시키고 $f(2) = 3$일 때, $f(3)$의 값을 구하시오.

6 부정적분 $\displaystyle\int (2x^3 - 6x^2 + 3)\,dx$를 구하면?

(단, C는 적분상수)

① $\dfrac{1}{4}x^4 - 2x^3 - 3x + C$ 　　② $\dfrac{1}{4}x^4 - x^3 + 3x + C$

③ $\dfrac{1}{2}x^4 - 2x^3 - 3x + C$ 　　④ $\dfrac{1}{2}x^4 - 2x^3 + 3x + C$

⑤ $\dfrac{1}{2}x^4 - x^3 + 3x + C$

7 함수 $f(x)$에 대하여 $f'(x) = 3x^2 - 4x + 1$이고 $f(1) = 2$일 때, $f(-1)$의 값은?

① -2 　　　　② -1 　　　　③ 0
④ 1 　　　　⑤ 2

8 함수 $f(x)=\displaystyle\int (2ax-5)\,dx$에 대하여 곡선 $y=f(x)$ 위의 점 $(2,\,-1)$에서의 접선의 기울기가 3일 때, $f(4)$의 값을 구하시오.

9 다항함수 $f(x)$에 대하여
$$\lim_{h \to 0}\frac{f(x-h)-f(x-3h)}{h}=-8x^3+4x-4$$
가 성립하고 $f(-1)=5$일 때, $f(1)$의 값을 구하시오.

10 함수 $f(x)$에 대하여 $f'(x)=12x$이고 $f(x)$의 한 부정적분을 $F(x)$라 할 때, $f(0)=F(0)$, $f(1)=F(1)$이다. 이때 $F(2)$의 값은?

① 25   ② 26   ③ 27
④ 28   ⑤ 29

11 두 점 $(1,\,0)$, $(-1,\,0)$을 지나는 곡선 $y=f(x)$ 위의 임의의 점 $(x,\,f(x))$에서의 접선의 기울기가 $3x^2-6x+a$일 때, $a+f(2)$의 값을 구하시오.
(단, a는 상수)

12 다항함수 $f(x)$의 한 부정적분을 $F(x)$라 하면
$$F(x)=xf(x)+2x^3$$
이 성립하고 $f(1)=-1$일 때, $f(2)$의 값을 구하시오.

13 다항함수 $f(x)$의 한 부정적분을 $F(x)$라 하면
$$F(x)+\int (2x-1)f(x)\,dx=-x^4+8x^3-x^2$$
이 성립할 때, $f(x)$의 최댓값은?

① 1   ② 5   ③ 9
④ 13   ⑤ 17

14 두 다항함수 $f(x)$, $g(x)$가
$$\frac{d}{dx}\{f(x)+g(x)\}=2x+2,$$
$$\frac{d}{dx}\{f(x)g(x)\}=3x^2-2x-1$$
을 만족시키고 $f(1)=3$, $g(1)=-1$일 때, $f(3)-g(3)$의 값은?

① -4 ② 0   ③ 4
④ 8   ⑤ 12

15 상수함수가 아닌 두 다항함수 $f(x)$, $g(x)$가
$$\frac{d}{dx}\{f(x)g(x)\}=4x$$
를 만족시키고 $f(1)=6$, $g(1)=-1$일 때, $f(-1)+g(3)$의 값은?

① 1　　　　② 3　　　　③ 5

④ 7　　　　⑤ 9

16 모든 실수 x에서 연속인 함수 $f(x)$에 대하여
$$f'(x)=\begin{cases} -4x & (x\geq 1) \\ 4x^3-8x & (x<1) \end{cases}$$
이고 $f(0)=3$일 때, $f(2)$의 값은?

① -6　　　　② -4　　　　③ -2

④ 2　　　　⑤ 4

17 모든 실수 x에서 연속인 함수 $f(x)$의 도함수 $y=f'(x)$의 그래프가 오른쪽 그림과 같다. 함수 $y=f(x)$의 그래프가 원점을 지날 때, $f(6)+f(-1)$의 값을 구하시오.

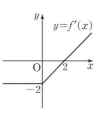

18 함수 $f(x)$에 대하여 $f'(x)=6x^2-6x$이고 $f(x)$의 극댓값이 6일 때, $f(x)$의 극솟값은?

① -3　　　　② -1　　　　③ 1

④ 3　　　　⑤ 5

19 삼차함수 $f(x)$의 도함수 $y=f'(x)$의 그래프가 오른쪽 그림과 같고 $f(x)$의 극댓값이 5, 극솟값이 -4일 때, $f(-1)$의 값은?

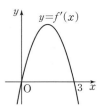

① $-\dfrac{5}{6}$　　　　② $-\dfrac{2}{3}$

③ $-\dfrac{1}{2}$　　　　④ $-\dfrac{1}{3}$

⑤ $-\dfrac{1}{6}$

20 미분가능한 함수 $f(x)$가 모든 실수 x, y에 대하여
$$f(x+y)=f(x)+f(y)+2xy$$
를 만족시키고 $f'(0)=-2$일 때, $f(x)$를 구하시오.

• 정답과 해설 172쪽

중단원 기출 문제 2회 07 / 부정적분

맞힌 개수 / 20

1 다항함수 $f(x)$가

$$\int xf(x)\,dx=2x^3+3x^2+C$$

를 만족시킬 때, $f(1)+f(-1)$의 값은? (단, C는 적분상수)

① 6 ② 9 ③ 12 ④ 15 ⑤ 18

2 등식 $\int(ax^2-4x-3)\,dx=2x^3+bx^2-3x+C$를 만족시키는 상수 a, b에 대하여 $a+b$의 값을 구하시오. (단, C는 적분상수)

3 함수

$$f(x)=\frac{d}{dx}\left\{\int(3x^2-2x)\,dx\right\}+\int\left\{\frac{d}{dx}(2x^2-x)\right\}dx$$

에 대하여 $f(0)=4$일 때, $f(2)$의 값은?

① 14 ② 18 ③ 22 ④ 26 ⑤ 30

4 함수 $f(x)=\int\left\{\frac{d}{dx}(x^2-4x)\right\}dx$의 최솟값이 -1일 때, $f(-2)$의 값을 구하시오.

5 함수 $f(x)=\int\frac{2x^2}{x-1}dx+\int\frac{3x}{x-1}dx-\int\frac{5}{x-1}dx$에 대하여 $f(1)=4$일 때, $f(-1)$의 값은?

① -8 ② -6 ③ -4 ④ -2 ⑤ 0

6 함수 $f(x)$에 대하여 $f'(x)=ax^2-2x+3$이고 $f(0)=1$, $f(2)=19$일 때, 상수 a의 값을 구하시오.

7 함수 $f(x)$에 대하여 $f'(x)=-2x+4$이고 $f(1)=7$일 때, 방정식 $f(x)=0$의 모든 근의 곱을 구하시오.

8 함수 $f(x)$에 대하여
$$f'(x)=1+2x+3x^2+\cdots+nx^{n-1}$$
이고, $f(0)=-2$, $f(1)=5$일 때, 자연수 n의 값을 구하시오. (단, $n\geq 2$)

9 곡선 $y=f(x)$ 위의 임의의 점 $(x,\,f(x))$에서의 접선의 기울기가 $2x+6$이고, 다항식 $f(x)$가 $x+2$로 나누어떨어질 때, $f(1)$의 값을 구하시오.

10 다항함수 $f(x)$의 한 부정적분을 $F(x)$라 하면
$$F(x)=xf(x)-3x^4+x^2$$
이 성립하고 $f(1)=5$일 때, $f(x)$의 상수항은?

① -1 ② 1 ③ 3
④ 5 ⑤ 7

11 다항함수 $f(x)$의 한 부정적분을 $F(x)$라 하면
$$F(x)=\int (x-1)f(x)\,dx+x^4-4x^3+4x^2$$
이 성립하고 $F(0)=2$일 때, $f(3)+F(3)$의 값을 구하시오.

12 두 다항함수 $f(x)$, $g(x)$가
$$\frac{d}{dx}\{f(x)+g(x)\}=2x+5,$$
$$\frac{d}{dx}\{f(x)-g(x)\}=6x+1$$
을 만족시키고 $f(0)=-2$, $g(0)=5$일 때, $f(1)g(1)$의 값을 구하시오.

13 두 다항함수 $f(x)$, $g(x)$가
$$g(x)=\int \{4x-f'(x)\}\,dx,$$
$$\frac{d}{dx}\{f(x)g(x)\}=6x^2+10x-1$$
을 만족시키고 $f(0)=3$, $g(0)=2$일 때, $f(2)+g(1)$의 값을 구하시오.

14 모든 실수 x에서 연속인 함수 $f(x)$에 대하여
$$f'(x)=x+|x-3|$$
이고 $f(1)=2$일 때, $f(4)$의 값을 구하시오.

15 모든 실수 x에서 연속인 함수 $F(x)$의 도함수 $f(x)$가

$$f(x) = \begin{cases} kx(x+1)-1 & (x>0) \\ 2x+1 & (x<0) \end{cases}$$

이고 $F(1)-F(-2)=2$일 때, 상수 k의 값은?

① 5   ② 6   ③ 7

④ 8   ⑤ 9

16 곡선 $y=f(x)$ 위의 점 $(x,\ f(x))$에서의 접선의 기울기가 $a(x^2-1)$이다. 함수 $f(x)$의 극댓값이 3, 극솟값이 -1일 때, 상수 a의 값을 구하시오. (단, $a<0$)

17 삼차함수 $f(x)$의 도함수 $y=f'(x)$의 그래프가 오른쪽 그림과 같다. 함수 $f(x)$의 극댓값이 6일 때, $f(x)$의 극솟값은?

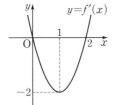

① $\dfrac{4}{3}$ ② $\dfrac{5}{3}$

③ $\dfrac{7}{3}$ ④ $\dfrac{8}{3}$

⑤ $\dfrac{10}{3}$

18 최고차항의 계수가 1인 삼차함수 $f(x)$가 다음 조건을 모두 만족시킬 때, $f(2)$의 값은?

> ㈎ 모든 실수 x에 대하여 $f'(x)=f'(-x)$
> ㈏ 함수 $f(x)$는 $x=3$에서 극솟값 -4를 갖는다.

① 1   ② 2   ③ 3

④ 4   ⑤ 5

19 미분가능한 함수 $f(x)$가 모든 실수 $x,\ y$에 대하여

$$f(x-y)=f(x)-f(y)+xy(x-y)$$

를 만족시키고 $f'(0)=4$일 때, $f(3)$의 값을 구하시오.

20 미분가능한 함수 $f(x)$가 모든 실수 $x,\ y$에 대하여

$$f(x+y)=f(x)+f(y)+2$$

를 만족시키고 $f(2)=6$일 때, $f'(0)$의 값을 구하시오.

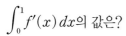

08 / 정적분

1 삼차함수 $y=f(x)$의 그래프가 오른쪽 그림과 같을 때, $\displaystyle\int_0^1 f'(x)\,dx$의 값은?

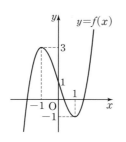

① -3 ② -2

③ -1 ④ 0

⑤ 1

2 $\displaystyle\int_{-1}^0 (4x^3-3x^2+a)\,dx=8$일 때, 상수 a의 값을 구하시오.

3 $\displaystyle\int_1^2 \left(4x^3+\frac{1}{x}\right)dx-\int_1^2\left(\frac{1}{x}-4\right)dx$의 값은?

① 15 ② 16 ③ 17

④ 18 ⑤ 19

4 함수 $f(x)=x^3+1$에 대하여
$$\int_{-1}^3 f(x)\,dx-\int_4^3 f(x)\,dx+\int_2^{-1} f(x)\,dx$$
의 값을 구하시오.

5 모든 실수 x에서 연속인 함수 $f(x)$에 대하여
$$\int_2^3 f(x)\,dx=5,\ \int_2^6 f(x)\,dx=6,\ \int_6^8 f(x)\,dx=8$$
일 때, $\displaystyle\int_3^8 f(x)\,dx$의 값은?

① 6 ② 7 ③ 8

④ 9 ⑤ 10

6 함수 $f(x)=\begin{cases}3x^2+2 & (x\geq 0)\\ 2-4x & (x\leq 0)\end{cases}$에 대하여
$$\int_{-2}^2 f(x)\,dx$$
의 값은?

① 22 ② 23 ③ 24

④ 25 ⑤ 26

7 $\displaystyle\int_1^3 x|x-2|\,dx$의 값은?

    ① 2   ② $\dfrac{8}{3}$ ③ 3

    ④ $\dfrac{11}{3}$ ⑤ $\dfrac{13}{3}$

8 $\displaystyle\int_{-1}^1 (3x^5+5x^4-4x^3+x+1)\,dx$의 값을 구하시오.

9 함수 $f(x)=x^2+ax+b$가
$$\int_0^3 f(x)\,dx=3, \quad \int_{-1}^1 f(x)\,dx=\frac{8}{3}$$
을 만족시킬 때, $f(3)$의 값을 구하시오.

                      (단, a, b는 상수)

10 다항함수 $f(x)$, $g(x)$가 모든 실수 x에 대하여
$$f(-x)=-f(x), \quad g(-x)=g(x)$$
를 만족시키고, $\displaystyle\int_0^4 f(x)\,dx=2$, $\displaystyle\int_0^4 g(x)\,dx=3$일 때,
$\displaystyle\int_{-4}^4 \{f(x)+g(x)\}\,dx$의 값은?

    ① 4   ② 5   ③ 6

    ④ 7   ⑤ 8

11 함수 $f(x)$가 모든 실수 x에 대하여 $f(x+3)=f(x)$를 만족시키고
$$f(x)=\begin{cases} 2x & (0\le x\le 1) \\ 3-x & (1\le x\le 3) \end{cases}$$
일 때, $\displaystyle\int_0^4 f(x)\,dx$의 값을 구하시오.

12 다항함수 $f(x)$가
$$f(x)=12x^2+10x\int_0^1 f(x)\,dx+\left\{\int_0^1 f(x)\,dx\right\}^2$$
을 만족시킬 때, $f(2)$의 값을 구하시오.

13 다항함수 $f(x)$가 모든 실수 x에 대하여
$$\int_1^x f(t)\,dt=-2x^2+ax+5$$
를 만족시킬 때, $f(-2)$의 값은? (단, a는 상수)

    ① -3 ② -1 ③ 1

    ④ 3   ⑤ 5

14 함수 $f(x)=\displaystyle\int_0^x (3t^2-2t+1)\,dt$에 대하여
$\displaystyle\lim_{h\to 0}\frac{f(1+h)-f(1-h)}{2h}$의 값을 구하시오.

15 다항함수 $f(x)$가 모든 실수 x에 대하여
$$\int_0^x (x-t)f(t)\,dt=\frac{1}{2}x^4-3x^2$$
을 만족시킬 때, 함수 $f(x)$의 최솟값을 구하시오.

16 다항함수 $f(x)$가 모든 실수 x에 대하여
$$\int_1^x (x-t)f(t)\,dt=x^3+ax^2+bx$$
를 만족시킬 때, ab의 값은? (단, a, b는 상수)
① -4　　　② -2　　　③ -1
④ 2　　　⑤ 4

17 함수 $f(x)=\displaystyle\int_0^x (-t^2+t+a)\,dt$가 $x=3$에서 극댓값 M을 가질 때, aM의 값을 구하시오. (단, a는 상수)

18 이차함수 $f(x)$와 일차함수 $g(x)$에 대하여 함수 $y=f(x)$의 그래프와 직선 $y=g(x)$가 오른쪽 그림과 같고, $\alpha<0$, $1<\beta<\gamma$이다. 함수
$$h(x)=\int_1^x \{f(t)-g(t)\}\,dt$$
에 대하여 보기에서 옳은 것만을 있는 대로 고르시오.

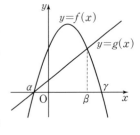

┌─ 보기 ─
ㄱ. $h(1)=0$
ㄴ. 함수 $h(x)$는 $x=\beta$에서 극소이다.
ㄷ. 방정식 $h(x)=0$은 두 개의 양의 실근과 한 개의 음의 실근을 갖는다.
└─

19 $0\le x\le 4$에서 함수 $f(x)=\displaystyle\int_1^x t(t-2)\,dt$의 최댓값을 M, 최솟값을 m이라 할 때, Mm의 값은?
① -9　　　② -6　　　③ -4
④ 4　　　⑤ 6

20 함수 $f(x)=2x-4$에 대하여 미분가능한 함수 $g(x)$가
$$g'(x)=\lim_{h\to 0}\frac{1}{h}\int_x^{x+h} f(t)\,dt$$
를 만족시키고 $g(1)=-1$일 때, $g(2)$의 값을 구하시오.

• 정답과 해설 178쪽

중단원 기출 문제 2회 08 / 정적분

맞힌 개수 / 20

1 $\int_{2}^{2}(x^4-3)\,dx+\int_{0}^{2}(3x^2+6x)\,dx$의 값은?

① 14 ② 16 ③ 18 ④ 20 ⑤ 22

2 $\int_{-a}^{2a}(3x^2+2x)\,dx=12$일 때, 실수 a의 값을 구하시오.

3 모든 실수 x에서 연속인 함수 $f(x)$의 부정적분인 두 함수 $F(x)$, $G(x)$가 다음 조건을 모두 만족시킬 때, $\int_{2}^{6}f(x)\,dx$의 값을 구하시오.

(가) $F(1)=G(1)+2$
(나) $F(2)=3$, $G(6)=12$

4 $\int_{0}^{3}(2x^2-3)\,dx+2\int_{0}^{3}(2x-x^2)\,dx$의 값은?

① 1 ② 3 ③ 5 ④ 7 ⑤ 9

5 모든 실수 x에서 연속인 함수 $f(x)$에 대하여 $\int_{-2}^{4}f(x)\,dx=5$, $\int_{0}^{5}f(x)\,dx=6$, $\int_{4}^{5}f(x)\,dx=4$일 때, $\int_{-2}^{0}\{f(x)-2x\}\,dx$의 값을 구하시오.

6 최고차항의 계수가 양수인 삼차함수 $f(x)$가 $f(0)=f(1)=f(2)=3$을 만족시킬 때, $\int_{0}^{4}f(x)\,dx-\int_{2}^{4}f(x)\,dx$의 값은?

① 4 ② 5 ③ 6 ④ 7 ⑤ 8

7 함수 $y=f(x)$의 그래프가 오른쪽 그림과 같을 때, $\int_{-2}^{3} f(x)\,dx$의 값을 구하시오.

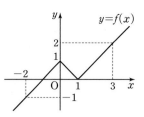

8 $\int_{0}^{a} |x^2-2x|\,dx=8$일 때, 실수 a의 값을 구하시오.
(단, $a>2$)

9 $\int_{-1}^{1} (x^4+3x^3-ax^2+5x+a)\,dx=\dfrac{22}{5}$일 때, 상수 a의 값을 구하시오.

10 함수 $f(x)=x-1$에 대하여
$$\int_{-3}^{3} \{f(x)\}^2\,dx=k\left\{\int_{-3}^{3} f(x)\,dx\right\}^2-6$$
일 때, 상수 k의 값은?

① $\dfrac{1}{6}$ ② $\dfrac{1}{3}$ ③ $\dfrac{1}{2}$

④ $\dfrac{2}{3}$ ⑤ $\dfrac{5}{6}$

11 다항함수 $f(x)$가 모든 실수 x에 대하여 $f(-x)=f(x)$를 만족시키고 $\int_{0}^{1} f(x)\,dx=4$일 때, $\int_{-1}^{0}(x+1)f(x)\,dx+\int_{0}^{1}(x+2)f(x)\,dx$의 값은?

① 4   ② 8   ③ 12

④ 16   ⑤ 20

12 모든 실수 x에 대하여 연속인 함수 $f(x)$가 다음 조건을 모두 만족시키고 $\int_{-2}^{2} f(x)\,dx=3$일 때, $\int_{-10}^{10} f(x)\,dx$의 값을 구하시오.

> (가) 모든 실수 x에 대하여 $f(-x)=f(x)$
> (나) 모든 실수 x에 대하여 $f(x+2)=f(x)$

13 다항함수 $f(x)$가
$$f(x)=24x^2+\int_{0}^{1}(-6x+2t)f(t)\,dt$$
를 만족시킬 때, $f(1)$의 값을 구하시오.

14 다항함수 $f(x)$가 모든 실수 x에 대하여

$$\int_a^x f(t)\,dt = x^2 + ax - 8$$

을 만족시킬 때, 양수 a에 대하여 $a + f(1)$의 값을 구하시오.

15 다항함수 $f(x)$가 모든 실수 x에 대하여

$$\int_1^x (x-t)f(t)\,dt = 2x^3 - 4x^2 + 2x$$

를 만족시킬 때, $f(1)$의 값을 구하시오.

16 다항함수 $f(x)$가 모든 실수 x에 대하여

$$x^2 f(x) = 2x^3 + \int_1^x (x^2 + t)f'(t)\,dt$$

를 만족시키고 $f(1)=2$일 때, $f(3)$의 값을 구하시오.

17 함수 $f(x) = \int_2^x (3t^2 + 3t - 6)\,dt$의 극댓값과 극솟값의 곱은?

① -44　　② -36　　③ -28
④ -20　　⑤ -12

18 $-2 \le x \le 0$에서 함수 $f(x) = \int_x^{x+1} (t^3 - t)\,dt$의 최댓값을 구하시오.

19 함수 $f(x) = \int_0^x t(x-t)\,dt$에 대하여 보기에서 옳은 것만을 있는 대로 고른 것은?

> **보기**
> ㄱ. $f'(0) = 0$
> ㄴ. 모든 실수 x에서 함수 $f(x)$는 증가한다.
> ㄷ. $-1 \le x \le 6$에서 함수 $f(x)$의 최솟값은 $-\dfrac{1}{6}$이다.

① ㄱ　　② ㄴ　　③ ㄱ, ㄴ
④ ㄴ, ㄷ　　⑤ ㄱ, ㄴ, ㄷ

20 함수 $f(x) = 2x^2 + 6x - 4$에 대하여
$\displaystyle\lim_{x \to 2} \dfrac{1}{x^2 - 4}\int_2^x f(t)\,dt$의 값은?

① 3　　② 4　　③ 5
④ 6　　⑤ 7

1 곡선 $y=x^3-3x^2+2x$와 x축으로 둘러싸인 도형의 넓이를 구하시오.

2 함수 $f(x)$가 다음 조건을 모두 만족시킬 때, 곡선 $y=f(x)$와 x축 및 두 직선 $x=-3$, $x=0$으로 둘러싸인 도형의 넓이는?

> (가) $f'(x)=-3x^2-6x+1$
> (나) 곡선 $y=f(x)$는 점 $(-2, -3)$을 지난다.

① $\dfrac{21}{4}$　　② $\dfrac{11}{2}$　　③ $\dfrac{23}{4}$

④ 6　　⑤ $\dfrac{25}{4}$

3 곡선 $y=x^2-2x$와 직선 $y=ax$로 둘러싸인 도형의 넓이가 36일 때, 양수 a의 값은?

① 1　　② 2　　③ 3
④ 4　　⑤ 5

4 오른쪽 그림과 같이 곡선 $y=-2x^2+6x$와 x축으로 둘러싸인 도형을 직선 $y=2x$로 나눈 두 부분의 넓이를 각각 S_1, S_2라 할 때, S_2-S_1의 값을 구하시오.

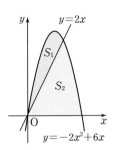

5 두 곡선 $y=x^2-3x+4$, $y=-x^2+7x-4$로 둘러싸인 도형의 넓이는?

① $\dfrac{19}{3}$　　② 7　　③ $\dfrac{23}{3}$

④ $\dfrac{25}{3}$　　⑤ 9

6 두 곡선 $y=-x^3+x+a$, $y=x^2+b$가 점 $(-1, 2)$에서 만날 때, 이 두 곡선으로 둘러싸인 도형의 넓이를 구하시오. (단, a, b는 상수)

7 곡선 $y=x^2-1$과 이 곡선 위의 점 $(1,\ 0)$에서의 접선 및 y축으로 둘러싸인 도형의 넓이를 구하시오.

8 곡선 $y=3x^2+1$ 위의 점 $(a,\ 3a^2+1)$에서의 접선을 l 이라 할 때, 곡선 $y=3x^2+1$과 접선 l 및 두 직선 $x=0$, $x=3$으로 둘러싸인 도형의 넓이를 $S(a)$라 하자. 이때 $S(a)$의 최솟값은? (단, $0 \le a \le 3$)

① $\dfrac{25}{4}$ ② $\dfrac{13}{2}$ ③ $\dfrac{27}{4}$

④ 7   ⑤ $\dfrac{29}{4}$

9 오른쪽 그림과 같이 곡선 $y=-x^2-6x$와 x축으로 둘러싸인 도형의 넓이를 A, 이 곡선과 x축 및 직선 $x=k$로 둘러싸인 도형의 넓이를 B라 할 때, $A=B$이다. 이때 상수 k의 값을 구하시오. (단, $k>0$)

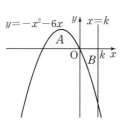

10 오른쪽 그림과 같이 두 곡선 $y=a(x-2)^2\,(a>0)$, $y=-x^2+2x$는 $x=k$, $x=2$ 인 점에서 만난다. 두 곡선으로 둘러싸인 도형의 넓이와 구간 $[0,\ k]$에서 두 곡선 및 y축으로 둘러싸인 도형의 넓이가 서로 같을 때, $a+k$의 값을 구하시오. (단, $0<k<2$)

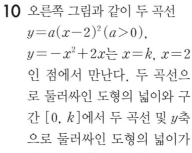
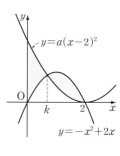

11 곡선 $y=x^2-3x$와 직선 $y=ax$로 둘러싸인 도형의 넓이가 x축에 의하여 이등분될 때, 양수 a에 대하여 $(a+3)^3$의 값을 구하시오.

12 함수 $f(x)=x^3\,(x \ge 0)$의 역함수를 $g(x)$라 할 때, 두 곡선 $y=f(x)$, $y=g(x)$로 둘러싸인 도형의 넓이를 구하시오.

13 함수 $f(x)=\sqrt{x-3}$의 역함수를 $g(x)$라 할 때, $\displaystyle\int_3^{12} f(x)\,dx + \int_0^3 g(x)\,dx$의 값은?

① 30   ② 32   ③ 34
④ 36   ⑤ 38

14 함수 $f(x)=x^3+3$의 역함수를 $g(x)$라 할 때, $\displaystyle\int_4^{11} g(x)\,dx$의 값을 구하시오.

15 수직선 위를 움직이는 물체의 시각 t에서의 속도가 $v(t)=2-2t^3$일 때, 시각 $t=0$에서 $t=2$까지 이 물체가 움직인 거리는?

① 3   ② 4   ③ 5
④ 6   ⑤ 7

16 좌표가 1인 점을 출발하여 수직선 위를 움직이는 점 P의 시각 t에서의 속도가 $v(t)=t^2+at+3$이다. 시각 $t=6$에서의 점 P의 위치가 19일 때, 상수 a의 값은?

① -1 ② -2 ③ -3
④ -4 ⑤ -5

17 원점을 동시에 출발하여 수직선 위를 움직이는 두 점 P, Q의 시각 t에서의 속도가 각각 $2t^2+t$, t^2+2t이다. 두 점 P, Q가 출발 후 다시 만나는 시각을 구하시오.

18 원점을 출발하여 수직선 위를 움직이는 점 P의 시각 t에서의 속도가 $v(t)=t^4-2t^2+1-a$이다. 점 P가 출발 후 두 번째로 운동 방향을 바꾸는 순간까지 점 P의 위치의 변화량이 0일 때, 상수 a의 값은?
(단, $0<a<1$)

① $\dfrac{1}{3}$ ② $\dfrac{4}{9}$ ③ $\dfrac{5}{9}$
④ $\dfrac{2}{3}$ ⑤ $\dfrac{7}{9}$

19 지면으로부터 20 m 높이에서 50 m/s의 속도로 지면과 수직으로 쏘아 올린 공의 t초 후의 속도를 $v(t)$ m/s라 하면 $v(t)=50-10t\,(0\le t\le 10)$이다. 공이 최고 높이에 도달했을 때의 지면으로부터의 높이를 구하시오.

20 원점을 출발하여 수직선 위를 움직이는 점 P의 시각 t에서의 속도 $v(t)$의 그래프가 다음 그림과 같을 때, 보기에서 옳은 것만을 있는 대로 고르시오. (단, $0\le t\le 8$)

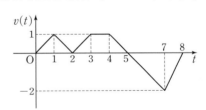

┌─ 보기 ┐
ㄱ. $t=4$에서의 점 P의 위치는 3이다.
ㄴ. 점 P는 출발 후 $t=8$까지 운동 방향을 한 번 바꾼다.
ㄷ. $t=8$일 때 점 P는 원점에서 가장 멀리 떨어져 있다.
ㄹ. $t=1$에서 $t=7$까지 점 P가 움직인 거리는 $\dfrac{9}{2}$이다.
└─────────┘

| **09 / 정적분의 활용**

1 곡선 $y = x^2 - 2x$와 x축 및 두 직선 $x = -1$, $x = 2$로 둘러싸인 도형의 넓이는?

① $\dfrac{5}{3}$　　② 2　　③ $\dfrac{7}{3}$

④ $\dfrac{8}{3}$　　⑤ 3

2 함수 $f(x)$의 도함수 $y = f'(x)$의 그래프가 오른쪽 그림과 같다. 곡선 $y = f'(x)$와 x축으로 둘러싸인 두 도형의 넓이를 각각 A, B라 하면 $A = 7$, $B = 4$이고, $f(-2) = 2$일 때, $f(3)$의 값은?

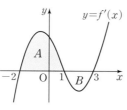

① 3　　② 4　　③ 5

④ 6　　⑤ 7

3 다항함수 $f(x)$가

$$f(x) = x^3 - 3x + \int_0^2 f(t)\,dt$$

를 만족시킬 때, 곡선 $y = f(x)$와 직선 $y = 2$로 둘러싸인 도형의 넓이를 구하시오.

4 오른쪽 그림과 같이 삼차함수 $y = f(x)$의 그래프와 원점을 지나는 직선 $y = g(x)$로 둘러싸인 두 부분의 넓이를 각각 S_1, S_2라 하자. $S_1 = \dfrac{16}{3}$일 때, S_2의 값을 구하시오.

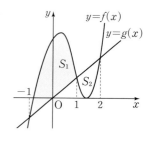

5 두 곡선 $y = x^3 - 3x$, $y = 2x^2$으로 둘러싸인 도형의 넓이는?

① $\dfrac{28}{3}$　　② $\dfrac{61}{6}$　　③ 11

④ $\dfrac{71}{6}$　　⑤ $\dfrac{38}{3}$

6 곡선 $y = x^2 + 1$을 x축에 대하여 대칭이동한 후 x축의 방향으로 -1만큼, y축의 방향으로 7만큼 평행이동한 곡선을 $y = f(x)$라 할 때, 두 곡선 $y = x^2 + 1$, $y = f(x)$로 둘러싸인 도형의 넓이를 구하시오.

7 곡선 $y=x^3+2$와 이 곡선 위의 점 $(1, 3)$에서의 접선으로 둘러싸인 도형의 넓이는?

① $\dfrac{13}{2}$ ② $\dfrac{27}{4}$ ③ 7

④ $\dfrac{29}{4}$ ⑤ $\dfrac{15}{2}$

8 곡선 $y=-x^2+2x$와 이 곡선 위의 두 점 $(-1, -3)$, $(3, -3)$에서의 두 접선으로 둘러싸인 도형의 넓이를 구하시오.

9 상수 $k\,(k<0)$에 대하여 두 함수
$$f(x)=2x^3+x^2-2x, \ g(x)=6|x|+k$$
의 그래프가 만나는 점의 개수가 2일 때, 두 함수의 그래프로 둘러싸인 부분의 넓이를 구하시오.

10 오른쪽 그림과 같이 곡선 $y=\dfrac{1}{2}x^3$과 y축 및 두 직선 $y=a$, $x=2$로 둘러싸인 두 도형의 넓이가 서로 같을 때, 상수 a의 값을 구하시오.
(단, $0<a<4$)

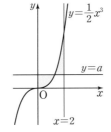

11 오른쪽 그림과 같이 곡선 $y=x^2-2x+k$와 x축 및 y축으로 둘러싸인 도형의 넓이를 A, 이 곡선과 x축으로 둘러싸인 도형의 넓이를 B라 하면 $B=2A$이다. 이때 상수 k의 값을 구하시오.
(단, $0<k<1$)

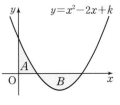

12 실수 전체의 집합에서 정의된 함수
$$f(x)=\begin{cases} 2x^2-k^2 & (x<0) \\ 2x-k^2 & (x\geq0) \end{cases}$$
에 대하여 함수 $y=f(x)$의 그래프와 직선 $y=k^2$으로 둘러싸인 도형의 넓이가 y축에 의하여 이등분될 때, 양수 k의 값을 구하시오.

13 함수 $f(x)=x^3-x^2+x$의 역함수를 $g(x)$라 할 때, 두 곡선 $y=f(x)$, $y=g(x)$로 둘러싸인 도형의 넓이는?

① $\dfrac{1}{6}$ ② $\dfrac{1}{4}$ ③ $\dfrac{1}{3}$

④ $\dfrac{5}{12}$ ⑤ $\dfrac{1}{2}$

14 함수 $f(x)=x^3+x-1$의 역함수를 $g(x)$라 할 때,
$\displaystyle\int_1^2 f(x)\,dx+\int_1^9 g(x)\,dx$의 값을 구하시오.

15 실수 전체의 집합에서 연속인 함수 $f(x)$에 대하여
$f(2)=2$, $f(7)=7$일 때, $\displaystyle\int_2^7 f(x)\,dx=S$라 하자.
함수 $f(x)$의 역함수를 $g(x)$라 할 때,
$\displaystyle\int_2^7 g(x)\,dx=a-S$이다. 이때 상수 a의 값은?

① 40   ② 45   ③ 50
④ 55   ⑤ 60

16 좌표가 2인 점을 출발하여 수직선 위를 움직이는 점 P
의 시각 t에서의 속도가 $v(t)=-3t^2+4t+4$일 때,
보기에서 옳은 것만을 있는 대로 고르시오.

> **보기**
> ㄱ. $t=2$에서의 점 P의 위치는 10이다.
> ㄴ. $t=1$에서 $t=3$까지 점 P의 위치의 변화량은 2이다.
> ㄷ. $t=0$에서 $t=3$까지 점 P가 움직인 거리는 13이다.

17 좌표가 -5인 점을 출발하여 수직선 위를 움직이는 점
P의 시각 t에서의 속도가 $v(t)=12-3t$일 때, 점 P가
운동 방향을 바꾸는 시각에서의 점 P의 위치를 구하시
오.

18 동시에 원점을 출발하여 수직
선 위를 움직이는 두 점 P, Q
의 t초 후의 속도가 각각 $f(t)$,
$g(t)$일 때, 두 함수 $y=f(t)$,
$y=g(t)$의 그래프는 오른쪽
그림과 같다. 이때 두 점 P, Q
가 출발 후 다시 만날 때까지
걸리는 시간을 구하시오.

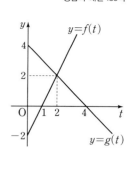

19 지면으로부터 $25\,\mathrm{m}$ 높이에서 지면과 수직으로 쏘아 올
린 공의 t초 후의 속도를 $v(t)\,\mathrm{m/s}$라 하면
$v(t)=a-10t$이다. 공이 처음 쏘아 올린 위치로 다시
돌아오는 데 걸리는 시간이 4초일 때, 공을 쏘아 올린
후 지면에 떨어질 때까지 공이 움직인 거리는?
(단, $a>0$)

① $60\,\mathrm{m}$ ② $65\,\mathrm{m}$ ③ $70\,\mathrm{m}$
④ $75\,\mathrm{m}$ ⑤ $80\,\mathrm{m}$

20 원점을 출발하여 수직선 위
를 움직이는 점 P의 시각 t
에서의 속도 $v(t)$의 그래프
가 오른쪽 그림과 같고,
$\displaystyle\int_0^3 v(t)\,dt=\int_3^6 |v(t)|\,dt=6$

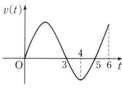

이다. 시각 $t=4$에서의 점 P의 위치가 4일 때, 시각
$t=4$에서 $t=6$까지 점 P가 움직인 거리를 구하시오.
(단, $0\le t\le 6$)

memo

유형만렙 다양한 유형 문제가 가득 찬(滿) 만렙으로 수학 실력 Level up

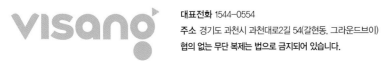

대표전화 1544-0554
주소 경기도 과천시 과천대로2길 54(갈현동, 그라운드브이)
협의 없는 무단 복제는 법으로 금지되어 있습니다.

정답과 해설

미적분 I

visang

우리는 남다른 상상과 혁신으로
교육 문화의 새로운 전형을 만들어
모든 이의 행복한 경험과 성장에 기여한다

ABOVE IMAGINATION

우리는 남다른 상상과 혁신으로
교육 문화의 새로운 전형을 만들어
모든 이의 행복한 경험과 성장에 기여한다

유형만랩

정답과 해설

미적분 I

01 / 함수의 극한

A 개념 확인

8~11쪽

0001 답 2

$f(x)=x+2$라 하면 함수 $y=f(x)$의 그래프는 오른쪽 그림과 같다.

따라서 x의 값이 0에 한없이 가까워질 때, $f(x)$의 값은 2에 한없이 가까워지므로

$$\lim_{x \to 0}(x+2)=2$$

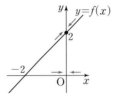

0002 답 -4

$f(x)=x^2-4x$라 하면 함수 $y=f(x)$의 그래프는 오른쪽 그림과 같다.

따라서 x의 값이 2에 한없이 가까워질 때, $f(x)$의 값은 -4에 한없이 가까워지므로

$$\lim_{x \to 2}(x^2-4x)=-4$$

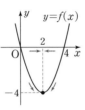

0003 답 1

$f(x)=\sqrt{x+3}$이라 하면 함수 $y=f(x)$의 그래프는 오른쪽 그림과 같다.

따라서 x의 값이 -2에 한없이 가까워질 때, $f(x)$의 값은 1에 한없이 가까워지므로

$$\lim_{x \to -2}\sqrt{x+3}=1$$

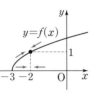

공통수학2 다시보기

무리함수 $y=\sqrt{a(x-p)}+q\,(a \neq 0)$의 그래프는 무리함수 $y=\sqrt{ax}$의 그래프를 x축의 방향으로 p만큼, y축의 방향으로 q만큼 평행이동한 것이다.

0004 답 $\sqrt{7}$

$f(x)=\sqrt{7}$이라 하면 함수 $y=f(x)$의 그래프는 오른쪽 그림과 같다.

따라서 모든 실수 x에서 함숫값이 항상 $\sqrt{7}$이므로

$$\lim_{x \to -3}\sqrt{7}=\sqrt{7}$$

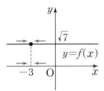

0005 답 0

$f(x)=\dfrac{1}{x+2}$이라 하면 함수 $y=f(x)$의 그래프는 오른쪽 그림과 같다.

따라서 x의 값이 한없이 커질 때, $f(x)$의 값은 0에 한없이 가까워지므로

$$\lim_{x \to \infty}\frac{1}{x+2}=0$$

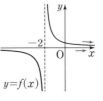

공통수학2 다시보기

유리함수 $y=\dfrac{k}{x-p}+q\,(k \neq 0)$의 그래프는 유리함수 $y=\dfrac{k}{x}$의 그래프를 x축의 방향으로 p만큼, y축의 방향으로 q만큼 평행이동한 것이다.

0006 답 1

$f(x)=1-\dfrac{1}{x}$이라 하면 함수 $y=f(x)$의 그래프는 오른쪽 그림과 같다.

따라서 x의 값이 음수이면서 그 절댓값이 한없이 커질 때, $f(x)$의 값은 1에 한없이 가까워지므로

$$\lim_{x \to -\infty}\left(1-\frac{1}{x}\right)=1$$

0007 답 ∞

$f(x)=\dfrac{1}{|x-3|}$이라 하면 함수 $y=f(x)$의 그래프는 오른쪽 그림과 같다.

따라서 x의 값이 3에 한없이 가까워질 때, $f(x)$의 값은 한없이 커지므로

$$\lim_{x \to 3}\frac{1}{|x-3|}=\infty$$

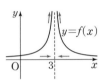

0008 답 $-\infty$

$f(x)=-\dfrac{1}{|x|}$이라 하면 함수 $y=f(x)$의 그래프는 오른쪽 그림과 같다.

따라서 x의 값이 0에 한없이 가까워질 때, $f(x)$의 값은 음수이면서 그 절댓값이 한없이 커지므로

$$\lim_{x \to 0}\left(-\frac{1}{|x|}\right)=-\infty$$

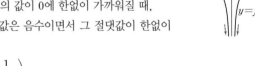

0009 답 $-\infty$

$f(x)=-x^2-2x+1$이라 하면

$f(x)=-(x+1)^2+2$

따라서 함수 $y=f(x)$의 그래프는 오른쪽 그림과 같고 x의 값이 한없이 커질 때, $f(x)$의 값은 음수이면서 그 절댓값이 한없이 커지므로

$$\lim_{x \to \infty}(-x^2-2x+1)=-\infty$$

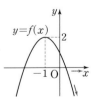

0010 답 ∞

$f(x)=\sqrt{-x+1}$이라 하면 함수 $y=f(x)$의 그래프는 오른쪽 그림과 같다.

따라서 x의 값이 음수이면서 그 절댓값이 한없이 커질 때, $f(x)$의 값은 한없이 커지므로

$$\lim_{x \to -\infty}\sqrt{-x+1}=\infty$$

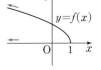

0011 답 (1) 2 (2) −1

함수 $y=f(x)$의 그래프는 오른쪽 그림과 같다.

(1) x의 값이 1보다 크면서 1에 한없이 가까워질 때, $f(x)$의 값은 2에 한없이 가까워지므로
$$\lim_{x\to 1+} f(x)=2$$

(2) x의 값이 1보다 작으면서 1에 한없이 가까워질 때, $f(x)$의 값은 −1에 한없이 가까워지므로
$$\lim_{x\to 1-} f(x)=-1$$

0012 답 (1) 1 (2) 1 (3) 1 (4) 2 (5) −1
(6) 존재하지 않는다.

(1) x의 값이 −1보다 크면서 −1에 한없이 가까워질 때, $f(x)$의 값은 1에 한없이 가까워지므로
$$\lim_{x\to -1+} f(x)=1$$

(2) x의 값이 −1보다 작으면서 −1에 한없이 가까워질 때, $f(x)$의 값은 1에 한없이 가까워지므로
$$\lim_{x\to -1-} f(x)=1$$

(3) $\lim\limits_{x\to -1+} f(x)=1$, $\lim\limits_{x\to -1-} f(x)=1$이므로
$$\lim_{x\to -1} f(x)=1$$

(4) x의 값이 1보다 크면서 1에 한없이 가까워질 때, $f(x)$의 값은 2에 한없이 가까워지므로
$$\lim_{x\to 1+} f(x)=2$$

(5) x의 값이 1보다 작으면서 1에 한없이 가까워질 때, $f(x)$의 값은 −1에 한없이 가까워지므로
$$\lim_{x\to 1-} f(x)=-1$$

(6) $\lim\limits_{x\to 1+} f(x)\neq \lim\limits_{x\to 1-} f(x)$이므로 $\lim\limits_{x\to 1} f(x)$의 값은 존재하지 않는다.

0013 답 존재하지 않는다.

$f(x)=\dfrac{|x|}{x}$라 하면 $f(x)=\begin{cases} 1 & (x>0) \\ -1 & (x<0) \end{cases}$

따라서 함수 $y=f(x)$의 그래프는 오른쪽 그림과 같으므로

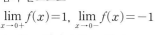

$$\lim_{x\to 0+} f(x)=1,\ \lim_{x\to 0-} f(x)=-1$$
$$\therefore \lim_{x\to 0+} f(x)\neq \lim_{x\to 0-} f(x)$$

따라서 $\lim\limits_{x\to 0} f(x)$, 즉 $\lim\limits_{x\to 0} \dfrac{|x|}{x}$의 값은 존재하지 않는다.

0014 답 존재하지 않는다.

$f(x)=\dfrac{x^2-9}{|x+3|}$라 하면 $f(x)=\begin{cases} x-3 & (x>-3) \\ -x+3 & (x<-3) \end{cases}$

따라서 함수 $y=f(x)$의 그래프는 오른쪽 그림과 같으므로

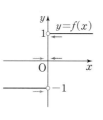

$$\lim_{x\to -3+} f(x)=-6,\ \lim_{x\to -3-} f(x)=6$$
$$\therefore \lim_{x\to -3+} f(x)\neq \lim_{x\to -3-} f(x)$$

따라서 $\lim\limits_{x\to -3} f(x)$, 즉 $\lim\limits_{x\to -3} \dfrac{x^2-9}{|x+3|}$의 값은 존재하지 않는다.

0015 답 12

$$\lim_{x\to 1} 3f(x)=3\lim_{x\to 1} f(x)=3\times 4=12$$

0016 답 2

$$\lim_{x\to 1}\{f(x)+g(x)\}=\lim_{x\to 1} f(x)+\lim_{x\to 1} g(x)$$
$$=4+(-2)=2$$

0017 답 10

$$\lim_{x\to 1}\{2f(x)-g(x)\}=2\lim_{x\to 1} f(x)-\lim_{x\to 1} g(x)$$
$$=2\times 4-(-2)=10$$

0018 답 −8

$$\lim_{x\to 1} f(x)g(x)=\lim_{x\to 1} f(x)\times \lim_{x\to 1} g(x)$$
$$=4\times(-2)=-8$$

0019 답 −2

$$\lim_{x\to 1}\frac{f(x)}{g(x)}=\frac{\lim\limits_{x\to 1} f(x)}{\lim\limits_{x\to 1} g(x)}=\frac{4}{-2}=-2$$

0020 답 $\dfrac{3}{4}$

$$\lim_{x\to 1}\frac{\{g(x)\}^2-1}{f(x)}=\frac{\lim\limits_{x\to 1} g(x)\times \lim\limits_{x\to 1} g(x)-\lim\limits_{x\to 1} 1}{\lim\limits_{x\to 1} f(x)}$$
$$=\frac{(-2)\times(-2)-1}{4}=\frac{3}{4}$$

0021 답 −5

$$\lim_{x\to 3}(-2x+1)=-6+1=-5$$

0022 답 7

$$\lim_{x\to -2}(x^2-x+1)=4-(-2)+1=7$$

0023 답 −10

$$\lim_{x\to 0}(x+2)(x^2-5)=\lim_{x\to 0}(x+2)\times \lim_{x\to 0}(x^2-5)$$
$$=2\times(-5)=-10$$

0024 답 1

$$\lim_{x\to -1}\frac{-x+1}{x+3}=\frac{\lim\limits_{x\to -1}(-x+1)}{\lim\limits_{x\to -1}(x+3)}=\frac{1+1}{-1+3}=1$$

0025 답 8

$$\lim_{x\to 1}\frac{x^2+6x-7}{x-1}=\lim_{x\to 1}\frac{(x+7)(x-1)}{x-1}=\lim_{x\to 1}(x+7)=8$$

0026 답 −1

$$\lim_{x\to -1}\frac{x^2+x}{x+1}=\lim_{x\to -1}\frac{x(x+1)}{x+1}=\lim_{x\to -1} x=-1$$

0027 답 $\dfrac{3}{2}$

$$\lim_{x \to 2} \frac{\sqrt{3x-5}-1}{x-2} = \lim_{x \to 2} \frac{(\sqrt{3x-5}-1)(\sqrt{3x-5}+1)}{(x-2)(\sqrt{3x-5}+1)}$$
$$= \lim_{x \to 2} \frac{3x-6}{(x-2)(\sqrt{3x-5}+1)}$$
$$= \lim_{x \to 2} \frac{3(x-2)}{(x-2)(\sqrt{3x-5}+1)}$$
$$= \lim_{x \to 2} \frac{3}{\sqrt{3x-5}+1}$$
$$= \frac{3}{1+1} = \frac{3}{2}$$

0028 답 $-\dfrac{4}{3}$

$$\lim_{x \to -3} \frac{x+3}{\sqrt{x^2+7}-4} = \lim_{x \to -3} \frac{(x+3)(\sqrt{x^2+7}+4)}{(\sqrt{x^2+7}-4)(\sqrt{x^2+7}+4)}$$
$$= \lim_{x \to -3} \frac{(x+3)(\sqrt{x^2+7}+4)}{x^2-9}$$
$$= \lim_{x \to -3} \frac{(x+3)(\sqrt{x^2+7}+4)}{(x+3)(x-3)}$$
$$= \lim_{x \to -3} \frac{\sqrt{x^2+7}+4}{x-3}$$
$$= \frac{4+4}{-6} = -\frac{4}{3}$$

0029 답 ∞

$$\lim_{x \to \infty} \frac{x^2+3x}{x+2} = \lim_{x \to \infty} \frac{x+3}{1+\dfrac{2}{x}} = \infty$$

0030 답 3

$$\lim_{x \to \infty} \frac{3x^2+2x+1}{x^2+5} = \lim_{x \to \infty} \frac{3+\dfrac{2}{x}+\dfrac{1}{x^2}}{1+\dfrac{5}{x^2}} = 3$$

0031 답 0

$$\lim_{x \to \infty} \frac{2x^2+x+1}{x^3-x-1} = \lim_{x \to \infty} \frac{\dfrac{2}{x}+\dfrac{1}{x^2}+\dfrac{1}{x^3}}{1-\dfrac{1}{x^2}-\dfrac{1}{x^3}} = 0$$

0032 답 4

$$\lim_{x \to \infty} \frac{4x}{\sqrt{x^2+2x}+1} = \lim_{x \to \infty} \frac{4}{\sqrt{1+\dfrac{2}{x}}+\dfrac{1}{x}} = 4$$

0033 답 3

$$\lim_{x \to \infty} (\sqrt{x^2+6x}-x) = \lim_{x \to \infty} \frac{(\sqrt{x^2+6x}-x)(\sqrt{x^2+6x}+x)}{\sqrt{x^2+6x}+x}$$
$$= \lim_{x \to \infty} \frac{6x}{\sqrt{x^2+6x}+x}$$
$$= \lim_{x \to \infty} \frac{6}{\sqrt{1+\dfrac{6}{x}}+1} = \frac{6}{1+1} = 3$$

0034 답 2

$$\lim_{x \to \infty} \frac{1}{\sqrt{x^2+x}-x} = \lim_{x \to \infty} \frac{\sqrt{x^2+x}+x}{(\sqrt{x^2+x}-x)(\sqrt{x^2+x}+x)}$$
$$= \lim_{x \to \infty} \frac{\sqrt{x^2+x}+x}{x}$$
$$= \lim_{x \to \infty} \left(\sqrt{1+\dfrac{1}{x}}+1\right)$$
$$= 1+1 = 2$$

0035 답 $\dfrac{1}{6}$

$$\lim_{x \to 0} \frac{1}{x}\left(\frac{3}{x+3}-\frac{2}{x+2}\right) = \lim_{x \to 0}\left\{\frac{1}{x} \times \frac{3(x+2)-2(x+3)}{(x+3)(x+2)}\right\}$$
$$= \lim_{x \to 0}\left\{\frac{1}{x} \times \frac{x}{(x+3)(x+2)}\right\}$$
$$= \lim_{x \to 0} \frac{1}{(x+3)(x+2)}$$
$$= \frac{1}{3 \times 2} = \frac{1}{6}$$

0036 답 $\dfrac{1}{2}$

$$\lim_{x \to \infty} x\left(\frac{\sqrt{x}}{\sqrt{x-1}}-1\right) = \lim_{x \to \infty} x\left(\frac{\sqrt{x}-\sqrt{x-1}}{\sqrt{x-1}}\right)$$
$$= \lim_{x \to \infty} \frac{x(\sqrt{x}-\sqrt{x-1})(\sqrt{x}+\sqrt{x-1})}{\sqrt{x-1}(\sqrt{x}+\sqrt{x-1})}$$
$$= \lim_{x \to \infty} \frac{x}{\sqrt{x^2-x}+x-1}$$
$$= \lim_{x \to \infty} \frac{1}{\sqrt{1-\dfrac{1}{x}}+1-\dfrac{1}{x}}$$
$$= \frac{1}{1+1} = \frac{1}{2}$$

0037 답 -3

$x \to 3$일 때 (분모) $\to 0$이고 극한값이 존재하므로 (분자) $\to 0$이다.
즉, $\lim\limits_{x \to 3}(x^2+ax)=0$이므로
$9+3a=0$　　$\therefore a=-3$

0038 답 2

$x \to -1$일 때 (분자) $\to 0$이고 0이 아닌 극한값이 존재하므로
(분모) $\to 0$이다.
즉, $\lim\limits_{x \to -1}(x^2+3x+a)=0$이므로
$-2+a=0$　　$\therefore a=2$

0039 답 -2

$\lim\limits_{x \to 1}(-x-1)=-2$, $\lim\limits_{x \to 1}(x^2-3x)=-2$이므로 함수의 극한의 대
소 관계에 의하여
$$\lim_{x \to 1} f(x)=-2$$

0040 답 1

$\lim\limits_{x \to \infty}\left(1-\dfrac{1}{x^2}\right)=1$, $\lim\limits_{x \to \infty}\left(1+\dfrac{1}{x^2}\right)=1$이므로 함수의 극한의 대소 관
계에 의하여
$$\lim_{x \to \infty} f(x)=1$$

0041 답 ⑤

$f(-1)+\lim\limits_{x\to0+}f(x)+\lim\limits_{x\to1-}f(x)=2+1+0=3$

0042 답 ③

$\lim\limits_{x\to1+}f(x)=\lim\limits_{x\to1+}(x+1)^2=4$

$\lim\limits_{x\to1-}f(x)=\lim\limits_{x\to1-}x^2=1$

$\therefore \lim\limits_{x\to1+}f(x)+\lim\limits_{x\to1-}f(x)=5$

0043 답 2

$\lim\limits_{x\to-1+}f(x)=\lim\limits_{x\to-1+}\dfrac{|x+1|}{x+1}$

$\qquad\qquad=\lim\limits_{x\to-1+}\dfrac{x+1}{x+1}=1$ ······ ❶

$\lim\limits_{x\to-1-}f(x)=\lim\limits_{x\to-1-}\dfrac{|x+1|}{x+1}$

$\qquad\qquad=\lim\limits_{x\to-1-}\dfrac{-(x+1)}{x+1}=-1$ ······ ❷

$\therefore \lim\limits_{x\to-1+}f(x)-\lim\limits_{x\to-1-}f(x)=2$ ······ ❸

채점 기준

❶ $\lim\limits_{x\to-1+}f(x)$의 값 구하기	40 %
❷ $\lim\limits_{x\to-1-}f(x)$의 값 구하기	40 %
❸ $\lim\limits_{x\to-1+}f(x)-\lim\limits_{x\to-1-}f(x)$의 값 구하기	20 %

0044 답 4

$\lim\limits_{x\to3+}f(x)=\lim\limits_{x\to3+}(kx+3)=3k+3$

$\lim\limits_{x\to3-}f(x)=\lim\limits_{x\to3-}(x^2+2x)=15$

$\lim\limits_{x\to3}f(x)$의 값이 존재하려면 $\lim\limits_{x\to3+}f(x)=\lim\limits_{x\to3-}f(x)$이어야 하므로

$3k+3=15$ $\therefore k=4$

0045 답 ⑤

ㄱ. $f(x)=x-5$라 하면 함수 $y=f(x)$의 그래프는 오른쪽 그림과 같고 x의 값이 한없이 커질 때, $f(x)$의 값도 한없이 커지므로

$\lim\limits_{x\to\infty}(x-5)=\infty$

ㄴ. $f(x)=\sqrt{x+1}$이라 하면 함수 $y=f(x)$의 그래프는 오른쪽 그림과 같고 x의 값이 1에 한없이 가까워질 때, $f(x)$의 값은 $\sqrt2$에 한없이 가까워지므로

$\lim\limits_{x\to1}\sqrt{x+1}=\sqrt2$

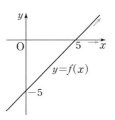

ㄷ. $f(x)=\dfrac{1}{x}+1$이라 하면 함수 $y=f(x)$의 그래프는 오른쪽 그림과 같고 x의 값이 음수이면서 그 절댓값이 한없이 커질 때, $f(x)$의 값은 1에 한없이 가까워지므로

$\lim\limits_{x\to-\infty}\left(\dfrac{1}{x}+1\right)=1$

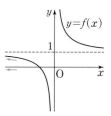

ㄹ. $f(x)=\dfrac{x^3}{|x|}$이라 하면 $f(x)=\begin{cases} x^2 & (x>0) \\ -x^2 & (x<0) \end{cases}$

따라서 함수 $y=f(x)$의 그래프는 오른쪽 그림과 같으므로

$\lim\limits_{x\to0+}f(x)=0,\ \lim\limits_{x\to0-}f(x)=0$

$\therefore \lim\limits_{x\to0}f(x)=0$

따라서 보기에서 극한값이 존재하는 것은 ㄴ, ㄷ, ㄹ이다.

0046 답 ㄴ, ㄷ

ㄱ. $\lim\limits_{x\to1+}f(x)=1,\ \lim\limits_{x\to1-}f(x)=2$이므로

$\quad \lim\limits_{x\to1+}f(x)\neq\lim\limits_{x\to1-}f(x)$

따라서 $\lim\limits_{x\to1}f(x)$의 값은 존재하지 않는다.

ㄴ. $\lim\limits_{x\to2+}f(x)=0,\ \lim\limits_{x\to2-}f(x)=0$이므로

$\quad \lim\limits_{x\to2}f(x)=0$

ㄷ. $-1<a<1$인 임의의 실수 a에 대하여

$\quad \lim\limits_{x\to a+}f(x)=\lim\limits_{x\to a-}f(x)$

따라서 $\lim\limits_{x\to a}f(x)$의 값이 존재한다.

따라서 보기에서 옳은 것은 ㄴ, ㄷ이다.

0047 답 ④

$g(x)=t$로 놓으면 $x\to1+$일 때 $t\to1+$이므로

$\lim\limits_{x\to1+}f(g(x))=\lim\limits_{t\to1+}f(t)=2$

$f(x)=s$로 놓으면 $x\to0-$일 때 $s\to1-$이므로

$\lim\limits_{x\to0-}g(f(x))=\lim\limits_{s\to1-}g(s)=2$

$\therefore \lim\limits_{x\to1+}f(g(x))+\lim\limits_{x\to0-}g(f(x))=4$

0048 답 ②

ㄱ. $f(0)=2$

ㄴ. $\lim\limits_{x\to0+}f(x)=2,\ \lim\limits_{x\to0-}f(x)=\lim\limits_{x\to0-}(x-1)=-1$

따라서 $\lim\limits_{x\to0+}f(x)\neq\lim\limits_{x\to0-}f(x)$이므로 $\lim\limits_{x\to0}f(x)$의 값은 존재하지 않는다.

ㄷ. $f(x)=t$로 놓으면 $x\to0+$일 때 $t=2$이므로

$\quad \lim\limits_{x\to0+}f(f(x))=f(2)=2$

ㄹ. $f(x)=t$로 놓으면 $x\to-1-$일 때 $t\to-2-$이므로

$\quad \lim\limits_{x\to-1-}f(f(x))=\lim\limits_{t\to-2-}f(t)=\lim\limits_{t\to-2-}(t-1)=-3$

따라서 보기에서 옳은 것은 ㄱ, ㄹ이다.

0049 답 2

$x+1=t$로 놓으면 $x \to 0-$일 때 $t \to 1-$이므로

$$\lim_{x \to 0-} f(x+1) = \lim_{t \to 1-} f(t) = 2 \qquad \cdots\cdots \text{ⓘ}$$

$-x=s$로 놓으면 $x \to 1-$일 때 $s \to -1+$이므로

$$\lim_{x \to 1-} f(-x) = \lim_{s \to -1+} f(s) = 0 \qquad \cdots\cdots \text{ⓘⓘ}$$

$$\therefore \lim_{x \to 0-} f(x+1) + \lim_{x \to 1-} f(-x) = 2 \qquad \cdots\cdots \text{ⓘⓘⓘ}$$

채점 기준

ⓘ $\lim_{x \to 0-} f(x+1)$의 값 구하기	40 %
ⓘⓘ $\lim_{x \to 1-} f(-x)$의 값 구하기	40 %
ⓘⓘⓘ $\lim_{x \to 0-} f(x+1) + \lim_{x \to 1-} f(-x)$의 값 구하기	20 %

0050 답 ③

$\dfrac{t-1}{t+1}=m$으로 놓으면 $m=\dfrac{t+1-2}{t+1}=-\dfrac{2}{t+1}+1$

따라서 $m=\dfrac{t-1}{t+1}$의 그래프는 오른쪽 그림과 같고, $t \to \infty$일 때 $m \to 1-$이므로

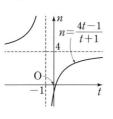

$$\lim_{t \to \infty} f\left(\frac{t-1}{t+1}\right) = \lim_{m \to 1-} f(m) = 2$$

$\dfrac{4t-1}{t+1}=n$으로 놓으면 $n=\dfrac{4(t+1)-5}{t+1}=-\dfrac{5}{t+1}+4$

따라서 $n=\dfrac{4t-1}{t+1}$의 그래프는 오른쪽 그림과 같고, $t \to -\infty$일 때 $n \to 4+$이므로

$$\lim_{t \to -\infty} f\left(\frac{4t-1}{t+1}\right) = \lim_{n \to 4+} f(n) = 3$$

$$\therefore \lim_{t \to \infty} f\left(\frac{t-1}{t+1}\right) + \lim_{t \to -\infty} f\left(\frac{4t-1}{t+1}\right) = 5$$

0051 답 ①

$2f(x)+g(x)=h(x)$라 하면

$g(x)=h(x)-2f(x)$, $\lim_{x \to \infty} h(x)=-3$

$$\therefore \lim_{x \to \infty} \frac{f(x)-3g(x)}{3f(x)+2g(x)-1} = \lim_{x \to \infty} \frac{f(x)-3\{h(x)-2f(x)\}}{3f(x)+2\{h(x)-2f(x)\}-1}$$

$$= \lim_{x \to \infty} \frac{7f(x)-3h(x)}{-f(x)+2h(x)-1}$$

$$= \lim_{x \to \infty} \frac{7-3 \times \dfrac{h(x)}{f(x)}}{-1+2 \times \dfrac{h(x)}{f(x)} - \dfrac{1}{f(x)}}$$

$$= -7$$

$$\left(\because \lim_{x \to \infty} \frac{h(x)}{f(x)} = 0, \lim_{x \to \infty} \frac{1}{f(x)} = 0\right)$$

다른 풀이

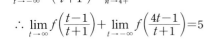

$\lim_{x \to \infty} \dfrac{2f(x)+g(x)}{f(x)} = 0$이므로

$$\lim_{x \to \infty} \left\{2 + \frac{g(x)}{f(x)}\right\} = 0 \qquad \therefore \lim_{x \to \infty} \frac{g(x)}{f(x)} = -2$$

$$\therefore \lim_{x \to \infty} \frac{f(x)-3g(x)}{3f(x)+2g(x)-1} = \lim_{x \to \infty} \frac{1-3 \times \dfrac{g(x)}{f(x)}}{3+2 \times \dfrac{g(x)}{f(x)} - \dfrac{1}{f(x)}}$$

$$= \frac{1-3 \times (-2)}{3+2 \times (-2)-0}$$

$$= -7$$

0052 답 ⑤

$\lim_{x \to 1+} f(x)=1$, $\lim_{x \to 1-} f(x)=2$

$\lim_{x \to 1+} g(x)=0$, $\lim_{x \to 1-} g(x)=0$

ㄱ. $\lim_{x \to 1+} \{f(x)+g(x)\} = 1+0 = 1$

　　$\lim_{x \to 1-} \{f(x)+g(x)\} = 2+0 = 2$

　　따라서 $\lim_{x \to 1+} \{f(x)+g(x)\} \neq \lim_{x \to 1-} \{f(x)+g(x)\}$이므로

　　$\lim_{x \to 1} \{f(x)+g(x)\}$의 값은 존재하지 않는다.

ㄴ. $\lim_{x \to 1+} \{g(x)-f(x)\} = 0-1 = -1$

　　$\lim_{x \to 1-} \{g(x)-f(x)\} = 0-2 = -2$

　　따라서 $\lim_{x \to 1+} \{g(x)-f(x)\} \neq \lim_{x \to 1-} \{g(x)-f(x)\}$이므로

　　$\lim_{x \to 1} \{g(x)-f(x)\}$의 값은 존재하지 않는다.

ㄷ. $\lim_{x \to 1+} f(x)g(x) = 1 \times 0 = 0$

　　$\lim_{x \to 1-} f(x)g(x) = 2 \times 0 = 0$

　　$\therefore \lim_{x \to 1} f(x)g(x) = 0$

ㄹ. $\lim_{x \to 1+} \dfrac{g(x)}{f(x)} = \dfrac{0}{1} = 0$, $\lim_{x \to 1-} \dfrac{g(x)}{f(x)} = \dfrac{0}{2} = 0$

　　$\therefore \lim_{x \to 1} \dfrac{g(x)}{f(x)} = 0$

따라서 보기에서 극한값이 존재하는 것은 ㄷ, ㄹ이다.

0053 답 30

$$a = \lim_{x \to 1} (2x^2+1)f(x)$$

$$= \lim_{x \to 1} \left\{\frac{2x^2+1}{x+1} \times (x+1)f(x)\right\}$$

$$= \lim_{x \to 1} \frac{2x^2+1}{x+1} \times \lim_{x \to 1} (x+1)f(x)$$

$$= \frac{3}{2} \times 1 = \frac{3}{2}$$

$$\therefore 20a = 20 \times \frac{3}{2} = 30$$

0054 답 ④

$f(x)+2g(x)=h(x)$라 하면

$g(x)=\dfrac{h(x)-f(x)}{2}$, $\lim_{x \to 3} h(x)=3$

$$\therefore \lim_{x \to 3} \{f(x)-6g(x)\} = \lim_{x \to 3} \left\{f(x)-6 \times \frac{h(x)-f(x)}{2}\right\}$$

$$= \lim_{x \to 3} \{4f(x)-3h(x)\}$$

$$= 4 \times 4 - 3 \times 3 = 7$$

0055 답 $\dfrac{3}{2}$

$x-2=t$로 놓으면 $x \to 2$일 때 $t \to 0$이므로

$$\lim_{x \to 2}\frac{f(x-2)}{x-2}=\lim_{t \to 0}\frac{f(t)}{t} \quad \therefore \lim_{x \to 0}\frac{f(x)}{x}=3 \qquad \cdots\cdots ❶$$

$$\therefore \lim_{x \to 0}\frac{f(x)+3x}{2g(x)-x^2}=\lim_{x \to 0}\frac{\dfrac{f(x)}{x}+3}{2\times\dfrac{g(x)}{x}-x}$$

$$=\frac{3+3}{2\times 2-0}=\frac{3}{2} \qquad \cdots\cdots ❷$$

채점 기준

❶ $\lim\limits_{x \to 0}\dfrac{f(x)}{x}$의 값 구하기	50 %
❷ $\lim\limits_{x \to 0}\dfrac{f(x)+3x}{2g(x)-x^2}$의 값 구하기	50 %

만렙 Note

$\lim\limits_{x \to a}\dfrac{f(x-a)}{x-a}=\alpha\,(a$는 실수$)$ 꼴이 주어질 때, $x-a=t$로 놓으면 $\lim\limits_{x \to a}\dfrac{f(x-a)}{x-a}=\lim\limits_{t \to 0}\dfrac{f(t)}{t}$이므로 $\lim\limits_{x \to 0}\dfrac{f(x)}{x}=\alpha$임을 이용한다.

0056 답 2

$x+1=t$로 놓으면 $x \to -1$일 때 $t \to 0$이므로

$$\lim_{x \to -1}\frac{x^2-2x-3}{f(x+1)}=\lim_{x \to -1}\frac{(x+1)(x-3)}{f(x+1)}$$

$$=\lim_{x \to -1}\frac{x+1}{f(x+1)}\times\lim_{x \to -1}(x-3)$$

$$=\lim_{t \to 0}\frac{t}{f(t)}\times\lim_{x \to -1}(x-3)$$

$$=-\frac{1}{2}\times(-4)=2$$

0057 답 ①

ㄱ. $\lim\limits_{x \to a}\{f(x)+g(x)\}=\alpha$, $\lim\limits_{x \to a}\{f(x)-g(x)\}=\beta\,(\alpha,\ \beta$는 실수$)$ 라 하면

$$\lim_{x \to a}f(x)=\lim_{x \to a}\frac{\{f(x)+g(x)\}+\{f(x)-g(x)\}}{2}=\frac{\alpha+\beta}{2}$$

$$\lim_{x \to a}g(x)=\lim_{x \to a}\frac{\{f(x)+g(x)\}-\{f(x)-g(x)\}}{2}=\frac{\alpha-\beta}{2}$$

ㄴ. $\lim\limits_{x \to a}g(x)=\alpha$, $\lim\limits_{x \to a}\dfrac{f(x)}{g(x)}=\beta\,(\alpha,\ \beta$는 실수$)$라 하면

$$\lim_{x \to a}f(x)=\lim_{x \to a}\left\{g(x)\times\frac{f(x)}{g(x)}\right\}=\alpha\beta$$

ㄷ. [반례] $f(x)=g(x)=\begin{cases}1 & (x\geq a)\\-1 & (x<a)\end{cases}$이면 $f(x)-g(x)=0$이므로 $\lim\limits_{x \to a}\{f(x)-g(x)\}=0$이지만 $\lim\limits_{x \to a}f(x)$와 $\lim\limits_{x \to a}g(x)$의 값은 모두 존재하지 않는다.

ㄹ. [반례] $f(x)=\begin{cases}0 & (x\geq a)\\1 & (x<a)\end{cases}$, $g(x)=\begin{cases}1 & (x\geq a)\\0 & (x<a)\end{cases}$이면 $\lim\limits_{x \to a}f(x)$와 $\lim\limits_{x \to a}g(x)$의 값은 모두 존재하지 않지만 $f(x)+g(x)=1$이므로 $\lim\limits_{x \to a}\{f(x)+g(x)\}=1$

따라서 보기에서 옳은 것은 ㄱ, ㄴ이다.

0058 답 ②

$-1\leq x<0$일 때 $0\leq x+1<1$이므로 $[x+1]=0$

$$\therefore \lim_{x \to 0-}[x+1]=0$$

$2\leq x<3$일 때 $[x]=2$이므로 $\lim\limits_{x \to 2+}[x]=2$

$$\therefore \lim_{x \to 2+}([x]-3)=2-3=-1$$

$$\therefore \lim_{x \to 0-}[x+1]+\lim_{x \to 2+}([x]-3)=-1$$

0059 답 ④

$-1\leq x<0$일 때 $-2\leq x-1<-1$이므로 $[x-1]=-2$

$$\therefore \lim_{x \to 0-}[x-1]=-2$$

$$\therefore \lim_{x \to 0-}\frac{[x-1]}{x-1}=\frac{-2}{-1}=2$$

$-x^2+2x-1=-(x-1)^2$이고 $1<x<2$일 때 $-1<-(x-1)^2<0$ 이므로

$$[-x^2+2x-1]=-1$$

$$\therefore \lim_{x \to 1+}[-x^2+2x-1]=-1$$

$$\therefore \lim_{x \to 0-}\frac{[x-1]}{x-1}+\lim_{x \to 1+}[-x^2+2x-1]=1$$

0060 답 ②

$-1\leq x<0$일 때 $[x]=-1$이므로 $\lim\limits_{x \to -1+}[x]=-1$

$$\therefore \lim_{x \to -1+}f(x)=\lim_{x \to -1+}\{[x]^2+(k+5)[x]\}$$

$$=(-1)^2+(k+5)\times(-1)$$

$$=-k-4$$

$-2\leq x<-1$일 때 $[x]=-2$이므로 $\lim\limits_{x \to -1-}[x]=-2$

$$\therefore \lim_{x \to -1-}f(x)=\lim_{x \to -1-}\{[x]^2+(k+5)[x]\}$$

$$=(-2)^2+(k+5)\times(-2)$$

$$=-2k-6$$

이때 $\lim\limits_{x \to -1}f(x)$의 값이 존재하려면 $\lim\limits_{x \to -1+}f(x)=\lim\limits_{x \to -1-}f(x)$이어야 하므로

$$-k-4=-2k-6 \qquad \therefore k=-2$$

0061 답 16

$$\lim_{x \to 2}\frac{x^2-4}{\sqrt{x+2}-2}=\lim_{x \to 2}\frac{(x^2-4)(\sqrt{x+2}+2)}{(\sqrt{x+2}-2)(\sqrt{x+2}+2)}$$

$$=\lim_{x \to 2}\frac{(x+2)(x-2)(\sqrt{x+2}+2)}{x-2}$$

$$=\lim_{x \to 2}(x+2)(\sqrt{x+2}+2)$$

$$=4(2+2)=16$$

0062 답 ④

$$\lim_{x \to 1}\frac{x^3+x-2}{x^2-1}=\lim_{x \to 1}\frac{(x-1)(x^2+x+2)}{(x+1)(x-1)}$$

$$=\lim_{x \to 1}\frac{x^2+x+2}{x+1}=\frac{4}{2}=2$$

0063 답 ④

① $\lim\limits_{x \to 2} \sqrt{x+2} = \sqrt{4} = 2$

② $\lim\limits_{x \to -1} (-x+2) = 3$

③ $\lim\limits_{x \to 1} \dfrac{x^2+3x-4}{x-1} = \lim\limits_{x \to 1} \dfrac{(x+4)(x-1)}{x-1}$

$\qquad = \lim\limits_{x \to 1} (x+4) = 5$

④ $\lim\limits_{x \to 3} \dfrac{\sqrt{x+6}-3}{x-3} = \lim\limits_{x \to 3} \dfrac{(\sqrt{x+6}-3)(\sqrt{x+6}+3)}{(x-3)(\sqrt{x+6}+3)}$

$\qquad = \lim\limits_{x \to 3} \dfrac{x-3}{(x-3)(\sqrt{x+6}+3)}$

$\qquad = \lim\limits_{x \to 3} \dfrac{1}{\sqrt{x+6}+3}$

$\qquad = \dfrac{1}{3+3} = \dfrac{1}{6}$

⑤ $\lim\limits_{x \to 0} \dfrac{4x}{\sqrt{2+x}-\sqrt{2-x}}$

$\qquad = \lim\limits_{x \to 0} \dfrac{4x(\sqrt{2+x}+\sqrt{2-x})}{(\sqrt{2+x}-\sqrt{2-x})(\sqrt{2+x}+\sqrt{2-x})}$

$\qquad = \lim\limits_{x \to 0} \dfrac{4x(\sqrt{2+x}+\sqrt{2-x})}{2x}$

$\qquad = \lim\limits_{x \to 0} 2(\sqrt{2+x}+\sqrt{2-x})$

$\qquad = 2 \times 2\sqrt{2} = 4\sqrt{2}$

따라서 옳지 않은 것은 ④이다.

0064 답 8

$\lim\limits_{x \to 2} \dfrac{x^4-16}{(x^2-4)f(x)} = \lim\limits_{x \to 2} \dfrac{(x^2+4)(x^2-4)}{(x^2-4)f(x)}$

$\qquad = \lim\limits_{x \to 2} \dfrac{x^2+4}{f(x)} = \dfrac{8}{f(2)}$

따라서 $\dfrac{8}{f(2)} = 1$이므로 $f(2) = 8$

0065 답 6

$x > -2$일 때 $x+2 > 0$이므로

$\lim\limits_{x \to -2+} \dfrac{x^2-2x-8}{|x+2|} = \lim\limits_{x \to -2+} \dfrac{x^2-2x-8}{x+2}$

$\qquad = \lim\limits_{x \to -2+} \dfrac{(x+2)(x-4)}{x+2}$

$\qquad = \lim\limits_{x \to -2+} (x-4) = -6$

$\therefore a = -6$ ⋯⋯ ❶

$x < 1$일 때 $x-1 < 0$이므로

$\lim\limits_{x \to 1-} \dfrac{x^2-x}{|x-1|} = \lim\limits_{x \to 1-} \dfrac{x^2-x}{-(x-1)}$

$\qquad = \lim\limits_{x \to 1-} \dfrac{x(x-1)}{-(x-1)}$

$\qquad = \lim\limits_{x \to 1-} (-x) = -1$

$\therefore b = -1$ ⋯⋯ ❷

$\therefore ab = 6$ ⋯⋯ ❸

채점 기준	
❶ a의 값 구하기	40 %
❷ b의 값 구하기	40 %
❸ ab의 값 구하기	20 %

0066 답 4

$x = -t$로 놓으면 $x \to -\infty$일 때 $t \to \infty$이므로

$\lim\limits_{x \to -\infty} \dfrac{x-\sqrt{9x^2-1}}{x+1} = \lim\limits_{t \to \infty} \dfrac{-t-\sqrt{9t^2-1}}{-t+1}$

$\qquad = \lim\limits_{t \to \infty} \dfrac{-1-\sqrt{9-\dfrac{1}{t^2}}}{-1+\dfrac{1}{t}}$

$\qquad = \dfrac{-1-3}{-1} = 4$

0067 답 ⑤

$\lim\limits_{x \to \infty} \dfrac{(x-1)(3x+1)}{x^2+3x+2} = \lim\limits_{x \to \infty} \dfrac{3x^2-2x-1}{x^2+3x+2}$

$\qquad = \lim\limits_{x \to \infty} \dfrac{3-\dfrac{2}{x}-\dfrac{1}{x^2}}{1+\dfrac{3}{x}+\dfrac{2}{x^2}} = 3$

0068 답 ④

$\lim\limits_{x \to \infty} \dfrac{\sqrt{4x^2-x}+3}{x-1} = \lim\limits_{x \to \infty} \dfrac{\sqrt{4-\dfrac{1}{x}}+\dfrac{3}{x}}{1-\dfrac{1}{x}} = 2$

0069 답 ④

① $\lim\limits_{x \to \infty} \dfrac{2x+4}{x^2+5} = \lim\limits_{x \to \infty} \dfrac{\dfrac{2}{x}+\dfrac{4}{x^2}}{1+\dfrac{5}{x^2}} = 0$

② $\lim\limits_{x \to \infty} \dfrac{5x^2-1}{x^2-x+1} = \lim\limits_{x \to \infty} \dfrac{5-\dfrac{1}{x^2}}{1-\dfrac{1}{x}+\dfrac{1}{x^2}} = 5$

③ $\lim\limits_{x \to \infty} \dfrac{\sqrt{x^2+5}-1}{3x} = \lim\limits_{x \to \infty} \dfrac{\sqrt{1+\dfrac{5}{x^2}}-\dfrac{1}{x}}{3} = \dfrac{1}{3}$

④ $\lim\limits_{x \to \infty} \dfrac{2x^2}{\sqrt{x^2+1}-3} = \lim\limits_{x \to \infty} \dfrac{2x}{\sqrt{1+\dfrac{1}{x^2}}-\dfrac{3}{x}} = \infty$

⑤ $x = -t$로 놓으면 $x \to -\infty$일 때 $t \to \infty$이므로

$\lim\limits_{x \to -\infty} \dfrac{\sqrt{x^2+2}}{3x+1} = \lim\limits_{t \to \infty} \dfrac{\sqrt{t^2+2}}{-3t+1}$

$\qquad = \lim\limits_{t \to \infty} \dfrac{\sqrt{1+\dfrac{2}{t^2}}}{-3+\dfrac{1}{t}} = -\dfrac{1}{3}$

따라서 옳지 않은 것은 ④이다.

0070 답 $\dfrac{5}{4}$

$\lim\limits_{x \to \infty} f(x) = \lim\limits_{x \to \infty} \dfrac{\sqrt{x^2-x+4}-2}{x-1}$

$\qquad = \lim\limits_{x \to \infty} \dfrac{\sqrt{1-\dfrac{1}{x}+\dfrac{4}{x^2}}-\dfrac{2}{x}}{1-\dfrac{1}{x}} = 1$

$\therefore a = 1$ ⋯⋯ ❶

$$\lim_{x \to 1} f(x) = \lim_{x \to 1} \frac{\sqrt{x^2-x+4}-2}{x-1}$$
$$= \lim_{x \to 1} \frac{(\sqrt{x^2-x+4}-2)(\sqrt{x^2-x+4}+2)}{(x-1)(\sqrt{x^2-x+4}+2)}$$
$$= \lim_{x \to 1} \frac{x^2-x}{(x-1)(\sqrt{x^2-x+4}+2)}$$
$$= \lim_{x \to 1} \frac{x(x-1)}{(x-1)(\sqrt{x^2-x+4}+2)}$$
$$= \lim_{x \to 1} \frac{x}{\sqrt{x^2-x+4}+2}$$
$$= \frac{1}{2+2} = \frac{1}{4}$$

$$\therefore b = \frac{1}{4} \qquad \cdots\cdots \text{ⓘⓘ}$$

$$\therefore a+b = \frac{5}{4} \qquad \cdots\cdots \text{ⓘⓘⓘ}$$

채점 기준

ⓘ a의 값 구하기		40 %
ⓘⓘ b의 값 구하기		50 %
ⓘⓘⓘ $a+b$의 값 구하기		10 %

0071 답 ①

$$\lim_{x \to \infty} (\sqrt{4x^2-2x+3}-2x)$$
$$= \lim_{x \to \infty} \frac{(\sqrt{4x^2-2x+3}-2x)(\sqrt{4x^2-2x+3}+2x)}{\sqrt{4x^2-2x+3}+2x}$$
$$= \lim_{x \to \infty} \frac{-2x+3}{\sqrt{4x^2-2x+3}+2x}$$
$$= \lim_{x \to \infty} \frac{-2+\frac{3}{x}}{\sqrt{4-\frac{2}{x}+\frac{3}{x^2}}+2} = \frac{-2}{2+2} = -\frac{1}{2}$$

0072 답 $\frac{1}{2}$

$$\lim_{x \to \infty} \frac{1}{\sqrt{x^2+2x}-\sqrt{x^2-2x}}$$
$$= \lim_{x \to \infty} \frac{\sqrt{x^2+2x}+\sqrt{x^2-2x}}{(\sqrt{x^2+2x}-\sqrt{x^2-2x})(\sqrt{x^2+2x}+\sqrt{x^2-2x})}$$
$$= \lim_{x \to \infty} \frac{\sqrt{x^2+2x}+\sqrt{x^2-2x}}{4x}$$
$$= \lim_{x \to \infty} \frac{\sqrt{1+\frac{2}{x}}+\sqrt{1-\frac{2}{x}}}{4} = \frac{1+1}{4} = \frac{1}{2}$$

0073 답 ①

$x=-t$로 놓으면 $x \to -\infty$일 때 $t \to \infty$이므로
$$\lim_{x \to -\infty} (\sqrt{9x^2-2x}+3x) = \lim_{t \to \infty} (\sqrt{9t^2+2t}-3t)$$
$$= \lim_{t \to \infty} \frac{(\sqrt{9t^2+2t}-3t)(\sqrt{9t^2+2t}+3t)}{\sqrt{9t^2+2t}+3t}$$
$$= \lim_{t \to \infty} \frac{2t}{\sqrt{9t^2+2t}+3t}$$
$$= \lim_{t \to \infty} \frac{2}{\sqrt{9+\frac{2}{t}}+3} = \frac{2}{3+3} = \frac{1}{3}$$

0074 답 8

$$\lim_{x \to \infty} (\sqrt{x^2+ax}-\sqrt{x^2-ax})$$
$$= \lim_{x \to \infty} \frac{(\sqrt{x^2+ax}-\sqrt{x^2-ax})(\sqrt{x^2+ax}+\sqrt{x^2-ax})}{\sqrt{x^2+ax}+\sqrt{x^2-ax}}$$
$$= \lim_{x \to \infty} \frac{2ax}{\sqrt{x^2+ax}+\sqrt{x^2-ax}}$$
$$= \lim_{x \to \infty} \frac{2a}{\sqrt{1+\frac{a}{x}}+\sqrt{1-\frac{a}{x}}}$$
$$= \frac{2a}{1+1} = a$$
$$\therefore a = 8$$

0075 답 ①

$$\lim_{x \to -2} \frac{1}{x^2-4}\left(2-\frac{2}{x+3}\right) = \lim_{x \to -2}\left\{\frac{1}{(x+2)(x-2)} \times \frac{2(x+2)}{x+3}\right\}$$
$$= \lim_{x \to -2} \frac{2}{(x-2)(x+3)}$$
$$= \frac{2}{-4 \times 1}$$
$$= -\frac{1}{2}$$

0076 답 -2

$x=-t$로 놓으면 $x \to -\infty$일 때 $t \to \infty$이므로
$$\lim_{x \to -\infty} x\left(\frac{x}{\sqrt{x^2-4x}}+1\right) = \lim_{t \to \infty}\left\{-t\left(\frac{-t}{\sqrt{t^2+4t}}+1\right)\right\}$$
$$= \lim_{t \to \infty} t\left(\frac{t}{\sqrt{t^2+4t}}-1\right)$$
$$= \lim_{t \to \infty}\left(t \times \frac{t-\sqrt{t^2+4t}}{\sqrt{t^2+4t}}\right)$$
$$= \lim_{t \to \infty}\left\{t \times \frac{(t-\sqrt{t^2+4t})(t+\sqrt{t^2+4t})}{\sqrt{t^2+4t}(t+\sqrt{t^2+4t})}\right\}$$
$$= \lim_{t \to \infty} \frac{t \times (-4t)}{\sqrt{t^2+4t}(t+\sqrt{t^2+4t})}$$
$$= \lim_{t \to \infty} \frac{-4}{\sqrt{1+\frac{4}{t}}\left(1+\sqrt{1+\frac{4}{t}}\right)}$$
$$= \frac{-4}{1 \times (1+1)}$$
$$= -2$$

0077 답 ④

$f(x) = x^2+4x+4 = (x+2)^2$

$\frac{1}{x}=t$로 놓으면 $x \to \infty$일 때 $t \to 0+$이므로
$$\lim_{x \to \infty} x\left\{f\left(1+\frac{3}{x}\right)-f\left(1-\frac{2}{x}\right)\right\} = \lim_{t \to 0+} \frac{1}{t}\{f(1+3t)-f(1-2t)\}$$
$$= \lim_{t \to 0+} \frac{(3+3t)^2-(3-2t)^2}{t}$$
$$= \lim_{t \to 0+} \frac{5t^2+30t}{t}$$
$$= \lim_{t \to 0+} (5t+30)$$
$$= 30$$

0078 답 ①

$x \to 1$일 때 (분모) $\to 0$이고 극한값이 존재하므로 (분자) $\to 0$이다.

즉, $\lim\limits_{x \to 1}(x^2+ax+b)=0$이므로

$1+a+b=0$ $\quad \therefore b=-a-1$ $\quad \cdots\cdots$ ㉠

㉠을 주어진 등식의 좌변에 대입하면

$$\lim_{x \to 1}\frac{x^2+ax-(a+1)}{x-1}=\lim_{x \to 1}\frac{(x-1)(x+a+1)}{x-1}$$
$$=\lim_{x \to 1}(x+a+1)=a+2$$

따라서 $a+2=-1$이므로 $a=-3$

이를 ㉠에 대입하면 $b=2$

$\therefore a-b=-5$

0079 답 2

$x \to -2$일 때 (분자) $\to 0$이고 0이 아닌 극한값이 존재하므로 (분모) $\to 0$이다.

즉, $\lim\limits_{x \to -2}(x^2+b)=0$이므로

$4+b=0$ $\quad \therefore b=-4$ $\quad\quad\quad\quad\quad\quad\quad \cdots\cdots$ ❶

이를 주어진 등식의 좌변에 대입하면

$$\lim_{x \to -2}\frac{x^2+(a+2)x+2a}{x^2-4}=\lim_{x \to -2}\frac{(x+2)(x+a)}{(x+2)(x-2)}$$
$$=\lim_{x \to -2}\frac{x+a}{x-2}=\frac{-2+a}{-4}$$

따라서 $\dfrac{-2+a}{-4}=5$이므로

$-2+a=-20$ $\quad \therefore a=-18$ $\quad\quad\quad\quad \cdots\cdots$ ❷

$\therefore a-5b=2$ $\quad\quad\quad\quad\quad\quad\quad\quad\quad\quad\quad\quad \cdots\cdots$ ❸

채점 기준

❶ b의 값 구하기		40 %
❷ a의 값 구하기		50 %
❸ $a-5b$의 값 구하기		10 %

0080 답 $-\dfrac{\sqrt{2}}{2}$

$x \to -1$일 때 (분모) $\to 0$이고 극한값이 존재하므로 (분자) $\to 0$이다.

즉, $\lim\limits_{x \to -1}(\sqrt{2x+a}-\sqrt{x+3})=0$이므로

$\sqrt{-2+a}-\sqrt{2}=0$, $\sqrt{-2+a}=\sqrt{2}$

$-2+a=2$ $\quad \therefore a=4$

이를 주어진 등식의 좌변에 대입하면

$$\lim_{x \to -1}\frac{\sqrt{2x+4}-\sqrt{x+3}}{x^2-1}$$
$$=\lim_{x \to -1}\frac{(\sqrt{2x+4}-\sqrt{x+3})(\sqrt{2x+4}+\sqrt{x+3})}{(x^2-1)(\sqrt{2x+4}+\sqrt{x+3})}$$
$$=\lim_{x \to -1}\frac{x+1}{(x+1)(x-1)(\sqrt{2x+4}+\sqrt{x+3})}$$
$$=\lim_{x \to -1}\frac{1}{(x-1)(\sqrt{2x+4}+\sqrt{x+3})}$$
$$=\frac{1}{-2\times 2\sqrt{2}}=-\frac{\sqrt{2}}{8}$$

$\therefore b=-\dfrac{\sqrt{2}}{8}$

$\therefore ab=-\dfrac{\sqrt{2}}{2}$

0081 답 ③

$x \to 3$일 때 (분모) $\to 0$이고 극한값이 존재하므로 (분자) $\to 0$이다.

즉, $\lim\limits_{x \to 3}(\sqrt{x+a}-b)=0$이므로

$\sqrt{3+a}-b=0$ $\quad \therefore b=\sqrt{3+a}$ $\quad \cdots\cdots$ ㉠

㉠을 주어진 등식의 좌변에 대입하면

$$\lim_{x \to 3}\frac{\sqrt{x+a}-\sqrt{3+a}}{x-3}$$
$$=\lim_{x \to 3}\frac{(\sqrt{x+a}-\sqrt{3+a})(\sqrt{x+a}+\sqrt{3+a})}{(x-3)(\sqrt{x+a}+\sqrt{3+a})}$$
$$=\lim_{x \to 3}\frac{x-3}{(x-3)(\sqrt{x+a}+\sqrt{3+a})}$$
$$=\lim_{x \to 3}\frac{1}{\sqrt{x+a}+\sqrt{3+a}}$$
$$=\frac{1}{2\sqrt{3+a}}$$

따라서 $\dfrac{1}{2\sqrt{3+a}}=\dfrac{1}{4}$이므로

$\sqrt{3+a}=2$, $3+a=4$ $\quad \therefore a=1$

이를 ㉠에 대입하면 $b=2$

$\therefore a-b=-1$

0082 답 ①

$\lim\limits_{x \to 2}\dfrac{f(x)}{x-2}=6$에서 $x \to 2$일 때 (분모) $\to 0$이고 극한값이 존재하므로 (분자) $\to 0$이다.

즉, $\lim\limits_{x \to 2}f(x)=0$이므로 $f(2)=0$

따라서 $8+4a+2b=0$이므로

$b=-2a-4$ $\quad\quad \cdots\cdots$ ㉠

$$\therefore \lim_{x \to 2}\frac{f(x)}{x-2}=\lim_{x \to 2}\frac{x^3+ax^2-2(a+2)x}{x-2}$$
$$=\lim_{x \to 2}\frac{x(x-2)(x+a+2)}{x-2}$$
$$=\lim_{x \to 2}x(x+a+2)=2a+8$$

따라서 $2a+8=6$이므로 $a=-1$

이를 ㉠에 대입하면 $b=-2$

즉, $f(x)=x^3-x^2-2x$이므로

$f(-2)=-8-4+4=-8$

0083 답 ③

$b \le 0$이면 $\lim\limits_{x \to \infty}(\sqrt{x^2+ax+2}-bx)=\infty$이므로

$b>0$

주어진 등식의 좌변에서

$$\lim_{x \to \infty}(\sqrt{x^2+ax+2}-bx)$$
$$=\lim_{x \to \infty}\frac{(\sqrt{x^2+ax+2}-bx)(\sqrt{x^2+ax+2}+bx)}{\sqrt{x^2+ax+2}+bx}$$
$$=\lim_{x \to \infty}\frac{(1-b^2)x^2+ax+2}{\sqrt{x^2+ax+2}+bx} \quad\quad \cdots\cdots$$ ㉠

㉠의 극한값이 존재하므로

$1-b^2=0$, $(1+b)(1-b)=0$

$\therefore b=1$ $(\because b>0)$

이를 ㉠에 대입하면

$$\lim_{x \to \infty} \frac{ax+2}{\sqrt{x^2+ax+2}+x} = \lim_{x \to \infty} \frac{a+\dfrac{2}{x}}{\sqrt{1+\dfrac{a}{x}+\dfrac{2}{x^2}}+1}$$

$$= \frac{a}{1+1} = \frac{a}{2}$$

따라서 $\dfrac{a}{2}=3$이므로 $a=6$

$\therefore a-b=5$

> **참고** $\infty+\infty$ 꼴이 발산함을 이용하여 b의 부호를 구하고, $\dfrac{\infty}{\infty}$ 꼴에서 (분자의 차수)>(분모의 차수)이면 발산함을 이용하여 $1-b^2=0$임을 구할 수 있다.

0084 답 ③

㈎에서 $f(x)$는 최고차항의 계수가 2인 이차함수이다.

㈏에서 $x \to 1$일 때 (분모)$\to 0$이고 극한값이 존재하므로 (분자)$\to 0$이다.

즉, $\lim_{x \to 1} f(x)=0$이므로 $f(1)=0$

$f(x)=2(x-1)(x+a)$ (a는 상수)라 하면 ㈏에서

$$\lim_{x \to 1} \frac{f(x)}{x-1} = \lim_{x \to 1} \frac{2(x-1)(x+a)}{x-1}$$

$$= \lim_{x \to 1} 2(x+a) = 2(1+a)$$

따라서 $2(1+a)=4$이므로

$1+a=2$ $\therefore a=1$

즉, $f(x)=2(x-1)(x+1)$이므로

$f(2)=2 \times 1 \times 3 = 6$

> **공통수학1 다시보기**
> 다항식 $f(x)$에 대하여 $f(a)=0$이면 $f(x)$는 $x-a$를 인수로 갖는다.

0085 답 0

$\lim_{x \to \infty} \dfrac{f(x)-x^3}{2x+1}=2$에서 $f(x)-x^3$은 최고차항의 계수가 4인 일차함수이므로 $f(x)-x^3=4x+a$ (a는 상수)라 하면

$f(x)=x^3+4x+a$

$\lim_{x \to 0} f(x) = \lim_{x \to 0} (x^3+4x+a)=a$이므로 $a=-5$

따라서 $f(x)=x^3+4x-5$이므로

$f(1)=1+4-5=0$

0086 답 2

$\lim_{x \to 3} \dfrac{f(x)}{x-3}=8$에서 $x \to 3$일 때 (분모)$\to 0$이고 극한값이 존재하므로 (분자)$\to 0$이다.

즉, $\lim_{x \to 3} f(x)=0$이므로 $f(3)=0$ ...... ㉠

$\lim_{x \to -1} \dfrac{f(x)}{x+1}$에서 $x \to -1$일 때 (분모)$\to 0$이고 극한값이 존재하므로 (분자)$\to 0$이다.

즉, $\lim_{x \to -1} f(x)=0$이므로 $f(-1)=0$ ...... ㉡ ...... ❶

㉠, ㉡에서 $f(x)=a(x+1)(x-3)$ (a는 상수, $a \neq 0$)이라 하면

$$\lim_{x \to 3} \frac{f(x)}{x-3} = \lim_{x \to 3} \frac{a(x+1)(x-3)}{x-3} = \lim_{x \to 3} a(x+1) = 4a$$

따라서 $4a=8$이므로 $a=2$

$\therefore f(x)=2(x+1)(x-3)$ ...... ❷

$$\therefore \lim_{x \to \infty} \frac{f(x)}{x^2} = \lim_{x \to \infty} \frac{2(x+1)(x-3)}{x^2}$$

$$= \lim_{x \to \infty} \frac{2x^2-4x-6}{x^2}$$

$$= \lim_{x \to \infty} \left(2-\frac{4}{x}-\frac{6}{x^2}\right) = 2$$ ...... ❸

> **채점 기준**

❶ $f(3)=0$, $f(-1)=0$임을 알기		30%
❷ $f(x)$ 구하기		40%
❸ $\lim_{x \to \infty} \dfrac{f(x)}{x^2}$의 값 구하기		30%

0087 답 11

$\lim_{x \to \infty} \dfrac{f(x)}{x^3}=0$에서 $f(x)$는 이차 이하의 함수이다.

$\lim_{x \to 2} \dfrac{f(x)}{x-2}=6$에서 $x \to 2$일 때 (분모)$\to 0$이고 극한값이 존재하므로 (분자)$\to 0$이다.

즉, $\lim_{x \to 2} f(x)=0$이므로 $f(2)=0$

$f(x)=(x-2)(ax+b)$ (a, b는 상수)라 하면

$$\lim_{x \to 2} \frac{f(x)}{x-2} = \lim_{x \to 2} \frac{(x-2)(ax+b)}{x-2}$$

$$= \lim_{x \to 2} (ax+b) = 2a+b$$

$\therefore 2a+b=6$ ...... ㉠

이때 방정식 $f(x)=3x-4$, 즉 $(x-2)(ax+b)=3x-4$의 한 근이 $x=1$이므로

$-(a+b)=-1$ $\therefore a+b=1$ ...... ㉡

㉠, ㉡을 연립하여 풀면 $a=5$, $b=-4$

따라서 $f(x)=(x-2)(5x-4)$이므로

$f(3)=1 \times 11 = 11$

0088 답 ③

$\dfrac{1}{x}=t$로 놓으면 $x \to \infty$일 때 $t \to 0+$이므로

$$\lim_{x \to \infty} \frac{x^2 f\left(\frac{1}{x}\right)}{3x+1} = \lim_{t \to 0+} \frac{\dfrac{f(t)}{t^2}}{\dfrac{3}{t}+1} = \lim_{t \to 0+} \frac{f(t)}{t^2+3t}$$

$\therefore \lim_{t \to 0+} \dfrac{f(t)}{t^2+3t}=3$ ...... ㉠

$t \to 0+$일 때 (분모)$\to 0$이고 극한값이 존재하므로 (분자)$\to 0$이다.

즉, $\lim_{t \to 0+} f(t)=0$이므로 $f(0)=0$ ...... ㉡

한편 $\lim_{x \to \infty} \dfrac{f(x)-x^3}{x^2+4}=2$에서 $f(x)-x^3$은 최고차항의 계수가 2인 이차함수이므로 $f(x)-x^3=2x^2+ax+b$ (a, b는 상수)라 하면

$f(x)=x^3+2x^2+ax+b$

ⓒ에서 $f(0)=0$이므로 $b=0$

$\therefore f(x)=x^3+2x^2+ax$

ⓐ에서

$$\lim_{t \to 0+} \frac{f(t)}{t^2+3t} = \lim_{t \to 0+} \frac{t^3+2t^2+at}{t^2+3t}$$

$$= \lim_{t \to 0+} \frac{t(t^2+2t+a)}{t(t+3)}$$

$$= \lim_{t \to 0+} \frac{t^2+2t+a}{t+3} = \frac{a}{3}$$

따라서 $\dfrac{a}{3}=3$이므로 $a=9$

즉, $f(x)=x^3+2x^2+9x$이므로

$f(1)=1+2+9=12$

0089 답 3

모든 양의 실수 x에 대하여 $x^2+1>0$이므로 주어진 부등식의 각 변을 x^2+1로 나누면

$$\frac{3x^2-x+1}{x^2+1} < \frac{f(x)}{x^2+1} < \frac{3x^2+2x+4}{x^2+1}$$

이때 $\displaystyle\lim_{x \to \infty} \frac{3x^2-x+1}{x^2+1}=3$, $\displaystyle\lim_{x \to \infty} \frac{3x^2+2x+4}{x^2+1}=3$이므로 함수의 극한의 대소 관계에 의하여

$$\lim_{x \to \infty} \frac{f(x)}{x^2+1}=3$$

0090 답 ⑤

모든 실수 x에 대하여 $x^2+3>0$이므로 주어진 부등식의 각 변을 x^2+3으로 나누면

$$\frac{5x^2-1}{x^2+3} < f(x) < \frac{5x^2+2}{x^2+3}$$

이때 $\displaystyle\lim_{x \to \infty} \frac{5x^2-1}{x^2+3}=5$, $\displaystyle\lim_{x \to \infty} \frac{5x^2+2}{x^2+3}=5$이므로 함수의 극한의 대소 관계에 의하여

$$\lim_{x \to \infty} f(x)=5$$

0091 답 8

$|f(x)-2x|<1$에서 $-1<f(x)-2x<1$

$\therefore 2x-1<f(x)<2x+1$ ...... ❶

각 변을 세제곱하면

$(2x-1)^3<\{f(x)\}^3<(2x+1)^3$

모든 양의 실수 x에 대하여 $x^3+1>0$이므로 각 변을 x^3+1로 나누면

$$\frac{(2x-1)^3}{x^3+1} < \frac{\{f(x)\}^3}{x^3+1} < \frac{(2x+1)^3}{x^3+1}$$ ...... ❷

이때 $\displaystyle\lim_{x \to \infty} \frac{(2x-1)^3}{x^3+1}=8$, $\displaystyle\lim_{x \to \infty} \frac{(2x+1)^3}{x^3+1}=8$이므로 함수의 극한의 대소 관계에 의하여

$$\lim_{x \to \infty} \frac{\{f(x)\}^3}{x^3+1}=8$$ ...... ❸

채점 기준	
❶ $f(x)$에 대한 부등식 세우기	20 %
❷ $\dfrac{\{f(x)\}^3}{x^3+1}$에 대한 부등식 세우기	40 %
❸ $\displaystyle\lim_{x \to \infty} \dfrac{\{f(x)\}^3}{x^3+1}$의 값 구하기	40 %

0092 답 ③

$x>0$일 때, 주어진 부등식의 각 변을 x로 나누면

$$-x+2 \leq \frac{f(x)}{x} \leq x+2$$

이때 $\displaystyle\lim_{x \to 0+}(-x+2)=2$, $\displaystyle\lim_{x \to 0+}(x+2)=2$이므로 함수의 극한의 대소 관계에 의하여

$$\lim_{x \to 0+} \frac{f(x)}{x}=2$$

$$\therefore \lim_{x \to 0+} \frac{\{f(x)\}^2}{x\{2x+f(x)\}} = \lim_{x \to 0+} \frac{\left\{\dfrac{f(x)}{x}\right\}^2}{2+\dfrac{f(x)}{x}}$$

$$=\frac{4}{2+2}=1$$

0093 답 $\dfrac{3}{2}$

$P(t, \sqrt{3t})$, $H(t, 0)$이므로

$\overline{OP}=\sqrt{t^2+(\sqrt{3t})^2}=\sqrt{t^2+3t}$, $\overline{OH}=t$

$$\therefore \lim_{t \to \infty}(\overline{OP}-\overline{OH}) = \lim_{t \to \infty}(\sqrt{t^2+3t}-t)$$

$$=\lim_{t \to \infty} \frac{(\sqrt{t^2+3t}-t)(\sqrt{t^2+3t}+t)}{\sqrt{t^2+3t}+t}$$

$$=\lim_{t \to \infty} \frac{3t}{\sqrt{t^2+3t}+t}$$

$$=\lim_{t \to \infty} \frac{3}{\sqrt{1+\dfrac{3}{t}}+1}$$

$$=\frac{3}{1+1}=\frac{3}{2}$$

0094 답 ⑤

$A(2, a^2)$, $B(a, 4)$이므로

$\overline{PA}=|2-a|$, $\overline{PB}=|4-a^2|$

$$\therefore \lim_{a \to 2-} \frac{\overline{PB}}{\overline{PA}} = \lim_{a \to 2-} \frac{|4-a^2|}{|2-a|}$$

$$=\lim_{a \to 2-} \frac{(2+a)(2-a)}{2-a}$$

$$=\lim_{a \to 2-}(2+a)=4$$

0095 답 $\sqrt{2}$

점 $P(a, b)$가 원 $x^2+y^2=1$ 위를 움직이는 제1사분면 위의 점이므로

$a^2+b^2=1$

$\therefore b=\sqrt{1-a^2}$ ($\because 0<a<1$, $0<b<1$) ...... ❶

두 점 P, Q는 y축에 대하여 대칭이므로 $Q(-a, b)$

따라서 $\overline{PQ}=2a$이므로

$$S(a)=\frac{1}{2} \times 2a \times b=ab=a\sqrt{1-a^2}$$ ...... ❷

$$\therefore \lim_{a \to 1-} \frac{S(a)}{\sqrt{1-a}} = \lim_{a \to 1-} \frac{a\sqrt{1-a^2}}{\sqrt{1-a}}$$

$$=\lim_{a \to 1-} \frac{a\sqrt{(1+a)(1-a)}}{\sqrt{1-a}}$$

$$=\lim_{a \to 1-} a\sqrt{1+a}=\sqrt{2}$$ ...... ❸

채점 기준

❶ b를 a에 대한 식으로 나타내기	20 %
❷ $S(a)$ 구하기	40 %
❸ $\lim\limits_{a \to 1-} \dfrac{S(a)}{\sqrt{1-a}}$의 값 구하기	40 %

0096 답 ②

$A(\alpha, \alpha^2)$, $B(\beta, \beta^2)$ $(\beta < 0 < \alpha)$이라 하면 이차방정식 $x^2 = x + t$,

즉 $x^2 - x - t = 0$의 두 실근이 α, β이므로 이차방정식의 근과 계수의

관계에 의하여

$\alpha + \beta = 1$, $\alpha\beta = -t$

$H(\beta, \alpha^2)$이므로

$\overline{AH} = \alpha - \beta = \sqrt{(\alpha - \beta)^2}$

$\quad\quad = \sqrt{(\alpha + \beta)^2 - 4\alpha\beta}$

$\quad\quad = \sqrt{1 + 4t}$

두 점 A, C는 y축에 대하여 대칭이므로 $C(-\alpha, \alpha^2)$

$\therefore \overline{CH} = \beta - (-\alpha) = \alpha + \beta = 1$

$\therefore \lim\limits_{t \to 0+} \dfrac{\overline{AH} - \overline{CH}}{t} = \lim\limits_{t \to 0+} \dfrac{\sqrt{1+4t} - 1}{t}$

$\quad\quad\quad\quad = \lim\limits_{t \to 0+} \dfrac{(\sqrt{1+4t}-1)(\sqrt{1+4t}+1)}{t(\sqrt{1+4t}+1)}$

$\quad\quad\quad\quad = \lim\limits_{t \to 0+} \dfrac{4t}{t(\sqrt{1+4t}+1)}$

$\quad\quad\quad\quad = \lim\limits_{t \to 0+} \dfrac{4}{\sqrt{1+4t}+1}$

$\quad\quad\quad\quad = \dfrac{4}{1+1} = 2$

0097 답 $\dfrac{5}{2}$

점 Q의 좌표를 $(0, y)$, 점 P의 좌표를 $(x, x^2 + 2)$라 하면

$\overline{QA} = \overline{QP}$, 즉 $\overline{QA}^2 = \overline{QP}^2$이므로

$(2-y)^2 = x^2 + \{(x^2 + 2) - y\}^2$

$x^4 + 5x^2 - 2x^2 y = 0$, $2x^2 y = x^4 + 5x^2$

$\therefore y = \dfrac{1}{2}x^2 + \dfrac{5}{2}$ ($\because x \neq 0$)

점 P가 점 A에 한없이 가까워지면 $x \to 0$이므로

$\lim\limits_{x \to 0} y = \lim\limits_{x \to 0}\left(\dfrac{1}{2}x^2 + \dfrac{5}{2}\right) = \dfrac{5}{2}$

따라서 점 Q는 점 $\left(0, \dfrac{5}{2}\right)$에 한없이 가까워진다.

$\therefore a = \dfrac{5}{2}$

AB 유형 점검

22~24쪽

0098 답 ④

$\lim\limits_{x \to 2+} f(x) = 1$, $\lim\limits_{x \to 2-} f(x) = 1$이므로

$\lim\limits_{x \to 2} f(x) = 1$

$\therefore \lim\limits_{x \to -1-} f(x) + \lim\limits_{x \to 2} f(x) = 3 + 1 = 4$

0099 답 10

$\lim\limits_{x \to 2+} f(x) = \lim\limits_{x \to 2+} (5x - 2) = 8$

$\lim\limits_{x \to 2-} f(x) = \lim\limits_{x \to 2-} (kx + 4) = 2k + 4$

이때 $\lim\limits_{x \to 2} f(x)$의 값이 존재하므로 $\lim\limits_{x \to 2+} f(x) = \lim\limits_{x \to 2-} f(x)$에서

$8 = 2k + 4$ $\quad \therefore k = 2$

$\therefore \lim\limits_{x \to 2} f(x) + \lim\limits_{x \to -2+} f(x) + \lim\limits_{x \to -2-} f(x)$

$\quad = 8 + \lim\limits_{x \to -2+} (2x + 4) + \lim\limits_{x \to -2-} (2x^2 - 6)$

$\quad = 8 + 0 + 2 = 10$

0100 답 3

$f(x) = t$로 놓으면

$x \to -1-$일 때 $t \to -1+$이므로

$\lim\limits_{x \to -1-} g(f(x)) = \lim\limits_{t \to -1+} g(t)$

$\quad\quad\quad\quad\quad = \lim\limits_{t \to -1+} (t^2 - 2t) = 3$

$x \to 1+$일 때 $t \to 2-$이므로

$\lim\limits_{x \to 1+} g(f(x)) = \lim\limits_{t \to 2-} g(t)$

$\quad\quad\quad\quad\quad = \lim\limits_{t \to 2-} (t^2 - 2t) = 0$

$\therefore \lim\limits_{x \to -1-} g(f(x)) + \lim\limits_{x \to 1+} g(f(x)) = 3$

0101 답 ⑤

$\lim\limits_{x \to -2} \dfrac{6f(x)}{x^2 + 2x} = \lim\limits_{x \to -2} \dfrac{6f(x)}{x(x+2)}$

$\quad\quad\quad\quad = \lim\limits_{x \to -2} \left\{\dfrac{f(x)}{x+2} \times \dfrac{6}{x}\right\}$

$\quad\quad\quad\quad = \lim\limits_{x \to -2} \dfrac{f(x)}{x+2} \times \lim\limits_{x \to -2} \dfrac{6}{x}$

$\quad\quad\quad\quad = -4 \times \dfrac{6}{-2} = 12$

0102 답 ②

$3f(x) + g(x) = h(x)$, $f(x) - 2g(x) = k(x)$라 하면

$\lim\limits_{x \to 2} h(x) = 1$, $\lim\limits_{x \to 2} k(x) = 5$

$f(x) = \dfrac{1}{7}\{2h(x) + k(x)\}$이므로

$\lim\limits_{x \to 2} f(x) = \dfrac{1}{7}\left\{2\lim\limits_{x \to 2} h(x) + \lim\limits_{x \to 2} k(x)\right\}$

$\quad\quad\quad = \dfrac{1}{7}(2 \times 1 + 5) = 1$

$g(x) = \dfrac{1}{7}\{h(x) - 3k(x)\}$이므로

$\lim\limits_{x \to 2} g(x) = \dfrac{1}{7}\left\{\lim\limits_{x \to 2} h(x) - 3\lim\limits_{x \to 2} k(x)\right\}$

$\quad\quad\quad = \dfrac{1}{7}(1 - 3 \times 5) = -2$

$\therefore \lim\limits_{x \to 2} f(x)g(x) = 1 \times (-2) = -2$

0103 답 ㄱ

ㄱ. $\lim\limits_{x \to a} f(x) = \alpha$, $\lim\limits_{x \to a}\{2f(x) + g(x)\} = \beta$ (α, β는 실수)라 하면

$\quad \lim\limits_{x \to a} g(x) = \lim\limits_{x \to a}\{2f(x) + g(x) - 2f(x)\} = \beta - 2\alpha$

ㄴ. [반례] $f(x)=0$, $g(x)=\begin{cases} 0 & (x \geq a) \\ 1 & (x < a) \end{cases}$ 이면 $\lim\limits_{x \to a} f(x)=0$,

  $\lim\limits_{x \to a} f(x)g(x)=0$이지만 $\lim\limits_{x \to a} g(x)$의 값은 존재하지 않는다.

ㄷ. [반례] $f(x)=0$, $g(x)=\begin{cases} 1 & (x \geq a) \\ 2 & (x < a) \end{cases}$ 이면 $\lim\limits_{x \to a} f(x)=0$,

  $\lim\limits_{x \to a} \dfrac{f(x)}{g(x)}=0$이지만 $\lim\limits_{x \to a} g(x)$의 값은 존재하지 않는다.

ㄹ. [반례] $f(x)=\dfrac{1}{(x-a)^2}$, $g(x)=\dfrac{1}{(x-a)^4}$이면 $\lim\limits_{x \to a} f(x)=\infty$,

  $\lim\limits_{x \to a} g(x)=\infty$이지만

  $\lim\limits_{x \to a} \dfrac{f(x)}{g(x)} = \lim\limits_{x \to a}(x-a)^2=0$

따라서 보기에서 옳은 것은 ㄱ이다.

0104 답 ③

① $\lim\limits_{x \to 3}(x^2-2)=9-2=7$

② $f(x)=\dfrac{1}{|x+1|}$이라 하면 $y=f(x)$의

  그래프는 오른쪽 그림과 같고, x의 값이

  한없이 커질 때 $f(x)$의 값은 0에 한없이

  가까워지므로

  $\lim\limits_{x \to \infty} \dfrac{1}{|x+1|}=0$

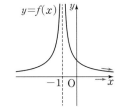

③ $\lim\limits_{x \to 2+} \dfrac{x^2-4}{|x-2|} = \lim\limits_{x \to 2+} \dfrac{x^2-4}{x-2}$

   $= \lim\limits_{x \to 2+} \dfrac{(x+2)(x-2)}{x-2}$

   $= \lim\limits_{x \to 2+}(x+2)=4$

  $\lim\limits_{x \to 2-} \dfrac{x^2-4}{|x-2|} = \lim\limits_{x \to 2-} \dfrac{x^2-4}{-(x-2)}$

   $= \lim\limits_{x \to 2-} \dfrac{(x+2)(x-2)}{-(x-2)}$

   $= \lim\limits_{x \to 2-}\{-(x+2)\}=-4$

  따라서 $\lim\limits_{x \to 2+} \dfrac{x^2-4}{|x-2|} \neq \lim\limits_{x \to 2-} \dfrac{x^2-4}{|x-2|}$이므로 $\lim\limits_{x \to 2} \dfrac{x^2-4}{|x-2|}$의 값

  은 존재하지 않는다.

④ $x=-t$로 놓으면 $x \to -\infty$일 때 $t \to \infty$이므로

  $\lim\limits_{x \to -\infty} \dfrac{x+1}{|x|-2} = \lim\limits_{t \to \infty} \dfrac{-t+1}{t-2}$

   $= \lim\limits_{t \to \infty} \dfrac{-1+\dfrac{1}{t}}{1-\dfrac{2}{t}}=-1$

⑤ $2 \leq x < 3$일 때 $[x]=2$이므로 $\lim\limits_{x \to 2+}[x]=2$

  $\therefore \lim\limits_{x \to 2+} \dfrac{[x]^2+x}{[x]} = \dfrac{4+2}{2}=3$

  $1 \leq x < 2$일 때 $[x]=1$이므로 $\lim\limits_{x \to 2-}[x]=1$

  $\therefore \lim\limits_{x \to 2-} \dfrac{[x]^2+x}{[x]} = \dfrac{1+2}{1}=3$

  $\therefore \lim\limits_{x \to 2} \dfrac{[x]^2+x}{[x]}=3$

따라서 극한값이 존재하지 않는 것은 ③이다.

0105 답 3

$\lim\limits_{x \to 5} \dfrac{(x-5)f(x)}{x^2-4x-5} = \lim\limits_{x \to 5} \dfrac{(x-5)f(x)}{(x+1)(x-5)}$

 $= \lim\limits_{x \to 5} \dfrac{f(x)}{x+1} = \dfrac{f(5)}{6}$

따라서 $\dfrac{f(5)}{6}=\dfrac{1}{2}$이므로

$2f(5)=6$ $\therefore f(5)=3$

0106 답 ④

$\lim\limits_{x \to 0} \dfrac{\sqrt{1+x}-\sqrt{1+x^2}}{\sqrt{1-x^2}-\sqrt{1-x}}$

$= \lim\limits_{x \to 0} \dfrac{(\sqrt{1+x}-\sqrt{1+x^2})(\sqrt{1+x}+\sqrt{1+x^2})(\sqrt{1-x^2}+\sqrt{1-x})}{(\sqrt{1-x^2}-\sqrt{1-x})(\sqrt{1-x^2}+\sqrt{1-x})(\sqrt{1+x}+\sqrt{1+x^2})}$

$= \lim\limits_{x \to 0} \dfrac{(x-x^2)(\sqrt{1-x^2}+\sqrt{1-x})}{(x-x^2)(\sqrt{1+x}+\sqrt{1+x^2})}$

$= \lim\limits_{x \to 0} \dfrac{\sqrt{1-x^2}+\sqrt{1-x}}{\sqrt{1+x}+\sqrt{1+x^2}} = \dfrac{1+1}{1+1}=1$

0107 답 ⑤

① $\lim\limits_{x \to \infty} \dfrac{3x-2}{3x^2+1} = \lim\limits_{x \to \infty} \dfrac{\dfrac{3}{x}-\dfrac{2}{x^2}}{3+\dfrac{1}{x^2}}=0$

② $\lim\limits_{x \to \infty} \dfrac{-x^2+4x}{2x^2-3x+5} = \lim\limits_{x \to \infty} \dfrac{-1+\dfrac{4}{x}}{2-\dfrac{3}{x}+\dfrac{5}{x^2}}=-\dfrac{1}{2}$

③ $\lim\limits_{x \to \infty} \dfrac{\sqrt{x^2+6}}{x-2} = \lim\limits_{x \to \infty} \dfrac{\sqrt{1+\dfrac{6}{x^2}}}{1-\dfrac{2}{x}}=1$

④ $\lim\limits_{x \to \infty} \dfrac{-x^2+3}{\sqrt{x^2+1}+2} = \lim\limits_{x \to \infty} \dfrac{-x+\dfrac{3}{x}}{\sqrt{1+\dfrac{1}{x^2}}+\dfrac{2}{x}}=-\infty$

⑤ $x=-t$로 놓으면 $x \to -\infty$일 때 $t \to \infty$이므로

  $\lim\limits_{x \to -\infty} \dfrac{\sqrt{4x^2+1}-x}{2x-1} = \lim\limits_{t \to \infty} \dfrac{\sqrt{4t^2+1}+t}{-2t-1}$

   $= \lim\limits_{t \to \infty} \dfrac{\sqrt{4+\dfrac{1}{t^2}}+1}{-2-\dfrac{1}{t}} = \dfrac{2+1}{-2}=-\dfrac{3}{2}$

따라서 옳은 것은 ⑤이다.

0108 답 2

$\lim\limits_{x \to 0} \dfrac{f(x)}{x} = \lim\limits_{x \to 0} \dfrac{x^2+ax}{x} = \lim\limits_{x \to 0}(x+a)=a$

$\therefore a=2$

따라서 $f(x)=x^2+2x$이므로

$\lim\limits_{x \to \infty} \dfrac{ax^3+2f(x)}{xf(x)} = \lim\limits_{x \to \infty} \dfrac{2x^3+2(x^2+2x)}{x(x^2+2x)}$

 $= \lim\limits_{x \to \infty} \dfrac{2x^3+2x^2+4x}{x^3+2x^2}$

 $= \lim\limits_{x \to \infty} \dfrac{2+\dfrac{2}{x}+\dfrac{4}{x^2}}{1+\dfrac{2}{x}}=2$

0109 답 4

$$\lim_{x \to \infty} \{\sqrt{f(x)} - \sqrt{f(-x)}\}$$
$$= \lim_{x \to \infty} \{\sqrt{a(x+1)^2} - \sqrt{a(-x+1)^2}\}$$
$$= \lim_{x \to \infty} \frac{\{\sqrt{a(x+1)^2} - \sqrt{a(-x+1)^2}\}\{\sqrt{a(x+1)^2} + \sqrt{a(-x+1)^2}\}}{\sqrt{a(x+1)^2} + \sqrt{a(-x+1)^2}}$$
$$= \lim_{x \to \infty} \frac{a(x+1)^2 - a(-x+1)^2}{\sqrt{a(x+1)^2} + \sqrt{a(-x+1)^2}}$$
$$= \lim_{x \to \infty} \frac{4ax}{\sqrt{a(x+1)^2} + \sqrt{a(-x+1)^2}}$$
$$= \lim_{x \to \infty} \frac{4a}{\sqrt{a\left(1+\frac{1}{x}\right)^2} + \sqrt{a\left(-1+\frac{1}{x}\right)^2}}$$
$$= \frac{4a}{\sqrt{a} + \sqrt{a}} = 2\sqrt{a}$$

따라서 $2\sqrt{a} = 4$이므로

$\sqrt{a} = 2$ $\quad \therefore a = 4$

0110 답 $\frac{1}{8}$

$$\lim_{x \to \infty} x^2 \left(1 - \frac{2x}{\sqrt{4x^2+1}}\right)$$
$$= \lim_{x \to \infty} x^2 \left(\frac{\sqrt{4x^2+1} - 2x}{\sqrt{4x^2+1}}\right)$$
$$= \lim_{x \to \infty} \left\{x^2 \times \frac{(\sqrt{4x^2+1} - 2x)(\sqrt{4x^2+1} + 2x)}{\sqrt{4x^2+1}(\sqrt{4x^2+1} + 2x)}\right\}$$
$$= \lim_{x \to \infty} \frac{x^2}{4x^2 + 1 + 2x\sqrt{4x^2+1}}$$
$$= \lim_{x \to \infty} \frac{1}{4 + \frac{1}{x^2} + 2\sqrt{4 + \frac{1}{x^2}}}$$
$$= \frac{1}{4+4} = \frac{1}{8}$$

0111 답 ④

$\lim\limits_{x \to 1} \dfrac{ax^2 - 4x + b}{x - 1} = 2$에서 $x \to 1$일 때 (분모) $\to 0$이고 극한값이 존재하므로 (분자) $\to 0$이다.

즉, $\lim\limits_{x \to 1} (ax^2 - 4x + b) = 0$이므로

$a - 4 + b = 0$ $\quad \therefore b = -a + 4$ $\quad$ …… ㉠

㉠을 주어진 등식의 좌변에 대입하면

$$\lim_{x \to 1} \frac{ax^2 - 4x - (a-4)}{x-1} = \lim_{x \to 1} \frac{(x-1)(ax + a - 4)}{x-1}$$
$$= \lim_{x \to 1} (ax + a - 4)$$
$$= 2a - 4$$

따라서 $2a - 4 = 2$이므로 $a = 3$

이를 ㉠에 대입하면 $b = 1$

$\therefore a - b = 2$

0112 답 15

$\lim\limits_{x \to 9} \dfrac{x - a}{\sqrt{x} - 3} = b$에서 $x \to 9$일 때 (분모) $\to 0$이고 극한값이 존재하므로 (분자) $\to 0$이다.

즉, $\lim\limits_{x \to 9} (x - a) = 0$이므로

$9 - a = 0$ $\quad \therefore a = 9$

이를 주어진 등식의 좌변에 대입하면

$$\lim_{x \to 9} \frac{x-9}{\sqrt{x}-3} = \lim_{x \to 9} \frac{(x-9)(\sqrt{x}+3)}{(\sqrt{x}-3)(\sqrt{x}+3)}$$
$$= \lim_{x \to 9} \frac{(x-9)(\sqrt{x}+3)}{x-9}$$
$$= \lim_{x \to 9} (\sqrt{x}+3)$$
$$= 3 + 3 = 6$$

$\therefore b = 6$

$\therefore a + b = 15$

0113 답 ③

$x > 0$일 때, $\sqrt{9x+1} > 0$이므로 주어진 부등식의 각 변을 제곱하면

$9x + 1 < \{f(x)\}^2 < 9x + 4$

$x > 0$일 때, $6x + 2 > 0$이므로 각 변을 $6x + 2$로 나누면

$$\frac{9x+1}{6x+2} < \frac{\{f(x)\}^2}{6x+2} < \frac{9x+4}{6x+2}$$

이때 $\lim\limits_{x \to \infty} \dfrac{9x+1}{6x+2} = \dfrac{3}{2}$, $\lim\limits_{x \to \infty} \dfrac{9x+4}{6x+2} = \dfrac{3}{2}$이므로 함수의 극한의 대소 관계에 의하여

$$\lim_{x \to \infty} \frac{\{f(x)\}^2}{6x+2} = \frac{3}{2}$$

0114 답 −3

$\lim\limits_{x \to 1} \{f(x) + g(x)\} = 1$에서 $\alpha + \beta = 1$

$\lim\limits_{x \to 1} f(x)g(x) = -6$에서 $\alpha\beta = -6$ $\quad$ …… ❶

$\alpha + \beta = 1$, $\alpha\beta = -6$이므로 α, β를 두 근으로 하는 이차방정식을 $x^2 - x - 6 = 0$이라 하면

$(x+2)(x-3) = 0$ $\quad \therefore x = -2$ 또는 $x = 3$

이때 $\alpha < \beta$이므로 $\alpha = -2$, $\beta = 3$ $\quad$ …… ❷

$\therefore \lim\limits_{x \to 1} \dfrac{5f(x) + 1}{2g(x) - 3} = \dfrac{5 \times (-2) + 1}{2 \times 3 - 3} = -3$ $\quad$ …… ❸

채점 기준

❶ $\alpha + \beta$, $\alpha\beta$의 값 구하기		20 %
❷ α, β의 값 구하기		50 %
❸ $\lim\limits_{x \to 1} \dfrac{5f(x)+1}{2g(x)-3}$의 값 구하기		30 %

공통수학1 다시보기

두 수 α, β를 근으로 하고 x^2의 계수가 1인 이차방정식은
$$x^2 - (\alpha + \beta)x + \alpha\beta = 0$$

0115 답 −2

㈎에서 $f(x)$는 최고차항의 계수가 -3인 이차함수이다.

㈏에서 $x \to 0$일 때 (분모) $\to 0$이고 극한값이 존재하므로 (분자) $\to 0$이다.

즉, $\lim\limits_{x \to 0} f(x) = 0$이므로 $f(0) = 0$

$f(x)=-3x(x+a)$ (a는 상수)라 하면 ······ ❶

(나)에서

$$\lim_{x \to 0}\frac{f(x)}{x^2-x}=\lim_{x \to 0}\frac{-3x(x+a)}{x(x-1)}$$
$$=\lim_{x \to 0}\frac{-3(x+a)}{x-1}=3a$$

따라서 $3a=1$이므로 $a=\dfrac{1}{3}$

$\therefore f(x)=-3x\left(x+\dfrac{1}{3}\right)=-3x^2-x$ ······ ❷

$\therefore f(-1)=-3+1=-2$ ······ ❸

채점 기준

❶ $f(x)$의 식 세우기	40 %
❷ $f(x)$ 구하기	50 %
❸ $f(-1)$의 값 구하기	10 %

0116 답 8

두 점 A$(0,\ t)$, B$(-2,\ 0)$을 지나는 직선의 방정식은

$y-t=\dfrac{-t}{-2}x$ $\therefore y=\dfrac{t}{2}x+t$ ······ ❶

$x=\dfrac{2}{t}y-2$이므로 $x^2+y^2=4$에 대입하면 점 P의 y좌표는

$$\left(\frac{2}{t}y-2\right)^2+y^2=4$$
$$\left(\frac{4}{t^2}+1\right)y^2-\frac{8}{t}y=0$$
$$y\left\{\left(\frac{4}{t^2}+1\right)y-\frac{8}{t}\right\}=0$$

$\therefore y=\dfrac{\dfrac{8}{t}}{\dfrac{4}{t^2}+1}=\dfrac{8t}{4+t^2}$ $(\because \underline{y\neq 0})$ ······ ❷
$\quad\quad\quad\quad\quad\quad$└→$y=0$이면 두 점 B, P는 같은 점이다.

따라서 $\overline{OA}=t$, $\overline{PH}=\dfrac{8t}{4+t^2}$이므로

$$\lim_{t \to \infty}(\overline{OA}\times\overline{PH})=\lim_{t \to \infty}\left(t\times\frac{8t}{4+t^2}\right)$$
$$=\lim_{t \to \infty}\frac{8t^2}{4+t^2}$$
$$=\lim_{t \to \infty}\frac{8}{\frac{4}{t^2}+1}=8$$ ······ ❸

채점 기준

❶ 두 점 A, B를 지나는 직선의 방정식 구하기	20 %
❷ 점 P의 y좌표를 t에 대한 식으로 나타내기	40 %
❸ $\lim\limits_{t \to \infty}(\overline{OA}\times\overline{PH})$의 값 구하기	40 %

다른 풀이

P$(a,\ b)$라 하면 H$(a,\ 0)$이므로 $\overline{PH}=b$

직선 BP의 방정식은

$y=\dfrac{b}{a+2}(x+2)$ $\therefore y=\dfrac{b}{a+2}x+\dfrac{2b}{a+2}$

점 A는 이 직선이 y축과 만나는 점이므로

A$\left(0,\ \dfrac{2b}{a+2}\right)$ $\therefore \overline{OA}=\dfrac{2b}{a+2}$

점 P$(a,\ b)$는 원 $x^2+y^2=4$ 위의 점이므로

$a^2+b^2=4$ $\therefore b^2=4-a^2$

$t \to \infty$일 때 점 P는 점 B에 한없이 가까워지므로 $a \to -2+$

$\therefore \lim\limits_{t \to \infty}(\overline{OA}\times\overline{PH})=\lim\limits_{a \to -2+}\left(\dfrac{2b}{a+2}\times b\right)$

$$=\lim_{a \to -2+}\frac{2b^2}{a+2}$$
$$=\lim_{a \to -2+}\frac{2(4-a^2)}{a+2}$$
$$=\lim_{a \to -2+}\frac{2(2+a)(2-a)}{a+2}$$
$$=\lim_{a \to -2+}2(2-a)=8$$

C 실력 향상 25쪽

0117 답 2

(나)에서 $x+f(x)=g(x)\{x-f(x)\}$이므로

$x+f(x)=xg(x)-f(x)g(x)$
$f(x)+f(x)g(x)=xg(x)-x$
$f(x)\{1+g(x)\}=x\{g(x)-1\}$

$x\neq 0$일 때, 양변을 x로 나누면

$$\frac{f(x)}{x}\{1+g(x)\}=g(x)-1$$

$g(x)\neq -1$일 때, 양변을 $1+g(x)$로 나누면

$$\frac{f(x)}{x}=\frac{g(x)-1}{1+g(x)}$$

이때 (가)에서 $\lim\limits_{x \to 0}g(x)=5$이므로

$$\lim_{x \to 0}\frac{f(x)}{x}=\lim_{x \to 0}\frac{g(x)-1}{1+g(x)}=\frac{5-1}{1+5}=\frac{2}{3}$$

$\therefore \lim\limits_{x \to 0}\dfrac{2x-f(x)}{x^2+f(x)}=\lim\limits_{x \to 0}\dfrac{2-\dfrac{f(x)}{x}}{x+\dfrac{f(x)}{x}}=\dfrac{\dfrac{4}{3}}{\dfrac{2}{3}}=2$

0118 답 7

$\lim\limits_{x \to n+}[x]=n$이므로

$$\lim_{x \to n+}\frac{[x]^2+2x}{[x]}=\frac{n^2+2n}{n}=n+2$$

$\lim\limits_{x \to n-}[x]=n-1$이므로

$$\lim_{x \to n-}\frac{[x]^2+2x}{[x]}=\frac{(n-1)^2+2n}{n-1}=\frac{n^2+1}{n-1}$$

이때 $\lim\limits_{x \to n}\dfrac{[x]^2+2x}{[x]}$의 값이 존재하므로

$\lim\limits_{x \to n+}\dfrac{[x]^2+2x}{[x]}=\lim\limits_{x \to n-}\dfrac{[x]^2+2x}{[x]}$에서

$n+2=\dfrac{n^2+1}{n-1}$, $n^2+n-2=n^2+1$

$\therefore n=3$

따라서 $a=n+2=5$이므로

$$\lim_{x \to a}\frac{x^2-nx-2a}{x-a}=\lim_{x \to 5}\frac{x^2-3x-10}{x-5}$$
$$=\lim_{x \to 5}\frac{(x+2)(x-5)}{x-5}$$
$$=\lim_{x \to 5}(x+2)=7$$

0119 답 ③

㉮에서 $f(x)g(x)$는 최고차항의 계수가 2인 삼차함수이다.

㉯에서 $x \to 0$일 때 (분모) $\to 0$이고 극한값이 존재하므로

(분자) $\to 0$이다.

즉, $\lim\limits_{x \to 0} x^2 = 0$일 때 $\lim\limits_{x \to 0} f(x)g(x) = 0$이므로 $f(x)g(x)$는 x^2을 인수로 갖는다.

$f(x)g(x) = 2x^2(x+a)$ (a는 상수)라 하면

$$\lim_{x \to 0} \frac{f(x)g(x)}{x^2} = \lim_{x \to 0} \frac{2x^2(x+a)}{x^2}$$
$$= \lim_{x \to 0} 2(x+a) = 2a$$

따라서 $2a = -4$이므로 $a = -2$

$\therefore f(x)g(x) = 2x^2(x-2)$

$f(2)$의 값이 최대이려면 $f(x)$는 $x-2$를 인수로 갖지 않고 2를 인수로 가져야 하므로

└─ $x-2$를 인수로 가지면 $f(2)=0$이므로 최대가 아니다.

$f(x) = 2$ 또는 $f(x) = 2x$ 또는 $f(x) = 2x^2$

이때 $f(2)$의 값은 각각 2, 4, 8이므로 구하는 최댓값은 8이다.

0120 답 ②

오른쪽 그림과 같이 점 $\mathrm{P}(t, t^2)$에서 $\overline{OQ}$에 내린 수선의 발을 M이라 하면

㉮에서 $\triangle \mathrm{POM} \equiv \triangle \mathrm{PQM}$이므로

$S(t) = 2\triangle \mathrm{POM}$

$= 2 \times \left(\dfrac{1}{2} \times t \times t^2 \right) = t^3$

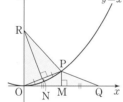

점 R에서 $\overline{OP}$에 내린 수선의 발을 N이라 하면 ㉯에서 점 N은 $\overline{OP}$의 중점이므로

$\mathrm{N}\left(\dfrac{t}{2}, \dfrac{t^2}{2} \right)$

직선 OP의 기울기는 $\dfrac{t^2}{t} = t$이므로 직선 NR의 기울기는 $-\dfrac{1}{t}$이다.

따라서 직선 NR의 방정식은

$y - \dfrac{t^2}{2} = -\dfrac{1}{t}\left(x - \dfrac{t}{2} \right)$ $\therefore y = -\dfrac{1}{t}x + \dfrac{t^2}{2} + \dfrac{1}{2}$

점 R는 이 직선이 y축과 만나는 점이므로

$\mathrm{R}\left(0, \dfrac{t^2}{2} + \dfrac{1}{2} \right)$

$\therefore T(t) = \dfrac{1}{2} \times \left(\dfrac{t^2}{2} + \dfrac{1}{2} \right) \times t = \dfrac{t^3+t}{4}$ → $\triangle \mathrm{PRO}$에서 밑변이 $\overline{RO}$일 때 높이는 $\overline{OM}$의 길이와 같다.

$$\therefore \lim_{t \to 0+} \frac{T(t)-S(t)}{t} = \lim_{t \to 0+} \frac{\dfrac{t^3+t}{4} - t^3}{t}$$
$$= \lim_{t \to 0+} \left(-\frac{3}{4}t^2 + \frac{1}{4} \right) = \frac{1}{4}$$

중2 다시보기

(1) 이등변삼각형의 꼭지각의 이등분선은 밑변을 수직이등분 한다.

➡ $\overline{AD} \perp \overline{BC}$, $\overline{BD} = \overline{CD}$

(2) 이등변삼각형에서

(꼭지각의 이등분선)

= (밑변의 수직이등분선)

= (꼭지각의 꼭짓점에서 밑변에 내린 수선)

= (꼭지각의 꼭짓점과 밑변의 중점을 잇는 선분)

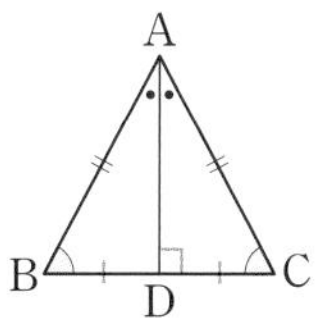

A 개념 확인

26~29쪽

0121 답 ㄴ

$\lim\limits_{x \to 0+} f(x) = 1$, $\lim\limits_{x \to 0-} f(x) = -1$이므로

$\lim\limits_{x \to 0+} f(x) \neq \lim\limits_{x \to 0-} f(x)$

따라서 $\lim\limits_{x \to 0} f(x)$의 값이 존재하지 않으므로 함수 $f(x)$는 $x=0$에서 불연속이다.

0122 답 ㄱ

함수 $f(x)$가 $x=0$에서 정의되지 않으므로 $x=0$에서 불연속이다.

0123 답 ㄷ

$f(0) = 1$

$\lim\limits_{x \to 0+} f(x) = \lim\limits_{x \to 0-} f(x) = -1$이므로 $\lim\limits_{x \to 0} f(x) = -1$

따라서 $\lim\limits_{x \to 0} f(x) \neq f(0)$이므로 함수 $f(x)$는 $x=0$에서 불연속이다.

0124 답 연속

$f(1) = 1$, $\lim\limits_{x \to 1} f(x) = 1$

따라서 $\lim\limits_{x \to 1} f(x) = f(1)$이므로 함수 $f(x)$는 $x=1$에서 연속이다.

0125 답 연속

$f(1) = 0$

$\lim\limits_{x \to 1+} f(x) = \lim\limits_{x \to 1+} (x-1) = 0$,

$\lim\limits_{x \to 1-} f(x) = \lim\limits_{x \to 1-} \{-(x-1)\} = 0$이므로

$\lim\limits_{x \to 1} f(x) = 0$

따라서 $\lim\limits_{x \to 1} f(x) = f(1)$이므로 함수 $f(x)$는 $x=1$에서 연속이다.

0126 답 불연속

함수 $f(x)$가 $x=1$에서 정의되지 않으므로 $x=1$에서 불연속이다.

0127 답 불연속

$\lim\limits_{x \to 1+} f(x) = \lim\limits_{x \to 1+} x^2 = 1$, $\lim\limits_{x \to 1-} f(x) = \lim\limits_{x \to 1-} (x-2) = -1$이므로

$\lim\limits_{x \to 1+} f(x) \neq \lim\limits_{x \to 1-} f(x)$

따라서 $\lim\limits_{x \to 1} f(x)$의 값이 존재하지 않으므로 함수 $f(x)$는 $x=1$에서 불연속이다.

0128 답 $(2, 6)$

0129 답 $[-1, 5]$

0130 답 $(3, 7]$

0131 답 $[-4, -2)$

0132 답 $(0, \infty)$

0133 답 $[-6, \infty)$

0134 답 $(-\infty, -5)$ **0135** 답 $(-\infty, 1]$

0136 답 $(-\infty, \infty)$

0137 답 $(-\infty, 3)$, $(3, \infty)$

공통수학2 다시보기

유리함수 $y=\dfrac{k}{x-p}+q\,(k\neq0)$의 정의역 ➡ $\{x\,|\,x\neq p$인 실수$\}$

0138 답 $[1, \infty)$

공통수학2 다시보기

무리함수 $y=\sqrt{a(x-p)}+q\,(a>0)$의 정의역 ➡ $\{x\,|\,x\geq p\}$

0139 답 $(-\infty, \infty)$

함수 $f(x)=10$은 모든 실수 x에서 연속이므로 구간 $(-\infty, \infty)$에서 연속이다.

0140 답 $(-\infty, \infty)$

함수 $f(x)=-x^2+2x+9$는 모든 실수 x에서 연속이므로 구간 $(-\infty, \infty)$에서 연속이다.

0141 답 $(-\infty, -2)$, $(-2, \infty)$

함수 $f(x)=\dfrac{4}{x+2}$는 $x\neq-2$인 모든 실수 x에서 연속이므로 구간 $(-\infty, -2)$, $(-2, \infty)$에서 연속이다.

0142 답 $(-\infty, 5]$

함수 $f(x)=\sqrt{5-x}$는 구간 $(-\infty, 5)$에서 연속이고
$\lim\limits_{x\to5^-}\sqrt{5-x}=f(5)=0$이므로 구간 $(-\infty, 5]$에서 연속이다.

0143 답 ㄱ, ㄴ, ㄷ

ㄱ. 두 함수 $f(x)$, $g(x)$가 $x=a$에서 연속이므로 함수 $f(x)+g(x)$도 $x=a$에서 연속이다.

ㄴ. 두 함수 $f(x)$, $g(x)$가 $x=a$에서 연속이므로 함수 $f(x)-g(x)$도 $x=a$에서 연속이다.

ㄷ. 두 함수 $f(x)$, $g(x)$가 $x=a$에서 연속이므로 함수 $f(x)g(x)$도 $x=a$에서 연속이다.

ㄹ. [반례] 두 함수 $f(x)=1$, $g(x)=x-a$는 $x=a$에서 연속이지만 함수 $\dfrac{f(x)}{g(x)}=\dfrac{1}{x-a}$은 $x=a$에서 불연속이다.

따라서 보기의 함수 중 $x=a$에서 항상 연속인 것은 ㄱ, ㄴ, ㄷ이다.

0144 답 $(-\infty, \infty)$

함수 $f(x)=3x^2-x-2$는 다항함수이므로 연속함수의 성질에 따라 모든 실수, 즉 구간 $(-\infty, \infty)$에서 연속이다.

0145 답 $(-\infty, \infty)$

두 함수 $y=x+5$, $y=x^2-3x$는 다항함수이므로 모든 실수, 즉 구간 $(-\infty, \infty)$에서 연속이다.
따라서 연속함수의 성질에 따라 함수 $f(x)=(x+5)(x^2-3x)$는 구간 $(-\infty, \infty)$에서 연속이다.

0146 답 $\left(-\infty, \dfrac{1}{3}\right)$, $\left(\dfrac{1}{3}, \infty\right)$

두 함수 $y=x+2$, $y=3x-1$은 다항함수이므로 모든 실수 x에서 연속이다.
따라서 연속함수의 성질에 따라 함수 $f(x)=\dfrac{x+2}{3x-1}$는 $x\neq\dfrac{1}{3}$인 모든 실수, 즉 구간 $\left(-\infty, \dfrac{1}{3}\right)$, $\left(\dfrac{1}{3}, \infty\right)$에서 연속이다.

0147 답 $(-\infty, -2)$, $(-2, 2)$, $(2, \infty)$

두 함수 $y=3x+1$, $y=x^2-4$는 다항함수이므로 모든 실수 x에서 연속이다.
따라서 연속함수의 성질에 따라 $f(x)=\dfrac{3x+1}{x^2-4}$은 $x\neq-2$, $x\neq2$인 모든 실수, 즉 구간 $(-\infty, -2)$, $(-2, 2)$, $(2, \infty)$에서 연속이다.

0148 답 (1) $(-\infty, \infty)$ (2) $(-\infty, \infty)$
       (3) $(-\infty, -1)$, $(-1, 2)$, $(2, \infty)$
       (4) $(-\infty, 0)$, $(0, \infty)$

두 함수 $f(x)$, $g(x)$는 다항함수이므로 모든 실수 x에서 연속이다.

(1) 두 함수 $f(x)$, $g(x)$가 모든 실수 x에서 연속이므로 함수 $f(x)+g(x)$도 모든 실수 x에서 연속이다.
즉, 함수 $f(x)+g(x)$가 연속인 구간은 $(-\infty, \infty)$이다.

(2) 두 함수 $f(x)$, $g(x)$가 모든 실수 x에서 연속이므로 함수 $f(x)g(x)$도 모든 실수 x에서 연속이다.
즉, 함수 $f(x)g(x)$가 연속인 구간은 $(-\infty, \infty)$이다.

(3) $\dfrac{f(x)}{g(x)}=\dfrac{x}{x^2-x-2}=\dfrac{x}{(x+1)(x-2)}$이므로 함수 $\dfrac{f(x)}{g(x)}$는 $x\neq-1$, $x\neq2$인 모든 실수 x에서 연속이다.
즉, 함수 $\dfrac{f(x)}{g(x)}$가 연속인 구간은 $(-\infty, -1)$, $(-1, 2)$, $(2, \infty)$이다.

(4) $\dfrac{g(x)}{f(x)}=\dfrac{x^2-x-2}{x}$이므로 함수 $\dfrac{g(x)}{f(x)}$는 $x\neq0$인 모든 실수 x에서 연속이다.
즉, 함수 $\dfrac{g(x)}{f(x)}$가 연속인 구간은 $(-\infty, 0)$, $(0, \infty)$이다.

0149 답 (1) 최댓값: 0, 최솟값: -1
       (2) 최댓값: 1, 최솟값: -1
       (3) 최댓값: 1   (4) 최솟값: 0

(1) 함수 $f(x)$는 닫힌구간 $[-2, -1]$에서 연속이므로 최댓값과 최솟값을 모두 갖는다.
이때 $x=-2$일 때 최댓값 0, $x=-1$일 때 최솟값 -1을 갖는다.

(2) 함수 $f(x)$는 닫힌구간 $[-1, 2]$에서 $x=0$ 또는 $x=2$일 때 최댓값 1, $x=-1$일 때 최솟값 -1을 갖는다.

(3) 함수 $f(x)$는 닫힌구간 $[0, 2]$에서 $x=0$ 또는 $x=2$일 때 최댓값
　　1을 갖고, 최솟값은 갖지 않는다.

(4) 함수 $f(x)$는 닫힌구간 $[1, 3]$에서 최댓값은 갖지 않고, $x=3$일
　　때 최솟값 0을 갖는다.

참고 (2) 함수 $f(x)$는 닫힌구간 $[-1, 2]$에서 $x=0$일 때 불연속이지만
　　　최댓값과 최솟값을 모두 갖는다.

0150 답 최댓값: 1, 최솟값: -3

함수 $f(x)=x^2+2x-2=(x+1)^2-3$은 닫힌구간 $[-2, 1]$에서
연속이므로 이 구간에서 최댓값과 최솟값을 갖는다.

이때 함수 $y=f(x)$의 그래프는 오른쪽 그림과
같으므로 함수 $f(x)$는 닫힌구간 $[-2, 1]$에서
$x=1$일 때 최댓값 1, $x=-1$일 때 최솟값 -3
을 갖는다.

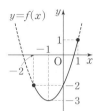

0151 답 최댓값: 4, 최솟값: -4

함수 $f(x)=-x^2+4x+1=-(x-2)^2+5$는 닫힌구간 $[3, 5]$에서
연속이므로 이 구간에서 최댓값과 최솟값을 갖는다.

이때 함수 $y=f(x)$의 그래프는 오른쪽 그림과
같으므로 함수 $f(x)$는 닫힌구간 $[3, 5]$에서
$x=3$일 때 최댓값 4, $x=5$일 때 최솟값 -4를
갖는다.

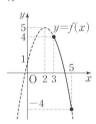

0152 답 최댓값: 3, 최솟값: 1

함수 $f(x)=\dfrac{3}{x-1}$은 닫힌구간 $[2, 4]$에서 연속이므로 이 구간에서
최댓값과 최솟값을 갖는다.

이때 함수 $y=f(x)$의 그래프는 오른쪽 그림
과 같으므로 함수 $f(x)$는 닫힌구간 $[2, 4]$에
서 $x=2$일 때 최댓값 3, $x=4$일 때 최솟값 1
을 갖는다.

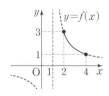

0153 답 최댓값: 0, 최솟값: -2

함수 $f(x)=\sqrt{x+6}-3$은 닫힌구간 $[-5, 3]$에서 연속이므로 이 구
간에서 최댓값과 최솟값을 갖는다.

이때 함수 $y=f(x)$의 그래프는 오른쪽
그림과 같으므로 함수 $f(x)$는 닫힌구간
$[-5, 3]$에서 $x=3$일 때 최댓값 0,
$x=-5$일 때 최솟값 -2를 갖는다.

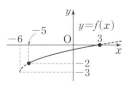

0154 답 ㉮ 연속 ㉯ 2 ㉰ 1 ㉱ 사잇값

함수 $f(x)=x^2-3x+2$는 닫힌구간 $[1, 3]$에서 ㉮ 연속 이다.

또 $f(1)=0$, $f(3)=$ ㉯ 2 에서 $f(1)\neq f(3)$이고,

$f(1)<$ ㉰ 1 $<f(3)$이므로 ㉱ 사잇값 정리에 의하여 $f(c)=1$인

c가 열린구간 $(1, 3)$에 적어도 하나 존재한다.

0155 답 풀이 참조

$f(x)=x^3+x-4$라 하면 함수 $f(x)$는 닫힌구간 $[1, 2]$에서 연속이
고 $f(1)=-2<0$, $f(2)=6>0$이므로 사잇값 정리에 의하여
$f(c)=0$인 c가 열린구간 $(1, 2)$에 적어도 하나 존재한다.

따라서 방정식 $x^3+x-4=0$은 열린구간 $(1, 2)$에서 적어도 하나의
실근을 갖는다.

0156 답 풀이 참조

$f(x)=x^4-2x^2+x-1$이라 하면 함수 $f(x)$는 닫힌구간 $[-2, 1]$
에서 연속이고 $f(-2)=5>0$, $f(1)=-1<0$이므로 사잇값 정리에
의하여 $f(c)=0$인 c가 열린구간 $(-2, 1)$에 적어도 하나 존재한다.

따라서 방정식 $x^4-2x^2+x-1=0$은 열린구간 $(-2, 1)$에서 적어도
하나의 실근을 갖는다.

B 유형 완성
30~35쪽

0157 답 ㄱ, ㄹ

ㄱ. $f(3)=7$, $\displaystyle\lim_{x\to 3}f(x)=\lim_{x\to 3}(2x+1)=7$

　　따라서 $\displaystyle\lim_{x\to 3}f(x)=f(3)$이므로 함수 $f(x)$는 $x=3$에서 연속이다.

ㄴ. $3\leq x<4$일 때 $0\leq x-3<1$이므로 $[x-3]=0$

　　$\therefore \displaystyle\lim_{x\to 3+}f(x)=\lim_{x\to 3+}[x-3]=0$　……㉠

　　$2\leq x<3$일 때 $-1\leq x-3<0$이므로 $[x-3]=-1$

　　$\therefore \displaystyle\lim_{x\to 3-}f(x)=\lim_{x\to 3-}[x-3]=-1$　……㉡

　　㉠, ㉡에서 $\displaystyle\lim_{x\to 3+}f(x)\neq\lim_{x\to 3-}f(x)$

　　따라서 $\displaystyle\lim_{x\to 3}f(x)$의 값이 존재하지 않으므로 함수 $f(x)$는 $x=3$

　　에서 불연속이다.

ㄷ. 함수 $f(x)$는 $x=3$에서 정의되지 않으므로 $x=3$에서 불연속이다.

ㄹ. $f(3)=5$

　　$\displaystyle\lim_{x\to 3+}f(x)=\lim_{x\to 3+}(x+2)=5$,

　　$\displaystyle\lim_{x\to 3-}f(x)=\lim_{x\to 3-}(2x-1)=5$이므로

　　$\displaystyle\lim_{x\to 3}f(x)=5$

　　따라서 $\displaystyle\lim_{x\to 3}f(x)=f(3)$이므로 함수 $f(x)$는 $x=3$에서 연속이다.

ㅁ. $\displaystyle\lim_{x\to 3+}f(x)=\lim_{x\to 3+}\dfrac{x-3}{x-3}=1$

　　$\displaystyle\lim_{x\to 3-}f(x)=\lim_{x\to 3-}\dfrac{-(x-3)}{x-3}=-1$

　　$\therefore \displaystyle\lim_{x\to 3+}f(x)\neq\lim_{x\to 3-}f(x)$

　　따라서 $\displaystyle\lim_{x\to 3}f(x)$의 값이 존재하지 않으므로 함수 $f(x)$는 $x=3$

　　에서 불연속이다.

따라서 보기의 함수 중 $x=3$에서 연속인 것은 ㄱ, ㄹ이다.

0158 답 ④

① $f(2)=1$, $\displaystyle\lim_{x\to 2}f(x)=\lim_{x\to 2}\dfrac{2}{x}=1$

　　따라서 $\displaystyle\lim_{x\to 2}f(x)=f(2)$이므로 함수 $f(x)$는 $x=2$에서 연속이다.

② $f(2)=2$

$\lim_{x \to 2+} f(x) = \lim_{x \to 2+} \{(x-2)+x\} = \lim_{x \to 2+} (2x-2) = 2$,

$\lim_{x \to 2-} f(x) = \lim_{x \to 2-} \{-(x-2)+x\} = \lim_{x \to 2-} 2 = 2$이므로

$\lim_{x \to 2} f(x)$과 2

따라서 $\lim_{x \to 2} f(x) = f(2)$이므로 함수 $f(x)$는 $x=2$에서 연속이다.

③ $f(2)=2$

$\lim_{x \to 2+} f(x) = \lim_{x \to 2+} \sqrt{x+2} = 2$,

$\lim_{x \to 2-} f(x) = \lim_{x \to 2-} x = 2$이므로

$\lim_{x \to 2} f(x) = 2$

따라서 $\lim_{x \to 2} f(x) = f(2)$이므로 함수 $f(x)$는 $x=2$에서 연속이다.

④ $f(2)=2$

$\lim_{x \to 2} f(x) = \lim_{x \to 2} \dfrac{x^2-4}{x-2} = \lim_{x \to 2} \dfrac{(x+2)(x-2)}{x-2} = \lim_{x \to 2} (x+2) = 4$

따라서 $\lim_{x \to 2} f(x) \neq f(2)$이므로 함수 $f(x)$는 $x=2$에서 불연속이다.

⑤ $f(2)=0$

$\lim_{x \to 2+} f(x) = \lim_{x \to 2+} \dfrac{(x-2)^2}{x-2} = \lim_{x \to 2+} (x-2) = 0$,

$\lim_{x \to 2-} f(x) = \lim_{x \to 2-} \dfrac{(x-2)^2}{-(x-2)} = \lim_{x \to 2-} \{-(x-2)\} = 0$이므로

$\lim_{x \to 2} f(x) = 0$

따라서 $\lim_{x \to 2} f(x) = f(2)$이므로 함수 $f(x)$는 $x=2$에서 연속이다.

0159 답 2

함수 $y=f(x)$의 그래프는 오른쪽 그림과 같으므로

$g(t)=\begin{cases} 1 \ (t<-1 \ \text{또는} \ t>3) \\ 2 \ (t=-1 \ \text{또는} \ t=3) \\ 3 \ (-1<t<3) \end{cases}$ ······ ❶

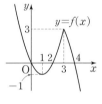

따라서 함수 $y=g(t)$의 그래프는 오른쪽 그림과 같으므로 함수 $g(t)$가 불연속인 t의 값은 -1, 3의 2개이다. ······ ❷

채점 기준

❶ $g(t)$ 구하기	60 %
❷ $g(t)$가 불연속인 t의 값의 개수 구하기	40 %

0160 답 ④

② $\lim_{x \to 0+} f(x) = \lim_{x \to 0-} f(x) = -1$이므로 $\lim_{x \to 0} f(x) = -1$

③ $f(2)=0$

$\lim_{x \to 2+} f(x) = \lim_{x \to 2-} f(x) = 0$이므로 $\lim_{x \to 2} f(x) = 0$

∴ $\lim_{x \to 2} f(x) = f(2)$

④, ⑤ (i) $\lim_{x \to -1+} f(x) = 0$, $\lim_{x \to -1-} f(x) = 1$이므로

$\lim_{x \to -1+} f(x) \neq \lim_{x \to -1-} f(x)$

따라서 $\lim_{x \to -1} f(x)$의 값이 존재하지 않으므로 함수 $f(x)$는

$x=-1$에서 불연속이다.

(ii) $f(0)=1$

$\lim_{x \to 0+} f(x) = \lim_{x \to 0-} f(x) = -1$이므로 $\lim_{x \to 0} f(x) = -1$

따라서 $\lim_{x \to 0} f(x) \neq f(0)$이므로 함수 $f(x)$는 $x=0$에서 불연속이다.

(iii) $\lim_{x \to 1+} f(x) = -1$, $\lim_{x \to 1-} f(x) = 0$이므로

$\lim_{x \to 1+} f(x) \neq \lim_{x \to 1-} f(x)$

따라서 $\lim_{x \to 1} f(x)$의 값이 존재하지 않으므로 함수 $f(x)$는

$x=1$에서 불연속이다.

(i), (ii), (iii)에서 함수 $f(x)$가 불연속인 x의 값은 -1, 0, 1의 3개이고, 함수 $f(x)$의 극한값이 존재하지 않는 x의 값은 -1, 1의 2개이다.

따라서 옳지 않은 것은 ④이다.

0161 답 6

(i) $\lim_{x \to -1+} f(x) = 1$, $\lim_{x \to -1-} f(x) = -1$이므로

$\lim_{x \to -1+} f(x) \neq \lim_{x \to -1-} f(x)$

따라서 $\lim_{x \to -1} f(x)$의 값이 존재하지 않으므로 함수 $f(x)$는

$x=-1$에서 불연속이다.

(ii) $f(0)=0$

$\lim_{x \to 0+} f(x) = \lim_{x \to 0-} f(x) = 2$이므로 $\lim_{x \to 0} f(x) = 2$

따라서 $\lim_{x \to 0} f(x) \neq f(0)$이므로 함수 $f(x)$는 $x=0$에서 불연속이다.

(iii) $\lim_{x \to 1+} f(x) = -1$, $\lim_{x \to 1-} f(x) = 1$이므로 $\lim_{x \to 1+} f(x) \neq \lim_{x \to 1-} f(x)$

따라서 $\lim_{x \to 1} f(x)$의 값이 존재하지 않으므로 함수 $f(x)$는 $x=1$에서 불연속이다.

(iv) $f(2)=-1$

$\lim_{x \to 2+} f(x) = \lim_{x \to 2-} f(x) = 0$이므로 $\lim_{x \to 2} f(x) = 0$

따라서 $\lim_{x \to 2} f(x) \neq f(2)$이므로 함수 $f(x)$는 $x=2$에서 불연속이다.

(i)~(iv)에서 함수 $f(x)$의 극한값이 존재하지 않는 x의 값은 -1, 1의 2개이므로 $m=2$

또 함수 $f(x)$가 불연속인 x의 값은 -1, 0, 1, 2의 4개이므로

$n=4$

∴ $m+n=6$

0162 답 ④

ㄱ. $\lim_{x \to 1+} f(x)g(x) = 0 \times 0 = 0$

$\lim_{x \to 1-} f(x)g(x) = 1 \times 0 = 0$

∴ $\lim_{x \to 1} f(x)g(x) = 0$

따라서 $\lim_{x \to 1} f(x)g(x)$의 값은 존재한다.

ㄴ. $f(0)+g(0) = -1+2 = 1$

$\lim_{x \to 0+} \{f(x)+g(x)\} = 0+1 = 1$,

$\lim_{x \to 0-} \{f(x)+g(x)\} = -1+2 = 1$이므로

$\lim_{x \to 0} \{f(x)+g(x)\} = 1$

따라서 $\lim_{x \to 0}\{f(x)+g(x)\}=f(0)+g(0)$이므로 함수

$f(x)+g(x)$는 $x=0$에서 연속이다.

ㄷ. $\lim_{x \to 2+}\{f(x)-g(x)\}=1-1=0$

$\lim_{x \to 2-}\{f(x)-g(x)\}=-1-1=-2$

$\therefore \lim_{x \to 2+}\{f(x)-g(x)\}\neq \lim_{x \to 2-}\{f(x)-g(x)\}$

따라서 $\lim_{x \to 2}\{f(x)-g(x)\}$의 값이 존재하지 않으므로 함수

$f(x)-g(x)$는 $x=2$에서 불연속이다.

따라서 보기에서 옳은 것은 ㄴ, ㄷ이다.

0163 답 ㄱ, ㄴ, ㄷ

ㄱ. $\lim_{x \to -1+}f(x)g(x)=-1\times(-1)=1$

$\lim_{x \to -1-}f(x)g(x)=1\times(-1)=-1$

$\therefore \lim_{x \to -1+}f(x)g(x)\neq \lim_{x \to -1-}f(x)g(x)$

따라서 $\lim_{x \to -1}f(x)g(x)$의 값은 존재하지 않는다.

ㄴ. $f(g(1))=f(1)=-1$

$g(x)=t$로 놓으면 $x \to 1+$일 때 $t \to 1$이므로

$\lim_{x \to 1+}f(g(x))=f(1)=-1$

$x \to 1-$일 때 $t \to -1+$이므로

$\lim_{x \to 1-}f(g(x))=\lim_{t \to -1+}f(t)=-1$

$\therefore \lim_{x \to 1}f(g(x))=-1$

따라서 $\lim_{x \to 1}f(g(x))=f(g(1))$이므로 함수 $f(g(x))$는 $x=1$

에서 연속이다.

ㄷ. $f(x)=t$로 놓으면 $x \to -1+$일 때 $t \to -1+$이므로

$\lim_{x \to -1+}g(f(x))=\lim_{t \to -1+}g(t)=-1$

$x \to -1-$일 때 $t \to 1$이므로

$\lim_{x \to -1-}g(f(x))=g(1)=1$

$\therefore \lim_{x \to -1+}g(f(x))\neq \lim_{x \to -1-}g(f(x))$

따라서 $\lim_{x \to -1}g(f(x))$의 값이 존재하지 않으므로 함수 $g(f(x))$

는 $x=-1$에서 불연속이다.

따라서 보기에서 옳은 것은 ㄱ, ㄴ, ㄷ이다.

0164 답 ④

ㄱ. $\lim_{x \to -2-}f(x)+\lim_{x \to 2+}f(x)=1+(-1)=0$

ㄴ. $f(2)+f(-2)=-1+(-1)=-2$

$-x=t$로 놓으면 $x \to 2+$일 때 $t \to -2-$이므로

$\lim_{x \to 2+}\{f(x)+f(-x)\}=\lim_{x \to 2+}f(x)+\lim_{t \to -2-}f(t)$

$=-1+1=0$

$x \to 2-$일 때 $t \to -2+$이므로

$\lim_{x \to 2-}\{f(x)+f(-x)\}=\lim_{x \to 2-}f(x)+\lim_{t \to -2+}f(t)$

$=1+(-1)=0$

$\therefore \lim_{x \to 2}\{f(x)+f(-x)\}=0$

따라서 $\lim_{x \to 2}\{f(x)+f(-x)\}\neq f(2)+f(-2)$이므로 함수

$f(x)+f(-x)$는 $x=2$에서 불연속이다.

ㄷ. $f(0)f(2)=-1\times(-1)=1$

$x-1=t$로 놓으면 $x \to 1+$일 때 $t \to 0+$이고,

$x+1=s$로 놓으면 $x \to 1+$일 때 $s \to 2+$이므로

$\lim_{x \to 1+}f(x-1)f(x+1)=\lim_{t \to 0+}f(t)\times \lim_{s \to 2+}f(s)$

$=-1\times(-1)=1$

$x \to 1-$일 때 $t \to 0-$이고, $x \to 1-$일 때 $s \to 2-$이므로

$\lim_{x \to 1-}f(x-1)f(x+1)=\lim_{t \to 0-}f(t)\times \lim_{s \to 2-}f(s)=1\times 1=1$

$\therefore \lim_{x \to 1}f(x-1)f(x+1)=1$

따라서 $\lim_{x \to 1}f(x-1)f(x+1)=f(0)f(2)$이므로 함수

$f(x-1)f(x+1)$은 $x=1$에서 연속이다.

따라서 보기에서 옳은 것은 ㄱ, ㄷ이다.

0165 답 ③

함수 $f(x)$가 $x=1$에서 연속이므로 $\lim_{x \to 1}f(x)=f(1)$

$\therefore \lim_{x \to 1}\dfrac{x^2+ax+b}{x-1}=-4$ ...... ㉠

$x \to 1$일 때 (분모) $\to 0$이고 극한값이 존재하므로 (분자) $\to 0$이다.

즉, $\lim_{x \to 1}(x^2+ax+b)=0$이므로

$1+a+b=0$ $\therefore b=-a-1$ ...... ㉡

㉡을 ㉠의 좌변에 대입하면

$\lim_{x \to 1}\dfrac{x^2+ax-(a+1)}{x-1}=\lim_{x \to 1}\dfrac{(x-1)(x+a+1)}{x-1}$

$=\lim_{x \to 1}(x+a+1)=a+2$

따라서 $a+2=-4$이므로 $a=-6$

이를 ㉡에 대입하면 $b=5$

$\therefore a+2b=4$

0166 답 ①

함수 $f(x)$가 실수 전체의 집합에서 연속이면 $x=a$에서 연속이므로

$\lim_{x \to a+}f(x)=\lim_{x \to a-}f(x)=f(a)$

$\lim_{x \to a+}f(x)=\lim_{x \to a+}(ax-6)=a^2-6$

$\lim_{x \to a-}f(x)=\lim_{x \to a-}(-2x+a)=-a$

$f(a)=-2a+a=-a$

따라서 $a^2-6=-a$이므로 $a^2+a-6=0$

$(a+3)(a-2)=0$ $\therefore a=-3$ 또는 $a=2$

따라서 모든 a의 값의 합은 $-3+2=-1$

0167 답 6

함수 $f(x)$가 실수 전체의 집합에서 연속이면 $x=1$에서 연속이므로

$\lim_{x \to 1+}f(x)=\lim_{x \to 1-}f(x)=f(1)$

이때 $\lim_{x \to 1-}f(x)=f(1)=-3+a$이므로

$\lim_{x \to 1+}f(x)=a-3$

$\therefore \lim_{x \to 1+}\dfrac{x+b}{\sqrt{x+3}-2}=a-3$ ...... ㉠

$x \to 1+$일 때 (분모) $\to 0$이고 극한값이 존재하므로 (분자) $\to 0$이다.

즉, $\lim_{x \to 1+}(x+b)=0$이므로

$1+b=0$ $\therefore b=-1$

이를 ㉠의 좌변에 대입하면

$$\lim_{x \to 1+} \frac{x-1}{\sqrt{x+3}-2} = \lim_{x \to 1+} \frac{(x-1)(\sqrt{x+3}+2)}{(\sqrt{x+3}-2)(\sqrt{x+3}+2)}$$
$$= \lim_{x \to 1+} \frac{(x-1)(\sqrt{x+3}+2)}{x-1}$$
$$= \lim_{x \to 1+} (\sqrt{x+3}+2) = 4$$

따라서 $4 = a-3$이므로 $a = 7$

$\therefore a+b = 6$

0168 답 ①

$$f(x) = \begin{cases} (x-1)^2 & (x \le -1 \text{ 또는 } x \ge 1) \\ -x^2+ax+b & (-1 < x < 1) \end{cases}$$

함수 $f(x)$가 모든 실수 x에서 연속이면 $x = -1$, $x = 1$에서 연속이다.

(i) $x = -1$에서 연속이면

$$\lim_{x \to -1+} f(x) = \lim_{x \to -1-} f(x) = f(-1)$$
$$\lim_{x \to -1+} f(x) = \lim_{x \to -1+} (-x^2+ax+b) = -1-a+b$$
$$\lim_{x \to -1-} f(x) = \lim_{x \to -1-} (x-1)^2 = 4$$
$$f(-1) = (-1-1)^2 = 4$$

따라서 $-1-a+b = 4$이므로

$a-b = -5$ ······ ㉠

(ii) $x = 1$에서 연속이면

$$\lim_{x \to 1+} f(x) = \lim_{x \to 1-} f(x) = f(1)$$
$$\lim_{x \to 1+} f(x) = \lim_{x \to 1+} (x-1)^2 = 0$$
$$\lim_{x \to 1-} f(x) = \lim_{x \to 1-} (-x^2+ax+b) = -1+a+b$$
$$f(1) = (1-1)^2 = 0$$

따라서 $0 = -1+a+b$이므로

$a+b = 1$ ······ ㉡

㉠, ㉡을 연립하여 풀면

$a = -2$, $b = 3$

$\therefore ab = -6$

0169 답 5

함수 $f(x)$가 모든 실수 x에서 연속이면 $x = 2$에서 연속이므로

$$\lim_{x \to 2+} f(x) = \lim_{x \to 2-} f(x) = f(2)$$
$$\lim_{x \to 2+} f(x) = \lim_{x \to 2+} \{a(x-1)^2+b\} = a+b$$
$$\lim_{x \to 2-} f(x) = \lim_{x \to 2-} 4x = 8$$
$$f(2) = a(2-1)^2+b = a+b$$

$\therefore a+b = 8$ ······ ㉠ ······ ❶

한편 $f(x) = f(x+4)$이므로

$f(0) = f(4)$

$4 \times 0 = a(4-1)^2+b$

$\therefore 9a+b = 0$ ······ ㉡ ······ ❷

㉠, ㉡을 연립하여 풀면 $a = -1$, $b = 9$이므로

$$f(x) = \begin{cases} 4x & (0 \le x < 2) \\ -(x-1)^2+9 & (2 \le x \le 4) \end{cases}$$ ······ ❸

$$\therefore f(19) = f(15) = f(11) = f(7) = f(3)$$
$$= -(3-1)^2+9 = 5$$ ······ ❹

채점 기준

❶ $f(x)$가 $x=2$에서 연속임을 이용하여 a, b 사이의 관계식 구하기	40 %
❷ $f(x)=f(x+4)$임을 이용하여 a, b 사이의 관계식 구하기	20 %
❸ $f(x)$ 구하기	20 %
❹ $f(19)$의 값 구하기	20 %

0170 답 -2

$$f(x)g(x) = \begin{cases} (x+3)(x+k) & (x \ge 2) \\ (5-x)(x+k) & (x < 2) \end{cases}$$

함수 $f(x)g(x)$가 $x = 2$에서 연속이므로

$$\lim_{x \to 2+} f(x)g(x) = \lim_{x \to 2-} f(x)g(x) = f(2)g(2)$$
$$\lim_{x \to 2+} f(x)g(x) = \lim_{x \to 2+} (x+3)(x+k) = 5(2+k)$$
$$\lim_{x \to 2-} f(x)g(x) = \lim_{x \to 2-} (5-x)(x+k) = 3(2+k)$$
$$f(2)g(2) = 5(2+k)$$

따라서 $5(2+k) = 3(2+k)$이므로

$10+5k = 6+3k$ $\therefore k = -2$

0171 답 ⑤

함수 $(x-a)f(x)$가 $x = 2$에서 연속이므로

$$\lim_{x \to 2+} (x-a)f(x) = \lim_{x \to 2-} (x-a)f(x) = (2-a)f(2)$$
$$\lim_{x \to 2+} (x-a)f(x) = (2-a) \times 1 = 2-a$$
$$\lim_{x \to 2-} (x-a)f(x) = (2-a) \times 3 = 3(2-a)$$
$$(2-a)f(2) = 2-a$$

따라서 $2-a = 3(2-a)$이므로

$2-a = 6-3a$ $\therefore a = 2$

0172 답 ③

함수 $f(x)$는 $x = 1$에서 불연속이고, 함수 $g(x)$는 모든 실수 x에서 연속이다.

합성함수 $g(f(x))$가 모든 실수 x에서 연속이면 $x = 1$에서 연속이므로

$$\lim_{x \to 1+} g(f(x)) = \lim_{x \to 1-} g(f(x)) = g(f(1))$$

$f(x) = t$로 놓으면 $x \to 1+$일 때 $t \to 0+$이므로

$$\lim_{x \to 1+} g(f(x)) = \lim_{t \to 0+} g(t) = g(0) = 2$$

$x \to 1-$일 때 $t \to -2-$이므로

$$\lim_{x \to 1-} g(f(x)) = \lim_{t \to -2-} g(t) = g(-2) = 4a-2b-6$$

$g(f(1)) = g(-1) = a-b+1$

따라서 $2 = 4a-2b-6 = a-b+1$이므로

$2a-b = 4$, $a-b = 1$

두 식을 연립하여 풀면

$a = 3$, $b = 2$ $\therefore ab = 6$

0173 답 6

$x \ne 1$일 때, $f(x) = \dfrac{x^2+ax-3}{x-1}$

함수 $f(x)$가 모든 실수 x에서 연속이면 $x = 1$에서 연속이므로

$$\lim_{x \to 1} f(x) = f(1)$$

$$\therefore \lim_{x \to 1} \frac{x^2+ax-3}{x-1}=f(1) \quad \cdots\cdots \ \bigcirc$$

$x \to 1$일 때 (분모) $\to 0$이고 극한값이 존재하므로 (분자) $\to 0$이다.

즉, $\lim\limits_{x \to 1}(x^2+ax-3)=0$이므로

$$1+a-3=0 \quad \therefore \ a=2$$

이를 $\bigcirc$의 좌변에 대입하면

$$\lim_{x \to 1}\frac{x^2+2x-3}{x-1}=\lim_{x \to 1}\frac{(x+3)(x-1)}{x-1}$$
$$=\lim_{x \to 1}(x+3)=4$$

$$\therefore \ f(1)=4$$

$$\therefore \ a+f(1)=6$$

0174 답 ③

$x \neq 3$일 때, $f(x)=\dfrac{a\sqrt{x+6}+b}{x-3}$

함수 $f(x)$가 $x \geq -6$인 모든 실수 x에서 연속이면 $x=3$에서 연속
이므로

$$\lim_{x \to 3}f(x)=f(3)$$

$$\therefore \lim_{x \to 3}\frac{a\sqrt{x+6}+b}{x-3}=-\frac{1}{3} \quad \cdots\cdots \ \bigcirc$$

$x \to 3$일 때 (분모) $\to 0$이고 극한값이 존재하므로 (분자) $\to 0$이다.

즉, $\lim\limits_{x \to 3}(a\sqrt{x+6}+b)=0$이므로

$$3a+b=0 \quad \therefore \ b=-3a \quad \cdots\cdots \ \bigcirc$$

$\bigcirc$을 $\bigcirc$의 좌변에 대입하면

$$\lim_{x \to 3}\frac{a\sqrt{x+6}-3a}{x-3}=\lim_{x \to 3}\frac{a(\sqrt{x+6}-3)(\sqrt{x+6}+3)}{(x-3)(\sqrt{x+6}+3)}$$
$$=\lim_{x \to 3}\frac{a(x-3)}{(x-3)(\sqrt{x+6}+3)}$$
$$=\lim_{x \to 3}\frac{a}{\sqrt{x+6}+3}=\frac{a}{6}$$

따라서 $\dfrac{a}{6}=-\dfrac{1}{3}$이므로 $a=-2$

이를 $\bigcirc$에 대입하면 $b=6$

$$\therefore \ a+b=4$$

0175 답 6

$x^2-x-2=0$에서 $(x+1)(x-2)=0$

$$\therefore \ x=-1 \ \text{또는} \ x=2$$

$x \neq -1$, $x \neq 2$일 때, $f(x)=\dfrac{2x^3+ax+b}{x^2-x-2}$

함수 $f(x)$가 모든 실수 x에서 연속이면 $x=-1$에서 연속이므로

$$\lim_{x \to -1}f(x)=f(-1)$$

$$\therefore \lim_{x \to -1}\frac{2x^3+ax+b}{x^2-x-2}=f(-1) \quad \cdots\cdots \ \bigcirc$$

$x \to -1$일 때 (분모) $\to 0$이고 극한값이 존재하므로 (분자) $\to 0$이다.

즉, $\lim\limits_{x \to -1}(2x^3+ax+b)=0$이므로

$$-2-a+b=0 \quad \therefore \ a-b=-2 \quad \cdots\cdots \ \bigcirc$$

함수 $f(x)$가 모든 실수 x에서 연속이면 $x=2$에서 연속이므로

$$\lim_{x \to 2}f(x)=f(2)$$

$$\therefore \lim_{x \to 2}\frac{2x^3+ax+b}{x^2-x-2}=f(2) \quad \cdots\cdots \ \bigcirc$$

$x \to 2$일 때 (분모) $\to 0$이고 극한값이 존재하므로 (분자) $\to 0$이다.

즉, $\lim\limits_{x \to 2}(2x^3+ax+b)=0$이므로

$$16+2a+b=0 \quad \therefore \ 2a+b=-16 \quad \cdots\cdots \ \bigcirc$$

$\bigcirc$, $\bigcirc$을 연립하여 풀면 $a=-6$, $b=-4$ $\quad \cdots\cdots \ \bigcirc$

$\bigcirc$을 $\bigcirc$의 좌변에 대입하면

$$\lim_{x \to -1}\frac{2x^3-6x-4}{x^2-x-2}=\lim_{x \to -1}\frac{2(x+1)^2(x-2)}{(x+1)(x-2)}$$
$$=\lim_{x \to -1}2(x+1)=0$$

$$\therefore \ f(-1)=0$$

$\bigcirc$을 $\bigcirc$의 좌변에 대입하면

$$\lim_{x \to 2}\frac{2x^3-6x-4}{x^2-x-2}=\lim_{x \to 2}\frac{2(x+1)^2(x-2)}{(x+1)(x-2)}$$
$$=\lim_{x \to 2}2(x+1)=6$$

$$\therefore \ f(2)=6$$

$$\therefore \ f(-1)+f(2)=6$$

0176 답 ④

두 함수 $f(x)$, $g(x)$는 다항함수이므로 모든 실수 x에서 연속이다.

ㄱ. 두 함수 $f(x)$, $3g(x)$는 모든 실수 x에서 연속이므로 함수
  $f(x)+3g(x)$도 모든 실수 x에서 연속이다.

ㄴ. 함수 $f(x)$는 모든 실수 x에서 연속이므로 함수
  $f(x) \times f(x)=\{f(x)\}^2$도 모든 실수 x에서 연속이다.

ㄷ. $\dfrac{f(x)}{g(x)}=\dfrac{x+8}{x^2+2}$에서 $x^2+2>0$이므로 함수 $\dfrac{f(x)}{g(x)}$는 모든 실수 x
  에서 연속이다.

ㄹ. $\dfrac{f(x)}{g(x)-f(x)}=\dfrac{x+8}{x^2+2-(x+8)}=\dfrac{x+8}{x^2-x-6}$
  $$=\dfrac{x+8}{(x+2)(x-3)}$$

  함수 $\dfrac{f(x)}{g(x)-f(x)}$는 $(x+2)(x-3) \neq 0$인 모든 실수, 즉
  $x \neq -2$, $x \neq 3$인 모든 실수 x에서 연속이다.

따라서 보기의 함수 중 모든 실수 x에서 연속인 것은 ㄱ, ㄴ, ㄷ이다.

0177 답 ㄱ, ㄴ

ㄱ. 두 함수 $2f(x)$, $g(x)$는 $x=a$에서 연속이므로 함수
  $2f(x)-g(x)$도 $x=a$에서 연속이다.

ㄴ. 함수 $g(x)$는 $x=a$에서 연속이므로 함수
  $g(x) \times g(x)=\{g(x)\}^2$도 $x=a$에서 연속이다.

ㄷ. [반례] 두 함수 $f(x)=1$, $g(x)=x-a$는 $x=a$에서 연속이지만
  함수 $\dfrac{1}{f(x)g(x)}=\dfrac{1}{x-a}$은 $x=a$에서 불연속이다.

ㄹ. [반례] 두 함수 $f(x)=x$, $g(x)=-a$는 $x=a$에서 연속이지만
  함수 $\dfrac{f(x)}{f(x)+g(x)}=\dfrac{x}{x-a}$는 $x=a$에서 불연속이다.

따라서 보기의 함수 중 $x=a$에서 항상 연속인 것은 ㄱ, ㄴ이다.

0178 답 7

함수 $\dfrac{f(x)}{g(x)}$가 모든 실수 x에서 연속이므로 이차방정식 $g(x)=0$, 즉

$x^2+ax+4=0$은 실근을 갖지 않는다. $\quad \cdots\cdots \ \mathbf{i}$

이차방정식 $x^2+ax+4=0$의 판별식을 D라 하면
$D=a^2-16<0$, $(a+4)(a-4)<0$
$\therefore -4<a<4$ $\cdots\cdots$ **ⓘⓘ**
따라서 정수 a는 -3, -2, -1, 0, 1, 2, 3의 7개이다. $\cdots\cdots$ **ⓘⓘⓘ**

채점 기준

ⓘ 함수 $\dfrac{f(x)}{g(x)}$가 모든 실수 x에서 연속이도록 하는 조건 구하기	40 %
ⓘⓘ a의 값의 범위 구하기	40 %
ⓘⓘⓘ 정수 a의 개수 구하기	20 %

0179 답 ④

$x<2$에서 $f(x)=x^2-4x+6=(x-2)^2+2>0$
$x\geq 2$에서 $f(x)=1>0$
따라서 실수 전체의 집합에서 $f(x)>0$이다.
한편 함수 $f(x)$는 $x=2$에서 불연속이고, 함수 $g(x)$는 실수 전체의 집합에서 연속이다.

함수 $\dfrac{g(x)}{f(x)}$가 실수 전체의 집합에서 연속이면 $x=2$에서 연속이므로

$\displaystyle\lim_{x\to 2+}\frac{g(x)}{f(x)}=\lim_{x\to 2-}\frac{g(x)}{f(x)}=\frac{g(2)}{f(2)}$

$\displaystyle\lim_{x\to 2+}\frac{g(x)}{f(x)}=\lim_{x\to 2+}\frac{ax+1}{1}=2a+1$

$\displaystyle\lim_{x\to 2-}\frac{g(x)}{f(x)}=\lim_{x\to 2-}\frac{ax+1}{x^2-4x+6}=\frac{2a+1}{2}$

$\dfrac{g(2)}{f(2)}=\dfrac{2a+1}{1}=2a+1$

따라서 $2a+1=\dfrac{2a+1}{2}$이므로

$4a+2=2a+1$ $\therefore a=-\dfrac{1}{2}$

0180 답 24

함수 $\dfrac{x}{f(x)}$는 $f(x)=0$인 x의 값에서 불연속이므로 ㈎에서
$f(1)=0$, $f(2)=0$
$f(x)$는 이차함수이므로 $f(x)=a(x-1)(x-2)$ $(a\neq 0)$라 하면
㈏에서
$\displaystyle\lim_{x\to 2}\frac{f(x)}{x-2}=\lim_{x\to 2}\frac{a(x-1)(x-2)}{x-2}=\lim_{x\to 2}a(x-1)=a$
$\therefore a=4$
따라서 $f(x)=4(x-1)(x-2)$이므로
$f(4)=4\times 3\times 2=24$

0181 답 ㄷ

ㄱ. [반례] $f(x)=\begin{cases} 1 & (x\geq a) \\ -1 & (x<a) \end{cases}$이면 $\{f(x)\}^2=1$이므로 함수
$\{f(x)\}^2$은 $x=a$에서 연속이지만 함수 $f(x)$는 $x=a$에서 불연속이다.

ㄴ. [반례] $f(x)=\begin{cases} 1 & (x\geq a) \\ 0 & (x<a) \end{cases}$, $g(x)=\begin{cases} 0 & (x\geq a) \\ 1 & (x<a) \end{cases}$이면
$f(x)+g(x)=1$이므로 함수 $f(x)+g(x)$는 $x=a$에서 연속이지만 두 함수 $f(x)$, $g(x)$는 $x=a$에서 불연속이다.

ㄷ. $h(x)=f(x)-g(x)$라 하면 $g(x)=f(x)-h(x)$
이때 두 함수 $f(x)$, $h(x)$가 $x=a$에서 연속이므로 함수 $g(x)$도 $x=a$에서 연속이다.

ㄹ. [반례] $f(x)=0$, $g(x)=\begin{cases} 1 & (x\geq a) \\ -1 & (x<a) \end{cases}$이면 $\dfrac{f(x)}{g(x)}=0$이므로 두
함수 $f(x)$, $\dfrac{f(x)}{g(x)}$는 $x=a$에서 연속이지만 함수 $g(x)$는 $x=a$에서 불연속이다.

따라서 보기에서 옳은 것은 ㄷ이다.

0182 답 ㄱ, ㅁ

함수 $f(x)=\dfrac{x+2}{2x-4}=\dfrac{2}{x-2}+\dfrac{1}{2}$의 그래프는 오른쪽 그림과 같다.

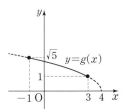

ㄱ, ㅁ. 함수 $f(x)$는 닫힌구간 $[-1, 0]$, $[3, 4]$에서 연속이므로 각 구간에서 최댓값과 최솟값을 모두 갖는다.

ㄴ. 함수 $f(x)$는 반열린구간 $[0, 1)$에서
$x=0$일 때 최댓값 $-\dfrac{1}{2}$을 갖고, 최솟값은 갖지 않는다.

ㄷ. 함수 $f(x)$는 반열린구간 $[1, 3)$에서 최댓값과 최솟값을 모두 갖지 않는다.

ㄹ. 함수 $f(x)$는 닫힌구간 $[2, 3]$에서 최댓값은 갖지 않고, $x=3$일 때 최솟값 $\dfrac{5}{2}$를 갖는다.

따라서 보기의 구간에서 최댓값과 최솟값이 모두 존재하는 것은 ㄱ, ㅁ이다.

0183 답 $\dfrac{19}{5}$

두 함수 $f(x)=\dfrac{3x+5}{x+2}=-\dfrac{1}{x+2}+3$, $g(x)=\sqrt{-x+4}$는 닫힌구간 $[-1, 3]$에서 연속이므로 이 구간에서 최댓값과 최솟값을 갖는다.
닫힌구간 $[-1, 3]$에서 두 함수 $y=f(x)$, $y=g(x)$의 그래프는 다음 그림과 같다.

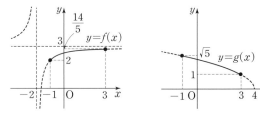

따라서 $M=f(3)=\dfrac{14}{5}$, $m=g(3)=1$이므로 $M+m=\dfrac{19}{5}$

0184 답 ④

① $\displaystyle\lim_{x\to 1+}f(x)=-1$, $\displaystyle\lim_{x\to 1-}f(x)=1$이므로
$\displaystyle\lim_{x\to 1+}f(x)\neq\lim_{x\to 1-}f(x)$
따라서 $\displaystyle\lim_{x\to 1}f(x)$의 값은 존재하지 않는다.

② ①에서 함수 $f(x)$는 $x=1$에서 불연속이다.
$f(2)=0$
$\displaystyle\lim_{x\to 2+}f(x)=\lim_{x\to 2-}f(x)=2$이므로 $\displaystyle\lim_{x\to 2}f(x)=2$

따라서 $\lim\limits_{x \to 2} f(x) \neq f(2)$이므로 함수 $f(x)$는 $x=2$에서 불연속이다.

따라서 열린구간 $(-1, 4)$에서 함수 $f(x)$가 불연속인 x의 값은 1, 2의 2개이다.

③ 함수 $f(x)$는 닫힌구간 $[-1, 2]$에서 $x=-1$일 때 최댓값 3을 갖고, 최솟값은 갖지 않는다.

④ 함수 $f(x)$는 닫힌구간 $[1, 3]$에서 최댓값과 최솟값을 모두 갖지 않는다.

⑤ 함수 $f(x)$는 닫힌구간 $[3, 4]$에서 연속이므로 최댓값과 최솟값을 모두 갖는다.

따라서 옳은 것은 ④이다.

0185 답 ④

$f(x)=x^3-8x-10$이라 하면 함수 $f(x)$는 모든 실수 x에서 연속이고
$f(0)=-10$, $f(1)=-17$, $f(2)=-18$, $f(3)=-7$, $f(4)=22$, $f(5)=75$

따라서 $f(3)f(4)<0$이므로 사잇값 정리에 의하여 주어진 방정식은 열린구간 $(3, 4)$에서 실근을 갖는다.

0186 답 14

$f(x)=x^2+4x+a$라 하면 함수 $f(x)$는 닫힌구간 $[-1, 2]$에서 연속이고
$f(-1)=a-3$, $f(2)=a+12$

이때 방정식 $f(x)=0$이 열린구간 $(-1, 2)$에서 적어도 하나의 실근을 가지려면 $f(-1)f(2)<0$이어야 하므로
$(a-3)(a+12)<0$ $\quad \therefore -12<a<3$

따라서 정수 a는 $-11, -10, -9, \ldots, 2$의 14개이다.

0187 답 ③

ㄱ. $f(x)=x^3-3x^2+3$이라 하면 함수 $f(x)$는 닫힌구간 $[2, 3]$에서 연속이고
$f(2)=-1$, $f(3)=3$

따라서 $f(2)f(3)<0$이므로 사잇값 정리에 의하여 방정식 $f(x)=0$은 열린구간 $(2, 3)$에서 적어도 하나의 실근을 갖는다.

ㄴ. $f(x)=\dfrac{4}{2x-1}-1$이라 하면 함수 $f(x)$는 $x \neq \dfrac{1}{2}$인 모든 실수 x에서 연속이므로 닫힌구간 $[2, 3]$에서 연속이고
$f(2)=\dfrac{1}{3}$, $f(3)=-\dfrac{1}{5}$

따라서 $f(2)f(3)<0$이므로 사잇값 정리에 의하여 방정식 $f(x)=0$은 열린구간 $(2, 3)$에서 적어도 하나의 실근을 갖는다.

ㄷ. $f(x)=\sqrt{x}-\dfrac{3}{x}-1$이라 하면 함수 $f(x)$는 $x>0$인 모든 실수 x에서 연속이므로 닫힌구간 $[2, 3]$에서 연속이고
$f(2)=\sqrt{2}-\dfrac{5}{2}<0$, $f(3)=\sqrt{3}-2<0$

따라서 $f(2)f(3)>0$이므로 방정식 $f(x)=0$은 열린구간 $(2, 3)$에서 실근을 갖는지 알 수 없다.

따라서 보기의 방정식에서 열린구간 $(2, 3)$에서 적어도 하나의 실근을 갖는다고 할 수 있는 것은 ㄱ, ㄴ이다.

0188 답 3개

함수 $f(x)$는 닫힌구간 $[-2, 2]$에서 연속이고
$f(-2)f(-1)<0$, $f(-1)f(0)<0$, $f(1)f(2)<0$
이므로 사잇값 정리에 의하여 방정식 $f(x)=0$은 열린구간 $(-2, -1)$, $(-1, 0)$, $(1, 2)$에서 각각 적어도 하나의 실근을 갖는다.

따라서 방정식 $f(x)=0$은 열린구간 $(-2, 2)$에서 적어도 3개의 실근을 갖는다.

0189 답 4개

함수 $f(x)$는 모든 실수 x에서 연속이고 $f(1)f(2)<0$, $f(4)f(5)<0$이므로 사잇값 정리에 의하여 방정식 $f(x)=0$은 열린구간 $(1, 2)$, $(4, 5)$에서 각각 적어도 하나의 실근을 갖는다.

이때 모든 실수 x에 대하여 $f(x)=f(-x)$이므로
$f(-1)f(-2)<0$, $f(-4)f(-5)<0$
즉, 사잇값 정리에 의하여 방정식 $f(x)=0$은 열린구간 $(-2, -1)$, $(-5, -4)$에서 각각 적어도 하나의 실근을 갖는다.

따라서 방정식 $f(x)=0$은 적어도 4개의 실근을 갖는다.

0190 답 2개

함수 $y=f(x)$의 그래프가 네 점 $(-1, -2)$, $(0, 2)$, $(1, -3)$, $(2, -2)$를 지나므로
$f(-1)=-2$, $f(0)=2$, $f(1)=-3$, $f(2)=-2$

$g(x)=f(x)-x$라 하면 함수 $g(x)$는 닫힌구간 $[-1, 2]$에서 연속이고
$g(-1)=f(-1)-(-1)=-2+1=-1$
$g(0)=f(0)-0=2$
$g(1)=f(1)-1=-3-1=-4$
$g(2)=f(2)-2=-2-2=-4$ ...... **❶**

이때 $g(-1)g(0)<0$, $g(0)g(1)<0$이므로 사잇값 정리에 의하여 방정식 $g(x)=0$은 열린구간 $(-1, 0)$, $(0, 1)$에서 각각 적어도 하나의 실근을 갖는다.

따라서 방정식 $f(x)=x$는 열린구간 $(-1, 2)$에서 적어도 2개의 실근을 갖는다. ...... **❷**

채점 기준	
❶ $g(x)=f(x)-x$로 놓고 $g(-1), g(0), g(1), g(2)$의 값 구하기	50%
❷ 방정식 $f(x)=x$가 열린구간 $(-1, 2)$에서 적어도 몇 개의 실근을 갖는지 구하기	50%

0191 답 3개

$\lim\limits_{x \to 0} \dfrac{f(x)}{x}=4$에서 $x \to 0$일 때 (분모) $\to 0$이고 극한값이 존재하므로 (분자) $\to 0$이다.

즉, $\lim\limits_{x \to 0} f(x)=0$이므로 $f(0)=0$ ...... ㉠

$\lim\limits_{x \to 2} \dfrac{f(x)}{x-2}=2$에서 $x \to 2$일 때 (분모) $\to 0$이고 극한값이 존재하므로 (분자) $\to 0$이다.

즉, $\lim\limits_{x \to 2} f(x)=0$이므로 $f(2)=0$ ...... ㉡

㉠, ㉡에서 $f(x)=x(x-2)g(x)$ ($g(x)$는 다항함수)라 하면
$$\lim_{x\to 0}\frac{f(x)}{x}=\lim_{x\to 0}\frac{x(x-2)g(x)}{x}=\lim_{x\to 0}(x-2)g(x)=-2g(0)$$
따라서 $-2g(0)=4$이므로 $g(0)=-2$
$$\lim_{x\to 2}\frac{f(x)}{x-2}=\lim_{x\to 2}\frac{x(x-2)g(x)}{x-2}=\lim_{x\to 2}xg(x)=2g(2)$$
따라서 $2g(2)=2$이므로 $g(2)=1$
함수 $g(x)$는 다항함수이므로 닫힌구간 $[0,\,2]$에서 연속이고 $g(0)g(2)=-2<0$이므로 사잇값 정리에 의하여 방정식 $g(x)=0$은 열린구간 $(0,\,2)$에서 적어도 하나의 실근을 갖는다.
따라서 방정식 $f(x)=0$은 열린구간 $(0,\,2)$에서 적어도 하나의 실근을 갖고 $f(0)=0$, $f(2)=0$이므로 방정식 $f(x)=0$은 닫힌구간 $[0,\,2]$에서 적어도 3개의 실근을 갖는다.

AB 유형 점검
36~38쪽

0192 답 ②

ㄱ. $f(x)=\begin{cases} x^2 & (x\geq 0) \\ -x^2 & (x<0) \end{cases}$ 이므로 함수 $f(x)$가 모든 실수 x에서 연속이려면 $x=0$에서 연속이어야 한다.

$f(0)=0$

$\lim\limits_{x\to 0+}f(x)=\lim\limits_{x\to 0+}x^2=0$, $\lim\limits_{x\to 0-}f(x)=\lim\limits_{x\to 0-}(-x^2)=0$이므로

$\lim\limits_{x\to 0}f(x)=0$

$\therefore \lim\limits_{x\to 0}f(x)=f(0)$

따라서 함수 $f(x)$는 $x=0$에서 연속이므로 모든 실수 x에서 연속이다.

ㄴ. 함수 $f(x)$는 $x=4$에서 정의되지 않으므로 $x=4$에서 불연속이다.

ㄷ. 함수 $f(x)$가 모든 실수 x에서 연속이려면 $x=1$에서 연속이어야 한다.

$f(1)=0$

$\lim\limits_{x\to 1+}f(x)=\lim\limits_{x\to 1+}\sqrt{x-1}=0$,

$\lim\limits_{x\to 1-}f(x)=\lim\limits_{x\to 1-}(x-1)=0$이므로

$\lim\limits_{x\to 1}f(x)=0$

$\therefore \lim\limits_{x\to 1}f(x)=f(1)$

따라서 함수 $f(x)$는 $x=1$에서 연속이므로 모든 실수 x에서 연속이다.

ㄹ. 함수 $f(x)$가 모든 실수 x에서 연속이려면 $x=2$에서 연속이어야 한다.

$f(2)=2$

$\lim\limits_{x\to 2}f(x)=\lim\limits_{x\to 2}\dfrac{x^3-8}{x-2}=\lim\limits_{x\to 2}\dfrac{(x-2)(x^2+2x+4)}{x-2}$

$\qquad =\lim\limits_{x\to 2}(x^2+2x+4)=12$

$\therefore \lim\limits_{x\to 2}f(x)\neq f(2)$

따라서 함수 $f(x)$는 $x=2$에서 불연속이다.

따라서 보기의 함수 중 모든 실수 x에서 연속인 것은 ㄱ, ㄷ이다.

0193 답 7

(i) $f(1)=2$

$\quad \lim\limits_{x\to 1+}f(x)=\lim\limits_{x\to 1-}f(x)=3$이므로 $\lim\limits_{x\to 1}f(x)=3$

따라서 $\lim\limits_{x\to 1}f(x)\neq f(1)$이므로 함수 $f(x)$는 $x=1$에서 불연속이다.

(ii) $\lim\limits_{x\to 2+}f(x)=0$, $\lim\limits_{x\to 2-}f(x)=1$이므로

$\quad \lim\limits_{x\to 2+}f(x)\neq \lim\limits_{x\to 2-}f(x)$

따라서 $\lim\limits_{x\to 2}f(x)$의 값이 존재하지 않으므로 함수 $f(x)$는 $x=2$에서 불연속이다.

(iii) $f(4)=1$

$\quad \lim\limits_{x\to 4+}f(x)=\lim\limits_{x\to 4-}f(x)=2$이므로 $\lim\limits_{x\to 4}f(x)=2$

따라서 $\lim\limits_{x\to 4}f(x)\neq f(4)$이므로 함수 $f(x)$는 $x=4$에서 불연속이다.

(i), (ii), (iii)에서 함수 $f(x)$가 불연속인 x의 값은 1, 2, 4이므로 구하는 합은
$1+2+4=7$

0194 답 ㄴ

ㄱ. $\lim\limits_{x\to 0+}\{f(x)+g(x)\}=1+0=1$

$\lim\limits_{x\to 0-}\{f(x)+g(x)\}=-1+0=-1$

$\therefore \lim\limits_{x\to 0+}\{f(x)+g(x)\}\neq \lim\limits_{x\to 0-}\{f(x)+g(x)\}$

따라서 $\lim\limits_{x\to 0}\{f(x)+g(x)\}$의 값이 존재하지 않으므로 함수 $f(x)+g(x)$는 $x=0$에서 불연속이다.

ㄴ. $f(0)g(0)=0\times 1=0$

$\lim\limits_{x\to 0+}f(x)g(x)=1\times 0=0$,

$\lim\limits_{x\to 0-}f(x)g(x)=-1\times 0=0$이므로

$\lim\limits_{x\to 0}f(x)g(x)=0$

따라서 $\lim\limits_{x\to 0}f(x)g(x)=f(0)g(0)$이므로 함수 $f(x)g(x)$는 $x=0$에서 연속이다.

ㄷ. $f(g(0))=f(1)=0$

$g(x)=t$로 놓으면 $x\to 0$일 때 $t\to 0-$이므로

$\lim\limits_{x\to 0}f(g(x))=\lim\limits_{t\to 0-}f(t)=-1$

따라서 $\lim\limits_{x\to 0}f(g(x))\neq f(g(0))$이므로 함수 $f(g(x))$는 $x=0$에서 불연속이다.

ㄹ. $g(f(0))=g(0)=1$

$f(x)=s$로 놓으면 $x\to 0+$일 때 $s\to 1-$이므로

$\lim\limits_{x\to 0+}g(f(x))=\lim\limits_{s\to 1-}g(s)=-1$

$x\to 0-$일 때 $s\to -1+$이므로

$\lim\limits_{x\to 0-}g(f(x))=\lim\limits_{s\to -1+}g(s)=-1$

$\therefore \lim\limits_{x\to 0}g(f(x))=-1$

따라서 $\lim\limits_{x\to 0}g(f(x))\neq g(f(0))$이므로 함수 $g(f(x))$는 $x=0$에서 불연속이다.

따라서 보기의 함수 중 $x=0$에서 연속인 것은 ㄴ이다.

0195 답 32

함수 $f(x)$가 $x=2$에서 연속이므로 $\lim\limits_{x \to 2} f(x)=f(2)$

$\therefore \lim\limits_{x \to 2} \dfrac{x^2-4}{\sqrt{x+a}-2}=b$ ...... ㉠

$x \to 2$일 때 (분자) $\to 0$이고 0이 아닌 극한값이 존재하므로
(분모) $\to 0$이다.

즉, $\lim\limits_{x \to 2}(\sqrt{x+a}-2)=0$이므로 $\sqrt{2+a}-2=0$

$\sqrt{2+a}=2$, $2+a=4$ $\therefore a=2$

이를 ㉠의 좌변에 대입하면

$$\lim\limits_{x \to 2} \dfrac{x^2-4}{\sqrt{x+2}-2}=\lim\limits_{x \to 2} \dfrac{(x^2-4)(\sqrt{x+2}+2)}{(\sqrt{x+2}-2)(\sqrt{x+2}+2)}$$
$$=\lim\limits_{x \to 2} \dfrac{(x+2)(x-2)(\sqrt{x+2}+2)}{x-2}$$
$$=\lim\limits_{x \to 2}(x+2)(\sqrt{x+2}+2)=16$$

따라서 $b=16$이므로 $ab=32$

0196 답 ⑤

함수 $f(x)$가 $x=0$에서 연속이므로

$\lim\limits_{x \to 0+} f(x)=\lim\limits_{x \to 0-} f(x)=f(0)$ ...... ㉠

$x<0$일 때, $g(x)=-f(x)+x^2+4$

$x>0$일 때, $g(x)=f(x)-x^2-2x-8$

$\lim\limits_{x \to 0-} g(x)-\lim\limits_{x \to 0+} g(x)=6$에서

$\lim\limits_{x \to 0-}\{-f(x)+x^2+4\}-\lim\limits_{x \to 0+}\{f(x)-x^2-2x-8\}=6$

$-\lim\limits_{x \to 0-} f(x)+\lim\limits_{x \to 0-}(x^2+4)-\lim\limits_{x \to 0+} f(x)+\lim\limits_{x \to 0+}(x^2+2x+8)=6$

$-f(0)+4-f(0)+8=6$ ($\because$ ㉠) $\therefore f(0)=3$

0197 답 ③

함수 $\{f(x)+a\}^2$이 실수 전체의 집합에서 연속이면 $x=0$에서 연속
이므로

$\lim\limits_{x \to 0+}\{f(x)+a\}^2=\lim\limits_{x \to 0-}\{f(x)+a\}^2=\{f(0)+a\}^2$

$\lim\limits_{x \to 0+}\{f(x)+a\}^2=\lim\limits_{x \to 0+}(-x^2+3+a)^2=(3+a)^2$

$\lim\limits_{x \to 0-}\{f(x)+a\}^2=\lim\limits_{x \to 0-}\left(x-\dfrac{1}{2}+a\right)^2=\left(-\dfrac{1}{2}+a\right)^2$

$\{f(0)+a\}^2=(3+a)^2$

따라서 $(3+a)^2=\left(-\dfrac{1}{2}+a\right)^2$이므로

$a^2+6a+9=a^2-a+\dfrac{1}{4}$ $\therefore a=-\dfrac{5}{4}$

0198 답 6

함수 $f(x)g(x)$가 모든 실수 x에서 연속이면 $x=1$, $x=2$에서 연속
이다.

(ⅰ) $x=1$에서 연속이면

$\lim\limits_{x \to 1+} f(x)g(x)=\lim\limits_{x \to 1-} f(x)g(x)=f(1)g(1)$

$\lim\limits_{x \to 1+} f(x)g(x)=\lim\limits_{x \to 1+}(x^2+ax+b)(x-1)=0$

$\lim\limits_{x \to 1-} f(x)g(x)=\lim\limits_{x \to 1-}(x^2+ax+b)(x+1)=2(1+a+b)$

$f(1)g(1)=(1+a+b)\times(1+1)=2(1+a+b)$

따라서 $0=2(1+a+b)$이므로

$1+a+b=0$ $\therefore a+b=-1$ ...... ㉠

(ⅱ) $x=2$에서 연속이면

$\lim\limits_{x \to 2+} f(x)g(x)=\lim\limits_{x \to 2-} f(x)g(x)=f(2)g(2)$

$\lim\limits_{x \to 2+} f(x)g(x)=\lim\limits_{x \to 2+}(x^2+ax+b)(-x+4)=2(4+2a+b)$

$\lim\limits_{x \to 2-} f(x)g(x)=\lim\limits_{x \to 2-}(x^2+ax+b)(x-1)=4+2a+b$

$f(2)g(2)=(4+2a+b)\times(-2+4)=2(4+2a+b)$

따라서 $2(4+2a+b)=4+2a+b$이므로

$4+2a+b=0$ $\therefore 2a+b=-4$ ...... ㉡

㉠, ㉡을 연립하여 풀면 $a=-3$, $b=2$

따라서 $f(x)=x^2-3x+2$이므로

$f(-1)=1+3+2=6$

0199 답 2

함수 $f(x)f(x-1)$이 $x=1$에서 연속이므로

$\lim\limits_{x \to 1+} f(x)f(x-1)=\lim\limits_{x \to 1-} f(x)f(x-1)=f(1)f(0)$

$x-1=t$로 놓으면 $x \to 1+$일 때 $t \to 0+$이므로

$\lim\limits_{x \to 1+} f(x)f(x-1)=\lim\limits_{x \to 1+} f(x)\times\lim\limits_{t \to 0+} f(t)$
$=\lim\limits_{x \to 1+}(-x+a)\times\lim\limits_{t \to 0+}(-t+a)$
$=(-1+a)\times a=a^2-a$

$x \to 1-$일 때 $t \to 0-$이므로

$\lim\limits_{x \to 1-} f(x)f(x-1)=\lim\limits_{x \to 1-} f(x)\times\lim\limits_{t \to 0-} f(t)$
$=\lim\limits_{x \to 1-}(-x+a)\times\lim\limits_{t \to 0-}(t+2)$
$=(-1+a)\times 2=2a-2$

$f(1)f(0)=(-1+a)\times(0+2)=2a-2$

따라서 $a^2-a=2a-2$이므로 $a^2-3a+2=0$

$(a-1)(a-2)=0$ $\therefore a=1$ 또는 $a=2$

따라서 모든 상수 a의 값의 곱은 $1\times2=2$

0200 답 ②

$x \ne a$일 때, $f(x)=\dfrac{x^2+2x+1}{x-a}$

함수 $f(x)$가 모든 실수 x에서 연속이면 $x=a$에서 연속이므로

$\lim\limits_{x \to a} f(x)=f(a)$ $\therefore \lim\limits_{x \to a} \dfrac{x^2+2x+1}{x-a}=f(a)$ ...... ㉠

$x \to a$일 때 (분모) $\to 0$이고 극한값이 존재하므로 (분자) $\to 0$이다.

즉, $\lim\limits_{x \to a}(x^2+2x+1)=0$이므로

$a^2+2a+1=0$, $(a+1)^2=0$ $\therefore a=-1$

이를 ㉠의 좌변에 대입하면

$\lim\limits_{x \to -1} \dfrac{x^2+2x+1}{x+1}=\lim\limits_{x \to -1} \dfrac{(x+1)^2}{x+1}=\lim\limits_{x \to -1}(x+1)=0$

$\therefore f(a)=0$

$\therefore a+f(a)=-1$

0201 답 ⑤

두 함수 $f(x)$, $g(x)$는 다항함수이므로 모든 실수 x에서 연속이다.

① 두 함수 $3f(x)$, $g(x)$는 모든 실수 x에서 연속이므로 함수
$3f(x)-g(x)$도 모든 실수 x에서 연속이다.

② 두 함수 $f(x)$, $g(x)$는 모든 실수 x에서 연속이므로 함수
$\dfrac{f(x)g(x)}{3}$도 모든 실수 x에서 연속이다.

③ $g(f(x))=g(3x)=9x^2-9$이므로 함수 $g(f(x))$는 모든 실수 x에서 연속이다.

④ $f(g(x))=f(x^2-9)=3x^2-27$이므로 함수 $f(g(x))$는 모든 실수 x에서 연속이다.

⑤ $\dfrac{f(x)}{g(x)}=\dfrac{3x}{x^2-9}=\dfrac{3x}{(x+3)(x-3)}$이므로 함수 $\dfrac{f(x)}{g(x)}$는 $(x+3)(x-3)\neq0$인 모든 실수, 즉 $x\neq-3$, $x\neq3$인 모든 실수 x에서 연속이다.

따라서 모든 실수 x에서 연속인 함수가 아닌 것은 ⑤이다.

0202 답 3

$f(x)=\dfrac{1}{x-\dfrac{2}{x-1}}=\dfrac{1}{\dfrac{x^2-x-2}{x-1}}=\dfrac{x-1}{(x+1)(x-2)}$

따라서 함수 $f(x)$는 $x-1=0$, $x+1=0$, $x-2=0$, 즉 $x=1$, $x=-1$, $x=2$에서 정의되지 않으므로 불연속이다.

따라서 함수 $f(x)$가 불연속인 x의 값은 -1, 1, 2의 3개이다.

0203 답 ③

함수 $f(x)=\dfrac{2}{x-1}$의 그래프는 오른쪽 그림과 같다.

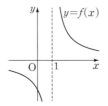

①, ④, ⑤ 함수 $f(x)$는 닫힌구간 $[-1, 0]$, $[2, 3]$, $[3, 4]$에서 연속이므로 각 구간에서 최댓값과 최솟값을 모두 갖는다.

② 함수 $f(x)$는 반열린구간 $[0, 1)$에서 $x=0$일 때 최댓값 -2를 갖고, 최솟값은 갖지 않는다.

③ 함수 $f(x)$는 반열린구간 $(1, 2]$에서 최댓값은 갖지 않고, $x=2$일 때 최솟값 2를 갖는다.

0204 답 10

$g(x)=f(x)-3x$라 하면 함수 $g(x)$는 닫힌구간 $[0, 2]$에서 연속이고

$g(0)=f(0)-0=k+2$, $g(2)=f(2)-6=(k-3)-6=k-9$

이때 방정식 $f(x)=3x$, 즉 $g(x)=0$의 중근이 아닌 오직 하나의 실근이 열린구간 $(0, 2)$에 존재하려면 $g(0)g(2)<0$이어야 하므로

$(k+2)(k-9)<0$ ∴ $-2<k<9$

따라서 정수 k는 -1, 0, 1, ..., 8의 10개이다.

0205 답 ④

함수 $f(x)$는 실수 전체의 집합에서 연속이고, $f(1)f(3)<0$, $f(3)f(5)<0$이므로 사잇값 정리에 의하여 방정식 $f(x)=0$은 열린구간 $(1, 3)$, $(3, 5)$에서 각각 적어도 하나의 실근을 갖는다.

방정식 $f(x)=0$, 즉 $x(x-m)(x-n)=0$의 실근은

$x=0$ 또는 $x=m$ 또는 $x=n$

이때 열린구간 $(1, 3)$에 속하는 자연수는 2뿐이고, 열린구간 $(3, 5)$에 속하는 자연수는 4뿐이므로

$m=2$, $n=4$ 또는 $m=4$, $n=2$

따라서 $f(x)=x(x-2)(x-4)$이므로

$f(6)=6\times4\times2=48$

0206 답 3

함수 $y=f(x)$의 그래프가 네 점 $(-2, 1)$, $(-1, -1)$, $(0, 3)$, $(1, 1)$을 지나므로

$f(-2)=1$, $f(-1)=-1$, $f(0)=3$, $f(1)=1$

$g(x)=f(x)-x-1$이라 하면 함수 $g(x)$는 닫힌구간 $[-2, 1]$에서 연속이고

$g(-2)=f(-2)+2-1=1+1=2$

$g(-1)=f(-1)+1-1=-1$

$g(0)=f(0)-1=3-1=2$

$g(1)=f(1)-1-1=1-2=-1$

이때 $g(-2)g(-1)<0$, $g(-1)g(0)<0$, $g(0)g(1)<0$이므로 사잇값 정리에 의하여 방정식 $g(x)=0$은 열린구간 $(-2, -1)$, $(-1, 0)$, $(0, 1)$에서 각각 적어도 하나의 실근을 갖는다.

따라서 방정식 $f(x)=x+1$은 열린구간 $(-2, 1)$에서 적어도 3개의 실근을 갖는다.

∴ $n=3$

0207 답 ㄱ, ㄴ

자동차가 출발하기 전과 휴게소에 정차할 때의 속력은 0이다.

ㄱ. 사잇값 정리에 의하여 A 지점에서 휴게소까지 갈 때 속력이 시속 $70\,\text{km}$인 순간이 적어도 2번 존재한다.

ㄴ. 사잇값 정리에 의하여 A 지점에서 휴게소까지 갈 때 속력이 시속 $50\,\text{km}$인 순간이 적어도 2번, 휴게소에서 B 지점까지 갈 때 속력이 시속 $50\,\text{km}$인 순간이 적어도 2번 존재한다.

즉, 속력이 시속 $50\,\text{km}$인 순간이 적어도 4번 존재한다.

ㄷ. 최고 속력이 빠르다고 해서 평균 속력이 빠르다고 할 수 없다.

따라서 보기에서 항상 옳은 것은 ㄱ, ㄴ이다.

0208 답 8

함수 $f(x)$가 모든 실수 x에서 연속이면 $x=-1$, $x=1$에서 연속이다.

(i) $x=-1$에서 연속이면

$\displaystyle\lim_{x\to-1+}f(x)=\lim_{x\to-1-}f(x)=f(-1)$

$\displaystyle\lim_{x\to-1+}f(x)=\lim_{x\to-1+}(3x+3)=0$

$\displaystyle\lim_{x\to-1-}f(x)=\lim_{x\to-1-}(x+b)=-1+b$

$f(-1)=-3+3=0$

따라서 $0=-1+b$이므로 $b=1$ ······ ❶

(ii) $x=1$에서 연속이면

$\displaystyle\lim_{x\to1+}f(x)=\lim_{x\to1-}f(x)=f(1)$

$\displaystyle\lim_{x\to1+}f(x)=\lim_{x\to1+}(x^2+a)=1+a$

$\displaystyle\lim_{x\to1-}f(x)=\lim_{x\to1-}(3x+3)=6$

$f(1)=1+a$

따라서 $1+a=6$이므로 $a=5$ ······ ❷

(i), (ii)에서 $f(x)=\begin{cases}x^2+5 & (x\geq1)\\3x+3 & (-1\leq x<1)\\x+1 & (x<-1)\end{cases}$

∴ $f(-2)+f(2)=(-2+1)+(4+5)=8$ ······ ❸

채점 기준

❶ b의 값 구하기	40 %	
❷ a의 값 구하기	40 %	
❸ $f(-2)+f(2)$의 값 구하기	20 %	

0209 답 -2

㈎에서 $x\neq-1$일 때, $f(x)=\dfrac{x^3+ax^2+bx}{x+1}$

함수 $f(x)$가 모든 실수 x에서 연속이면 $x=-1$에서 연속이므로

$\lim\limits_{x\to-1}f(x)=f(-1)$

$\therefore \lim\limits_{x\to-1}\dfrac{x^3+ax^2+bx}{x+1}=f(-1)$ ······ ㉠

$x\to-1$일 때 (분모)$\to0$이고 극한값이 존재하므로 (분자)$\to0$이다.

즉, $\lim\limits_{x\to-1}(x^3+ax^2+bx)=0$이므로

$-1+a-b=0$ $\therefore a-b=1$ ······ ㉡ ······ ❶

함수 $f(x)$가 모든 실수 x에서 연속이면 $x=1$에서 연속이므로

$\lim\limits_{x\to1}f(x)=f(1)$

이때 ㈏에서 $f(1)=4$

따라서 $\dfrac{1+a+b}{2}=4$이므로

$1+a+b=8$ $\therefore a+b=7$ ······ ㉢ ······ ❷

㉡, ㉢을 연립하여 풀면 $a=4$, $b=3$

이를 ㉠의 좌변에 대입하면

$\lim\limits_{x\to-1}\dfrac{x^3+4x^2+3x}{x+1}=\lim\limits_{x\to-1}\dfrac{x(x+3)(x+1)}{x+1}$

$=\lim\limits_{x\to-1}x(x+3)=-2$

$\therefore f(-1)=-2$ ······ ❸

채점 기준

❶ ㈎를 만족시키는 a, b 사이의 관계식 구하기	40 %	
❷ ㈏를 만족시키는 a, b 사이의 관계식 구하기	30 %	
❸ $f(-1)$의 값 구하기	30 %	

0210 답 5

함수 $f(x)$가 닫힌구간 $[-1, 2]$에서 연속이므로 $x=1$에서 연속이다.

$\therefore \lim\limits_{x\to1+}f(x)=\lim\limits_{x\to1-}f(x)=f(1)$

이때 $\lim\limits_{x\to1+}f(x)=f(1)=1+c$이므로 $\lim\limits_{x\to1-}f(x)=1+c$

$\therefore \lim\limits_{x\to1-}\dfrac{x^2-ax+b}{x-1}=1+c$ ······ ㉠

$x\to1-$일 때 (분모)$\to0$이고 극한값이 존재하므로 (분자)$\to0$이다.

즉, $\lim\limits_{x\to1-}(x^2-ax+b)=0$이므로

$1-a+b=0$ $\therefore b=a-1$ ······ ❶

이를 ㉠의 좌변에 대입하면

$\lim\limits_{x\to1-}\dfrac{x^2-ax+a-1}{x-1}=\lim\limits_{x\to1-}\dfrac{(x-1)(x-a+1)}{x-1}$

$=\lim\limits_{x\to1-}(x-a+1)=2-a$

따라서 $2-a=1+c$이므로 $a=1-c$

$\therefore \dfrac{x^2-ax+b}{x-1}=\dfrac{x^2-ax+a-1}{x-1}=x-a+1$

$=x-(1-c)+1=x+c$

$\therefore f(x)=\begin{cases} x+c & (-1\le x<1) \\ x^2+c & (1\le x\le2) \end{cases}$ ······ ❷

함수 $f(x)$가 닫힌구간 $[-1, 2]$에서 연속이므로 이 구간에서 최댓값과 최솟값을 갖는다.

이때 닫힌구간 $[-1, 2]$에서 함수 $f(x)$의 최댓값은 $f(2)=4+c$, 최솟값은 $f(-1)=-1+c$이므로 구하는 차는

$4+c-(-1+c)=5$ ······ ❸

채점 기준

❶ b를 a에 대한 식으로 나타내기	30 %	
❷ $f(x)$를 c를 사용하여 나타내기	40 %	
❸ $f(x)$의 최댓값과 최솟값의 차 구하기	30 %	

C 실력향상   39쪽

0211 답 9

곡선 $y=|x^2-4x|=|(x-2)^2-4|$는 오른쪽 그림과 같으므로

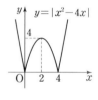

$f(t)=\begin{cases} 0 & (t<0) \\ 2 & (t=0 \text{ 또는 } t>4) \\ 4 & (0<t<4) \\ 3 & (t=4) \end{cases}$

따라서 함수 $y=f(t)$의 그래프는 오른쪽 그림과 같으므로 함수 $f(t)$는 $t=0$, $t=4$에서 불연속이다.

$g(t)=t^2+at+b$ (a, b는 상수)라 하면 함수 $f(t)g(t)$가 모든 실수 t에서 연속이므로 $t=0$, $t=4$에서 연속이다.

(i) $t=0$에서 연속이면

$\lim\limits_{t\to0+}f(t)g(t)=\lim\limits_{t\to0-}f(t)g(t)=f(0)g(0)$

$\lim\limits_{t\to0+}f(t)g(t)=\lim\limits_{t\to0+}\{4\times(t^2+at+b)\}=4b$

$\lim\limits_{t\to0-}f(t)g(t)=\lim\limits_{t\to0-}\{0\times(t^2+at+b)\}=0$

$f(0)g(0)=2\times b=2b$

따라서 $4b=0=2b$이므로 $b=0$ ······ ㉠

(ii) $t=4$에서 연속이면

$\lim\limits_{t\to4+}f(t)g(t)=\lim\limits_{t\to4-}f(t)g(t)=f(4)g(4)$

$\lim\limits_{t\to4+}f(t)g(t)=\lim\limits_{t\to4+}\{2\times(t^2+at+b)\}=2(16+4a+b)$

$\lim\limits_{t\to4-}f(t)g(t)=\lim\limits_{t\to4-}\{4\times(t^2+at+b)\}=4(16+4a+b)$

$f(4)g(4)=3(16+4a+b)$

따라서 $2(16+4a+b)=4(16+4a+b)=3(16+4a+b)$이므로

$16+4a+b=0$

㉠을 대입하면

$16+4a=0$ $\therefore a=-4$

(i), (ii)에서 $g(t)=t^2-4t$

$\therefore f(3)+g(5)=4+5=9$

0212 답 ④

함수 $f(x)$는 $x=0$에서 불연속이고 함수 $g(x)$는 $x=a$에서 불연속이므로 함수 $f(x)g(x)$가 실수 전체의 집합에서 연속이려면 $x=0$, $x=a$에서도 연속이어야 한다.

함수 $f(x)g(x)$가 $x=0$에서 연속이려면

$$\lim_{x \to 0+} f(x)g(x) = \lim_{x \to 0-} f(x)g(x) = f(0)g(0)$$

(i) $a<0$일 때

$$\lim_{x \to 0+} f(x)g(x) = \lim_{x \to 0+} (-2x+2)(2x-1)$$
$$= 2 \times (-1) = -2$$

$$\lim_{x \to 0-} f(x)g(x) = \lim_{x \to 0-} (-2x+3)(2x-1)$$
$$= 3 \times (-1) = -3$$

$$\therefore \lim_{x \to 0+} f(x)g(x) \neq \lim_{x \to 0-} f(x)g(x)$$

따라서 $\lim_{x \to 0} f(x)g(x)$의 값이 존재하지 않으므로 함수 $f(x)g(x)$는 $x=0$에서 불연속이다.

(ii) $a=0$일 때

$$\lim_{x \to 0+} f(x)g(x) = \lim_{x \to 0+} (-2x+2)(2x-1)$$
$$= 2 \times (-1) = -2$$

$$\lim_{x \to 0-} f(x)g(x) = \lim_{x \to 0-} \{(-2x+3) \times 2x\}$$
$$= 3 \times 0 = 0$$

$$\therefore \lim_{x \to 0+} f(x)g(x) \neq \lim_{x \to 0-} f(x)g(x)$$

따라서 $\lim_{x \to 0} f(x)g(x)$의 값이 존재하지 않으므로 함수 $f(x)g(x)$는 $x=0$에서 불연속이다.

(iii) $a>0$일 때

$$f(0)g(0) = 2 \times 0 = 0$$

$$\lim_{x \to 0+} f(x)g(x) = \lim_{x \to 0+} \{(-2x+2) \times 2x\}$$
$$= 2 \times 0 = 0$$

$$\lim_{x \to 0-} f(x)g(x) = \lim_{x \to 0-} \{(-2x+3) \times 2x\}$$
$$= 3 \times 0 = 0$$

$$\therefore \lim_{x \to 0} f(x)g(x) = 0$$

따라서 $\lim_{x \to 0} f(x)g(x) = f(0)g(0)$이므로 함수 $f(x)g(x)$는 $x=0$에서 연속이다.

(i), (ii), (iii)에서 $a>0$

함수 $f(x)g(x)$가 $x=a$에서 연속이려면

$$\lim_{x \to a+} f(x)g(x) = \lim_{x \to a-} f(x)g(x) = f(a)g(a)$$

$$\lim_{x \to a+} f(x)g(x) = \lim_{x \to a+} (-2x+2)(2x-1)$$
$$= (-2a+2)(2a-1)$$

$$\lim_{x \to a-} f(x)g(x) = \lim_{x \to a-} \{(-2x+2) \times 2x\}$$
$$= (-2a+2) \times 2a$$

$$f(a)g(a) = (-2a+2)(2a-1)$$

따라서 $(-2a+2)(2a-1) = (-2a+2) \times 2a$이므로

$$2a-2=0 \qquad \therefore a=1$$

0213 답 ①

㈎에서 $f(x)g(x) = x(x+3)$의 양변에 $x=0$을 대입하면

$$f(0)g(0) = 0$$

이때 ㈐에서 $g(0)=1$이므로 $f(0)=0$

따라서 $f(x) = x(x^2+ax+b)$ (a, b는 상수)라 하면

$f(x)g(x) = x(x+3)$에서

$$x(x^2+ax+b)g(x) = x(x+3)$$

$x \neq 0$, $x^2+ax+b \neq 0$일 때,

$$g(x) = \frac{x(x+3)}{x(x^2+ax+b)} = \frac{x+3}{x^2+ax+b} \qquad \cdots\cdots \text{㉠}$$

함수 $g(x)$가 실수 전체의 집합에서 연속이면 $x=0$에서 연속이므로

$$\lim_{x \to 0} g(x) = g(0)$$

이때 ㈐에서 $\lim_{x \to 0} g(x) = 1$이므로 ㉠에서

$$\lim_{x \to 0} \frac{x+3}{x^2+ax+b} = 1$$

$$\frac{3}{b} = 1 \qquad \therefore b=3$$

한편 ㉠에서 함수 $g(x)$가 실수 전체의 집합에서 연속이므로 이차방정식 $x^2+ax+b=0$, 즉 $x^2+ax+3=0$은 실근을 갖지 않는다.

이차방정식 $x^2+ax+3=0$의 판별식을 D라 하면

$$D = a^2 - 12 < 0$$

$$(a+2\sqrt{3})(a-2\sqrt{3}) < 0$$

$$\therefore -2\sqrt{3} < a < 2\sqrt{3}$$

이때 $f(1) = a+4$가 자연수이므로 a는 -4보다 큰 정수이다.

따라서 a의 값은 -3, -2, $\ldots$, 2, 3이므로

$g(2) = \dfrac{2+3}{4+2a+3} = \dfrac{5}{2a+7}$는 $a=3$에서 최솟값 $\dfrac{5}{13}$를 갖는다.

0214 답 99

함수 $f(x)$는 닫힌구간 $[0, 2]$에서 연속이고

$$f(0) = a, \quad f(2) = a-20$$

이때 ㈎에서 $f(0)f(2) < 0$이어야 하므로

$$a(a-20) < 0$$

$$\therefore 0 < a < 20 \qquad \cdots\cdots \text{㉠}$$

㈐에서 함수 $f(x)g(x)$가 $x=a$에서 연속이므로

$$\lim_{x \to a+} f(x)g(x) = \lim_{x \to a-} f(x)g(x) = f(a)g(a)$$

$$\lim_{x \to a+} f(x)g(x) = \lim_{x \to a+} (x^2-12x+a)(2x+4a)$$
$$= a(a-11) \times 6a$$
$$= 6a^2(a-11)$$

$$\lim_{x \to a-} f(x)g(x)$$
$$= \lim_{x \to a-} (x^2-12x+a)f(x+6)$$
$$= \lim_{x \to a-} (x^2-12x+a)\{(x+6)^2-12(x+6)+a\}$$
$$= \lim_{x \to a-} (x^2-12x+a)(x^2+a-36)$$
$$= a(a-11)(a^2+a-36)$$

$$f(a)g(a) = a(a-11) \times 6a$$
$$= 6a^2(a-11)$$

따라서 $6a^2(a-11) = a(a-11)(a^2+a-36)$이므로

$$a(a+4)(a-9)(a-11) = 0$$

$$\therefore a=9 \text{ 또는 } a=11 \ (\because \text{㉠})$$

따라서 모든 실수 a의 값의 곱은

$$9 \times 11 = 99$$

03 / 미분계수와 도함수

A 개념 확인
42~45쪽

0215 답 1

$$\frac{\Delta y}{\Delta x}=\frac{f(3)-f(1)}{3-1}=\frac{5-3}{2}=1$$

0216 답 8

$$\frac{\Delta y}{\Delta x}=\frac{f(3)-f(1)}{3-1}=\frac{18-2}{2}=8$$

0217 답 −4

$$\frac{\Delta y}{\Delta x}=\frac{f(3)-f(1)}{3-1}=\frac{-8-0}{2}=-4$$

0218 답 10

$$\frac{\Delta y}{\Delta x}=\frac{f(3)-f(1)}{3-1}=\frac{18-(-2)}{2}=10$$

0219 답 (1) −1 (2) 2+Δx

(1) $\dfrac{\Delta y}{\Delta x}=\dfrac{f(2)-f(-3)}{2-(-3)}=\dfrac{9-14}{5}=-1$

(2) $\dfrac{\Delta y}{\Delta x}=\dfrac{f(1+\Delta x)-f(1)}{(1+\Delta x)-1}=\dfrac{\{(1+\Delta x)^2+5\}-6}{\Delta x}$

$$=\frac{2\Delta x+(\Delta x)^2}{\Delta x}=2+\Delta x$$

0220 답 −2

$$f'(1)=\lim_{\Delta x \to 0}\frac{f(1+\Delta x)-f(1)}{\Delta x}$$
$$=\lim_{\Delta x \to 0}\frac{\{-2(1+\Delta x)+1\}-(-1)}{\Delta x}$$
$$=\lim_{\Delta x \to 0}\frac{-2\Delta x}{\Delta x}=-2$$

0221 답 1

$$f'(1)=\lim_{\Delta x \to 0}\frac{f(1+\Delta x)-f(1)}{\Delta x}$$
$$=\lim_{\Delta x \to 0}\frac{\{(1+\Delta x)^2-(1+\Delta x)\}-0}{\Delta x}$$
$$=\lim_{\Delta x \to 0}\frac{\Delta x+(\Delta x)^2}{\Delta x}$$
$$=\lim_{\Delta x \to 0}(1+\Delta x)=1$$

0222 답 −6

$$f'(1)=\lim_{\Delta x \to 0}\frac{f(1+\Delta x)-f(1)}{\Delta x}$$
$$=\lim_{\Delta x \to 0}\frac{-3(1+\Delta x)^2-(-3)}{\Delta x}$$
$$=\lim_{\Delta x \to 0}\frac{-6\Delta x-3(\Delta x)^2}{\Delta x}$$
$$=\lim_{\Delta x \to 0}(-6-3\Delta x)=-6$$

0223 답 3

$$f'(1)=\lim_{\Delta x \to 0}\frac{f(1+\Delta x)-f(1)}{\Delta x}$$
$$=\lim_{\Delta x \to 0}\frac{(1+\Delta x)^3-1}{\Delta x}$$
$$=\lim_{\Delta x \to 0}\frac{3\Delta x+3(\Delta x)^2+(\Delta x)^3}{\Delta x}$$
$$=\lim_{\Delta x \to 0}\{3+3\Delta x+(\Delta x)^2\}=3$$

0224 답 3

$$f'(a)=\lim_{\Delta x \to 0}\frac{f(a+\Delta x)-f(a)}{\Delta x}$$
$$=\lim_{\Delta x \to 0}\frac{\{(a+\Delta x)^2+2\}-(a^2+2)}{\Delta x}$$
$$=\lim_{\Delta x \to 0}\frac{2a\Delta x+(\Delta x)^2}{\Delta x}$$
$$=\lim_{\Delta x \to 0}(2a+\Delta x)=2a$$

따라서 $2a=6$이므로 $a=3$

0225 답 1

$$f'(a)=\lim_{\Delta x \to 0}\frac{f(a+\Delta x)-f(a)}{\Delta x}$$
$$=\lim_{\Delta x \to 0}\frac{\{2(a+\Delta x)^3-4\}-(2a^3-4)}{\Delta x}$$
$$=\lim_{\Delta x \to 0}\frac{6a^2\Delta x+6a(\Delta x)^2+2(\Delta x)^3}{\Delta x}$$
$$=\lim_{\Delta x \to 0}\{6a^2+6a\Delta x+2(\Delta x)^2\}=6a^2$$

따라서 $6a^2=6$이므로 $a^2=1$ $\therefore a=1$ $(\because a>0)$

0226 답 0

$$f'(0)=\lim_{\Delta x \to 0}\frac{f(0+\Delta x)-f(0)}{\Delta x}$$
$$=\lim_{\Delta x \to 0}\frac{\{-3(0+\Delta x)^2+7\}-7}{\Delta x}$$
$$=\lim_{\Delta x \to 0}\frac{-3(\Delta x)^2}{\Delta x}$$
$$=\lim_{\Delta x \to 0}(-3\Delta x)=0$$

0227 답 −7

$$f'(-1)=\lim_{\Delta x \to 0}\frac{f(-1+\Delta x)-f(-1)}{\Delta x}$$
$$=\lim_{\Delta x \to 0}\frac{\{2(-1+\Delta x)^2-3(-1+\Delta x)+1\}-6}{\Delta x}$$
$$=\lim_{\Delta x \to 0}\frac{-7\Delta x+2(\Delta x)^2}{\Delta x}$$
$$=\lim_{\Delta x \to 0}(-7+2\Delta x)=-7$$

0228 답 −4

$$f'(1)=\lim_{\Delta x \to 0}\frac{f(1+\Delta x)-f(1)}{\Delta x}$$
$$=\lim_{\Delta x \to 0}\frac{\{-(1+\Delta x)^3-(1+\Delta x)\}-(-2)}{\Delta x}$$
$$=\lim_{\Delta x \to 0}\frac{-4\Delta x-3(\Delta x)^2-(\Delta x)^3}{\Delta x}$$
$$=\lim_{\Delta x \to 0}\{-4-3\Delta x-(\Delta x)^2\}=-4$$

0229 답 (1) $x=2$에서 연속이다.

(2) $x=2$에서 미분가능하지 않다.

(1) $f(2)=2-1=1$

$\lim\limits_{x \to 2+} f(x)=\lim\limits_{x \to 2+}(x-1)=1$

$\lim\limits_{x \to 2-} f(x)=\lim\limits_{x \to 2-}(-x^2+5)=1$

따라서 $\lim\limits_{x \to 2} f(x)=f(2)$이므로 함수 $f(x)$는 $x=2$에서 연속이다.

(2) $\lim\limits_{x \to 2+}\dfrac{f(x)-f(2)}{x-2}=\lim\limits_{x \to 2+}\dfrac{(x-1)-1}{x-2}=\lim\limits_{x \to 2+}\dfrac{x-2}{x-2}=1$

$\lim\limits_{x \to 2-}\dfrac{f(x)-f(2)}{x-2}=\lim\limits_{x \to 2-}\dfrac{(-x^2+5)-1}{x-2}$

$=\lim\limits_{x \to 2-}\dfrac{-(x+2)(x-2)}{x-2}$

$=\lim\limits_{x \to 2-}(-x-2)=-4$

따라서 $f'(2)$가 존재하지 않으므로 함수 $f(x)$는 $x=2$에서 미분 가능하지 않다.

참고 함수 $y=f(x)$의 그래프는 오른쪽 그림과 같 이 $x=2$에서 꺾여 있다.

0230 답 (1) $x=3$에서 연속이다.

(2) $x=3$에서 미분가능하지 않다.

$f(x)=\begin{cases} x-3 & (x \geq 3) \\ -x+3 & (x < 3) \end{cases}$

(1) $f(3)=0$

$\lim\limits_{x \to 3+} f(x)=\lim\limits_{x \to 3+}(x-3)=0$

$\lim\limits_{x \to 3-} f(x)=\lim\limits_{x \to 3-}(-x+3)=0$

따라서 $\lim\limits_{x \to 3} f(x)=f(3)$이므로 함수 $f(x)$는 $x=3$에서 연속이다.

(2) $\lim\limits_{x \to 3+}\dfrac{f(x)-f(3)}{x-3}=\lim\limits_{x \to 3+}\dfrac{(x-3)-0}{x-3}=1$

$\lim\limits_{x \to 3-}\dfrac{f(x)-f(3)}{x-3}=\lim\limits_{x \to 3-}\dfrac{(-x+3)-0}{x-3}=-1$

따라서 $f'(3)$이 존재하지 않으므로 함수 $f(x)$는 $x=3$에서 미분 가능하지 않다.

참고 함수 $y=f(x)$의 그래프는 오른쪽 그림과 같 이 $x=3$에서 꺾여 있다.

0231 답 $f'(x)=0$

$f'(x)=\lim\limits_{h \to 0}\dfrac{f(x+h)-f(x)}{h}=\lim\limits_{h \to 0}\dfrac{8-8}{h}=0$

0232 답 $f'(x)=1$

$f'(x)=\lim\limits_{h \to 0}\dfrac{f(x+h)-f(x)}{h}$

$=\lim\limits_{h \to 0}\dfrac{\{(x+h)+6\}-(x+6)}{h}$

$=\lim\limits_{h \to 0}\dfrac{h}{h}=1$

0233 답 $f'(x)=-2$

$f'(x)=\lim\limits_{h \to 0}\dfrac{f(x+h)-f(x)}{h}$

$=\lim\limits_{h \to 0}\dfrac{\{-2(x+h)-1\}-(-2x-1)}{h}$

$=\lim\limits_{h \to 0}\dfrac{-2h}{h}=-2$

0234 답 $f'(x)=2x+5$

$f'(x)=\lim\limits_{h \to 0}\dfrac{f(x+h)-f(x)}{h}$

$=\lim\limits_{h \to 0}\dfrac{\{(x+h)^2+5(x+h)\}-(x^2+5x)}{h}$

$=\lim\limits_{h \to 0}\dfrac{(2x+5)h+h^2}{h}$

$=\lim\limits_{h \to 0}(2x+5+h)=2x+5$

0235 답 $y'=3x^2$

$y'=(x^3)'=3x^2$

0236 답 $y'=9x^8$

$y'=(x^9)'=9x^8$

0237 답 $y'=-12x^{11}$

$y'=(-x^{12})'=-12x^{11}$

0238 답 $y'=0$

$y'=(-6)'=0$

0239 답 $y'=-1$

$y'=(-x+10)'=-(x)'+(10)'=-1+0=-1$

0240 답 $y'=x+4$

$y'=\left(\dfrac{1}{2}x^2+4x\right)'=\dfrac{1}{2}(x^2)'+4(x)'$

$=\dfrac{1}{2} \times 2x+4 \times 1=x+4$

0241 답 $y'=-3x^2+12x$

$y'=(-x^3+6x^2-2)'=-(x^3)'+6(x^2)'+(-2)'$

$=-3x^2+6 \times 2x+0=-3x^2+12x$

0242 답 $y'=-x^5+6x^3+4x$

$y'=\left(-\dfrac{1}{6}x^6+\dfrac{3}{2}x^4+2x^2\right)'=-\dfrac{1}{6}(x^6)'+\dfrac{3}{2}(x^4)'+2(x^2)'$

$=-\dfrac{1}{6} \times 6x^5+\dfrac{3}{2} \times 4x^3+2 \times 2x=-x^5+6x^3+4x$

0243 답 (1) 2 (2) 18

(1) 함수 $f(x)+g(x)$의 $x=0$에서의 미분계수는

$f'(0)+g'(0)=6+(-4)=2$

(2) 함수 $f(x)-3g(x)$의 $x=0$에서의 미분계수는

$f'(0)-3g'(0)=6-3 \times (-4)=18$

0244 답 $y'=2x-9$

$y'=(x)'(x-9)+x(x-9)'$
$=(x-9)+x=2x-9$

0245 답 $y'=2x+3$

$y'=(x+5)'(x-2)+(x+5)(x-2)'$
$=(x-2)+(x+5)=2x+3$

0246 답 $y'=9x^2-8x-3$

$y'=(3x-4)'(x^2-1)+(3x-4)(x^2-1)'$
$=3(x^2-1)+(3x-4)\times2x$
$=3x^2-3+6x^2-8x$
$=9x^2-8x-3$

0247 답 $y'=3x^2+14x-2$

$y'=(x^2+6x-8)'(x+1)+(x^2+6x-8)(x+1)'$
$=(2x+6)(x+1)+(x^2+6x-8)$
$=2x^2+8x+6+x^2+6x-8$
$=3x^2+14x-2$

0248 답 $y'=3x^2+2x-6$

$y'=x'(x-2)(x+3)+x(x-2)'(x+3)+x(x-2)(x+3)'$
$=(x-2)(x+3)+x(x+3)+x(x-2)$
$=x^2+x-6+x^2+3x+x^2-2x$
$=3x^2+2x-6$

0249 답 $y'=-6x^2+26x-13$

$y'=(-x+5)'(x-2)(2x+1)$
$\quad+(-x+5)(x-2)'(2x+1)+(-x+5)(x-2)(2x+1)'$
$=-(x-2)(2x+1)+(-x+5)(2x+1)+(-x+5)(x-2)\times2$
$=-2x^2+3x+2-2x^2+9x+5-2x^2+14x-20$
$=-6x^2+26x-13$

0250 답 $y'=18x-30$

$y'=2(3x-5)\times(3x-5)'$
$=2(3x-5)\times3$
$=18x-30$

0251 답 $y'=6(2x+1)^2$

$y'=3(2x+1)^2\times(2x+1)'$
$=3(2x+1)^2\times2$
$=6(2x+1)^2$

0252 답 $y'=(4x-1)(12x+23)$

$y'=(x+3)'(4x-1)^2+(x+3)\{(4x-1)^2\}'$
$=(4x-1)^2+(x+3)\times2(4x-1)\times(4x-1)'$
$=(4x-1)^2+(x+3)\times2(4x-1)\times4$
$=(4x-1)^2+8(x+3)(4x-1)$
$=(4x-1)\{(4x-1)+8(x+3)\}$
$=(4x-1)(12x+23)$

0253 답 ②

함수 $f(x)=x^2-x+2$에서 x의 값이 a에서 $a+1$까지 변할 때의 평균변화율은

$\dfrac{\Delta y}{\Delta x}=\dfrac{f(a+1)-f(a)}{(a+1)-a}$
$\qquad=\{(a+1)^2-(a+1)+2\}-(a^2-a+2)=2a$

따라서 $2a=4$이므로 $a=2$

0254 답 ④

함수 $f(x)=x^3+ax+1$에서 x의 값이 -2에서 3까지 변할 때의 평균변화율은

$\dfrac{\Delta y}{\Delta x}=\dfrac{f(3)-f(-2)}{3-(-2)}$
$\qquad=\dfrac{(27+3a+1)-(-8-2a+1)}{5}$
$\qquad=\dfrac{35+5a}{5}=7+a$

따라서 $7+a=10$이므로 $a=3$

0255 답 2

함수 $f(x)=x(x-1)(x+2)$에서 x의 값이 -3에서 0까지 변할 때의 평균변화율은

$\dfrac{f(0)-f(-3)}{0-(-3)}=\dfrac{0-(-12)}{3}=4$ ……❶

x의 값이 0에서 a까지 변할 때의 평균변화율은

$\dfrac{f(a)-f(0)}{a-0}=\dfrac{a(a-1)(a+2)}{a}=(a-1)(a+2)$ ……❷

따라서 $4=(a-1)(a+2)$이므로

$a^2+a-6=0,\ (a+3)(a-2)=0$

$\therefore a=2\ (\because a>0)$ ……❸

채점 기준

❶ x의 값이 -3에서 0까지 변할 때의 평균변화율 구하기	40 %
❷ x의 값이 0에서 a까지 변할 때의 평균변화율 구하기	40 %
❸ 양수 a의 값 구하기	20 %

0256 답 0

함수 $f(x)=-x^2+x+2$에서 x의 값이 -1에서 1까지 변할 때의 평균변화율은

$\dfrac{\Delta y}{\Delta x}=\dfrac{f(1)-f(-1)}{1-(-1)}=\dfrac{2-0}{2}=1$ ……㉠

함수 $f(x)$의 $x=a$에서의 미분계수는

$f'(a)=\displaystyle\lim_{h\to0}\dfrac{f(a+h)-f(a)}{h}$
$\qquad=\displaystyle\lim_{h\to0}\dfrac{\{-(a+h)^2+(a+h)+2\}-(-a^2+a+2)}{h}$
$\qquad=\displaystyle\lim_{h\to0}\dfrac{(-2a+1)h-h^2}{h}$
$\qquad=\displaystyle\lim_{h\to0}(-2a+1-h)$
$\qquad=-2a+1$ ……㉡

㉠, ㉡에서 $1=-2a+1$ $\therefore a=0$

0257 답 ④

함수 $f(x)=x^2-4x+1$에서 x의 값이 0에서 a까지 변할 때의 평균변화율은

$$\frac{\Delta y}{\Delta x}=\frac{f(a)-f(0)}{a-0}=\frac{(a^2-4a+1)-1}{a}$$

$$=\frac{a^2-4a}{a}=a-4 \qquad \cdots\cdots \text{㉠}$$

함수 $f(x)$의 $x=3$에서의 미분계수는

$$f'(3)=\lim_{h\to 0}\frac{f(3+h)-f(3)}{h}$$

$$=\lim_{h\to 0}\frac{\{(3+h)^2-4(3+h)+1\}-(-2)}{h}$$

$$=\lim_{h\to 0}\frac{2h+h^2}{h}=\lim_{h\to 0}(2+h)=2 \qquad \cdots\cdots \text{㉡}$$

㉠, ㉡에서 $a-4=2$ $\quad \therefore a=6$

0258 답 -3

함수 $f(x)=2x^2+ax+1$에서 x의 값이 1에서 3까지 변할 때의 평균변화율은

$$\frac{\Delta y}{\Delta x}=\frac{f(3)-f(1)}{3-1}=\frac{(3a+19)-(a+3)}{2}$$

$$=\frac{2a+16}{2}=a+8 \qquad \cdots\cdots \text{❶}$$

함수 $f(x)$의 $x=1$에서의 순간변화율은

$$f'(1)=\lim_{h\to 0}\frac{f(1+h)-f(1)}{h}$$

$$=\lim_{h\to 0}\frac{\{2(1+h)^2+a(1+h)+1\}-(a+3)}{h}$$

$$=\lim_{h\to 0}\frac{(4+a)h+2h^2}{h}$$

$$=\lim_{h\to 0}(4+a+2h)=4+a \qquad \cdots\cdots \text{❷}$$

따라서 $a+8=5(4+a)$이므로

$4a=-12$ $\quad \therefore a=-3$ $\qquad \cdots\cdots \text{❸}$

채점 기준

❶ x의 값이 1에서 3까지 변할 때의 평균변화율 구하기	40 %
❷ $x=1$에서의 순간변화율 구하기	40 %
❸ a의 값 구하기	20 %

0259 답 ⑤

함수 $f(x)$에서 x의 값이 1에서 $1+h$까지 변할 때의 평균변화율은

$\dfrac{f(1+h)-f(1)}{(1+h)-1}$, 즉 $\dfrac{f(1+h)-f(1)}{h}$이므로

$$\frac{f(1+h)-f(1)}{h}=h^2+2h+3$$

$$\therefore f'(1)=\lim_{h\to 0}\frac{f(1+h)-f(1)}{h}$$

$$=\lim_{h\to 0}(h^2+2h+3)=3$$

0260 답 10

$$\lim_{h\to 0}\frac{f(2+5h)-f(2)}{2h}=\lim_{h\to 0}\frac{f(2+5h)-f(2)}{5h}\times\frac{5}{2}$$

$$=\frac{5}{2}f'(2)=\frac{5}{2}\times 4=10$$

0261 답 ⑤

$$\lim_{h\to 0}\frac{f(a+h)-f(a-4h)}{3h}$$

$$=\lim_{h\to 0}\frac{f(a+h)-f(a)+f(a)-f(a-4h)}{3h}$$

$$=\lim_{h\to 0}\frac{f(a+h)-f(a)}{h}\times\frac{1}{3}-\lim_{h\to 0}\frac{f(a-4h)-f(a)}{-4h}\times\left(-\frac{4}{3}\right)$$

$$=\frac{1}{3}f'(a)+\frac{4}{3}f'(a)=\frac{5}{3}f'(a)$$

0262 답 6

$$\lim_{h\to 0}\frac{f(3+ah)-f(3)}{h}=\lim_{h\to 0}\frac{f(3+ah)-f(3)}{ah}\times a$$

$$=f'(3)\times a=2a$$

따라서 $2a=12$이므로 $a=6$

0263 답 3

$\displaystyle\lim_{h\to 0}\frac{f(2+3h)-1}{h}=9$에서 $h\to 0$일 때 (분모)$\to 0$이고 극한값이 존재하므로 (분자)$\to 0$이다.

즉, $\displaystyle\lim_{h\to 0}\{f(2+3h)-1\}=0$이므로 $f(2)=1$

$$\therefore \lim_{h\to 0}\frac{f(2+3h)-1}{h}=\lim_{h\to 0}\frac{f(2+3h)-f(2)}{h}$$

$$=\lim_{h\to 0}\frac{f(2+3h)-f(2)}{3h}\times 3=3f'(2)$$

따라서 $3f'(2)=9$이므로 $f'(2)=3$

0264 답 ①

$\dfrac{1}{t}=h$로 놓으면 $t\to\infty$일 때 $h\to 0$이므로

$$\lim_{t\to\infty}t\left\{f\left(1+\frac{2}{t}\right)-f\left(1+\frac{1}{t}\right)\right\}$$

$$=\lim_{h\to 0}\frac{1}{h}\{f(1+2h)-f(1+h)\}$$

$$=\lim_{h\to 0}\frac{f(1+2h)-f(1+h)}{h}$$

$$=\lim_{h\to 0}\frac{f(1+2h)-f(1)+f(1)-f(1+h)}{h}$$

$$=\lim_{h\to 0}\frac{f(1+2h)-f(1)}{2h}\times 2-\lim_{h\to 0}\frac{f(1+h)-f(1)}{h}$$

$$=2f'(1)-f'(1)=f'(1)=3$$

0265 답 4

㈏의 좌변에서

$$\lim_{h\to 0}\frac{f(a-2h)-f(a)-g(h)}{h}$$

$$=\lim_{h\to 0}\frac{f(a-2h)-f(a)}{-2h}\times(-2)-\lim_{h\to 0}\frac{g(h)}{h}$$

$$=-2f'(a)-\lim_{h\to 0}\frac{g(h)}{h}$$

$$=-2\times(-2)-\lim_{h\to 0}\frac{g(h)}{h}\ (\because \text{㈎})$$

$$=4-\lim_{h\to 0}\frac{g(h)}{h}$$

따라서 $4-\displaystyle\lim_{h\to 0}\frac{g(h)}{h}=0$이므로 $\displaystyle\lim_{h\to 0}\frac{g(h)}{h}=4$

0266 답 ④

$$\lim_{x \to 2} \frac{x^2 f(2) - 4f(x)}{x-2}$$

$$=\lim_{x \to 2} \frac{x^2 f(2) - 4f(2) + 4f(2) - 4f(x)}{x-2}$$

$$=\lim_{x \to 2} \frac{(x^2-4)f(2)}{x-2} - \lim_{x \to 2} \frac{4\{f(x)-f(2)\}}{x-2}$$

$$=\lim_{x \to 2} \frac{(x+2)(x-2)f(2)}{x-2} - 4\lim_{x \to 2} \frac{f(x)-f(2)}{x-2}$$

$$=\lim_{x \to 2} (x+2)f(2) - 4f'(2)$$

$$=4f(2) - 4f'(2)$$

$$=4 \times (-1) - 4 \times (-3) = 8$$

0267 답 ⑤

$$\lim_{x \to 1} \frac{f(x^3) - f(1)}{x^2 - 1}$$

$$=\lim_{x \to 1} \left\{ \frac{f(x^3) - f(1)}{x^3 - 1} \times \frac{x^3 - 1}{x^2 - 1} \right\}$$

$$=\lim_{x \to 1} \frac{f(x^3) - f(1)}{x^3 - 1} \times \lim_{x \to 1} \frac{(x-1)(x^2+x+1)}{(x+1)(x-1)}$$

$$=\lim_{x \to 1} \frac{f(x^3) - f(1)}{x^3 - 1} \times \lim_{x \to 1} \frac{x^2+x+1}{x+1}$$

$$=\frac{3}{2} f'(1) = \frac{3}{2} \times 2 = 3$$

0268 답 −1

$$\lim_{h \to 0} \frac{f(1+h) - f(1-3h)}{2h}$$

$$=\lim_{h \to 0} \frac{f(1+h) - f(1) + f(1) - f(1-3h)}{2h}$$

$$=\lim_{h \to 0} \frac{f(1+h) - f(1)}{h} \times \frac{1}{2} - \lim_{h \to 0} \frac{f(1-3h) - f(1)}{-3h} \times \left(-\frac{3}{2} \right)$$

$$=\frac{1}{2} f'(1) + \frac{3}{2} f'(1) = 2f'(1)$$

따라서 $2f'(1) = -6$이므로 $f'(1) = -3$ ······ ❶

$$\therefore \lim_{x \to 1} \frac{f(x) - f(1)}{x^3 - 1} = \lim_{x \to 1} \frac{f(x) - f(1)}{(x-1)(x^2+x+1)}$$

$$=\lim_{x \to 1} \frac{f(x) - f(1)}{x-1} \times \lim_{x \to 1} \frac{1}{x^2+x+1}$$

$$=\frac{1}{3} f'(1) = \frac{1}{3} \times (-3) = -1$$ ······ ❷

채점 기준

❶ $f'(1)$의 값 구하기	50 %
❷ $\lim_{x \to 1} \dfrac{f(x) - f(1)}{x^3 - 1}$의 값 구하기	50 %

0269 답 $\dfrac{3}{8}$

$$\lim_{x \to 3} \frac{\sqrt{f(x)} - \sqrt{f(3)}}{x^2 - 9}$$

$$=\lim_{x \to 3} \frac{\{\sqrt{f(x)} - \sqrt{f(3)}\}\{\sqrt{f(x)} + \sqrt{f(3)}\}}{(x+3)(x-3)\{\sqrt{f(x)} + \sqrt{f(3)}\}}$$

$$=\lim_{x \to 3} \frac{f(x) - f(3)}{x-3} \times \lim_{x \to 3} \frac{1}{(x+3)\{\sqrt{f(x)} + \sqrt{f(3)}\}}$$

$$=f'(3) \times \frac{1}{12\sqrt{f(3)}} = 9 \times \frac{1}{24} = \frac{3}{8}$$

0270 답 ③

㈎에서 $x \to 1$일 때 (분모)$\to 0$이고 극한값이 존재하므로 (분자)$\to 0$이다.

즉, $\lim_{x \to 1} \{f(x) - g(x)\} = 0$이므로

$f(1) - g(1) = 0$ $\therefore f(1) = g(1)$ ······ ㉠

$$\therefore \lim_{x \to 1} \frac{f(x) - g(x)}{x-1}$$

$$=\lim_{x \to 1} \frac{f(x) - f(1) + g(1) - g(x)}{x-1}$$

$$=\lim_{x \to 1} \frac{f(x) - f(1)}{x-1} - \lim_{x \to 1} \frac{g(x) - g(1)}{x-1}$$

$$=f'(1) - g'(1)$$

$$\therefore f'(1) - g'(1) = 5$$ ······ ㉡

㈏에서

$$\lim_{x \to 1} \frac{f(x) + g(x) - 2f(1)}{x-1}$$

$$=\lim_{x \to 1} \frac{f(x) - f(1) + g(x) - f(1)}{x-1}$$

$$=\lim_{x \to 1} \frac{f(x) - f(1) + g(x) - g(1)}{x-1} \ (\because ㉠)$$

$$=\lim_{x \to 1} \frac{f(x) - f(1)}{x-1} + \lim_{x \to 1} \frac{g(x) - g(1)}{x-1}$$

$$=f'(1) + g'(1)$$

$$\therefore f'(1) + g'(1) = 7$$ ······ ㉢

㉡, ㉢을 연립하여 풀면

$f'(1) = 6$, $g'(1) = 1$

$\lim_{x \to 1} \dfrac{f(x) - a}{x-1} = b \times g(1)$에서 $x \to 1$일 때 (분모)$\to 0$이고 극한값이 존재하므로 (분자)$\to 0$이다.

즉, $\lim_{x \to 1} \{f(x) - a\} = 0$이므로 $f(1) = a$

$$\therefore \lim_{x \to 1} \frac{f(x) - a}{x-1} = \lim_{x \to 1} \frac{f(x) - f(1)}{x-1} = f'(1)$$

따라서 $f'(1) = b \times g(1)$이므로

$f'(1) = b \times f(1) \ (\because ㉠)$

$\therefore ab = f'(1) = 6$

0271 답 9

$f(x+y) = f(x) + f(y) + 3xy - 1$의 양변에 $x=0$, $y=0$을 대입하면

$f(0) = f(0) + f(0) + 0 - 1$ $\therefore f(0) = 1$ ······ ㉠

$$\therefore f'(2) = \lim_{h \to 0} \frac{f(2+h) - f(2)}{h}$$

$$=\lim_{h \to 0} \frac{f(2) + f(h) + 6h - 1 - f(2)}{h}$$

$$=\lim_{h \to 0} \frac{f(h) - 1}{h} + 6$$

$$=\lim_{h \to 0} \frac{f(h) - f(0)}{h} + 6 \ (\because ㉠)$$

$$=f'(0) + 6$$

$$=3 + 6 = 9$$

0272 답 3

$f(x+y) = f(x) + f(y) + xy$의 양변에 $x=0$, $y=0$을 대입하면

$f(0) = f(0) + f(0) + 0$ $\therefore f(0) = 0$ ······ ㉠ ······ ❶

$$\therefore f'(2)=\lim_{h\to0}\frac{f(2+h)-f(2)}{h}=\lim_{h\to0}\frac{f(2)+f(h)+2h-f(2)}{h}$$
$$=\lim_{h\to0}\frac{f(h)}{h}+2=\lim_{h\to0}\frac{f(h)-f(0)}{h}+2\;(\because \bigcirc)$$
$$=f'(0)+2$$
따라서 $f'(0)+2=4$이므로 $f'(0)=2$ ⋯⋯ **ⅱ**
$$\therefore f'(1)=\lim_{h\to0}\frac{f(1+h)-f(1)}{h}=\lim_{h\to0}\frac{f(1)+f(h)+h-f(1)}{h}$$
$$=\lim_{h\to0}\frac{f(h)}{h}+1=\lim_{h\to0}\frac{f(h)-f(0)}{h}+1\;(\because \bigcirc)$$
$$=f'(0)+1=3$$ ⋯⋯ **ⅲ**

채점 기준

ⅰ $f(0)$의 값 구하기		20 %
ⅱ $f'(0)$의 값 구하기		40 %
ⅲ $f'(1)$의 값 구하기		40 %

0273 답 ⑤

$f(x+y)=2f(x)f(y)$의 양변에 $x=0$, $y=0$을 대입하면
$$f(0)=2f(0)f(0)$$
$$\therefore f(0)=\frac{1}{2}\;(\because f(0)\ne0)$$ ⋯⋯ $\bigcirc$
$$\therefore f'(1)=\lim_{h\to0}\frac{f(1+h)-f(1)}{h}$$
$$=\lim_{h\to0}\frac{2f(1)f(h)-f(1)}{h}$$
$$=2f(1)\times\lim_{h\to0}\frac{f(h)-\frac{1}{2}}{h}$$
$$=2f(1)\times\lim_{h\to0}\frac{f(h)-f(0)}{h}\;(\because \bigcirc)$$
$$=2f(1)f'(0)$$
$$=2f(1)\times2$$
$$=4f(1)$$
따라서 $f'(1)=4f(1)$이므로
$$\frac{f'(1)}{f(1)}=4\;(\because f(1)\ne0)$$

0274 답 ㄴ, ㄷ

ㄱ. 원점 및 두 점 $(a, f(a))$, $(b, f(b))$가 직선 $y=x$ 위의 점이므로 원점과 점 $(a, f(a))$를 지나는 직선의 기울기와 원점과 점 $(b, f(b))$를 지나는 직선의 기울기는 모두 1이다.
$$\therefore \frac{f(a)}{a}=\frac{f(b)}{b}=1$$

ㄴ. $f'(a)$, $f'(b)$는 각각 함수 $y=f(x)$의 그래프 위의 두 점 $(a, f(b))$, $(b, f(b))$에서의 접선의 기울기이고, 점 $(a, f(a))$에서의 접선의 기울기가 점 $(b, f(b))$에서의 접선의 기울기보다 크므로
$$f'(a)>f'(b)$$

ㄷ. 점 $(b, f(b))$에서의 접선의 기울기가 두 점 $(a, f(a))$, $(b, f(b))$를 지나는 직선의 기울기보다 작으므로
$$f'(b)<\frac{f(b)-f(a)}{b-a}$$
따라서 보기에서 옳은 것은 ㄴ, ㄷ이다.

0275 답 6

곡선 $y=f(x)$ 위의 점 $(2, f(2))$에서의 접선의 기울기가 3이므로
$$f'(2)=3$$
$$\therefore \lim_{h\to0}\frac{f(2+h)-f(2-5h)}{3h}$$
$$=\lim_{h\to0}\frac{f(2+h)-f(2)+f(2)-f(2-5h)}{3h}$$
$$=\lim_{h\to0}\frac{f(2+h)-f(2)}{h}\times\frac{1}{3}-\lim_{h\to0}\frac{f(2-5h)-f(2)}{-5h}\times\left(-\frac{5}{3}\right)$$
$$=\frac{1}{3}f'(2)+\frac{5}{3}f'(2)$$
$$=2f'(2)=2\times3=6$$

0276 답 $b<x<c$

$f'(k)$는 함수 $y=f(x)$의 그래프 위의 점 $(k, f(k))$에서의 접선의 기울기이고, $g'(k)$는 함수 $y=g(x)$의 그래프 위의 점 $(k, g(k))$에서의 접선의 기울기이다.

부등식 $f'(x)g'(x)>0$의 해는
$f'(x)>0$, $g'(x)>0$ 또는 $f'(x)<0$, $g'(x)<0$

(ⅰ) $f'(x)>0$, $g'(x)>0$일 때
$f'(x)>0$인 x의 값의 범위는 $x>c$이고, $g'(x)>0$인 x의 값의 범위는 $x<b$이므로 공통부분이 없다.

(ⅱ) $f'(x)<0$, $g'(x)<0$일 때
$f'(x)<0$인 x의 값의 범위는 $x<c$이고, $g'(x)<0$인 x의 값의 범위는 $x>b$이므로 공통부분은 $b<x<c$

(ⅰ), (ⅱ)에서 구하는 부등식의 해는
$b<x<c$

0277 답 ②

$f'(a)$, $f'(b)$, $f'(c)$는 각각 함수 $y=f(x)$의 그래프 위의 세 점 $(a, f(a))$, $(b, f(b))$, $(c, f(c))$에서의 접선의 기울기이므로
$f'(a)>0$, $f'(b)<0$, $f'(c)>0$

ㄱ. $f'(a)+f'(c)>0$

ㄴ. $f'(a)f'(b)f'(c)<0$

ㄷ. 원점과 점 $(b, f(b))$를 지나는 직선의 기울기가 원점과 점 $(c, f(c))$를 지나는 직선의 기울기보다 크므로
$$\frac{f(b)}{b}>\frac{f(c)}{c}$$

ㄹ. 두 점 $(0, f(0))$, $(c, f(c))$를 지나는 직선의 기울기는 0보다 작고, $f'(a)>0$이므로
$$\frac{f(c)-f(0)}{c}<f'(a)$$
따라서 보기에서 옳은 것은 ㄱ, ㄷ이다.

0278 답 ③

① $\lim_{x\to1}f(x)=f(1)=0$이므로 함수 $f(x)$는 $x=1$에서 연속이다.
$$f'(1)=\lim_{x\to1}\frac{f(x)-f(1)}{x-1}$$
$$=\lim_{x\to1}\frac{(x-1)-0}{x-1}=1$$
따라서 함수 $f(x)$는 $x=1$에서 미분가능하다.

② $\lim\limits_{x \to 1} f(x) = f(1) = 0$이므로 함수 $f(x)$는 $x=1$에서 연속이다.

$f'(1) = \lim\limits_{x \to 1} \dfrac{f(x)-f(1)}{x-1} = \lim\limits_{x \to 1} \dfrac{|x|(x-1)-0}{x-1}$

$= \lim\limits_{x \to 1} |x| = 1$

따라서 함수 $f(x)$는 $x=1$에서 미분가능하다.

③ $\lim\limits_{x \to 1} f(x) = f(1) = 0$이므로 함수 $f(x)$는 $x=1$에서 연속이다.

$\lim\limits_{x \to 1+} \dfrac{f(x)-f(1)}{x-1} = \lim\limits_{x \to 1+} \dfrac{(x^2-x)-0}{x-1} = \lim\limits_{x \to 1+} \dfrac{x(x-1)}{x-1}$

$= \lim\limits_{x \to 1+} x = 1$

$\lim\limits_{x \to 1-} \dfrac{f(x)-f(1)}{x-1} = \lim\limits_{x \to 1-} \dfrac{(-x^2+x)-0}{x-1} = \lim\limits_{x \to 1-} \dfrac{-x(x-1)}{x-1}$

$= \lim\limits_{x \to 1-} (-x) = -1$

따라서 함수 $f(x)$는 $x=1$에서 미분가능하지 않다.

④ 함수 $f(x)$는 $x=1$에서 정의되지 않으므로 $x=1$에서 불연속이고 미분가능하지 않다.

⑤ $\lim\limits_{x \to 1} f(x) = f(1) = 1$이므로 함수 $f(x)$는 $x=1$에서 연속이다.

$\lim\limits_{x \to 1+} \dfrac{f(x)-f(1)}{x-1} = \lim\limits_{x \to 1+} \dfrac{x^2-1}{x-1} = \lim\limits_{x \to 1+} \dfrac{(x+1)(x-1)}{x-1}$

$= \lim\limits_{x \to 1+} (x+1) = 2$

$\lim\limits_{x \to 1-} \dfrac{f(x)-f(1)}{x-1} = \lim\limits_{x \to 1-} \dfrac{(2x-1)-1}{x-1} = \lim\limits_{x \to 1-} \dfrac{2(x-1)}{x-1} = 2$

따라서 함수 $f(x)$는 $x=1$에서 미분가능하다.

따라서 $x=1$에서 연속이지만 미분가능하지 않은 것은 ③이다.

0279 답 ①

ㄱ. $\lim\limits_{x \to 2} f(x) = f(2) = 0$이므로 함수 $f(x)$는 $x=2$에서 연속이다.

ㄴ. $g(x) = xf(x)$라 하면

$g(x) = \begin{cases} x(x-2) & (x \geq 2) \\ -x(x-2) & (x < 2) \end{cases}$

$\lim\limits_{x \to 2+} \dfrac{g(x)-g(2)}{x-2} = \lim\limits_{x \to 2+} \dfrac{x(x-2)-0}{x-2}$

$= \lim\limits_{x \to 2+} x = 2$

$\lim\limits_{x \to 2-} \dfrac{g(x)-g(2)}{x-2} = \lim\limits_{x \to 2-} \dfrac{-x(x-2)-0}{x-2}$

$= \lim\limits_{x \to 2-} (-x) = -2$

따라서 함수 $xf(x)$는 $x=2$에서 미분가능하지 않다.

ㄷ. $h(x) = x(x-2)f(x)$라 하면

$h(x) = \begin{cases} x(x-2)^2 & (x \geq 2) \\ -x(x-2)^2 & (x < 2) \end{cases}$

$\lim\limits_{x \to 2} h(x) = h(2) = 0$이므로 함수 $x(x-2)f(x)$는 $x=2$에서 연속이다.

$\lim\limits_{x \to 2+} \dfrac{h(x)-h(2)}{x-2} = \lim\limits_{x \to 2+} \dfrac{x(x-2)^2-0}{x-2}$

$= \lim\limits_{x \to 2+} x(x-2) = 0$

$\lim\limits_{x \to 2-} \dfrac{h(x)-h(2)}{x-2} = \lim\limits_{x \to 2-} \dfrac{-x(x-2)^2-0}{x-2}$

$= \lim\limits_{x \to 2-} \{-x(x-2)\} = 0$

따라서 함수 $x(x-2)f(x)$는 $x=2$에서 미분가능하다.

따라서 보기에서 옳은 것은 ㄱ이다.

0280 답 ㄱ, ㄴ

ㄱ. $f(1) + g(1) = -1 + 1 = 0$

$\lim\limits_{x \to 1+} \{f(x)+g(x)\} = -1 + 1 = 0$

$\lim\limits_{x \to 1-} \{f(x)+g(x)\} = 1 + (-1) = 0$

따라서 $\lim\limits_{x \to 1} \{f(x)+g(x)\} = f(1)+g(1)$이므로 함수 $f(x)+g(x)$는 $x=1$에서 연속이다.

ㄴ. $\lim\limits_{x \to -1+} \{f(x)-g(x)\} = -1 - 0 = -1$

$\lim\limits_{x \to -1-} \{f(x)-g(x)\} = 1 - 0 = 1$

따라서 함수 $f(x)-g(x)$는 $x=-1$에서 불연속이다.

ㄷ. $h(x) = f(x)g(x)$라 하면 구간 $(-1, 1)$에서 함수 $h(x)$는

$h(x) = \begin{cases} -x^2 & (0 < x < 1) \\ 0 & (x=0) \\ x(x+1) & (-1 < x < 0) \end{cases}$

$\lim\limits_{x \to 0+} \dfrac{h(x)-h(0)}{x} = \lim\limits_{x \to 0+} \dfrac{-x^2-0}{x}$

$= \lim\limits_{x \to 0+} (-x) = 0$

$\lim\limits_{x \to 0-} \dfrac{h(x)-h(0)}{x} = \lim\limits_{x \to 0-} \dfrac{x(x+1)-0}{x}$

$= \lim\limits_{x \to 0-} (x+1) = 1$

따라서 함수 $f(x)g(x)$는 $x=0$에서 미분가능하지 않다.

따라서 보기에서 옳은 것은 ㄱ, ㄴ이다.

0281 답 ⑤

① $\lim\limits_{x \to 1} \dfrac{f(x)-f(1)}{x-1} = f'(1)$이고, 점 $(1, f(1))$에서의 접선의 기울기가 음수이므로 $f'(1) < 0$

② $\lim\limits_{x \to 3+} f(x) = \lim\limits_{x \to 3-} f(x)$이므로 $\lim\limits_{x \to 3} f(x)$의 값이 존재한다.

③ 미분가능하면서 접선의 기울기가 0인 x의 값은 -1의 1개이다.

④ 불연속인 x의 값은 0, 3의 2개이다.

⑤ 미분가능하지 않은 x의 값은 0, 2, 3의 3개이다.

따라서 옳지 않은 것은 ⑤이다.

0282 답 ②

불연속인 x의 값은 1, 4의 2개이므로

$m=2$

미분가능하지 않은 x의 값은 1, 2, 3, 4, 5의 5개이므로

$n=5$

$\therefore m+n = 7$

0283 답 ㈎ $x+h$ ㈏ $3x^2h$ ㈐ $3x^2$

$f'(x) = \lim\limits_{h \to 0} \dfrac{f(x+h)-f(x)}{h}$

$= \lim\limits_{h \to 0} \dfrac{(\boxed{\text{㈎ } x+h})^3 - x^3}{h}$

$= \lim\limits_{h \to 0} \dfrac{\boxed{\text{㈏ } 3x^2h} + 3xh^2 + h^3}{h}$

$= \lim\limits_{h \to 0} (\boxed{\text{㈐ } 3x^2} + 3xh + h^2)$

$= \boxed{\text{㈐ } 3x^2}$

0284 답 ㄱ, ㄴ

ㄱ. $\displaystyle\lim_{h\to 0}\frac{f(x+2h)-f(x)}{2h}=f'(x)$

ㄴ. $\displaystyle\lim_{h\to 0}\frac{f(x)-f(x-h)}{h}=\lim_{h\to 0}\frac{f(x-h)-f(x)}{-h}=f'(x)$

ㄷ. $\displaystyle\lim_{h\to 0}\frac{f(x+h)-f(x-h)}{3h}$

$\quad=\displaystyle\lim_{h\to 0}\frac{f(x+h)-f(x)+f(x)-f(x-h)}{3h}$

$\quad=\displaystyle\lim_{h\to 0}\frac{f(x+h)-f(x)}{h}\times\frac{1}{3}-\lim_{h\to 0}\frac{f(x-h)-f(x)}{-h}\times\left(-\frac{1}{3}\right)$

$\quad=\dfrac{1}{3}f'(x)+\dfrac{1}{3}f'(x)$

$\quad=\dfrac{2}{3}f'(x)$

따라서 보기에서 $f'(x)$와 같은 것은 ㄱ, ㄴ이다.

0285 답 ⑤

$f(x+y)=f(x)+f(y)+6xy-1$의 양변에 $x=0$, $y=0$을 대입하면

$f(0)=f(0)+f(0)+0-1$

$\therefore f(0)=1$ $\quad\cdots\cdots$ ㉠

$\therefore f'(x)=\displaystyle\lim_{h\to 0}\frac{f(x+h)-f(x)}{h}$

$\quad=\displaystyle\lim_{h\to 0}\frac{f(x)+f(h)+6xh-1-f(x)}{h}$

$\quad=\displaystyle\lim_{h\to 0}\frac{f(h)-1}{h}+6x$

$\quad=\displaystyle\lim_{h\to 0}\frac{f(h)-f(0)}{h}+6x\ (\because\text{㉠})$

$\quad=f'(0)+6x$

$\quad=6x+2$

0286 답 ②

$f'(x)=3x^2-8x+3$이므로

$f'(2)=12-16+3=-1$

0287 답 ⑤

$f'(x)=-1+2x-3x^2+\cdots+10x^9$이므로

$f'(0)=-1$

$f'(1)=-1+2-3+\cdots+10=5$

$\therefore f'(0)+f'(1)=4$

0288 답 -2

$f'(x)=3x^2+2ax-(a+1)$이므로 $f'(2)=5$에서

$12+4a-a-1=5,\ 3a=-6$

$\therefore a=-2$

0289 답 24

$f'(x)=2ax+b$이므로

$f'(1)=2$에서 $2a+b=2$ $\quad\cdots\cdots$ ㉠

$f'(2)=8$에서 $4a+b=8$ $\quad\cdots\cdots$ ㉡

㉠, ㉡을 연립하여 풀면 $a=3$, $b=-4$ $\quad\cdots\cdots$ ❶

$\therefore f(x)=3x^2-4x+c$

$f(2)=2$에서

$12-8+c=2$ $\quad\therefore c=-2$ $\quad\cdots\cdots$ ❷

$\therefore abc=24$ $\quad\cdots\cdots$ ❸

채점 기준

❶ a, b의 값 구하기	60%
❷ c의 값 구하기	30%
❸ abc의 값 구하기	10%

0290 답 ⑤

$f'(x)=6x^2-8x-f'(1)$이므로 양변에 $x=1$을 대입하면

$f'(1)=6-8-f'(1)$

$2f'(1)=-2$ $\quad\therefore f'(1)=-1$

따라서 $f'(x)=6x^2-8x+1$이므로

$f'(2)=24-16+1=9$

0291 답 ③

$f'(x)=(2x^2+1)'(x^3+x^2-1)+(2x^2+1)(x^3+x^2-1)'$

$\quad=4x(x^3+x^2-1)+(2x^2+1)(3x^2+2x)$

$\therefore f'(1)=4\times 1+3\times 5=19$

0292 답 -6

$f'(x)=(x^2+3x)'(x+1)(x-2)+(x^2+3x)(x+1)'(x-2)$
$\qquad\qquad\qquad\qquad\qquad+(x^2+3x)(x+1)(x-2)'$

$\quad=(2x+3)(x+1)(x-2)+(x^2+3x)(x-2)$
$\qquad\qquad\qquad\qquad\qquad+(x^2+3x)(x+1)$

$\therefore f'(1)=5\times 2\times(-1)+4\times(-1)+4\times 2=-6$

0293 답 ⑤

$f'(x)=(x^3+1)'(x^2+k)+(x^3+1)(x^2+k)'$

$\quad=3x^2(x^2+k)+(x^3+1)\times 2x$

$f'(-1)=9$에서

$3(1+k)=9,\ 1+k=3$ $\quad\therefore k=2$

0294 답 ③

$g'(x)=(x^2)'f(x)+x^2f'(x)$

$\quad=2xf(x)+x^2f'(x)$

$\therefore g'(2)=4f(2)+4f'(2)$

$\qquad\quad=4\times 1+4\times 3=16$

0295 답 ②

$f'(x)=\{(3x-2)^3\}'(x^2+x)^2+(3x-2)^3\{(x^2+x)^2\}'$

$\quad=9(3x-2)^2(x^2+x)^2+(3x-2)^3\times 2(x^2+x)(2x+1)$

$\therefore f'(1)=9\times 1\times 4+1\times 2\times 2\times 3=48$

0296 답 24

$\displaystyle\lim_{x\to 2}\frac{f(x)-4}{x^2-4}=2$에서 $x\to 2$일 때 (분모)$\to 0$이고 극한값이 존재하므로 (분자)$\to 0$이다.

즉, $\lim_{x \to 2} \{f(x)-4\}=0$이므로 $f(2)=4$

$\therefore \lim_{x \to 2} \dfrac{f(x)-4}{x^2-4}=\lim_{x \to 2} \dfrac{f(x)-f(2)}{x^2-4}$

$\qquad\qquad\qquad = \lim_{x \to 2} \dfrac{f(x)-f(2)}{(x+2)(x-2)}$

$\qquad\qquad\qquad = \lim_{x \to 2} \dfrac{f(x)-f(2)}{x-2} \times \lim_{x \to 2} \dfrac{1}{x+2}$

$\qquad\qquad\qquad = \dfrac{1}{4}f'(2)$

따라서 $\dfrac{1}{4}f'(2)=2$이므로

$f'(2)=8$

$\lim_{x \to 2} \dfrac{g(x)+1}{x-2}=8$에서 $x \to 2$일 때 (분모) $\to 0$이고 극한값이 존재하므로 (분자) $\to 0$이다.

즉, $\lim_{x \to 2} \{g(x)+1\}=0$이므로 $g(2)=-1$

$\therefore \lim_{x \to 2} \dfrac{g(x)+1}{x-2}=\lim_{x \to 2} \dfrac{g(x)-g(2)}{x-2}=g'(2)$

$\therefore g'(2)=8$

$h(x)=f(x)g(x)$에서

$h'(x)=f'(x)g(x)+f(x)g'(x)$

$\therefore h'(2)=f'(2)g(2)+f(2)g'(2)$

$\qquad\quad =8 \times (-1)+4 \times 8=24$

0297 답 ⑤

$f(x)=-x^3+2ax^2+bx-1$이라 하면 곡선 $y=f(x)$가 점 $(-1, 2)$를 지나므로 $f(-1)=2$에서

$1+2a-b-1=2$

$\therefore 2a-b=2$ ...... ㉠

$f'(x)=-3x^2+4ax+b$이고 점 $(-1, 2)$에서의 접선의 기울기가 3이므로 $f'(-1)=3$에서

$-3-4a+b=3$

$\therefore 4a-b=-6$ ...... ㉡

㉠, ㉡을 연립하여 풀면

$a=-4$, $b=-10$

$\therefore a-b=6$

0298 답 -2

$f(x)=x^2+ax+5$라 하면 곡선 $y=f(x)$가 점 $(2, 3)$을 지나므로 $f(2)=3$에서

$4+2a+5=3$ $\therefore a=-3$ ...... ❶

따라서 $f(x)=x^2-3x+5$이므로

$f'(x)=2x-3$

점 $(2, 3)$에서의 접선의 기울기가 m이므로 $f'(2)=m$에서

$4-3=m$ $\therefore m=1$ ...... ❷

$\therefore a+m=-2$ ...... ❸

채점 기준

❶ a의 값 구하기	40 %
❷ m의 값 구하기	50 %
❸ $a+m$의 값 구하기	10 %

0299 답 -10

$f(x)=x^3-9x^2+17x+5$라 하면

$f'(x)=3x^2-18x+17=3(x-3)^2-10$

m의 최솟값은 $f'(x)$의 최솟값과 같고, $f'(x)$는 $x=3$에서 최솟값 -10을 가지므로 m의 최솟값은 -10이다.

0300 답 3

$f(x)=(x-k)^2$에서 $f'(x)=2(x-k)$

$h(x)=f(x)g(x)$라 하면

$h'(x)=f'(x)g(x)+f(x)g'(x)$

$x=1$인 점에서의 접선의 기울기가 -16이므로 $h'(1)=-16$에서

$f'(1)g(1)+f(1)g'(1)=-16$

$2(1-k) \times 1+(1-k)^2 \times (-3)=-16$

$3k^2-4k-15=0$, $(3k+5)(k-3)=0$

$\therefore k=3$ ($\because k>0$)

0301 답 21

$\lim_{h \to 0} \dfrac{f(1+2h)-f(1-h)}{h}$

$=\lim_{h \to 0} \dfrac{f(1+2h)-f(1)+f(1)-f(1-h)}{h}$

$=\lim_{h \to 0} \dfrac{f(1+2h)-f(1)}{2h} \times 2-\lim_{h \to 0} \dfrac{f(1-h)-f(1)}{-h} \times (-1)$

$=2f'(1)+f'(1)=3f'(1)$

$f'(x)=3x^2+4$이므로 $f'(1)=3+4=7$

따라서 구하는 값은

$3f'(1)=3 \times 7=21$

0302 답 ④

$\lim_{h \to 0} \dfrac{f(2h)-f(0)}{h}=\lim_{h \to 0} \dfrac{f(0+2h)-f(0)}{2h} \times 2$

$\qquad\qquad\qquad\qquad =2f'(0)$

$f'(x)=6x^2+3$이므로 $f'(0)=3$

따라서 구하는 값은

$2f'(0)=2 \times 3=6$

0303 답 3

$\lim_{x \to -1} \dfrac{f(x)-f(-1)}{x^3+1}=\lim_{x \to -1} \dfrac{f(x)-f(-1)}{(x+1)(x^2-x+1)}$

$\qquad\qquad\qquad\qquad = \lim_{x \to -1} \dfrac{f(x)-f(-1)}{x-(-1)} \times \lim_{x \to -1} \dfrac{1}{x^2-x+1}$

$\qquad\qquad\qquad\qquad = \dfrac{1}{3}f'(-1)$ ...... ❶

$f'(x)=3x^2-6x$이므로

$f'(-1)=3+6=9$ ...... ❷

따라서 구하는 값은

$\dfrac{1}{3}f'(-1)=\dfrac{1}{3} \times 9=3$ ...... ❸

채점 기준

❶ 주어진 극한을 미분계수로 나타내기	50 %
❷ $f'(-1)$의 값 구하기	30 %
❸ 극한값 구하기	20 %

0304 답 −5

$2x-1=t$로 놓으면 $x \to 1$일 때 $t \to 1$이므로

$\displaystyle\lim_{x \to 1} \frac{f(x)-f(2x-1)}{x-1}$

$\displaystyle=\lim_{x \to 1} \frac{f(x)-f(1)+f(1)-f(2x-1)}{x-1}$

$\displaystyle=\lim_{x \to 1} \frac{f(x)-f(1)}{x-1}-\lim_{x \to 1} \frac{f(2x-1)-f(1)}{x-1}$

$\displaystyle=\lim_{x \to 1} \frac{f(x)-f(1)}{x-1}-\lim_{t \to 1} \frac{f(t)-f(1)}{\left(\dfrac{t}{2}+\dfrac{1}{2}\right)-1}$

$\displaystyle=\lim_{x \to 1} \frac{f(x)-f(1)}{x-1}-\lim_{t \to 1} \frac{f(t)-f(1)}{\dfrac{1}{2}(t-1)}$

$\displaystyle=\lim_{x \to 1} \frac{f(x)-f(1)}{x-1}-2\lim_{t \to 1} \frac{f(t)-f(1)}{t-1}$

$=f'(1)-2f'(1)$

$=-f'(1)$

$f'(x)=8x^3-3$이므로

$f'(1)=8-3=5$

따라서 구하는 값은

$-f'(1)=-5$

0305 답 ②

$f(2)=g(2)=-8$이므로

$\displaystyle\lim_{h \to 0} \frac{f(2+2h)-g(2-3h)}{h}$

$\displaystyle=\lim_{h \to 0} \frac{f(2+2h)-f(2)+g(2)-g(2-3h)}{h}$

$\displaystyle=\lim_{h \to 0} \frac{f(2+2h)-f(2)}{2h}\times 2-\lim_{h \to 0} \frac{g(2-3h)-g(2)}{-3h}\times(-3)$

$=2f'(2)+3g'(2)$

$f'(x)=5x^4-15x^2,\ g'(x)=4x^3-12x$이므로

$f'(2)=80-60=20,\ g'(2)=32-24=8$

따라서 구하는 값은

$2f'(2)+3g'(2)=2\times 20+3\times 8=64$

0306 답 ①

㈐에서 $f(1)+g(1)=2-1+1=2$

이때 ㈎에서 $f(1)=5$이므로

$5+g(1)=2$ ∴ $g(1)=-3$

㈐에서 $f'(x)+g'(x)=6x^2-1$이므로

$f'(1)+g'(1)=6-1=5$

이때 ㈎에서 $f'(1)=9$이므로

$9+g'(1)=5$ ∴ $g'(1)=-4$

$k(x)=f(x)g(x)$라 하면

$k'(x)=f'(x)g(x)+f(x)g'(x)$

$\displaystyle\therefore \lim_{h \to 0} \frac{f(1+h)g(1+h)-f(1)g(1)}{h}=\lim_{h \to 0} \frac{k(1+h)-k(1)}{h}$

$=k'(1)$

$=f'(1)g(1)+f(1)g'(1)$

$=9\times(-3)+5\times(-4)$

$=-47$

0307 답 ①

$f(x)=x^{10}-x^3+3x$라 하면 $f(-1)=1+1-3=-1$이므로

$\displaystyle\lim_{x \to -1} \frac{x^{10}-x^3+3x+1}{x+1}=\lim_{x \to -1} \frac{f(x)-f(-1)}{x-(-1)}$

$=f'(-1)$

$f'(x)=10x^9-3x^2+3$이므로 구하는 값은

$f'(-1)=-10-3+3=-10$

0308 답 18

$f(x)=x^n+2x$라 하면 $f(1)=1+2=3$이므로

$\displaystyle\lim_{x \to 1} \frac{x^n+2x-3}{x^2-1}=\lim_{x \to 1} \frac{f(x)-f(1)}{x^2-1}$

$\displaystyle=\lim_{x \to 1} \frac{f(x)-f(1)}{(x+1)(x-1)}$

$\displaystyle=\lim_{x \to 1} \frac{f(x)-f(1)}{x-1}\times\lim_{x \to 1} \frac{1}{x+1}$

$\displaystyle=\frac{1}{2}f'(1)$

따라서 $\dfrac{1}{2}f'(1)=10$이므로 $f'(1)=20$

$f'(x)=nx^{n-1}+2$이므로 $f'(1)=20$에서

$n+2=20$ ∴ $n=18$

0309 답 ③

$\displaystyle\lim_{x \to 1} \frac{f(x)}{x-1}=7$에서 $x \to 1$일 때 (분모) $\to 0$이고 극한값이 존재하므로 (분자) $\to 0$이다.

즉, $\displaystyle\lim_{x \to 1} f(x)=0$이므로 $f(1)=0$

$\displaystyle\therefore \lim_{x \to 1} \frac{f(x)}{x-1}=\lim_{x \to 1} \frac{f(x)-f(1)}{x-1}=f'(1)$

∴ $f'(1)=7$

$f(x)=x^3+ax^2+b$에서 $f'(x)=3x^2+2ax$

$f(1)=0$에서

$1+a+b=0$ ∴ $a+b=-1$ ⋯⋯ ㉠

$f'(1)=7$에서

$3+2a=7$ ∴ $a=2$

이를 ㉠에 대입하면

$2+b=-1$ ∴ $b=-3$

∴ $a-b=5$

0310 답 ②

$\displaystyle\lim_{h \to 0} \frac{f(1+4h)-f(1+h)}{h}$

$\displaystyle=\lim_{h \to 0} \frac{f(1+4h)-f(1)+f(1)-f(1+h)}{h}$

$\displaystyle=\lim_{h \to 0} \frac{f(1+4h)-f(1)}{4h}\times 4-\lim_{h \to 0} \frac{f(1+h)-f(1)}{h}$

$=4f'(1)-f'(1)=3f'(1)$

따라서 $3f'(1)=6$이므로 $f'(1)=2$

$f'(x)=6x^2-2x+a$이므로 $f'(1)=2$에서

$6-2+a=2$ ∴ $a=-2$

0311 답 30

$\lim\limits_{x \to -2} \dfrac{f(x+1)+1}{x^2-4}=2$에서 $x \to -2$일 때 (분모) $\to 0$이고 극한값이 존재하므로 (분자) $\to 0$이다.

즉, $\lim\limits_{x \to -2}\{f(x+1)+1\}=0$이므로 $f(-1)=-1$ ······ ❶

$x+1=t$로 놓으면 $x \to -2$일 때 $t \to -1$이므로

$$\lim_{x \to -2} \frac{f(x+1)+1}{x^2-4}=\lim_{x \to -2}\frac{f(x+1)-f(-1)}{(x+2)(x-2)}$$
$$=\lim_{t \to -1}\frac{f(t)-f(-1)}{(t+1)(t-3)}$$
$$=\lim_{t \to -1}\frac{f(t)-f(-1)}{t-(-1)}\times \lim_{t \to -1}\frac{1}{t-3}$$
$$=-\frac{1}{4}f'(-1)$$

따라서 $-\dfrac{1}{4}f'(-1)=2$이므로 $f'(-1)=-8$ ······ ❷

$f(x)=x^4+ax+b$에서 $f'(x)=4x^3+a$

$f(-1)=-1$에서

$1-a+b=-1$ ∴ $a-b=2$ ······ ㉠

$f'(-1)=-8$에서

$-4+a=-8$ ∴ $a=-4$

이를 ㉠에 대입하면

$-4-b=2$ ∴ $b=-6$ ······ ❸

따라서 $f(x)=x^4-4x-6$, $f'(x)=4x^3-4$이므로

$f(2)+f'(2)=(16-8-6)+(32-4)=30$ ······ ❹

채점 기준

❶ $f(-1)$의 값 구하기	20%
❷ $f'(-1)$의 값 구하기	30%
❸ a, b의 값 구하기	30%
❹ $f(2)+f'(2)$의 값 구하기	20%

0312 답 4

㈎에서 $f(x)$는 최고차항의 계수가 2인 삼차함수이므로

$f(x)=2x^3+ax^2+bx+c$ (a, b, c는 상수)라 하면

$f'(x)=6x^2+2ax+b$

㈏에서 $x \to 0$일 때 (분모) $\to 0$이고 극한값이 존재하므로 (분자) $\to 0$이다.

즉, $\lim\limits_{x \to 0}f'(x)=0$이므로 $f'(0)=0$ ∴ $b=0$

$$\therefore \lim_{x \to 0}\frac{f'(x)}{x}=\lim_{x \to 0}\frac{6x^2+2ax}{x}=\lim_{x \to 0}(6x+2a)=2a$$

따라서 $2a=2$이므로 $a=1$

즉, $f'(x)=6x^2+2x$이므로

$f'(-1)=6-2=4$

0313 답 8

$\lim\limits_{x \to 0}\dfrac{f(x)}{x}=1$에서 $x \to 0$일 때 (분모) $\to 0$이고 극한값이 존재하므로 (분자) $\to 0$이다.

즉, $\lim\limits_{x \to 0}f(x)=0$이므로 $f(0)=0$

$$\therefore \lim_{x \to 0}\frac{f(x)}{x}=\lim_{x \to 0}\frac{f(x)-f(0)}{x}=f'(0)$$ ∴ $f'(0)=1$

$\lim\limits_{x \to 2}\dfrac{f(x)-2}{x-2}=5$에서 $x \to 2$일 때 (분모) $\to 0$이고 극한값이 존재하므로 (분자) $\to 0$이다.

즉, $\lim\limits_{x \to 2}\{f(x)-2\}=0$이므로 $f(2)=2$

$$\therefore \lim_{x \to 2}\frac{f(x)-2}{x-2}=\lim_{x \to 2}\frac{f(x)-f(2)}{x-2}=f'(2)$$ ∴ $f'(2)=5$

$f(0)=0$이므로

$f(x)=ax^3+bx^2+cx$ (a, b, c는 상수, $a\neq 0$)라 하면

$f'(x)=3ax^2+2bx+c$

$f'(0)=1$에서 $c=1$

$f(2)=2$에서 $8a+4b+2c=2$, $8a+4b+2=2$

∴ $2a+b=0$ ······ ㉠

$f'(2)=5$에서 $12a+4b+c=5$, $12a+4b+1=5$

∴ $3a+b=1$ ······ ㉡

㉠, ㉡을 연립하여 풀면 $a=1$, $b=-2$

따라서 $f'(x)=3x^2-4x+1$이므로

$f'(-1)=3+4+1=8$

0314 답 ③

$f(x)=ax^2+bx+c$ (a, b, c는 상수, $a\neq 0$)라 하면

$f'(x)=2ax+b$

$f(x)$와 $f'(x)$를 주어진 식에 대입하면

$x(2ax+b)-2(ax^2+bx+c)=x+2$

∴ $-bx-2c=x+2$

이 등식이 모든 실수 x에 대하여 성립하므로

$-b=1$, $-2c=2$ ∴ $b=-1$, $c=-1$

$f(1)=2$에서 $a+b+c=2$

$a-1-1=2$ ∴ $a=4$

따라서 $f'(x)=8x-1$이므로

$f'(2)=16-1=15$

0315 답 16

$f(x)=x^2+ax+b$ (a, b는 상수)라 하면 $f'(x)=2x+a$

$f(x)$와 $f'(x)$를 주어진 식에 대입하면

$2(x^2+ax+b)=(x+1)(2x+a)$

∴ $2x^2+2ax+2b=2x^2+(a+2)x+a$

이 등식이 모든 실수 x에 대하여 성립하므로

$2a=a+2$, $2b=a$ ∴ $a=2$, $b=1$

따라서 $f(x)=x^2+2x+1$이므로

$f(3)=9+6+1=16$

0316 답 ⑤

$f(x)$를 n차함수라 하면 $f'(x)$는 $(n-1)$차함수이다.

$\{f'(x)\}^2=4f(x)+1$에서 $n=1$이면 좌변은 상수함수이고, 우변은 일차함수가 되어 등식이 성립하지 않는다. 즉, $n\geq 2$이다.

좌변의 차수는 $2(n-1)$, 우변의 차수는 n이므로

$2(n-1)=n$ ∴ $n=2$

$f(x)=ax^2+bx+c$ (a, b, c는 상수, $a\neq 0$)라 하면

$f'(x)=2ax+b$

$f(x)$와 $f'(x)$를 주어진 식에 대입하면

$(2ax+b)^2=4(ax^2+bx+c)+1$

$\therefore 4a^2x^2+4abx+b^2=4ax^2+4bx+4c+1$

이 등식이 모든 실수 x에 대하여 성립하므로

$4a^2=4a,\ 4ab=4b,\ b^2=4c+1$

$4a^2=4a$에서 $a=1\ (\because a\neq 0)$

$f'(1)=5$에서 $2a+b=5,\ 2+b=5$ $\quad\therefore b=3$

이를 $b^2=4c+1$에 대입하면 $9=4c+1$ $\quad\therefore c=2$

따라서 $f(x)=x^2+3x+2$이므로

$f(3)=9+9+2=20$

0317 답 8

함수 $f(x)$가 $x=-1$에서 미분가능하면 $x=-1$에서 연속이고 미분계수 $f'(-1)$이 존재한다.

(i) $x=-1$에서 연속이므로 $\displaystyle\lim_{x\to -1-}f(x)=f(-1)$에서

$\quad -4=-a+b$ $\quad\cdots\cdots$ ㉠

(ii) 미분계수 $f'(-1)$이 존재하므로

$\displaystyle\lim_{x\to -1+}\frac{f(x)-f(-1)}{x-(-1)}=\lim_{x\to -1+}\frac{(ax+b)-(-a+b)}{x+1}$

$\qquad\qquad\qquad\qquad =\lim_{x\to -1+}\frac{a(x+1)}{x+1}=a$

$\displaystyle\lim_{x\to -1-}\frac{f(x)-f(-1)}{x-(-1)}=\lim_{x\to -1-}\frac{(x^3+3x)-(-4)}{x+1}\ (\because ㉠)$

$\qquad\qquad\qquad\qquad =\lim_{x\to -1-}\frac{(x+1)(x^2-x+4)}{x+1}$

$\qquad\qquad\qquad\qquad =\lim_{x\to -1-}(x^2-x+4)=6$

$\quad\therefore a=6$

$a=6$을 ㉠에 대입하면 $-4=-6+b$ $\quad\therefore b=2$

$\therefore a+b=8$

다른 풀이

$g(x)=ax+b,\ h(x)=x^3+3x$라 하면

$g'(x)=a,\ h'(x)=3x^2+3$

(i) $x=-1$에서 연속이므로 $g(-1)=h(-1)$에서

$\quad -a+b=-4$ $\quad\cdots\cdots$ ㉠

(ii) 미분계수 $f'(-1)$이 존재하므로 $g'(-1)=h'(-1)$에서

$\quad a=6$

$a=6$을 ㉠에 대입하면 $-6+b=-4$ $\quad\therefore b=2$

$\therefore a+b=8$

0318 답 2

함수 $f(x)$가 모든 실수 x에서 미분가능하면 $x=a$에서 미분가능하므로 $x=a$에서 연속이고 미분계수 $f'(a)$가 존재한다.

(i) $x=a$에서 연속이므로 $\displaystyle\lim_{x\to a-}f(x)=f(a)$에서

$\quad a^2-2a=2a+b$ $\quad\cdots\cdots$ ㉠

(ii) 미분계수 $f'(a)$가 존재하므로

$\displaystyle\lim_{x\to a+}\frac{f(x)-f(a)}{x-a}=\lim_{x\to a+}\frac{(2x+b)-(2a+b)}{x-a}$

$\qquad\qquad\qquad\quad =\lim_{x\to a+}\frac{2(x-a)}{x-a}=2$

$\displaystyle\lim_{x\to a-}\frac{f(x)-f(a)}{x-a}=\lim_{x\to a-}\frac{(x^2-2x)-(a^2-2a)}{x-a}\ (\because ㉠)$

$\qquad\qquad\qquad\quad =\lim_{x\to a-}\frac{x^2-2x-a(a-2)}{x-a}$

$\qquad\qquad\qquad\quad =\lim_{x\to a-}\frac{(x-a)(x+a-2)}{x-a}$

$\qquad\qquad\qquad\quad =\lim_{x\to a-}(x+a-2)=2a-2$

즉, $2=2a-2$이므로 $a=2$

$a=2$를 ㉠에 대입하면 $0=4+b$ $\quad\therefore b=-4$

따라서 $f(x)=\begin{cases} 2x-4 & (x\geq 2) \\ x^2-2x & (x<2) \end{cases}$이므로 $f(3)=6-4=2$

다른 풀이

$g(x)=2x+b,\ h(x)=x^2-2x$라 하면

$g'(x)=2,\ h'(x)=2x-2$

(i) $x=a$에서 연속이므로 $g(a)=h(a)$에서

$\quad 2a+b=a^2-2a$ $\quad\cdots\cdots$ ㉠

(ii) 미분계수 $f'(a)$가 존재하므로 $g'(a)=h'(a)$에서

$\quad 2=2a-2$ $\quad\therefore a=2$

$a=2$를 ㉠에 대입하면 $4+b=0$ $\quad\therefore b=-4$

따라서 $f(x)=\begin{cases} 2x-4 & (x\geq 2) \\ x^2-2x & (x<2) \end{cases}$이므로 $f(3)=6-4=2$

0319 답 ③

$f(x)=\begin{cases} (x-1)(x-2a) & (x\geq 1) \\ -(x-1)(x-2a) & (x<1) \end{cases}$ 이고 함수 $f(x)$가 모든 실수 x에서 미분가능하면 $x=1$에서 미분가능하므로 미분계수 $f'(1)$이 존재한다.

$\displaystyle\lim_{x\to 1+}\frac{f(x)-f(1)}{x-1}=\lim_{x\to 1+}\frac{(x-1)(x-2a)}{x-1}$

$\qquad\qquad\qquad\quad =\lim_{x\to 1+}(x-2a)=1-2a$

$\displaystyle\lim_{x\to 1-}\frac{f(x)-f(1)}{x-1}=\lim_{x\to 1-}\frac{-(x-1)(x-2a)}{x-1}$

$\qquad\qquad\qquad\quad =\lim_{x\to 1-}\{-(x-2a)\}=-1+2a$

따라서 $1-2a=-1+2a$이므로 $a=\dfrac{1}{2}$

0320 답 -6

$0\leq x<1$에서 $[x]=0,\ 1\leq x<2$에서 $[x]=1$이므로

$f(x)=\begin{cases} x^3+ax+b & (1\leq x<2) \\ 0 & (0\leq x<1) \end{cases}$

함수 $f(x)$가 $x=1$에서 미분가능하면 $x=1$에서 연속이고 미분계수 $f'(1)$이 존재한다.

(i) $x=1$에서 연속이므로 $\displaystyle\lim_{x\to 1-}f(x)=f(1)$에서

$\quad 0=1+a+b$ $\quad\cdots\cdots$ ㉠

(ii) 미분계수 $f'(1)$이 존재하므로

$\displaystyle\lim_{x\to 1+}\frac{f(x)-f(1)}{x-1}=\lim_{x\to 1+}\frac{(x^3+ax+b)-(1+a+b)}{x-1}$

$\qquad\qquad\qquad\quad =\lim_{x\to 1+}\frac{x^3-1+a(x-1)}{x-1}$

$\qquad\qquad\qquad\quad =\lim_{x\to 1+}\frac{(x-1)(x^2+x+1+a)}{x-1}$

$\qquad\qquad\qquad\quad =\lim_{x\to 1+}(x^2+x+1+a)=a+3$

$$\lim_{x \to 1-} \frac{f(x)-f(1)}{x-1} = \lim_{x \to 1-} \frac{0-0}{x-1} \;(\because \text{㉠})$$
$$= 0$$

즉, $a+3=0$이므로 $a=-3$

$a=-3$을 ㉠에 대입하면

$0=1-3+b \qquad \therefore b=2$

$\therefore ab=-6$

0321 답 6

다항식 $x^{10}+x^5+1$을 $(x+1)^2$으로 나누었을 때의 몫을 $Q(x)$, 나머지 $R(x)$를 $ax+b\,(a,\,b$는 상수)라 하면

$x^{10}+x^5+1=(x+1)^2 Q(x)+ax+b \qquad \cdots\cdots$ ㉠

㉠의 양변에 $x=-1$을 대입하면

$1-1+1=-a+b \qquad \therefore a-b=-1 \qquad \cdots\cdots$ ㉡

㉠의 양변을 x에 대하여 미분하면

$10x^9+5x^4=2(x+1)Q(x)+(x+1)^2 Q'(x)+a$

양변에 $x=-1$을 대입하면

$-10+5=a \qquad \therefore a=-5$

이를 ㉡에 대입하면

$-5-b=-1 \qquad \therefore b=-4$

따라서 $R(x)=-5x-4$이므로

$R(-2)=10-4=6$

공통수학1 다시보기

x에 대한 다항식 A를 다항식 $B\,(B \neq 0)$로 나누었을 때의 몫을 Q, 나머지를 R라 하면
$$A=BQ+R\;(R\text{는 상수 또는 }(R\text{의 차수})<(B\text{의 차수}))$$
이고, 이는 x에 대한 항등식이다.

0322 답 ④

다항식 x^7-ax^3+bx+2를 $(x-1)^2$으로 나누었을 때의 몫을 $Q(x)$라 하면 나머지가 0이므로

$x^7-ax^3+bx+2=(x-1)^2 Q(x) \qquad \cdots\cdots$ ㉠

㉠의 양변에 $x=1$을 대입하면

$1-a+b+2=0 \qquad \therefore a-b=3 \qquad \cdots\cdots$ ㉡

㉠의 양변을 x에 대하여 미분하면

$7x^6-3ax^2+b=2(x-1)Q(x)+(x-1)^2 Q'(x)$

양변에 $x=1$을 대입하면

$7-3a+b=0 \qquad \therefore 3a-b=7 \qquad \cdots\cdots$ ㉢

㉡, ㉢을 연립하여 풀면

$a=2,\ b=-1$

$\therefore a+b=1$

0323 답 ①

다항식 x^6+2x^3+ax+b를 $(x+1)^2$으로 나누었을 때의 몫을 $Q(x)$라 하면 나머지가 $3x-4$이므로

$x^6+2x^3+ax+b=(x+1)^2 Q(x)+3x-4 \qquad \cdots\cdots$ ㉠

㉠의 양변에 $x=-1$을 대입하면

$1-2-a+b=-3-4 \qquad \therefore a-b=6 \qquad \cdots\cdots$ ㉡

㉠의 양변을 x에 대하여 미분하면

$6x^5+6x^2+a=2(x+1)Q(x)+(x+1)^2 Q'(x)+3$

양변에 $x=-1$을 대입하면

$-6+6+a=3 \qquad \therefore a=3$

이를 ㉡에 대입하면

$3-b=6 \qquad \therefore b=-3$

$\therefore ab=-9$

0324 답 2

$\lim\limits_{x \to -2} \dfrac{f(x)+3}{x+2}=1$에서 $x \to -2$일 때 (분모) $\to 0$이고 극한값이 존재하므로 (분자) $\to 0$이다.

즉, $\lim\limits_{x \to -2}\{f(x)+3\}=0$이므로

$f(-2)=-3 \qquad \cdots\cdots$ ㉠ $\qquad \cdots\cdots$ ❶

$\therefore \lim\limits_{x \to -2}\dfrac{f(x)+3}{x+2}=\lim\limits_{x \to -2}\dfrac{f(x)-f(-2)}{x-(-2)}=f'(-2)$

$\therefore f'(-2)=1 \qquad \cdots\cdots$ ㉡ $\qquad \cdots\cdots$ ❷

다항식 $f(x)$를 $(x+2)^2$으로 나누었을 때의 몫을 $Q(x)$라 하면 나머지가 $ax+b$이므로

$f(x)=(x+2)^2 Q(x)+ax+b \qquad \cdots\cdots$ ㉢

㉠에서 $-2a+b=-3 \qquad \cdots\cdots$ ㉣

㉢의 양변을 x에 대하여 미분하면

$f'(x)=2(x+2)Q(x)+(x+2)^2 Q'(x)+a$

㉡에서 $a=1$

이를 ㉣에 대입하면

$-2+b=-3 \qquad \therefore b=-1 \qquad \cdots\cdots$ ❸

$\therefore a-b=2 \qquad \cdots\cdots$ ❹

채점 기준

❶ $f(-2)$의 값 구하기		20 %
❷ $f'(-2)$의 값 구하기		30 %
❸ $a,\,b$의 값 구하기		40 %
❹ $a-b$의 값 구하기		10 %

AB 유형 점검

58~60쪽

0325 답 ③

함수 $f(x)=2x^2-3x+1$에서 x의 값이 a에서 b까지 변할 때의 평균변화율은

$$\frac{\Delta y}{\Delta x}=\frac{f(b)-f(a)}{b-a}$$
$$=\frac{(2b^2-3b+1)-(2a^2-3a+1)}{b-a}$$
$$=\frac{2(b+a)(b-a)-3(b-a)}{b-a}$$
$$=2(a+b)-3$$

따라서 $2(a+b)-3=-1$이므로

$a+b=1$

0326 답 $\dfrac{1}{2}$

함수 $f(x)$에서 x의 값이 1에서 $1+h$까지 변할 때의 평균변화율은

$\dfrac{f(1+h)-f(1)}{(1+h)-1}$, 즉 $\dfrac{f(1+h)-f(1)}{h}$이므로

$\dfrac{f(1+h)-f(1)}{h}=\dfrac{\sqrt{4+h}-\sqrt{4-h}}{h}$

$\therefore f'(1)=\displaystyle\lim_{h\to 0}\dfrac{f(1+h)-f(1)}{h}=\lim_{h\to 0}\dfrac{\sqrt{4+h}-\sqrt{4-h}}{h}$

$\quad=\displaystyle\lim_{h\to 0}\dfrac{(\sqrt{4+h}-\sqrt{4-h})(\sqrt{4+h}+\sqrt{4-h})}{h(\sqrt{4+h}+\sqrt{4-h})}$

$\quad=\displaystyle\lim_{h\to 0}\dfrac{2h}{h(\sqrt{4+h}+\sqrt{4-h})}=\lim_{h\to 0}\dfrac{2}{\sqrt{4+h}+\sqrt{4-h}}=\dfrac{1}{2}$

0327 답 ④

① $\displaystyle\lim_{h\to 0}\dfrac{f(1+2h)-f(1)}{h}=\lim_{h\to 0}\dfrac{f(1+2h)-f(1)}{2h}\times 2$

$\qquad=2f'(1)=2\times 3=6$

② $\displaystyle\lim_{h\to 0}\dfrac{f(1-3h)-f(1)}{3h}=\lim_{h\to 0}\dfrac{f(1-3h)-f(1)}{-3h}\times(-1)$

$\qquad=-f'(1)=-3$

③ $\displaystyle\lim_{h\to 0}\dfrac{f(1+2h)-f(1-h)}{h}$

$\quad=\displaystyle\lim_{h\to 0}\dfrac{f(1+2h)-f(1)+f(1)-f(1-h)}{h}$

$\quad=\displaystyle\lim_{h\to 0}\dfrac{f(1+2h)-f(1)}{2h}\times 2-\lim_{h\to 0}\dfrac{f(1-h)-f(1)}{-h}\times(-1)$

$\quad=2f'(1)+f'(1)=3f'(1)=3\times 3=9$

④ $\displaystyle\lim_{x\to 1}\dfrac{f(x)-f(1)}{x^2-1}=\lim_{x\to 1}\dfrac{f(x)-f(1)}{(x+1)(x-1)}$

$\qquad=\displaystyle\lim_{x\to 1}\dfrac{f(x)-f(1)}{x-1}\times\lim_{x\to 1}\dfrac{1}{x+1}$

$\qquad=\dfrac{1}{2}f'(1)=\dfrac{1}{2}\times 3=\dfrac{3}{2}$

⑤ $\displaystyle\lim_{x\to 1}\dfrac{x^2f(1)-f(x)}{x-1}$

$\quad=\displaystyle\lim_{x\to 1}\dfrac{x^2f(1)-f(1)+f(1)-f(x)}{x-1}$

$\quad=\displaystyle\lim_{x\to 1}\dfrac{(x^2-1)f(1)}{x-1}-\lim_{x\to 1}\dfrac{f(x)-f(1)}{x-1}$

$\quad=\displaystyle\lim_{x\to 1}\dfrac{(x+1)(x-1)f(1)}{x-1}-\lim_{x\to 1}\dfrac{f(x)-f(1)}{x-1}$

$\quad=\displaystyle\lim_{x\to 1}(x+1)f(1)-f'(1)$

$\quad=2f(1)-f'(1)=2\times 2-3=1$

따라서 옳지 않은 것은 ④이다.

0328 답 8

$\displaystyle\lim_{x\to 3}\dfrac{f(x)-2}{x^2-9}=1$에서 $x\to 3$일 때 (분모) $\to 0$이고 극한값이 존재하므로 (분자) $\to 0$이다.

즉, $\displaystyle\lim_{x\to 3}\{f(x)-2\}=0$이므로 $f(3)=2$

$\therefore \displaystyle\lim_{x\to 3}\dfrac{f(x)-2}{x^2-9}=\lim_{x\to 3}\dfrac{f(x)-f(3)}{x^2-9}=\lim_{x\to 3}\dfrac{f(x)-f(3)}{(x+3)(x-3)}$

$\qquad=\displaystyle\lim_{x\to 3}\dfrac{f(x)-f(3)}{x-3}\times\lim_{x\to 3}\dfrac{1}{x+3}=\dfrac{1}{6}f'(3)$

따라서 $\dfrac{1}{6}f'(3)=1$이므로 $f'(3)=6$

$\therefore f(3)+f'(3)=8$

0329 답 ⑤

$\dfrac{f(b)-f(a)}{b-a}$는 두 점 $(a, f(a))$, $(b, f(b))$를 이은 직선의 기울기이고, $f'(a)$, $f'(b)$는 각각 함수 $y=f(x)$의 그래프 위의 두 점 $(a, f(a))$, $(b, f(b))$에서의 접선의 기울기이므로

$f'(b)<\dfrac{f(b)-f(a)}{b-a}<f'(a)$

0330 답 ㄱ, ㄴ

ㄱ. $0\leq x<1$에서 $[x]=0$, $1\leq x<2$에서 $[x]=1$이므로

$\quad f(x)=\begin{cases} x-1 & (1\leq x<2) \\ 0 & (0\leq x<1) \end{cases}$

$\quad\displaystyle\lim_{x\to 1}f(x)=f(1)=0$이므로 함수 $f(x)$는 $x=1$에서 연속이다.

$\quad\displaystyle\lim_{x\to 1+}\dfrac{f(x)-f(1)}{x-1}=\lim_{x\to 1+}\dfrac{(x-1)-0}{x-1}=1$

$\quad\displaystyle\lim_{x\to 1-}\dfrac{f(x)-f(1)}{x-1}=\lim_{x\to 1-}\dfrac{0-0}{x-1}=0$

$\quad$따라서 함수 $f(x)$는 $x=1$에서 미분가능하지 않다.

ㄴ. $f(x)=\begin{cases} 0 & (x\geq 1) \\ -2x+2 & (x<1) \end{cases}$

$\quad\displaystyle\lim_{x\to 1}f(x)=f(1)=0$이므로 함수 $f(x)$는 $x=1$에서 연속이다.

$\quad\displaystyle\lim_{x\to 1+}\dfrac{f(x)-f(1)}{x-1}=\lim_{x\to 1+}\dfrac{0-0}{x-1}=0$

$\quad\displaystyle\lim_{x\to 1-}\dfrac{f(x)-f(1)}{x-1}=\lim_{x\to 1-}\dfrac{(-2x+2)-0}{x-1}$

$\qquad=\displaystyle\lim_{x\to 1-}\dfrac{-2(x-1)}{x-1}=-2$

$\quad$따라서 함수 $f(x)$는 $x=1$에서 미분가능하지 않다.

ㄷ. $\displaystyle\lim_{x\to 1}f(x)=f(1)=1$이므로 함수 $f(x)$는 $x=1$에서 연속이다.

$\quad\displaystyle\lim_{x\to 1+}\dfrac{f(x)-f(1)}{x-1}=\lim_{x\to 1+}\dfrac{x^3-1}{x-1}$

$\qquad=\displaystyle\lim_{x\to 1+}\dfrac{(x-1)(x^2+x+1)}{x-1}$

$\qquad=\displaystyle\lim_{x\to 1+}(x^2+x+1)=3$

$\quad\displaystyle\lim_{x\to 1-}\dfrac{f(x)-f(1)}{x-1}=\lim_{x\to 1-}\dfrac{(3x-2)-1}{x-1}=\lim_{x\to 1-}\dfrac{3(x-1)}{x-1}=3$

$\quad$따라서 함수 $f(x)$는 $x=1$에서 미분가능하다.

따라서 보기의 함수 중 $x=1$에서 연속이지만 미분가능하지 않은 것은 ㄱ, ㄴ이다.

0331 답 ㄴ, ㄷ

ㄱ. $\displaystyle\lim_{x\to 0+}f(x)\neq\lim_{x\to 0-}f(x)$이므로 $\displaystyle\lim_{x\to 0}f(x)$의 값은 존재하지 않는다.

ㄴ. 점 $(-1, f(-1))$에서의 접선의 기울기가 양수이므로 $f'(-1)>0$

ㄷ. 불연속인 x의 값은 0, 4의 2개이다.

ㄹ. 연속이지만 미분가능하지 않은 x의 값은 2, 3의 2개이다.

따라서 보기에서 옳은 것은 ㄴ, ㄷ이다.

0332 답 ③

$f(x-y)=f(x)+f(y)-xy$의 양변에 $x=0$, $y=0$을 대입하면

$f(0)=f(0)+f(0)-0$

$\therefore f(0)=0$ ····· ㉠

$f(x-y)=f(x)+f(y)-xy$의 양변에 y 대신 $-y$를 대입하면

$f(x+y)=f(x)+f(-y)+xy$

$$\therefore f'(x)=\lim_{h\to 0}\frac{f(x+h)-f(x)}{h}$$

$$=\lim_{h\to 0}\frac{f(x)+f(-h)+xh-f(x)}{h}$$

$$=\lim_{h\to 0}\frac{f(-h)}{h}+x$$

$$=\lim_{h\to 0}\frac{f(-h)-f(0)}{-h}\times(-1)+x \ (\because ㉠)$$

$$=-f'(0)+x=x$$

0333 답 2

$f(x)=ax^2+bx+c$ (a, b, c는 상수, $a\neq 0$)라 하면

$f(0)=2$에서 $c=2$

$f(1)=8$에서 $a+b+c=8$, $a+b+2=8$

$\therefore a+b=6$ ····· ㉠

$f'(x)=2ax+b$이므로 $f'(-1)=0$에서

$-2a+b=0$ ····· ㉡

㉠, ㉡을 연립하여 풀면

$a=2$, $b=4$

따라서 $f(x)=2x^2+4x+2$이므로

$f(-2)=8-8+2=2$

0334 답 27

함수 $y=f(x)$의 그래프가 점 $(2, 3)$을 지나므로 $f(2)=3$

접선 l의 기울기는 $f'(2)$와 같고, 접선 l은 두 점 $(-1, 0)$, $(2, 3)$을 지나므로

$$f'(2)=\frac{3-0}{2-(-1)}=1$$

$g(x)=(x^2+2x+1)f(x)$에서

$g'(x)=(x^2+2x+1)'f(x)+(x^2+2x+1)f'(x)$

$\quad\quad =(2x+2)f(x)+(x^2+2x+1)f'(x)$

$\therefore g'(2)=6f(2)+9f'(2)$

$\quad\quad\quad =6\times 3+9\times 1=27$

0335 답 5

$f(x)=2x^2+ax+b$라 하면 $f'(x)=4x+a$

곡선 $y=f(x)$ 위의 점 $(1, 1)$에서의 접선에 수직인 직선의 기울기가 $-\dfrac{1}{2}$이므로 곡선 $y=f(x)$ 위의 점 $(1, 1)$에서의 접선의 기울기는 2이다.

$f'(1)=2$에서 $4+a=2$ $\quad\therefore a=-2$

$f(1)=1$에서 $2+a+b=1$, $2-2+b=1$

$\therefore b=1$

$\therefore a^2+b^2=5$

0336 답 ③

함수 $f(x)=2x^2-3x+5$에서 x의 값이 a에서 $a+1$까지 변할 때의 평균변화율은

$$\frac{\Delta y}{\Delta x}=\frac{f(a+1)-f(a)}{(a+1)-a}$$

$$=\{2(a+1)^2-3(a+1)+5\}-(2a^2-3a+5)$$

$$=4a-1$$

따라서 $4a-1=7$이므로 $a=2$

$$\therefore \lim_{h\to 0}\frac{f(a+2h)-f(a)}{h}=\lim_{h\to 0}\frac{f(2+2h)-f(2)}{h}$$

$$=\lim_{h\to 0}\frac{f(2+2h)-f(2)}{2h}\times 2$$

$$=2f'(2)$$

$f'(x)=4x-3$이므로 $f'(2)=8-3=5$

따라서 구하는 값은

$2f'(2)=2\times 5=10$

0337 답 -16

$$\lim_{x\to 2}\frac{\{f(x)\}^2-\{f(2)\}^2}{x-2}=\lim_{x\to 2}\frac{\{f(x)+f(2)\}\{f(x)-f(2)\}}{x-2}$$

$$=\lim_{x\to 2}\frac{f(x)-f(2)}{x-2}\times\lim_{x\to 2}\{f(x)+f(2)\}$$

$$=f'(2)\times 2f(2)=2f'(2)f(2)$$

$f(x)=x^4-2x^3-1$에서 $f'(x)=4x^3-6x^2$이므로

$f(2)=16-16-1=-1$, $f'(2)=32-24=8$

따라서 구하는 값은

$2f'(2)f(2)=-16$

0338 답 34

$\lim\limits_{x\to 2}\dfrac{x^n-2x-12}{x-2}=k$에서 $x\to 2$일 때 (분모)$\to 0$이고 극한값이 존재하므로 (분자)$\to 0$이다.

즉, $\lim\limits_{x\to 2}(x^n-2x-12)=0$이므로

$2^n-4-12=0$, $2^n=16$ $\quad\therefore n=4$

$f(x)=x^4-2x$라 하면 $f(2)=16-4=12$이므로

$$\lim_{x\to 2}\frac{x^4-2x-12}{x-2}=\lim_{x\to 2}\frac{f(x)-f(2)}{x-2}=f'(2)$$

$\therefore f'(2)=k$

$f'(x)=4x^3-2$이므로

$k=f'(2)=32-2=30$

$\therefore n+k=34$

0339 답 ④

$\lim\limits_{x\to 3}\dfrac{f(x)-g(x)}{x-3}=1$에서 $x\to 3$일 때 (분모)$\to 0$이고 극한값이 존재하므로 (분자)$\to 0$이다.

즉, $\lim\limits_{x\to 3}\{f(x)-g(x)\}=0$이므로

$f(3)-g(3)=0$, $2-g(3)=0$ $\quad\therefore g(3)-2=0$

이차함수 $g(x)$의 최고차항의 계수가 1이므로

$g(x)-2=(x-3)(x+a)$ (a는 상수)라 하면

$g(x)=(x-3)(x+a)+2$

$$\therefore \lim_{x \to 3}\frac{f(x)-g(x)}{x-3}=\lim_{x \to 3}\frac{f(x)-(x-3)(x+a)-2}{x-3}$$
$$=\lim_{x \to 3}\frac{f(x)-f(3)-(x-3)(x+a)}{x-3}$$
$$=\lim_{x \to 3}\frac{f(x)-f(3)}{x-3}-\lim_{x \to 3}(x+a)$$
$$=f'(3)-(3+a)$$
$$=1-3-a=-a-2$$

따라서 $-a-2=1$이므로 $a=-3$

즉, $g(x)=(x-3)^2+2$이므로

$g(1)=4+2=6$

0340 답 8

$f(x)=ax^2+b$에서 $f'(x)=2ax$

$f(x)$와 $f'(x)$를 주어진 식에 대입하면

$8(ax^2+b)=(2ax)^2+4x^2-8$

$\therefore 8ax^2+8b=(4a^2+4)x^2-8$

이 등식이 모든 실수 x에 대하여 성립하므로

$8a=4a^2+4,\ 8b=-8$

$8a=4a^2+4$에서 $4a^2-8a+4=0$

$(a-1)^2=0$ $\qquad \therefore a=1$

$8b=-8$에서 $b=-1$

따라서 $f(x)=x^2-1$이므로

$f(3)=9-1=8$

0341 답 ④

함수 $f(x)$가 실수 전체의 집합에서 미분가능하면 $x=1$에서 미분가
능하므로 $x=1$에서 연속이고 미분계수 $f'(1)$이 존재한다.

(i) $x=1$에서 연속이므로 $\lim_{x \to 1^-}f(x)=f(1)$에서

$1+a+b=b+4$ $\qquad \therefore a=3$ $\quad \cdots\cdots$ ㉠

(ii) 미분계수 $f'(1)$이 존재하므로

$$\lim_{x \to 1^+}\frac{f(x)-f(1)}{x-1}=\lim_{x \to 1^+}\frac{(bx+4)-(b+4)}{x-1}$$
$$=\lim_{x \to 1^+}\frac{b(x-1)}{x-1}=b$$
$$\lim_{x \to 1^-}\frac{f(x)-f(1)}{x-1}=\lim_{x \to 1^-}\frac{(x^3+ax+b)-(b+4)}{x-1}$$
$$=\lim_{x \to 1^-}\frac{x^3+3x-4}{x-1}\ (\because \text{㉠})$$
$$=\lim_{x \to 1^-}\frac{(x-1)(x^2+x+4)}{x-1}$$
$$=\lim_{x \to 1^-}(x^2+x+4)=6$$

$\qquad \therefore b=6$

$\therefore a+b=9$

다른 풀이

$g(x)=x^3+ax+b,\ h(x)=bx+4$라 하면

$g'(x)=3x^2+a,\ h'(x)=b$

(i) $x=1$에서 연속이므로 $g(1)=h(1)$에서

$1+a+b=b+4$ $\qquad \therefore a=3$

(ii) 미분계수 $f'(1)$이 존재하므로 $g'(1)=h'(1)$에서

$3+a=b$ $\qquad \therefore b=6$

$\therefore a+b=9$

0342 답 13

$f(x+y)=f(x)+f(y)+4xy+1$의 양변에 $x=0$, $y=0$을 대입하면

$f(0)=f(0)+f(0)+0+1$

$\therefore f(0)=-1$ $\quad \cdots\cdots$ ㉠ $\qquad\qquad\qquad \cdots\cdots$ ❶

$$\therefore f'(1)=\lim_{h \to 0}\frac{f(1+h)-f(1)}{h}$$
$$=\lim_{h \to 0}\frac{f(1)+f(h)+4h+1-f(1)}{h}$$
$$=\lim_{h \to 0}\frac{f(h)+1}{h}+4$$
$$=\lim_{h \to 0}\frac{f(h)-f(0)}{h}+4\ (\because \text{㉠})$$
$$=f'(0)+4$$

따라서 $f'(0)+4=5$이므로 $f'(0)=1$ $\qquad \cdots\cdots$ ❷

$$\therefore f'(3)=\lim_{h \to 0}\frac{f(3+h)-f(3)}{h}$$
$$=\lim_{h \to 0}\frac{f(3)+f(h)+12h+1-f(3)}{h}$$
$$=\lim_{h \to 0}\frac{f(h)+1}{h}+12$$
$$=\lim_{h \to 0}\frac{f(h)-f(0)}{h}+12\ (\because \text{㉠})$$
$$=f'(0)+12=13$$ $\qquad \cdots\cdots$ ❸

채점 기준

❶ $f(0)$의 값 구하기	20 %
❷ $f'(0)$의 값 구하기	40 %
❸ $f'(3)$의 값 구하기	40 %

0343 답 11

$h(x)=f(x)g(x)$라 하면

$$\lim_{x \to 1}\frac{f(x)g(x)-f(1)g(1)}{x^2-1}=\lim_{x \to 1}\frac{h(x)-h(1)}{x^2-1}$$
$$=\lim_{x \to 1}\frac{h(x)-h(1)}{(x+1)(x-1)}$$
$$=\lim_{x \to 1}\frac{h(x)-h(1)}{x-1}\times \lim_{x \to 1}\frac{1}{x+1}$$
$$=\frac{1}{2}h'(1)$$ $\qquad \cdots\cdots$ ❶

$h'(x)=f'(x)g(x)+f(x)g'(x)$이므로

$h'(1)=f'(1)g(1)+f(1)g'(1)$

$f(x)=-x^2+3x+2$에서 $f'(x)=-2x+3$이므로

$f(1)=-1+3+2=4,\ f'(1)=-2+3=1$

$g(x)=2x^3-x^2+2x-5$에서 $g'(x)=6x^2-2x+2$이므로

$g(1)=2-1+2-5=-2,\ g'(1)=6-2+2=6$

$\therefore h'(1)=1\times(-2)+4\times 6=22$ $\qquad \cdots\cdots$ ❷

따라서 구하는 값은

$\frac{1}{2}h'(1)=\frac{1}{2}\times 22=11$ $\qquad \cdots\cdots$ ❸

채점 기준

❶ 주어진 극한을 미분계수로 나타내기	50 %
❷ 미분계수의 값 구하기	40 %
❸ 극한값 구하기	10 %

0344 답 8

다항식 x^3-3x^2+b를 $(x-a)^2$으로 나누었을 때의 몫을 $Q(x)$라 하면 나머지가 0이므로

$x^3-3x^2+b=(x-a)^2Q(x)$ …… ㉠

㉠의 양변에 $x=a$를 대입하면

$a^3-3a^2+b=0$ …… ㉡ …… ❶

㉠의 양변을 x에 대하여 미분하면

$3x^2-6x=2(x-a)Q(x)+(x-a)^2Q'(x)$

양변에 $x=a$를 대입하면

$3a^2-6a=0$, $a(a-2)=0$

$\therefore a=2\ (\because a\neq0)$

이를 ㉡에 대입하면

$8-12+b=0$ $\therefore b=4$ …… ❷

$\therefore ab=8$ …… ❸

채점 기준

❶ a, b 사이의 관계식 구하기	40 %
❷ a, b의 값 구하기	50 %
❸ ab의 값 구하기	10 %

C 실력향상

61쪽

0345 답 28

함수 $y=f(x)$의 그래프가 x축과 만나는 세 점의 x좌표가 각각 a, b, c이고 함수 $f(x)$는 최고차항의 계수가 1인 삼차함수이므로

$f(x)=(x-a)(x-b)(x-c)$

$\therefore f'(x)=(x-b)(x-c)+(x-a)(x-c)+(x-a)(x-b)$

함수 $y=f(x)$의 그래프 위의 점 A에서의 접선의 기울기는 $f'(a)$와 같으므로

$f'(a)=(a-b)(a-c)=(b-a)(c-a)$
$=\overline{AB}\times\overline{AC}=4\times(4+3)=28$

0346 답 ②

이차함수 $f(x)$의 최고차항의 계수가 a이고 함수 $y=f(x)$의 그래프의 대칭축이 직선 $x=1$이므로 $f(x)=a(x-1)^2+b\,(b$는 상수)라 하면

$f'(x)=2a(x-1)=2ax-2a$

$|f'(x)|\leq4x^2+5$에서 $|2ax-2a|\leq4x^2+5$

$\therefore -4x^2-5\leq2ax-2a\leq4x^2+5$

(i) $-4x^2-5\leq2ax-2a$에서

$4x^2+2ax-2a+5\geq0$

모든 실수 x에 대하여 이 부등식이 성립하려면 이차방정식 $4x^2+2ax-2a+5=0$의 판별식을 D_1이라 할 때,

$\dfrac{D_1}{4}=a^2-4(-2a+5)\leq0$

$a^2+8a-20\leq0$, $(a+10)(a-2)\leq0$ $\therefore -10\leq a\leq2$

(ii) $2ax-2a\leq4x^2+5$에서

$4x^2-2ax+2a+5\geq0$

모든 실수 x에 대하여 이 부등식이 성립하려면 이차방정식 $4x^2-2ax+2a+5=0$의 판별식을 D_2라 할 때,

$\dfrac{D_2}{4}=a^2-4(2a+5)\leq0$

$a^2-8a-20\leq0$, $(a+2)(a-10)\leq0$ $\therefore -2\leq a\leq10$

(i), (ii)에서 $-2\leq a\leq2$

그런데 $a\neq0$이므로 $-2\leq a<0$ 또는 $0<a\leq2$

따라서 a의 최댓값은 2이다.

공통수학1 다시보기

이차방정식 $ax^2+bx+c=0\,(a>0)$의 판별식을 D라 할 때, 모든 실수 x에 대하여 이차부등식 $ax^2+bx+c\geq0$이 성립하려면
➡ $D\leq0$

다른 풀이

$f(x)=a(x-1)^2+b\,(b$는 상수)라 하면 $f'(x)=2a(x-1)$

함수 $y=f'(x)$의 그래프는 점 $(1, 0)$을 지나는 직선이므로 a는 오른쪽 그림과 같이 $y=|f'(x)|$의 그래프에서 $x<1$인 부분이 함수 $y=4x^2+5$의 그래프와 접할 때 $|f'(x)|\leq4x^2+5$를 만족시키는 최댓값을 갖는다.

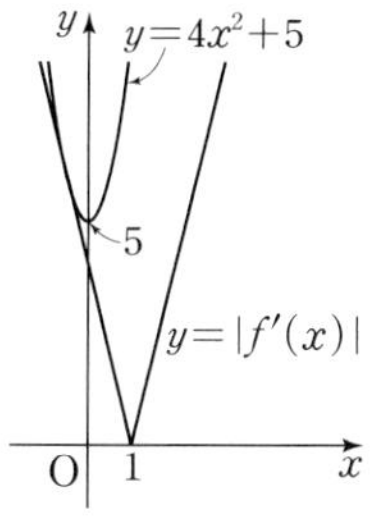

$a>0$, $x<1$일 때 $|f'(x)|=4x^2+5$에서

$-2a(x-1)=4x^2+5$ $\therefore 4x^2+2ax+5-2a=0$

이 이차방정식의 판별식을 D라 하면

$\dfrac{D}{4}=a^2-4(5-2a)=0$

$a^2+8a-20=0$, $(a+10)(a-2)=0$ $\therefore a=2\ (\because a>0)$

따라서 a의 최댓값은 2이다.

참고 $a<0$인 경우도 같은 방법으로 하면 $a=-2$
이때 a의 최댓값을 구하는 것이므로 $a>0$인 경우만 생각한다.

0347 답 9

$f(x)f'(x)+g(x)g'(x)=5x$에서 $f(x)$, $g(x)$는 모두 일차함수이거나 하나는 일차함수이고 하나는 상수함수이다.

$f(0)=g(0)=0$이므로 $f(x)=ax$, $g(x)=bx\,(a, b$는 상수)라 하면

$f'(x)=a$, $g'(x)=b$

$f(x)+g(x)=x$에서

$ax+bx=x$, $(a+b)x=x$ $\therefore a+b=1$ …… ㉠

$f(x)f'(x)+g(x)g'(x)=5x$에서

$a^2x+b^2x=5x$, $(a^2+b^2)x=5x$ $\therefore a^2+b^2=5$ …… ㉡

㉠에서 $b=1-a$이므로 이를 ㉡에 대입하면

$a^2+(1-a)^2=5$, $a^2-a-2=0$, $(a+1)(a-2)=0$

$\therefore a=-1\ (\because f(3)<0)$

이를 ㉠에 대입하면 $-1+b=1$ $\therefore b=2$

따라서 $f(x)=-x$, $g(x)=2x$이므로

$g(3)-f(3)=6-(-3)=9$

참고 $a=2$이면 $f(x)=2x$이므로 $f(3)=6>0$

0348 답 ②

ㄱ. 함수 $p(x)f(x)$가 실수 전체의 집합에서 연속이면 $x=0$에서 연속이므로

$$\lim_{x \to 0+} p(x)f(x) = \lim_{x \to 0-} p(x)f(x)$$

$$\lim_{x \to 0+} p(x)f(x) = \lim_{x \to 0+} (x-1)p(x) = -p(0)$$

$$\lim_{x \to 0-} p(x)f(x) = \lim_{x \to 0-} \{-xp(x)\} = 0$$

즉, $-p(0)=0$이므로 $p(0)=0$

ㄴ. 함수 $p(x)f(x)$가 실수 전체의 집합에서 미분가능하면 $x=2$에서 미분가능하므로

$$\lim_{x \to 2+} \frac{p(x)f(x)-p(2)f(2)}{x-2}$$

$$= \lim_{x \to 2+} \frac{(2x-3)p(x)-p(2)}{x-2}$$

$$= \lim_{x \to 2+} \frac{(2x-3)p(x)-p(x)+p(x)-p(2)}{x-2}$$

$$= \lim_{x \to 2+} \frac{2(x-2)p(x)}{x-2} + \lim_{x \to 2+} \frac{p(x)-p(2)}{x-2}$$

$$= \lim_{x \to 2+} 2p(x)+p'(2) = 2p(2)+p'(2)$$

$$\lim_{x \to 2-} \frac{p(x)f(x)-p(2)f(2)}{x-2}$$

$$= \lim_{x \to 2-} \frac{(x-1)p(x)-p(2)}{x-2}$$

$$= \lim_{x \to 2-} \frac{(x-1)p(x)-p(x)+p(x)-p(2)}{x-2}$$

$$= \lim_{x \to 2-} \frac{(x-2)p(x)}{x-2} + \lim_{x \to 2-} \frac{p(x)-p(2)}{x-2}$$

$$= \lim_{x \to 2-} p(x)+p'(2) = p(2)+p'(2)$$

즉, $2p(2)+p'(2)=p(2)+p'(2)$이므로 $p(2)=0$

ㄷ. [반례] $g(x)=p(x)\{f(x)\}^2$이라 할 때, $p(x)=x^2(x-2)$이면

$$g(x)=\begin{cases} x^4(x-2) & (x \le 0) \\ x^2(x-1)^2(x-2) & (0 < x \le 2) \\ x^2(2x-3)^2(x-2) & (x > 2) \end{cases}$$

이때 함수 $g(x)$는 $x \ne 0$, $x \ne 2$인 실수 전체의 집합에서 미분가능하다.

(i) $\lim_{x \to 0+} \dfrac{g(x)-g(0)}{x} = \lim_{x \to 0+} \dfrac{x^2(x-1)^2(x-2)}{x}$
$= \lim_{x \to 0+} x(x-1)^2(x-2)=0$

$\lim_{x \to 0-} \dfrac{g(x)-g(0)}{x} = \lim_{x \to 0-} \dfrac{x^4(x-2)}{x}$
$= \lim_{x \to 0-} x^3(x-2)=0$

따라서 함수 $g(x)$는 $x=0$에서 미분가능하다.

(ii) $\lim_{x \to 2+} \dfrac{g(x)-g(2)}{x-2} = \lim_{x \to 2+} \dfrac{x^2(2x-3)^2(x-2)}{x-2}$
$= \lim_{x \to 2+} x^2(2x-3)^2=4$

$\lim_{x \to 2-} \dfrac{g(x)-g(2)}{x-2} = \lim_{x \to 2-} \dfrac{x^2(x-1)^2(x-2)}{x-2}$
$= \lim_{x \to 2-} x^2(x-1)^2=4$

따라서 함수 $g(x)$는 $x=2$에서 미분가능하다.

(i), (ii)에서 함수 $g(x)=p(x)\{f(x)\}^2$은 실수 전체의 집합에서 미분가능하지만 $p(x)$는 $x^2(x-2)^2$으로 나누어떨어지지 않는다.

따라서 보기에서 옳은 것은 ㄱ, ㄴ이다.

---

04 / 도함수의 활용(1)

A 개념 확인

0349 답 $y=-4x-1$

$f(x)=x^2-2x$라 하면 $f'(x)=2x-2$
점 $(-1, 3)$에서의 접선의 기울기는
$f'(-1)=-2-2=-4$
따라서 구하는 접선의 방정식은
$y-3=-4(x+1)$ $\quad \therefore y=-4x-1$

0350 답 $y=3x-7$

$f(x)=\dfrac{1}{2}x^2-x+1$이라 하면 $f'(x)=x-1$
점 $(4, 5)$에서의 접선의 기울기는
$f'(4)=4-1=3$
따라서 구하는 접선의 방정식은
$y-5=3(x-4)$ $\quad \therefore y=3x-7$

0351 답 $y=-7x+2$

$f(x)=x^3-7x+2$라 하면 $f'(x)=3x^2-7$
점 $(0, 2)$에서의 접선의 기울기는 $f'(0)=-7$
따라서 구하는 접선의 방정식은
$y-2=-7x$ $\quad \therefore y=-7x+2$

0352 답 $y=-5x-1$

$f(x)=-3x^3+2x^2-5$라 하면 $f'(x)=-9x^2+4x$
점 $(1, -6)$에서의 접선의 기울기는
$f'(1)=-9+4=-5$
따라서 구하는 접선의 방정식은
$y+6=-5(x-1)$ $\quad \therefore y=-5x-1$

0353 답 $y=-\dfrac{1}{3}x-\dfrac{2}{3}$

$f(x)=x^3-2$라 하면 $f'(x)=3x^2$
점 $(1, -1)$에서의 접선의 기울기는 $f'(1)=3$
따라서 점 $(1, -1)$에서의 접선에 수직인 직선의 기울기는 $-\dfrac{1}{3}$이므로 구하는 직선의 방정식은
$y+1=-\dfrac{1}{3}(x-1)$ $\quad \therefore y=-\dfrac{1}{3}x-\dfrac{2}{3}$

0354 답 $y=\dfrac{1}{4}x+\dfrac{3}{2}$

$f(x)=-x^3+8x+9$라 하면 $f'(x)=-3x^2+8$
점 $(-2, 1)$에서의 접선의 기울기는
$f'(-2)=-12+8=-4$
따라서 점 $(-2, 1)$에서의 접선에 수직인 직선의 기울기는 $\dfrac{1}{4}$이므로 구하는 직선의 방정식은
$y-1=\dfrac{1}{4}(x+2)$ $\quad \therefore y=\dfrac{1}{4}x+\dfrac{3}{2}$

0355 답 $y=2x+3$

$f(x)=-x^2+2$라 하면 $f'(x)=-2x$
접점의 좌표를 $(t, -t^2+2)$라 하면 이 점에서의 접선의 기울기가 2
이므로 $f'(t)=2$에서
$-2t=2$ $\therefore t=-1$
따라서 접점의 좌표는 $(-1, 1)$이므로 구하는 접선의 방정식은
$y-1=2(x+1)$ $\therefore y=2x+3$

0356 답 $y=2x+18$ 또는 $y=2x-18$

$f(x)=\dfrac{1}{3}x^3-7x$라 하면 $f'(x)=x^2-7$

접점의 좌표를 $\left(t, \dfrac{1}{3}t^3-7t\right)$라 하면 이 점에서의 접선의 기울기가 2
이므로 $f'(t)=2$에서
$t^2-7=2, t^2=9$ $\therefore t=-3$ 또는 $t=3$
따라서 접점의 좌표는 $(-3, 12)$ 또는 $(3, -12)$이므로 구하는 접
선의 방정식은
$y-12=2(x+3)$ 또는 $y+12=2(x-3)$
$\therefore y=2x+18$ 또는 $y=2x-18$

0357 답 $y=4x-1$

$f(x)=x^2+3$이라 하면 $f'(x)=2x$
직선 $y=4x$에 평행한 직선의 기울기는 4이므로 접점의 좌표를
(t, t^2+3)이라 하면 이 점에서의 접선의 기울기는 4이다.
$f'(t)=4$에서 $2t=4$ $\therefore t=2$
따라서 접점의 좌표는 $(2, 7)$이므로 구하는 직선의 방정식
$y-7=4(x-2)$ $\therefore y=4x-1$

0358 답 $y=x-2$ 또는 $y=x+2$

$f(x)=-x^3+4x$라 하면 $f'(x)=-3x^2+4$
직선 $y=-x+1$에 수직인 직선의 기울기는 1이므로 접점의 좌표를
$(t, -t^3+4t)$라 하면 이 점에서의 접선의 기울기는 1이다.
$f'(t)=1$에서 $-3t^2+4=1, t^2=1$
$\therefore t=-1$ 또는 $t=1$
따라서 접점의 좌표는 $(-1, -3)$ 또는 $(1, 3)$이므로 구하는 직선
의 방정식은
$y+3=x+1$ 또는 $y-3=x-1$
$\therefore y=x-2$ 또는 $y=x+2$

0359 답 $y=-3x$ 또는 $y=5x$

$f(x)=x^2+x+4$라 하면 $f'(x)=2x+1$
접점의 좌표를 (t, t^2+t+4)라 하면 이 점에서의 접선의 기울기는
$f'(t)=2t+1$이므로 접선의 방정식은
$y-(t^2+t+4)=(2t+1)(x-t)$
$\therefore y=(2t+1)x-t^2+4$ $\cdots\cdots$ ㉠
직선 ㉠이 점 $(0, 0)$을 지나므로
$0=-t^2+4, t^2=4$ $\therefore t=-2$ 또는 $t=2$
이를 ㉠에 대입하면 구하는 접선의 방정식은
$y=-3x$ 또는 $y=5x$

0360 답 $y=3x+5$

$f(x)=x^3+7$이라 하면 $f'(x)=3x^2$
접점의 좌표를 (t, t^3+7)이라 하면 이 점에서의 접선의 기울기는
$f'(t)=3t^2$이므로 접선의 방정식은
$y-(t^3+7)=3t^2(x-t)$
$\therefore y=3t^2x-2t^3+7$ $\cdots\cdots$ ㉠
직선 ㉠이 점 $(-1, 2)$를 지나므로
$2=-3t^2-2t^3+7, 2t^3+3t^2-5=0$
$(t-1)(2t^2+5t+5)=0$
$\therefore t=1$ ($\because t$는 실수)
이를 ㉠에 대입하면 구하는 접선의 방정식은
$y=3x+5$

0361 답 0

함수 $f(x)=x^2$은 닫힌구간 $[-3, 3]$에서 연속이고 열린구간
$(-3, 3)$에서 미분가능하며 $f(-3)=f(3)=9$이므로 롤의 정리에
의하여 $f'(c)=0$인 c가 열린구간 $(-3, 3)$에 적어도 하나 존재한다.
이때 $f'(x)=2x$이므로 $f'(c)=0$에서
$2c=0$ $\therefore c=0$

0362 답 1

함수 $f(x)=-x^2+2x$는 닫힌구간 $[0, 2]$에서 연속이고 열린구간
$(0, 2)$에서 미분가능하며 $f(0)=f(2)=0$이므로 롤의 정리에 의하
여 $f'(c)=0$인 c가 열린구간 $(0, 2)$에 적어도 하나 존재한다.
이때 $f'(x)=-2x+2$이므로 $f'(c)=0$에서
$-2c+2=0$ $\therefore c=1$

0363 답 3

함수 $f(x)=x^2+x$는 닫힌구간 $[1, 5]$에서 연속이고 열린구간
$(1, 5)$에서 미분가능하므로 평균값 정리에 의하여
$\dfrac{f(5)-f(1)}{5-1}=f'(c)$인 c가 열린구간 $(1, 5)$에 적어도 하나 존재한다.
이때 $f'(x)=2x+1$이므로 $\dfrac{f(5)-f(1)}{5-1}=f'(c)$에서
$\dfrac{30-2}{5-1}=2c+1$
$2c+1=7$ $\therefore c=3$

0364 답 $-\dfrac{1}{2}$

함수 $f(x)=-x^2+5x$는 닫힌구간 $[-2, 1]$에서 연속이고 열린구간
$(-2, 1)$에서 미분가능하므로 평균값 정리에 의하여
$\dfrac{f(1)-f(-2)}{1-(-2)}=f'(c)$인 c가 열린구간 $(-2, 1)$에 적어도 하나 존
재한다.
이때 $f'(x)=-2x+5$이므로 $\dfrac{f(1)-f(-2)}{1-(-2)}=f'(c)$에서
$\dfrac{4-(-14)}{1-(-2)}=-2c+5$
$-2c+5=6$ $\therefore c=-\dfrac{1}{2}$

0365 답 ②

$f(x)=x^3+2x^2+ax+1$이라 하면 $f'(x)=3x^2+4x+a$

곡선 $y=f(x)$가 점 $(-1, 3)$을 지나므로 $f(-1)=3$에서

$-1+2-a+1=3$ $\therefore a=-1$

점 $(-1, 3)$에서의 접선의 기울기는 $f'(-1)=-2$이므로 접선의 방정식은

$y-3=-2(x+1)$ $\therefore y=-2x+1$

따라서 $b=-2$, $c=1$이므로

$a+b+c=-2$

0366 답 ④

$f(x)=2x^2+x-1$이라 하면 $f'(x)=4x+1$

점 $(2, 9)$에서의 접선의 기울기는 $f'(2)=9$이므로 접선의 방정식은

$y-9=9(x-2)$ $\therefore y=9x-9$

따라서 구하는 y절편은 -9이다.

0367 답 **3**

$f(x)=2x^3+ax+b$라 하면 $f'(x)=6x^2+a$

곡선 $y=f(x)$가 점 $(1, 1)$을 지나므로 $f(1)=1$에서

$2+a+b=1$ $\therefore a+b=-1$ $\cdots\cdots$ ㉠

점 $(1, 1)$에서의 접선의 기울기는 $f'(1)=6+a$이므로 접선의 방정식은

$y-1=(6+a)(x-1)$

이 직선이 점 $(0, 0)$을 지나므로

$-1=-(6+a)$ $\therefore a=-5$

이를 ㉠에 대입하면

$-5+b=-1$ $\therefore b=4$

$\therefore a+2b=3$

0368 답 ①

$\lim\limits_{x\to1}\dfrac{f(x)-1}{x-1}=2$에서 $x\to1$일 때 (분모) $\to 0$이고 극한값이 존재하므로 (분자) $\to 0$이다.

즉, $\lim\limits_{x\to1}\{f(x)-1\}=0$이므로 $f(1)=1$

$\therefore \lim\limits_{x\to1}\dfrac{f(x)-1}{x-1}=\lim\limits_{x\to1}\dfrac{f(x)-f(1)}{x-1}=f'(1)$

$\therefore f'(1)=2$

곡선 $y=f(x)$ 위의 점 $(1, 1)$에서의 접선의 기울기는 $f'(1)=2$이므로 접선의 방정식은

$y-1=2(x-1)$ $\therefore y=2x-1$

따라서 $g(x)=2x-1$이므로

$g(-1)=-2-1=-3$

0369 답 ④

곡선 $y=f(x)$가 점 $(1, 2)$를 지나므로 $f(1)=2$

점 $(1, 2)$에서의 접선의 기울기가 3이므로 $f'(1)=3$

$g(x)=(x^3-2x)f(x)$라 하면

$g'(x)=(3x^2-2)f(x)+(x^3-2x)f'(x)$

$\therefore g'(1)=f(1)-f'(1)=2-3=-1$

이때 $g(1)=-f(1)=-2$이므로 곡선 $y=g(x)$ 위의 점 $(1, -2)$에서의 접선의 방정식은

$y+2=-(x-1)$ $\therefore y=-x-1$

따라서 $a=-1$, $b=-1$이므로

$ab=1$

0370 답 $\dfrac{9}{2}$

$f(x)=x^3-2x+1$이라 하면 $f'(x)=3x^2-2$

점 $\mathrm{A}(1, 0)$에서의 접선의 기울기는 $f'(1)=1$이므로 접선의 방정식은

$y=x-1$ $\cdots\cdots$ ❶

곡선 $y=x^3-2x+1$과 접선 $y=x-1$의 교점의 x좌표는

$x^3-2x+1=x-1$에서 $x^3-3x+2=0$

$(x+2)(x-1)^2=0$ $\therefore x=-2$ 또는 $x=1$

따라서 점 B의 좌표는 $(-2, -3)$이므로

$\mathrm{H}(-2, 0)$ $\cdots\cdots$ ❷

따라서 삼각형 AHB의 넓이는

$\dfrac{1}{2}\times\overline{\mathrm{AH}}\times\overline{\mathrm{BH}}=\dfrac{1}{2}\times3\times3=\dfrac{9}{2}$ $\cdots\cdots$ ❸

채점 기준	
❶ 점 A에서의 접선의 방정식 구하기	30 %
❷ 두 점 B, H의 좌표 구하기	40 %
❸ 삼각형 AHB의 넓이 구하기	30 %

0371 답 **4**

$f(x)=-3x^3+3x^2+2$라 하면 $f'(x)=-9x^2+6x$

점 $(1, 2)$에서의 접선의 기울기는 $f'(1)=-3$

따라서 점 $(1, 2)$에서의 접선에 수직인 직선의 기울기는 $\dfrac{1}{3}$이므로 직선의 방정식은

$y-2=\dfrac{1}{3}(x-1)$ $\therefore x-3y+5=0$

따라서 $a=1$, $b=-3$이므로

$a-b=4$

0372 답 ④

$f(x)=x^3-3x^2+2x+4$라 하면 $f'(x)=3x^2-6x+2$

점 $\mathrm{P}(0, 4)$에서의 접선의 기울기는 $f'(0)=2$이므로 접선 l의 방정식은

$y-4=2x$ $\therefore y=2x+4$

직선 l에 수직인 직선의 기울기는 $-\dfrac{1}{2}$이므로 직선 m의 방정식은

$y-4=-\dfrac{1}{2}x$ $\therefore y=-\dfrac{1}{2}x+4$

따라서 오른쪽 그림에서 두 직선 l, m 및 x축으로 둘러싼 도형의 넓이는

$\dfrac{1}{2}\times10\times4=20$

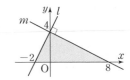

0373 답 $\dfrac{1}{2}$

$g(x)=x^3+x^2$이라 하면 $g'(x)=3x^2+2x$

점 $P(t,\ t^3+t^2)$에서의 접선의 기울기는 $g'(t)=3t^2+2t$

따라서 점 P에서의 접선에 수직인 직선의 기울기는 $-\dfrac{1}{3t^2+2t}$이므로 직선의 방정식은

$y-(t^3+t^2)=-\dfrac{1}{3t^2+2t}(x-t)$

$\therefore y=-\dfrac{1}{3t^2+2t}x+\dfrac{1}{3t+2}+t^3+t^2$

$x=0$일 때 $y=\dfrac{1}{3t+2}+t^3+t^2$이므로

$f(t)=\dfrac{1}{3t+2}+t^3+t^2$

$\therefore \lim\limits_{t\to 0}f(t)=\lim\limits_{t\to 0}\left(\dfrac{1}{3t+2}+t^3+t^2\right)=\dfrac{1}{2}$

0374 답 5

$f(x)=-x^2-x+4$라 하면 $f'(x)=-2x-1$

직선 $y=3x+2$에 평행한 직선의 기울기는 3이므로 접점의 좌표를 $(t,\ -t^2-t+4)$라 하면 이 점에서의 접선의 기울기는 3이다.

$f'(t)=3$에서 $-2t-1=3$ $\therefore t=-2$

따라서 접점의 좌표는 $(-2,\ 2)$이므로 접선의 방정식은

$y-2=3(x+2)$ $\therefore y=3x+8$

따라서 $a=3$, $b=8$이므로

$b-a=5$

0375 답 -1

$f(x)=-x^3+6x^2-10x+7$이라 하면

$f'(x)=-3x^2+12x-10=-3(x-2)^2+2$

따라서 접선의 기울기는 $x=2$에서 최댓값 2를 갖는다. ...... ❶

이때 접점의 좌표는 $(2,\ 3)$이고 접선의 기울기는 2이므로 접선의 방정식은

$y-3=2(x-2)$ $\therefore y=2x-1$ ...... ❷

따라서 구하는 y절편은 -1이다. ...... ❸

채점 기준

❶ 접선의 기울기의 최댓값과 그때의 x의 값 구하기		50 %
❷ 기울기가 최대인 접선의 방정식 구하기		40 %
❸ y절편 구하기		10 %

0376 답 ②

$f(x)=x^3-x+2$라 하면 $f'(x)=3x^2-1$

접점의 좌표를 $(t,\ t^3-t+2)$라 하면 이 점에서의 접선의 기울기는 2이므로 $f'(t)=2$에서

$3t^2-1=2$, $t^2=1$ $\therefore t=-1$ 또는 $t=1$

따라서 접점의 좌표는 $(-1,\ 2)$ 또는 $(1,\ 2)$이므로 접선의 방정식은

$y-2=2(x+1)$ 또는 $y-2=2(x-1)$

$\therefore y=2x+4$ 또는 $y=2x$

$\therefore k=4\ (\because k>0)$

0377 답 ①

$f(x)=x^3-4x+5$라 하면 $f'(x)=3x^2-4$

점 $(1,\ 2)$에서의 접선의 기울기는 $f'(1)=-1$이므로 접선의 방정식은

$y-2=-(x-1)$ $\therefore y=-x+3$ ...... ㉠

$g(x)=x^4+3x+a$라 하면 $g'(x)=4x^3+3$

직선 ㉠과 곡선 $y=g(x)$의 접점의 좌표를 $(t,\ t^4+3t+a)$라 하면 이 점에서의 접선의 기울기가 -1이므로 $g'(t)=-1$에서

$4t^3+3=-1$, $t^3=-1$ $\therefore t=-1\ (\because t$는 실수$)$

따라서 점 $(-1,\ a-2)$는 직선 ㉠ 위의 점이므로

$a-2=4$ $\therefore a=6$

0378 답 ④

$f(x)=x^3+2x+1$이라 하면 $f'(x)=3x^2+2$

접점의 좌표를 $(t,\ t^3+2t+1)$이라 하면 이 점에서의 접선의 기울기는 $f'(t)=3t^2+2$이므로 접선의 방정식은

$y-(t^3+2t+1)=(3t^2+2)(x-t)$

$\therefore y=(3t^2+2)x-2t^3+1$ ...... ㉠

직선 ㉠이 점 $(0,\ 3)$을 지나므로

$3=-2t^3+1$, $t^3=-1$ $\therefore t=-1\ (\because t$는 실수$)$

이를 ㉠에 대입하면 접선의 방정식은 $y=5x+3$

따라서 $a=5$, $b=3$이므로

$a-b=2$

0379 답 -16

$f(x)=x^4+3$이라 하면 $f'(x)=4x^3$

접점의 좌표를 $(t,\ t^4+3)$이라 하면 이 점에서의 접선의 기울기는 $f'(t)=4t^3$이므로 접선의 방정식은

$y-(t^4+3)=4t^3(x-t)$

$\therefore y=4t^3x-3t^4+3$

이 직선이 점 $(0,\ 0)$을 지나므로

$0=-3t^4+3$, $t^4-1=0$

$(t+1)(t-1)(t^2+1)=0$

$\therefore t=-1$ 또는 $t=1\ (\because t$는 실수$)$

따라서 두 접선의 기울기의 곱은

$f'(-1)f'(1)=-4\times 4=-16$

0380 답 ③

$f(x)=x^3-x$라 하면 $f'(x)=3x^2-1$

접점의 좌표를 $(t,\ t^3-t)$라 하면 이 점에서의 접선의 기울기는 $f'(t)=3t^2-1$이므로 접선의 방정식은

$y-(t^3-t)=(3t^2-1)(x-t)$

$\therefore y=(3t^2-1)x-2t^3$ ...... ㉠

직선 ㉠이 점 $(1,\ 4)$를 지나므로

$4=3t^2-1-2t^3$, $2t^3-3t^2+5=0$

$(t+1)(2t^2-5t+5)=0$ $\therefore t=-1\ (\because t$는 실수$)$

이를 ㉠에 대입하면 접선의 방정식은 $y=2x+2$

이 직선이 점 $(k,\ 6)$을 지나므로

$6=2k+2$ $\therefore k=2$

0381 답 ④

$f(x)=x^2+4$라 하면 $f'(x)=2x$

접점의 좌표를 (t, t^2+4)라 하면 이 점에서의 접선의 기울기는 $f'(t)=2t$이므로 접선의 방정식은

$y-(t^2+4)=2t(x-t)$

$\therefore y=2tx-t^2+4$

이 직선이 점 $(0, 0)$을 지나므로

$0=-t^2+4$, $t^2=4$ $\quad \therefore t=-2$ 또는 $t=2$

따라서 두 접점의 좌표는 $(-2, 8)$, $(2, 8)$이므로 구하는 삼각형의 넓이는

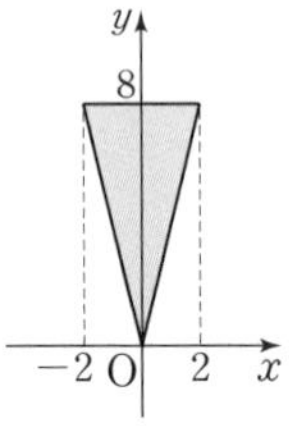

$\frac{1}{2}\times4\times8=16$

0382 답 6

$f(x)=x^3-3x^2+2$라 하면 $f'(x)=3x^2-6x$

접점의 좌표를 (t, t^3-3t^2+2)라 하면 이 점에서의 접선의 기울기는 $f'(t)=3t^2-6t$이므로 접선의 방정식은

$y-(t^3-3t^2+2)=(3t^2-6t)(x-t)$

$\therefore y=(3t^2-6t)x-2t^3+3t^2+2$ …… ⅰ

이 직선이 점 $(3, 0)$을 지나므로

$0=9t^2-18t-2t^3+3t^2+2$

$\therefore t^3-6t^2+9t-1=0$ …… ㉠ …… ⅱ

이때 x_1, x_2, x_3은 삼차방정식 ㉠의 세 실근이므로 근과 계수의 관계에 의하여

$x_1+x_2+x_3=6$ …… ⅲ

채점 기준

ⅰ 접점의 x좌표를 t라 하고 접선의 방정식 세우기	30 %
ⅱ t에 대한 방정식 구하기	40 %
ⅲ $x_1+x_2+x_3$의 값 구하기	30 %

공통수학1 다시보기

삼차방정식 $ax^3+bx^2+cx+d=0$의 세 근을 α, β, γ라 하면

$\alpha+\beta+\gamma=-\frac{b}{a}$, $\alpha\beta+\beta\gamma+\gamma\alpha=\frac{c}{a}$, $\alpha\beta\gamma=-\frac{d}{a}$

0383 답 $\frac{13}{2}$

$f(x)=-x^2+5x$라 하면 $f'(x)=-2x+5$

접점의 좌표를 $(t, -t^2+5t)$라 하면 이 점에서의 접선의 기울기는 $f'(t)=-2t+5$이므로 접선의 방정식은

$y-(-t^2+5t)=(-2t+5)(x-t)$

$\therefore y=(-2t+5)x+t^2$

이 직선이 점 $(0, k)$를 지나므로

$k=t^2$ $\quad \therefore t=-\sqrt{k}$ 또는 $t=\sqrt{k}$

두 접선이 서로 수직이므로 $f'(-\sqrt{k})f'(\sqrt{k})=-1$에서

$(2\sqrt{k}+5)(-2\sqrt{k}+5)=-1$

$-4k+25=-1$ $\quad \therefore k=\frac{13}{2}$

0384 답 $\frac{16}{9}$

$f(x)=x^3+4x^2+5$라 하면 $f'(x)=3x^2+8x$

접점의 좌표를 (t, t^3+4t^2+5)라 하면 이 점에서의 접선의 기울기는 $f'(t)=3t^2+8t$이므로 접선의 방정식은

$y-(t^3+4t^2+5)=(3t^2+8t)(x-t)$

$\therefore y=(3t^2+8t)x-2t^3-4t^2+5$

이 직선이 점 $(a, 5)$를 지나므로

$5=(3t^2+8t)a-2t^3-4t^2+5$

$t\{2t^2+(4-3a)t-8a\}=0$

$\therefore t=0$ 또는 $2t^2+(4-3a)t-8a=0$

접선이 오직 한 개 존재하려면 이차방정식 $2t^2+(4-3a)t-8a=0$이 $t=0$을 중근으로 갖거나 실근을 갖지 않아야 한다.

(ⅰ) $2t^2+(4-3a)t-8a=0$이 $t=0$을 중근으로 가지려면

$4-3a=0$, $-8a=0$

이를 만족시키는 a의 값은 존재하지 않는다.

(ⅱ) $2t^2+(4-3a)t-8a=0$이 실근을 갖지 않으려면

이차방정식 $2t^2+(4-3a)t-8a=0$의 판별식을 D라 할 때,

$D=(4-3a)^2-4\times2\times(-8a)<0$

$9a^2+40a+16<0$, $(a+4)(9a+4)<0$

$\therefore -4<a<-\frac{4}{9}$

(ⅰ), (ⅱ)에서 $-4<a<-\frac{4}{9}$

따라서 $m=-4$, $n=-\frac{4}{9}$이므로

$mn=\frac{16}{9}$

0385 답 -3

$f(x)=x^3+1$, $g(x)=3x^2-3$이라 하면

$f'(x)=3x^2$, $g'(x)=6x$

두 곡선이 $x=t$인 점에서 공통인 접선을 갖는다고 하면

(ⅰ) $x=t$인 점에서 두 곡선이 만나므로 $f(t)=g(t)$에서

$t^3+1=3t^2-3$, $t^3-3t^2+4=0$

$(t+1)(t-2)^2=0$

$\therefore t=-1$ 또는 $t=2$

(ⅱ) $x=t$인 점에서의 두 곡선의 접선의 기울기가 같으므로

$f'(t)=g'(t)$에서

$3t^2=6t$, $t(t-2)=0$

$\therefore t=0$ 또는 $t=2$

(ⅰ), (ⅱ)에서 $t=2$

따라서 접점의 좌표는 $(2, 9)$이고, 접선의 기울기는 12이므로 공통인 접선의 방정식은

$y-9=12(x-2)$ $\quad \therefore y=12x-15$

따라서 $a=12$, $b=-15$이므로

$a+b=-3$

0386 답 ③

$f(x)=-x^3+ax+3$, $g(x)=bx^2+2$라 하면

$f'(x)=-3x^2+a$, $g'(x)=2bx$

(i) $x=1$인 점에서 두 곡선이 만나므로 $f(1)=g(1)$에서

$\quad 2+a=b+2 \quad \therefore a=b \qquad \cdots\cdots$ ㉠

(ii) $x=1$인 점에서의 두 곡선의 접선의 기울기가 같으므로

$\quad f'(1)=g'(1)$에서

$\quad -3+a=2b \quad \therefore a-2b=3 \qquad \cdots\cdots$ ㉡

㉠, ㉡을 연립하여 풀면 $a=-3$, $b=-3$

$\therefore ab=9$

0387 답 8

$f(x)=x^3+a$, $g(x)=-x^2+bx+c$라 하면

$f'(x)=3x^2$, $g'(x)=-2x+b$

(i) 점 $(1, 2)$에서 두 곡선이 만나므로

$\quad f(1)=2$에서 $1+a=2 \quad \therefore a=1 \qquad \cdots\cdots$ **i**

$\quad g(1)=2$에서 $-1+b+c=2$

$\quad \therefore b+c=3 \qquad \cdots\cdots$ ㉠

(ii) 점 $(1, 2)$에서의 두 곡선의 접선의 기울기가 같으므로

$\quad f'(1)=g'(1)$에서

$\quad 3=-2+b \quad \therefore b=5 \qquad \cdots\cdots$ **ii**

$b=5$를 ㉠에 대입하면

$5+c=3 \quad \therefore c=-2 \qquad \cdots\cdots$ **iii**

$\therefore a+b-c=8 \qquad \cdots\cdots$ **iv**

채점 기준

i a의 값 구하기	20 %
ii b의 값 구하기	40 %
iii c의 값 구하기	30 %
iv $a+b-c$의 값 구하기	10 %

0388 답 -1

$f(x)=x^3+ax$, $g(x)=x^2-1$이라 하면

$f'(x)=3x^2+a$, $g'(x)=2x$

두 곡선이 $x=t$인 점에서 공통인 접선을 갖는다고 하면

(i) $x=t$인 점에서 두 곡선이 만나므로 $f(t)=g(t)$에서

$\quad t^3+at=t^2-1 \qquad \cdots\cdots$ ㉠

(ii) $x=t$인 점에서의 두 곡선의 접선의 기울기가 같으므로

$\quad f'(t)=g'(t)$에서

$\quad 3t^2+a=2t \quad \therefore a=2t-3t^2 \qquad \cdots\cdots$ ㉡

㉡을 ㉠에 대입하면

$t^3+(2t-3t^2)t=t^2-1$

$2t^3-t^2-1=0$, $(t-1)(2t^2+t+1)=0$

$\therefore t=1$ ($\because$ t는 실수)

이를 ㉡에 대입하면 $a=2-3=-1$

0389 답 ②

곡선 $y=x^2+1$에 접하고 직선 $y=2x-3$에 평행한 접선의 접점을 $P(t, t^2+1)$이라 하면 구하는 거리의 최솟값은 점 P와 직선 $y=2x-3$ 사이의 거리와 같다.

$f(x)=x^2+1$이라 하면

$f'(x)=2x$

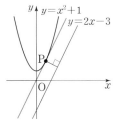

접선의 기울기가 2이므로 $f'(t)=2$에서

$2t=2 \quad \therefore t=1$

따라서 $P(1, 2)$이므로 점 P와 직선 $y=2x-3$, 즉 $2x-y-3=0$ 사이의 거리는

$$\frac{|2-2-3|}{\sqrt{2^2+(-1)^2}}=\frac{3\sqrt5}{5}$$

공통수학2 다시보기

점 (x_1, y_1)과 직선 $ax+by+c=0$ 사이의 거리는

$$\frac{|ax_1+by_1+c|}{\sqrt{a^2+b^2}}$$

0390 답 $\dfrac14$

삼각형 PAB의 넓이가 최대가 될 때는 곡선 $y=-\frac14x^2+1$에 접하고 직선 AB에 평행한 접선의 접점이 P일 때이다.

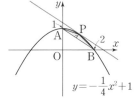

$f(x)=-\frac14x^2+1$이라 하면

$f'(x)=-\frac12x$

직선 AB의 기울기는 $\frac{-1}{2}=-\frac12$이므로 점 P의 좌표를 $\left(t, -\frac14t^2+1\right)$이라 하면 $f'(t)=-\frac12$에서

$-\frac12t=-\frac12 \quad \therefore t=1$

따라서 점 P의 좌표는 $\left(1, \frac34\right)$이다.

직선 AB의 방정식은

$y=-\frac12(x-2) \quad \therefore x+2y-2=0$

점 P와 직선 AB 사이의 거리는

$$\frac{\left|1+\frac32-2\right|}{\sqrt{1^2+2^2}}=\frac{\sqrt5}{10}$$

$\overline{AB}=\sqrt{2^2+(-1)^2}=\sqrt5$이므로 삼각형 PAB의 넓이의 최댓값은

$\frac12\times\sqrt5\times\frac{\sqrt5}{10}=\frac14$

0391 답 ③

곡선 $y=x^2$에 접하고 직선 $y=2tx-1$에 평행한 접선의 접점이 점 P이다.

$f(x)=x^2$이라 하면 $f'(x)=2x$

점 P의 좌표를 (s, s^2)이라 하면 점 P에서의 접선의 기울기가 $2t$이므로 $f'(s)=2t$에서

$2s=2t \quad \therefore s=t$

$\therefore P(t, t^2)$

직선 OP의 방정식은 $y=tx$

두 직선 $y=tx$, $y=2tx-1$의 교점의 x좌표는 $tx=2tx-1$에서

$tx=1 \quad \therefore x=\frac1t$

$\therefore Q\left(\frac1t, 1\right)$

$$\therefore \overline{PQ}=\sqrt{\left(\frac{1}{t}-t\right)^2+(1-t^2)^2}=\sqrt{\frac{(1-t^2)^2}{t^2}+(1-t^2)^2}$$

$$=\sqrt{(1-t^2)^2\left(\frac{1}{t^2}+1\right)}=\sqrt{\frac{(1-t^2)^2(1+t^2)}{t^2}}$$

$$=\frac{1-t^2}{t}\sqrt{1+t^2}\ (\because 0<t<1)$$

$$=\frac{(1+t)(1-t)}{t}\sqrt{1+t^2}$$

$$\therefore \lim_{t\to 1-}\frac{\overline{PQ}}{1-t}=\lim_{t\to 1-}\frac{\dfrac{(1+t)(1-t)}{t}\sqrt{1+t^2}}{1-t}$$

$$=\lim_{t\to 1-}\frac{(1+t)(1-t)\sqrt{1+t^2}}{t(1-t)}$$

$$=\lim_{t\to 1-}\frac{(1+t)\sqrt{1+t^2}}{t}$$

$$=2\sqrt{2}$$

0392 탑 $\sqrt{17}$

$f(x)=x^3-2x^2+1$이라 하면 $f'(x)=3x^2-4x$

점 $(2, 1)$에서의 접선의 기울기는 $f'(2)=4$

원의 중심이 x축 위에 있으므로 중심의 좌표를 $(a, 0)$이라 하면 두 점 $(2, 1)$, $(a, 0)$을 지나는 직선은 점 $(2, 1)$에서의 접선과 서로 수직이다.

따라서 $\dfrac{-1}{a-2}\times 4=-1$이므로

$a-2=4$ $\therefore a=6$

이때 원의 반지름의 길이는 두 점 $(2, 1)$, $(6, 0)$ 사이의 거리와 같으므로

$\sqrt{(6-2)^2+(-1)^2}=\sqrt{17}$

0393 탑 $y=2x-2$

$f(x)=\dfrac{1}{2}x^2$이라 하면 $f'(x)=x$

원과 곡선의 접점을 $P\left(t, \dfrac{1}{2}t^2\right)$이라 하면 점 P에서의 접선의 기울기는 $f'(t)=t$이므로 접선의 방정식은

$$y-\frac{1}{2}t^2=t(x-t)$$

$$\therefore y=tx-\frac{1}{2}t^2 \quad\cdots\cdots \ \text{㉠}$$

원의 중심을 C라 하면 직선 CP는 접선 ㉠과 서로 수직이므로

$$\frac{\dfrac{1}{2}t^2-3}{t}\times t=-1,\ t^2=4$$

$\therefore t=-2$ 또는 $t=2$

이때 기울기가 양수이므로 $t=2$

이를 ㉠에 대입하면 구하는 접선의 방정식은

$y=2x-2$

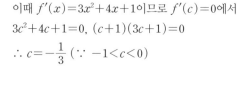

0394 탑 ②

함수 $f(x)=x^3+2x^2+x-2$는 닫힌구간 $[-1, 0]$에서 연속이고 열린구간 $(-1, 0)$에서 미분가능하며 $f(-1)=f(0)=-2$이므로 롤의 정리에 의하여 $f'(c)=0$인 c가 열린구간 $(-1, 0)$에 적어도 하나 존재한다.

이때 $f'(x)=3x^2+4x+1$이므로 $f'(c)=0$에서

$3c^2+4c+1=0$, $(c+1)(3c+1)=0$

$\therefore c=-\dfrac{1}{3}\ (\because -1<c<0)$

0395 탑 ②

함수 $f(x)=x^3-6x+1$은 닫힌구간 $[-\sqrt{6}, \sqrt{6}]$에서 연속이고 열린구간 $(-\sqrt{6}, \sqrt{6})$에서 미분가능하며 $f(-\sqrt{6})=f(\sqrt{6})=1$이므로 롤의 정리에 의하여 $f'(c)=0$인 c가 열린구간 $(-\sqrt{6}, \sqrt{6})$에 적어도 하나 존재한다.

이때 $f'(x)=3x^2-6$이므로 $f'(c)=0$에서

$3c^2-6=0$, $c^2=2$ $\therefore c=-\sqrt{2}$ 또는 $c=\sqrt{2}$

따라서 모든 실수 c의 값의 곱은

$-\sqrt{2}\times\sqrt{2}=-2$

0396 탑 $\dfrac{1}{2}$

함수 $f(x)=x^2-kx+1$은 닫힌구간 $[-1, 2]$에서 연속이고 열린구간 $(-1, 2)$에서 미분가능하다.

$f(-1)=f(2)$에서

$1+k+1=4-2k+1$ $\therefore k=1$ $\quad\cdots\cdots$ ❶

따라서 $f(x)=x^2-x+1$에 대하여 롤의 정리에 의하여 $f'(c)=0$인 c가 열린구간 $(-1, 2)$에 적어도 하나 존재한다.

이때 $f'(x)=2x-1$이므로 $f'(c)=0$에서

$2c-1=0$ $\therefore c=\dfrac{1}{2}$ $\quad\cdots\cdots$ ❷

채점 기준

❶ k의 값 구하기	50 %
❷ c의 값 구하기	50 %

0397 탑 5

$f(0)=f(10)$이므로 닫힌구간 $[0, 10]$에서 롤의 정리를 만족시키는 실수 c는 x축에 평행한 접선을 갖는 점의 x좌표이다.

이때 오른쪽 그림과 같이 x축에 평행한 접선을 5개 그을 수 있으므로 구하는 실수 c의 개수는 5이다.

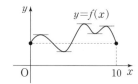

0398 탑 1

함수 $f(x)=x^3+x-1$은 닫힌구간 $[-1, 2]$에서 연속이고 열린구간 $(-1, 2)$에서 미분가능하므로 평균값 정리에 의하여 $\dfrac{f(2)-f(-1)}{2-(-1)}=f'(c)$인 c가 열린구간 $(-1, 2)$에 적어도 하나 존재한다.

이때 $f'(x)=3x^2+1$이므로 $\dfrac{f(2)-f(-1)}{2-(-1)}=f'(c)$에서

$$\frac{9-(-3)}{2-(-1)}=3c^2+1$$

$3c^2+1=4$, $c^2=1$

$\therefore c=1\ (\because -1<c<2)$

0399 답 ①

함수 $f(x)=-x^2+3x$는 닫힌구간 $[1, k]$에서 연속이고 열린구간 $(1, k)$에서 미분가능하므로 평균값 정리에 의하여

$\dfrac{f(k)-f(1)}{k-1}=f'(c)$인 c가 열린구간 $(1, k)$에 적어도 하나 존재한다.

이때 $f'(x)=-2x+3$이고, $c=2$이므로 $\dfrac{f(k)-f(1)}{k-1}=f'(c)$에서

$\dfrac{(-k^2+3k)-2}{k-1}=-1$

$k^2-4k+3=0$, $(k-1)(k-3)=0$

$\therefore k=3\ (\because k>2)$

0400 답 5

닫힌구간 $[a, b]$에서 평균값 정리를 만족시키는 실수 c는 열린구간 (a, b)에서 두 점 $(a, f(a))$, $(b, f(b))$를 지나는 직선에 평행한 접선을 갖는 점의 x좌표이다.

이때 오른쪽 그림과 같이 두 점 $(a, f(a))$, $(b, f(b))$를 지나는 직선에 평행한 접선을 5개 그을 수 있으므로 구하는 실수 c의 개수는 5이다.

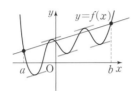

0401 답 ③

함수 $f(x)$는 닫힌구간 $[a, b]$에서 연속이고 열린구간 (a, b)에서 미분가능하므로 평균값 정리에 의하여 $\dfrac{f(b)-f(a)}{b-a}=f'(c)$인 c가 열린구간 (a, b)에 적어도 하나 존재한다.

이때 $f'(x)=2x-2$이므로

$\dfrac{f(b)-f(a)}{b-a}=2c-2$ $\therefore k=2c-2$

a, $b\,(a<b)$는 구간 $[-3, 0]$에 속하는 임의의 실수이므로

$-3<c<0$ $\therefore -8<2c-2<-2$

따라서 $-8<k<-2$이므로 모든 정수 k의 값의 합은

$-7+(-6)+(-5)+(-4)+(-3)=-25$

0402 답 ⑤

함수 $f(x)$는 모든 실수 x에서 미분가능하므로 모든 실수 x에서 연속이다.

함수 $f(x)$는 닫힌구간 $[2, 3]$에서 연속이고 열린구간 $(2, 3)$에서 미분가능하므로 평균값 정리에 의하여 $\dfrac{f(3)-f(2)}{3-2}=f'(c)$인 c가 열린구간 $(2, 3)$에 적어도 하나 존재한다.

이때 (내)에서 $|f'(x)|\leq 2$이므로

$\left|\dfrac{f(3)-f(2)}{3-2}\right|\leq 2$

$|4-f(2)|\leq 2\ (\because$ (개))

$-2\leq 4-f(2)\leq 2$, $-6\leq -f(2)\leq -2$

$\therefore 2\leq f(2)\leq 6$

따라서 $f(2)$의 최댓값은 6, 최솟값은 2이므로 구하는 합은

$6+2=8$

0403 답 1

$f(x)=x^3-x^2+8$이라 하면

$f'(x)=3x^2-2x$

점 $(-1, 6)$에서의 접선의 기울기는 $f'(-1)=5$이므로 접선의 방정식은

$y-6=5(x+1)$

$\therefore y=5x+11$

이 직선이 점 $(-2, a)$를 지나므로

$a=-10+11=1$

0404 답 ①

점 $(0, f(0))$에서의 접선의 방정식은

$y-f(0)=f'(0)x$

$\therefore y=f'(0)x+f(0)$

이 접선의 방정식이 $y=3x-1$과 일치하므로

$f'(0)=3$, $f(0)=-1$

$g(x)=(x+2)f(x)$에서

$g'(x)=f(x)+(x+2)f'(x)$

$\therefore g'(0)=f(0)+2f'(0)$

$\qquad =-1+2\times 3=5$

0405 답 ⑤

삼차함수 $f(x)$의 최고차항의 계수가 1이고 $f(0)=0$이므로 $f(x)=x^3+px^2+qx\,(p, q$는 상수$)$라 하면

$f'(x)=3x^2+2px+q$

$\displaystyle\lim_{x\to a}\dfrac{f(x)-1}{x-a}=3$에서 $x\to a$일 때 (분모) $\to 0$이고 극한값이 존재하므로 (분자) $\to 0$이다.

즉, $\displaystyle\lim_{x\to a}\{f(x)-1\}=0$이므로 $f(a)=1$

$\therefore \displaystyle\lim_{x\to a}\dfrac{f(x)-1}{x-a}=\lim_{x\to a}\dfrac{f(x)-f(a)}{x-a}=f'(a)$

$\therefore f'(a)=3$

따라서 점 $(a, 1)$에서의 접선의 기울기가 $f'(a)=3$이므로 접선의 방정식은

$y-1=3(x-a)$

$\therefore y=3x-3a+1$

이 접선의 y절편이 4이므로

$-3a+1=4$

$\therefore a=-1$

따라서 $f(-1)=1$, $f'(-1)=3$이므로

$-1+p-q=1$, $3-2p+q=3$

$\therefore p-q=2$, $2p-q=0$

두 식을 연립하여 풀면

$p=-2$, $q=-4$

따라서 $f(x)=x^3-2x^2-4x$이므로

$f(1)=1-2-4=-5$

0406 답 ①

$f(x)=x^3-3x^2+2x+2$라 하면 $f'(x)=3x^2-6x+2$

점 $A(0, 2)$에서의 접선의 기울기는 $f'(0)=2$

따라서 점 A에서의 접선에 수직인 직선의 기울기는 $-\dfrac{1}{2}$이므로 직선의 방정식은

$y-2=-\dfrac{1}{2}x$ $\therefore y=-\dfrac{1}{2}x+2$

$0=-\dfrac{1}{2}x+2$에서 $x=4$

따라서 구하는 x절편은 4이다.

0407 답 2

$f(x)=x^3+x+k$라 하면 $f'(x)=3x^2+1$

점 $(1, a)$에서의 접선의 기울기는 $f'(1)=4$

따라서 점 $(1, a)$에서의 접선에 수직인 직선의 기울기는 $-\dfrac{1}{4}$이므로 직선의 방정식은

$y-a=-\dfrac{1}{4}(x-1)$ $\therefore y=-\dfrac{1}{4}x+a+\dfrac{1}{4}$

이 직선이 점 $(-3, 2)$를 지나므로

$2=\dfrac{3}{4}+a+\dfrac{1}{4}$ $\therefore a=1$

따라서 곡선 $y=f(x)$가 점 $(1, 1)$을 지나므로 $f(1)=1$에서

$1+1+k=1$ $\therefore k=-1$

$\therefore a-k=2$

0408 답 4

$f(x)=x^4-2x+a$라 하면 $f'(x)=4x^3-2$

접점의 좌표를 (t, t^4-2t+a)라 하면 이 점에서의 접선의 기울기는 2이므로 $f'(t)=2$에서

$4t^3-2=2, t^3=1$

$\therefore t=1$ ($\because t$는 실수)

따라서 접점의 좌표는 $(1, a-1)$이고 이 점이 직선 $y=2x+1$ 위의 점이므로

$a-1=3$ $\therefore a=4$

0409 답 $2\sqrt{2}$

$f(x)=x^3-4x+5$라 하면 $f'(x)=3x^2-4$

직선 $x+y+1=0$, 즉 $y=-x-1$에 평행한 직선의 기울기는 -1이므로 접점의 좌표를 (t, t^3-4t+5)라 하면 이 점에서의 접선의 기울기는 -1이다.

$f'(t)=-1$에서

$3t^2-4=-1, t^2=1$

$\therefore t=-1$ 또는 $t=1$

따라서 접점의 좌표는 $(-1, 8)$ 또는 $(1, 2)$이므로 접선의 방정식은

$y-8=-(x+1)$ 또는 $y-2=-(x-1)$

$\therefore x+y-7=0$ 또는 $x+y-3=0$

따라서 두 직선 사이의 거리는 직선 $x+y-7=0$ 위의 점 $(0, 7)$과 직선 $x+y-3=0$ 사이의 거리와 같으므로

$\dfrac{|7-3|}{\sqrt{1^2+1^2}}=2\sqrt{2}$

0410 답 $\dfrac{1}{2}$

$f(x)=x^3-3x^2+2x$라 하면

$f'(x)=3x^2-6x+2=3(x-1)^2-1$

따라서 접선의 기울기는 $x=1$에서 최솟값 -1을 갖는다.

이때 접점의 좌표는 $(1, 0)$이고 접선의 기울기가 -1이므로 접선의 방정식은

$y=-(x-1)$ $\therefore y=-x+1$

따라서 구하는 삼각형의 넓이는

$\dfrac{1}{2}\times1\times1=\dfrac{1}{2}$

0411 답 6

$f(x)=x^2-2x$라 하면 $f'(x)=2x-2$

접점의 좌표를 (t, t^2-2t)라 하면 이 점에서의 접선의 기울기는 $f'(t)=2t-2$이므로 접선의 방정식은

$y-(t^2-2t)=(2t-2)(x-t)$

$\therefore y=(2t-2)x-t^2$ …… ㉠

직선 ㉠이 점 $(0, -4)$를 지나므로

$-4=-t^2, t^2=4$ $\therefore t=-2$ 또는 $t=2$

이를 ㉠에 대입하면 접선의 방정식은

$y=-6x-4$ 또는 $y=2x-4$

이때 접선의 기울기가 양수이므로

$a=2, b=-4$

$\therefore a-b=6$

0412 답 2

$f(x)=-x^2+x+1$이라 하면 $f'(x)=-2x+1$

접점의 좌표를 $(t, -t^2+t+1)$이라 하면 이 점에서의 접선의 기울기는 $f'(t)=-2t+1$이므로 접선의 방정식은

$y-(-t^2+t+1)=(-2t+1)(x-t)$

$\therefore y=(-2t+1)x+t^2+1$

이 직선이 점 $(1, 2)$를 지나므로

$2=-2t+1+t^2+1, t^2-2t=0, t(t-2)=0$

$\therefore t=0$ 또는 $t=2$

따라서 두 접점의 좌표는 $(0, 1)$, $(2, -1)$이므로 구하는 삼각형 ABC의 넓이는

$2\times3-\left(\dfrac{1}{2}\times1\times1+\dfrac{1}{2}\times2\times2+\dfrac{1}{2}\times1\times3\right)$

$=2$

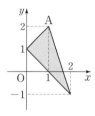

0413 답 ④

$f(x)=x^3+a, g(x)=-x^2+bx+c$라 하면

$f'(x)=3x^2, g'(x)=-2x+b$

접점의 좌표를 $(t, 3t-1)$이라 하면 이 점에서의 두 곡선의 접선의 기울기가 3이므로

$f'(t)=3$에서 $3t^2=3, t^2=1$

$\therefore t=1$ ($\because t>0$)

$g'(t)=3$에서 $-2t+b=3$, $-2+b=3$

$\therefore b=5$

따라서 접점의 좌표가 $(1, 2)$이므로

$f(1)=2$에서 $1+a=2$ $\therefore a=1$

$g(1)=2$에서 $-1+b+c=2$, $-1+5+c=2$

$\therefore c=-2$

$\therefore a+b-c=8$

0414 답 ①

$f(x)=-x^3+5x-3$이라 하면

$f'(x)=-3x^2+5$

점 $P(1, 1)$에서의 접선의 기울기는 $f'(1)=2$이므로 접선의 방정식은

$y-1=2(x-1)$ $\therefore y=2x-1$

따라서 점 R의 좌표는 $(0, -1)$이다.

곡선 $y=-x^3+5x-3$과 접선 $y=2x-1$의 교점의 x좌표는

$-x^3+5x-3=2x-1$에서

$x^3-3x+2=0$, $(x+2)(x-1)^2=0$

$\therefore x=-2$ 또는 $x=1$

따라서 점 Q의 좌표는 $(-2, -5)$이다.

한편 삼각형 ARQ의 넓이가 최대가 될 때는 곡선 $y=-x^3+5x-3$에 접하고 직선 QR에 평행한 접선의 접점이 A일 때이다.

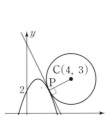

점 A의 좌표를 $(t, -t^3+5t-3)$이라 하면 점 A에서의 접선의 기울기가 2이므로 $f'(t)=2$에서

$-3t^2+5=2$, $t^2=1$

$\therefore t=-1$ $(\because -2<t<1)$

따라서 점 A의 좌표는 $(-1, -7)$이므로 점 A와 직선 $y=2x-1$,

즉 $2x-y-1=0$ 사이의 거리는

$\dfrac{|-2+7-1|}{\sqrt{2^2+(-1)^2}}=\dfrac{4\sqrt{5}}{5}$

$\overline{QR}=\sqrt{2^2+(-1+5)^2}=2\sqrt{5}$이므로 삼각형 ARQ의 넓이의 최댓값은

$\dfrac{1}{2}\times 2\sqrt{5}\times\dfrac{4\sqrt{5}}{5}=4$

0415 답 $(2, 2)$

$f(x)=-x^2+2x+2$라 하면

$f'(x)=-2x+2$

원과 곡선의 접점을 $P(t, -t^2+2t+2)$라 하면 점 P에서의 접선의 기울기는

$f'(t)=-2t+2$

원의 중심을 C라 하면 직선 CP의 기울기는

$\dfrac{(-t^2+2t+2)-3}{t-4}=\dfrac{t^2-2t+1}{4-t}$

점 P에서의 접선은 직선 CP와 서로 수직이므로

$(-2t+2)\times\dfrac{t^2-2t+1}{4-t}=-1$

$(-2t+2)(t^2-2t+1)=t-4$

$2t^3-6t^2+7t-6=0$, $(t-2)(2t^2-2t+3)=0$

$\therefore t=2$ $(\because t$는 실수$)$

따라서 구하는 접점의 좌표는 $(2, 2)$이다.

0416 답 3

함수 $f(x)=x^4-8x^2+5$는 닫힌구간 $[-3, 3]$에서 연속이고 열린구간 $(-3, 3)$에서 미분가능하며 $f(-3)=f(3)=14$이므로 롤의 정리에 의하여 $f'(c)=0$인 c가 열린구간 $(-3, 3)$에 적어도 하나 존재한다.

이때 $f'(x)=4x^3-16x$이므로 $f'(c)=0$에서

$4c^3-16c=0$

$c(c+2)(c-2)=0$

$\therefore c=-2$ 또는 $c=0$ 또는 $c=2$

따라서 구하는 실수 c의 개수는 3이다.

0417 답 ③

함수 $f(x)=x^2+ax+1$은 닫힌구간 $[1, 5]$에서 연속이고 열린구간 $(1, 5)$에서 미분가능하다.

$f(1)=f(5)$에서

$1+a+1=25+5a+1$ $\therefore a=-6$

따라서 $f(x)=x^2-6x+1$이므로

$f'(x)=2x-6$

$f'(c_1)=0$에서

$2c_1-6=0$ $\therefore c_1=3$

함수 $f(x)=x^2-6x+1$은 닫힌구간 $[1, 6]$에서 연속이고 열린구간 $(1, 6)$에서 미분가능하므로 $\dfrac{f(6)-f(1)}{6-1}=f'(c_2)$에서

$\dfrac{1-(-4)}{6-1}=2c_2-6$

$2c_2-6=1$ $\therefore c_2=\dfrac{7}{2}$

$\therefore c_2-c_1=\dfrac{1}{2}$

0418 답 7

$f(a)=f(b)$이므로 닫힌구간 $[a, b]$에서 롤의 정리를 만족시키는 실수 c_1은 x축에 평행한 접선을 갖는 점의 x좌표이다.

이때 오른쪽 그림과 같이 x축에 평행한 접선을 3개 그을 수 있으므로 실수 c_1의 개수는 3이다.

$\therefore p=3$

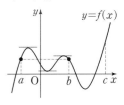

닫힌구간 $[a, c]$에서 평균값 정리를 만족시키는 실수 c_2는 두 점 $(a, f(a))$, $(c, f(c))$를 지나는 직선에 평행한 접선을 갖는 점의 x좌표이다.

이때 오른쪽 그림과 같이 두 점 $(a, f(a))$, $(c, f(c))$를 지나는 직선에 평행한 접선을 4개 그을 수 있으므로 실수 c_2의 개수는 4이다.

$\therefore q=4$

$\therefore p+q=7$

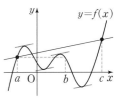

0419 답 ③

함수 $f(x)=4x^2-3x+10$은 닫힌구간 $[n,\ n+2]$에서 연속이고 열린구간 $(n,\ n+2)$에서 미분가능하므로 평균값 정리에 의하여

$\dfrac{f(n+2)-f(n)}{(n+2)-n}=f'(a_n)$인 a_n이 열린구간 $(n,\ n+2)$에 적어도 하나 존재한다.

이때 $f'(x)=8x-3$이므로 $\dfrac{f(n+2)-f(n)}{(n+2)-n}=f'(a_n)$에서

$\dfrac{\{4(n+2)^2-3(n+2)+10\}-(4n^2-3n+10)}{(n+2)-n}=8a_n-3$

$\dfrac{16n+10}{2}=8a_n-3$

$\therefore a_n=n+1$

$\therefore a_1+a_3+a_5=2+4+6=12$

0420 답 $y=9x-32$

$f(x)=x^3-6x^2+9x$라 하면 $f'(x)=3x^2-12x+9$

점 $(1,\ 4)$에서의 접선의 기울기는 $f'(1)=0$이므로 접선의 방정식은

$y-4=0\times(x-1)$ $\therefore y=4$ ······ ❶

곡선 $y=x^3-6x^2+9x$와 접선 $y=4$의 교점의 x좌표는

$x^3-6x^2+9x=4$에서

$x^3-6x^2+9x-4=0,\ (x-1)^2(x-4)=0$

$\therefore x=1$ 또는 $x=4$

따라서 점 P의 좌표는 $(4,\ 4)$이다.   ······ ❷

이 점에서의 접선의 기울기는 $f'(4)=9$이므로 구하는 접선의 방정식은

$y-4=9(x-4)$ $\therefore y=9x-32$ ······ ❸

채점 기준

❶ 점 $(1,\ 4)$에서의 접선의 방정식 구하기	30 %
❷ 점 P의 좌표 구하기	40 %
❸ 점 P에서의 접선의 방정식 구하기	30 %

0421 답 8

$f(x)=-2x^3+7x+1$이라 하면 $f'(x)=-6x^2+7$

x축의 양의 방향과 이루는 각의 크기가 $45°$인 접선의 기울기는 $\tan 45°=1$이므로 접점의 좌표를 $(t,\ -2t^3+7t+1)$이라 하면 이 점에서의 접선의 기울기는 1이다.

$f'(t)=1$에서 $-6t^2+7=1,\ t^2=1$

$\therefore t=-1$ 또는 $t=1$ ······ ❶

따라서 접점의 좌표는 $(-1,\ -4)$ 또는 $(1,\ 6)$이므로 접선의 방정식은

$y+4=x+1$ 또는 $y-6=x-1$

$\therefore y=x-3$ 또는 $y=x+5$ ······ ❷

따라서 $A(0,\ -3),\ B(0,\ 5)$ 또는 $A(0,\ 5),\ B(0,\ -3)$이므로

$\overline{AB}=5-(-3)=8$ ······ ❸

채점 기준

❶ 접점의 x좌표 구하기	40 %
❷ 접선의 방정식 구하기	30 %
❸ 선분 AB의 길이 구하기	30 %

중3 다시보기

직선 $y=mx+n$이 x축의 양의 방향과 이루는 예각의 크기를 θ라 할 때, 직선의 기울기 m은

$m=\tan\theta$

0422 답 -4

$f(x)=\dfrac{1}{2}x^2$이라 하면 $f'(x)=x$

접점의 좌표를 $\left(t,\ \dfrac{1}{2}t^2\right)$이라 하면 이 점에서의 접선의 기울기는 $f'(t)=t$이므로 접선의 방정식은

$y-\dfrac{1}{2}t^2=t(x-t)$

$\therefore y=tx-\dfrac{1}{2}t^2$ ······ ❶

원의 중심 $(0,\ 3)$과 접점 $\left(t,\ \dfrac{1}{2}t^2\right)$을 지나는 직선은 그 접점에서의 접선과 서로 수직이다.

따라서 $\dfrac{\dfrac{1}{2}t^2-3}{t}\times t=-1$이므로

$\dfrac{1}{2}t^2-3=-1,\ t^2=4$

$\therefore t=-2$ 또는 $t=2$ ······ ❷

따라서 두 직선 $l,\ m$의 기울기의 곱은

$-2\times 2=-4$ ······ ❸

채점 기준

❶ 접선의 방정식 세우기	30 %
❷ 접점의 x좌표 구하기	50 %
❸ 두 직선 $l,\ m$의 기울기의 곱 구하기	20 %

C 실력 향상

73쪽

0423 답 $\dfrac{1}{2}$

$f(x)=\dfrac{1}{2}x^2+k$라 하면 $f'(x)=x$

수직인 두 접선의 접점의 좌표를 각각 $\left(\alpha,\ \dfrac{1}{2}\alpha^2+k\right),\ \left(\beta,\ \dfrac{1}{2}\beta^2+k\right)$라 하면 두 접선의 기울기는 각각

$f'(\alpha)=\alpha,\ f'(\beta)=\beta$

두 접선이 서로 수직이므로

$\alpha\beta=-1$ ······ ㉠

점 $\left(\alpha,\ \dfrac{1}{2}\alpha^2+k\right)$에서의 접선의 방정식은

$y-\left(\dfrac{1}{2}\alpha^2+k\right)=\alpha(x-\alpha)$

$\therefore y=\alpha x-\dfrac{1}{2}\alpha^2+k$

점 $\left(\beta, \frac{1}{2}\beta^2+k\right)$에서의 접선의 방정식은

$$y-\left(\frac{1}{2}\beta^2+k\right)=\beta(x-\beta) \qquad \therefore y=\beta x-\frac{1}{2}\beta^2+k$$

두 접선의 교점의 x좌표는 $\alpha x-\frac{1}{2}\alpha^2+k=\beta x-\frac{1}{2}\beta^2+k$에서

$$(\alpha-\beta)x=\frac{1}{2}(\alpha^2-\beta^2),\ (\alpha-\beta)x=\frac{1}{2}(\alpha+\beta)(\alpha-\beta)$$

$$\therefore x=\frac{\alpha+\beta}{2}\ (\because\ \alpha\neq\beta)$$

따라서 두 접선의 교점의 좌표는 $\left(\frac{\alpha+\beta}{2},\ \frac{\alpha\beta}{2}+k\right)$이고, 이 점이 항상 x축 위에 있으려면

$$\frac{\alpha\beta}{2}+k=0,\ -\frac{1}{2}+k=0\ (\because\ \bigcirc)$$

$$\therefore k=\frac{1}{2}$$

0424 답 ③

$f(x)=\frac{1}{3}x^3-kx^2+1$에서 $f'(x)=x^2-2kx$

기울기가 $3k^2$인 접선의 접점의 좌표를 $\left(t,\ \frac{1}{3}t^3-kt^2+1\right)$이라 하면

접선의 기울기는 $f'(t)=t^2-2kt$이므로 $f'(t)=3k^2$에서

$t^2-2kt=3k^2,\ t^2-2kt-3k^2=0$

$(t+k)(t-3k)=0 \qquad \therefore t=-k$ 또는 $t=3k$

이때 $A\left(-k,\ 1-\frac{4}{3}k^3\right),\ B(3k,\ 1)$이라 하자.

점 A에서의 접선 l의 방정식은

$$y-\left(1-\frac{4}{3}k^3\right)=3k^2(x+k) \qquad \therefore y=3k^2x+\frac{5}{3}k^3+1$$

점 B에서의 접선 m의 방정식은

$$y-1=3k^2(x-3k) \qquad \therefore y=3k^2x-9k^3+1$$

x축에 평행한 접선의 기울기는 0이므로 접점의 좌표를

$\left(s,\ \frac{1}{3}s^3-ks^2+1\right)$이라 하면 이 점에서의 접선의 기울기는 0이다.

$f'(s)=s^2-2ks$이므로 $f'(s)=0$에서

$s^2-2ks=0,\ s(s-2k)=0$

$\therefore s=0$ 또는 $s=2k$

접점의 좌표는 $(0,\ 1),\ \left(2k,\ 1-\frac{4}{3}k^3\right)$이므로 x축에 평행한 두 접선의 방정식은

$$y=1,\ y=1-\frac{4}{3}k^3$$

점 A의 y좌표가 $1-\frac{4}{3}k^3$이므로 점 A는 직선 l과 직선 $y=1-\frac{4}{3}k^3$의 교점이고, 점 B의 y좌표가 1이므로 점 B는 직선 m과 직선 $y=1$의 교점이다.

이때 직선 l과 직선 $y=1$의 교점을 C,

직선 m과 직선 $y=1-\frac{4}{3}k^3$의 교점을

D라 하면 사각형 ADBC는 평행사변형이다.

점 D의 x좌표는

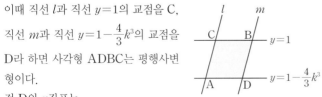

$3k^2x-9k^3+1=1-\frac{4}{3}k^3$에서

$$3k^2x=\frac{23}{3}k^3 \qquad \therefore x=\frac{23}{9}k\ (\because\ k>0)$$

따라서 $D\left(\frac{23}{9}k,\ 1-\frac{4}{3}k^3\right)$이므로

$$\overline{AD}=\frac{23}{9}k-(-k)=\frac{32}{9}k$$

두 직선 $y=1-\frac{4}{3}k^3,\ y=1$ 사이의 거리는

$$1-\left(1-\frac{4}{3}k^3\right)=\frac{4}{3}k^3$$

이때 평행사변형 ADBC의 넓이가 24이므로

$$\frac{32}{9}k\times\frac{4}{3}k^3=24,\ k^4=\frac{81}{16}$$

$$\therefore k=\frac{3}{2}\ (\because\ k>0)$$

0425 답 ⑤

곡선 $y=4x^3$은 원점에 대하여 대칭이므로 평행한 두 접선과 그때의 접점도 각각 원점에 대하여 대칭이다.

따라서 점 $(a,\ 0)$에서 곡선 $y=4x^3$에 그은 접선의 접점의 좌표를 $(t,\ 4t^3)$이라 하면 점 $(0,\ a)$에서 곡선 $y=4x^3$에 그은 접점의 좌표는 $(-t,\ -4t^3)$이다.

$f(x)=4x^3$이라 하면 $f'(x)=12x^2$

점 $(t,\ 4t^3)$에서의 접선의 기울기는 $f'(t)=12t^2$이므로 접선의 방정식은

$$y-4t^3=12t^2(x-t) \qquad \therefore y=12t^2x-8t^3$$

이 직선이 점 $(a,\ 0)$을 지나므로

$$0=12t^2a-8t^3 \qquad \therefore a=\frac{2}{3}t \qquad \cdots\cdots\ \bigcirc$$

점 $(-t,\ -4t^3)$에서의 접선의 기울기는 $f'(-t)=12t^2$이므로 접선의 방정식은

$$y+4t^3=12t^2(x+t) \qquad \therefore y=12t^2x+8t^3$$

이 직선이 점 $(0,\ a)$를 지나므로

$$a=8t^3 \qquad \cdots\cdots\ \bigcirc$$

$\bigcirc$, $\bigcirc$에서 $\frac{2}{3}t=8t^3,\ t=12t^3$

$t(12t^2-1)=0$

이때 $a>0$이므로 $\bigcirc$에서 $t>0$

따라서 $12t^2-1=0$이므로 $t=\frac{\sqrt{3}}{6}$

$$\therefore a=\frac{2}{3}t=\frac{2}{3}\times\frac{\sqrt{3}}{6}=\frac{\sqrt{3}}{9}$$

0426 답 9

함수 $f(x)$는 실수 전체의 집합에서 미분가능하므로 모든 실수 x에서 연속이다.

따라서 함수 $f(x)$는 닫힌구간 $[x-1,\ x+2]$에서 연속이고 열린구간 $(x-1,\ x+2)$에서 미분가능하므로 평균값 정리에 의하여

$$\frac{f(x+2)-f(x-1)}{(x+2)-(x-1)}=f'(c)$$인 c가 열린구간 $(x-1,\ x+2)$에 적어도 하나 존재한다.

이때 $x-1<c<x+2$에서 $x\to\infty$이면 $c\to\infty$이므로

$$\begin{aligned}\lim_{x\to\infty}\{f(x-1)-f(x+2)\}&=\lim_{x\to\infty}\frac{f(x+2)-f(x-1)}{(x+2)-(x-1)}\times(-3)\\&=\lim_{c\to\infty}f'(c)\times(-3)\\&=-3\times(-3)=9\end{aligned}$$

A 개념 확인

74~75쪽

0427 답 감소

$0 \leq x_1 < x_2$인 임의의 두 실수 x_1, x_2에 대하여

$$f(x_1) - f(x_2) = -x_1^2 - (-x_2^2)$$
$$= -(x_1^2 - x_2^2)$$
$$= -\underbrace{(x_1 + x_2)}_{+}\underbrace{(x_1 - x_2)}_{-} > 0$$

$\therefore f(x_1) > f(x_2)$

따라서 함수 $f(x)$는 구간 $[0, \infty)$에서 감소한다.

0428 답 증가

$-1 \leq x_1 < x_2$인 임의의 두 실수 x_1, x_2에 대하여

$$f(x_1) - f(x_2) = x_1^2 + 2x_1 + 3 - (x_2^2 + 2x_2 + 3)$$
$$= (x_1^2 - x_2^2) + 2(x_1 - x_2)$$
$$= (x_1 - x_2)(x_1 + x_2 + 2)$$

이때 $x_1 \geq -1$, $x_2 > -1$에서 $x_1 + x_2 + 2 > 0$이므로

$$\underbrace{(x_1 - x_2)}_{-}\underbrace{(x_1 + x_2 + 2)}_{+} < 0$$

$\therefore f(x_1) < f(x_2)$

따라서 함수 $f(x)$는 구간 $[-1, \infty)$에서 증가한다.

0429 답 증가

$x_1 < x_2 \leq 3$인 임의의 두 실수 x_1, x_2에 대하여

$$f(x_1) - f(x_2) = 6x_1 - x_1^2 - (6x_2 - x_2^2)$$
$$= 6(x_1 - x_2) - (x_1^2 - x_2^2)$$
$$= (x_1 - x_2)(6 - x_1 - x_2)$$

이때 $x_1 < 3$, $x_2 \leq 3$에서 $6 - x_1 - x_2 > 0$이므로

$$\underbrace{(x_1 - x_2)}_{-}\underbrace{(6 - x_1 - x_2)}_{+} < 0$$

$\therefore f(x_1) < f(x_2)$

따라서 함수 $f(x)$는 구간 $(-\infty, 3]$에서 증가한다.

0430 답 증가

$x_1 < x_2$인 임의의 두 실수 x_1, x_2에 대하여

$$f(x_1) - f(x_2) = x_1^3 - x_2^3 = (x_1 - x_2)(x_1^2 + x_1 x_2 + x_2^2)$$

이때 $x_1^2 + x_1 x_2 + x_2^2 = \left(x_1 + \dfrac{x_2}{2}\right)^2 + \dfrac{3}{4}x_2^2 > 0$이므로

$$\underbrace{(x_1 - x_2)}_{-}\underbrace{(x_1^2 + x_1 x_2 + x_2^2)}_{+} < 0$$

$\therefore f(x_1) < f(x_2)$

따라서 함수 $f(x)$는 구간 $(-\infty, \infty)$에서 증가한다.

0431 답 구간 $[-2, \infty)$에서 증가,

구간 $(-\infty, -2]$에서 감소

$f(x) = x^2 + 4x$에서

$f'(x) = 2x + 4 = 2(x + 2)$

$f'(x) = 0$인 x의 값은 $x = -2$

함수 $f(x)$의 증가와 감소를 표로 나타내면 다음과 같다.

x	$\cdots$	-2	$\cdots$
$f'(x)$	$-$	0	$+$
$f(x)$	$\searrow$	-4	$\nearrow$

따라서 함수 $f(x)$는 구간 $[-2, \infty)$에서 증가하고, 구간 $(-\infty, -2]$에서 감소한다.

0432 답 구간 $(-\infty, 3]$에서 증가,

구간 $[3, \infty)$에서 감소

$f(x) = -x^2 + 6x + 3$에서

$f'(x) = -2x + 6 = -2(x - 3)$

$f'(x) = 0$인 x의 값은 $x = 3$

함수 $f(x)$의 증가와 감소를 표로 나타내면 다음과 같다.

x	$\cdots$	3	$\cdots$
$f'(x)$	$+$	0	$-$
$f(x)$	$\nearrow$	12	$\searrow$

따라서 함수 $f(x)$는 구간 $(-\infty, 3]$에서 증가하고, 구간 $[3, \infty)$에서 감소한다.

0433 답 구간 $(-\infty, -1]$, $[0, \infty)$에서 증가,

구간 $[-1, 0]$에서 감소

$f(x) = 2x^3 + 3x^2 + 1$에서

$f'(x) = 6x^2 + 6x = 6x(x + 1)$

$f'(x) = 0$인 x의 값은 $x = -1$ 또는 $x = 0$

함수 $f(x)$의 증가와 감소를 표로 나타내면 다음과 같다.

x	$\cdots$	-1	$\cdots$	0	$\cdots$
$f'(x)$	$+$	0	$-$	0	$+$
$f(x)$	$\nearrow$	2	$\searrow$	1	$\nearrow$

따라서 함수 $f(x)$는 구간 $(-\infty, -1]$, $[0, \infty)$에서 증가하고, 구간 $[-1, 0]$에서 감소한다.

0434 답 구간 $[0, 2]$에서 증가,

구간 $(-\infty, 0]$, $[2, \infty)$에서 감소

$f(x) = -\dfrac{1}{3}x^3 + x^2 - 1$에서

$f'(x) = -x^2 + 2x = -x(x - 2)$

$f'(x) = 0$인 x의 값은 $x = 0$ 또는 $x = 2$

함수 $f(x)$의 증가와 감소를 표로 나타내면 다음과 같다.

x	$\cdots$	0	$\cdots$	2	$\cdots$
$f'(x)$	$-$	0	$+$	0	$-$
$f(x)$	$\searrow$	-1	$\nearrow$	$\dfrac{1}{3}$	$\searrow$

따라서 함수 $f(x)$는 구간 $[0, 2]$에서 증가하고, 구간 $(-\infty, 0]$, $[2, \infty)$에서 감소한다.

0435 답 극댓값: 1, 극솟값: -3

함수 $f(x)$는 $x = -1$의 좌우에서 증가하다가 감소하므로 $x = -1$에서 극대이고 극댓값은 $f(-1) = 1$이다.

함수 $f(x)$는 $x=1$의 좌우에서 감소하다가 증가하므로 $x=1$에서 극소이고 극솟값은 $f(1)=-3$이다.

0436 답 (1) a, c, f (2) b, e, g

(1) 함수 $f(x)$는 $x=a$, $x=c$, $x=f$의 좌우에서 증가하다가 감소하므로 $x=a$, $x=c$, $x=f$에서 극댓값을 갖는다.

(2) 함수 $f(x)$는 $x=b$, $x=e$, $x=g$의 좌우에서 감소하다가 증가하므로 $x=b$, $x=e$, $x=g$에서 극솟값을 갖는다.

0437 답 극댓값: 9, 극솟값: 5

$f(x)=x^3-6x^2+9x+5$에서
$f'(x)=3x^2-12x+9=3(x-1)(x-3)$
$f'(x)=0$인 x의 값은 $x=1$ 또는 $x=3$
함수 $f(x)$의 증가와 감소를 표로 나타내면 다음과 같다.

x	$\cdots$	1	$\cdots$	3	$\cdots$
$f'(x)$	+	0	−	0	+
$f(x)$	↗	9 극대	↘	5 극소	↗

따라서 함수 $f(x)$는 $x=1$에서 극댓값 9, $x=3$에서 극솟값 5를 갖는다.

0438 답 극댓값: 16, 극솟값: 0

$f(x)=-x^4+8x^2$에서
$f'(x)=-4x^3+16x=-4x(x+2)(x-2)$
$f'(x)=0$인 x의 값은
$x=-2$ 또는 $x=0$ 또는 $x=2$
함수 $f(x)$의 증가와 감소를 표로 나타내면 다음과 같다.

x	$\cdots$	-2	$\cdots$	0	$\cdots$	2	$\cdots$
$f'(x)$	+	0	−	0	+	0	−
$f(x)$	↗	16 극대	↘	0 극소	↗	16 극대	↘

따라서 함수 $f(x)$는 $x=-2$ 또는 $x=2$에서 극댓값 16, $x=0$에서 극솟값 0을 갖는다.

0439 답 풀이 참조

$f(x)=-x^3+3x+1$에서
$f'(x)=-3x^2+3=-3(x+1)(x-1)$
$f'(x)=0$인 x의 값은 $x=-1$ 또는 $x=1$
함수 $f(x)$의 증가와 감소를 표로 나타내면 다음과 같다.

x	$\cdots$	-1	$\cdots$	1	$\cdots$
$f'(x)$	−	0	+	0	−
$f(x)$	↘	-1 극소	↗	3 극대	↘

또 $f(0)=1$이므로 함수 $y=f(x)$의 그래프는 오른쪽 그림과 같다.

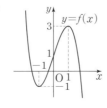

0440 답 풀이 참조

$f(x)=x^3-3x^2+3x$에서
$f'(x)=3x^2-6x+3=3(x-1)^2$
$f'(x)=0$인 x의 값은 $x=1$
함수 $f(x)$의 증가와 감소를 표로 나타내면 다음과 같다.

x	$\cdots$	1	$\cdots$
$f'(x)$	+	0	+
$f(x)$	↗	1	↗

또 $f(0)=0$이므로 함수 $y=f(x)$의 그래프는 오른쪽 그림과 같다.

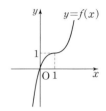

0441 답 풀이 참조

$f(x)=x^4-2x^2$에서
$f'(x)=4x^3-4x=4x(x+1)(x-1)$
$f'(x)=0$인 x의 값은 $x=-1$ 또는 $x=0$ 또는 $x=1$
함수 $f(x)$의 증가와 감소를 표로 나타내면 다음과 같다.

x	$\cdots$	-1	$\cdots$	0	$\cdots$	1	$\cdots$
$f'(x)$	−	0	+	0	−	0	+
$f(x)$	↘	-1 극소	↗	0 극대	↘	-1 극소	↗

따라서 함수 $y=f(x)$의 그래프는 오른쪽 그림과 같다.

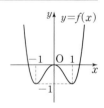

0442 답 풀이 참조

$f(x)=-3x^4-4x^3-1$에서
$f'(x)=-12x^3-12x^2=-12x^2(x+1)$
$f'(x)=0$인 x의 값은 $x=-1$ 또는 $x=0$
함수 $f(x)$의 증가와 감소를 표로 나타내면 다음과 같다.

x	$\cdots$	-1	$\cdots$	0	$\cdots$
$f'(x)$	+	0	−	0	−
$f(x)$	↗	0 극대	↘	-1	↘

따라서 함수 $y=f(x)$의 그래프는 오른쪽 그림과 같다.

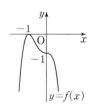

0443 답 최댓값: 23, 최솟값: -9

$f(x)=-x^3+6x^2-9$에서
$f'(x)=-3x^2+12x=-3x(x-4)$
$f'(x)=0$인 x의 값은 $x=0$ 또는 $x=4$

구간 $[0, 5]$에서 함수 $f(x)$의 증가와 감소를 표로 나타내면 다음과
같다.

x	0	$\cdots$	4	$\cdots$	5
$f'(x)$	0	$+$	0	$-$	
$f(x)$	-9	↗	23 극대	↘	16

따라서 함수 $f(x)$는 $x=4$에서 최댓값 23, $x=0$에서 최솟값 -9를
갖는다.

0444 답 최댓값: $\dfrac{5}{4}$, 최솟값: -4

$f(x)=\dfrac{1}{4}x^4+x^3$에서

$f'(x)=x^3+3x^2=x^2(x+3)$

$f'(x)=0$인 x의 값은 $x=0$ $(\because -2\le x\le 1)$

구간 $[-2, 1]$에서 함수 $f(x)$의 증가와 감소를 표로 나타내면 다음
과 같다.

x	-2	$\cdots$	0	$\cdots$	1
$f'(x)$		$+$	0	$+$	
$f(x)$	-4	↗	0	↗	$\dfrac{5}{4}$

따라서 함수 $f(x)$는 $x=1$에서 최댓값 $\dfrac{5}{4}$, $x=-2$에서 최솟값 -4
를 갖는다.

B 유형 완성

0445 답 ①

$f(x)=-x^3+3x^2+9x+4$에서

$f'(x)=-3x^2+6x+9=-3(x+1)(x-3)$

$f'(x)=0$인 x의 값은 $x=-1$ 또는 $x=3$

함수 $f(x)$의 증가와 감소를 표로 나타내면 다음과 같다.

x	$\cdots$	-1	$\cdots$	3	$\cdots$
$f'(x)$	$-$	0	$+$	0	$-$
$f(x)$	↘	-1	↗	31	↘

따라서 함수 $f(x)$가 증가하는 구간은 $[-1, 3]$이므로

$a=-1$, $b=3$ $\therefore a+b=2$

다른 풀이

$f(x)=-x^3+3x^2+9x+4$에서

$f'(x)=-3x^2+6x+9=-3(x+1)(x-3)$

이때 $f'(x)\ge 0$인 구간에서 함수 $f(x)$가 증가하므로

$-3(x+1)(x-3)\ge 0$

$(x+1)(x-3)\le 0$ $\therefore -1\le x\le 3$

따라서 $a=-1$, $b=3$이므로 $a+b=2$

0446 답 10

$f(x)=x^3+6x^2+ax-2$에서

$f'(x)=3x^2+12x+a$

함수 $f(x)$가 감소하는 x의 값의 범위가 $-3\le x\le b$이므로 -3, b
는 이차방정식 $f'(x)=0$의 두 근이다.

따라서 이차방정식의 근과 계수의 관계에 의하여

$-3+b=-4$, $-3\times b=\dfrac{a}{3}$ $\therefore a=9$, $b=-1$

$\therefore a-b=10$

0447 답 39

$f(x)=-2x^3+ax^2+bx-1$에서

$f'(x)=-6x^2+2ax+b$

함수 $f(x)$가 구간 $(-\infty, -2]$, $[3, \infty)$에서 감소하고, 구간
$[-2, 3]$에서 증가하므로 -2, 3은 이차방정식 $f'(x)=0$의 두 근
이다.

따라서 이차방정식의 근과 계수의 관계에 의하여

$-2+3=\dfrac{a}{3}$, $-2\times 3=-\dfrac{b}{6}$ $\therefore a=3$, $b=36$

$\therefore a+b=39$

0448 답 -3

$f(x)=-x^3+ax^2-3x+5$에서

$f'(x)=-3x^2+2ax-3$

함수 $f(x)$가 실수 전체의 집합에서 감소하려면 모든 실수 x에 대하
여 $f'(x)\le 0$이어야 한다.

이차방정식 $f'(x)=0$의 판별식을 D라 하면

$\dfrac{D}{4}=a^2-9\le 0$

$(a+3)(a-3)\le 0$ $\therefore -3\le a\le 3$

따라서 a의 최솟값은 -3이다.

0449 답 ⑤

$f(x)=ax^3+x^2+4x$에서

$f'(x)=3ax^2+2x+4$

함수 $f(x)$가 구간 $(-\infty, \infty)$에서 증가하려면 모든 실수 x에 대하
여 $f'(x)\ge 0$이어야 하므로

$a>0$ $\cdots\cdots$ ㉠

이차방정식 $f'(x)=0$의 판별식을 D라 하면

$\dfrac{D}{4}=1-12a\le 0$ $\therefore a\ge \dfrac{1}{12}$ $\cdots\cdots$ ㉡

㉠, ㉡에서 $a\ge \dfrac{1}{12}$

0450 답 3

$f(x)=-x^3+3ax^2+(a-4)x+1$에서

$f'(x)=-3x^2+6ax+a-4$

$x_1<x_2$인 임의의 두 실수 x_1, x_2에 대하여 $f(x_1)>f(x_2)$가 성립하려
면 함수 $f(x)$가 실수 전체의 집합에서 감소해야 한다.

즉, 모든 실수 x에 대하여 $f'(x)\le 0$이어야 한다. $\cdots\cdots$ ❶

이차방정식 $f'(x)=0$의 판별식을 D라 하면

$\dfrac{D}{4}=9a^2+3(a-4)\le 0$

$(3a+4)(a-1)\le 0$ $\therefore -\dfrac{4}{3}\le a\le 1$ $\cdots\cdots$ ❷

따라서 정수 a는 -1, 0, 1의 3개이다. $\cdots\cdots$ ❸

채점 기준

채점 기준	
❶ $f'(x)$의 조건 구하기	40 %
❷ a의 값의 범위 구하기	40 %
❸ 정수 a의 개수 구하기	20 %

0451 답 −8

$f(x)=\dfrac{2}{3}x^3+4x^2-kx-1$에서 $f'(x)=2x^2+8x-k$

함수 $f(x)$의 역함수가 존재하려면 일대일대응이어야 하고 $f(x)$의 최고차항의 계수가 양수이므로 $f(x)$는 실수 전체의 집합에서 증가해야 한다.

즉, 모든 실수 x에 대하여 $f'(x)\geq 0$이어야 한다.

이차방정식 $f'(x)=0$의 판별식을 D라 하면

$\dfrac{D}{4}=16+2k\leq 0$ ∴ $k\leq -8$

따라서 k의 최댓값은 -8이다.

0452 답 2

$f(x)=-x^3+ax^2+12x+1$에서 $f'(x)=-3x^2+2ax+12$

함수 $f(x)$가 구간 $[-1,3]$에서 증가하려면
$-1\leq x\leq 3$에서 $f'(x)\geq 0$이어야 하므로
$f'(-1)\geq 0,\ f'(3)\geq 0$

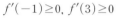

$f'(-1)\geq 0$에서

$-3-2a+12\geq 0$ ∴ $a\leq \dfrac{9}{2}$ …… ㉠

$f'(3)\geq 0$에서

$-27+6a+12\geq 0$ ∴ $a\geq \dfrac{5}{2}$ …… ㉡

㉠, ㉡에서 $\dfrac{5}{2}\leq a\leq \dfrac{9}{2}$

따라서 정수 a는 3, 4의 2개이다.

0453 답 ③

$f(x)=x^3-x^2-ax+2$에서 $f'(x)=3x^2-2x-a$

함수 $f(x)$가 $0\leq x\leq 1$에서 감소하려면
$0\leq x\leq 1$에서 $f'(x)\leq 0$이어야 하므로
$f'(0)\leq 0,\ f'(1)\leq 0$

$f'(0)\leq 0$에서

$-a\leq 0$ ∴ $a\geq 0$ …… ㉠

$f'(1)\leq 0$에서

$3-2-a\leq 0$ ∴ $a\geq 1$ …… ㉡

㉠, ㉡에서 $a\geq 1$

따라서 a의 최솟값은 1이다.

0454 답 $0\leq a\leq 6$

$f(x)=x^3-\dfrac{9}{2}x^2+ax+5$에서 $f'(x)=3x^2-9x+a$

함수 $f(x)$가 구간 $[1,2]$에서 감소하려면
$1\leq x\leq 2$에서 $f'(x)\leq 0$이어야 하고, 구간
$[3,\infty)$에서 증가하려면 $x\geq 3$에서
$f'(x)\geq 0$이어야 하므로
$f'(1)\leq 0,\ f'(2)\leq 0,\ f'(3)\geq 0$

$f'(1)\leq 0$에서 $3-9+a\leq 0$ ∴ $a\leq 6$ …… ㉠

$f'(2)\leq 0$에서 $12-18+a\leq 0$ ∴ $a\leq 6$ …… ㉡

$f'(3)\geq 0$에서 $27-27+a\geq 0$ ∴ $a\geq 0$ …… ㉢

㉠, ㉡, ㉢에서 $0\leq a\leq 6$

0455 답 ⑤

$f(x)=x^3+3x^2-9x+1$에서

$f'(x)=3x^2+6x-9=3(x+3)(x-1)$

$f'(x)=0$인 x의 값은 $x=-3$ 또는 $x=1$

함수 $f(x)$의 증가와 감소를 표로 나타내면 다음과 같다.

x	$\cdots$	-3	$\cdots$	1	$\cdots$
$f'(x)$	$+$	0	$-$	0	$+$
$f(x)$	↗	28 극대	↘	-4 극소	↗

따라서 함수 $f(x)$는 $x=-3$에서 극댓값 28, $x=1$에서 극솟값 -4를 가지므로
$M=28,\ m=-4$

∴ $M-m=32$

0456 답 11

$f(x)=x^3-3x+12$에서

$f'(x)=3x^2-3=3(x+1)(x-1)$

$f'(x)=0$인 x의 값은 $x=-1$ 또는 $x=1$

함수 $f(x)$의 증가와 감소를 표로 나타내면 다음과 같다.

x	$\cdots$	-1	$\cdots$	1	$\cdots$
$f'(x)$	$+$	0	$-$	0	$+$
$f(x)$	↗	14 극대	↘	10 극소	↗

따라서 함수 $f(x)$는 $x=1$에서 극소이므로 $a=1$

∴ $a+f(a)=1+f(1)=1+10=11$

0457 답 28

$f(x)=-3x^4+4x^3+12x^2-3$에서

$f'(x)=-12x^3+12x^2+24x=-12x(x+1)(x-2)$

$f'(x)=0$인 x의 값은 $x=-1$ 또는 $x=0$ 또는 $x=2$

함수 $f(x)$의 증가와 감소를 표로 나타내면 다음과 같다.

x	$\cdots$	-1	$\cdots$	0	$\cdots$	2	$\cdots$
$f'(x)$	$+$	0	$-$	0	$+$	0	$-$
$f(x)$	↗	2 극대	↘	-3 극소	↗	29 극대	↘

따라서 함수 $f(x)$는 $x=-1$에서 극댓값 2, $x=2$에서 극댓값 29, $x=0$에서 극솟값 -3을 가지므로 모든 극값의 합은
$2+29+(-3)=28$

0458 답 $2\sqrt{5}$

$f(x)=x^3-6x^2+9x+1$에서

$f'(x)=3x^2-12x+9=3(x-1)(x-3)$

$f'(x)=0$인 x의 값은 $x=1$ 또는 $x=3$ …… ❶

함수 $f(x)$의 증가와 감소를 표로 나타내면 다음과 같다.

x	$\cdots$	1	$\cdots$	3	$\cdots$
$f'(x)$	$+$	0	$-$	0	$+$
$f(x)$	↗	5 극대	↘	1 극소	↗

함수 $f(x)$는 $x=1$에서 극댓값 5, $x=3$에서 극솟값 1을 가지므로
A$(1,\,5)$, B$(3,\,1)$ $\cdots\cdots$ **ⅱ**
따라서 선분 AB의 길이는
$\sqrt{(3-1)^2+(1-5)^2}=2\sqrt{5}$ $\cdots\cdots$ **ⅲ**

채점 기준

ⅰ $f'(x)=0$인 x의 값 구하기	30 %
ⅱ 두 점 A, B의 좌표 구하기	40 %
ⅲ 선분 AB의 길이 구하기	30 %

0459 답 3

$f(x)=-x^3+ax^2+bx+3$에서 $f'(x)=-3x^2+2ax+b$
함수 $f(x)$가 $x=1$에서 극솟값 -1을 가지므로
$f'(1)=0,\ f(1)=-1$
$f'(1)=0$에서 $-3+2a+b=0$
$\therefore 2a+b=3$ $\cdots\cdots$ ㉠
$f(1)=-1$에서 $-1+a+b+3=-1$
$\therefore a+b=-3$ $\cdots\cdots$ ㉡
㉠, ㉡을 연립하여 풀면 $a=6,\ b=-9$
$\therefore f(x)=-x^3+6x^2-9x+3$,
$\quad f'(x)=-3x^2+12x-9=-3(x-1)(x-3)$
$f'(x)=0$인 x의 값은 $x=1$ 또는 $x=3$
함수 $f(x)$의 증가와 감소를 표로 나타내면 다음과 같다.

x	$\cdots$	1	$\cdots$	3	$\cdots$
$f'(x)$	$-$	0	$+$	0	$-$
$f(x)$	↘	-1 극소	↗	3 극대	↘

따라서 함수 $f(x)$는 $x=3$에서 극댓값 3을 갖는다.

0460 답 $-\dfrac{19}{2}$

$f(x)=x^3-\dfrac{3}{2}x^2-6x+a$에서
$f'(x)=3x^2-3x-6=3(x+1)(x-2)$
$f'(x)=0$인 x의 값은 $x=-1$ 또는 $x=2$
함수 $f(x)$의 증가와 감소를 표로 나타내면 다음과 같다.

x	$\cdots$	-1	$\cdots$	2	$\cdots$
$f'(x)$	$+$	0	$-$	0	$+$
$f(x)$	↗	$a+\dfrac{7}{2}$ 극대	↘	$a-10$ 극소	↗

함수 $f(x)$는 $x=-1$에서 극댓값 $a+\dfrac{7}{2}$을 가지므로
$a+\dfrac{7}{2}=4$ $\quad\therefore a=\dfrac{1}{2}$
따라서 함수 $f(x)$는 $x=2$에서 극소이므로 극솟값은
$a-10=\dfrac{1}{2}-10=-\dfrac{19}{2}$

0461 답 ②

$f(x)=2x^3-9x^2+ax+5$에서
$f'(x)=6x^2-18x+a$
함수 $f(x)$가 $x=1$에서 극대이므로 $f'(1)=0$에서
$6-18+a=0$ $\quad\therefore a=12$
$\therefore f'(x)=6x^2-18x+12=6(x-1)(x-2)$
$f'(x)=0$인 x의 값은 $x=1$ 또는 $x=2$
함수 $f(x)$의 증가와 감소를 표로 나타내면 다음과 같다.

x	$\cdots$	1	$\cdots$	2	$\cdots$
$f'(x)$	$+$	0	$-$	0	$+$
$f(x)$	↗	극대	↘	극소	↗

따라서 함수 $f(x)$는 $x=2$에서 극소이므로 $b=2$
$\therefore a+b=14$

0462 답 -22

$f(x)=2x^3+ax^2+bx+c$에서
$f'(x)=6x^2+2ax+b$
함수 $f(x)$가 $x=-2$에서 극댓값, $x=1$에서 극솟값을 가지므로
$f'(-2)=0,\ f'(1)=0$
$f'(-2)=0$에서 $24-4a+b=0$
$\therefore 4a-b=24$ $\cdots\cdots$ ㉠
$f'(1)=0$에서 $6+2a+b=0$
$\therefore 2a+b=-6$ $\cdots\cdots$ ㉡
㉠, ㉡을 연립하여 풀면 $a=3,\ b=-12$
$\therefore f(x)=2x^3+3x^2-12x+c$
함수 $f(x)$가 $x=-2$에서 극댓값 5를 가지므로 $f(-2)=5$에서
$-16+12+24+c=5$ $\quad\therefore c=-15$
따라서 $f(x)=2x^3+3x^2-12x-15$이므로 극솟값은
$f(1)=2+3-12-15=-22$

0463 답 1

$f(x)=2x^3+3ax^2-12a^2x+a^3$에서
$f'(x)=6x^2+6ax-12a^2=6(x+2a)(x-a)$
$f'(x)=0$인 x의 값은 $x=-2a$ 또는 $x=a$
$a>0$이므로 함수 $f(x)$의 증가와 감소를 표로 나타내면 다음과 같다.

x	$\cdots$	$-2a$	$\cdots$	a	$\cdots$
$f'(x)$	$+$	0	$-$	0	$+$
$f(x)$	↗	$21a^3$ 극대	↘	$-6a^3$ 극소	↗

따라서 함수 $f(x)$는 $x=-2a$에서 극댓값 $21a^3$, $x=a$에서 극솟값 $-6a^3$을 갖고 그 합이 15이므로
$21a^3+(-6a^3)=15,\ a^3=1$
$\therefore a=1\ (\because a$는 실수$)$

0464 답 -4

$f(x)=-2x^3+(a+2)x^2+6x+b$에서
$f'(x)=-6x^2+2(a+2)x+6$
함수 $f(x)$가 $x=\alpha$에서 극대이고 $x=\beta$에서 극소라 하면 $\alpha,\ \beta$는 이차방정식 $f'(x)=0$의 두 근이다.

이때 극대인 점과 극소인 점이 원점에 대하여 대칭이므로
$\alpha=-\beta$ $\therefore \alpha+\beta=0$
이차방정식의 근과 계수의 관계에 의하여
$\alpha+\beta=\dfrac{2(a+2)}{6}=0$
$a+2=0$ $\therefore a=-2$ ...... ❶
$\therefore f(x)=-2x^3+6x+b$,
$f'(x)=-6x^2+6=-6(x+1)(x-1)$
$f'(x)=0$인 x의 값은 $x=-1$ 또는 $x=1$
함수 $f(x)$의 증가와 감소를 표로 나타내면 다음과 같다.

x	$\cdots$	-1	$\cdots$	1	$\cdots$
$f'(x)$	$-$	0	$+$	0	$-$
$f(x)$	$\searrow$	$b-4$ 극소	$\nearrow$	$b+4$ 극대	$\searrow$

이때 극대인 점과 극소인 점이 원점에 대하여 대칭이므로
$b-4=-(b+4)$ $\therefore b=0$ ...... ❷
따라서 함수 $f(x)$는 $x=-1$에서 극소이므로 극솟값은
$b-4=-4$ ...... ❸

채점 기준

❶ a의 값 구하기	40 %
❷ b의 값 구하기	40 %
❸ $f(x)$의 극솟값 구하기	20 %

0465 답 -4

$f(x)=ax^3+bx^2+cx+d$ $(a, b, c, d$는 상수, $a\neq0)$라 하면
$f'(x)=3ax^2+2bx+c$
점 $(0, 1)$이 함수 $y=f(x)$의 그래프 위의 점이고, 점 $(0, 1)$에서의
접선의 방정식이 $y=-9x+1$이므로
$f(0)=1, f'(0)=-9$
$f(0)=1$에서 $d=1$
$f'(0)=-9$에서 $c=-9$
$\therefore f(x)=ax^3+bx^2-9x+1$, $f'(x)=3ax^2+2bx-9$
함수 $f(x)$가 $x=-3$에서 극댓값 28을 가지므로
$f'(-3)=0, f(-3)=28$
$f'(-3)=0$에서 $27a-6b-9=0$
$\therefore 9a-2b=3$ ...... ㉠
$f(-3)=28$에서 $-27a+9b+27+1=28$
$\therefore 3a-b=0$ ...... ㉡
㉠, ㉡을 연립하여 풀면
$a=1, b=3$
$\therefore f(x)=x^3+3x^2-9x+1$,
$f'(x)=3x^2+6x-9=3(x+3)(x-1)$
$f'(x)=0$인 x의 값은 $x=-3$ 또는 $x=1$
함수 $f(x)$의 증가와 감소를 표로 나타내면 다음과 같다.

x	$\cdots$	-3	$\cdots$	1	$\cdots$
$f'(x)$	$+$	0	$-$	0	$+$
$f(x)$	$\nearrow$	28 극대	$\searrow$	-4 극소	$\nearrow$

따라서 함수 $f(x)$는 $x=1$에서 극솟값 -4를 갖는다.

0466 답 4

$f(x)=x^3+ax^2+bx+c$ $(a, b, c$는 상수)라 하면
$f'(x)=3x^2+2ax+b$
㈏에서 $f'(1-x)=f'(1+x)$의 양변에 $x=1$을 대입하면
$f'(0)=f'(2)$
㈎에서 $f'(2)=0$이므로 $f'(0)=f'(2)=0$
$f'(0)=0$에서 $b=0$
$f'(2)=0$에서 $12+4a=0$ $\therefore a=-3$
$\therefore f(x)=x^3-3x^2+c$,
$f'(x)=3x^2-6x=3x(x-2)$
$f'(x)=0$인 x의 값은 $x=0$ 또는 $x=2$
함수 $f(x)$의 증가와 감소를 표로 나타내면 다음과 같다.

x	$\cdots$	0	$\cdots$	2	$\cdots$
$f'(x)$	$+$	0	$-$	0	$+$
$f(x)$	$\nearrow$	c 극대	$\searrow$	$c-4$ 극소	$\nearrow$

따라서 함수 $f(x)$는 $x=0$에서 극댓값 c, $x=2$에서 극솟값 $c-4$를
가지므로 구하는 차는
$c-(c-4)=4$

0467 답 $\dfrac{3}{2}$

$y=f'(x)$의 그래프가 x축과 만나는 점의 x좌표가 -2, 1이므로 주
어진 그래프에서 $f'(x)$의 부호를 조사하여 함수 $f(x)$의 증가와 감
소를 표로 나타내면 다음과 같다.

x	$\cdots$	-2	$\cdots$	1	$\cdots$
$f'(x)$	$+$	0	$-$	0	$+$
$f(x)$	$\nearrow$	극대	$\searrow$	극소	$\nearrow$

$f(x)=x^3+ax^2+bx+c$ $(a, b, c$는 상수)라 하면
$f'(x)=3x^2+2ax+b$
$f'(-2)=0, f'(1)=0$에서
$12-4a+b=0, 3+2a+b=0$ $\therefore 4a-b=12, 2a+b=-3$
두 식을 연립하여 풀면 $a=\dfrac{3}{2}, b=-6$
$\therefore f(x)=x^3+\dfrac{3}{2}x^2-6x+c$
함수 $f(x)$는 $x=-2$에서 극댓값 15를 가지므로 $f(-2)=15$에서
$-8+6+12+c=15$ $\therefore c=5$
따라서 $f(x)=x^3+\dfrac{3}{2}x^2-6x+5$이고 $f(x)$는 $x=1$에서 극소이므
로 극솟값은
$f(1)=1+\dfrac{3}{2}-6+5=\dfrac{3}{2}$

0468 답 ③

$y=f'(x)$의 그래프가 x축과 만나는 점의 x좌표가 -1, 0이므로 주
어진 그래프에서 $f'(x)$의 부호를 조사하여 함수 $f(x)$의 증가와 감
소를 표로 나타내면 다음과 같다.

x	$\cdots$	-1	$\cdots$	0	$\cdots$
$f'(x)$	$-$	0	$+$	0	$-$
$f(x)$	$\searrow$	극소	$\nearrow$	극대	$\searrow$

$f(x)=ax^3+bx^2+cx+d$ (a, b, c, d는 상수, $a\neq0$)라 하면
$f'(x)=3ax^2+2bx+c$
$f'(-1)=0$, $f'(0)=0$에서
$3a-2b+c=0$, $c=0$ $\quad\therefore 3a-2b=0$ $\quad\cdots\cdots\ \boxdot$
$\therefore f(x)=ax^3+bx^2+d$
함수 $f(x)$는 $x=0$에서 극댓값 1, $x=-1$에서 극솟값 0을 가지므로
$f(0)=1$, $f(-1)=0$에서
$d=1$, $-a+b+d=0$ $\quad\therefore a-b=1$ $\quad\cdots\cdots\ \boxdot$
$\boxdot$, $\boxdot$을 연립하여 풀면 $a=-2$, $b=-3$
따라서 $f(x)=-2x^3-3x^2+1$이므로
$f(-2)=16-12+1=5$

0469 답 $\dfrac{32}{3}$

$y=f'(x)$의 그래프가 x축과 만나는 점의 x좌표가 -1, 3이므로 주어진 그래프에서 $f'(x)$의 부호를 조사하여 함수 $f(x)$의 증가와 감소를 표로 나타내면 다음과 같다.

x	$\cdots$	-1	$\cdots$	3	$\cdots$
$f'(x)$	$-$	0	$+$	0	$-$
$f(x)$	$\searrow$	극소	$\nearrow$	극대	$\searrow$

$f(x)=ax^3+bx^2+cx+d$ (a, b, c, d는 상수, $a\neq0$)라 하면
$f'(x)=3ax^2+2bx+c$
주어진 그래프에서 $f'(0)=3$이므로 $c=3$
$\therefore f'(x)=3ax^2+2bx+3$
$f'(-1)=0$, $f'(3)=0$에서 $3a-2b+3=0$, $27a+6b+3=0$
$\therefore 3a-2b=-3$, $9a+2b=-1$
두 식을 연립하여 풀면 $a=-\dfrac{1}{3}$, $b=1$
$\therefore f(x)=-\dfrac{1}{3}x^3+x^2+3x+d$
따라서 함수 $f(x)$는 $x=3$에서 극댓값 $d+9$, $x=-1$에서 극솟값 $d-\dfrac{5}{3}$를 가지므로 극댓값과 극솟값의 차는
$(d+9)-\left(d-\dfrac{5}{3}\right)=\dfrac{32}{3}$

0470 답 ②

주어진 그래프에서 $f'(x)$의 부호를 조사하여 함수 $f(x)$의 증가와 감소를 표로 나타내면 다음과 같다.

x	$\cdots$	-1	$\cdots$	1	$\cdots$	3	$\cdots$	5	$\cdots$
$f'(x)$	$-$	0	$+$	0	$+$	0	$-$	0	$+$
$f(x)$	$\searrow$	극소	$\nearrow$		$\nearrow$	극대	$\searrow$	극소	$\nearrow$

① 함수 $f(x)$는 구간 $[2, 3]$에서 증가하고, 구간 $[3, 4]$에서 감소한다.
② $f'(1)=0$이므로 함수 $f(x)$는 $x=1$에서 미분가능하다.
③ $x=2$의 좌우에서 $f'(x)$의 부호가 바뀌지 않으므로 함수 $f(x)$는 $x=2$에서 극값을 갖지 않는다.
④ 함수 $f(x)$는 $x=3$에서 극대이다.
⑤ 구간 $(-1, 5)$에서 함수 $f(x)$가 $x=3$에서 극값을 가지므로 극값은 1개이다.
따라서 옳은 것은 ②이다.

0471 답 -1

다음 그림과 같이 함수 $y=f'(x)$의 그래프가 x축과 만나는 점의 x좌표를 차례대로 x_1, x_2, x_3, x_4, x_5라 하자.

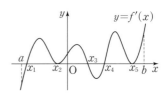

주어진 그래프에서 $f'(x)$의 부호를 조사하여 함수 $f(x)$의 증가와 감소를 표로 나타내면 다음과 같다.

x	a	$\cdots$	x_1	$\cdots$	x_2	$\cdots$	x_3	$\cdots$	x_4	$\cdots$	x_5	$\cdots$	b
$f'(x)$		$-$	0	$+$	0	$+$	0	$-$	0	$+$	0	$+$	
$f(x)$		$\searrow$	극소	$\nearrow$		$\nearrow$	극대	$\searrow$	극소	$\nearrow$		$\nearrow$	

따라서 함수 $f(x)$는 $x=x_3$에서 극대, $x=x_1$, $x=x_4$에서 극소이므로
$m=1$, $n=2$
$\therefore m-n=-1$

0472 답 c

$h'(x)=f'(x)-g'(x)=0$인 x의 값은 두 함수 $y=f'(x)$, $y=g'(x)$의 그래프의 교점의 x좌표와 같으므로
$x=b$ 또는 $x=c$ 또는 $x=f$
주어진 그래프에서 $h'(x)$의 부호를 조사하여 함수 $h(x)$의 증가와 감소를 표로 나타내면 다음과 같다.

x	$\cdots$	b	$\cdots$	c	$\cdots$	f	$\cdots$
$h'(x)$	$+$	0	$-$	0	$+$	0	$-$
$h(x)$	$\nearrow$	극대	$\searrow$	극소	$\nearrow$	극대	$\searrow$

따라서 함수 $h(x)$는 $x=c$에서 극소이므로 구하는 x의 값은 c이다.

0473 답 ③

주어진 그래프에서 $f'(x)$의 부호를 조사하여 함수 $f(x)$의 증가와 감소를 표로 나타내면 다음과 같다.

x	$\cdots$	-1	$\cdots$	3	$\cdots$
$f'(x)$	$+$	0	$+$	0	$-$
$f(x)$	$\nearrow$		$\nearrow$	극대	$\searrow$

따라서 함수 $y=f(x)$의 그래프의 개형이 될 수 있는 것은 ③이다.

0474 답 ①

$f(x)=x^4-6x^2+5$라 하면
$f'(x)=4x^3-12x=4x(x+\sqrt{3})(x-\sqrt{3})$
$f'(x)=0$인 x의 값은
$x=-\sqrt{3}$ 또는 $x=0$ 또는 $x=\sqrt{3}$
함수 $f(x)$의 증가와 감소를 표로 나타내면 다음과 같다.

x	$\cdots$	$-\sqrt{3}$	$\cdots$	0	$\cdots$	$\sqrt{3}$	$\cdots$
$f'(x)$	$-$	0	$+$	0	$-$	0	$+$
$f(x)$	$\searrow$	-4 극소	$\nearrow$	5 극대	$\searrow$	-4 극소	$\nearrow$

따라서 함수 $y=f(x)$의 그래프의 개형이 될 수 있는 것은 ①이다.

0475 답 ㄱ, ㄴ

$f(x)=x^3+ax^2+bx+c$에서

$f'(x)=3x^2+2ax+b$

함수 $f(x)$가 $x=\alpha$에서 극대, $x=\beta$에서 극소이므로

$f'(\alpha)=0$, $f'(\beta)=0$

따라서 이차방정식 $f'(x)=0$의 두 근은 α, β이고, $\alpha<0$, $\beta>0$,

$|\beta|>|\alpha|$이므로 근과 계수의 관계에 의하여

$\alpha+\beta=-\dfrac{2a}{3}>0$, $\alpha\beta=\dfrac{b}{3}<0$

$\therefore a<0$, $b<0$

또 함수 $y=f(x)$의 그래프가 $x=0$일 때 y축의 양의 부분과 만나므로

$f(0)>0$ $\therefore c>0$

ㄱ. $a<0$, $b<0$, $c>0$이므로 $abc>0$

ㄴ. $a<0$, $bc<0$이므로 $a+bc<0$

ㄷ. $\dfrac{|a|}{a}+\dfrac{|b|}{b}+\dfrac{|c|}{c}=\dfrac{-a}{a}+\dfrac{-b}{b}+\dfrac{c}{c}$

$=-1+(-1)+1=-1$

따라서 보기에서 옳은 것은 ㄱ, ㄴ이다.

0476 답 $-1\le a\le 3$

$f(x)=\dfrac{2}{3}x^3+(a-1)x^2+2x-5$에서

$f'(x)=2x^2+2(a-1)x+2$

함수 $f(x)$가 극값을 갖지 않으려면 이차방정식 $f'(x)=0$이 중근 또는 허근을 가져야 한다.

이차방정식 $f'(x)=0$의 판별식을 D라 하면

$\dfrac{D}{4}=(a-1)^2-4\le 0$

$a^2-2a-3\le 0$, $(a+1)(a-3)\le 0$

$\therefore -1\le a\le 3$

0477 답 ④

$f(x)=x^3+ax^2+(a^2-4a)x+3$에서

$f'(x)=3x^2+2ax+a^2-4a$

함수 $f(x)$가 극값을 가지려면 이차방정식 $f'(x)=0$이 서로 다른 두 실근을 가져야 한다.

이차방정식 $f'(x)=0$의 판별식을 D라 하면

$\dfrac{D}{4}=a^2-3(a^2-4a)>0$

$a^2-6a<0$, $a(a-6)<0$

$\therefore 0<a<6$

따라서 모든 정수 a의 값의 합은

$1+2+3+4+5=15$

0478 답 5

$f(x)=ax^3-6x^2+(a-1)x-2$에서

$f'(x)=3ax^2-12x+(a-1)$ ...... ❶

함수 $f(x)$가 극값을 가지려면 이차방정식 $f'(x)=0$이 서로 다른 두 실근을 가져야 한다.

이차방정식 $f'(x)=0$의 판별식을 D라 하면

$\dfrac{D}{4}=36-3a(a-1)>0$

$a^2-a-12<0$, $(a+3)(a-4)<0$

$\therefore -3<a<0$ 또는 $0<a<4$ ($\because a\ne 0$) ...... ❷

따라서 정수 a는 -2, -1, 1, 2, 3의 5개이다. ...... ❸

채점 기준

❶	$f'(x)$ 구하기	20 %
❷	a의 값의 범위 구하기	60 %
❸	정수 a의 개수 구하기	20 %

0479 답 $-2<a<0$

$f(x)=x^3-ax^2+2ax+1$에서

$f'(x)=3x^2-2ax+2a$

함수 $f(x)$가 구간 $(-2, 2)$에서 극댓값과 극솟값을 모두 가지려면 이차방정식 $f'(x)=0$이 $-2<x<2$에서 서로 다른 두 실근을 가져야 한다.

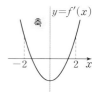

(i) 이차방정식 $f'(x)=0$의 판별식을 D라 하면

$\dfrac{D}{4}=a^2-6a>0$

$a(a-6)>0$ $\therefore a<0$ 또는 $a>6$ ...... ㉠

(ii) $f'(-2)>0$이어야 하므로

$12+4a+2a>0$ $\therefore a>-2$ ...... ㉡

$f'(2)>0$이어야 하므로

$12-4a+2a>0$ $\therefore a<6$ ...... ㉢

(iii) $y=f'(x)$의 그래프의 축의 방정식이 $x=\dfrac{a}{3}$이므로

$-2<\dfrac{a}{3}<2$ $\therefore -6<a<6$ ...... ㉣

㉠~㉣에서 $-2<a<0$

공통수학1 다시보기

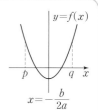

이차방정식 $ax^2+bx+c=0\,(a>0)$의 판별식을 D라 하고 $f(x)=ax^2+bx+c$라 하면 이차방정식 $ax^2+bx+c=0$의 서로 다른 두 실근이 모두 p, $q\,(p<q)$ 사이에 있을 때, 다음을 모두 만족시킨다.

(i) $D>0$

(ii) $f(p)>0$, $f(q)>0$

(iii) $p<-\dfrac{b}{2a}<q$

0480 답 ⑤

$f(x)=-x^3+(a+1)x^2-x+1$에서

$f'(x)=-3x^2+2(a+1)x-1$

함수 $f(x)$가 $x<1$에서 극솟값을 갖고, $x>1$에서 극댓값을 가지려면 이차방정식 $f'(x)=0$의 서로 다른 두 실근 중 한 근은 1보다 작고, 다른 한 근은 1보다 커야 하므로 $f'(1)>0$에서

$-3+2(a+1)-1>0$

$\therefore a>1$

따라서 정수 a의 최솟값은 2이다.

0481 답 2

$f(x)=\dfrac{1}{3}x^3-ax^2+(a^2-1)x+3$에서

$f'(x)=x^2-2ax+a^2-1$

함수 $f(x)$가 구간 $(-1,2)$에서 극댓값을 갖고, 구간 $(2,\infty)$에서 극솟값을 가지려면 이차방정식 $f'(x)=0$의 서로 다른 두 실근 중 한 근은 -1과 2 사이에 있고, 다른 한 근은 2보다 커야 한다.

$f'(-1)>0$이어야 하므로

$1+2a+a^2-1>0$

$a^2+2a>0$, $a(a+2)>0$

$\therefore a<-2$ 또는 $a>0$ ...... ㉠

$f'(2)<0$이어야 하므로

$4-4a+a^2-1<0$

$a^2-4a+3<0$, $(a-1)(a-3)<0$

$\therefore 1<a<3$ ...... ㉡

㉠, ㉡에서 $1<a<3$

따라서 정수 a의 값은 2이다.

0482 답 $a<0$ 또는 $a>\dfrac{2}{3}$

$f(x)=x^4-4ax^3+3ax^2+1$에서

$f'(x)=4x^3-12ax^2+6ax=2x(2x^2-6ax+3a)$

함수 $f(x)$가 극댓값과 극솟값을 모두 가지려면 삼차방정식 $f'(x)=0$이 서로 다른 세 실근을 가져야 하므로 이차방정식 $2x^2-6ax+3a=0$이 0이 아닌 서로 다른 두 실근을 가져야 한다.

$x=0$이 이차방정식 $2x^2-6ax+3a=0$의 근이 아니어야 하므로

$a\ne0$ ...... ㉠

이차방정식 $2x^2-6ax+3a=0$의 판별식을 D라 하면

$\dfrac{D}{4}=9a^2-6a>0$

$a(3a-2)>0$ $\therefore a<0$ 또는 $a>\dfrac{2}{3}$ ...... ㉡

㉠, ㉡에서

$a<0$ 또는 $a>\dfrac{2}{3}$

만렙 Note

(1) 최고차항의 계수가 양수인 사차함수 $f(x)$는 항상 극솟값을 갖는다.
  ① 사차함수 $f(x)$가 극댓값을 갖는다.
    ⟺ 사차함수 $f(x)$가 극댓값과 극솟값을 모두 갖는다.
  ② 사차함수 $f(x)$가 극댓값을 갖지 않는다.
    ⟺ 사차함수 $f(x)$가 극값을 하나만 갖는다.
(2) 최고차항의 계수가 음수인 사차함수 $f(x)$는 항상 극댓값을 갖는다.
  ① 사차함수 $f(x)$가 극솟값을 갖는다.
    ⟺ 사차함수 $f(x)$가 극댓값과 극솟값을 모두 갖는다.
  ② 사차함수 $f(x)$가 극솟값을 갖지 않는다.
    ⟺ 사차함수 $f(x)$가 극값을 하나만 갖는다.

0483 답 ①

$f(x)=-x^4+4x^3+2ax^2$에서

$f'(x)=-4x^3+12x^2+4ax=-4x(x^2-3x-a)$

함수 $f(x)$가 극솟값을 가지려면 삼차방정식 $f'(x)=0$이 서로 다른 세 실근을 가져야 하므로 이차방정식 $x^2-3x-a=0$이 0이 아닌 서로 다른 두 실근을 가져야 한다.

$x=0$이 이차방정식 $x^2-3x-a=0$의 근이 아니어야 하므로

$a\ne0$ ...... ㉠

이차방정식 $x^2-3x-a=0$의 판별식을 D라 하면

$D=9+4a>0$ $\therefore a>-\dfrac{9}{4}$ ...... ㉡

㉠, ㉡에서

$-\dfrac{9}{4}<a<0$ 또는 $a>0$

따라서 정수 a의 최솟값은 -2이다.

0484 답 12

$f(x)=3x^4-4x^3-3(a+4)x^2+12ax$에서

$f'(x)=12x^3-12x^2-6(a+4)x+12a$

$\qquad =6(x-2)(2x^2+2x-a)$

함수 $f(x)$가 극값을 하나만 가지려면 삼차방정식 $f'(x)=0$이 중근 또는 허근을 가져야 하므로 이차방정식 $2x^2+2x-a=0$의 한 근이 2이거나 중근 또는 허근을 가져야 한다.

(i) 이차방정식 $2x^2+2x-a=0$의 한 근이 2인 경우

  $8+4-a=0$ $\therefore a=12$

(ii) 이차방정식 $2x^2+2x-a=0$이 중근 또는 허근을 갖는 경우

  이차방정식 $2x^2+2x-a=0$의 판별식을 D라 하면

  $\dfrac{D}{4}=1+2a\le0$ $\therefore a\le-\dfrac{1}{2}$

(i), (ii)에서

$a\le-\dfrac{1}{2}$ 또는 $a=12$

따라서 a의 최댓값은 12이다.

0485 답 ⑤

$f(x)=-x^3+6x^2-9x+10$에서

$f'(x)=-3x^2+12x-9=-3(x-1)(x-3)$

$f'(x)=0$인 x의 값은 $x=1$ 또는 $x=3$

구간 $[0,5]$에서 함수 $f(x)$의 증가와 감소를 표로 나타내면 다음과 같다.

x	0	$\cdots$	1	$\cdots$	3	$\cdots$	5
$f'(x)$		$-$	0	$+$	0	$-$	
$f(x)$	10	↘	6 극소	↗	10 극대	↘	-10

따라서 함수 $f(x)$는 $x=0$ 또는 $x=3$에서 최댓값 10, $x=5$에서 최솟값 -10을 가지므로

$M=10$, $m=-10$

$\therefore M-m=20$

0486 답 -7

$f(x)=x^4-6x^2-8x+15$에서

$f'(x)=4x^3-12x-8=4(x+1)^2(x-2)$

$f'(x)=0$인 x의 값은 $x=-1$ 또는 $x=2$

함수 $f(x)$의 증가와 감소를 표로 나타내면 다음과 같다.

x	$\cdots$	-1	$\cdots$	2	$\cdots$
$f'(x)$	$-$	0	$-$	0	$+$
$f(x)$	$\searrow$	18	$\searrow$	-9 극소	$\nearrow$

따라서 함수 $f(x)$는 $x=2$에서 최솟값 -9를 가지므로
$a=2$, $m=-9$
$\therefore a+m=-7$

0487 답 -10

$f(x)=-x^2(x+3)$에서
$f'(x)=-2x(x+3)-x^2$
$\quad\quad\;\,=-3x^2-6x=-3x(x+2)$
$f'(x)=0$인 x의 값은 $x=-2$ 또는 $x=0$
함수 $f(x)$의 증가와 감소를 표로 나타내면 다음과 같다.

x	$\cdots$	-2	$\cdots$	0	$\cdots$
$f'(x)$	$-$	0	$+$	0	$-$
$f(x)$	$\searrow$	-4 극소	$\nearrow$	0 극대	$\searrow$

······ ❶

구간 $[-3, -2]$에서 함수 $f(x)$는 $x=-2$일 때 최솟값 -4를 가지므로
$g(-3)=-4$
구간 $[-1, 0]$에서 함수 $f(x)$는 $x=-1$일 때 최솟값 -2를 가지므로
$g(-1)=-2$
구간 $[0, 1]$에서 함수 $f(x)$는 $x=1$일 때 최솟값 -4를 가지므로
$g(0)=-4$ ······ ❷
$\therefore g(-3)+g(-1)+g(0)=-10$ ······ ❸

채점 기준

❶ $f(x)$의 증가와 감소를 표로 나타내기	30 %
❷ $g(-3)$, $g(-1)$, $g(0)$의 값 구하기	60 %
❸ $g(-3)+g(-1)+g(0)$의 값 구하기	10 %

0488 답 21

$g(x)=-x^2+6x-6=-(x-3)^2+3$이므로 $g(x)=t$로 놓으면
$t\le 3$
$\therefore (f\circ g)(x)=f(g(x))=f(t)$ (단, $t\le 3$)
$f(t)=t^3-3t+3$에서
$f'(t)=3t^2-3=3(t+1)(t-1)$
$f'(t)=0$인 t의 값은 $t=-1$ 또는 $t=1$
$t\le 3$에서 함수 $f(t)$의 증가와 감소를 표로 나타내면 다음과 같다.

t	$\cdots$	-1	$\cdots$	1	$\cdots$	3
$f'(t)$	$+$	0	$-$	0	$+$	
$f(t)$	$\nearrow$	5 극대	$\searrow$	1 극소	$\nearrow$	21

따라서 함수 $f(t)$는 $t=3$에서 최댓값 21을 가지므로 함수 $(f\circ g)(x)$의 최댓값은 21이다.

0489 답 ②

$f(x)=ax^4-2ax^2+b+1$에서
$f'(x)=4ax^3-4ax=4ax(x+1)(x-1)$
$f'(x)=0$인 x의 값은
$x=-1$ 또는 $x=0$ $(\because -2\le x\le 0)$
$a>0$이므로 구간 $[-2, 0]$에서 함수 $f(x)$의 증가와 감소를 표로 나타내면 다음과 같다.

x	-2	$\cdots$	-1	$\cdots$	0
$f'(x)$		$-$	0	$+$	0
$f(x)$	$8a+b+1$	$\searrow$	$-a+b+1$ 극소	$\nearrow$	$b+1$

따라서 함수 $f(x)$는 $x=-2$에서 최댓값 $8a+b+1$, $x=-1$에서 최솟값 $-a+b+1$을 가지므로
$8a+b+1=11$, $-a+b+1=2$
$\therefore 8a+b=10$, $a-b=-1$
두 식을 연립하여 풀면 $a=1$, $b=2$
$\therefore a+b=3$

0490 답 -3

$f(x)=-2x^3+6x^2+a$에서
$f'(x)=-6x^2+12x=-6x(x-2)$
$f'(x)=0$인 x의 값은 $x=0$ 또는 $x=2$
구간 $[-1, 3]$에서 함수 $f(x)$의 증가와 감소를 표로 나타내면 다음과 같다.

x	-1	$\cdots$	0	$\cdots$	2	$\cdots$	3
$f'(x)$		$-$	0	$+$	0	$-$	
$f(x)$	$a+8$	$\searrow$	a 극소	$\nearrow$	$a+8$ 극대	$\searrow$	a

함수 $f(x)$는 $x=-1$ 또는 $x=2$에서 최댓값 $a+8$을 가지므로
$a+8=5$ $\quad\therefore a=-3$
따라서 함수 $f(x)$는 $x=0$ 또는 $x=3$에서 최소이므로 최솟값은
$a=-3$

0491 답 ④

$f(x)=x^4-4x^3-2x^2+12x+a$에서
$f'(x)=4x^3-12x^2-4x+12$
$\quad\quad\;\,=4(x+1)(x-1)(x-3)$
$f'(x)=0$인 x의 값은 $x=1$ 또는 $x=3$ $(\because 0\le x\le 4)$
구간 $[0, 4]$에서 함수 $f(x)$의 증가와 감소를 표로 나타내면 다음과 같다.

x	0	$\cdots$	1	$\cdots$	3	$\cdots$	4
$f'(x)$		$+$	0	$-$	0	$+$	
$f(x)$	a	$\nearrow$	$a+7$ 극대	$\searrow$	$a-9$ 극소	$\nearrow$	$a+16$

따라서 함수 $f(x)$는 $x=4$에서 최댓값 $a+16$, $x=3$에서 최솟값 $a-9$를 갖고 그 합이 11이므로
$(a+16)+(a-9)=11$
$\therefore a=2$

0492 답 $\dfrac{64\sqrt{3}}{9}$

직사각형의 꼭짓점 중 제1사분면에 있는 점을 P라 하고 점 P의 x좌표를 a라 하면

$P(a, -a^2+4)$ (단, $0<a<2$)

직사각형의 넓이를 $S(a)$라 하면

$S(a)=2a\times 2(-a^2+4)=-4a^3+16a$

$\therefore S'(a)=-12a^2+16=-12\left(a+\dfrac{2\sqrt{3}}{3}\right)\left(a-\dfrac{2\sqrt{3}}{3}\right)$

$S'(a)=0$인 a의 값은 $a=\dfrac{2\sqrt{3}}{3}$ ($\because 0<a<2$)

$0<a<2$에서 함수 $S(a)$의 증가와 감소를 표로 나타내면 다음과 같다.

a	0	$\cdots$	$\dfrac{2\sqrt{3}}{3}$	$\cdots$	2
$S'(a)$		$+$	0	$-$	
$S(a)$		$\nearrow$	$\dfrac{64\sqrt{3}}{9}$ 극대	$\searrow$	

따라서 직사각형의 넓이 $S(a)$의 최댓값은 $\dfrac{64\sqrt{3}}{9}$이다.

0493 답 ③

점 P의 좌표를 (a, a^2)이라 하면

$\overline{AP}=\sqrt{(a-3)^2+a^4}=\sqrt{a^4+a^2-6a+9}$

$f(a)=a^4+a^2-6a+9$라 하면

$f'(a)=4a^3+2a-6=2(a-1)(2a^2+2a+3)$

$f'(a)=0$인 a의 값은 $a=1$ ($\because a$는 실수)

함수 $f(a)$의 증가와 감소를 표로 나타내면 다음과 같다.

a	$\cdots$	1	$\cdots$
$f'(a)$	$-$	0	$+$
$f(a)$	$\searrow$	5 극소	$\nearrow$

따라서 $f(a)$는 $a=1$에서 최솟값 5를 가지므로 선분 AP의 길이의 최솟값은 $\sqrt{5}$이다.

0494 답 8

$f(x)=x^2-6x+9$라 하면

$f'(x)=2x-6$

접점 P의 좌표는 (a, a^2-6a+9)이고 이 점에서의 접선의 기울기는 $f'(a)=2a-6$이므로 접선의 방정식은

$y-(a^2-6a+9)=(2a-6)(x-a)$

$\therefore y=2(a-3)x-a^2+9$ ⋯⋯ ❶

따라서 $\overline{OA}=\dfrac{a+3}{2}$, $\overline{OB}=-a^2+9$이므로 삼각형 OAB의 넓이를 $S(a)$라 하면

$S(a)=\dfrac{1}{2}\times\dfrac{a+3}{2}\times(-a^2+9)$

$=-\dfrac{1}{4}(a^3+3a^2-9a-27)$ ⋯⋯ ❷

$\therefore S'(a)=-\dfrac{1}{4}(3a^2+6a-9)=-\dfrac{3}{4}(a+3)(a-1)$

$S'(a)=0$인 a의 값은 $a=1$ ($\because 0<a<3$)

$0<a<3$에서 함수 $S(a)$의 증가와 감소를 표로 나타내면 다음과 같다.

a	0	$\cdots$	1	$\cdots$	3
$S'(a)$		$+$	0	$-$	
$S(a)$		$\nearrow$	8 극대	$\searrow$	

따라서 삼각형 OAB의 넓이 $S(a)$의 최댓값은 8이다. ⋯⋯ ❸

채점 기준

❶ 접선의 방정식 구하기	30 %
❷ 삼각형 OAB의 넓이를 함수로 나타내기	40 %
❸ 삼각형 OAB의 넓이의 최댓값 구하기	30 %

0495 답 16

잘라 낸 정사각형의 한 변의 길이를 x라 하면 상자의 밑면인 정사각형의 한 변의 길이는

$6-2x$

이때 $x>0$, $6-2x>0$이므로 $0<x<3$

상자의 부피를 $V(x)$라 하면

$V(x)=x(6-2x)^2=4x^3-24x^2+36x$

$\therefore V'(x)=12x^2-48x+36=12(x-1)(x-3)$

$V'(x)=0$인 x의 값은 $x=1$ ($\because 0<x<3$)

$0<x<3$에서 함수 $V(x)$의 증가와 감소를 표로 나타내면 다음과 같다.

x	0	$\cdots$	1	$\cdots$	3
$V'(x)$		$+$	0	$-$	
$V(x)$		$\nearrow$	16 극대	$\searrow$	

따라서 상자의 부피 $V(x)$의 최댓값은 16이다.

0496 답 $3\sqrt{3}$

자른 단면은 오른쪽 그림과 같이 가로의 길이가 $2r$, 세로의 길이가 h인 직사각형이고, 이 직사각형의 대각선의 길이가 9이므로

$(2r)^2+h^2=81$

$\therefore r^2=\dfrac{1}{4}(81-h^2)$

이때 $h>0$, $\dfrac{1}{4}(81-h^2)>0$이므로 $0<h<9$

원기둥의 부피를 $V(h)$라 하면

$V(h)=\pi r^2 h=\dfrac{1}{4}\pi(81-h^2)h$

$=\dfrac{1}{4}\pi(81h-h^3)$

$\therefore V'(h)=\dfrac{1}{4}\pi(81-3h^2)=-\dfrac{3}{4}\pi(h+3\sqrt{3})(h-3\sqrt{3})$

$V'(h)=0$인 h의 값은 $h=3\sqrt{3}$ ($\because 0<h<9$)

$0<h<9$에서 함수 $V(h)$의 증가와 감소를 표로 나타내면 다음과 같다.

h	0	$\cdots$	$3\sqrt{3}$	$\cdots$	9
$V'(h)$		$+$	0	$-$	
$V(h)$		$\nearrow$	극대	$\searrow$	

따라서 원기둥의 부피 $V(h)$가 최대가 되도록 하는 높이 h의 값은 $3\sqrt{3}$이다.

0497 답 $\dfrac{4\sqrt{3}}{9}\pi$

오른쪽 그림과 같이 구에 내접하는 원기둥의 밑면의 반지름의 길이를 r, 높이를 $2x$라 하면
$$r^2=1-x^2$$
이때 $x>0$, $1-x^2>0$이므로
$$0<x<1$$

원기둥의 부피를 $V(x)$라 하면
$$V(x)=\pi r^2\times 2x=\pi(1-x^2)\times 2x$$
$$=2\pi(x-x^3)$$
$$\therefore V'(x)=2\pi(1-3x^2)$$
$$=-6\pi\left(x+\frac{\sqrt{3}}{3}\right)\left(x-\frac{\sqrt{3}}{3}\right)$$
$V'(x)=0$인 x의 값은 $x=\dfrac{\sqrt{3}}{3}$ ($\because 0<x<1$)

$0<x<1$에서 함수 $V(x)$의 증가와 감소를 표로 나타내면 다음과 같다.

x	0	$\cdots$	$\dfrac{\sqrt{3}}{3}$	$\cdots$	1
$V'(x)$		+	0	-	
$V(x)$		↗	$\dfrac{4\sqrt{3}}{9}\pi$ 극대	↘	

따라서 원기둥의 부피 $V(x)$의 최댓값은 $\dfrac{4\sqrt{3}}{9}\pi$이다.

0498 답 $16\sqrt{2}$

오른쪽 그림과 같이 사각뿔에 내접하는 직육면체의 밑면은 정사각형이므로 직육면체의 밑면의 한 변의 길이를 x, 높이를 y라 하자.
사각뿔의 밑면의 대각선의 길이는 $6\sqrt{2}$이므로
$$\overline{\mathrm{DE}}=\frac{1}{2}\times 6\sqrt{2}=3\sqrt{2}$$

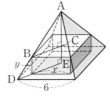

직육면체의 밑면의 대각선의 길이는 $\sqrt{2}x$이므로
$$\overline{\mathrm{BC}}=\frac{1}{2}\times\sqrt{2}x=\frac{\sqrt{2}}{2}x$$
직각삼각형 ADE는 오른쪽 그림과 같으므로
$$\overline{\mathrm{AE}}=\sqrt{\overline{\mathrm{AD}}^2-\overline{\mathrm{DE}}^2}$$
$$=\sqrt{36-18}=3\sqrt{2}$$

따라서 △ADE가 직각이등변삼각형이므로
△ABC도 직각이등변삼각형이다.
$$\therefore \overline{\mathrm{AC}}=\overline{\mathrm{BC}}=\frac{\sqrt{2}}{2}x$$
$$\therefore y=\overline{\mathrm{AE}}-\overline{\mathrm{AC}}$$
$$=3\sqrt{2}-\frac{\sqrt{2}}{2}x=\frac{\sqrt{2}}{2}(6-x)$$
이때 $x>0$, $\dfrac{\sqrt{2}}{2}(6-x)>0$이므로
$$0<x<6$$
직육면체의 부피를 $V(x)$라 하면
$$V(x)=x^2y=\frac{\sqrt{2}}{2}x^2(6-x)=\frac{\sqrt{2}}{2}(6x^2-x^3)$$
$$\therefore V'(x)=\frac{\sqrt{2}}{2}(12x-3x^2)=\frac{3\sqrt{2}}{2}x(4-x)$$
$V'(x)=0$인 x의 값은 $x=4$ ($\because 0<x<6$)

$0<x<6$에서 함수 $V(x)$의 증가와 감소를 표로 나타내면 다음과 같다.

x	0	$\cdots$	4	$\cdots$	6
$V'(x)$		+	0	-	
$V(x)$		↗	$16\sqrt{2}$ 극대	↘	

따라서 직육면체의 부피 $V(x)$의 최댓값은 $16\sqrt{2}$이다.

AB 유형 점검

84~86쪽

0499 답 ③

$f(x)=x^4-2x^2-2$에서
$$f'(x)=4x^3-4x=4x(x+1)(x-1)$$
$f'(x)=0$인 x의 값은
$$x=-1 \text{ 또는 } x=0 \text{ 또는 } x=1$$
함수 $f(x)$의 증가와 감소를 표로 나타내면 다음과 같다.

x	$\cdots$	-1	$\cdots$	0	$\cdots$	1	$\cdots$
$f'(x)$	-	0	+	0	-	0	+
$f(x)$	↘	-3	↗	-2	↘	-3	↗

따라서 함수 $f(x)$는 구간 $(-\infty, -1]$, $[0, 1]$에서 감소한다.

0500 답 6

$f(x)=x^3+ax^2-(a^2-8a)x+3$에서
$$f'(x)=3x^2+2ax-(a^2-8a)$$
함수 $f(x)$가 실수 전체의 집합에서 증가하려면 모든 실수 x에 대하여 $f'(x)\geq 0$이어야 한다.
이차방정식 $f'(x)=0$의 판별식을 D라 하면
$$\frac{D}{4}=a^2+3(a^2-8a)\leq 0$$
$$a(a-6)\leq 0 \qquad \therefore 0\leq a\leq 6$$
따라서 a의 최댓값은 6이다.

0501 답 ⑤

$f(x)=2x^3+ax^2-4ax+1$에서
$$f'(x)=6x^2+2ax-4a$$
함수 $f(x)$가 구간 $[-2, 1]$에서 감소하려면
$-2\leq x\leq 1$에서 $f'(x)\leq 0$이어야 하므로
$$f'(-2)\leq 0, f'(1)\leq 0$$

$f'(-2)\leq 0$에서
$$24-4a-4a\leq 0 \qquad \therefore a\geq 3 \quad \cdots\cdots \ominus$$
$f'(1)\leq 0$에서
$$6+2a-4a\leq 0 \qquad \therefore a\geq 3 \quad \cdots\cdots \ominus$$
$\ominus$, $\ominus$에서 $a\geq 3$

0502 답 ⑤

$f(x)=x^3+ax^2+bx+1$에서
$f'(x)=3x^2+2ax+b$
함수 $f(x)$가 감소하는 구간이 $[-1, 1]$이므로 -1, 1은 이차방정식 $3x^2+2ax+b=0$의 두 근이다.
따라서 이차방정식의 근과 계수의 관계에 의하여
$-1+1=-\dfrac{2a}{3}$, $-1\times1=\dfrac{b}{3}$
$\therefore a=0$, $b=-3$
$\therefore f(x)=x^3-3x+1$,
  $f'(x)=3x^2-3=3(x+1)(x-1)$
$f'(x)=0$인 x의 값은 $x=-1$ 또는 $x=1$
함수 $f(x)$의 증가와 감소를 표로 나타내면 다음과 같다.

x	$\cdots$	-1	$\cdots$	1	$\cdots$
$f'(x)$	$+$	0	$-$	0	$+$
$f(x)$	↗	3 극대	↘	-1 극소	↗

따라서 함수 $f(x)$는 $x=-1$에서 극댓값 3, $x=1$에서 극솟값 -1을 가지므로
$M=3$, $m=-1$
$\therefore M+m=2$

0503 답 16

$g(x)=(x^3+2)f(x)$에서
$g'(x)=3x^2f(x)+(x^3+2)f'(x)$
함수 $g(x)$가 $x=1$에서 극솟값 24를 가지므로
$g'(1)=0$, $g(1)=24$
$g(1)=24$에서
$3f(1)=24$ $\therefore f(1)=8$
$g'(1)=0$에서
$3f(1)+3f'(1)=0$
$24+3f'(1)=0$ $\therefore f'(1)=-8$
$\therefore f(1)-f'(1)=16$

0504 답 ⑤

$x<-3$일 때, $f(x)=ax+54$에서
$f'(x)=a>0$
$x>-3$일 때, $f(x)=-x^3+3x^2-3a$에서
$f'(x)=-3x^2+6x=-3x(x-2)$
$f'(x)=0$인 x의 값은 $x=0$ 또는 $x=2$
함수 $f(x)$의 증가와 감소를 표로 나타내면 다음과 같다.

x	$\cdots$	-3	$\cdots$	0	$\cdots$	2	$\cdots$
$f'(x)$	$+$		$-$	0	$+$	0	$-$
$f(x)$	↗	$-3a+54$ 극대	↘	$-3a$ 극소	↗	$-3a+4$ 극대	↘

따라서 함수 $f(x)$는 $x=-3$에서 극댓값 $-3a+54$, $x=2$에서 극댓값 $-3a+4$, $x=0$에서 극솟값 $-3a$를 갖고 그 합이 13이므로
$(-3a+54)+(-3a+4)+(-3a)=13$
$\therefore a=5$

0505 답 3

$f(x)=\dfrac{1}{4}x^4+\dfrac{a}{3}x^3+\dfrac{b}{2}x^2+cx+1$에서
$f'(x)=x^3+ax^2+bx+c$
(나)에서 $f'(1)=0$, $f'(\alpha)=0$, $f'(\beta)=0$이고 $\alpha<1<\beta$이므로 함수 $y=f'(x)$의 그래프의 개형은 오른쪽 그림과 같다.

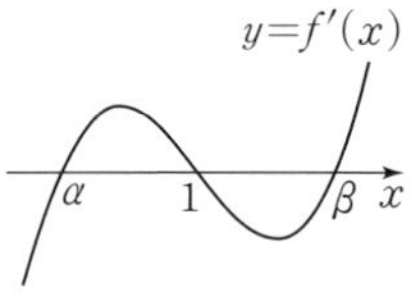

$f'(x)$의 최고차항의 계수가 1이므로
$f'(x)=(x-1)(x-\alpha)(x-\beta)$
(가)에서 $f'(-1)=6$이므로
$(-1-1)(-1-\alpha)(-1-\beta)=6$
$(1+\alpha)(1+\beta)=-3$, $1+\alpha+\beta+\alpha\beta=-3$
$\alpha+\beta=-4-\alpha\beta$ $\cdots\cdots$ ㉠
이때 $(\alpha-\beta)^2=(\alpha+\beta)^2-4\alpha\beta$이므로
$16=(-4-\alpha\beta)^2-4\alpha\beta$ ($\because$ ㉠, (다))
$(\alpha\beta)^2+4\alpha\beta=0$, $\alpha\beta(\alpha\beta+4)=0$
$\therefore \alpha\beta=-4$ 또는 $\alpha\beta=0$
(i) $\alpha\beta=-4$일 때
  ㉠에서 $\alpha+\beta=0$이므로 (다)와 연립하여 풀면
  $\alpha=-2$, $\beta=2$
(ii) $\alpha\beta=0$일 때
  ㉠에서 $\alpha+\beta=-4$이므로 (다)와 연립하여 풀면
  $\alpha=-4$, $\beta=0$
  이는 $\alpha<1<\beta$를 만족시키지 않는다.
(i), (ii)에서 $\alpha=-2$, $\beta=2$
$\therefore f'(x)=(x-1)(x+2)(x-2)=x^3-x^2-4x+4$
따라서 $a=-1$, $b=-4$, $c=4$이므로
$a+b+2c=3$

0506 답 ㄱ, ㄹ

주어진 그래프에서 $f'(x)$의 부호를 조사하여 함수 $f(x)$의 증가와 감소를 표로 나타내면 다음과 같다.

x	$\cdots$	-1	$\cdots$	2	$\cdots$	4	$\cdots$
$f'(x)$	$-$	0	$+$	0	$-$	0	$+$
$f(x)$	↘	극소	↗	극대	↘	극소	↗

ㄱ. 함수 $f(x)$는 구간 $[-2, -1]$에서 감소한다.
ㄴ. 함수 $f(x)$는 구간 $[3, 4]$에서 감소하고, 구간 $[4, \infty)$에서 증가한다.
ㄷ. $x=1$의 좌우에서 $f'(x)$의 부호가 바뀌지 않으므로 함수 $f(x)$는 $x=1$에서 극값을 갖지 않는다.
ㄹ. 함수 $f(x)$는 $x=4$에서 극소이다.
따라서 보기에서 옳은 것은 ㄱ, ㄹ이다.

0507 답 15

함수 $y=f(x)$의 그래프가 x좌표가 α $(\alpha\neq0)$인 점에서 x축에 접한다고 하면 이 그래프는 원점을 지나므로
$f(x)=x(x-\alpha)^2$
$\therefore f'(x)=(x-\alpha)^2+2x(x-\alpha)=(x-\alpha)(3x-\alpha)$

$f'(x)=0$인 x의 값은 $x=a$ 또는 $x=\dfrac{a}{3}$

이때 함수 $f(x)$의 극솟값이 -4이므로 함수 $y=f(x)$의 그래프의 개형은 오른쪽 그림과 같다.

함수 $f(x)$는 $x=\dfrac{a}{3}$일 때 극솟값 -4를 가지므로 $f\left(\dfrac{a}{3}\right)=-4$에서

$\dfrac{a}{3}\left(\dfrac{a}{3}-a\right)^2=-4$, $\dfrac{4}{27}a^3=-4$

$a^3=-27$ $\therefore a=-3$ ($\because a$는 실수)

$\therefore f(x)=x(x+3)^2=x^3+6x^2+9x$

따라서 $a=6$, $b=9$이므로 $a+b=15$

0508 답 5

$f(x)=-\dfrac{1}{3}x^3-ax^2+(2a-3)x-1$에서

$f'(x)=-x^2-2ax+2a-3$

함수 $f(x)$가 극값을 가지려면 이차방정식 $f'(x)=0$이 서로 다른 두 실근을 가져야 한다.

이차방정식 $f'(x)=0$의 판별식을 D_1이라 하면

$\dfrac{D_1}{4}=a^2+2a-3>0$

$(a+3)(a-1)>0$ $\therefore a<-3$ 또는 $a>1$ $\cdots\cdots$ ㉠

$g(x)=\dfrac{4}{3}x^3-(a+2)x^2+(2a+1)x+1$에서

$g'(x)=4x^2-2(a+2)x+2a+1$

함수 $g(x)$가 극값을 갖지 않으려면 이차방정식 $g'(x)=0$이 중근 또는 허근을 가져야 한다.

이차방정식 $g'(x)=0$의 판별식을 D_2라 하면

$\dfrac{D_2}{4}=(a+2)^2-4(2a+1)\le 0$

$a^2-4a\le 0$, $a(a-4)\le 0$ $\therefore 0\le a\le 4$ $\cdots\cdots$ ㉡

㉠, ㉡에서 $1<a\le 4$

따라서 $\alpha=1$, $\beta=4$이므로 $\alpha+\beta=5$

0509 답 $-\dfrac{1}{5}<k<0$

$f(x)=\dfrac{1}{3}x^3-kx^2+3kx+7$에서

$f'(x)=x^2-2kx+3k$

함수 $f(x)$가 $-1<x<1$에서 극댓값과 극솟값을 모두 가지려면 이차방정식 $f'(x)=0$이 $-1<x<1$에서 서로 다른 두 실근을 가져야 한다.

(i) 이차방정식 $f'(x)=0$의 판별식을 D라 하면

$\dfrac{D}{4}=k^2-3k>0$

$k(k-3)>0$ $\therefore k<0$ 또는 $k>3$ $\cdots\cdots$ ㉠

(ii) $f'(-1)>0$이어야 하므로

$1+2k+3k>0$ $\therefore k>-\dfrac{1}{5}$ $\cdots\cdots$ ㉡

$f'(1)>0$이어야 하므로

$1-2k+3k>0$ $\therefore k>-1$ $\cdots\cdots$ ㉢

(iii) $y=f'(x)$의 그래프의 축의 방정식이 $x=k$이므로

$-1<k<1$ $\cdots\cdots$ ㉣

㉠~㉣에서 $-\dfrac{1}{5}<k<0$

0510 답 ②

$f(x)=x^4+4x^3+2ax^2+a$에서

$f'(x)=4x^3+12x^2+4ax=4x(x^2+3x+a)$

함수 $f(x)$가 극댓값을 갖지 않으려면 삼차방정식 $f'(x)=0$이 중근 또는 허근을 가져야 하므로 이차방정식 $x^2+3x+a=0$의 한 근이 0 이거나 중근 또는 허근을 가져야 한다.

(i) 이차방정식 $x^2+3x+a=0$의 한 근이 0인 경우

$a=0$

(ii) 이차방정식 $x^2+3x+a=0$이 중근 또는 허근을 갖는 경우

이차방정식 $x^2+3x+a=0$의 판별식을 D라 하면

$D=9-4a\le 0$ $\therefore a\ge\dfrac{9}{4}$

(i), (ii)에서 $a=0$ 또는 $a\ge\dfrac{9}{4}$

따라서 a의 값이 될 수 없는 것은 ②이다.

0511 답 13

$f(x)=x^4-2x^2+3$에서

$f'(x)=4x^3-4x=4x(x+1)(x-1)$

$f'(x)=0$인 x의 값은 $x=-1$ 또는 $x=0$ 또는 $x=1$

구간 $[-1, 2]$에서 함수 $f(x)$의 증가와 감소를 표로 나타내면 다음과 같다.

x	-1	$\cdots$	0	$\cdots$	1	$\cdots$	2
$f'(x)$	0	$+$	0	$-$	0	$+$	
$f(x)$	2	↗	3 극대	↘	2 극소	↗	11

따라서 함수 $f(x)$는 $x=2$에서 최댓값 11, $x=-1$ 또는 $x=1$에서 최솟값 2를 가지므로 구하는 합은

$11+2=13$

0512 답 12

$f(x)=ax^3-3ax^2+b$에서

$f'(x)=3ax^2-6ax=3ax(x-2)$

$f'(x)=0$인 x의 값은 $x=0$ 또는 $x=2$

$a>0$이므로 구간 $[0, 4]$에서 함수 $f(x)$의 증가와 감소를 표로 나타내면 다음과 같다.

x	0	$\cdots$	2	$\cdots$	4
$f'(x)$	0	$-$	0	$+$	
$f(x)$	b	↘	$-4a+b$ 극소	↗	$16a+b$

따라서 함수 $f(x)$는 $x=4$에서 최댓값 $16a+b$, $x=2$에서 최솟값 $-4a+b$를 가지므로

$16a+b=5$, $-4a+b=-15$

두 식을 연립하여 풀면 $a=1$, $b=-11$

$\therefore a-b=12$

0513 답 256

오른쪽 그림과 같이 잘라 낸 사각형의 긴 변의 길이를 x라 하면 상자의 밑면인 정삼각형의 한 변의 길이는

$24-2x$

이때 $x>0$, $24-2x>0$이므로

$0<x<12$

상자의 밑면의 넓이는

$\dfrac{\sqrt{3}}{4}(24-2x)^2=\sqrt{3}(x-12)^2$

상자의 높이는 $x\tan 30°=\dfrac{\sqrt{3}}{3}x$

상자의 부피를 $V(x)$라 하면

$V(x)=\sqrt{3}(x-12)^2\times\dfrac{\sqrt{3}}{3}x=x(x-12)^2$

$\qquad\quad=x^3-24x^2+144x$

$\therefore V'(x)=3x^2-48x+144=3(x-4)(x-12)$

$V'(x)=0$인 x의 값은 $x=4$ $(\because 0<x<12)$

$0<x<12$에서 함수 $V(x)$의 증가와 감소를 표로 나타내면 다음과 같다.

x	0	$\cdots$	4	$\cdots$	12
$V'(x)$		$+$	0	$-$	
$V(x)$		$\nearrow$	256 극대	$\searrow$	

따라서 상자의 부피 $V(x)$의 최댓값은 256이다.

0514 답 ③

오른쪽 그림과 같이 원뿔에 내접하는 원기둥의 밑면의 반지름의 길이를 r, 높이를 h라 하면

$r:4=(8-h):8$

$\therefore h=8-2r$

이때 $r>0$, $8-2r>0$이므로

$0<r<4$

원기둥의 부피를 $V(r)$라 하면

$V(r)=\pi r^2 h=\pi r^2(8-2r)=\pi(8r^2-2r^3)$

$\therefore V'(r)=\pi(16r-6r^2)=2\pi r(8-3r)$

$V'(r)=0$인 r의 값은 $r=\dfrac{8}{3}$ $(\because 0<r<4)$

$0<r<4$에서 함수 $V(r)$의 증가와 감소를 표로 나타내면 다음과 같다.

r	0	$\cdots$	$\dfrac{8}{3}$	$\cdots$	4
$V'(r)$		$+$	0	$-$	
$V(r)$		$\nearrow$	극대	$\searrow$	

따라서 원기둥의 부피 $V(r)$가 최대인 원기둥의 밑면의 반지름의 길이는 $\dfrac{8}{3}$이다.

0515 답 -2

$f(x)=x^3-6x^2+9x+a$에서

$f'(x)=3x^2-12x+9=3(x-1)(x-3)$

$f'(x)=0$인 x의 값은 $x=1$ 또는 $x=3$ ⋯⋯ ❶

함수 $f(x)$의 증가와 감소를 표로 나타내면 다음과 같다.

x	$\cdots$	1	$\cdots$	3	$\cdots$
$f'(x)$	$+$	0	$-$	0	$+$
$f(x)$	$\nearrow$	$a+4$ 극대	$\searrow$	a 극소	$\nearrow$

따라서 함수 $f(x)$는 $x=1$에서 극댓값 $a+4$, $x=3$에서 극솟값 a를 갖는다. ⋯⋯ ❷

이때 극댓값과 극솟값의 절댓값이 같고 그 부호가 서로 다르므로

$a+4=-a$ $\therefore a=-2$ ⋯⋯ ❸

채점 기준

❶ $f'(x)=0$인 x의 값 구하기	30%
❷ $f(x)$의 극댓값과 극솟값을 a에 대한 식으로 나타내기	40%
❸ a의 값 구하기	30%

0516 답 -25

$f(x)=x^3+ax^2+bx+c$에서 $f'(x)=3x^2+2ax+b$

주어진 그래프에서 $f'(-1)=0$, $f'(3)=0$이므로

$3-2a+b=0$, $27+6a+b=0$

$\therefore 2a-b=3$, $6a+b=-27$

두 식을 연립하여 풀면 $a=-3$, $b=-9$ ⋯⋯ ❶

$\therefore f(x)=x^3-3x^2-9x+c$

주어진 그래프에서 $f'(x)$의 부호를 조사하여 구간 $[-2, 4]$에서 함수 $f(x)$의 증가와 감소를 표로 나타내면 다음과 같다.

x	-2	$\cdots$	-1	$\cdots$	3	$\cdots$	4
$f'(x)$		$+$	0	$-$	0	$+$	
$f(x)$	$c-2$	$\nearrow$	$c+5$ 극대	$\searrow$	$c-27$ 극소	$\nearrow$	$c-20$

함수 $f(x)$는 $x=-1$에서 극댓값 $c+5$를 가지므로

$c+5=7$ $\therefore c=2$ ⋯⋯ ❷

따라서 함수 $f(x)$는 $x=3$에서 최소이므로 최솟값은

$c-27=2-27=-25$ ⋯⋯ ❸

채점 기준

❶ a, b의 값 구하기	30%
❷ c의 값 구하기	50%
❸ $f(x)$의 최솟값 구하기	20%

0517 답 256

곡선 $y=-x^2+8x+20$과 x축의 교점의 x좌표는

$-x^2+8x+20=0$에서

$(x+2)(x-10)=0$ $\therefore x=-2$ 또는 $x=10$

$\therefore \mathrm{A}(-2, 0)$, $\mathrm{B}(10, 0)$ ⋯⋯ ❶

점 C의 좌표를 $(a, -a^2+8a+20)(4<a<10)$이라 하면 오른쪽 그림과 같이 점 C에서 x축에 내린 수선의 발을 H라 할 때 곡선 $y=-x^2+8x+20$의 축의 방정식이 $x=4$이므로

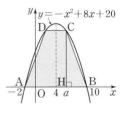

$\overline{\mathrm{AB}}=12$, $\overline{\mathrm{CD}}=2(a-4)=2a-8$, $\overline{\mathrm{CH}}=-a^2+8a+20$

사다리꼴 ABCD의 넓이를 $S(a)$라 하면
$$S(a)=\frac{1}{2}(2a-8+12)(-a^2+8a+20)$$
$$=(a+2)(-a^2+8a+20)$$
$$=-a^3+6a^2+36a+40 \qquad \cdots\cdots \text{ⅱ}$$
$$\therefore S'(a)=-3a^2+12a+36=-3(a+2)(a-6)$$
$S'(a)=0$인 a의 값은 $a=6$ $(\because 4<a<10)$
$4<a<10$에서 함수 $S(a)$의 증가와 감소를 표로 나타내면 다음과 같다.

a	4	$\cdots$	6	$\cdots$	10
$S'(a)$		$+$	0	$-$	
$S(a)$		$\nearrow$	256 극대	$\searrow$	

따라서 사다리꼴 ABCD의 넓이 $S(a)$의 최댓값은 256이다.
$\qquad\cdots\cdots$ ⅲ

채점 기준

ⅰ 두 점 A, B의 좌표 구하기	20 %
ⅱ 사다리꼴 ABCD의 넓이를 함수로 나타내기	40 %
ⅲ 사다리꼴 ABCD의 넓이의 최댓값 구하기	40 %

C 실력 향상

87쪽

0518 답 ④

$f(x)=x^3+ax^2+bx+c$ (a, b, c는 상수)라 하면
$$f'(x)=3x^2+2ax+b$$
㈎에서 $x_1 \neq x_2$인 모든 실수 x_1, x_2에 대하여 $f(x_1) \neq f(x_2)$가 성립하려면 $f(x)$는 일대일함수이어야 하고 $f(x)$의 최고차항의 계수가 양수이므로 함수 $f(x)$는 실수 전체의 집합에서 증가해야 한다.
즉, 모든 실수 x에 대하여 $f'(x) \geq 0$이어야 한다.
이차방정식 $f'(x)=0$의 판별식을 D라 하면
$$\frac{D}{4}=a^2-3b \leq 0 \qquad \cdots\cdots \text{㉠}$$
㈏에서 접선의 방정식은
$$y-f(1)=f'(1)(x-1)$$
이 접선이 점 $(0, 1)$을 지나므로
$$1-f(1)=-f'(1)$$
$$1-(1+a+b+c)=-(3+2a+b)$$
$$\therefore c=a+3$$
$$\therefore f(-3)=-27+9a-3b+c$$
$$=-27+9a-3b+(a+3)$$
$$=10a-3b-24$$
이때 ㉠에서 $-3b \leq -a^2$이므로
$$f(-3) \leq -a^2+10a-24=-(a-5)^2+1$$
따라서 $f(-3)$의 최댓값은 1이다.

0519 답 10

함수 $g(x)$가 $x=2$에서 극값을 가지면 $g'(2)=0$이므로 $g(x)$는 $(x-2)^2$을 인수로 갖는다.
이때 $f(x)g(x)=(x-1)^2(x-2)^2(x-3)^2$이고 삼차함수 $g(x)$의 최고차항의 계수가 3이므로
$$g(x)=3(x-1)(x-2)^2 \text{ 또는 } g(x)=3(x-2)^2(x-3)$$
(i) $g(x)=3(x-1)(x-2)^2$일 때
$$g'(x)=3(x-2)^2+3(x-1)\times 2(x-2)$$
$$=3(x-2)(3x-4)$$
$g'(x)=0$인 x의 값은 $x=\frac{4}{3}$ 또는 $x=2$
함수 $g(x)$의 증가와 감소를 표로 나타내면 다음과 같다.

x	$\cdots$	$\frac{4}{3}$	$\cdots$	2	$\cdots$
$g'(x)$	$+$	0	$-$	0	$+$
$g(x)$	$\nearrow$	극대	$\searrow$	극소	$\nearrow$

이때 함수 $g(x)$가 $x=2$에서 극솟값을 가지므로 $x=2$에서 극댓값을 갖는다는 조건을 만족시키지 않는다.
(ii) $g(x)=3(x-2)^2(x-3)$일 때
$$g'(x)=3\times 2(x-2)(x-3)+3(x-2)^2$$
$$=3(x-2)(3x-8)$$
$g'(x)=0$인 x의 값은 $x=2$ 또는 $x=\frac{8}{3}$
함수 $g(x)$의 증가와 감소를 표로 나타내면 다음과 같다.

x	$\cdots$	2	$\cdots$	$\frac{8}{3}$	$\cdots$
$g'(x)$	$+$	0	$-$	0	$+$
$g(x)$	$\nearrow$	극대	$\searrow$	극소	$\nearrow$

이때 함수 $g(x)$는 $x=2$에서 극댓값을 가지므로 조건을 만족시킨다.
(i), (ii)에서 $g(x)=3(x-2)^2(x-3)$
따라서 $f(x)=\frac{1}{3}(x-1)^2(x-3)$이므로
$$f'(x)=\frac{2}{3}(x-1)(x-3)+\frac{1}{3}(x-1)^2$$
$$\therefore f'(0)=2+\frac{1}{3}=\frac{7}{3}$$
따라서 $p=3$, $q=7$이므로 $p+q=10$

0520 답 ⑤

$f(x)=x^2+2x+k=(x+1)^2+k-1$이므로 $f(x)=t$로 놓으면
$$t \geq k-1$$
$$\therefore (g \circ f)(x)=g(f(x))=g(t) \text{ (단, } t \geq k-1)$$
$g(t)=2t^3-9t^2+12t-2$에서
$$g'(t)=6t^2-18t+12=6(t-1)(t-2)$$
$g'(t)=0$인 t의 값은 $t=1$ 또는 $t=2$
함수 $g(t)$의 증가와 감소를 표로 나타내면 다음과 같다.

t	$\cdots$	1	$\cdots$	2	$\cdots$
$g'(t)$	$+$	0	$-$	0	$+$
$g(t)$	$\nearrow$	3 극대	$\searrow$	2 극소	$\nearrow$

함수 $(g \circ f)(x)$의 최솟값이 2이어야 하므로 $g(t)=2$에서
$2t^3-9t^2+12t-2=2$, $2t^3-9t^2+12t-4=0$
$(2t-1)(t-2)^2=0$ $\quad \therefore t=\dfrac{1}{2}$ 또는 $t=2$

$t \geq k-1$에서 함수 $g(t)$의 최솟값이 2가
되려면 함수 $y=g(t)$의 그래프는 오른쪽
그림과 같아야 하므로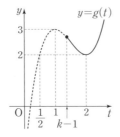

$\dfrac{1}{2} \leq k-1 \leq 2$ $\quad \therefore \dfrac{3}{2} \leq k \leq 3$

따라서 k의 최솟값은 $\dfrac{3}{2}$이다.

0521 답 370

점 B를 원점으로 하고 직선 BC를 x
축, 직선 AB를 y축으로 하는 좌표
평면 위에 정사각형 ABCD를 나타
내면 오른쪽 그림과 같다.
포물선의 꼭짓점의 좌표가 $(4, 8)$이
므로 포물선의 방정식을
$y=a(x-4)^2+8 \, (a<0)$이라 하자.
이 곡선이 점 $(0, 0)$을 지나므로
$0=16a+8$ $\quad \therefore a=-\dfrac{1}{2}$
따라서 포물선의 방정식은
$y=-\dfrac{1}{2}(x-4)^2+8=-\dfrac{1}{2}x^2+4x$

또 직선 BF의 방정식은 $y=\dfrac{1}{2}x$

포물선 $y=-\dfrac{1}{2}x^2+4x$와 직선 $y=\dfrac{1}{2}x$의 교점의 x좌표는

$-\dfrac{1}{2}x^2+4x=\dfrac{1}{2}x$에서 $x(x-7)=0$

$\therefore x=0$ 또는 $x=7$

즉, 점 G의 x좌표는 7이다.

점 P의 좌표를 $\left(t, \dfrac{1}{2}t\right) (0<t<7)$라 하면 점 Q의 좌표는

$\left(t, -\dfrac{1}{2}t^2+4t\right)$

따라서 삼각형 BPQ의 넓이를 $S(t)$라 하면

$S(t)=\dfrac{1}{2}t\left(-\dfrac{1}{2}t^2+4t-\dfrac{1}{2}t\right)=-\dfrac{1}{4}(t^3-7t^2)$

$\therefore S'(t)=-\dfrac{1}{4}(3t^2-14t)=-\dfrac{1}{4}t(3t-14)$

$S'(t)=0$인 t의 값은 $t=\dfrac{14}{3}$ $(\because 0<t<7)$

$0<t<7$에서 함수 $S(t)$의 증가와 감소를 표로 나타내면 다음과 같다.

t	0	$\cdots$	$\dfrac{14}{3}$	$\cdots$	7
$S'(t)$		$+$	0	$-$	
$S(t)$		$\nearrow$	$\dfrac{343}{27}$ 극대	$\searrow$	

따라서 넓이 $S(t)$의 최댓값은 $\dfrac{343}{27}$이므로

$p=27$, $q=343$ $\quad \therefore p+q=370$

A 개념 확인

88~89쪽

0522 답 3

$f(x)=x^3-6x^2+9x-3$이라 하면
$f'(x)=3x^2-12x+9=3(x-1)(x-3)$
$f'(x)=0$인 x의 값은 $x=1$ 또는 $x=3$
함수 $f(x)$의 증가와 감소를 표로 나타내면 다음과 같다.

x	$\cdots$	1	$\cdots$	3	$\cdots$
$f'(x)$	$+$	0	$-$	0	$+$
$f(x)$	$\nearrow$	1 극대	$\searrow$	-3 극소	$\nearrow$

따라서 함수 $y=f(x)$의 그래프는 오른쪽 그
림과 같이 x축과 서로 다른 세 점에서 만나므
로 주어진 방정식의 서로 다른 실근의 개수는
3이다.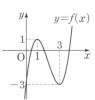

0523 답 1

$f(x)=2x^3-3x^2-1$이라 하면
$f'(x)=6x^2-6x=6x(x-1)$
$f'(x)=0$인 x의 값은 $x=0$ 또는 $x=1$
함수 $f(x)$의 증가와 감소를 표로 나타내면 다음과 같다.

x	$\cdots$	0	$\cdots$	1	$\cdots$
$f'(x)$	$+$	0	$-$	0	$+$
$f(x)$	$\nearrow$	-1 극대	$\searrow$	-2 극소	$\nearrow$

따라서 함수 $y=f(x)$의 그래프는 오른쪽 그림
과 같이 x축과 한 점에서 만나므로 주어진 방
정식의 서로 다른 실근의 개수는 1이다.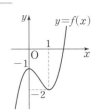

0524 답 3

$f(x)=x^4+4x^3+4x^2-1$이라 하면
$f'(x)=4x^3+12x^2+8x=4x(x+2)(x+1)$
$f'(x)=0$인 x의 값은 $x=-2$ 또는 $x=-1$ 또는 $x=0$
함수 $f(x)$의 증가와 감소를 표로 나타내면 다음과 같다.

x	$\cdots$	-2	$\cdots$	-1	$\cdots$	0	$\cdots$
$f'(x)$	$-$	0	$+$	0	$-$	0	$+$
$f(x)$	$\searrow$	-1 극소	$\nearrow$	0 극대	$\searrow$	-1 극소	$\nearrow$

따라서 함수 $y=f(x)$의 그래프는 오른쪽 그
림과 같이 x축과 서로 다른 세 점에서 만나므
로 주어진 방정식의 서로 다른 실근의 개수는
3이다.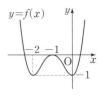

0525 답 4

$x^4+3x^2-1=3x^4-x^2$에서

$2x^4-4x^2+1=0$

$f(x)=2x^4-4x^2+1$이라 하면

$f'(x)=8x^3-8x=8x(x+1)(x-1)$

$f'(x)=0$인 x의 값은 $x=-1$ 또는 $x=0$ 또는 $x=1$

함수 $f(x)$의 증가와 감소를 표로 나타내면 다음과 같다.

x	$\cdots$	-1	$\cdots$	0	$\cdots$	1	$\cdots$
$f'(x)$	$-$	0	$+$	0	$-$	0	$+$
$f(x)$	$\searrow$	-1 극소	$\nearrow$	1 극대	$\searrow$	-1 극소	$\nearrow$

따라서 함수 $y=f(x)$의 그래프는 오른쪽 그림과 같이 x축과 서로 다른 네 점에서 만나므로 주어진 방정식의 서로 다른 실근의 개수는 4이다.

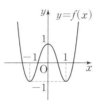

0526 답 (1) $-4<k<0$
(2) $k=-4$ 또는 $k=0$
(3) $k<-4$ 또는 $k>0$

$f(x)=x^3-3x^2-k$라 하면

$f'(x)=3x^2-6x=3x(x-2)$

$f'(x)=0$인 x의 값은 $x=0$ 또는 $x=2$

(1) 삼차방정식 $f(x)=0$이 서로 다른 세 실근을 가지려면

$f(0)f(2)<0$이어야 하므로

$-k(-4-k)<0$, $k(k+4)<0$

$\therefore -4<k<0$

(2) 삼차방정식 $f(x)=0$이 서로 다른 두 실근을 가지려면

$f(0)f(2)=0$이어야 하므로

$-k(-4-k)=0$, $k(k+4)=0$

$\therefore k=-4$ 또는 $k=0$

(3) 삼차방정식 $f(x)=0$이 한 개의 실근을 가지려면

$f(0)f(2)>0$이어야 하므로

$-k(-4-k)>0$, $k(k+4)>0$

$\therefore k<-4$ 또는 $k>0$

0527 답 ㈎ 1 ㈏ 3

$f(x)=2x^3-3x^2+4$라 하면

$f'(x)=6x^2-6x=6x(x-1)$

$f'(x)=0$인 x의 값은 $x=0$ 또는 $x=1$

$x\geq0$에서 함수 $f(x)$의 증가와 감소를 표로 나타내면 다음과 같다.

x	0	$\cdots$	1	$\cdots$
$f'(x)$	0	$-$	0	$+$
$f(x)$	4	$\searrow$	3 극소	$\nearrow$

$x\geq0$에서 함수 $f(x)$는 $x=$ ㈎ 1 일 때 최솟값 ㈏ 3 을 가지므로
$f(x)>0$

따라서 $x\geq0$일 때, 부등식 $2x^3-3x^2+4>0$이 성립한다.

0528 답 풀이 참조

$f(x)=x^4-4x+3$이라 하면

$f'(x)=4x^3-4=4(x-1)(x^2+x+1)$

$f'(x)=0$인 x의 값은 $x=1$ ($\because x$는 실수)

함수 $f(x)$의 증가와 감소를 표로 나타내면 다음과 같다.

x	$\cdots$	1	$\cdots$
$f'(x)$	$-$	0	$+$
$f(x)$	$\searrow$	0 극소	$\nearrow$

함수 $f(x)$의 최솟값은 0이므로 모든 실수 x에 대하여 $f(x)\geq0$

따라서 모든 실수 x에 대하여 부등식 $x^4-4x+3\geq0$이 성립한다.

0529 답 풀이 참조

$f(x)=x^3+3x^2+1$이라 하면

$f'(x)=3x^2+6x=3x(x+2)$

$f'(x)=0$인 x의 값은 $x=0$ ($\because x>-2$)

$x>-2$에서 함수 $f(x)$의 증가와 감소를 표로 나타내면 다음과 같다.

x	-2	$\cdots$	0	$\cdots$
$f'(x)$		$-$	0	$+$
$f(x)$		$\searrow$	1 극소	$\nearrow$

$x>-2$에서 함수 $f(x)$의 최솟값은 1이므로 $x>-2$일 때,
$f(x)>0$

따라서 $x>-2$일 때, 부등식 $x^3+3x^2+1>0$이 성립한다.

0530 답 (1) 5 (2) -22 (3) 3 (4) 1

시각 t에서의 점 P의 속도를 v, 가속도를 a라 하면

$v=\dfrac{dx}{dt}=-3t^2+8t$, $a=\dfrac{dv}{dt}=-6t+8$

(1) $t=1$에서의 점 P의 속도는

$-3\times1^2+8\times1=5$

(2) $t=5$에서의 점 P의 가속도는

$-6\times5+8=-22$

(3) $v=-3$에서

$-3t^2+8t=-3$, $3t^2-8t-3=0$

$(3t+1)(t-3)=0$ $\therefore t=3$ ($\because t>0$)

(4) $a=2$에서

$-6t+8=2$ $\therefore t=1$

0531 답 6

$\dfrac{dl}{dt}=6t-6$이므로 $t=2$에서의 물체의 길이의 변화율은

$6\times2-6=6$

0532 답 (1) 16π (2) 36π

(1) 구의 겉넓이를 S라 하면

$S=4\pi t^2$ $\therefore \dfrac{dS}{dt}=8\pi t$

따라서 $t=2$에서의 구의 겉넓이의 변화율은

$8\pi\times2=16\pi$

(2) 구의 부피를 V라 하면

$$V=\frac{4}{3}\pi t^3 \qquad \therefore \frac{dV}{dt}=4\pi t^2$$

따라서 $t=3$에서의 구의 부피의 변화율은

$$4\pi \times 3^2 = 36\pi$$

B 유형 완성

90~97쪽

0533 답 $-\dfrac{19}{2}$

$\dfrac{3}{2}x^4+4x^3-3x^2-12x-k=0$에서

$\dfrac{3}{2}x^4+4x^3-3x^2-12x=k$

$f(x)=\dfrac{3}{2}x^4+4x^3-3x^2-12x$라 하면

$f'(x)=6x^3+12x^2-6x-12=6(x+2)(x+1)(x-1)$

$f'(x)=0$인 x의 값은 $x=-2$ 또는 $x=-1$ 또는 $x=1$

함수 $f(x)$의 증가와 감소를 표로 나타내면 다음과 같다.

x	$\cdots$	-2	$\cdots$	-1	$\cdots$	1	$\cdots$
$f'(x)$	$-$	0	$+$	0	$-$	0	$+$
$f(x)$	$\searrow$	4 극소	$\nearrow$	$\dfrac{13}{2}$ 극대	$\searrow$	$-\dfrac{19}{2}$ 극소	$\nearrow$

함수 $y=f(x)$의 그래프는 오른쪽 그림과 같고, 주어진 방정식이 오직 하나의 실근을 가지려면 곡선 $y=f(x)$와 직선 $y=k$가 한 점에서 만나야 하므로

$k=-\dfrac{19}{2}$

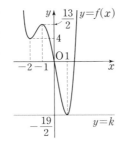

0534 답 ③

$2x^3-3x^2-12x+k=0$에서

$2x^3-3x^2-12x=-k$

$f(x)=2x^3-3x^2-12x$라 하면

$f'(x)=6x^2-6x-12=6(x+1)(x-2)$

$f'(x)=0$인 x의 값은 $x=-1$ 또는 $x=2$

함수 $f(x)$의 증가와 감소를 표로 나타내면 다음과 같다.

x	$\cdots$	-1	$\cdots$	2	$\cdots$
$f'(x)$	$+$	0	$-$	0	$+$
$f(x)$	$\nearrow$	7 극대	$\searrow$	-20 극소	$\nearrow$

함수 $y=f(x)$의 그래프는 오른쪽 그림과 같고, 주어진 방정식이 서로 다른 세 실근을 가지려면 곡선 $y=f(x)$와 직선 $y=-k$가 서로 다른 세 점에서 만나야 하므로

$-20 < -k < 7 \qquad \therefore -7 < k < 20$

따라서 정수 k는 $-6,\ -5,\ -4,\ \cdots,\ 19$의 26개이다.

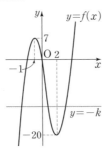

0535 답 -4

$2f(x)-k=0$에서 $f(x)=\dfrac{k}{2}$

주어진 그래프에서 $f'(x)$의 부호를 조사하여 함수 $f(x)$의 증가와 감소를 표로 나타내면 다음과 같다.

x	$\cdots$	-2	$\cdots$	1	$\cdots$
$f'(x)$	$+$	0	$-$	0	$+$
$f(x)$	$\nearrow$	2 극대	$\searrow$	-4 극소	$\nearrow$

함수 $y=f(x)$의 그래프는 오른쪽 그림과 같고, 주어진 방정식이 서로 다른 두 실근을 가지려면 곡선 $y=f(x)$와 직선 $y=\dfrac{k}{2}$가 서로 다른 두 점에서 만나야 하므로

$\dfrac{k}{2}=2$ 또는 $\dfrac{k}{2}=-4$

$\therefore k=4$ 또는 $k=-8$

따라서 모든 실수 k의 값의 합은

$4+(-8)=-4$

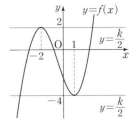

0536 답 4

$x^3-6x^2+9x-k=0$에서

$x^3-6x^2+9x=k$

$g(x)=x^3-6x^2+9x$라 하면

$g'(x)=3x^2-12x+9=3(x-1)(x-3)$

$g'(x)=0$인 x의 값은 $x=1$ 또는 $x=3$

함수 $g(x)$의 증가와 감소를 표로 나타내면 다음과 같다.

x	$\cdots$	1	$\cdots$	3	$\cdots$
$g'(x)$	$+$	0	$-$	0	$+$
$g(x)$	$\nearrow$	4 극대	$\searrow$	0 극소	$\nearrow$

함수 $y=g(x)$의 그래프는 오른쪽 그림과 같고, $f(k)$는 곡선 $y=g(x)$와 직선 $y=k$의 교점의 개수와 같으므로

$f(k)=\begin{cases} 1 & (k<0 \text{ 또는 } k>4) \\ 2 & (k=0 \text{ 또는 } k=4) \\ 3 & (0<k<4) \end{cases}$

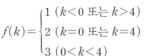

함수 $y=f(k)$의 그래프는 오른쪽 그림과 같으므로 함수 $f(k)$는 $k=0$, $k=4$에서 불연속이다.

$\therefore a=0$ 또는 $a=4$

따라서 모든 실수 a의 값의 합은

$0+4=4$

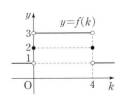

0537 답 $5<k<7$

$f(x)=3x^3-9x^2+5$에서

$f'(x)=9x^2-18x=9x(x-2)$

$f'(x)=0$인 x의 값은 $x=0$ 또는 $x=2$

함수 $f(x)$의 증가와 감소를 표로 나타내면 다음과 같다.

x	$\cdots$	0	$\cdots$	2	$\cdots$
$f'(x)$	+	0	−	0	+
$f(x)$	↗	5 극대	↘	−7 극소	↗

함수 $y=|f(x)|$의 그래프는 오른쪽 그림과 같고, 주어진 방정식이 서로 다른 네 실근을 가지려면 함수 $y=|f(x)|$의 그래프와 직선 $y=k$가 서로 다른 네 점에서 만나야 하므로
$5<k<7$

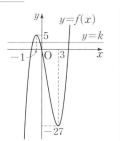

0538 답 4
$x^3-3x^2-9x-k=0$에서 $x^3-3x^2-9x=k$
$f(x)=x^3-3x^2-9x$라 하면
$f'(x)=3x^2-6x-9=3(x+1)(x-3)$
$f'(x)=0$인 x의 값은 $x=-1$ 또는 $x=3$
함수 $f(x)$의 증가와 감소를 표로 나타내면 다음과 같다.

x	$\cdots$	−1	$\cdots$	3	$\cdots$
$f'(x)$	+	0	−	0	+
$f(x)$	↗	5 극대	↘	−27 극소	↗

함수 $y=f(x)$의 그래프는 오른쪽 그림과 같으므로 곡선 $y=f(x)$와 직선 $y=k$의 교점의 x좌표가 한 개는 양수이고 두 개는 음수이려면
$0<k<5$
따라서 정수 k는 1, 2, 3, 4의 4개이다.

0539 답 −4
$x^3-3x+a=0$에서 $x^3-3x=-a$ $\qquad$ ⋯⋯ ➊
$f(x)=x^3-3x$라 하면
$f'(x)=3x^2-3=3(x+1)(x-1)$
$f'(x)=0$인 x의 값은 $x=-1$ 또는 $x=1$
함수 $f(x)$의 증가와 감소를 표로 나타내면 다음과 같다.

x	$\cdots$	−1	$\cdots$	1	$\cdots$
$f'(x)$	+	0	−	0	+
$f(x)$	↗	2 극대	↘	−2 극소	↗

함수 $y=f(x)$의 그래프는 오른쪽 그림과 같다. $\qquad$ ⋯⋯ ➋
곡선 $y=f(x)$와 직선 $y=-a$의 교점의 x좌표가 한 개는 양수이고 한 개는 음수이려면
$-a=2$ 또는 $-a=-2$
$\therefore a=-2$ 또는 $a=2$ $\qquad$ ⋯⋯ ➌
따라서 모든 실수 a의 값의 곱은
$-2\times2=-4$ $\qquad$ ⋯⋯ ➍

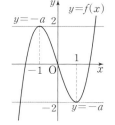

0540 답 $0<k<9$
$4x^3-12x=x^4-2x^2+k$에서
$-x^4+4x^3+2x^2-12x=k$
$f(x)=-x^4+4x^3+2x^2-12x$라 하면
$f'(x)=-4x^3+12x^2+4x-12=-4(x+1)(x-1)(x-3)$
$f'(x)=0$인 x의 값은 $x=-1$ 또는 $x=1$ 또는 $x=3$
함수 $f(x)$의 증가와 감소를 표로 나타내면 다음과 같다.

x	$\cdots$	−1	$\cdots$	1	$\cdots$	3	$\cdots$
$f'(x)$	+	0	−	0	+	0	−
$f(x)$	↗	9 극대	↘	−7 극소	↗	9 극대	↘

함수 $y=f(x)$의 그래프는 오른쪽 그림과 같으므로 곡선 $y=f(x)$와 직선 $y=k$의 교점의 x좌표가 두 개는 양수이고 두 개는 음수이려면
$0<k<9$

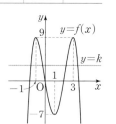

0541 답 $-5<k<27$
$f(x)=x^3+3x^2-9x-k$라 하면
$f'(x)=3x^2+6x-9=3(x+3)(x-1)$
$f'(x)=0$인 x의 값은 $x=-3$ 또는 $x=1$
삼차방정식 $f(x)=0$이 서로 다른 세 실근을 가지려면
$f(-3)f(1)<0$이어야 하므로
$(-k+27)(-k-5)<0$, $(k+5)(k-27)<0$
$\therefore -5<k<27$

0542 답 ①
$f(x)=2x^3-15x^2+24x+6+k$라 하면
$f'(x)=6x^2-30x+24=6(x-1)(x-4)$
$f'(x)=0$인 x의 값은 $x=1$ 또는 $x=4$
삼차방정식 $f(x)=0$이 서로 다른 두 실근을 가지려면
$f(1)f(4)=0$이어야 하므로
$(k+17)(k-10)=0$
$\therefore k=-17$ 또는 $k=10$
따라서 모든 실수 k의 값의 합은
$-17+10=-7$

0543 답 $0<a<\dfrac{1}{4}$
$f(x)=x^3-3ax+a$에서 $f'(x)=3x^2-3a$
함수 $f(x)$가 극값을 가지려면 이차방정식 $f'(x)=0$이 서로 다른 두 실근을 가져야 한다.

$3x^2-3a=0$에서 $x^2=a$이므로 이 이차방정식이 서로 다른 두 실근을 가지려면

$a>0$ …… ㉠   …… ❶

$f'(x)=3x^2-3a=3(x+\sqrt{a})(x-\sqrt{a})$이므로

$f'(x)=0$인 x의 값은 $x=-\sqrt{a}$ 또는 $x=\sqrt{a}$

삼차방정식 $f(x)=0$이 오직 하나의 실근을 가지려면

$f(-\sqrt{a})f(\sqrt{a})>0$이어야 하므로

$(a+2a\sqrt{a})(a-2a\sqrt{a})>0$

$a^2-4a^3>0$, $a^2(1-4a)>0$

$1-4a>0$ $(\because a^2>0)$

$\therefore a<\dfrac{1}{4}$ …… ㉡   …… ❷

㉠, ㉡에서 $0<a<\dfrac{1}{4}$ …… ❸

채점 기준

❶ $f(x)$가 극값을 갖는 a의 값의 범위 구하기	30 %
❷ 방정식 $f(x)=0$이 오직 하나의 실근을 갖는 a의 값의 범위 구하기	50 %
❸ a의 값의 범위 구하기	20 %

0544 답 20

주어진 곡선과 직선이 서로 다른 두 점에서 만나려면 방정식
$2x^3+3x^2-10x=2x+k$, 즉 $2x^3+3x^2-12x-k=0$이 서로 다른 두 실근을 가져야 한다.

$f(x)=2x^3+3x^2-12x-k$라 하면

$f'(x)=6x^2+6x-12=6(x+2)(x-1)$

$f'(x)=0$인 x의 값은 $x=-2$ 또는 $x=1$

삼차방정식 $f(x)=0$이 서로 다른 두 실근을 가지려면

$f(-2)f(1)=0$이어야 하므로

$(-k+20)(-k-7)=0$

$\therefore k=20$ $(\because k>0)$

0545 답 ③

두 곡선 $y=f(x)$, $y=g(x)$가 오직 한 점에서 만나려면 방정식
$f(x)=g(x)$, 즉 $h(x)=0$이 오직 하나의 실근을 가져야 한다.

주어진 그래프에서 $h'(x)$의 부호를 조사하여 함수 $h(x)$의 증가와 감소를 표로 나타내면 다음과 같다.

x	$\cdots$	α	$\cdots$	β	$\cdots$
$h'(x)$	$-$	0	$+$	0	$-$
$h(x)$	↘	극소	↗	극대	↘

삼차방정식 $h(x)=0$이 오직 하나의 실근을 가지려면

$h(\alpha)h(\beta)>0$

0546 답 ④

주어진 두 곡선이 오직 한 점에서 만나려면 방정식
$-x^4+2x-k=x^2+8x+k$, 즉 $x^4+x^2+6x=-2k$가 오직 하나의 실근을 가져야 한다.

$f(x)=x^4+x^2+6x$라 하면

$f'(x)=4x^3+2x+6=2(x+1)(2x^2-2x+3)$

$f'(x)=0$인 x의 값은 $x=-1$ $(\because x$는 실수$)$

함수 $f(x)$의 증가와 감소를 표로 나타내면 다음과 같다.

x	$\cdots$	-1	$\cdots$
$f'(x)$	$-$	0	$+$
$f(x)$	↘	-4 극소	↗

함수 $y=f(x)$의 그래프는 오른쪽 그림과 같고, 방정식 $f(x)=-2k$가 오직 하나의 실근을 가지려면 곡선 $y=f(x)$와 직선 $y=-2k$가 한 점에서 만나야 하므로

$-2k=-4$ $\therefore k=2$

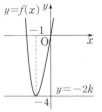

0547 답 2

$y=x^3+2$에서 $y'=3x^2$

점 $(1,a)$에서 곡선 $y=x^3+2$에 그은 접선의 접점의 좌표를 (t,t^3+2)라 하면 접선의 방정식은

$y-(t^3+2)=3t^2(x-t)$

이 직선이 점 $(1,a)$를 지나므로

$a-(t^3+2)=3t^2(1-t)$

$\therefore 2t^3-3t^2+a-2=0$ …… ㉠

점 $(1,a)$에서 주어진 곡선에 서로 다른 두 개의 접선을 그을 수 있으려면 t에 대한 삼차방정식 ㉠이 서로 다른 두 실근을 가져야 한다.

$f(t)=2t^3-3t^2+a-2$라 하면

$f'(t)=6t^2-6t=6t(t-1)$

$f'(t)=0$인 t의 값은 $t=0$ 또는 $t=1$

삼차방정식 $f(t)=0$이 서로 다른 두 실근을 가지려면 $f(0)f(1)=0$이어야 하므로

$(a-2)(a-3)=0$ $\therefore a=2$ $(\because a\neq3)$

참고 $a=3$일 때 점 $(1,a)$, 즉 점 $(1,3)$은 곡선 $y=x^3+2$ 위의 점이다.

0548 답 $a<-4$ 또는 $a>0$

$y=x^3+ax+1$에서 $y'=3x^2+a$

점 $(2,1)$에서 곡선 $y=x^3+ax+1$에 그은 접선의 접점의 좌표를 (t,t^3+at+1)이라 하면 접선의 방정식은

$y-(t^3+at+1)=(3t^2+a)(x-t)$ …… ❶

이 직선이 점 $(2,1)$을 지나므로

$1-(t^3+at+1)=(3t^2+a)(2-t)$

$\therefore t^3-3t^2-a=0$ …… ㉠   …… ❷

점 $(2,1)$에서 주어진 곡선에 오직 하나의 접선을 그을 수 있으려면 t에 대한 삼차방정식 ㉠이 오직 하나의 실근을 가져야 한다.

$f(t)=t^3-3t^2-a$라 하면

$f'(t)=3t^2-6t=3t(t-2)$

$f'(t)=0$인 t의 값은 $t=0$ 또는 $t=2$

삼차방정식 $f(t)=0$이 오직 하나의 실근을 가지려면 $f(0)f(2)>0$이어야 하므로

$-a(-a-4)>0$, $a(a+4)>0$

$\therefore a<-4$ 또는 $a>0$ …… ❸

채점 기준

❶ 접선의 방정식 구하기	30 %
❷ 접점의 x좌표에 대한 방정식 구하기	30 %
❸ a의 값의 범위 구하기	40 %

0549 답 5

$y=x^3-6x^2-5x+10$에서

$y'=3x^2-12x-5$

점 $(0,\ n)$에서 곡선 $y=x^3-6x^2-5x+10$에 그은 접선의 접점의 좌표를 $(t,\ t^3-6t^2-5t+10)$이라 하면 접선의 방정식은

$y-(t^3-6t^2-5t+10)=(3t^2-12t-5)(x-t)$

$\therefore y=(3t^2-12t-5)x-2t^3+6t^2+10$

이 직선이 점 $(0,\ n)$을 지나므로

$n=-2t^3+6t^2+10$

$g(t)=-2t^3+6t^2+10$이라 하면

$g'(t)=-6t^2+12t=-6t(t-2)$

$g'(t)=0$인 t의 값은 $t=0$ 또는 $t=2$

함수 $g(t)$의 증가와 감소를 표로 나타내면 다음과 같다.

t	$\cdots$	0	$\cdots$	2	$\cdots$
$g'(t)$	$-$	0	$+$	0	$-$
$g(t)$	$\searrow$	10 극소	$\nearrow$	18 극대	$\searrow$

함수 $y=g(t)$의 그래프는 오른쪽 그림과 같고, $f(n)$의 값은 곡선 $y=g(t)$와 직선 $y=n$의 교점의 개수와 같으므로

$f(15)+f(18)=3+2=5$

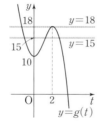

0550 답 ③

$f(x)=x^4-6x^2-8x+10+k$라 하면

$f'(x)=4x^3-12x-8=4(x+1)^2(x-2)$

$f'(x)=0$인 x의 값은 $x=-1$ 또는 $x=2$

함수 $f(x)$의 증가와 감소를 표로 나타내면 다음과 같다.

x	$\cdots$	-1	$\cdots$	2	$\cdots$
$f'(x)$	$-$	0	$-$	0	$+$
$f(x)$	$\searrow$	$k+13$	$\searrow$	$k-14$ 극소	$\nearrow$

함수 $f(x)$의 최솟값은 $k-14$이므로 모든 실수 x에 대하여 $f(x)>0$이 성립하려면

$k-14>0$ $\therefore k>14$

따라서 정수 k의 최솟값은 15이다.

0551 답 -32

$3x^4+4x^3-12x^2\geq a$에서

$3x^4+4x^3-12x^2-a\geq 0$

$f(x)=3x^4+4x^3-12x^2-a$라 하면

$f'(x)=12x^3+12x^2-24x=12x(x+2)(x-1)$

$f'(x)=0$인 x의 값은 $x=-2$ 또는 $x=0$ 또는 $x=1$

함수 $f(x)$의 증가와 감소를 표로 나타내면 다음과 같다.

x	$\cdots$	-2	$\cdots$	0	$\cdots$	1	$\cdots$
$f'(x)$	$-$	0	$+$	0	$-$	0	$+$
$f(x)$	$\searrow$	$-a-32$ 극소	$\nearrow$	$-a$ 극대	$\searrow$	$-a-5$ 극소	$\nearrow$

함수 $f(x)$의 최솟값은 $-a-32$이므로 구간 $(-\infty,\ \infty)$에서 $f(x)\geq 0$이 성립하려면

$-a-32\geq 0$ $\therefore a\leq -32$

따라서 a의 최댓값은 -32이다.

0552 답 $k\leq -3$

$f(x)\leq g(x)$에서 $f(x)-g(x)\leq 0$

$h(x)=f(x)-g(x)$라 하면

$h(x)=-3x^4+16x^3-14x^2-24-(4x^2-k)$

$\quad\quad=-3x^4+16x^3-18x^2-24+k$

$\therefore h'(x)=-12x^3+48x^2-36x=-12x(x-1)(x-3)$

$h'(x)=0$인 x의 값은 $x=0$ 또는 $x=1$ 또는 $x=3$

함수 $h(x)$의 증가와 감소를 표로 나타내면 다음과 같다.

x	$\cdots$	0	$\cdots$	1	$\cdots$	3	$\cdots$
$h'(x)$	$+$	0	$-$	0	$+$	0	$-$
$h(x)$	$\nearrow$	$k-24$ 극대	$\searrow$	$k-29$ 극소	$\nearrow$	$k+3$ 극대	$\searrow$

함수 $h(x)$의 최댓값은 $k+3$이므로 모든 실수 x에 대하여 $h(x)=f(x)-g(x)\leq 0$이 성립하려면

$k+3\leq 0$ $\therefore k\leq -3$

0553 답 -6

함수 $y=f(x)$의 그래프가 함수 $y=g(x)$의 그래프보다 항상 위쪽에 있으려면 모든 실수 x에 대하여 $f(x)>g(x)$, 즉 $f(x)-g(x)>0$이어야 한다.

$h(x)=f(x)-g(x)$라 하면

$h(x)=x^4+3x^2+4x-(x^2-4x+a)=x^4+2x^2+8x-a$

$\therefore h'(x)=4x^3+4x+8=4(x+1)(x^2-x+2)$

$h'(x)=0$인 x의 값은 $x=-1$ $(\because x$는 실수$)$

함수 $h(x)$의 증가와 감소를 표로 나타내면 다음과 같다.

x	$\cdots$	-1	$\cdots$
$h'(x)$	$-$	0	$+$
$h(x)$	$\searrow$	$-a-5$ 극소	$\nearrow$

함수 $h(x)$의 최솟값은 $-a-5$이므로 모든 실수 x에 대하여 $h(x)=f(x)-g(x)>0$이 성립하려면

$-a-5>0$ $\therefore a<-5$

따라서 정수 a의 최댓값은 -6이다.

0554 답 ②

$x^3+3x^2-24x+40>k$에서

$x^3+3x^2-24x+40-k>0$

$f(x)=x^3+3x^2-24x+40-k$라 하면

$f'(x)=3x^2+6x-24=3(x+4)(x-2)$

$f'(x)=0$인 x의 값은 $x=2$ ($\because x\geq0$)

$x\geq0$에서 함수 $f(x)$의 증가와 감소를 표로 나타내면 다음과 같다.

x	0	$\cdots$	2	$\cdots$
$f'(x)$		$-$	0	$+$
$f(x)$	$-k+40$	$\searrow$	$-k+12$ 극소	$\nearrow$

$x\geq0$에서 함수 $f(x)$의 최솟값은 $-k+12$이므로 $x\geq0$일 때, $f(x)>0$이 성립하려면

$-k+12>0$ $\quad\therefore k<12$

따라서 정수 k의 최댓값은 11이다.

0555 답 $k<-17$

$x^3-x^2+x+3>2x^2+x+k$에서

$x^3-3x^2+3-k>0$

$f(x)=x^3-3x^2+3-k$라 하면

$f'(x)=3x^2-6x=3x(x-2)$

$f'(x)=0$인 x의 값은 $x=0$ 또는 $x=2$

$x\geq-2$에서 함수 $f(x)$의 증가와 감소를 표로 나타내면 다음과 같다.

x	-2	$\cdots$	0	$\cdots$	2	$\cdots$
$f'(x)$		$+$	0	$-$	0	$+$
$f(x)$	$-k-17$	$\nearrow$	$-k+3$ 극대	$\searrow$	$-k-1$ 극소	$\nearrow$

$x\geq-2$에서 함수 $f(x)$의 최솟값은 $-k-17$이므로 $x\geq-2$일 때, $f(x)>0$이 성립하려면

$-k-17>0$ $\quad\therefore k<-17$

0556 답 3

$f(x)\geq3g(x)$에서 $f(x)-3g(x)\geq0$

$h(x)=f(x)-3g(x)$라 하면

$h(x)=x^3+3x^2-k-3(2x^2+3x-10)$

$\qquad=x^3-3x^2-9x+30-k$

$\therefore h'(x)=3x^2-6x-9=3(x+1)(x-3)$

$h'(x)=0$인 x의 값은 $x=-1$ 또는 $x=3$

구간 $[-1,4]$에서 함수 $h(x)$의 증가와 감소를 표로 나타내면 다음과 같다.

x	-1	$\cdots$	3	$\cdots$	4
$h'(x)$	0	$-$	0	$+$	
$h(x)$	$-k+35$	$\searrow$	$-k+3$ 극소	$\nearrow$	$-k+10$

구간 $[-1,4]$에서 함수 $h(x)$의 최솟값은 $-k+3$이므로 구간 $[-1,4]$에서 $h(x)=f(x)-3g(x)\geq0$이 성립하려면

$-k+3\geq0$ $\quad\therefore k\leq3$

따라서 k의 최댓값은 3이다.

0557 답 5

$|x^4-4x^3-2x^2+12x+k|\leq10$에서

$-10\leq x^4-4x^3-2x^2+12x+k\leq10$

$f(x)=x^4-4x^3-2x^2+12x+k$라 하면

$f'(x)=4x^3-12x^2-4x+12=4(x+1)(x-1)(x-3)$

$f'(x)=0$인 x의 값은 $x=1$ 또는 $x=3$ ($\because 0\leq x\leq3$)

$0\leq x\leq3$에서 함수 $f(x)$의 증가와 감소를 표로 나타내면 다음과 같다.

x	0	$\cdots$	1	$\cdots$	3
$f'(x)$		$+$	0	$-$	0
$f(x)$	k	$\nearrow$	$k+7$ 극대	$\searrow$	$k-9$

$0\leq x\leq3$에서 함수 $f(x)$의 최솟값은 $k-9$, 최댓값은 $k+7$이므로 $0\leq x\leq3$일 때, $-10\leq f(x)\leq10$이 성립하려면

$k-9\geq-10$, $k+7\leq10$

$\therefore -1\leq k\leq3$

따라서 정수 k는 -1, 0, 1, 2, 3의 5개이다.

0558 답 $k\geq8$

$x^3+16x<8x^2+k$에서

$x^3-8x^2+16x-k<0$

$f(x)=x^3-8x^2+16x-k$라 하면

$f'(x)=3x^2-16x+16=(3x-4)(x-4)$

$2<x<4$일 때, $f'(x)<0$이므로 함수 $f(x)$는 구간 $(2,4)$에서 감소한다.

따라서 $2<x<4$일 때, $f(x)<0$이 성립하려면 $f(2)\leq0$이어야 하므로

$8-k\leq0$ $\quad\therefore k\geq8$

0559 답 ③

$f(x)=x^3+5x-a(a-1)$이라 하면

$f'(x)=3x^2+5$

모든 실수 x에 대하여 $f'(x)>0$이므로 함수 $f(x)$는 구간 $(1,\infty)$에서 증가한다.

따라서 $x>1$일 때, $f(x)>0$이 성립하려면 $f(1)\geq0$이어야 하므로

$1+5-a(a-1)\geq0$, $a^2-a-6\leq0$

$(a+2)(a-3)\leq0$ $\quad\therefore -2\leq a\leq3$

따라서 $M=3$, $m=-2$이므로

$M+m=1$

0560 답 32

$x>2$일 때, 곡선 $y=x^3+3x^2$이 직선 $y=-6x+k$보다 항상 위쪽에 있으려면 $x>2$일 때, 부등식 $x^3+3x^2>-6x+k$, 즉

$x^3+3x^2+6x-k>0$이 성립해야 한다. $\quad\cdots\cdots$ ❶

$f(x)=x^3+3x^2+6x-k$라 하면

$f'(x)=3x^2+6x+6=3(x+1)^2+3\geq3$

모든 실수 x에 대하여 $f'(x)>0$이므로 함수 $f(x)$는 구간 $(2,\infty)$에서 증가한다. $\quad\cdots\cdots$ ❷

따라서 $x>2$일 때, $f(x)>0$이 성립하려면 $f(2)\geq0$이어야 하므로

$8+12+12-k\geq0$ $\quad\therefore k\leq32$

따라서 k의 최댓값은 32이다. $\quad\cdots\cdots$ ❸

채점 기준

❶ $x>2$일 때, 항상 성립하는 부등식 구하기	30 %
❷ $x>2$일 때, 함수의 증가와 감소 조사하기	30 %
❸ k의 최댓값 구하기	40 %

0561 답 ④

시각 t에서의 점 P의 속도를 v라 하면

$$v=\frac{dx}{dt}=2t^2-2t$$

점 P의 속도가 4이면

$2t^2-2t=4,\ t^2-t-2=0$

$(t+1)(t-2)=0$ $\quad\therefore\ t=2\ (\because\ t>0)$

시각 t에서의 점 P의 가속도를 a라 하면

$$a=\frac{dv}{dt}=4t-2$$

따라서 $t=2$에서의 점 P의 가속도는

$4\times2-2=6$

0562 답 1

시각 t에서의 점 P의 속도를 v라 하면

$$v=\frac{dx}{dt}=-12t^2+24t=-12(t-1)^2+12$$

따라서 $t=1$에서의 점 P의 속도가 최대이다.

0563 답 -4

시각 t에서의 점 P의 속도를 v라 하면

$$v=\frac{dx}{dt}=3t^2-6t+2$$

점 P의 속도가 -1이면

$3t^2-6t+2=-1,\ t^2-2t+1=0$

$(t-1)^2=0$ $\quad\therefore\ t=1$

$t=1$에서의 점 P의 위치가 -4이므로

$1-3+2+k=-4$

$\therefore\ k=-4$

0564 답 -2

점 P가 원점을 지나는 순간의 위치는 0이므로

$t^3-4t^2+3t=0,\ t(t-1)(t-3)=0$

$\therefore\ t=1$ 또는 $t=3\ (\because\ t>0)$

따라서 점 P가 출발 후 처음으로 다시 원점을 지나는 시각은 $t=1$이다. ...... ❶

시각 t에서의 점 P의 속도를 v, 가속도를 a라 하면

$$v=\frac{dx}{dt}=3t^2-8t+3,\ a=\frac{dv}{dt}=6t-8$$ ...... ❷

따라서 $t=1$에서의 점 P의 가속도는

$6\times1-8=-2$ ...... ❸

채점 기준

❶ 점 P가 출발 후 처음으로 다시 원점을 지나는 시각 구하기	40%
❷ 시각 t에서의 점 P의 속도와 가속도 구하기	30%
❸ 점 P가 출발 후 처음으로 다시 원점을 지나는 순간의 가속도 구하기	30%

0565 답 27

시각 t에서의 두 점 P, Q의 속도를 각각 v_1, v_2라 하면

$$v_1=\frac{dx_1}{dt}=3t^2-4t+3,\ v_2=\frac{dx_2}{dt}=2t+12$$

두 점 P, Q의 속도가 같으면 $v_1=v_2$에서

$3t^2-4t+3=2t+12$

$3t^2-6t-9=0,\ (t+1)(t-3)=0$

$\therefore\ t=3\ (\because\ t\geq0)$

$t=3$에서의 두 점 P, Q의 위치는 각각

$x_1=3^3-2\times3^2+3\times3=18$

$x_2=3^2+12\times3=45$

따라서 구하는 거리는

$45-18=27$

0566 답 ③

시각 t에서의 점 P의 속도를 v라 하면

$$v=\frac{dx}{dt}=3t^2-18t+24$$

점 P의 속도가 0이면

$3t^2-18t+24=0,\ (t-2)(t-4)=0$

$\therefore\ t=2$ 또는 $t=4$ $\quad\therefore\ \alpha=2,\ \beta=4$

ㄱ. $\alpha+\beta=6$

ㄴ. 시각 t에서의 점 P의 가속도를 a라 하면

$$a=\frac{dv}{dt}=6t-18$$

$t=4$에서의 점 P의 가속도는

$6\times4-18=6$

ㄷ. $t=2$에서의 점 P의 위치는

$2^3-9\times2^2+24\times2+1=21$

$t=4$에서의 점 P의 위치는

$4^3-9\times4^2+24\times4+1=17$

따라서 $t=2$에서의 점 P의 위치가 $t=4$에서의 점 P의 위치보다 원점에서 더 멀다.

따라서 보기에서 옳은 것은 ㄱ, ㄴ이다.

0567 답 15

두 점 P, Q의 속도를 각각 v_P, v_Q라 하면

$$v_P=\frac{dx_P}{dt}=4t^3-24t^2+36t,\ v_Q=\frac{dx_Q}{dt}=m$$

두 점 P, Q의 속도가 같아지는 순간이 세 번 있으려면 $v_P=v_Q$를 만족시키는 양수 t가 세 개 존재해야 하므로 방정식 $4t^3-24t^2+36t=m$이 $t>0$에서 서로 다른 세 개의 실근을 가져야 한다.

$f(t)=4t^3-24t^2+36t$라 하면

$f'(t)=12t^2-48t+36=12(t-1)(t-3)$

$f'(t)=0$인 t의 값은 $t=1$ 또는 $t=3$

$t>0$에서 함수 $f(t)$의 증가와 감소를 표로 나타내면 다음과 같다.

t	0	$\cdots$	1	$\cdots$	3	$\cdots$
$f'(t)$		$+$	0	$-$	0	$+$
$f(t)$		↗	16 극대	↘	0 극소	↗

$t>0$에서 함수 $y=f(t)$의 그래프는 오른쪽 그림과 같으므로 곡선 $y=f(t)$와 직선 $y=m$이 서로 다른 세 점에서 만나려면

$0<m<16$

따라서 정수 m은 1, 2, 3, ..., 15의 15개이다.

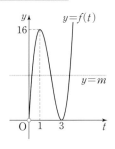

0568 답 12

시각 t에서의 점 P의 속도를 v라 하면
$$v=\frac{dx}{dt}=6t^2-12t$$
점 P가 운동 방향을 바꾸는 순간의 속도는 0이므로
$$6t^2-12t=0, \ t(t-2)=0 \qquad \therefore t=2 \ (\because t>0)$$
시각 t에서의 점 P의 가속도를 a라 하면
$$a=\frac{dv}{dt}=12t-12$$
따라서 $t=2$에서의 점 P의 가속도는
$$12\times 2-12=12$$

0569 답 $2<t<3$

두 점 P, Q의 속도를 각각 v_P, v_Q라 하면
$$v_P=\frac{dx_P}{dt}=2t-6, \ v_Q=\frac{dx_Q}{dt}=4t-8$$
두 점 P, Q가 서로 반대 방향으로 움직이면 속도의 부호가 서로 반대이므로 $v_P v_Q<0$에서
$$(2t-6)(4t-8)<0, \ (t-2)(t-3)<0$$
$$\therefore 2<t<3$$

0570 답 64 m

제동을 건 지 t초 후의 열차의 속도를 $v\,\mathrm{m/s}$라 하면
$$v=\frac{dx}{dt}=32-8t \qquad\qquad \cdots\cdots \ \mathbf{i}$$
열차가 정지하는 순간의 속도는 0이므로
$$32-8t=0 \qquad \therefore t=4 \qquad\qquad \cdots\cdots \ \mathbf{ii}$$
따라서 4초 동안 열차가 움직인 거리는
$$32\times 4-4\times 4^2=64(\mathrm{m}) \qquad \cdots\cdots \ \mathbf{iii}$$

채점 기준	
$\mathbf{i}$ t초 후의 열차의 속도 구하기	30 %
$\mathbf{ii}$ 열차가 정지하는 순간의 시각 구하기	40 %
$\mathbf{iii}$ 열차가 정지할 때까지 움직인 거리 구하기	30 %

0571 답 6

시각 t에서의 점 P의 속도를 v라 하면
$$v=\frac{dx}{dt}=3t^2+2mt+n$$
$t=1$에서 점 P가 운동 방향을 바꾸므로
$$3+2m+n=0 \qquad \therefore 2m+n=-3 \quad \cdots\cdots \ \text{㉠}$$
$t=1$에서의 점 P의 위치는 4이므로
$$1+m+n=4 \qquad \therefore m+n=3 \qquad \cdots\cdots \ \text{㉡}$$
㉠, ㉡을 연립하여 풀면
$$m=-6, \ n=9$$
$$\therefore v=3t^2-12t+9$$
점 P가 운동 방향을 바꾸는 순간의 속도는 0이므로
$$3t^2-12t+9=0, \ (t-1)(t-3)=0$$
$$\therefore t=1 \ \text{또는} \ t=3$$
따라서 점 P가 $t=1$ 이외에 운동 방향을 바꾸는 시각은 $t=3$이다.
시각 t에서의 점 P의 가속도를 a라 하면
$$a=\frac{dv}{dt}=6t-12$$

따라서 $t=3$에서의 점 P의 가속도는
$$6\times 3-12=6$$

0572 답 3

시각 t에서의 점 P의 속도를 v라 하면
$$v=\frac{dx}{dt}=3t^2-6t+a=3(t-1)^2+a-3$$
점 P의 운동 방향이 바뀌지 않으려면 $t>0$에서 $v\geq 0$이어야 한다.
이때 $t>0$에서 v의 최솟값이 $a-3$이므로 $t>0$에서 $v\geq 0$이려면
$$a-3\geq 0 \qquad \therefore a\geq 3$$
따라서 a의 최솟값은 3이다.

0573 답 ①

물체가 지면에 떨어지는 순간의 높이는 0이므로
$$25t-5t^2=0, \ t(t-5)=0 \qquad \therefore t=5 \ (\because t>0)$$
t초 후의 물체의 속도를 $v\,\mathrm{m/s}$라 하면
$$v=\frac{dx}{dt}=25-10t$$
따라서 $t=5$에서의 물체의 속도는
$$25-10\times 5=-25(\mathrm{m/s})$$

0574 답 ③

t초 후의 공의 속도를 $v\,\mathrm{m/s}$라 하면
$$v=\frac{dx}{dt}=20-10t$$
공이 최고 높이에 도달하는 순간의 속도는 0이므로
$$20-10t=0 \qquad \therefore t=2$$
따라서 $t=2$에서의 공의 높이는
$$30+20\times 2-5\times 2^2=50(\mathrm{m})$$

0575 답 35

물체가 최고 높이에 도달할 때까지 걸린 시간은 3초이고 그때의 높이가 85 m이므로
$$40+3a+9b=85 \qquad \therefore a+3b=15 \quad \cdots\cdots \ \text{㉠}$$
t초 후의 물체의 속도를 $v\,\mathrm{m/s}$라 하면
$$v=\frac{dx}{dt}=a+2bt$$
물체가 최고 높이에 도달하는 순간의 속도는 0이므로
$$a+6b=0 \qquad\qquad \cdots\cdots \ \text{㉡}$$
㉠, ㉡을 연립하여 풀면
$$a=30, \ b=-5$$
$$\therefore a-b=35$$

0576 답 ③

시각 t에서의 속도는 $x'(t)$이므로 위치 $x(t)$의 그래프에서 그 점에서의 접선의 기울기와 같다.

ㄱ. $x'(4)=0$이므로 $t=4$에서의 점 P의 속도는 0이다.

ㄴ. $x'(1)>0$, $x'(2)=0$이므로 점 P의 $t=1$에서의 속도는 $t=2$에서의 속도보다 빠르다.

ㄷ. $x'(t)=0$이고 그 좌우에서 $x'(t)$의 부호가 바뀔 때 운동 방향이 바뀐다.
이때 $x'(3)\neq 0$이므로 $t=3$에서 점 P는 운동 방향을 바꾸지 않는다.

ㄹ. $0<t<2$에서 $x'(t)>0$이고 $2<t<4$에서 $x'(t)<0$이므로
$0<t<2$에서와 $2<t<4$에서의 점 P의 운동 방향은 서로 반대이
다.

따라서 보기에서 옳은 것은 ㄱ, ㄹ이다.

0577 답 ⑤

시각 t에서의 가속도는 $v'(t)$이므로 속도 $v(t)$의 그래프에서 그 점
에서의 접선의 기울기와 같다.

① $v'(a)=0$이므로 $t=a$에서의 점 P의 가속도는 0이다.
② $v'(b)>0$이므로 $t=b$에서의 점 P의 가속도는 양의 값이다.
③ $v(b)<0$, $v(d)>0$이므로 $t=b$에서와 $t=d$에서의 점 P의 운동
방향은 서로 반대이다.
④ $c<t<d$에서 점 P의 속도는 증가한다.
⑤ $v(t)=0$이고 그 좌우에서 $v(t)$의 부호가 바뀔 때 운동 방향이 바
뀌므로 $0<t<e$에서 점 P가 운동 방향을 바꾸는 시각은 $t=c$이다.
따라서 $0<t<e$에서 점 P는 운동 방향을 한 번 바꾼다.

따라서 옳지 않은 것은 ⑤이다.

0578 답 ㄱ, ㄷ

ㄱ. $f'(t)=0$이고 그 좌우에서 $f'(t)$의 부호가 바뀔때 운동 방향이
바뀌므로 $0<t<5$에서 점 P가 운동 방향을 바꾸는 시각은 $t=2$
이다.
따라서 $0<t<5$에서 점 P는 운동 방향을 한 번 바꾼다.
ㄴ. $f'(3)>0$, $g'(3)=0$이므로 $t=3$에서 점 Q의 속도는 점 P의 속
도보다 느리다.
ㄷ. $f(5)=g(5)$이므로 $t=5$에서 두 점 P, Q는 만난다.
ㄹ. $4<t<5$에서 $f'(t)>0$, $g'(t)<0$이므로 두 점 P, Q의 운동 방
향은 서로 반대이다.

따라서 보기에서 옳은 것은 ㄱ, ㄷ이다.

0579 답 1 m/s

사람이 t초 동안 움직이는 거리는 $1.5t$ m
t초 후 가로등의 바로 밑에서 그림자 끝까
지의 거리를 x m라 하면 오른쪽 그림에서 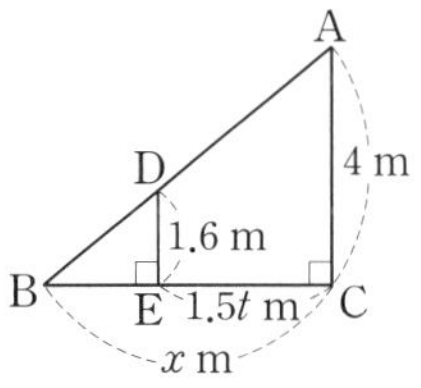
$\triangle ABC \backsim \triangle DBE$이므로
$4:1.6=x:(x-1.5t)$
$1.6x=4x-6t$
$\therefore x=2.5t$
그림자의 길이를 l m라 하면
$l=\overline{BE}=2.5t-1.5t=t$
$\therefore \dfrac{dl}{dt}=1$
따라서 그림자의 길이의 변화율은 1 m/s이다.

0580 답 $\dfrac{2\sqrt{2}}{3}$

t초 후의 두 점 A, B의 좌표는 각각 $(t, 0)$, $(0, 2t)$
두 점 A, B를 1 : 2로 내분하는 점 P의 좌표는
$\left(\dfrac{1\times0+2\times t}{1+2}, \dfrac{1\times2t+2\times0}{1+2}\right)$ $\therefore \left(\dfrac{2t}{3}, \dfrac{2t}{3}\right)$

선분 OP의 길이를 l이라 하면
$l=\sqrt{\left(\dfrac{2t}{3}\right)^2+\left(\dfrac{2t}{3}\right)^2}=\dfrac{2\sqrt{2}}{3}t$ $(\because t>0)$
따라서 선분 OP의 길이의 변화율은
$\dfrac{dl}{dt}=\dfrac{2\sqrt{2}}{3}$

공통수학2 다시보기

좌표평면 위의 두 점 $A(x_1, y_1)$, $B(x_2, y_2)$에 대하여 선분 AB를
$m : n$으로 내분하는 점의 좌표는
$\left(\dfrac{mx_2+nx_1}{m+n}, \dfrac{my_2+ny_1}{m+n}\right)$

0581 답 3.2

t초 후의 풍선의 반지름의 길이는 $(1+0.2t)$ cm이므로 풍선의 겉넓
이를 S cm²라 하면
$S=4\pi(1+0.2t)^2$
$\therefore \dfrac{dS}{dt}=4\pi\times2(1+0.2t)\times0.2=1.6\pi(1+0.2t)$
따라서 $t=5$에서의 풍선의 겉넓이의 변화율은
$1.6\pi(1+0.2\times5)=3.2\pi$ (cm²/s)
$\therefore a=3.2$

0582 답 ①

t초 후의 직사각형의 가로의 길이는 $(10+2t)$ cm, 세로의 길이는
$(10-t)$ cm이므로
$0<t<10$
직사각형의 넓이를 S cm²라 하면
$S=(10+2t)(10-t)=-2t^2+10t+100$
$\therefore \dfrac{dS}{dt}=-4t+10$
직사각형의 넓이가 88 cm²이면
$-2t^2+10t+100=88$, $t^2-5t-6=0$
$(t+1)(t-6)=0$ $\therefore t=6$ $(\because 0<t<10)$
따라서 $t=6$에서의 직사각형의 넓이의 변화율은
$-4\times6+10=-14$ (cm²/s)

0583 답 20π cm²/s

t초 후의 수면의 높이는 t cm이므로 수
면의 반지름의 길이를 r cm라 하면 오
른쪽 그림에서 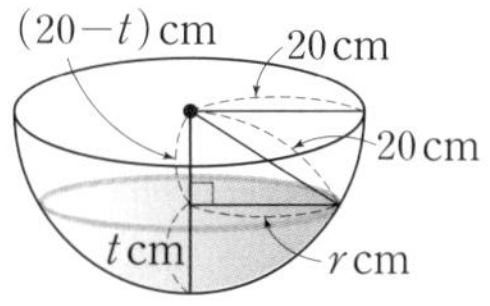
$r=\sqrt{20^2-(20-t)^2}=\sqrt{-t^2+40t}$
수면의 넓이를 S cm²라 하면
$S=\pi(-t^2+40t)$ ......❶
$\therefore \dfrac{dS}{dt}=\pi(-2t+40)$ ......❷
따라서 $t=10$에서의 수면의 넓이의 변화율은
$\pi(-2\times10+40)=20\pi$ (cm²/s) ......❸

채점 기준

❶ t초 후의 수면의 넓이 구하기		50 %
❷ 시각 t에서의 수면의 넓이의 변화율 구하기		30 %
❸ 10초 후의 수면의 넓이의 변화율 구하기		20 %

0584 답 $18\pi \ \text{cm}^3/\text{s}$

t초 후의 수면의 높이는 $2t$ cm이므로 수면의 반지름의 길이를 r cm라 하면 오른쪽 그림에서

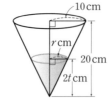

$10:r=20:2t$ ∴ $r=t$

물의 부피를 V cm³라 하면

$V=\dfrac{\pi}{3}\times r^2\times 2t=\dfrac{\pi}{3}\times t^2\times 2t=\dfrac{2}{3}\pi t^3$

∴ $\dfrac{dV}{dt}=2\pi t^2$

수면의 높이가 6 cm이면

$2t=6$ ∴ $t=3$

따라서 $t=3$에서의 물의 부피의 변화율은

$2\pi\times 3^2=18\pi\,(\text{cm}^3/\text{s})$

0585 답 ④

t초 후의 밑면의 반지름의 길이는 $(2+2t)$ cm, 높이는 $(4+t)$ cm 이므로 원기둥의 부피를 V cm³라 하면

$V=\pi(2+2t)^2(4+t)$

∴ $\dfrac{dV}{dt}=\pi\{2(2+2t)\times 2\times(4+t)+(2+2t)^2\}$

$\qquad =\pi(2+2t)\{4(4+t)+(2+2t)\}$

$\qquad =12\pi(t+1)(t+3)$

따라서 $t=1$에서의 원기둥의 부피의 변화율은

$12\pi\times 2\times 4=96\pi\,(\text{cm}^3/\text{s})$

AB 유형 점검

98~100쪽

0586 답 5

$\dfrac{1}{2}x^4-4x^3+8x^2-5+k=0$에서

$\dfrac{1}{2}x^4-4x^3+8x^2-5=-k$

$f(x)=\dfrac{1}{2}x^4-4x^3+8x^2-5$라 하면

$f'(x)=2x^3-12x^2+16x=2x(x-2)(x-4)$

$f'(x)=0$인 x의 값은 $x=0$ 또는 $x=2$ 또는 $x=4$

함수 $f(x)$의 증가와 감소를 표로 나타내면 다음과 같다.

x	$\cdots$	0	$\cdots$	2	$\cdots$	4	$\cdots$
$f'(x)$	$-$	0	$+$	0	$-$	0	$+$
$f(x)$	$\searrow$	-5 극소	$\nearrow$	3 극대	$\searrow$	-5 극소	$\nearrow$

함수 $y=f(x)$의 그래프는 오른쪽 그림과 같고, 주어진 방정식이 서로 다른 두 실근을 가지려면 곡선 $y=f(x)$와 직선 $y=-k$가 서로 다른 두 점에서 만나야 하므로

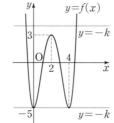

$-k>3$ 또는 $-k=-5$

∴ $k<-3$ 또는 $k=5$

따라서 양수 k의 값은 5이다.

0587 답 ④

$f(x)=2x^3-9x^2+12x-2$에서

$f'(x)=6x^2-18x+12=6(x-1)(x-2)$

$f'(x)=0$인 x의 값은 $x=1$ 또는 $x=2$

함수 $f(x)$의 증가와 감소를 표로 나타내면 다음과 같다.

x	$\cdots$	1	$\cdots$	2	$\cdots$
$f'(x)$	$+$	0	$-$	0	$+$
$f(x)$	$\nearrow$	3 극대	$\searrow$	2 극소	$\nearrow$

함수 $y=|f(x)|$의 그래프는 오른쪽 그림과 같고, $g(k)$는 함수 $y=|f(x)|$의 그래프와 직선 $y=k$의 교점의 개수와 같으므로

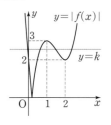

$g(k)=\begin{cases}0 \ (k<0)\\ 1 \ (k=0)\\ 2 \ (0<k<2 \ \text{또는} \ k>3)\\ 3 \ (k=2 \ \text{또는} \ k=3)\\ 4 \ (2<k<3)\end{cases}$

∴ $g(0)+g(1)+g(2)+g(3)=1+2+3+3=9$

0588 답 7

$2x^3-6x^2+k=0$에서

$2x^3-6x^2=-k$

$f(x)=2x^3-6x^2$이라 하면

$f'(x)=6x^2-12x=6x(x-2)$

$f'(x)=0$인 x의 값은 $x=0$ 또는 $x=2$

함수 $f(x)$의 증가와 감소를 표로 나타내면 다음과 같다.

x	$\cdots$	0	$\cdots$	2	$\cdots$
$f'(x)$	$+$	0	$-$	0	$+$
$f(x)$	$\nearrow$	0 극대	$\searrow$	-8 극소	$\nearrow$

함수 $y=f(x)$의 그래프는 오른쪽 그림과 같으므로 곡선 $y=f(x)$와 직선 $y=-k$의 교점의 x좌표 중 두 개가 양수이려면

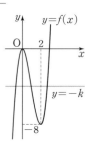

$-8<-k<0$

∴ $0<k<8$

따라서 정수 k는 1, 2, 3, $\cdots$, 7의 7개이다.

0589 답 ⑤

$f(x)=x^3-12x-a$라 하면

$f'(x)=3x^2-12=3(x+2)(x-2)$

$f'(x)=0$인 x의 값은 $x=-2$ 또는 $x=2$

삼차방정식 $f(x)=0$이 오직 하나의 실근을 가지려면

$f(-2)f(2)>0$이어야 하므로

$(-a+16)(-a-16)>0$

$(a+16)(a-16)>0$

∴ $a<-16$ 또는 $a>16$

따라서 정수 a의 값이 될 수 있는 것은 ⑤이다.

0590 답 $3 \leq k < 10$

두 점 $A(-5, 0)$, $B(2, 7)$을 지나는 직선의 방정식은
$$y = \frac{7}{2+5}(x+5) \qquad \therefore y = x+5$$
곡선 $y = x^3 + 3x^2 - 8x + k$가 선분 AB와 서로 다른 세 점에서 만나려면 방정식 $x^3 + 3x^2 - 8x + k = x + 5$, 즉 $x^3 + 3x^2 - 9x - 5 = -k$가 $-5 \leq x \leq 2$에서 서로 다른 세 실근을 가져야 한다.
$f(x) = x^3 + 3x^2 - 9x - 5$라 하면
$f'(x) = 3x^2 + 6x - 9 = 3(x+3)(x-1)$
$f'(x) = 0$인 x의 값은 $x = -3$ 또는 $x = 1$
$-5 \leq x \leq 2$에서 함수 $f(x)$의 증가와 감소를 표로 나타내면 다음과 같다.

x	-5	$\cdots$	-3	$\cdots$	1	$\cdots$	2
$f'(x)$		$+$	0	$-$	0	$+$	
$f(x)$	-10	↗	22 극대	↘	-10 극소	↗	-3

$-5 \leq x \leq 2$에서 함수 $y = f(x)$의 그래프는 오른쪽 그림과 같으므로 곡선 $y = f(x)$와 직선 $y = -k$가 서로 다른 세 점에서 만나려면
$-10 < -k \leq -3$
$\therefore 3 \leq k < 10$

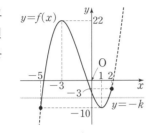

0591 답 $-\frac{1}{27} < a < 0$

$y = x^3 + x^2$에서 $y' = 3x^2 + 2x$
점 $(0, a)$에서 곡선 $y = x^3 + x^2$에 그은 접선의 접점의 좌표를 $(t, t^3 + t^2)$이라 하면 접선의 방정식은
$$y - (t^3 + t^2) = (3t^2 + 2t)(x - t)$$
이 직선이 점 $(0, a)$를 지나므로
$$a - (t^3 + t^2) = (3t^2 + 2t)(-t)$$
$$\therefore 2t^3 + t^2 + a = 0 \qquad \cdots\cdots \, \bigcirc$$
점 $(0, a)$에서 주어진 곡선에 서로 다른 세 개의 접선을 그을 수 있으려면 t에 대한 삼차방정식 $\bigcirc$이 서로 다른 세 실근을 가져야 한다.
$f(t) = 2t^3 + t^2 + a$라 하면
$f'(t) = 6t^2 + 2t = 2t(3t+1)$
$f'(t) = 0$인 t의 값은 $t = -\frac{1}{3}$ 또는 $t = 0$
삼차방정식 $f(t) = 0$이 서로 다른 세 실근을 가지려면
$f\left(-\frac{1}{3}\right) f(0) < 0$이어야 하므로
$$a\left(a + \frac{1}{27}\right) < 0$$
$$\therefore -\frac{1}{27} < a < 0$$

0592 답 $6 < a < 8$

$f(x) = x^4 - 32x - a^2 + 14a$라 하면
$f'(x) = 4x^3 - 32 = 4(x-2)(x^2 + 2x + 4)$
$f'(x) = 0$인 x의 값은 $x = 2$ ($\because$ x는 실수)

함수 $f(x)$의 증가와 감소를 표로 나타내면 다음과 같다.

x	$\cdots$	2	$\cdots$
$f'(x)$	$-$	0	$+$
$f(x)$	↘	$-a^2 + 14a - 48$ 극소	↗

함수 $f(x)$의 최솟값은 $-a^2 + 14a - 48$이므로 모든 실수 x에 대하여 $f(x) > 0$이 성립하려면
$-a^2 + 14a - 48 > 0$
$a^2 - 14a + 48 < 0$, $(a-6)(a-8) < 0$
$\therefore 6 < a < 8$

0593 답 ⑤

$f(x) \geq g(x)$에서 $f(x) - g(x) \geq 0$
$h(x) = f(x) - g(x)$라 하면
$$\begin{aligned} h(x) &= x^3 - x + 6 - (x^2 + a) \\ &= x^3 - x^2 - x + 6 - a \end{aligned}$$
$\therefore h'(x) = 3x^2 - 2x - 1 = (3x+1)(x-1)$
$h'(x) = 0$인 x의 값은 $x = 1$ ($\because$ $x \geq 0$)
$x \geq 0$에서 함수 $h(x)$의 증가와 감소를 표로 나타내면 다음과 같다.

x	0	$\cdots$	1	$\cdots$
$h'(x)$		$-$	0	$+$
$h(x)$	$-a+6$	↘	$-a+5$ 극소	↗

$x \geq 0$에서 함수 $h(x)$의 최솟값은 $-a+5$이므로 $x \geq 0$일 때, $h(x) = f(x) - g(x) \geq 0$이 성립하려면
$-a + 5 \geq 0$ $\therefore a \leq 5$
따라서 a의 최댓값은 5이다.

0594 답 7

구간 $[0, 2]$에서 함수 $y = f(x)$의 그래프가 함수 $y = g(x)$의 그래프보다 항상 위쪽에 있으려면 $f(x) > g(x)$, 즉 $f(x) - g(x) > 0$이어야 한다.
$h(x) = f(x) - g(x)$라 하면
$$\begin{aligned} h(x) &= x^4 + 2x^2 - 6x + a - (-x^2 + 4x) \\ &= x^4 + 3x^2 - 10x + a \end{aligned}$$
$$\begin{aligned} \therefore h'(x) &= 4x^3 + 6x - 10 \\ &= 2(x-1)(2x^2 + 2x + 5) \end{aligned}$$
$h'(x) = 0$인 x의 값은 $x = 1$ ($\because$ x는 실수)
구간 $[0, 2]$에서 함수 $h(x)$의 증가와 감소를 표로 나타내면 다음과 같다.

x	0	$\cdots$	1	$\cdots$	2
$h'(x)$		$-$	0	$+$	
$h(x)$	a	↘	$a-6$ 극소	↗	$a+8$

구간 $[0, 2]$에서 함수 $h(x)$의 최솟값은 $a-6$이므로 구간 $[0, 2]$에서 $h(x) = f(x) - g(x) > 0$이 성립하려면
$a - 6 > 0$ $\therefore a > 6$
따라서 정수 a의 최솟값은 7이다.

0595 답 11

$f(x)=2x^3+9x^2-k$라 하면

$f'(x)=6x^2+18x=6x(x+3)$

$1<x<3$일 때, $f'(x)>0$이므로 함수 $f(x)$는 구간 $(1, 3)$에서 증가한다.

따라서 $1<x<3$일 때, $f(x)>0$이 성립하려면 $f(1)\geq0$이어야 하므로

$11-k\geq0$ $\therefore k\leq11$

따라서 자연수 k는 1, 2, 3, $\cdots$, 11의 11개이다.

0596 답 ①

시각 t에서의 두 점 P, Q의 속도를 각각 v_1, v_2라 하면

$v_1=\dfrac{dx_1}{dt}=2t+1$, $v_2=\dfrac{dx_2}{dt}=-3t^2+14t$

시각 t에서의 두 점 P, Q의 가속도를 각각 a_1, a_2라 하면

$a_1=\dfrac{dv_1}{dt}=2$, $a_2=\dfrac{dv_2}{dt}=-6t+14$

두 점 P, Q의 위치가 같으면 $x_1=x_2$에서

$t^2+t-6=-t^3+7t^2$

$t^3-6t^2+t-6=0$

$(t-6)(t^2+1)=0$

$\therefore t=6$ $(\because t$는 실수$)$

따라서 $t=6$에서의 두 점 P, Q의 가속도가 각각 p, q이므로

$p=2$, $q=-6\times6+14=-22$

$\therefore p-q=24$

0597 답 ⑤

시각 t에서의 점 P의 속도를 v라 하면

$v=\dfrac{dx}{dt}=3t^2-18t+15$

점 P가 운동 방향을 바꾸는 순간의 속도는 0이므로

$3t^2-18t+15=0$

$(t-1)(t-5)=0$

$\therefore t=1$ 또는 $t=5$

따라서 점 P가 출발 후 두 번째로 운동 방향을 바꾸는 시각은 $t=5$이다.

시각 t에서의 점 P의 가속도를 a라 하면

$a=\dfrac{dv}{dt}=6t-18$

따라서 $t=5$에서의 점 P의 가속도는

$6\times5-18=12$

0598 답 ①

시각 t에서의 점 P의 속도를 v라 하면

$v=\dfrac{dx}{dt}=6t^2-18t+12$

ㄱ. $t=0$에서의 점 P의 속도는 12이다.

ㄴ. 점 P가 운동 방향을 바꾸는 순간의 속도는 0이므로

$6t^2-18t+12=0$, $(t-1)(t-2)=0$

$\therefore t=1$ 또는 $t=2$

따라서 점 P가 움직이는 동안 운동 방향을 바꾸는 시각은 $t=1$, $t=2$이므로 운동 방향을 두 번 바꾼다.

ㄷ. 시각 t에서의 점 P의 가속도를 a라 하면

$a=\dfrac{dv}{dt}=12t-18$

따라서 $t=2$에서의 점 P의 가속도는

$12\times2-18=6$

ㄹ. 점 P가 원점을 지나면 $x=0$이므로

$2t^3-9t^2+12t=0$

$\therefore t(2t^2-9t+12)=0$ $\cdots\cdots$ ㉠

이때 $t>0$이고, 방정식 $2t^2-9t+12=0$은 실근을 갖지 않으므로

㉠을 만족시키는 $t>0$인 실수 t의 값은 존재하지 않는다.

따라서 점 P는 출발 후 원점을 다시 지나지 않는다.

따라서 보기에서 옳은 것은 ㄱ, ㄴ이다.

0599 답 50 m

t초 후의 물체의 속도를 v m/s라 하면

$v=\dfrac{dx}{dt}=30-10t$

물체가 최고 높이에 도달하는 순간의 속도는 0이므로

$30-10t=0$ $\therefore t=3$

따라서 $t=3$에서의 물체의 높이는

$5+30\times3-5\times3^2=50$(m)

0600 답 ③

시각 t에서의 속도는 $x'(t)$이므로 위치 $x(t)$의 그래프에서 그 점에서의 접선의 기울기와 같다.

ㄱ. $x'(a)=0$이므로 $t=a$에서의 점 P의 속도는 0이다.

ㄴ. $x'(c)=0$이고, $a<t<c$ 또는 $d<t<e$에서 $x'(t)>0$이므로 $t=c$에서의 점 P의 속도는 최대가 아니다.

ㄷ. $x'(t)=0$이고 그 좌우에서 $x'(t)$의 부호가 바뀔 때 운동 방향이 바뀌므로 $0<t<e$에서 점 P가 운동 방향을 바꾸는 시각은 $t=a$, $t=c$, $t=d$이다.

따라서 $0<t<e$에서 점 P는 운동 방향을 세 번 바꾼다.

ㄹ. $x(b)=0$, $x(d)=0$이므로 $0<t<e$에서 점 P는 $t=b$, $t=d$일 때 원점을 지난다.

따라서 $0<t<e$에서 점 P는 원점을 두 번 지난다.

따라서 보기에서 옳은 것은 ㄱ, ㄹ이다.

0601 답 36

t초 후의 점 P의 좌표는 $(2t, 0)$이므로 점 Q의 좌표는

$(2t, 8t^3-16t^2+4t+5)$

선분 PQ의 길이를 l이라 하면

$l=8t^3-16t^2+4t+5$

$\therefore \dfrac{dl}{dt}=24t^2-32t+4$

따라서 $t=2$에서의 선분 PQ의 길이의 변화율은

$24\times2^2-32\times2+4=36$

0602 답 ⑤

t초 후의 구의 반지름의 길이는 $(3+2t)\,\text{cm}$이므로 구의 부피를 $V\,\text{cm}^3$라 하면

$$V=\frac{4}{3}\pi(3+2t)^3$$

$$\therefore \frac{dV}{dt}=\frac{4}{3}\pi\times 3(3+2t)^2\times 2$$
$$=8\pi(3+2t)^2$$

따라서 $t=3$에서의 구의 부피의 변화율은

$$8\pi(3+2\times 3)^2=648\pi\,(\text{cm}^3/\text{s})$$

0603 답 -1

$f(x)=x^3+3x^2$이라 하면

$f'(x)=3x^2+6x=3x(x+2)$

$f'(x)=0$인 x의 값은 $x=-2$ 또는 $x=0$

함수 $f(x)$의 증가와 감소를 표로 나타내면 다음과 같다.

x	$\cdots$	-2	$\cdots$	0	$\cdots$
$f'(x)$	$+$	0	$-$	0	$+$
$f(x)$	↗	4 극대	↘	0 극소	↗

함수 $y=|f(x)|$의 그래프는 오른쪽 그림과 같다. ...... ⓘ

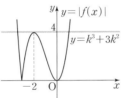

주어진 방정식이 서로 다른 세 실근을 가지려면 함수 $y=|f(x)|$의 그래프와 직선 $y=k^3+3k^2$이 서로 다른 세 점에서 만나야 하므로

$k^3+3k^2=4$, $k^3+3k^2-4=0$

$(k+2)^2(k-1)=0$

$\therefore k=-2$ 또는 $k=1$ ...... ⓘⓘ

따라서 구하는 합은

$-2+1=-1$ ...... ⓘⓘⓘ

채점 기준

ⓘ $f(x)=x^3+3x^2$이라 하고 $y=|f(x)|$의 그래프 그리기	50 %
ⓘⓘ k의 값 구하기	40 %
ⓘⓘⓘ k의 값의 합 구하기	10 %

0604 답 3

$(x+2)(x-1)^2-k=0$에서

$x^3-3x+2=k$ ...... ⓘ

$f(x)=x^3-3x+2$라 하면

$f'(x)=3x^2-3=3(x+1)(x-1)$

$f'(x)=0$인 x의 값은 $x=-1$ 또는 $x=1$

함수 $f(x)$의 증가와 감소를 표로 나타내면 다음과 같다.

x	$\cdots$	-1	$\cdots$	1	$\cdots$
$f'(x)$	$+$	0	$-$	0	$+$
$f(x)$	↗	4 극대	↘	0 극소	↗

함수 $y=f(x)$의 그래프는 오른쪽 그림과 같다. ...... ⓘⓘ

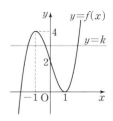

곡선 $y=f(x)$와 직선 $y=k$의 교점의 x좌표가 한 개는 양수이고 두 개는 음수이려면

$2<k<4$ ...... ⓘⓘⓘ

따라서 정수 k의 값은 3이다. ...... ⓘⓥ

채점 기준

ⓘ 주어진 방정식을 $f(x)=k$로 정리하기		10 %
ⓘⓘ $y=f(x)$의 그래프 그리기		40 %
ⓘⓘⓘ k의 값의 범위 구하기		40 %
ⓘⓥ 정수 k의 값 구하기		10 %

0605 답 76

점 P가 출발한 지 t초 후의 두 점 P, Q의 좌표는 각각 $(2t,\,0)$, $(0,\,3(t-3))$ (단, $t\geq 3$) ...... ⓘ

선분 PQ를 한 변으로 하는 정사각형의 넓이를 S라 하면

$$S=\overline{\text{PQ}}^2=(-2t)^2+(3t-9)^2$$
$$=13t^2-54t+81$$ ...... ⓘⓘ

$$\therefore \frac{dS}{dt}=26t-54$$ ...... ⓘⓘⓘ

따라서 $t=5$에서의 정사각형의 넓이의 변화율은

$$26\times 5-54=76$$ ...... ⓘⓥ

채점 기준

ⓘ t초 후의 두 점 P, Q의 좌표 구하기	30 %
ⓘⓘ t초 후의 정사각형의 넓이 구하기	30 %
ⓘⓘⓘ 시각 t에서의 정사각형의 넓이의 변화율 구하기	20 %
ⓘⓥ 5초 후의 정사각형의 넓이의 변화율 구하기	20 %

C 실력 향상

101쪽

0606 답 -1

⒜에서 삼차함수 $f(x)$가 극댓값을 가지므로 반드시 극솟값을 갖는다.

⒝에서 함수 $y=|f(x)|$의 그래프와 직선 $y=1$이 서로 다른 5개의 점에서 만나려면 오른쪽 그림과 같아야 하므로 함수 $f(x)$의 극솟값이 -1이어야 한다.

$f(x)=x^3+ax^2+bx+c$ ($a,\,b,\,c$는 상수) 라 하면

$f'(x)=3x^2+2ax+b$

⒜에서 $f'(0)=0$, $f(0)=3$이므로

$b=0$, $c=3$

$\therefore f(x)=x^3+ax^2+3$,

$f'(x)=3x^2+2ax=x(3x+2a)$

$f'(x)=0$인 x의 값은 $x=0$ 또는 $x=-\dfrac{2}{3}a$

함수 $f(x)$는 $x=-\dfrac{2}{3}a$에서 극솟값 -1을 가지므로

$f\left(-\dfrac{2}{3}a\right)=-1$에서

$-\dfrac{8}{27}a^3+\dfrac{4}{9}a^3+3=-1$

$\dfrac{4}{27}a^3=-4$, $a^3=-27$

$\therefore a=-3$ ($\because a$는 실수)

따라서 $f(x)=x^3-3x^2+3$이므로

$f(-1)=-1-3+3=-1$

0607 답 ④

$f(x)=x^3+3kx^2+1$이라 하면

$f'(x)=3x^2+6kx=3x(x+2k)$

$f'(x)=0$인 x의 값은 $x=0$ 또는 $x=-2k$

(i) $k>0$일 때

  $x\geq k$에서 $f'(x)>0$이므로 구간 $[k, \infty)$에서 함수 $f(x)$는 증가한다.

  이때 $f(0)=1$이므로 $x\geq k$일 때 $f(x)\geq 0$, 즉 부등식

  $x^3+3kx^2+1\geq 0$이 성립한다.

  $\therefore k^3>0$

(ii) $k=0$일 때

  $x\geq 0$에서 $f'(x)\geq 0$이므로 구간 $[0, \infty)$에서 함수 $f(x)$는 증가한다.

  이때 $f(0)=1$이므로 $x\geq k$일 때 $f(x)\geq 0$, 즉 부등식

  $x^3+3kx^2+1\geq 0$이 성립한다.

  $\therefore k^3=0$

(iii) $k<0$일 때

  $x\geq k$에서 함수 $f(x)$의 증가와 감소를 표로 나타내면 다음과 같다.

x	k	$\cdots$	0	$\cdots$	$-2k$	$\cdots$
$f'(x)$		$+$	0	$-$	0	$+$
$f(x)$	$4k^3+1$	↗	1 극대	↘	$4k^3+1$ 극소	↗

  $x\geq k$에서 함수 $f(x)$의 최솟값은 $4k^3+1$이므로 $x\geq k$일 때, $f(x)\geq 0$이 성립하려면

  $4k^3+1\geq 0$ $\therefore k^3\geq -\dfrac{1}{4}$

  그런데 $k<0$이므로 $-\dfrac{1}{4}\leq k^3<0$

(i), (ii), (iii)에서 $k^3\geq -\dfrac{1}{4}$

따라서 k^3의 최솟값은 $-\dfrac{1}{4}$이다.

0608 답 2

$f(x)=x^3+ax^2+bx+c$ (a, b, c는 상수)라 하면

$f'(x)=3x^2+2ax+b$

㉮에서 $f(0)=f'(0)$이므로 $c=b$

$\therefore g(x)=f(x)-f'(x)$

$\quad\quad =x^3+ax^2+bx+c-(3x^2+2ax+b)$

$\quad\quad =x^3+(a-3)x^2+(b-2a)x$

$\therefore g'(x)=3x^2+2(a-3)x+b-2a$

이때 $g(0)=f(0)-f'(0)=0$이고 ㉯에서

$x\geq -1$인 모든 실수 x에 대하여

$f(x)\geq f'(x)$, 즉 $g(x)\geq 0$이므로 함수

$y=g(x)$의 그래프의 개형은 오른쪽 그림과 같아야 한다.

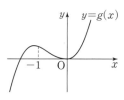

따라서 함수 $g(x)$는 $x=0$에서 극소이므로

$g'(0)=0$에서 $b-2a=0$

$\therefore g(x)=x^3+(a-3)x^2$

㉯에서 $g(-1)\geq 0$이므로

$-1+a-3\geq 0$ $\therefore a\geq 4$

$\therefore g(1)=1+a-3=a-2\geq 2$

따라서 $g(1)$의 최솟값은 2이다.

0609 답 44

두 점 P, Q가 t초 동안 움직이는 거리는 각각 $2t$, t이다.

$8<t\leq 12$일 때 점 P는 $\overline{CD}$ 위를 움직이므로

$\overline{CP}=2t-16$

또 점 Q는 $\overline{HE}$ 위를 움직이므로

$\overline{HQ}=t-8$

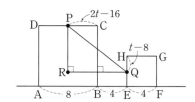

위의 그림에서

$\overline{PR}=4+(t-8)=t-4$

$\overline{RQ}=(2t-16)+4=2t-12$

직각삼각형 PRQ에서

$\overline{PQ}^2=(t-4)^2+(2t-12)^2$

$\quad\quad =5t^2-56t+160$

$\therefore \dfrac{d\overline{PQ}^2}{dt}=10t-56$

따라서 $t=10$에서의 $\overline{PQ}^2$의 변화율은

$10\times 10-56=44$

07 / 부정적분

A 개념 확인

104~105쪽

0610 답 $5x+C$

$(5x)'=5$이므로 $\int 5\,dx=5x+C$

0611 답 $-x^2+C$

$(-x^2)'=-2x$이므로 $\int(-2x)\,dx=-x^2+C$

0612 답 x^3+C

$(x^3)'=3x^2$이므로 $\int 3x^2\,dx=x^3+C$

0613 답 x^6+C

$(x^6)'=6x^5$이므로 $\int 6x^5\,dx=x^6+C$

0614 답 $f(x)=3$

$f(x)=(3x+C)'=3$

0615 답 $f(x)=4x+7$

$f(x)=(2x^2+7x+C)'=4x+7$

0616 답 $f(x)=-x^2+8x-1$

$f(x)=\left(-\dfrac{1}{3}x^3+4x^2-x+C\right)'=-x^2+8x-1$

0617 답 $f(x)=4x^3-6x^2+5$

$f(x)=(x^4-2x^3+5x+C)'=4x^3-6x^2+5$

0618 답 x^2　　**0619** 답 x^2+C

0620 답 x^3-2x　　**0621** 답 x^3-2x+C

0622 답 $x+C$

0623 답 $\dfrac{1}{4}x^4+C$

$\int x^3\,dx=\dfrac{1}{3+1}x^{3+1}+C=\dfrac{1}{4}x^4+C$

0624 답 $\dfrac{1}{21}x^{21}+C$

$\int x^{20}\,dx=\dfrac{1}{20+1}x^{20+1}+C=\dfrac{1}{21}x^{21}+C$

0625 답 $\dfrac{1}{100}x^{100}+C$

$\int x^{99}\,dx=\dfrac{1}{99+1}x^{99+1}+C=\dfrac{1}{100}x^{100}+C$

0626 답 $3x^2+C$

$\int 6x\,dx=6\int x\,dx=3x^2+C$

0627 답 $\dfrac{3}{2}x^2+5x+C$

$\int(3x+5)\,dx=3\int x\,dx+5\int dx=\dfrac{3}{2}x^2+5x+C$

0628 답 $\dfrac{1}{3}x^3-2x^2+7x+C$

$\int(x^2-4x+7)\,dx=\int x^2\,dx-4\int x\,dx+7\int dx$

$\qquad=\dfrac{1}{3}x^3-2x^2+7x+C$

0629 답 $\dfrac{1}{2}x^4+4x^2+C$

$\int(2x^3+8x)\,dx=2\int x^3\,dx+8\int x\,dx$

$\qquad=\dfrac{1}{2}x^4+4x^2+C$

0630 답 $2x^3-\dfrac{5}{2}x^2-6x+C$

$\int(3x+2)(2x-3)\,dx=\int(6x^2-5x-6)\,dx$

$\qquad=6\int x^2\,dx-5\int x\,dx-6\int dx$

$\qquad=2x^3-\dfrac{5}{2}x^2-6x+C$

0631 답 $\dfrac{1}{4}x^4-x+C$

$\int(x-1)(x^2+x+1)\,dx=\int(x^3-1)\,dx=\int x^3\,dx-\int dx$

$\qquad=\dfrac{1}{4}x^4-x+C$

0632 답 $\dfrac{1}{2}x^2-2x+C$

$\int\dfrac{x^2-4}{x+2}\,dx=\int\dfrac{(x+2)(x-2)}{(x+2)}\,dx=\int(x-2)\,dx$

$\qquad=\int x\,dx-2\int dx=\dfrac{1}{2}x^2-2x+C$

0633 답 $\dfrac{1}{3}x^3+\dfrac{1}{2}x^2+x+C$

$\int\dfrac{x^3}{x-1}\,dx-\int\dfrac{1}{x-1}\,dx=\int\dfrac{x^3-1}{x-1}\,dx$

$\qquad=\int\dfrac{(x-1)(x^2+x+1)}{x-1}\,dx$

$\qquad=\int(x^2+x+1)\,dx$

$\qquad=\int x^2\,dx+\int x\,dx+\int dx$

$\qquad=\dfrac{1}{3}x^3+\dfrac{1}{2}x^2+x+C$

0634 답 ⑤

$f(x)=(x^3-2x^2+x+C)'$
$\quad\ =3x^2-4x+1$
$\therefore f(2)=12-8+1=5$

0635 답 ③

① $(x^4-1)'=4x^3$
② $(x^4)'=4x^3$
③ $(2x^4)'=8x^3$
④ $(x^4+1)'=4x^3$
⑤ $(x^4+2)'=4x^3$
따라서 $4x^3$의 부정적분이 아닌 것은 ③이다.

0636 답 8

$8x^3-ax^2+1=(bx^4-2x^3+x+C)'$
$\qquad\qquad\qquad =4bx^3-6x^2+1$
따라서 $8=4b$, $-a=-6$이므로
$a=6$, $b=2$
$\therefore a+b=8$

0637 답 ①

$(x-2)f(x)=(-x^4+2x^3+2x^2+C)'$
$\qquad\qquad =-4x^3+6x^2+4x$
$\qquad\qquad =-2x(2x+1)(x-2)$
따라서 $f(x)=-2x(2x+1)$이므로
$f(1)=-2\times 3=-6$

0638 답 3

$f(x)=F'(x)=(x^3+ax^2)'=3x^2+2ax$ ······ ❶
$f(2)=-4$에서
$12+4a=-4$ $\quad\therefore a=-4$ ······ ❷
따라서 $f(x)=3x^2-8x$이므로
$f(3)=27-24=3$ ······ ❸

채점 기준	
❶ $f(x)$를 a에 대한 식으로 나타내기	40%
❷ a의 값 구하기	40%
❸ $f(3)$의 값 구하기	20%

0639 답 ③

$\displaystyle\lim_{h\to 0}\frac{f(1+h)-f(1-2h)}{h}$
$\displaystyle=\lim_{h\to 0}\frac{f(1+h)-f(1)+f(1)-f(1-2h)}{h}$
$\displaystyle=\lim_{h\to 0}\frac{f(1+h)-f(1)}{h}-\lim_{h\to 0}\frac{f(1-2h)-f(1)}{-2h}\times(-2)$
$=f'(1)+2f'(1)=3f'(1)$

$f(x)=\displaystyle\int(x^2+x)\,dx$에서 $f'(x)=x^2+x$이므로
$f'(1)=1+1=2$
따라서 구하는 값은
$3f'(1)=3\times 2=6$

0640 답 8

$f(x)=\displaystyle\int\left\{\frac{d}{dx}(x^3+3x^2-5x)\right\}dx$
$\qquad\ =x^3+3x^2-5x+C$
$f(1)=0$에서
$1+3-5+C=0$ $\quad\therefore C=1$
따라서 $f(x)=x^3+3x^2-5x+1$이므로
$f(-1)=-1+3+5+1=8$

0641 답 ②

$f(x)=\dfrac{d}{dx}\left\{\displaystyle\int(2x^3-x^2+5)\,dx\right\}=2x^3-x^2+5$이므로
$f(2)=16-4+5=17$

0642 답 12

$f(x)=\displaystyle\int\left\{\frac{d}{dx}(x^2-6x)\right\}dx=x^2-6x+C$
$\qquad\ =(x-3)^2-9+C$
함수 $f(x)$의 최솟값이 8이므로
$-9+C=8$ $\quad\therefore C=17$
따라서 $f(x)=x^2-6x+17$이므로
$f(1)=1-6+17=12$

0643 답 4

$f(x)=\displaystyle\int\left\{\frac{d}{dx}(x^3+ax)\right\}dx=x^3+ax+C$
$\therefore f'(x)=3x^2+a$
$f(2)=6$에서
$8+2a+C=6$ ······ ㉠
$f'(0)=-2$에서 $a=-2$ ······ ❶
이를 ㉠에 대입하면
$8-4+C=6$ $\quad\therefore C=2$
$\therefore f(x)=x^3-2x+2$, $f'(x)=3x^2-2$ ······ ❷
$\therefore f(-1)+f'(-1)=(-1+2+2)+(3-2)=4$ ······ ❸

채점 기준	
❶ a의 값 구하기	40%
❷ $f(x)$, $f'(x)$ 구하기	40%
❸ $f(-1)+f'(-1)$의 값 구하기	20%

0644 답 ㄷ

ㄱ. $\displaystyle\int\left\{\frac{d}{dx}f(x)\right\}dx=f(x)+C$, $\dfrac{d}{dx}\left\{\displaystyle\int f(x)\,dx\right\}=f(x)$이므로
$\displaystyle\int\left\{\frac{d}{dx}f(x)\right\}dx\neq\frac{d}{dx}\left\{\int f(x)\,dx\right\}$

ㄴ. $\dfrac{d}{dx}\left[\displaystyle\int\left\{\frac{d}{dx}f(x)\right\}dx\right]=\frac{d}{dx}\{f(x)+C\}=f'(x)$

ㄷ. $\dfrac{d}{dx}\left\{\displaystyle\int f(x)\,dx\right\}=f(x)$, $\displaystyle\int\left\{\dfrac{d}{dx}g(x)\right\}dx=g(x)+C$이므로

$f(x)=g(x)+C$

양변을 x에 대하여 미분하면 $f'(x)=g'(x)$

따라서 보기에서 항상 옳은 것은 ㄷ이다.

0645 답 -2

$f(x)=\displaystyle\int\dfrac{x^2}{x-2}\,dx-\int\dfrac{5x-6}{x-2}\,dx$

$\quad=\displaystyle\int\dfrac{x^2-5x+6}{x-2}\,dx$

$\quad=\displaystyle\int\dfrac{(x-2)(x-3)}{x-2}\,dx$

$\quad=\displaystyle\int(x-3)\,dx$

$\quad=\dfrac{1}{2}x^2-3x+C$

$f(-2)=10$에서

$2+6+C=10$ $\quad\therefore C=2$

따라서 $f(x)=\dfrac{1}{2}x^2-3x+2$이므로

$f(4)=8-12+2=-2$

0646 답 2

$f(x)=\displaystyle\int(5x^4+4x^3+3x^2+2x+1)\,dx$

$\quad=x^5+x^4+x^3+x^2+x+C$

$f(0)=-3$에서 $C=-3$

따라서 $f(x)=x^5+x^4+x^3+x^2+x-3$이므로

$f(1)=1+1+1+1+1-3=2$

0647 답 10

$f(x)=\displaystyle\int(x+1)(x^2-x+1)\,dx+\int(x-1)(x^2+x+1)\,dx$

$\quad=\displaystyle\int(x^3+1)\,dx+\int(x^3-1)\,dx$

$\quad=\displaystyle\int\{(x^3+1)+(x^3-1)\}\,dx$

$\quad=\displaystyle\int 2x^3\,dx$

$\quad=\dfrac{1}{2}x^4+C$

$f(0)=2$에서 $C=2$

따라서 $f(x)=\dfrac{1}{2}x^4+2$이므로

$f(2)=8+2=10$

0648 답 4

㈎에서 $f(x)=\displaystyle\int(2x-4)\,dx=x^2-4x+C$

㈏에서 모든 실수 x에 대하여 $x^2-4x+C\geq0$이므로 이차방정식

$x^2-4x+C=0$의 판별식을 D라 하면

$\dfrac{D}{4}=4-C\leq0$ $\quad\therefore C\geq4$

이때 $f(0)=C$이므로 $f(0)\geq4$

따라서 $f(0)$의 최솟값은 4이다.

0649 답 ④

$f(x)=\displaystyle\int f'(x)\,dx=\int(3x^2-6)\,dx$

$\quad=x^3-6x+C$

$f(0)=8$에서 $C=8$

따라서 $f(x)=x^3-6x+8$이므로

$f(-1)=-1+6+8=13$

0650 답 ②

$f'(x)=6x+8$이므로

$f(x)=\displaystyle\int f'(x)\,dx=\int(6x+8)\,dx$

$\quad=3x^2+8x+C_1$

$f(0)=3$에서 $C_1=3$

따라서 $f(x)=3x^2+8x+3$이므로

$\displaystyle\int f(x)\,dx=\int(3x^2+8x+3)\,dx$

$\quad=x^3+4x^2+3x+C$

0651 답 ②

$f'(x)=6x^2+2x+5$이므로

$f(x)=\displaystyle\int f'(x)\,dx=\int(6x^2+2x+5)\,dx$

$\quad=2x^3+x^2+5x+C$

곡선 $y=f(x)$가 점 $(0,3)$을 지나므로 $f(0)=3$에서

$C=3$

따라서 $f(x)=2x^3+x^2+5x+3$이므로

$f(-1)=-2+1-5+3=-3$

0652 답 $-\dfrac{3}{2}$

$f(x)=\displaystyle\int f'(x)\,dx=\int(4x+a)\,dx$

$\quad=2x^2+ax+C$

방정식 $f(x)=0$, 즉 $2x^2+ax+C=0$의 모든 근의 곱이 -5이므로 이차방정식의 근과 계수의 관계에 의하여

$\dfrac{C}{2}=-5$ $\quad\therefore C=-10$ $\quad\cdots\cdots$ ❶

$f(2)=4$에서

$8+2a+C=4$, $8+2a-10=4$ $\quad\therefore a=3$ $\quad\cdots\cdots$ ❷

$\therefore f(x)=2x^2+3x-10$

따라서 방정식 $f(x)=0$, 즉 $2x^2+3x-10=0$의 모든 근의 합은 이차방정식의 근과 계수의 관계에 의하여 $-\dfrac{3}{2}$이다. $\quad\cdots\cdots$ ❸

채점 기준

❶ 적분상수 구하기	40 %
❷ a의 값 구하기	30 %
❸ 방정식 $f(x)=0$의 모든 근의 합 구하기	30 %

0653 답 ⑤

$$\lim_{h \to 0} \frac{f(x+h)-f(x-h)}{h}$$
$$=\lim_{h \to 0} \frac{f(x+h)-f(x)+f(x)-f(x-h)}{h}$$
$$=\lim_{h \to 0} \frac{f(x+h)-f(x)}{h} - \lim_{h \to 0} \frac{f(x-h)-f(x)}{-h} \times (-1)$$
$$=f'(x)+f'(x)=2f'(x)$$

따라서 $2f'(x)=4x^2-6x+2$이므로
$$f'(x)=2x^2-3x+1$$
$$\therefore f(x)=\int f'(x)\,dx=\int (2x^2-3x+1)\,dx$$
$$=\frac{2}{3}x^3-\frac{3}{2}x^2+x+C$$
$f(0)=1$에서 $C=1$
따라서 $f(x)=\frac{2}{3}x^3-\frac{3}{2}x^2+x+1$이므로
$$f(1)=\frac{2}{3}-\frac{3}{2}+1+1=\frac{7}{6}$$

0654 답 ④

$$f(x)=\int f'(x)\,dx=\int \{6x^2-2f(1)x\}\,dx$$
$$=2x^3-f(1)x^2+C$$
$f(0)=4$에서 $C=4$
$$\therefore f(x)=2x^3-f(1)x^2+4$$
양변에 $x=1$을 대입하면
$$f(1)=2-f(1)+4$$
$$2f(1)=6 \qquad \therefore f(1)=3$$
따라서 $f(x)=2x^3-3x^2+4$이므로
$$f(2)=16-12+4=8$$

0655 답 −6

㈎에서
$$f(x)=\int f'(x)\,dx=\int (3x^2+2x)\,dx$$
$$=x^3+x^2+C$$
$f(1)=1+1+C=C+2$, $f'(1)=3+2=5$이므로 곡선 $y=f(x)$ 위의 점 $(1,\,f(1))$에서의 접선의 방정식은
$$y-(C+2)=5(x-1)$$
$$\therefore y=5x-3+C$$
㈏에서 이 접선의 x절편이 1이므로 $x=1$, $y=0$을 대입하면
$$0=5-3+C \qquad \therefore C=-2$$
따라서 $f(x)=x^3+x^2-2$이므로
$$f(-2)=-8+4-2=-6$$

0656 답 3

$F(x)=xf(x)-2x^3+x^2$의 양변을 x에 대하여 미분하면
$$f(x)=f(x)+xf'(x)-6x^2+2x$$
$$xf'(x)=6x^2-2x=x(6x-2)$$
$$\therefore f'(x)=6x-2$$

$$\therefore f(x)=\int f'(x)\,dx=\int (6x-2)\,dx$$
$$=3x^2-2x+C$$
$f(1)=-1$에서
$$3-2+C=-1 \qquad \therefore C=-2$$
따라서 $f(x)=3x^2-2x-2$이므로
$$f(-1)=3+2-2=3$$

0657 답 −18

$F(x)+\int (x-1)f(x)\,dx=x^4-8x^3+9x^2$의 양변을 x에 대하여 미분하면
$$f(x)+(x-1)f(x)=4x^3-24x^2+18x$$
$$xf(x)=x(4x^2-24x+18)$$
$$\therefore f(x)=4x^2-24x+18$$
$$=4(x-3)^2-18$$
따라서 함수 $f(x)$의 최솟값은 -18이다.

0658 답 $\frac{5}{4}$

$\int xf(x)\,dx=\{f(x)\}^2$의 양변을 x에 대하여 미분하면
$$xf(x)=2f(x)f'(x)$$
$$f'(x)f(x)=\frac{1}{2}xf(x)$$
$$\therefore f'(x)=\frac{1}{2}x \qquad\qquad \cdots\cdots ❶$$
$$\therefore f(x)=\int f'(x)\,dx=\int \frac{1}{2}x\,dx$$
$$=\frac{1}{4}x^2+C$$
$f(0)=1$에서 $C=1$이므로
$$f(x)=\frac{1}{4}x^2+1 \qquad\qquad \cdots\cdots ❷$$
$$\therefore f(1)=\frac{1}{4}+1=\frac{5}{4} \qquad\qquad \cdots\cdots ❸$$

채점 기준	
❶ $f'(x)$ 구하기	40 %
❷ $f(x)$ 구하기	40 %
❸ $f(1)$의 값 구하기	20 %

0659 답 5

$f(x)+\int xf(x)\,dx=x^3-2x^2+3x-5$의 양변을 x에 대하여 미분하면
$$f'(x)+xf(x)=3x^2-4x+3 \qquad \cdots\cdots ㉠$$
$f(x)$를 n차함수라 하면 $xf(x)$는 $(n+1)$차함수이므로 ㉠에서
$$n+1=2 \qquad \therefore n=1$$
따라서 $f(x)$는 최고차항의 계수가 3인 일차함수이므로
$f(x)=3x+a$ (a는 상수)라 하면
$$f'(x)=3$$
$f(x)$와 $f'(x)$를 ㉠에 대입하면
$$3+x(3x+a)=3x^2-4x+3$$

$3x^2+ax+3=3x^2-4x+3$

$\therefore a=-4$

따라서 $f(x)=3x-4$이므로

$f(3)=9-4=5$

0660 답 ⑤

$\dfrac{d}{dx}\{f(x)-g(x)\}=4x-4$에서

$\displaystyle\int\left[\dfrac{d}{dx}\{f(x)-g(x)\}\right]dx=\int(4x-4)\,dx$

$\therefore f(x)-g(x)=2x^2-4x+C_1$ ······ ㉠

$\dfrac{d}{dx}\{f(x)g(x)\}=6x^2+6x-5$에서

$\displaystyle\int\left[\dfrac{d}{dx}\{f(x)g(x)\}\right]dx=\int(6x^2+6x-5)\,dx$

$\therefore f(x)g(x)=2x^3+3x^2-5x+C_2$ ······ ㉡

$f(0)=4$, $g(0)=3$이므로 ㉠, ㉡에서

$f(0)-g(0)=C_1$ $\therefore C_1=1$

$f(0)g(0)=C_2$ $\therefore C_2=12$

$\therefore f(x)-g(x)=2x^2-4x+1$,

$\quad f(x)g(x)=2x^3+3x^2-5x+12$

$\qquad\qquad =(x+3)(2x^2-3x+4)$

이때 $f(0)=4$, $g(0)=3$이므로

$f(x)=2x^2-3x+4$, $g(x)=x+3$

$\therefore f(2)-g(1)=(8-6+4)-(1+3)=2$

0661 답 -1

$\dfrac{d}{dx}\{f(x)+g(x)\}=2$에서

$\displaystyle\int\left[\dfrac{d}{dx}\{f(x)+g(x)\}\right]dx=\int 2\,dx$

$\therefore f(x)+g(x)=2x+C_1$ ······ ㉠

$\dfrac{d}{dx}\{f(x)-g(x)\}=4x$에서

$\displaystyle\int\left[\dfrac{d}{dx}\{f(x)-g(x)\}\right]dx=\int 4x\,dx$

$\therefore f(x)-g(x)=2x^2+C_2$ ······ ㉡

$f(0)=-4$, $g(0)=3$이므로 ㉠, ㉡에서

$f(0)+g(0)=C_1$ $\therefore C_1=-1$

$f(0)-g(0)=C_2$ $\therefore C_2=-7$

$\therefore f(x)+g(x)=2x-1$, $f(x)-g(x)=2x^2-7$

두 식을 연립하여 풀면

$f(x)=x^2+x-4$, $g(x)=-x^2+x+3$

$\therefore f(-1)+g(1)=(1-1-4)+(-1+1+3)=-1$

다른 풀이

$f(x)+g(x)=\displaystyle\int 2\,dx$ ······ ㉠

$f(x)-g(x)=\displaystyle\int 4x\,dx$ ······ ㉡

㉠+㉡을 하면

$2f(x)=\displaystyle\int(4x+2)\,dx=2\int(2x+1)\,dx$

$\therefore f(x)=\displaystyle\int(2x+1)\,dx=x^2+x+C_1$

$f(0)=-4$에서 $C_1=-4$

$\therefore f(x)=x^2+x-4$

㉠-㉡을 하면

$2g(x)=\displaystyle\int(2-4x)\,dx=2\int(-2x+1)\,dx$

$\therefore g(x)=\displaystyle\int(-2x+1)\,dx=-x^2+x+C_2$

$g(0)=3$에서 $C_2=3$

$\therefore g(x)=-x^2+x+3$

$\therefore f(-1)+g(1)=(1-1-4)+(-1+1+3)=-1$

0662 답 4

$\dfrac{d}{dx}\{f(x)g(x)\}=3x^2$에서

$\displaystyle\int\left[\dfrac{d}{dx}\{f(x)g(x)\}\right]dx=\int 3x^2\,dx$

$\therefore f(x)g(x)=x^3+C$

$f(1)=-1$, $g(1)=7$에서

$f(1)g(1)=1+C$

$-7=1+C$

$\therefore C=-8$

$\therefore f(x)g(x)=x^3-8$

$\qquad\qquad =(x-2)(x^2+2x+4)$ ······ ❶

이때 $f(1)=-1$, $g(1)=7$이므로

$f(x)=x-2$, $g(x)=x^2+2x+4$ ······ ❷

$\therefore f(3)+g(-1)=(3-2)+(1-2+4)=4$ ······ ❸

채점 기준

❶ $f(x)g(x)$ 구하기	50 %
❷ $f(x)$, $g(x)$ 구하기	40 %
❸ $f(3)+g(-1)$의 값 구하기	10 %

0663 답 2

(i) $x\geq 0$일 때

$f(x)=\displaystyle\int f'(x)\,dx=\int(2x-1)\,dx$

$\qquad =x^2-x+C_1$

(ii) $x<0$일 때

$f(x)=\displaystyle\int f'(x)\,dx=\int(3x^2-1)\,dx$

$\qquad =x^3-x+C_2$

(i), (ii)에서

$f(x)=\begin{cases}x^2-x+C_1\ (x\geq 0)\\ x^3-x+C_2\ (x<0)\end{cases}$

$f(1)=2$에서

$1-1+C_1=2$ $\therefore C_1=2$

함수 $f(x)$는 $x=0$에서 연속이므로 $\displaystyle\lim_{x\to 0-}f(x)=f(0)$에서

$C_2=C_1$ $\therefore C_2=2$

따라서 $f(x)=\begin{cases}x^2-x+2\ (x\geq 0)\\ x^3-x+2\ (x<0)\end{cases}$ 이므로

$f(-1)=-1+1+2=2$

0664 답 ⑤

$f'(x) = \begin{cases} -1 & (x \geq 1) \\ -2x+1 & (x < 1) \end{cases}$

(i) $x \geq 1$일 때

$\quad f(x) = \int f'(x)\,dx = \int (-1)\,dx$
$\qquad = -x + C_1$

(ii) $x < 1$일 때

$\quad f(x) = \int f'(x)\,dx = \int (-2x+1)\,dx$
$\qquad = -x^2 + x + C_2$

(i), (ii)에서

$f(x) = \begin{cases} -x+C_1 & (x \geq 1) \\ -x^2+x+C_2 & (x < 1) \end{cases}$

$f(2)=3$에서

$-2+C_1=3 \qquad \therefore C_1=5$

함수 $f(x)$는 $x=1$에서 연속이므로 $\lim\limits_{x \to 1-} f(x)=f(1)$에서

$-1+1+C_2=-1+C_1$

$-1+1+C_2=-1+5 \qquad \therefore C_2=4$

따라서 $f(x) = \begin{cases} -x+5 & (x \geq 1) \\ -x^2+x+4 & (x < 1) \end{cases}$ 이므로

$f(0)=4$

0665 답 8

함수 $y=f'(x)$의 그래프에서

$f'(x) = \begin{cases} -x+1 & (x \geq 0) \\ x+1 & (x < 0) \end{cases}$

(i) $x \geq 0$일 때

$\quad f(x) = \int f'(x)\,dx = \int (-x+1)\,dx$
$\qquad = -\dfrac{1}{2}x^2 + x + C_1$

(ii) $x < 0$일 때

$\quad f(x) = \int f'(x)\,dx = \int (x+1)\,dx$
$\qquad = \dfrac{1}{2}x^2 + x + C_2$

(i), (ii)에서

$f(x) = \begin{cases} -\dfrac{1}{2}x^2+x+C_1 & (x \geq 0) \\ \dfrac{1}{2}x^2+x+C_2 & (x < 0) \end{cases}$

함수 $y=f(x)$의 그래프가 점 $(0, 4)$를 지나므로 $f(0)=4$에서

$C_1=4$

함수 $f(x)$가 모든 실수 x에서 미분가능하면 $x=0$에서 연속이므로

$\lim\limits_{x \to 0-} f(x)=f(0)$에서

$C_2=C_1 \qquad \therefore C_2=4$

따라서 $f(x) = \begin{cases} -\dfrac{1}{2}x^2+x+4 & (x \geq 0) \\ \dfrac{1}{2}x^2+x+4 & (x < 0) \end{cases}$ 이므로

$f(1)+f(-1) = \left(-\dfrac{1}{2}+1+4\right)+\left(\dfrac{1}{2}-1+4\right)=8$

0666 답 ③

$f(x) = \int f'(x)\,dx = \int (-3x^2+12x)\,dx$
$\qquad = -x^3+6x^2+C$

$f'(x)=-3x^2+12x=-3x(x-4)$이므로

$f'(x)=0$인 x의 값은 $x=0$ 또는 $x=4$

함수 $f(x)$의 증가와 감소를 표로 나타내면 다음과 같다.

x	$\cdots$	0	$\cdots$	4	$\cdots$
$f'(x)$	$-$	0	$+$	0	$-$
$f(x)$	$\searrow$	극소	$\nearrow$	극대	$\searrow$

함수 $f(x)$는 $x=0$에서 극소이고 극솟값이 -15이므로 $f(0)=-15$에서

$C=-15$

$\therefore f(x)=-x^3+6x^2-15$

함수 $f(x)$는 $x=4$에서 극대이므로 극댓값은

$f(4)=-64+96-15=17$

0667 답 ④

$f(x)$가 삼차함수이면 $f'(x)$는 이차함수이고 주어진 그래프에서 $f'(-1)=f'(1)=0$이므로 $f'(x)=a(x+1)(x-1)\,(a>0)$이라 하면

$f(x) = \int f'(x)\,dx = \int a(x+1)(x-1)\,dx$
$\qquad = \int (ax^2-a)\,dx$
$\qquad = \dfrac{a}{3}x^3 - ax + C$

주어진 그래프에서 $f'(x)$의 부호를 조사하여 함수 $f(x)$의 증가와 감소를 표로 나타내면 다음과 같다.

x	$\cdots$	-1	$\cdots$	1	$\cdots$
$f'(x)$	$+$	0	$-$	0	$+$
$f(x)$	$\nearrow$	극대	$\searrow$	극소	$\nearrow$

함수 $f(x)$는 $x=-1$에서 극대이고 극댓값이 4이므로 $f(-1)=4$에서

$\dfrac{2}{3}a+C=4 \qquad \cdots\cdots \ \text{㉠}$

함수 $f(x)$는 $x=1$에서 극소이고 극솟값이 0이므로 $f(1)=0$에서

$-\dfrac{2}{3}a+C=0 \qquad \cdots\cdots \ \text{㉡}$

㉠, ㉡을 연립하여 풀면

$a=3,\ C=2$

따라서 $f(x)=x^3-3x+2$이므로

$f(3)=27-9+2=20$

0668 답 8

$f(x) = \int f'(x)\,dx = \int 3(x+1)(x-2)\,dx$
$\qquad = \int (3x^2-3x-6)\,dx$
$\qquad = x^3 - \dfrac{3}{2}x^2 - 6x + C$

$f'(x)=3(x+1)(x-2)$이므로 $f'(x)=0$인 x의 값은
$x=-1$ 또는 $x=2$
함수 $f(x)$의 증가와 감소를 표로 나타내면 다음과 같다.

x	$\cdots$	-1	$\cdots$	2	$\cdots$
$f'(x)$	$+$	0	$-$	0	$+$
$f(x)$	$\nearrow$	극대	$\searrow$	극소	$\nearrow$

함수 $f(x)$는 $x=-1$에서 극대이고 극댓값은
$f(-1)=-1-\dfrac{3}{2}+6+C=C+\dfrac{7}{2}$
함수 $f(x)$는 $x=2$에서 극소이고 극솟값은
$f(2)=8-6-12+C=C-10$ $\qquad$ …… ❶
이때 함수 $y=f(x)$의 그래프가 x축에 접하므로 극댓값 또는 극솟값
이 0이다.
즉, $C+\dfrac{7}{2}=0$ 또는 $C-10=0$이므로
$C=-\dfrac{7}{2}$ 또는 $C=10$
이때 $f(0)>0$이므로 $C>0$
$\therefore C=10$ $\qquad$ …… ❷
따라서 $f(x)=x^3-\dfrac{3}{2}x^2-6x+10$이므로
$f(-2)=-8-6+12+10=8$ $\qquad$ …… ❸

채점 기준

❶ $f(x)$의 극댓값과 극솟값을 적분상수를 이용하여 나타내기	60 %
❷ 적분상수 구하기	30 %
❸ $f(-2)$의 값 구하기	10 %

0669 답 ③

$f(x+y)=f(x)+f(y)+3xy(x+y)$의 양변에 $x=0$, $y=0$을 대입
하면
$f(0)=f(0)+f(0)+0$ $\quad$ $\therefore f(0)=0$ $\quad$ …… ㉠
도함수의 정의에 의하여
$\begin{aligned}
f'(x)&=\lim_{h\to0}\frac{f(x+h)-f(x)}{h}\\
&=\lim_{h\to0}\frac{f(x)+f(h)+3xh(x+h)-f(x)}{h}\\
&=\lim_{h\to0}\left\{\frac{f(h)}{h}+3x(x+h)\right\}\\
&=3x^2+\lim_{h\to0}\frac{f(h)}{h}\\
&=3x^2+\lim_{h\to0}\frac{f(h)-f(0)}{h}\ (\because ㉠)\\
&=3x^2+f'(0)
\end{aligned}$
$f'(1)=4$에서
$3+f'(0)=4$ $\quad$ $\therefore f'(0)=1$
따라서 $f'(x)=3x^2+1$이므로
$\begin{aligned}
f(x)&=\int f'(x)\,dx=\int(3x^2+1)\,dx\\
&=x^3+x+C
\end{aligned}$
㉠에서 $C=0$
따라서 $f(x)=x^3+x$이므로
$f(2)=8+2=10$

0670 답 ①

$f(x+y)=f(x)+f(y)$의 양변에 $x=0$, $y=0$을 대입하면
$f(0)=f(0)+f(0)$ $\quad$ $\therefore f(0)=0$ $\quad$ …… ㉠
도함수의 정의에 의하여
$\begin{aligned}
f'(x)&=\lim_{h\to0}\frac{f(x+h)-f(x)}{h}\\
&=\lim_{h\to0}\frac{f(x)+f(h)-f(x)}{h}\\
&=\lim_{h\to0}\frac{f(h)}{h}\\
&=\lim_{h\to0}\frac{f(h)-f(0)}{h}\ (\because ㉠)\\
&=1
\end{aligned}$
$\therefore f(x)=\int f'(x)\,dx=\int dx=x+C$
㉠에서 $C=0$
따라서 $f(x)=x$이므로 $f(3)=3$

0671 답 -2

$f(x+y)=f(x)+f(y)-3$의 양변에 $x=0$, $y=0$을 대입하면
$f(0)=f(0)+f(0)-3$ $\quad$ $\therefore f(0)=3$ $\quad$ …… ㉠
도함수의 정의에 의하여
$\begin{aligned}
f'(x)&=\lim_{h\to0}\frac{f(x+h)-f(x)}{h}\\
&=\lim_{h\to0}\frac{f(x)+f(h)-3-f(x)}{h}\\
&=\lim_{h\to0}\frac{f(h)-3}{h}\\
&=\lim_{h\to0}\frac{f(h)-f(0)}{h}\ (\because ㉠)\\
&=f'(0)
\end{aligned}$
$f'(0)=k\,(k는 상수)$라 하면 $f'(x)=k$이므로
$f(x)=\int f'(x)\,dx=\int k\,dx=kx+C$
㉠에서 $C=3$
$\therefore f(x)=kx+3$
$f(3)=-3$에서
$3k+3=-3$ $\quad$ $\therefore k=-2$
$\therefore f'(0)=k=-2$

AB 유형 점검 $\qquad$ 112~114쪽

0672 답 ⑤

$\begin{aligned}
(x+1)f(x)&=\left(x^3+\frac{9}{2}x^2+6x+C\right)'\\
&=3x^2+9x+6\\
&=3(x+2)(x+1)
\end{aligned}$
따라서 $f(x)=3(x+2)$이므로
$f(3)=3\times5=15$

0673 답 ④

$\dfrac{d}{dx}\displaystyle\int \{f(x)-x^2+4\}\,dx=\displaystyle\int \dfrac{d}{dx}\{2f(x)-3x+1\}\,dx$에서

$f(x)-x^2+4=2f(x)-3x+1+C$

$\therefore f(x)=-x^2+3x+3-C$

$f(1)=3$에서

$-1+3+3-C=3$ $\quad\therefore C=2$

따라서 $f(x)=-x^2+3x+1$이므로

$f(0)=1$

0674 답 10

$f(x)=\displaystyle\int \left(\sqrt{x}+\dfrac{1}{\sqrt{x}}\right)^2 dx-\displaystyle\int \left(\sqrt{x}-\dfrac{1}{\sqrt{x}}\right)^2 dx$

$\quad=\displaystyle\int \left(x+2+\dfrac{1}{x}\right)dx-\displaystyle\int \left(x-2+\dfrac{1}{x}\right)dx$

$\quad=\displaystyle\int \left\{\left(x+2+\dfrac{1}{x}\right)-\left(x-2+\dfrac{1}{x}\right)\right\}dx$

$\quad=\displaystyle\int 4\,dx=4x+C$

$f(1)=2$에서 $4+C=2$ $\quad\therefore C=-2$

따라서 $f(x)=4x-2$이므로

$f(3)=12-2=10$

0675 답 1

$f(x)=\displaystyle\int (1+2x+3x^2+\cdots+nx^{n-1})\,dx$

$\quad=x+x^2+x^3+\cdots+x^n+C$

$f(0)=1$에서 $C=1$

$f(1)=5$에서

$\underbrace{1+1+1+\cdots+1}_{n개}+C=5$

$n+1=5$ $\quad\therefore n=4$

따라서 $f(x)=x+x^2+x^3+x^4+1$이므로

$f(-1)=-1+1-1+1+1=1$

0676 답 ③

$f(x)=\displaystyle\int f'(x)\,dx=\displaystyle\int (3x^2-ax)\,dx$

$\quad=x^3-\dfrac{a}{2}x^2+C$

$f(1)=6$에서 $1-\dfrac{a}{2}+C=6$ $\quad\cdots\cdots$ ㉠

$f(2)=4$에서 $8-2a+C=4$ $\quad\cdots\cdots$ ㉡

㉠－㉡을 하면

$-7+\dfrac{3}{2}a=2$ $\quad\therefore a=6$

0677 답 ②

$f(x)=\displaystyle\int f'(x)\,dx=\displaystyle\int (12x^2+6x-2)\,dx$

$\quad=4x^3+3x^2-2x+C_1$

$f(1)=2$에서

$4+3-2+C_1=2$ $\quad\therefore C_1=-3$

$\therefore f(x)=4x^3+3x^2-2x-3$

$\therefore F(x)=\displaystyle\int f(x)\,dx=\displaystyle\int (4x^3+3x^2-2x-3)\,dx$

$\quad=x^4+x^3-x^2-3x+C_2$

$F(1)=3$에서

$1+1-1-3+C_2=3$ $\quad\therefore C_2=5$

따라서 $F(x)=x^4+x^3-x^2-3x+5$이므로

$F(-1)=1-1-1+3+5=7$

0678 답 5

$f'(x)=-2x+3$이므로

$f(x)=\displaystyle\int f'(x)\,dx=\displaystyle\int (-2x+3)\,dx$

$\quad=-x^2+3x+C$

곡선 $y=f(x)$가 점 $(1,\,5)$를 지나므로 $f(1)=5$에서

$-1+3+C=5$ $\quad\therefore C=3$

$\therefore f(x)=-x^2+3x+3$

곡선 $y=f(x)$가 점 $(2,\,k)$를 지나므로 $f(2)=k$에서

$-4+6+3=k$ $\quad\therefore k=5$

0679 답 11

㈎에서 $f'(x)=3x^2+2x+a$이므로

$f(x)=\displaystyle\int f'(x)\,dx=\displaystyle\int (3x^2+2x+a)\,dx$

$\quad=x^3+x^2+ax+C$

㈏에서 $x\to 1$일 때 (분모) $\to 0$이고 극한값이 존재하므로

(분자) $\to 0$이다.

즉, $\displaystyle\lim_{x\to 1}f(x)=0$이므로 $f(1)=0$에서

$1+1+a+C=0$ $\quad\therefore a+C=-2$ $\quad\cdots\cdots$ ㉠

㈏의 좌변에서

$\displaystyle\lim_{x\to 1}\dfrac{f(x)}{x-1}=\lim_{x\to 1}\dfrac{f(x)-f(1)}{x-1}=f'(1)$

따라서 $f'(1)=2a+4$이므로

$3+2+a=2a+4$ $\quad\therefore a=1$

이를 ㉠에 대입하면

$1+C=-2$ $\quad\therefore C=-3$

따라서 $f(x)=x^3+x^2+x-3$이므로

$f(2)=8+4+2-3=11$

0680 답 ⑤

$\displaystyle\int \{f(x)+6x\}\,dx=xf(x)+2x^3-3x^2$의 양변을 x에 대하여 미분하면

$f(x)+6x=f(x)+xf'(x)+6x^2-6x$

$xf'(x)=-6x^2+12x=x(-6x+12)$

$\therefore f'(x)=-6x+12$

$\therefore f(x)=\displaystyle\int f'(x)\,dx=\displaystyle\int (-6x+12)\,dx$

$\quad=-3x^2+12x+C$

$f(0)=3$에서 $C=3$

$\therefore f(x)=-3x^2+12x+3=-3(x-2)^2+15$

따라서 함수 $f(x)$의 최댓값은 15이다.

0681 답 9

$F(x)=(x+2)f(x)-x^3+12x$의 양변에 $x=0$을 대입하면

$F(0)=30$에서

$30=2f(0)$ $\quad\therefore f(0)=15$ $\quad\cdots\cdots$ ㉠

$F(x)=(x+2)f(x)-x^3+12x$의 양변을 x에 대하여 미분하면

$f(x)=f(x)+(x+2)f'(x)-3x^2+12$

$(x+2)f'(x)=3x^2-12=3(x+2)(x-2)$

$\therefore f'(x)=3(x-2)=3x-6$

$\therefore f(x)=\int f'(x)\,dx=\int(3x-6)\,dx$

$\qquad\qquad =\dfrac{3}{2}x^2-6x+C$

㉠에서 $C=15$

따라서 $f(x)=\dfrac{3}{2}x^2-6x+15$이므로

$f(2)=6-12+15=9$

0682 답 ④

$\dfrac{d}{dx}\{f(x)+g(x)\}=2x+1$에서

$\int\left[\dfrac{d}{dx}\{f(x)+g(x)\}\right]dx=\int(2x+1)\,dx$

$\therefore f(x)+g(x)=x^2+x+C_1$ $\quad\cdots\cdots$ ㉠

$\dfrac{d}{dx}\{f(x)g(x)\}=3x^2-2x+1$에서

$\int\left[\dfrac{d}{dx}\{f(x)g(x)\}\right]dx=\int(3x^2-2x+1)\,dx$

$\therefore f(x)g(x)=x^3-x^2+x+C_2$ $\quad\cdots\cdots$ ㉡

$f(0)=-1$, $g(0)=1$이므로 ㉠, ㉡에서

$f(0)+g(0)=C_1$ $\quad\therefore C_1=0$

$f(0)g(0)=C_2$ $\quad\therefore C_2=-1$

$\therefore f(x)+g(x)=x^2+x$,

$\quad f(x)g(x)=x^3-x^2+x-1$

$\qquad\qquad\quad =(x-1)(x^2+1)$

이때 $f(0)=-1$, $g(0)=1$이므로

$f(x)=x-1$, $g(x)=x^2+1$

$\therefore f(4)+g(2)=(4-1)+(4+1)=8$

0683 답 -1

$f'(x)=\begin{cases}6x^2+x & (x\geq 0)\\6x^2-x & (x<0)\end{cases}$이므로

(i) $x\geq 0$일 때

$\quad f(x)=\int f'(x)\,dx=\int(6x^2+x)\,dx$

$\qquad\qquad =2x^3+\dfrac{1}{2}x^2+C_1$

(ii) $x<0$일 때

$\quad f(x)=\int f'(x)\,dx=\int(6x^2-x)\,dx$

$\qquad\qquad =2x^3-\dfrac{1}{2}x^2+C_2$

(i), (ii)에서

$f(x)=\begin{cases}2x^3+\dfrac{1}{2}x^2+C_1 & (x\geq 0)\\[2mm]2x^3-\dfrac{1}{2}x^2+C_2 & (x<0)\end{cases}$

$f(1)=2$에서

$2+\dfrac{1}{2}+C_1=2$ $\quad\therefore C_1=-\dfrac{1}{2}$

함수 $f(x)$는 $x=0$에서 연속이므로 $\lim\limits_{x\to 0-}f(x)=f(0)$에서

$C_2=C_1$ $\quad\therefore C_2=-\dfrac{1}{2}$

따라서 $f(x)=\begin{cases}2x^3+\dfrac{1}{2}x^2-\dfrac{1}{2} & (x\geq 0)\\[2mm]2x^3-\dfrac{1}{2}x^2-\dfrac{1}{2} & (x<0)\end{cases}$ 이므로

$f(2)+f(-2)=\left(16+2-\dfrac{1}{2}\right)+\left(-16-2-\dfrac{1}{2}\right)=-1$

0684 답 2

$f(x)$가 삼차함수이면 $f'(x)$는 이차함수이고 주어진 그래프에서

$f'(-1)=f'(2)=0$이므로 $f'(x)=a(x+1)(x-2)\,(a>0)$라 하자.

또 함수 $y=f'(x)$의 그래프가 점 $(0,\,-4)$를 지나므로 $f'(0)=-4$에서

$-2a=-4$ $\quad\therefore a=2$

$\therefore f'(x)=2(x+1)(x-2)=2x^2-2x-4$

$\therefore f(x)=\int f'(x)\,dx=\int(2x^2-2x-4)\,dx$

$\qquad\qquad =\dfrac{2}{3}x^3-x^2-4x+C$

주어진 그래프에서 $f'(x)$의 부호를 조사하여 함수 $f(x)$의 증가와 감소를 표로 나타내면 다음과 같다.

x	$\cdots$	-1	$\cdots$	2	$\cdots$
$f'(x)$	$+$	0	$-$	0	$+$
$f(x)$	↗	극대	↘	극소	↗

함수 $f(x)$는 $x=2$에서 극소이고 극솟값이 -7이므로 $f(2)=-7$에서

$\dfrac{16}{3}-4-8+C=-7$ $\quad\therefore C=-\dfrac{1}{3}$

$\therefore f(x)=\dfrac{2}{3}x^3-x^2-4x-\dfrac{1}{3}$

함수 $f(x)$는 $x=-1$에서 극대이므로 극댓값은

$f(-1)=-\dfrac{2}{3}-1+4-\dfrac{1}{3}=2$

0685 답 4

㈎에서 $f'(x)=a(x-1)(x-3)\,(a>0)$이라 하면

$f(x)=\int f'(x)\,dx=\int a(x-1)(x-3)\,dx$

$\qquad =\int(ax^2-4ax+3a)\,dx$

$\qquad =\dfrac{a}{3}x^3-2ax^2+3ax+C$

$0\leq x\leq 3$에서 함수 $f(x)$의 증가와 감소를 표로 나타내면 다음과 같다.

x	0	$\cdots$	1	$\cdots$	3
$f'(x)$		$+$	0	$-$	0
$f(x)$		↗	극대	↘	

$f(0)=C$

$f(1)=\dfrac{a}{3}-2a+3a+C=\dfrac{4}{3}a+C$

$f(3)=9a-18a+9a+C=C$

(나)에서 최댓값이 4, 최솟값이 0이므로

$\dfrac{4}{3}a+C=4,\ C=0$ $\therefore\ a=3$

따라서 $f(x)=x^3-6x^2+9x$이므로

$f(4)=64-96+36=4$

0686 답 ④

$f(x+y)=f(x)+f(y)+xy(x+y)-2$의 양변에 $x=0,\ y=0$을 대입하면

$f(0)=f(0)+f(0)+0-2$ $\therefore\ f(0)=2$ ····· ㉠

미분계수의 정의에 의하여

$\begin{aligned}f'(1)&=\lim_{h\to0}\dfrac{f(1+h)-f(1)}{h}\\&=\lim_{h\to0}\dfrac{f(1)+f(h)+h(1+h)-2-f(1)}{h}\\&=\lim_{h\to0}\dfrac{f(h)-2+h(1+h)}{h}\\&=\lim_{h\to0}\left\{\dfrac{f(h)-f(0)}{h}+1+h\right\}\ (\because ㉠)\\&=f'(0)+1\end{aligned}$

따라서 $f'(0)+1=3$이므로 $f'(0)=2$

도함수의 정의에 의하여

$\begin{aligned}f'(x)&=\lim_{h\to0}\dfrac{f(x+h)-f(x)}{h}\\&=\lim_{h\to0}\dfrac{f(x)+f(h)+xh(x+h)-2-f(x)}{h}\\&=\lim_{h\to0}\dfrac{f(h)-2+xh(x+h)}{h}\\&=\lim_{h\to0}\left\{\dfrac{f(h)-f(0)}{h}+x(x+h)\right\}\ (\because ㉠)\\&=f'(0)+x^2=x^2+2\end{aligned}$

$\therefore\ f(x)=\displaystyle\int f'(x)\,dx=\int(x^2+2)\,dx$

$\quad\quad\ =\dfrac{1}{3}x^3+2x+C$

㉠에서 $C=2$

따라서 $f(x)=\dfrac{1}{3}x^3+2x+2$이므로

$f(3)=9+6+2=17$

0687 답 -6

$\displaystyle\int\left[\dfrac{d}{dx}\{x^2f(x)\}\right]dx=x^4-2x^3-6x^2+1$에서

$x^2f(x)+C=x^4-2x^3-6x^2+1$

양변에 $x=0$을 대입하면 $C=1$ ····· ❶

따라서 $x^2f(x)+1=x^4-2x^3-6x^2+1$이므로

$x^2f(x)=x^4-2x^3-6x^2=x^2(x^2-2x-6)$

$\therefore\ f(x)=x^2-2x-6$ ····· ❷

따라서 방정식 $f(x)=0$, 즉 $x^2-2x-6=0$의 모든 근의 곱은 이차
방정식의 근과 계수의 관계에 의하여 -6이다. ····· ❸

채점 기준

❶ 적분상수 구하기	40 %
❷ $f(x)$ 구하기	40 %
❸ 방정식 $f(x)=0$의 모든 근의 곱 구하기	20 %

0688 답 5

(i) $x>2$일 때

$\begin{aligned}f(x)&=\displaystyle\int f'(x)\,dx=\int(x+a)\,dx\\&=\dfrac{1}{2}x^2+ax+C_1\end{aligned}$

(ii) $x<2$일 때

$\begin{aligned}f(x)&=\displaystyle\int f'(x)\,dx=\int(-2x)\,dx\\&=-x^2+C_2\end{aligned}$

(i), (ii)에서

$f(x)=\begin{cases}\dfrac{1}{2}x^2+ax+C_1\ (x>2)\\ -x^2+C_2\quad\quad\ (x<2)\end{cases}$ ····· ❶

$f(0)=-1$에서 $C_2=-1$

$f(3)=\dfrac{5}{2}$에서

$\dfrac{9}{2}+3a+C_1=\dfrac{5}{2}$ $\therefore\ C_1=-3a-2$ ····· ❷

함수 $f(x)$가 $x=2$에서 연속이므로 $\displaystyle\lim_{x\to2+}f(x)=\lim_{x\to2-}f(x)$에서

$2+2a+C_1=-4+C_2$

$2+2a-3a-2=-4-1$

$\therefore\ a=5$ ····· ❸

채점 기준

❶ $f(x)$를 a와 적분상수를 포함한 식으로 나타내기	40 %
❷ 적분상수 구하기	40 %
❸ a의 값 구하기	20 %

0689 답 4

$\begin{aligned}f(x)&=\displaystyle\int f'(x)\,dx=\int 3x(x-2)\,dx\\&=\int(3x^2-6x)\,dx\\&=x^3-3x^2+C\end{aligned}$

$f'(x)=3x(x-2)$이므로 $f'(x)=0$인 x의 값은

$x=0$ 또는 $x=2$

함수 $f(x)$의 증가와 감소를 표로 나타내면 다음과 같다.

x	$\cdots$	0	$\cdots$	2	$\cdots$
$f'(x)$	$+$	0	$-$	0	$+$
$f(x)$	↗	극대	↘	극소	↗

함수 $f(x)$는 $x=0$에서 극대이고 극댓값은

$f(0)=C$

함수 $f(x)$는 $x=2$에서 극소이고 극솟값은

$f(2)=8-12+C=C-4$ ····· ❶

이때 극댓값이 극솟값의 2배이므로

$C=2(C-4)$ $\therefore\ C=8$ ····· ❷

따라서 $f(x)=x^3-3x^2+8$이므로

$f(-1)=-1-3+8=4$ ····· ❸

채점 기준

❶ $f(x)$의 극댓값과 극솟값을 적분상수를 이용하여 나타내기	60 %
❷ 적분상수 구하기	30 %
❸ $f(-1)$의 값 구하기	10 %

0690　답 ②

$f(x)g(x)=-2x^4+8x^3$에서 $f(x)$가 이차함수이므로 $g(x)$도 이차함수이다.

$$g(x)=\int\{x^2+f(x)\}\,dx$$에서

$$g'(x)=x^2+f(x)　\cdots\cdots ㉠$$

이때 $g'(x)$는 일차함수이므로 $f(x)$의 최고차항의 계수는 -1이다.

$f(x)g(x)=-2x^4+8x^3=-2x^3(x-4)$에서

(i) $f(x)=-x^2$인 경우

　$g(x)=2x(x-4)=2x^2-8x$이므로

　$g'(x)=4x-8$

　이는 ㉠을 만족시키지 않는다.

(ii) $f(x)=-x(x-4)=-x^2+4x$인 경우

　$g(x)=2x^2$이므로 $g'(x)=4x$

　이는 ㉠을 만족시킨다.

(i), (ii)에서 $g(x)=2x^2$

$\therefore g(1)=2$

0691　답 9

㈎에서 $\{xf(x)\}'=f(x)+xf'(x)$이므로

$\{xf(x)\}'=4x^3+6x^2-8x+1$

$$xf(x)=\int(4x^3+6x^2-8x+1)\,dx$$

$\therefore xf(x)=x^4+2x^3-4x^2+x+C_1$

양변에 $x=0$을 대입하면 $0=C_1$

따라서 $xf(x)=x^4+2x^3-4x^2+x=x(x^3+2x^2-4x+1)$이므로

$f(x)=x^3+2x^2-4x+1$

$\therefore f(0)=1$

㈏에서 $\{f(x)+g(x)\}'=f'(x)+g'(x)$이므로

$\{f(x)+g(x)\}'=6x+2$

$$f(x)+g(x)=\int(6x+2)\,dx$$

$\therefore f(x)+g(x)=3x^2+2x+C_2$

이때 $f(0)=g(0)=1$이므로 양변에 $x=0$을 대입하면

$f(0)+g(0)=C_2$　$\therefore C_2=2$

따라서 $f(x)+g(x)=3x^2+2x+2$이므로

$g(x)=3x^2+2x+2-(x^3+2x^2-4x+1)$

　　　$=-x^3+x^2+6x+1$

$\therefore g(2)=-8+4+12+1=9$

0692　답 ①

$f(x)$가 사차함수이면 $f'(x)$는 삼차함수이고

$f'(-\sqrt2)=f'(0)=f'(\sqrt2)=0$이므로

$f'(x)=ax(x+\sqrt2)(x-\sqrt2)=ax^3-2ax\ (a>0)$라 하면

$$f(x)=\int f'(x)\,dx=\int(ax^3-2ax)\,dx$$

　　　$=\dfrac{a}{4}x^4-ax^2+C$

$f(0)=1$에서 $C=1$

$f(\sqrt2)=-3$에서

$a-2a+C=-3$

$a-2a+1=-3$　$\therefore a=4$

$\therefore f(x)=x^4-4x^2+1$

$f'(x)=0$인 x의 값은 $x=-\sqrt2$ 또는 $x=0$ 또는 $x=\sqrt2$이므로 함수 $f(x)$의 증가와 감소를 표로 나타내면 다음과 같다.

x	$\cdots$	$-\sqrt2$	$\cdots$	0	$\cdots$	$\sqrt2$	$\cdots$
$f'(x)$	$-$	0	$+$	0	$-$	0	$+$
$f(x)$	$\searrow$	-3 극소	$\nearrow$	1 극대	$\searrow$	-3 극소	$\nearrow$

함수 $y=f(x)$의 그래프는 오른쪽 그림과 같으므로 $m\le -3$ 또는 $m\ge 2$일 때

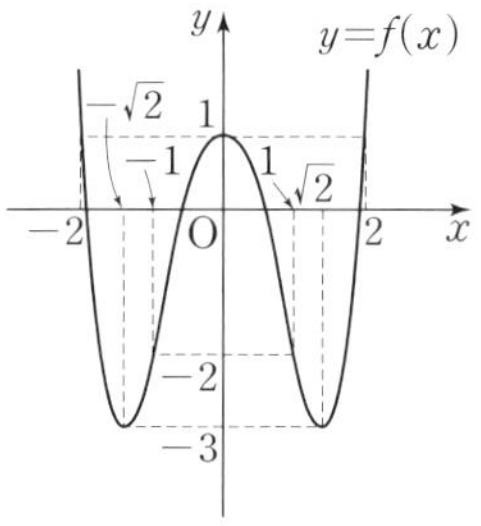

$f(m)f(m+1)>0$

또 $f(-2)>0$, $f(-1)<0$, $f(0)>0$, $f(1)<0$, $f(2)>0$이므로

$f(m)f(m+1)<0$을 만족시키는 정수 m의 값은

$-2,\ -1,\ 0,\ 1$

따라서 구하는 모든 정수 m의 값의 합은

$-2+(-1)+0+1=-2$

0693　답 30

$f(x+y)=f(x)+f(y)+4xy$의 양변에 $x=0$, $y=0$을 대입하면

$f(0)=f(0)+f(0)+0$　$\therefore f(0)=0$　$\cdots\cdots ㉠$

도함수의 정의에 의하여

$$f'(x)=\lim_{h\to 0}\frac{f(x+h)-f(x)}{h}$$

$$=\lim_{h\to 0}\frac{f(x)+f(h)+4xh-f(x)}{h}$$

$$=\lim_{h\to 0}\frac{f(h)+4xh}{h}=4x+\lim_{h\to 0}\frac{f(h)}{h}$$

$$=4x+\lim_{h\to 0}\frac{f(h)-f(0)}{h}\ (\because ㉠)$$

$$=4x+f'(0)$$

$f'(0)=k\,(k$는 상수$)$라 하면 $f'(x)=4x+k$이므로

$$F(x)=\int(x-1)f'(x)\,dx=\int(x-1)(4x+k)\,dx$$

$\therefore F'(x)=(x-1)(4x+k)$

이때 함수 $F(x)$의 극값이 존재하지 않으므로 이차방정식 $F'(x)=0$은 중근 또는 허근을 가져야 한다.

그런데 방정식 $F'(x)=0$의 한 근이 1이므로 방정식 $4x+k=0$의 근도 1이어야 한다.

즉, $4+k=0$이어야 하므로 $k=-4$

$\therefore f'(x)=4x-4$

$$\therefore f(x)=\int f'(x)\,dx=\int(4x-4)\,dx$$

　　　$=2x^2-4x+C$

㉠에서 $C=0$

따라서 $f(x)=2x^2-4x$이므로

$f(5)=50-20=30$

08 / 정적분

0694 답 $-\dfrac{9}{2}$

직선 $y=x-3$과 x축 및 두 직선 $x=0$, $x=3$
으로 둘러싸인 도형의 넓이를 S_1이라 하면

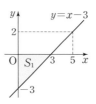

$$\int_0^3 (x-3)\,dx=-S_1$$
$$=-\left(\frac{1}{2}\times 3\times 3\right)=-\frac{9}{2}$$

0695 답 2

직선 $y=x-3$과 x축 및 두 직선 $x=3$, $x=5$
로 둘러싸인 도형의 넓이를 S_2라 하면

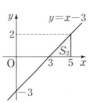

$$\int_3^5 (x-3)\,dx=S_2$$
$$=\frac{1}{2}\times 2\times 2=2$$

0696 답 $-\dfrac{5}{2}$

$$\int_0^5 (x-3)\,dx=-S_1+S_2=-\frac{9}{2}+2=-\frac{5}{2}$$

0697 답 $7x-2$

0698 답 $6x^2+x-8$

0699 답 $(x-1)(x^2+3x+1)$

0700 답 $2x^2+3x-2$

0701 답 $3x^3+x^2-7x+4$

0702 답 $(x+1)(x-1)$

0703 답 2

$$\int_0^1 6x^2\,dx=\Big[\,2x^3\,\Big]_0^1=2$$

0704 답 18

$$\int_0^3 (2x+3)\,dx=\Big[\,x^2+3x\,\Big]_0^3$$
$$=9+9=18$$

0705 답 3

$$\int_{-1}^2 (y^2-2y+1)\,dy=\Big[\,\frac{1}{3}y^3-y^2+y\,\Big]_{-1}^2$$
$$=\left(\frac{8}{3}-4+2\right)-\left(-\frac{1}{3}-1-1\right)=3$$

0706 답 $-\dfrac{15}{4}$

$$\int_1^2 (t^3-3t^2+t-2)\,dt=\Big[\,\frac{1}{4}t^4-t^3+\frac{1}{2}t^2-2t\,\Big]_1^2$$
$$=(4-8+2-4)-\left(\frac{1}{4}-1+\frac{1}{2}-2\right)$$
$$=-\frac{15}{4}$$

0707 답 0

$$\int_5^5 (3x^3-x^2+5x-1)\,dx=0$$

0708 답 $-\dfrac{27}{2}$

$$\int_1^{-2} (x^2-x+3)\,dx=-\int_{-2}^1 (x^2-x+3)\,dx$$
$$=-\Big[\,\frac{1}{3}x^3-\frac{1}{2}x^2+3x\,\Big]_{-2}^1$$
$$=-\left\{\left(\frac{1}{3}-\frac{1}{2}+3\right)-\left(-\frac{8}{3}-2-6\right)\right\}$$
$$=-\frac{27}{2}$$

0709 답 0

$$\int_0^3 x(x-2)\,dx=\int_0^3 (x^2-2x)\,dx$$
$$=\Big[\,\frac{1}{3}x^3-x^2\,\Big]_0^3$$
$$=9-9=0$$

0710 답 -16

$$\int_{-3}^1 x(x+1)(x-1)\,dx=\int_{-3}^1 (x^3-x)\,dx$$
$$=\Big[\,\frac{1}{4}x^4-\frac{1}{2}x^2\,\Big]_{-3}^1$$
$$=\left(\frac{1}{4}-\frac{1}{2}\right)-\left(\frac{81}{4}-\frac{9}{2}\right)=-16$$

0711 답 -20

$$\int_{-2}^0 (x-1)^3\,dx=\int_{-2}^0 (x^3-3x^2+3x-1)\,dx$$
$$=\Big[\,\frac{1}{4}x^4-x^3+\frac{3}{2}x^2-x\,\Big]_{-2}^0$$
$$=-(4+8+6+2)=-20$$

0712 답 $\dfrac{26}{3}$

$$\int_{-1}^1 \frac{t^3-8}{t-2}\,dt=\int_{-1}^1 \frac{(t-2)(t^2+2t+4)}{t-2}\,dt$$
$$=\int_{-1}^1 (t^2+2t+4)\,dt$$
$$=\Big[\,\frac{1}{3}t^3+t^2+4t\,\Big]_{-1}^1$$
$$=\left(\frac{1}{3}+1+4\right)-\left(-\frac{1}{3}+1-4\right)=\frac{26}{3}$$

0713 답 5

$\displaystyle\int_1^2 (3x^2+2x-5)\,dx + \int_1^2 (-2x+3)\,dx$

$= \displaystyle\int_1^2 \{(3x^2+2x-5)+(-2x+3)\}\,dx$

$= \displaystyle\int_1^2 (3x^2-2)\,dx$

$= \Big[x^3-2x \Big]_1^2$

$= (8-4)-(1-2)=5$

0714 답 -12

$\displaystyle\int_{-1}^3 (2x^3+x-1)\,dx - \int_{-1}^3 (2y^3+3)\,dy$

$= \displaystyle\int_{-1}^3 (2x^3+x-1)\,dx - \int_{-1}^3 (2x^3+3)\,dx$

$= \displaystyle\int_{-1}^3 \{(2x^3+x-1)-(2x^3+3)\}\,dx$

$= \displaystyle\int_{-1}^3 (x-4)\,dx$

$= \Big[\frac{1}{2}x^2-4x \Big]_{-1}^3$

$= \Big(\frac{9}{2}-12\Big)-\Big(\frac{1}{2}+4\Big)=-12$

0715 답 0

$\displaystyle\int_{-2}^1 (x^2-3x+2)\,dx + 3\int_{-2}^1 (x-1)\,dx$

$= \displaystyle\int_{-2}^1 (x^2-3x+2)\,dx + \int_{-2}^1 (3x-3)\,dx$

$= \displaystyle\int_{-2}^1 \{(x^2-3x+2)+(3x-3)\}\,dx$

$= \displaystyle\int_{-2}^1 (x^2-1)\,dx$

$= \Big[\frac{1}{3}x^3-x \Big]_{-2}^1$

$= \Big(\frac{1}{3}-1\Big)-\Big(-\frac{8}{3}+2\Big)=0$

0716 답 4

$\displaystyle\int_0^1 (x+2)\,dx + \int_1^0 (x-2)\,dx$

$= \displaystyle\int_0^1 (x+2)\,dx - \int_0^1 (x-2)\,dx$

$= \displaystyle\int_0^1 \{(x+2)-(x-2)\}\,dx$

$= \displaystyle\int_0^1 4\,dx$

$= \Big[4x \Big]_0^1 = 4$

0717 답 -9

$\displaystyle\int_{-1}^0 (2x-4)\,dx + \int_0^2 (2x-4)\,dx = \int_{-1}^2 (2x-4)\,dx$

$= \Big[x^2-4x \Big]_{-1}^2$

$= (4-8)-(1+4)=-9$

0718 답 0

$\displaystyle\int_{-1}^0 (x^3+2x+5)\,dx + \int_0^{-1} (x^3+2x+5)\,dx$

$= \displaystyle\int_{-1}^{-1} (x^3+2x+5)\,dx$

$= 0$

0719 답 $\dfrac{52}{3}$

$\displaystyle\int_0^1 (3x^3-x^2+2x+2)\,dx - \int_2^1 (3x^3-x^2+2x+2)\,dx$

$= \displaystyle\int_0^1 (3x^3-x^2+2x+2)\,dx + \int_1^2 (3x^3-x^2+2x+2)\,dx$

$= \displaystyle\int_0^2 (3x^3-x^2+2x+2)\,dx$

$= \Big[\frac{3}{4}x^4-\frac{1}{3}x^3+x^2+2x \Big]_0^2$

$= 12-\frac{8}{3}+4+4$

$= \frac{52}{3}$

0720 답 39

$\displaystyle\int_{-2}^3 (5x^4-2x+1)\,dx - \int_1^3 (5y^4-2y+1)\,dy$

$= \displaystyle\int_{-2}^3 (5x^4-2x+1)\,dx - \int_1^3 (5x^4-2x+1)\,dx$

$= \displaystyle\int_{-2}^3 (5x^4-2x+1)\,dx + \int_3^1 (5x^4-2x+1)\,dx$

$= \displaystyle\int_{-2}^1 (5x^4-2x+1)\,dx$

$= \Big[x^5-x^2+x \Big]_{-2}^1$

$= (1-1+1)-(-32-4-2)$

$= 39$

0721 답 $\dfrac{5}{2}$

$|x| = \begin{cases} x & (x \geq 0) \\ -x & (x \leq 0) \end{cases}$ 이므로

$\displaystyle\int_{-1}^2 |x|\,dx = \int_{-1}^0 (-x)\,dx + \int_0^2 x\,dx$

$\qquad = \Big[-\frac{1}{2}x^2 \Big]_{-1}^0 + \Big[\frac{1}{2}x^2 \Big]_0^2$

$\qquad = -\Big(-\frac{1}{2}\Big)+2=\frac{5}{2}$

0722 답 1

$|x-2| = \begin{cases} x-2 & (x \geq 2) \\ -x+2 & (x \leq 2) \end{cases}$ 이므로

$\displaystyle\int_1^3 |x-2|\,dx$

$= \displaystyle\int_1^2 (-x+2)\,dx + \int_2^3 (x-2)\,dx$

$= \Big[-\frac{1}{2}x^2+2x \Big]_1^2 + \Big[\frac{1}{2}x^2-2x \Big]_2^3$

$= (-2+4)-\Big(-\frac{1}{2}+2\Big)+\Big(\frac{9}{2}-6\Big)-(2-4)$

$= 1$

0723 답 4

$\int_{-1}^{1}(x^5-2x^3+3x^2+1)\,dx$

$=\int_{-1}^{1}(x^5-2x^3)\,dx+\int_{-1}^{1}(3x^2+1)\,dx$

$=0+2\int_{0}^{1}(3x^2+1)\,dx$

$=2\Big[x^3+x\Big]_{0}^{1}$

$=2(1+1)=4$

0724 답 16

$\int_{-2}^{2}(5x^4-7x^3-6x^2+x-4)\,dx$

$=\int_{-2}^{2}(-7x^3+x)\,dx+\int_{-2}^{2}(5x^4-6x^2-4)\,dx$

$=0+2\int_{0}^{2}(5x^4-6x^2-4)\,dx$

$=2\Big[x^5-2x^3-4x\Big]_{0}^{2}$

$=2(32-16-8)=16$

0725 답 -24

$\int_{-3}^{3}(2x^7+x^5-x^2+5x-1)\,dx$

$=\int_{-3}^{3}(2x^7+x^5+5x)\,dx+\int_{-3}^{3}(-x^2-1)\,dx$

$=0+2\int_{0}^{3}(-x^2-1)\,dx$

$=2\Big[-\frac{1}{3}x^3-x\Big]_{0}^{3}$

$=2(-9-3)=-24$

0726 답 $-\dfrac{2}{3}$

$\int_{-1}^{1}(x+1)(2x-1)\,dx=\int_{-1}^{1}(2x^2+x-1)\,dx$

$=\int_{-1}^{1}x\,dx+\int_{-1}^{1}(2x^2-1)\,dx$

$=0+2\int_{0}^{1}(2x^2-1)\,dx$

$=2\Big[\frac{2}{3}x^3-x\Big]_{0}^{1}$

$=2\Big(\frac{2}{3}-1\Big)=-\frac{2}{3}$

0727 답 $f(x)=2x+3$

주어진 등식의 양변을 미분하면

$\dfrac{d}{dx}\displaystyle\int_{0}^{x}f(t)\,dt=\dfrac{d}{dx}(x^2+3x)$

$\therefore f(x)=2x+3$

0728 답 $f(x)=6x^2+10x-1$

주어진 등식의 양변을 미분하면

$\dfrac{d}{dx}\displaystyle\int_{-2}^{x}f(t)\,dt=\dfrac{d}{dx}(2x^3+5x^2-x-6)$

$\therefore f(x)=6x^2+10x-1$

0729 답 12

$f(t)=t^2+5t+6$이라 하고 함수 $f(t)$의 한 부정적분을 $F(t)$라 하면

$\displaystyle\lim_{x\to1}\frac{1}{x-1}\int_{1}^{x}(t^2+5t+6)\,dt=\lim_{x\to1}\frac{1}{x-1}\int_{1}^{x}f(t)\,dt$

$=\displaystyle\lim_{x\to1}\frac{1}{x-1}\Big[F(t)\Big]_{1}^{x}$

$=\displaystyle\lim_{x\to1}\frac{F(x)-F(1)}{x-1}$

$=F'(1)=f(1)$

$=1+5+6=12$

0730 답 6

$f(x)=x^2-x+4$라 하고 함수 $f(x)$의 한 부정적분을 $F(x)$라 하면

$\displaystyle\lim_{h\to0}\frac{1}{h}\int_{2}^{2+h}(x^2-x+4)\,dx=\lim_{h\to0}\frac{1}{h}\int_{2}^{2+h}f(x)\,dx$

$=\displaystyle\lim_{h\to0}\frac{1}{h}\Big[F(x)\Big]_{2}^{2+h}$

$=\displaystyle\lim_{h\to0}\frac{F(2+h)-F(2)}{h}$

$=F'(2)=f(2)$

$=4-2+4=6$

B 유형 완성

0731 답 -9

$\int_{-2}^{1}2(x+2)(x-1)\,dx+\int_{3}^{3}(2x-1)^3\,dx$

$=\int_{-2}^{1}(2x^2+2x-4)\,dx+0$

$=\Big[\frac{2}{3}x^3+x^2-4x\Big]_{-2}^{1}$

$=\Big(\frac{2}{3}+1-4\Big)-\Big(-\frac{16}{3}+4+8\Big)=-9$

0732 답 ③

$\int_{0}^{1}(2x+a)\,dx=\Big[x^2+ax\Big]_{0}^{1}=1+a$

따라서 $1+a=4$이므로

$a=3$

0733 답 ④

$\int_{-1}^{a}(x^2+2x)\,dx=\Big[\frac{1}{3}x^3+x^2\Big]_{-1}^{a}$

$=\Big(\frac{1}{3}a^3+a^2\Big)-\Big(-\frac{1}{3}+1\Big)$

$=\frac{1}{3}a^3+a^2-\frac{2}{3}$

따라서 $\dfrac{1}{3}a^3+a^2-\dfrac{2}{3}=\dfrac{2}{3}$이므로

$a^3+3a^2-4=0,\ (a-1)(a+2)^2=0$

$\therefore a=1\ (\because a>-1)$

정답과 해설

0734 답 ④

$$\int_1^3 \{2f'(x) - 4x\}\,dx = \Big[2f(x) - 2x^2\Big]_1^3$$
$$= \{2f(3) - 18\} - \{2f(1) - 2\}$$
$$= 2f(3) - 22 \ (\because f(1) = 3)$$

따라서 $2f(3) - 22 = 6$이므로
$$f(3) = 14$$

0735 답 ③

$$\int_0^1 (5x^2 - a)^2\,dx = \int_0^1 (25x^4 - 10ax^2 + a^2)\,dx$$
$$= \Big[5x^5 - \frac{10}{3}ax^3 + a^2x\Big]_0^1$$
$$= a^2 - \frac{10}{3}a + 5 = \Big(a - \frac{5}{3}\Big)^2 + \frac{20}{9}$$

따라서 $\int_0^1 (5x^2 - a)^2\,dx$는 $a = \dfrac{5}{3}$일 때 최솟값이 $\dfrac{20}{9}$이므로

$m = \dfrac{5}{3}$, $n = \dfrac{20}{9}$ $\therefore m + n = \dfrac{35}{9}$

> **중3 다시보기**
>
> 이차함수 $y = a(x - p)^2 + q \ (a > 0)$는 $x = p$일 때 최솟값 q를 갖는다.

0736 답 -12

$f(x) = ax + b \ (a, b$는 상수, $a \neq 0)$라 하자.

㈎에서
$$\int_0^1 (ax + b)\,dx = \Big[\frac{a}{2}x^2 + bx\Big]_0^1 = \frac{a}{2} + b$$

따라서 $\dfrac{a}{2} + b = 3$이므로 $a + 2b = 6$ …… ㉠

㈏에서
$$\int_0^1 x(ax + b)\,dx = \int_0^1 (ax^2 + bx)\,dx$$
$$= \Big[\frac{a}{3}x^3 + \frac{b}{2}x^2\Big]_0^1$$
$$= \frac{a}{3} + \frac{b}{2}$$

따라서 $\dfrac{a}{3} + \dfrac{b}{2} = 1$이므로 $2a + 3b = 6$ …… ㉡ …… ❶

㉠, ㉡을 연립하여 풀면 $a = -6$, $b = 6$ …… ❷

따라서 $f(x) = -6x + 6$이므로
$f(3) = -18 + 6 = -12$ …… ❸

채점 기준

❶ $f(x) = ax + b$라 하고 a, b에 대한 식 구하기	60 %
❷ a, b의 값 구하기	20 %
❸ $f(3)$의 값 구하기	20 %

0737 답 ④

$$\int_0^5 (x+1)^2\,dx - \int_0^5 (x-1)^2\,dx$$
$$= \int_0^5 \{(x^2 + 2x + 1) - (x^2 - 2x + 1)\}\,dx$$
$$= \int_0^5 4x\,dx = \Big[2x^2\Big]_0^5 = 50$$

0738 답 -16

$$\int_{-1}^3 \frac{4x^2}{x+2}\,dx + \int_3^{-1} \frac{16}{t+2}\,dt = \int_{-1}^3 \frac{4x^2}{x+2}\,dx - \int_{-1}^3 \frac{16}{x+2}\,dx$$
$$= \int_{-1}^3 \frac{4x^2 - 16}{x+2}\,dx$$
$$= \int_{-1}^3 \frac{4(x+2)(x-2)}{x+2}\,dx$$
$$= \int_{-1}^3 (4x - 8)\,dx$$
$$= \Big[2x^2 - 8x\Big]_{-1}^3$$
$$= (18 - 24) - (2 + 8) = -16$$

0739 답 4

$$\int_0^2 (3x^3 + 2x)\,dx + \int_0^2 (k + 2x - 3x^3)\,dx$$
$$= \int_0^2 \{(3x^3 + 2x) + (k + 2x - 3x^3)\}\,dx$$
$$= \int_0^2 (4x + k)\,dx$$
$$= \Big[2x^2 + kx\Big]_0^2$$
$$= 8 + 2k$$

따라서 $8 + 2k = 16$이므로
$k = 4$

0740 답 ②

$$\int_1^k (8x + 4)\,dx + 4\int_k^1 (1 + x - x^3)\,dx$$
$$= \int_1^k (8x + 4)\,dx - \int_1^k 4(1 + x - x^3)\,dx$$
$$= \int_1^k \{(8x + 4) - 4(1 + x - x^3)\}\,dx$$
$$= \int_1^k (4x^3 + 4x)\,dx$$
$$= \Big[x^4 + 2x^2\Big]_1^k$$
$$= (k^4 + 2k^2) - (1 + 2)$$
$$= k^4 + 2k^2 - 3$$

따라서 $k^4 + 2k^2 - 3 = 0$이므로
$(k^2 + 3)(k + 1)(k - 1) = 0$
$\therefore k = -1$ 또는 $k = 1 \ (\because k$는 실수$)$

따라서 모든 실수 k의 값의 곱은
$-1 \times 1 = -1$

0741 답 -8

$$\int_{-1}^3 \{3f(x) - 2g(x)\}\,dx = 1$ …… ㉠

$$\int_{-1}^3 \{f(x) - 2g(x)\}\,dx = 7$ …… ㉡

㉠$-$㉡을 하면

$$\int_{-1}^3 \{3f(x) - 2g(x)\}\,dx - \int_{-1}^3 \{f(x) - 2g(x)\}\,dx = -6$$

$$\int_{-1}^3 [\{3f(x) - 2g(x)\} - \{f(x) - 2g(x)\}]\,dx = -6$$

$$2\int_{-1}^3 f(x)\,dx = -6 \quad \therefore \int_{-1}^3 f(x)\,dx = -3$ …… ❶

이때 ㉠에서 $3\int_{-1}^{3}f(x)\,dx-2\int_{-1}^{3}g(x)\,dx=1$이므로

$3\times(-3)-2\int_{-1}^{3}g(x)\,dx=1$

$\therefore \int_{-1}^{3}g(x)\,dx=-5$ ...... ⓘⓘ

$\therefore \int_{-1}^{3}\{f(x)+g(x)\}\,dx=\int_{-1}^{3}f(x)\,dx+\int_{-1}^{3}g(x)\,dx$

$=-8$ ...... ⓘⓘⓘ

채점 기준

ⓘ $\int_{-1}^{3}f(x)\,dx$의 값 구하기	40 %
ⓘⓘ $\int_{-1}^{3}g(x)\,dx$의 값 구하기	40 %
ⓘⓘⓘ $\int_{-1}^{3}\{f(x)+g(x)\}\,dx$의 값 구하기	20 %

0742 답 ④

$\int_{0}^{2}f(x)\,dx-\int_{-3}^{2}f(x)\,dx+\int_{-3}^{3}f(x)\,dx$

$=\int_{0}^{2}f(x)\,dx+\int_{2}^{-3}f(x)\,dx+\int_{-3}^{3}f(x)\,dx$

$=\int_{0}^{-3}f(x)\,dx+\int_{-3}^{3}f(x)\,dx$

$=\int_{0}^{3}f(x)\,dx$

$=\int_{0}^{3}(x^2-x)\,dx$

$=\left[\dfrac{1}{3}x^3-\dfrac{1}{2}x^2\right]_{0}^{3}$

$=9-\dfrac{9}{2}=\dfrac{9}{2}$

0743 답 ④

$\int_{-3}^{3}f(x)\,dx=\int_{-3}^{2}f(x)\,dx+\int_{2}^{3}f(x)\,dx$

$=\int_{-3}^{2}f(x)\,dx+\left\{\int_{2}^{0}f(x)\,dx+\int_{0}^{3}f(x)\,dx\right\}$

$=\int_{-3}^{2}f(x)\,dx-\int_{0}^{2}f(x)\,dx+\int_{0}^{3}f(x)\,dx$

$=5-8+6=3$

0744 답 ①

$\int_{0}^{2}(2x+1)^2\,dx-\int_{-1}^{2}(2x+1)^2\,dx+\int_{-1}^{0}(2x-1)^2\,dx$

$=\int_{0}^{2}(2x+1)^2\,dx+\int_{2}^{-1}(2x+1)^2\,dx+\int_{-1}^{0}(2x-1)^2\,dx$

$=\int_{0}^{-1}(2x+1)^2\,dx+\int_{-1}^{0}(2x-1)^2\,dx$

$=-\int_{-1}^{0}(2x+1)^2\,dx+\int_{-1}^{0}(2x-1)^2\,dx$

$=\int_{-1}^{0}\{(4x^2-4x+1)-(4x^2+4x+1)\}\,dx$

$=\int_{-1}^{0}(-8x)\,dx$

$=\left[-4x^2\right]_{-1}^{0}$

$=-(-4)=4$

0745 답 ①

$\int_{-1}^{1}f(x)\,dx=\int_{0}^{1}f(x)\,dx$에서

$\int_{-1}^{0}f(x)\,dx+\int_{0}^{1}f(x)\,dx=\int_{0}^{1}f(x)\,dx$이므로

$\int_{-1}^{0}f(x)\,dx=0$

$\therefore \int_{0}^{1}f(x)\,dx=\int_{-1}^{0}f(x)\,dx=0$

$f(x)=ax^2+bx+c$ (a, b, c는 상수, $a\neq0$)라 하면 $f(0)=-1$에서

$c=-1$

$\therefore f(x)=ax^2+bx-1$

$\int_{-1}^{0}f(x)\,dx=\int_{-1}^{0}(ax^2+bx-1)\,dx$

$=\left[\dfrac{a}{3}x^3+\dfrac{b}{2}x^2-x\right]_{-1}^{0}$

$=-\left(-\dfrac{a}{3}+\dfrac{b}{2}+1\right)$

$=\dfrac{a}{3}-\dfrac{b}{2}-1$

따라서 $\dfrac{a}{3}-\dfrac{b}{2}-1=0$이므로

$2a-3b=6$ ...... ㉠

$\int_{0}^{1}f(x)\,dx=\int_{0}^{1}(ax^2+bx-1)\,dx$

$=\left[\dfrac{a}{3}x^3+\dfrac{b}{2}x^2-x\right]_{0}^{1}$

$=\dfrac{a}{3}+\dfrac{b}{2}-1$

따라서 $\dfrac{a}{3}+\dfrac{b}{2}-1=0$이므로

$2a+3b=6$ ...... ㉡

㉠, ㉡을 연립하여 풀면

$a=3$, $b=0$

따라서 $f(x)=3x^2-1$이므로

$f(2)=12-1=11$

0746 답 $\dfrac{46}{3}$

$\int_{-1}^{2}f(x)\,dx$

$=\int_{-1}^{1}(x^2+4)\,dx+\int_{1}^{2}(-x^2+6x)\,dx$

$=\left[\dfrac{1}{3}x^3+4x\right]_{-1}^{1}+\left[-\dfrac{1}{3}x^3+3x^2\right]_{1}^{2}$

$=\left(\dfrac{1}{3}+4\right)-\left(-\dfrac{1}{3}-4\right)+\left(-\dfrac{8}{3}+12\right)-\left(-\dfrac{1}{3}+3\right)$

$=\dfrac{46}{3}$

0747 답 ③

주어진 그래프에서 $f(x)=\begin{cases} 2 & (x\geq0) \\ 2x+2 & (x\leq0) \end{cases}$ 이므로

$\int_{-3}^{1}f(x)\,dx=\int_{-3}^{0}(2x+2)\,dx+\int_{0}^{1}2\,dx$

$=\left[x^2+2x\right]_{-3}^{0}+\left[2x\right]_{0}^{1}$

$=-(9-6)+2=-1$

0748 답 3

$k>1$이므로

$$\int_{-2}^{k} f(x)\,dx = \int_{-2}^{-1}(3x^2+3)\,dx + \int_{-1}^{k}(4-2x)\,dx$$
$$= \Big[x^3+3x\Big]_{-2}^{-1} + \Big[4x-x^2\Big]_{-1}^{k}$$
$$= (-1-3)-(-8-6)+(4k-k^2)-(-4-1)$$
$$= -k^2+4k+15 \qquad \cdots\cdots ❶$$

따라서 $-k^2+4k+15=18$이므로

$k^2-4k+3=0,\ (k-1)(k-3)=0$

$\therefore k=3\ (\because k>1) \qquad \cdots\cdots ❷$

채점 기준

❶ $\int_{-2}^{k} f(x)\,dx$를 k에 대한 식으로 나타내기		60 %
❷ k의 값 구하기		40 %

0749 답 43

$0\le a\le 4$이므로

$$\int_{a}^{a+4} f(x)\,dx = \int_{a}^{4}\{-x(x-4)\}\,dx + \int_{4}^{a+4}(x-4)\,dx$$
$$= \int_{a}^{4}(-x^2+4x)\,dx + \int_{4}^{a+4}(x-4)\,dx$$
$$= \Big[-\frac{1}{3}x^3+2x^2\Big]_{a}^{4} + \Big[\frac{1}{2}x^2-4x\Big]_{4}^{a+4}$$
$$= \Big(-\frac{64}{3}+32\Big)-\Big(-\frac{1}{3}a^3+2a^2\Big)$$
$$\qquad + \Big\{\frac{1}{2}(a+4)^2-4(a+4)\Big\}-(8-16)$$
$$= \frac{1}{3}a^3-\frac{3}{2}a^2+\frac{32}{3}$$

$g(a)=\dfrac{1}{3}a^3-\dfrac{3}{2}a^2+\dfrac{32}{3}$라 하면

$g'(a)=a^2-3a=a(a-3)$

$g'(a)=0$인 a의 값은 $a=0$ 또는 $a=3$

$0\le a\le 4$에서 함수 $g(a)$의 증가와 감소를 표로 나타내면 다음과 같다.

a	0	$\cdots$	3	$\cdots$	4
$g'(a)$	0	$-$	0	$+$	
$g(a)$		$\searrow$	$\frac{37}{6}$ 극소	$\nearrow$	

$0\le a\le 4$에서 함수 $g(a)$는 $a=3$일 때 최솟값 $\dfrac{37}{6}$을 가지므로

$p=6,\ q=37$

$\therefore p+q=43$

0750 답 ①

$|x^2-x| = \begin{cases} x^2-x & (x\le 0 \ \text{또는}\ x\ge 1) \\ -x^2+x & (0\le x\le 1) \end{cases}$ 이므로

$$\int_{0}^{2}|x^2-x|\,dx = \int_{0}^{1}(-x^2+x)\,dx + \int_{1}^{2}(x^2-x)\,dx$$
$$= \Big[-\frac{1}{3}x^3+\frac{1}{2}x^2\Big]_{0}^{1} + \Big[\frac{1}{3}x^3-\frac{1}{2}x^2\Big]_{1}^{2}$$
$$= \Big(-\frac{1}{3}+\frac{1}{2}\Big)+\Big(\frac{8}{3}-2\Big)-\Big(\frac{1}{3}-\frac{1}{2}\Big)=1$$

0751 답 ⑤

$|x^2-4| = \begin{cases} x^2-4 & (x\le -2 \ \text{또는}\ x\ge 2) \\ -x^2+4 & (-2\le x\le 2) \end{cases}$ 이므로

$$\int_{0}^{3}\frac{|x^2-4|}{x+2}\,dx$$
$$= \int_{0}^{2}\frac{-x^2+4}{x+2}\,dx + \int_{2}^{3}\frac{x^2-4}{x+2}\,dx$$
$$= \int_{0}^{2}\frac{-(x+2)(x-2)}{x+2}\,dx + \int_{2}^{3}\frac{(x+2)(x-2)}{x+2}\,dx$$
$$= \int_{0}^{2}(-x+2)\,dx + \int_{2}^{3}(x-2)\,dx$$
$$= \Big[-\frac{1}{2}x^2+2x\Big]_{0}^{2} + \Big[\frac{1}{2}x^2-2x\Big]_{2}^{3}$$
$$= (-2+4)+\Big(\frac{9}{2}-6\Big)-(2-4)=\frac{5}{2}$$

0752 답 4

$|x-3| = \begin{cases} x-3 & (x\ge 3) \\ -x+3 & (x\le 3) \end{cases}$ 이고, $a>3$이므로

$$\int_{1}^{a}|x-3|\,dx = \int_{1}^{3}(-x+3)\,dx + \int_{3}^{a}(x-3)\,dx$$
$$= \Big[-\frac{1}{2}x^2+3x\Big]_{1}^{3} + \Big[\frac{1}{2}x^2-3x\Big]_{3}^{a}$$
$$= \Big(-\frac{9}{2}+9\Big)-\Big(-\frac{1}{2}+3\Big)+\Big(\frac{1}{2}a^2-3a\Big)-\Big(\frac{9}{2}-9\Big)$$
$$= \frac{1}{2}a^2-3a+\frac{13}{2}$$

따라서 $\dfrac{1}{2}a^2-3a+\dfrac{13}{2}=\dfrac{5}{2}$이므로

$a^2-6a+8=0,\ (a-2)(a-4)=0$

$\therefore a=4\ (\because a>3)$

0753 답 $\dfrac{\sqrt{2}}{2}$

$|x-a| = \begin{cases} x-a & (x\ge a) \\ -x+a & (x\le a) \end{cases}$ 이고, $0<a<1$이므로

$$\int_{0}^{1} x|x-a|\,dx = \int_{0}^{a} x(-x+a)\,dx + \int_{a}^{1} x(x-a)\,dx$$
$$= \int_{0}^{a}(-x^2+ax)\,dx + \int_{a}^{1}(x^2-ax)\,dx$$
$$= \Big[-\frac{1}{3}x^3+\frac{1}{2}ax^2\Big]_{0}^{a} + \Big[\frac{1}{3}x^3-\frac{1}{2}ax^2\Big]_{a}^{1}$$
$$= \Big(-\frac{1}{3}a^3+\frac{1}{2}a^3\Big)+\Big(\frac{1}{3}-\frac{1}{2}a\Big)-\Big(\frac{1}{3}a^3-\frac{1}{2}a^3\Big)$$
$$= \frac{1}{3}a^3-\frac{1}{2}a+\frac{1}{3} \qquad \cdots\cdots ❶$$

$f(a)=\dfrac{1}{3}a^3-\dfrac{1}{2}a+\dfrac{1}{3}$이라 하면

$f'(a)=a^2-\dfrac{1}{2}=\Big(a+\dfrac{\sqrt{2}}{2}\Big)\Big(a-\dfrac{\sqrt{2}}{2}\Big)$

$f'(a)=0$인 a의 값은 $a=\dfrac{\sqrt{2}}{2}\ (\because 0<a<1)$

$0<a<1$에서 함수 $f(a)$의 증가와 감소를 표로 나타내면 다음과 같다.

a	0	$\cdots$	$\frac{\sqrt{2}}{2}$	$\cdots$	1
$f'(a)$		$-$	0	$+$	
$f(a)$		$\searrow$	극소	$\nearrow$	

$0 < a < 1$에서 함수 $f(a)$는 $a = \dfrac{\sqrt{2}}{2}$일 때 최소이므로 구하는 a의 값

은 $\dfrac{\sqrt{2}}{2}$이다. ······ ⓘⓘ

0754 답 $f(x) = x^2 - 2x + 2$

$|t-x| = \begin{cases} t-x & (x \le t \le 2) \\ -t+x & (0 \le t \le x) \end{cases}$ 이므로

$f(x) = \displaystyle\int_0^x (-t+x)\,dt + \int_x^2 (t-x)\,dt$

$\quad = \left[-\dfrac{1}{2}t^2 + xt \right]_0^x + \left[\dfrac{1}{2}t^2 - xt \right]_x^2$

$\quad = \left(-\dfrac{1}{2}x^2 + x^2 \right) + (2-2x) - \left(\dfrac{1}{2}x^2 - x^2 \right)$

$\quad = x^2 - 2x + 2$

0755 답 ②

$\displaystyle\int_{-a}^a (x^3 + 2x + 3)\,dx = 2\int_0^a 3\,dx = 2\left[3x \right]_0^a$

$\qquad\qquad\qquad\qquad\qquad = 2 \times 3a = 6a$

따라서 $6a = 12$이므로 $a = 2$

0756 답 ⑤

$\displaystyle\int_{-2}^0 (x^3 - 3x^2 + 5x + 6)\,dx + \int_0^2 (x^3 - 3x^2 + 5x + 6)\,dx$

$= \displaystyle\int_{-2}^2 (x^3 - 3x^2 + 5x + 6)\,dx$

$= 2\displaystyle\int_0^2 (-3x^2 + 6)\,dx$

$= 2\left[-x^3 + 6x \right]_0^2$

$= 2(-8+12) = 8$

0757 답 $\dfrac{1}{2}$

$\displaystyle\int_{-1}^1 f(x)\,dx = \int_{-1}^1 (x^2 + ax + b)\,dx$

$\qquad\qquad\quad = 2\displaystyle\int_0^1 (x^2 + b)\,dx = 2\left[\dfrac{1}{3}x^3 + bx \right]_0^1$

$\qquad\qquad\quad = 2\left(\dfrac{1}{3} + b \right) = \dfrac{2}{3} + 2b$

따라서 $\dfrac{2}{3} + 2b = 1$이므로 $b = \dfrac{1}{6}$ ······ ⓘ

$\displaystyle\int_{-1}^1 xf(x)\,dx = \int_{-1}^1 (x^3 + ax^2 + bx)\,dx$

$\qquad\qquad\qquad = 2\displaystyle\int_0^1 ax^2\,dx = 2\left[\dfrac{1}{3}ax^3 \right]_0^1$

$\qquad\qquad\qquad = 2 \times \dfrac{1}{3}a = \dfrac{2}{3}a$

따라서 $\dfrac{2}{3}a = 2$이므로 $a = 3$ ······ ⓘⓘ

$\therefore ab = \dfrac{1}{2}$ ······ ⓘⓘⓘ

0758 답 ②

$xf(x) - f(x) = 3x^4 - 3x$에서

$(x-1)f(x) = 3x(x-1)(x^2 + x + 1)$

$\therefore f(x) = 3x(x^2 + x + 1) = 3x^3 + 3x^2 + 3x$

$\therefore \displaystyle\int_{-2}^2 f(x)\,dx = \int_{-2}^2 (3x^3 + 3x^2 + 3x)\,dx$

$\qquad\qquad\qquad = 2\displaystyle\int_0^2 3x^2\,dx = 2\left[x^3 \right]_0^2$

$\qquad\qquad\qquad = 2 \times 8 = 16$

0759 답 -16

$f(-x) = f(x)$이므로 $\displaystyle\int_{-2}^2 f(x)\,dx = 2\int_0^2 f(x)\,dx$

$\displaystyle\int_{-2}^2 (3x^3 + 5x - 2)f(x)\,dx$

$= 3\displaystyle\int_{-2}^2 x^3 f(x)\,dx + 5\int_{-2}^2 xf(x)\,dx - 2\int_{-2}^2 f(x)\,dx$ ······ ㉠

이때 $g(x) = x^3 f(x)$, $h(x) = xf(x)$라 하면 $f(-x) = f(x)$이므로

$g(-x) = -x^3 f(-x) = -x^3 f(x) = -g(x)$

$h(-x) = -xf(-x) = -xf(x) = -h(x)$

$\therefore \displaystyle\int_{-2}^2 g(x)\,dx = 0, \int_{-2}^2 h(x)\,dx = 0$

따라서 ㉠에서

$\displaystyle\int_{-2}^2 (3x^3 + 5x - 2)f(x)\,dx$

$= 3\displaystyle\int_{-2}^2 g(x)\,dx + 5\int_{-2}^2 h(x)\,dx - 2\int_{-2}^2 f(x)\,dx$

$= -4\displaystyle\int_0^2 f(x)\,dx$

$= -4 \times 4 = -16$

0760 답 ②

$f(-x) = f(x)$이므로 $\displaystyle\int_{-1}^1 f(x)\,dx = 2\int_0^1 f(x)\,dx$

$g(-x) = -g(x)$이므로 $\displaystyle\int_{-1}^1 g(x)\,dx = 0$

$\therefore \displaystyle\int_{-1}^1 \{g(x) - f(x)\}\,dx = \int_{-1}^1 g(x)\,dx - \int_{-1}^1 f(x)\,dx$

$\qquad\qquad\qquad\qquad\qquad = -2\displaystyle\int_0^1 f(x)\,dx$

$\qquad\qquad\qquad\qquad\qquad = -2 \times 3 = -6$

0761 답 18

$f(-x) = -f(x)$이므로 $\displaystyle\int_{-1}^1 f(x)\,dx = 0$

$\displaystyle\int_{-1}^3 f(x)\,dx = \int_{-1}^1 f(x)\,dx + \int_1^3 f(x)\,dx$이므로

$\displaystyle\int_1^3 f(x)\,dx = 15$

$\therefore \displaystyle\int_0^3 f(x)\,dx = \int_0^1 f(x)\,dx + \int_1^3 f(x)\,dx$

$\qquad\qquad\quad = 3 + 15 = 18$

0762 답 2

$h(x)=f(x)g(x)+f(x)$에서 $f(-x)=-f(x),\ g(-x)=g(x)$
이므로

$h(-x)=f(-x)g(-x)+f(-x)=-f(x)g(x)-f(x)$

$\qquad\qquad =-h(x)$

$\therefore \displaystyle\int_{-3}^{3}h(x)\,dx=0$ ...... **ⅰ**

$\displaystyle\int_{-3}^{3}(12x+1)h(x)\,dx$

$=12\displaystyle\int_{-3}^{3}xh(x)\,dx+\int_{-3}^{3}h(x)\,dx$ ...... ㉠

이때 $p(x)=xh(x)$라 하면

$p(-x)=-xh(-x)=xh(x)=p(x)$이므로

$\displaystyle\int_{-3}^{3}p(x)\,dx=2\int_{0}^{3}p(x)\,dx$

따라서 ㉠에서

$\displaystyle\int_{-3}^{3}(12x+1)h(x)\,dx=12\int_{-3}^{3}p(x)\,dx+\int_{-3}^{3}h(x)\,dx$

$\qquad\qquad\qquad =24\displaystyle\int_{0}^{3}p(x)\,dx$

$\qquad\qquad\qquad =24\displaystyle\int_{0}^{3}xh(x)\,dx$ ...... **ⅱ**

따라서 $24\displaystyle\int_{0}^{3}xh(x)\,dx=48$이므로

$\displaystyle\int_{0}^{3}xh(x)\,dx=2$ ...... **ⅲ**

채점 기준

ⅰ $\displaystyle\int_{-3}^{3}h(x)\,dx$의 값 구하기	30 %
ⅱ $\displaystyle\int_{-3}^{3}(12x+1)h(x)\,dx$를 $\displaystyle\int_{0}^{3}xh(x)\,dx$에 대한 식으로 나타내기	50 %
ⅲ $\displaystyle\int_{0}^{3}xh(x)\,dx$의 값 구하기	20 %

0763 답 5

$f(x+2)=f(x)$이므로

$\displaystyle\int_{0}^{1}f(x)\,dx=\int_{2}^{3}f(x)\,dx$

$\displaystyle\int_{-1}^{0}f(x)\,dx=\int_{1}^{2}f(x)\,dx=\int_{3}^{4}f(x)\,dx$

$\therefore \displaystyle\int_{2}^{4}f(x)\,dx=\int_{2}^{3}f(x)\,dx+\int_{3}^{4}f(x)\,dx$

$\qquad\qquad =\displaystyle\int_{0}^{1}f(x)\,dx+\int_{-1}^{0}f(x)\,dx$

$\qquad\qquad =\displaystyle\int_{0}^{1}(4x+1)\,dx+\int_{-1}^{0}(1-4x^3)\,dx$

$\qquad\qquad =\left[2x^2+x\right]_{0}^{1}+\left[x-x^4\right]_{-1}^{0}$

$\qquad\qquad =(2+1)-(-1-1)=5$

0764 답 9

㈎에서 $f(x+3)=f(x)$이므로

$\displaystyle\int_{1}^{4}f(x)\,dx=\int_{4}^{7}f(x)\,dx=\int_{7}^{10}f(x)\,dx$

$\therefore \displaystyle\int_{1}^{10}f(x)\,dx=\int_{1}^{4}f(x)\,dx+\int_{4}^{7}f(x)\,dx+\int_{7}^{10}f(x)\,dx$

$\qquad\qquad =3\displaystyle\int_{1}^{4}f(x)\,dx=3\times3=9\ (\because$ ㈏$)$

0765 답 $\dfrac{41}{3}$

$f(x+4)=f(x)$이므로

$\displaystyle\int_{-2}^{2}f(x)\,dx=\int_{2}^{6}f(x)\,dx$

$\displaystyle\int_{-2}^{1}f(x)\,dx=\int_{2}^{5}f(x)\,dx=\int_{6}^{9}f(x)\,dx$

$\therefore \displaystyle\int_{-2}^{9}f(x)\,dx=\int_{-2}^{2}f(x)\,dx+\int_{2}^{6}f(x)\,dx+\int_{6}^{9}f(x)\,dx$

$\qquad\qquad =\displaystyle\int_{-2}^{2}f(x)\,dx+\int_{-2}^{2}f(x)\,dx+\int_{-2}^{1}f(x)\,dx$

$\qquad\qquad =2\displaystyle\int_{-2}^{2}f(x)\,dx+\int_{-2}^{1}f(x)\,dx$

$\qquad\qquad =4\displaystyle\int_{0}^{2}x^2\,dx+\int_{-2}^{1}x^2\,dx$

$\qquad\qquad =4\left[\dfrac{1}{3}x^3\right]_{0}^{2}+\left[\dfrac{1}{3}x^3\right]_{-2}^{1}$

$\qquad\qquad =4\times\dfrac{8}{3}+\dfrac{1}{3}-\left(-\dfrac{8}{3}\right)=\dfrac{41}{3}$

0766 답 11

$\displaystyle\int_{0}^{2}f(t)\,dt=k\,(k$는 상수)로 놓으면 $f(x)=3x^2+2kx$이므로

$\displaystyle\int_{0}^{2}f(t)\,dt=\int_{0}^{2}(3t^2+2kt)\,dt$

$\qquad\qquad =\left[t^3+kt^2\right]_{0}^{2}$

$\qquad\qquad =8+4k$

따라서 $8+4k=k$이므로 $k=-\dfrac{8}{3}$

즉, $f(x)=3x^2-\dfrac{16}{3}x$이므로

$f(3)=27-16=11$

0767 답 ②

$\displaystyle\int_{-1}^{2}f'(t)\,dt=k\,(k$는 상수)로 놓으면 $f(x)=x^3-2x+k$이므로

$f'(x)=3x^2-2$

$\therefore \displaystyle\int_{-1}^{2}f'(t)\,dt=\int_{-1}^{2}(3t^2-2)\,dt$

$\qquad\qquad =\left[t^3-2t\right]_{-1}^{2}$

$\qquad\qquad =(8-4)-(-1+2)=3$

따라서 $f(x)=x^3-2x+3$이므로

$f(-2)=-8+4+3=-1$

0768 답 1

$\displaystyle\int_{0}^{1}f(t)\,dt=a,\ \int_{-1}^{0}f(t)\,dt=b\,(a,\ b$는 상수)로 놓으면 ...... **ⅰ**

$f(x)=-6x^2+4ax+b$이므로

$\displaystyle\int_{0}^{1}f(t)\,dt=\int_{0}^{1}(-6t^2+4at+b)\,dt$

$\qquad\qquad =\left[-2t^3+2at^2+bt\right]_{0}^{1}$

$\qquad\qquad =-2+2a+b$

따라서 $-2+2a+b=a$이므로

$a+b=2$ ...... ㉠

$$\int_{-1}^{0} f(t)\,dt = \int_{-1}^{0} (-6t^2 + 4at + b)\,dt$$
$$= \left[-2t^3 + 2at^2 + bt \right]_{-1}^{0}$$
$$= -(2 + 2a - b) = -2 - 2a + b$$

따라서 $-2 - 2a + b = b$이므로 $a = -1$

이를 ㉠에 대입하면

$-1 + b = 2$ $\therefore b = 3$ $\cdots\cdots$ **ⅱ**

즉, $f(x) = -6x^2 - 4x + 3$이므로

$f(-1) = -6 + 4 + 3 = 1$ $\cdots\cdots$ **ⅲ**

채점 기준

ⅰ $\int_{0}^{1} f(t)\,dt = a$, $\int_{-1}^{0} f(t)\,dt = b$로 놓기		20 %
ⅱ a, b의 값 구하기		60 %
ⅲ $f(-1)$의 값 구하기		20 %

0769 답 ⑤

$f(x) = -4x^3 + \int_{0}^{1} (2x+1)f(t)\,dt$에서

$f(x) = -4x^3 + 2x\int_{0}^{1} f(t)\,dt + \int_{0}^{1} f(t)\,dt$

$\int_{0}^{1} f(t)\,dt = k$ (k는 상수)로 놓으면 $f(x) = -4x^3 + 2kx + k$이므로

$$\int_{0}^{1} f(t)\,dt = \int_{0}^{1} (-4t^3 + 2kt + k)\,dt$$
$$= \left[-t^4 + kt^2 + kt \right]_{0}^{1}$$
$$= -1 + k + k = 2k - 1$$

따라서 $2k - 1 = k$이므로 $k = 1$

즉, $f(x) = -4x^3 + 2x + 1$이므로 $f(0) = 1$

0770 답 3

$\int_{2}^{x} f(t)\,dt = x^3 + ax^2 + 8$의 양변에 $x = 2$를 대입하면

$0 = 8 + 4a + 8$ $\therefore a = -4$

$\int_{2}^{x} f(t)\,dt = x^3 - 4x^2 + 8$의 양변을 x에 대하여 미분하면

$f(x) = 3x^2 - 8x$

$\therefore f(3) = 27 - 24 = 3$

0771 답 4

$f(x) = \int_{3}^{x} (3t^2 - 2t)\,dt$의 양변을 x에 대하여 미분하면

$f'(x) = 3x^2 - 2x$

$$\therefore \int_{0}^{2} f'(x)\,dx = \int_{0}^{2} (3x^2 - 2x)\,dx = \left[x^3 - x^2 \right]_{0}^{2}$$
$$= 8 - 4 = 4$$

다른 풀이

$$f(x) = \int_{3}^{x} (3t^2 - 2t)\,dt = \left[t^3 - t^2 \right]_{3}^{x}$$
$$= x^3 - x^2 - (27 - 9) = x^3 - x^2 - 18$$

$$\therefore \int_{0}^{2} f'(x)\,dx = \left[f(x) \right]_{0}^{2} = f(2) - f(0)$$
$$= (8 - 4 - 18) - (-18) = 4$$

0772 답 ③

$\int_{a}^{x} f(t)\,dt = 2x^2 - 5x - 3$의 양변에 $x = a$를 대입하면

$0 = 2a^2 - 5a - 3$

$(2a+1)(a-3) = 0$ $\therefore a = 3$ $(\because a > 0)$

$\int_{3}^{x} f(t)\,dt = 2x^2 - 5x - 3$의 양변을 x에 대하여 미분하면

$f(x) = 4x - 5$

$\therefore f(5) = 20 - 5 = 15$

$\therefore a + f(5) = 18$

0773 답 ⑤

$\int_{1}^{x} \left\{ \dfrac{d}{dt} f(t) \right\}\,dt = x^3 + ax^2 - 2$의 양변에 $x = 1$을 대입하면

$0 = 1 + a - 2$ $\therefore a = 1$

$\int_{1}^{x} \left\{ \dfrac{d}{dt} f(t) \right\}\,dt = x^3 + x^2 - 2$의 양변을 x에 대하여 미분하면

$f'(x) = 3x^2 + 2x$

$\therefore f'(a) = f'(1) = 3 + 2 = 5$

0774 답 $\dfrac{22}{3}$

$\int_{1}^{x} f(t)\,dt = xf(x) - \dfrac{4}{3}x^3$의 양변에 $x = 1$을 대입하면

$0 = f(1) - \dfrac{4}{3}$ $\therefore f(1) = \dfrac{4}{3}$ $\cdots\cdots$ **ⅰ**

$\int_{1}^{x} f(t)\,dt = xf(x) - \dfrac{4}{3}x^3$의 양변을 x에 대하여 미분하면

$f(x) = f(x) + xf'(x) - 4x^2$

$xf'(x) = 4x^2$ $\therefore f'(x) = 4x$ $\cdots\cdots$ **ⅱ**

$\therefore f(x) = \int f'(x)\,dx = \int 4x\,dx = 2x^2 + C$

$f(1) = \dfrac{4}{3}$에서 $2 + C = \dfrac{4}{3}$ $\therefore C = -\dfrac{2}{3}$

따라서 $f(x) = 2x^2 - \dfrac{2}{3}$이므로 $\cdots\cdots$ **ⅲ**

$f(2) = 8 - \dfrac{2}{3} = \dfrac{22}{3}$ $\cdots\cdots$ **ⅳ**

채점 기준

ⅰ $f(1)$의 값 구하기		30 %
ⅱ $f'(x)$ 구하기		30 %
ⅲ $f(x)$ 구하기		30 %
ⅳ $f(2)$의 값 구하기		10 %

0775 답 ①

$g(x) + \int_{1}^{x} f(t)\,dt = -4x^2 + 9x + 5$의 양변에 $x = 1$을 대입하면

$g(1) = -4 + 9 + 5$ $\therefore g(1) = 10$

$g(x) + \int_{1}^{x} f(t)\,dt = -4x^2 + 9x + 5$의 양변을 x에 대하여 미분하면

$g'(x) + f(x) = -8x + 9$

이때 $f(x)g(x) = -20x^2 + 54x - 36 = -2(2x-3)(5x-6)$이므로

$\begin{cases} f(x) = 2x - 3 \\ g'(x) = -10x + 12 \end{cases}$ 또는 $\begin{cases} f(x) = -10x + 12 \\ g'(x) = 2x - 3 \end{cases}$

(ⅰ) $g'(x)=-10x+12$일 때

$$g(x)=\int g'(x)\,dx=\int(-10x+12)\,dx$$
$$=-5x^2+12x+C_1$$

$g(1)=10$에서

$$-5+12+C_1=10 \qquad \therefore C_1=3$$

따라서 $g(x)=-5x^2+12x+3$이므로

$$g(2)=-20+24+3=7$$

(ⅱ) $g'(x)=2x-3$일 때

$$g(x)=\int g'(x)\,dx=\int(2x-3)\,dx$$
$$=x^2-3x+C_2$$

$g(1)=10$에서

$$1-3+C_2=10 \qquad \therefore C_2=12$$

따라서 $g(x)=x^2-3x+12$이므로

$$g(2)=4-6+12=10$$

이는 조건을 만족시키지 않는다.

(ⅰ), (ⅱ)에서 $g(x)=-5x^2+12x+3$이므로

$$g(3)=-45+36+3=-6$$

0776 답 0

$\displaystyle\int_2^x (x-t)f(t)\,dt=x^3+ax^2+4x$의 양변에 $x=2$를 대입하면

$$0=8+4a+8 \qquad \therefore a=-4$$

$\displaystyle\int_2^x (x-t)f(t)\,dt=x^3-4x^2+4x$에서

$$x\int_2^x f(t)\,dt-\int_2^x t f(t)\,dt=x^3-4x^2+4x$$

양변을 x에 대하여 미분하면

$$\int_2^x f(t)\,dt+xf(x)-xf(x)=3x^2-8x+4$$
$$\therefore \int_2^x f(t)\,dt=3x^2-8x+4$$

양변을 다시 x에 대하여 미분하면

$$f(x)=6x-8$$
$$\therefore f(2)=12-8=4$$
$$\therefore a+f(2)=0$$

0777 답 ⑤

$F(x)=\displaystyle\int_1^x x(3t+1)\,dt$에서 $F(x)=x\displaystyle\int_1^x (3t+1)\,dt$

양변을 x에 대하여 미분하면

$$f(x)=\int_1^x (3t+1)\,dt+x(3x+1)$$

양변에 $x=1$을 대입하면

$$f(1)=0+1\times(3+1)=4$$

0778 답 10

$\displaystyle\int_1^x (x-t)f(t)\,dt=x^3-x^2-x+1$에서

$$x\int_1^x f(t)\,dt-\int_1^x t f(t)\,dt=x^3-x^2-x+1$$

양변을 x에 대하여 미분하면

$$\int_1^x f(t)\,dt+xf(x)-xf(x)=3x^2-2x-1$$
$$\therefore \int_1^x f(t)\,dt=3x^2-2x-1$$

양변을 다시 x에 대하여 미분하면

$$f(x)=6x-2$$
$$\therefore f(2)=12-2=10$$

0779 답 9

$\displaystyle\int_0^x (x-t)f'(t)\,dt=x^4-x^3$에서

$$x\int_0^x f'(t)\,dt-\int_0^x t f'(t)\,dt=x^4-x^3$$

양변을 x에 대하여 미분하면

$$\int_0^x f'(t)\,dt+xf'(x)-xf'(x)=4x^3-3x^2$$
$$\therefore \int_0^x f'(t)\,dt=4x^3-3x^2$$

양변을 다시 x에 대하여 미분하면

$$f'(x)=12x^2-6x$$
$$\therefore f(x)=\int f'(x)\,dx=\int(12x^2-6x)\,dx$$
$$=4x^3-3x^2+C$$

$f(0)=2$에서 $C=2$

따라서 $f(x)=4x^3-3x^2+2$이므로

$$f'(1)+f(1)=(12-6)+(4-3+2)=9$$

0780 답 14

$\displaystyle\int_{-1}^x (x-t)f(t)\,dt=2x^3+ax^2+bx$의 양변에 $x=-1$을 대입하면

$$0=-2+a-b \qquad \therefore a-b=2 \qquad \cdots\cdots ㉠$$

$\displaystyle\int_{-1}^x (x-t)f(t)\,dt=2x^3+ax^2+bx$에서

$$x\int_{-1}^x f(t)\,dt-\int_{-1}^x t f(t)\,dt=2x^3+ax^2+bx$$

양변을 x에 대하여 미분하면

$$\int_{-1}^x f(t)\,dt+xf(x)-xf(x)=6x^2+2ax+b$$
$$\therefore \int_{-1}^x f(t)\,dt=6x^2+2ax+b$$

양변에 $x=-1$을 대입하면

$$0=6-2a+b \qquad \therefore 2a-b=6 \qquad \cdots\cdots ㉡$$

㉠, ㉡을 연립하여 풀면 $a=4$, $b=2$ $\qquad\cdots\cdots$ ❶

$$\therefore \int_{-1}^x f(t)\,dt=6x^2+8x+2$$

양변을 x에 대하여 미분하면

$$f(x)=12x+8 \qquad\cdots\cdots$ ❷$

$$\therefore \int_0^1 f(x)\,dx=\int_0^1 (12x+8)\,dx=\Big[6x^2+8x\Big]_0^1$$
$$=6+8=14 \qquad\cdots\cdots$ ❸$

채점 기준

❶ a, b의 값 구하기		60 %
❷ $f(x)$ 구하기		20 %
❸ $\displaystyle\int_0^1 f(x)\,dx$의 값 구하기		20 %

0781 답 $\dfrac{29}{2}$

$f(x)=\displaystyle\int_{-2}^{x}(t^2-3t+2)\,dt$의 양변을 x에 대하여 미분하면

$f'(x)=x^2-3x+2=(x-1)(x-2)$

$f'(x)=0$인 x의 값은 $x=1$ 또는 $x=2$

함수 $f(x)$의 증가와 감소를 표로 나타내면 다음과 같다.

x	$\cdots$	1	$\cdots$	2	$\cdots$
$f'(x)$	+	0	−	0	+
$f(x)$	↗	극대	↘	극소	↗

함수 $f(x)$는 $x=1$에서 극대이므로 극댓값은

$\begin{aligned}
f(1)&=\int_{-2}^{1}(t^2-3t+2)\,dt\\
&=\left[\frac{1}{3}t^3-\frac{3}{2}t^2+2t\right]_{-2}^{1}\\
&=\left(\frac{1}{3}-\frac{3}{2}+2\right)-\left(-\frac{8}{3}-6-4\right)\\
&=\frac{27}{2}
\end{aligned}$

따라서 $\alpha=1$, $\beta=\dfrac{27}{2}$이므로

$\alpha+\beta=\dfrac{29}{2}$

0782 답 ⑤

$f(x)=\displaystyle\int_{0}^{x}(t^2+at+b)\,dt$의 양변을 x에 대하여 미분하면

$f'(x)=x^2+ax+b$

함수 $f(x)$가 $x=2$에서 극솟값 $\dfrac{2}{3}$를 가지므로

$f'(2)=0,\ f(2)=\dfrac{2}{3}$

$f'(2)=0$에서

$4+2a+b=0$

$\therefore 2a+b=-4$ $\qquad\cdots\cdots\ \bigcirc$

$f(2)=\dfrac{2}{3}$에서

$\begin{aligned}
f(2)&=\int_{0}^{2}(t^2+at+b)\,dt\\
&=\left[\frac{1}{3}t^3+\frac{a}{2}t^2+bt\right]_{0}^{2}\\
&=\frac{8}{3}+2a+2b
\end{aligned}$

따라서 $\dfrac{8}{3}+2a+2b=\dfrac{2}{3}$이므로

$a+b=-1$ $\qquad\cdots\cdots\ \bigcirc$

$\bigcirc$, $\bigcirc$을 연립하여 풀면

$a=-3,\ b=2$

$\therefore b-a=5$

0783 답 ④

$f(x)=\displaystyle\int_{x}^{x+1}(2t^3-2t)\,dt$의 양변을 x에 대하여 미분하면

$\begin{aligned}
f'(x)&=\{2(x+1)^3-2(x+1)\}-(2x^3-2x)\\
&=6x^2+6x=6x(x+1)
\end{aligned}$

$f'(x)=0$인 x의 값은 $x=-1$ 또는 $x=0$

함수 $f(x)$의 증가와 감소를 표로 나타내면 다음과 같다.

x	$\cdots$	−1	$\cdots$	0	$\cdots$
$f'(x)$	+	0	−	0	+
$f(x)$	↗	극대	↘	극소	↗

함수 $f(x)$는 $x=-1$에서 극대이므로

$\begin{aligned}
M&=f(-1)=\int_{-1}^{0}(2t^3-2t)\,dt\\
&=\left[\frac{1}{2}t^4-t^2\right]_{-1}^{0}\\
&=-\left(\frac{1}{2}-1\right)=\frac{1}{2}
\end{aligned}$

함수 $f(x)$는 $x=0$에서 극소이므로

$\begin{aligned}
m&=f(0)=\int_{0}^{1}(2t^3-2t)\,dt\\
&=\left[\frac{1}{2}t^4-t^2\right]_{0}^{1}\\
&=\frac{1}{2}-1=-\frac{1}{2}
\end{aligned}$

$\therefore M-m=1$

0784 답 1

$F(x)=\displaystyle\int_{-1}^{x}f(t)\,dt$의 양변을 x에 대하여 미분하면

$F'(x)=f(x)$

즉, $f(x)$는 $F(x)$의 도함수이다.

주어진 그래프에서 $f(x)$의 부호를 조사하여 함수 $F(x)$의 증가와 감소를 표로 나타내면 다음과 같다.

x	$\cdots$	1	$\cdots$	3	$\cdots$
$F'(x)$	+	0	−	0	+
$F(x)$	↗	극대	↘	극소	↗

주어진 그래프에서 $f(x)=\begin{cases} x-3 & (x\geq 2) \\ -x+1 & (x\leq 2) \end{cases}$이고, 함수 $F(x)$는

$x=3$에서 극소이므로 극솟값은

$\begin{aligned}
F(3)&=\int_{-1}^{3}f(t)\,dt\\
&=\int_{-1}^{2}(-t+1)\,dt+\int_{2}^{3}(t-3)\,dt\\
&=\left[-\frac{1}{2}t^2+t\right]_{-1}^{2}+\left[\frac{1}{2}t^2-3t\right]_{2}^{3}\\
&=(-2+2)-\left(-\frac{1}{2}-1\right)+\left(\frac{9}{2}-9\right)-(2-6)=1
\end{aligned}$

0785 답 ③

$f(x)=\displaystyle\int_{-1}^{x}(6t^3-6t)\,dt$의 양변을 x에 대하여 미분하면

$f'(x)=6x^3-6x=6x(x+1)(x-1)$

$f'(x)=0$인 x의 값은 $x=-1$ 또는 $x=0$ 또는 $x=1$

$-1\leq x\leq 1$에서 함수 $f(x)$의 증가와 감소를 표로 나타내면 다음과 같다.

x	−1	$\cdots$	0	$\cdots$	1
$f'(x)$	0	+	0	−	0
$f(x)$		↗	극대	↘	

따라서 함수 $f(x)$는 $x=0$에서 최대이므로 최댓값은

$$f(0)=\int_{-1}^{0}(6t^3-6t)\,dt$$
$$=\left[\frac{3}{2}t^4-3t^2\right]_{-1}^{0}$$
$$=-\left(\frac{3}{2}-3\right)=\frac{3}{2}$$

0786 답 ①

$f(x)=\int_{-1}^{x}(1-|t|)\,dt$의 양변을 x에 대하여 미분하면

$f'(x)=1-|x|$

$f'(x)=0$인 x의 값은 $x=1$ ($\because 0\leq x\leq4$)

$0\leq x\leq4$에서 함수 $f(x)$의 증가와 감소를 표로 나타내면 다음과 같다.

x	0	$\cdots$	1	$\cdots$	4
$f'(x)$		+	0	−	
$f(x)$		↗	극대	↘	

$1-|t|=\begin{cases}1-t\ (t\geq0)\\1+t\ (t\leq0)\end{cases}$이고, 함수 $f(x)$는 $x=1$에서 최대이므로 최댓값은

$$f(1)=\int_{-1}^{1}(1-|t|)\,dt$$
$$=\int_{-1}^{0}(1+t)\,dt+\int_{0}^{1}(1-t)\,dt$$
$$=\left[t+\frac{1}{2}t^2\right]_{-1}^{0}+\left[t-\frac{1}{2}t^2\right]_{0}^{1}$$
$$=-\left(-1+\frac{1}{2}\right)+\left(1-\frac{1}{2}\right)=1$$

다른 풀이

$g(t)=1-|t|$라 하면

$g(-t)=1-|-t|=1-|t|=g(t)$

$\therefore f(1)=\int_{-1}^{1}(1-|t|)\,dt=2\int_{0}^{1}(1-|t|)\,dt$
$$=2\int_{0}^{1}(1-t)\,dt=2\left[t-\frac{1}{2}t^2\right]_{0}^{1}$$
$$=2\left(1-\frac{1}{2}\right)=1$$

0787 답 ④

$F(x)=\int_{0}^{x}f(t)\,dt$의 양변을 x에 대하여 미분하면

$F'(x)=f(x)$

즉, $f(x)$는 $F(x)$의 도함수이다.

주어진 그래프에서 함수 $f(x)$는 $x=-2$에서 극대, $x=2$에서 극소이므로

$f'(-2)=0,\ f'(2)=0$

$f'(x)=a(x+2)(x-2)\ (a>0)$라 하면

$f(x)=\int f'(x)\,dx=\int a(x+2)(x-2)\,dx$
$$=\int a(x^2-4)\,dx=a\left(\frac{1}{3}x^3-4x\right)+C$$

함수 $y=f(x)$의 그래프가 원점을 지나므로 $f(0)=0$에서

$C=0$

$\therefore f(x)=a\left(\frac{1}{3}x^3-4x\right)=\frac{1}{3}ax(x+2\sqrt{3})(x-2\sqrt{3})$

$F'(x)=f(x)=0$인 x의 값은 $x=0$ 또는 $x=2\sqrt{3}$ ($\because 0\leq x\leq4$)

구간 $[0,\,4]$에서 함수 $F(x)$의 증가와 감소를 표로 나타내면 다음과 같다.

x	0	$\cdots$	$2\sqrt{3}$	$\cdots$	4
$F'(x)$	0	−	0	+	
$F(x)$		↘	극소	↗	

따라서 함수 $F(x)$는 $x=2\sqrt{3}$에서 최소이므로 최솟값은

$F(2\sqrt{3})$

0788 답 −1

$F(x)=\int_{0}^{x}f(t)\,dt$의 양변을 x에 대하여 미분하면

$F'(x)=f(x)$

즉, $f(x)$는 $F(x)$의 도함수이다.

주어진 그래프에서 $0\leq x\leq3$일 때, $F'(x)=f(x)=0$인 x의 값은

$x=1$ 또는 $x=3$

$0\leq x\leq3$에서 함수 $F(x)$의 증가와 감소를 표로 나타내면 다음과 같다.

x	0	$\cdots$	1	$\cdots$	3
$F'(x)$		+	0	−	0
$F(x)$		↗	극대	↘	

$F(0)=0$

$F(1)=\int_{0}^{1}f(t)\,dt=1$

$F(3)=\int_{0}^{3}f(t)\,dt=\int_{0}^{1}f(t)\,dt+\int_{1}^{3}f(t)\,dt=1+(-2)=-1$

따라서 $0\leq x\leq3$에서 함수 $F(x)$의 최댓값은 1, 최솟값은 -1이므로 구하는 곱은

$1\times(-1)=-1$

0789 답 6

함수 $f(x)$의 한 부정적분을 $F(x)$라 하면

$\lim\limits_{h\to0}\dfrac{1}{h}\int_{1}^{1+2h}f(x)\,dx=\lim\limits_{h\to0}\dfrac{1}{h}\left[F(x)\right]_{1}^{1+2h}$
$$=\lim_{h\to0}\frac{F(1+2h)-F(1)}{h}$$
$$=\lim_{h\to0}\frac{F(1+2h)-F(1)}{2h}\times2$$
$$=2F'(1)=2f(1)$$
$$=2(-2+5)=6$$

0790 답 2

함수 $f(x)$의 한 부정적분을 $F(x)$라 하면

$\lim\limits_{x\to3}\dfrac{1}{x^2-9}\int_{3}^{x}f(t)\,dt=\lim\limits_{x\to3}\dfrac{1}{x^2-9}\left[F(t)\right]_{3}^{x}$
$$=\lim_{x\to3}\frac{F(x)-F(3)}{x^2-9}$$
$$=\lim_{x\to3}\left\{\frac{F(x)-F(3)}{x-3}\times\frac{1}{x+3}\right\}$$
$$=\frac{1}{6}F'(3)=\frac{1}{6}f(3)$$

따라서 $\dfrac{1}{6}f(3)=2$이므로 $f(3)=12$

$9+3a-3=12$

$\therefore a=2$

0791 답 22

$xf(x)-x^3=\displaystyle\int_1^x \{f(t)-t\}\,dt$의 양변에 $x=1$을 대입하면

$f(1)-1=0$

$\therefore f(1)=1$

$xf(x)-x^3=\displaystyle\int_1^x \{f(t)-t\}\,dt$의 양변을 x에 대하여 미분하면

$f(x)+xf'(x)-3x^2=f(x)-x$

$xf'(x)=3x^2-x=x(3x-1)$

$\therefore f'(x)=3x-1$ ······ ❶

$\therefore f(x)=\displaystyle\int f'(x)\,dx=\int(3x-1)\,dx$

$\qquad =\dfrac{3}{2}x^2-x+C$

$f(1)=1$에서

$\dfrac{3}{2}-1+C=1 \qquad \therefore C=\dfrac{1}{2}$

$\therefore f(x)=\dfrac{3}{2}x^2-x+\dfrac{1}{2}$ ······ ❷

함수 $f(x)$의 한 부정적분을 $F(x)$라 하면

$\displaystyle\lim_{h\to 0}\dfrac{1}{h}\int_{3-h}^{3+h} f(x)\,dx$

$=\displaystyle\lim_{h\to 0}\dfrac{1}{h}\Big[F(x)\Big]_{3-h}^{3+h}$

$=\displaystyle\lim_{h\to 0}\dfrac{F(3+h)-F(3-h)}{h}$

$=\displaystyle\lim_{h\to 0}\dfrac{F(3+h)-F(3)+F(3)-F(3-h)}{h}$

$=\displaystyle\lim_{h\to 0}\dfrac{F(3+h)-F(3)}{h}-\lim_{h\to 0}\dfrac{F(3-h)-F(3)}{-h}\times(-1)$

$=2F'(3)=2f(3)$

$=2\Big(\dfrac{27}{2}-3+\dfrac{1}{2}\Big)$

$=22$ ······ ❸

채점 기준

❶ $f'(x)$ 구하기	30 %
❷ $f(x)$ 구하기	30 %
❸ $\displaystyle\lim_{h\to 0}\dfrac{1}{h}\int_{3-h}^{3+h} f(x)\,dx$의 값 구하기	40 %

0792 답 ①

$\displaystyle\lim_{x\to 1}\dfrac{\displaystyle\int_1^x f(t)\,dt-f(x)}{x^2-1}=2$에서 $x\to 1$일 때 (분모)$\to 0$이고 극한값이 존재하므로 (분자)$\to 0$이다.

즉, $\displaystyle\lim_{x\to 1}\Big\{\int_1^x f(t)\,dt-f(x)\Big\}=0$에서

$\displaystyle\int_1^1 f(t)\,dt-f(1)=0$

$\therefore f(1)=0$ ······ ㉠

함수 $f(t)$의 한 부정적분을 $F(t)$라 하면

$\displaystyle\lim_{x\to 1}\dfrac{\displaystyle\int_1^x f(t)\,dt-f(x)}{x^2-1}$

$=\displaystyle\lim_{x\to 1}\dfrac{\Big[F(t)\Big]_1^x -f(x)}{x^2-1}$

$=\displaystyle\lim_{x\to 1}\dfrac{F(x)-F(1)-f(x)}{x^2-1}$

$=\displaystyle\lim_{x\to 1}\dfrac{F(x)-F(1)-f(x)+f(1)}{(x+1)(x-1)} \ (\because ㉠)$

$=\displaystyle\lim_{x\to 1}\Big[\Big\{\dfrac{F(x)-F(1)}{x-1}-\dfrac{f(x)-f(1)}{x-1}\Big\}\times\dfrac{1}{x+1}\Big]$

$=\{F'(1)-f'(1)\}\times\dfrac{1}{2}$

$=\dfrac{1}{2}f(1)-\dfrac{1}{2}f'(1)$

$=-\dfrac{1}{2}f'(1) \ (\because ㉠)$

따라서 $-\dfrac{1}{2}f'(1)=2$이므로

$f'(1)=-4$

AB 유형 점검

130~132쪽

0793 답 ①

$\displaystyle\int_0^2 (x^2+2x+4)f(x)\,dx=\int_0^2 (x^2+2x+4)(x-2)\,dx$

$\qquad =\displaystyle\int_0^2 (x^3-8)\,dx$

$\qquad =\Big[\dfrac{1}{4}x^4-8x\Big]_0^2$

$\qquad =4-16=-12$

0794 답 ③

$\displaystyle\int_{-1}^2 (9x^2-2kx+3)\,dx=\Big[3x^3-kx^2+3x\Big]_{-1}^2$

$\qquad =(24-4k+6)-(-3-k-3)$

$\qquad =36-3k$

즉, $36-3k>6$이므로 $k<10$

따라서 정수 k의 최댓값은 9이다.

0795 답 2

$\displaystyle\int_{-1}^k (x^2-2x)\,dx-2\int_k^{-1}(x^2+x+3)\,dx$

$=\displaystyle\int_{-1}^k (x^2-2x)\,dx+\int_{-1}^k 2(x^2+x+3)\,dx$

$=\displaystyle\int_{-1}^k \{(x^2-2x)+2(x^2+x+3)\}\,dx$

$=\displaystyle\int_{-1}^k (3x^2+6)\,dx=\Big[x^3+6x\Big]_{-1}^k$

$=(k^3+6k)-(-1-6)$

$=k^3+6k+7$

따라서 $k^3+6k+7=9k+9$이므로

$k^3-3k-2=0$, $(k+1)^2(k-2)=0$

$\therefore k=2\ (\because k\neq-1)$

0796 답 28

$\displaystyle\int_2^4(\sqrt{x}+2)^2\,dx-\int_4^8(\sqrt{t}-2)^2\,dt+\int_2^8(\sqrt{y}-2)^2\,dy$

$\displaystyle=\int_2^4(\sqrt{x}+2)^2\,dx+\int_8^4(\sqrt{x}-2)^2\,dx+\int_2^8(\sqrt{x}-2)^2\,dx$

$\displaystyle=\int_2^4(\sqrt{x}+2)^2\,dx+\int_2^4(\sqrt{x}-2)^2\,dx$

$\displaystyle=\int_2^4\{(x+4\sqrt{x}+4)+(x-4\sqrt{x}+4)\}\,dx$

$\displaystyle=\int_2^4(2x+8)\,dx$

$\displaystyle=\Big[x^2+8x\Big]_2^4$

$=(16+32)-(4+16)=28$

0797 답 ⑤

$\displaystyle\int_3^4 f(x)\,dx=\int_3^{-4}f(x)\,dx+\int_{-4}^4 f(x)\,dx$

$\displaystyle\qquad=-\int_{-4}^3 f(x)\,dx+\left\{\int_{-4}^0 f(x)\,dx+\int_0^4 f(x)\,dx\right\}$

$\displaystyle\qquad=-7+3+5=1$

$\displaystyle\therefore\int_3^4\{f(x)+4x\}\,dx=\int_3^4 f(x)\,dx+\int_3^4 4x\,dx$

$\displaystyle\qquad\qquad=1+\Big[2x^2\Big]_3^4$

$\displaystyle\qquad\qquad=1+(32-18)=15$

0798 답 $\dfrac{1}{6}$

주어진 그래프에서 $f(x)=\begin{cases}-2x+4 & (x\geq1)\\ x+1 & (x\leq1)\end{cases}$이므로

$\displaystyle\int_{-2}^3 xf(x)\,dx$

$\displaystyle=\int_{-2}^1(x^2+x)\,dx+\int_1^3(-2x^2+4x)\,dx$

$\displaystyle=\Big[\frac{1}{3}x^3+\frac{1}{2}x^2\Big]_{-2}^1+\Big[-\frac{2}{3}x^3+2x^2\Big]_1^3$

$\displaystyle=\Big(\frac{1}{3}+\frac{1}{2}\Big)-\Big(-\frac{8}{3}+2\Big)+(-18+18)-\Big(-\frac{2}{3}+2\Big)$

$\displaystyle=\frac{1}{6}$

0799 답 ②

$|x|+|x-1|=\begin{cases}2x-1 & (x\geq1)\\ 1 & (0\leq x\leq1)\\ -2x+1 & (x\leq0)\end{cases}$이므로

$\displaystyle\int_{-1}^2(|x|+|x-1|)\,dx$

$\displaystyle=\int_{-1}^0(-2x+1)\,dx+\int_0^1 dx+\int_1^2(2x-1)\,dx$

$\displaystyle=\Big[-x^2+x\Big]_{-1}^0+\Big[x\Big]_0^1+\Big[x^2-x\Big]_1^2$

$=-(-1-1)+1+(4-2)-(1-1)=5$

0800 답 ②

$\displaystyle\int_{-1}^1 f(x)\,dx=\int_{-1}^1(1+2x+3x^2+\cdots+20x^{19})\,dx$

$\displaystyle\qquad=\int_{-1}^1(1+3x^2+5x^4+\cdots+19x^{18})\,dx$

$\displaystyle\qquad\qquad+\int_{-1}^1(2x+4x^3+6x^5+\cdots+20x^{19})\,dx$

$\displaystyle\qquad=2\int_0^1(1+3x^2+5x^4+\cdots+19x^{18})\,dx$

$\displaystyle\qquad=2\Big[x+x^3+x^5+\cdots+x^{19}\Big]_0^1$

$=2\times10=20$

0801 답 ②

$f(-x)=-f(x)$이므로 $\displaystyle\int_{-1}^1 f(x)\,dx=0$

$\displaystyle\int_{-1}^1(x^4+x+1)f(x)\,dx$

$\displaystyle=\int_{-1}^1 x^4 f(x)\,dx+\int_{-1}^1 xf(x)\,dx+\int_{-1}^1 f(x)\,dx\qquad\cdots\cdots\ \text{㉠}$

이때 $g(x)=x^4 f(x)$, $h(x)=xf(x)$라 하면

$g(-x)=(-x)^4 f(-x)=-x^4 f(x)=-g(x)$

$h(-x)=-xf(-x)=xf(x)=h(x)$

$\displaystyle\therefore\int_{-1}^1 g(x)\,dx=0,\ \int_{-1}^1 h(x)\,dx=2\int_0^1 h(x)\,dx$

따라서 ㉠에서

$\displaystyle\int_{-1}^1(x^4+x+1)f(x)\,dx$

$\displaystyle=\int_{-1}^1 g(x)\,dx+\int_{-1}^1 h(x)\,dx+\int_{-1}^1 f(x)\,dx$

$\displaystyle=2\int_0^1 h(x)\,dx=2\int_0^1 xf(x)\,dx$

$=2\times3=6$

0802 답 1

㈎에서 $f(x+1)=f(x-1)$의 x 대신 $x+1$을 대입하면

$f(x+2)=f(x)$

$\displaystyle\therefore\int_{-1}^1 f(x)\,dx=\int_1^3 f(x)\,dx=\int_3^5 f(x)\,dx=\int_5^7 f(x)\,dx$

$\displaystyle\int_{-1}^1 f(x)\,dx=\int_{-1}^0 f(x)\,dx+\int_0^1 f(x)\,dx$이므로 ㈏에서

$\displaystyle 2=\int_{-1}^0 f(x)\,dx+5\qquad\therefore\int_{-1}^0 f(x)\,dx=-3$

$\displaystyle\int_{-1}^0 f(x)\,dx=\int_1^2 f(x)\,dx=\cdots=\int_7^8 f(x)\,dx$이므로

$\displaystyle\int_3^8 f(x)\,dx=\int_3^5 f(x)\,dx+\int_5^7 f(x)\,dx+\int_7^8 f(x)\,dx$

$\displaystyle\qquad=\int_{-1}^1 f(x)\,dx+\int_{-1}^1 f(x)\,dx+\int_{-1}^0 f(x)\,dx$

$\displaystyle\qquad=2\int_{-1}^1 f(x)\,dx+\int_{-1}^0 f(x)\,dx$

$=2\times2-3=1$

0803 답 ②

함수 $f(x)$는 $x=2$에서 연속이므로

$\displaystyle\lim_{x\to2-}f(x)=f(2)$

즉, $-8+2=4-4+a$이므로 $a=-6$

$f(x)=f(x+4)$이므로

$$\int_9^{11} f(x)\,dx=\int_5^7 f(x)\,dx=\int_1^3 f(x)\,dx$$

$$=\int_1^2 (-4x+2)\,dx+\int_2^3 (x^2-2x-6)\,dx$$

$$=\Big[-2x^2+2x\Big]_1^2+\Big[\frac{1}{3}x^3-x^2-6x\Big]_2^3$$

$$=(-8+4)-(-2+2)+(9-9-18)-\left(\frac{8}{3}-4-12\right)$$

$$=-\frac{26}{3}$$

0804 답 8

$f(x)=12x^2+\int_0^1 (6x-4t)f(t)\,dt$에서

$$f(x)=12x^2+6x\int_0^1 f(t)\,dt-4\int_0^1 tf(t)\,dt$$

$\int_0^1 f(t)\,dt=a$, $\int_0^1 tf(t)\,dt=b\,(a,\ b$는 상수$)$로 놓으면

$f(x)=12x^2+6ax-4b$이므로

$$\int_0^1 f(t)\,dt=\int_0^1 (12t^2+6at-4b)\,dt$$

$$=\Big[4t^3+3at^2-4bt\Big]_0^1=4+3a-4b$$

따라서 $4+3a-4b=a$이므로 $a-2b=-2$ $\quad\cdots\cdots$ ㉠

$$\int_0^1 tf(t)\,dt=\int_0^1 (12t^3+6at^2-4bt)\,dt$$

$$=\Big[3t^4+2at^3-2bt^2\Big]_0^1=3+2a-2b$$

따라서 $3+2a-2b=b$이므로 $2a-3b=-3$ $\quad\cdots\cdots$ ㉡

㉠, ㉡을 연립하여 풀면 $a=0$, $b=1$

즉, $f(x)=12x^2-4$이므로

$f(1)=12-4=8$

0805 답 ④

$xf(x)=2x^3+ax^2+3a+\int_1^x f(t)\,dt$의 양변에 $x=1$을 대입하면

$f(1)=2+a+3a$ $\quad\therefore f(1)=4a+2$

$xf(x)=2x^3+ax^2+3a+\int_1^x f(t)\,dt$의 양변을 x에 대하여 미분하면

$f(x)+xf'(x)=6x^2+2ax+f(x)$

$xf'(x)=6x^2+2ax=x(6x+2a)$

$\therefore\ f'(x)=6x+2a$

$\therefore\ f(x)=\int f'(x)\,dx=\int (6x+2a)\,dx=3x^2+2ax+C$

$f(1)=4a+2$에서 $3+2a+C=4a+2$ $\quad\therefore C=2a-1$

$\therefore\ f(x)=3x^2+2ax+2a-1$

또 $f(1)=\int_0^1 f(t)\,dt$에서 $4a+2=\int_0^1 f(t)\,dt$

$$\int_0^1 f(t)\,dt=\int_0^1 (3t^2+2at+2a-1)\,dt$$

$$=\Big[t^3+at^2+(2a-1)t\Big]_0^1=3a$$

따라서 $4a+2=3a$이므로 $a=-2$

즉, $f(x)=3x^2-4x-5$이므로

$f(3)=27-12-5=10$

$\therefore\ a+f(3)=8$

0806 답 9

$x^2 f(x)=x^3+\int_0^x (x^2+t)f'(t)\,dt$에서

$$x^2 f(x)=x^3+x^2\int_0^x f'(t)\,dt+\int_0^x tf'(t)\,dt$$

이때 $\int_0^x f'(t)\,dt=\Big[f(t)\Big]_0^x=f(x)-f(0)=f(x)-3$이므로

$$x^2 f(x)=x^3+x^2\{f(x)-3\}+\int_0^x tf'(t)\,dt$$

$$\therefore\int_0^x tf'(t)\,dt=-x^3+3x^2$$

양변을 x에 대하여 미분하면

$xf'(x)=-3x^2+6x=x(-3x+6)$

$\therefore f'(x)=-3x+6$

$$\therefore\ f(x)=\int f'(x)\,dx=\int (-3x+6)\,dx$$

$$=-\frac{3}{2}x^2+6x+C$$

$f(0)=3$에서 $C=3$

따라서 $f(x)=-\dfrac{3}{2}x^2+6x+3$이므로

$f(2)=-6+12+3=9$

0807 답 ③

$f(x)=\int_1^x (-3t^2+6t+9)\,dt$의 양변을 x에 대하여 미분하면

$f'(x)=-3x^2+6x+9=-3(x+1)(x-3)$

$f'(x)=0$인 x의 값은 $x=-1$ 또는 $x=3$

함수 $f(x)$의 증가와 감소를 표로 나타내면 다음과 같다.

x	$\cdots$	-1	$\cdots$	3	$\cdots$
$f'(x)$	$-$	0	$+$	0	$-$
$f(x)$	$\searrow$	극소	$\nearrow$	극대	$\searrow$

함수 $f(x)$는 $x=3$에서 극대이므로 극댓값은

$$f(3)=\int_1^3 (-3t^2+6t+9)\,dt$$

$$=\Big[-t^3+3t^2+9t\Big]_1^3$$

$$=(-27+27+27)-(-1+3+9)=16$$

함수 $f(x)$는 $x=-1$에서 극소이므로 극솟값은

$$f(-1)=\int_1^{-1} (-3t^2+6t+9)\,dt$$

$$=\int_{-1}^1 (3t^2-6t-9)\,dt=2\int_0^1 (3t^2-9)\,dt$$

$$=2\Big[t^3-9t\Big]_0^1$$

$$=2(1-9)=-16$$

따라서 극댓값과 극솟값의 합은

$16+(-16)=0$

0808 답 18

$f(x)=\int_{x-1}^{x+1} (t^2-2t)\,dt$의 양변을 x에 대하여 미분하면

$f'(x)=\{(x+1)^2-2(x+1)\}-\{(x-1)^2-2(x-1)\}$

$=4x-4$

$f'(x)=0$인 x의 값은 $x=1$

$-2 \leq x \leq 2$에서 함수 $f(x)$의 증가와 감소를 표로 나타내면 다음과 같다.

x	-2	$\cdots$	1	$\cdots$	2
$f'(x)$		$-$	0	$+$	
$f(x)$		$\searrow$	극소	$\nearrow$	

$$f(-2)=\int_{-3}^{-1}(t^2-2t)\,dt=\left[\frac{1}{3}t^3-t^2\right]_{-3}^{-1}$$
$$=\left(-\frac{1}{3}-1\right)-(-9-9)=\frac{50}{3}$$
$$f(1)=\int_0^2(t^2-2t)\,dt=\left[\frac{1}{3}t^3-t^2\right]_0^2=\frac{8}{3}-4=-\frac{4}{3}$$
$$f(2)=\int_1^3(t^2-2t)\,dt=\left[\frac{1}{3}t^3-t^2\right]_1^3=(9-9)-\left(\frac{1}{3}-1\right)=\frac{2}{3}$$

따라서 $M=\dfrac{50}{3}$, $m=-\dfrac{4}{3}$이므로 $M-m=18$

0809 답 ①

함수 $f(x)$의 한 부정적분을 $F(x)$라 하면
$$\lim_{x\to 0}\frac{1}{x}\int_0^x f(t)\,dt=\lim_{x\to 0}\frac{1}{x}\Big[F(t)\Big]_0^x=\lim_{x\to 0}\frac{F(x)-F(0)}{x}$$
$$=F'(0)=f(0)$$
$$\therefore f(0)=1$$
$$f(x)=\int f'(x)\,dx=\int(3x^2-4x+1)\,dx=x^3-2x^2+x+C$$
$f(0)=1$에서 $C=1$
따라서 $f(x)=x^3-2x^2+x+1$이므로
$$f(2)=8-8+2+1=3$$

0810 답 -5

$$\int_{-2}^{1}(x+k)^2\,dx+\int_{1}^{-2}(x-k)^2\,dx$$
$$=\int_{-2}^{1}(x+k)^2\,dx-\int_{-2}^{1}(x-k)^2\,dx$$
$$=\int_{-2}^{1}\{(x^2+2kx+k^2)-(x^2-2kx+k^2)\}\,dx$$
$$=\int_{-2}^{1}4kx\,dx \qquad\cdots\cdots \text{❶}$$
$$=\Big[2kx^2\Big]_{-2}^{1}=2k-8k=-6k \qquad\cdots\cdots \text{❷}$$
따라서 $-6k=30$이므로 $k=-5$ $\qquad\cdots\cdots \text{❸}$

채점 기준

❶ 정적분의 합을 하나의 정적분으로 나타내기	60 %
❷ 정적분의 합을 k에 대한 식으로 나타내기	20 %
❸ k의 값 구하기	20 %

0811 답 28

$$f(x)=\begin{cases}3x & (x\geq 2)\\ x+4 & (0\leq x\leq 2)\\ -x+4 & (-2\leq x\leq 0)\\ -3x & (x\leq -2)\end{cases}$$

함수 $y=f(x)$의 그래프는 오른쪽 그림과 같으므로 함수 $f(x)$는 $x=0$에서 최솟값 4를 갖는다.

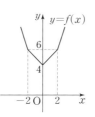

$$\therefore a=4 \qquad\cdots\cdots \text{❶}$$
$$\therefore \int_0^a f(x)\,dx=\int_0^4 f(x)\,dx$$
$$=\int_0^2 (x+4)\,dx+\int_2^4 3x\,dx$$
$$=\left[\frac{1}{2}x^2+4x\right]_0^2+\left[\frac{3}{2}x^2\right]_2^4$$
$$=(2+8)+(24-6)$$
$$=28 \qquad\cdots\cdots \text{❷}$$

채점 기준

❶ a의 값 구하기	60 %
❷ $\int_0^a f(x)\,dx$의 값 구하기	40 %

0812 답 $\dfrac{2}{3}$

$\int_0^1 f(t)\,dt=k$ (k는 상수)로 놓으면
$$\int_0^x f(t)\,dt=-3x^3+2x^2-2kx$$
양변을 x에 대하여 미분하면
$$f(x)=-9x^2+4x-2k \qquad\cdots\cdots \text{❶}$$
$$\therefore \int_0^1 f(t)\,dt=\int_0^1(-9t^2+4t-2k)\,dt$$
$$=\Big[-3t^3+2t^2-2kt\Big]_0^1$$
$$=-3+2-2k=-2k-1$$
따라서 $-2k-1=k$이므로 $k=-\dfrac{1}{3}$ $\qquad\cdots\cdots \text{❷}$
즉, $f(x)=-9x^2+4x+\dfrac{2}{3}$이므로
$$f(0)=\frac{2}{3} \qquad\cdots\cdots \text{❸}$$

채점 기준

❶ $\int_0^1 f(t)\,dt=k$로 놓고 $f(x)$를 k에 대한 식으로 나타내기	40 %
❷ k의 값 구하기	40 %
❸ $f(0)$의 값 구하기	20 %

C 실력 향상

133쪽

0813 답 6

㈏에서
$$\int_n^{n+2}f(x)\,dx=\int_n^{n+1}2x\,dx=\Big[x^2\Big]_n^{n+1}$$
$$=(n+1)^2-n^2$$
$$=2n+1$$
$$\therefore \int_0^8 f(x)\,dx$$
$$=\int_0^2 f(x)\,dx+\int_2^4 f(x)\,dx+\int_4^6 f(x)\,dx+\int_6^8 f(x)\,dx$$
$$=1+5+9+13=28$$

(가)에서 $\int_0^1 f(x)\,dx=1$이므로

$\int_0^7 f(x)\,dx$

$=\int_0^1 f(x)\,dx+\int_1^3 f(x)\,dx+\int_3^5 f(x)\,dx+\int_5^7 f(x)\,dx$

$=1+3+7+11=22$

$\therefore \int_7^8 f(x)\,dx=\int_7^0 f(x)\,dx+\int_0^8 f(x)\,dx$

$\qquad\qquad\qquad =\int_0^8 f(x)\,dx-\int_0^7 f(x)\,dx$

$\qquad\qquad\qquad =28-22=6$

0814 답 -4

$f(x)=2x^3-6x$에서

$f'(x)=6x^2-6=6(x+1)(x-1)$

$f'(x)=0$인 x의 값은 $x=-1$ 또는 $x=1$

함수 $f(x)$의 증가와 감소를 표로 나타내면 다음과 같다.

x	$\cdots$	-1	$\cdots$	1	$\cdots$
$f'(x)$	$+$	0	$-$	0	$+$
$f(x)$	↗	4 극대	↘	-4 극소	↗

따라서 함수 $y=f(x)$의 그래프는 오른쪽 그림 과 같다.

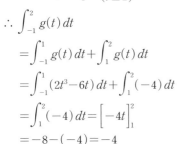

$-1\le t\le 1$일 때, $g(t)=f(t)=2t^3-6t$

$t\ge 1$일 때, $g(t)=f(1)=-4$

$\therefore g(t)=\begin{cases}2t^3-6t & (-1\le t\le 1)\\ -4 & (t\ge 1)\end{cases}$

$\therefore \int_{-1}^2 g(t)\,dt$

$\quad =\int_{-1}^1 g(t)\,dt+\int_1^2 g(t)\,dt$

$\quad =\int_{-1}^1 (2t^3-6t)\,dt+\int_1^2 (-4)\,dt$

$\quad =\int_1^2 (-4)\,dt=\Big[-4t\Big]_1^2$

$\quad =-8-(-4)=-4$

0815 답 28

$\int_0^1 |f(t)|\,dt=k\,(k는\ 상수)$로 놓으면 $k>0$ $\quad\cdots\cdots$ ㉠

$f(x)=4x^3-4kx$이므로 $f(1)=4-4k>0$에서 $k<1$ $\quad\cdots\cdots$ ㉡

㉠, ㉡에서 $0<k<1$

$f(x)=4x^3-4kx=4x(x^2-k)=4x(x+\sqrt{k})(x-\sqrt{k})$

이때 $0<x<\sqrt{k}$일 때 $f(x)<0$, $x\ge\sqrt{k}$일 때 $f(x)\ge 0$이고,

$0<k<1$에서 $0<\sqrt{k}<1$이므로

$\int_0^1 |f(t)|\,dt=\int_0^{\sqrt{k}}\{-f(t)\}\,dt+\int_{\sqrt{k}}^1 f(t)\,dt$

$\qquad\qquad =\int_0^{\sqrt{k}}(-4t^3+4kt)\,dt+\int_{\sqrt{k}}^1 (4t^3-4kt)\,dt$

$\qquad\qquad =\Big[-t^4+2kt^2\Big]_0^{\sqrt{k}}+\Big[t^4-2kt^2\Big]_{\sqrt{k}}^1$

$\qquad\qquad =(-k^2+2k^2)+(1-2k)-(k^2-2k^2)$

$\qquad\qquad =2k^2-2k+1$

따라서 $2k^2-2k+1=k$이므로 $2k^2-3k+1=0$

$(2k-1)(k-1)=0$ $\quad \therefore k=\dfrac{1}{2}\ (\because 0<k<1)$

즉, $f(x)=4x^3-2x$이므로

$f(2)=32-4=28$

0816 답 ④

(가)에서 $f(-x)=-f(x)$이므로

$\int_{-1}^1 f(x)\,dx=0$

또 $f(x+2)=f(x)$이므로

$\int_{-1}^1 f(x)\,dx=\int_1^3 f(x)\,dx=\int_3^5 f(x)\,dx=\int_5^7 f(x)\,dx=0$

$\int_0^1 f(x)\,dx=\int_2^3 f(x)\,dx$

한편 $g(x)=f(x-2)+1$이므로

$\int_2^7 g(x)\,dx=\int_2^7 \{f(x-2)+1\}\,dx$

$\qquad\qquad =\int_2^7 f(x-2)\,dx+\int_2^7 dx$

$\qquad\qquad =\int_2^7 f(x-2)\,dx+\Big[x\Big]_2^7$

$\qquad\qquad =\int_2^7 f(x-2)\,dx+5$

$f(x+2)=f(x)$의 양변에 $x=t-2$를 대입하면

$f(t)=f(t-2)$이므로 $f(x-2)=f(x)$

$\therefore \int_2^7 f(x-2)\,dx=\int_2^7 f(x)\,dx$

$\qquad\qquad\qquad =\int_2^3 f(x)\,dx+\int_3^5 f(x)\,dx+\int_5^7 f(x)\,dx$

$\qquad\qquad\qquad =\int_0^1 f(x)\,dx+0+0=2\ (\because ㈏)$

$\therefore \int_2^7 g(x)\,dx=\int_2^7 f(x-2)\,dx+5=7$

0817 답 7

(가)에서 주어진 등식의 양변을 x에 대하여 미분하면

$f(x)=\dfrac{1}{2}\{f(x)+f(1)\}+\dfrac{x-1}{2}f'(x)$

$\therefore f(x)=f(1)+(x-1)f'(x)$ $\quad\cdots\cdots$ ㉠

함수 $f(x)$의 최고차항을 $ax^n\,(a\ne 0)$이라 하면 $f'(x)$의 최고차항은 anx^{n-1}이다.

이때 ㉠에서 좌변의 최고차항은 ax^n이고 우변의 최고차항은 anx^n이므로

$a=an$ $\quad \therefore n=1\ (\because a\ne 0)$

따라서 $f(x)$는 일차함수이고 $f(0)=1$이므로

$f(x)=ax+1$

(나)에서 $\int_0^2 (ax+1)\,dx=5\int_{-1}^1 x(ax+1)\,dx$

$\int_0^2 (ax+1)\,dx=10\int_0^1 ax^2\,dx$

$\Big[\dfrac{a}{2}x^2+x\Big]_0^2=10\Big[\dfrac{a}{3}x^3\Big]_0^1$

$2a+2=\dfrac{10}{3}a$ $\quad \therefore a=\dfrac{3}{2}$

따라서 $f(x)=\dfrac{3}{2}x+1$이므로 $f(4)=6+1=7$

09 / 정적분의 활용

A 개념 확인

134~135쪽

0818 답 36

곡선 $y=-x^2+9$와 x축의 교점의 x좌표는
$-x^2+9=0$에서
$(x+3)(x-3)=0$
$\therefore x=-3$ 또는 $x=3$
$-3\leq x\leq 3$에서 $y\geq 0$이므로 구하는 넓이를
S라 하면

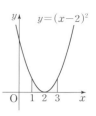

$$S=\int_{-3}^{3}(-x^2+9)\,dx=2\int_{0}^{3}(-x^2+9)\,dx$$
$$=2\left[-\frac{1}{3}x^3+9x\right]_{0}^{3}=36$$

0819 답 $\frac{32}{3}$

곡선 $y=(x+3)(x-1)$과 x축의 교점의 x좌
표는 $(x+3)(x-1)=0$에서
$x=-3$ 또는 $x=1$
$-3\leq x\leq 1$에서 $y\leq 0$이므로 구하는 넓이를 S
라 하면

$$S=\int_{-3}^{1}(-x^2-2x+3)\,dx$$
$$=\left[-\frac{1}{3}x^3-x^2+3x\right]_{-3}^{1}=\frac{32}{3}$$

0820 답 $\frac{4}{3}$

곡선 $y=-x^3+2x^2$과 x축의 교점의 x좌표는
$-x^3+2x^2=0$에서
$x^2(x-2)=0$ $\therefore x=0$ 또는 $x=2$
$0\leq x\leq 2$에서 $y\geq 0$이므로 구하는 넓이를 S라
하면

$$S=\int_{0}^{2}(-x^3+2x^2)\,dx$$
$$=\left[-\frac{1}{4}x^4+\frac{2}{3}x^3\right]_{0}^{2}=\frac{4}{3}$$

0821 답 $\frac{37}{12}$

곡선 $y=x^3-x^2-2x$와 x축의 교점의 x좌
표는 $x^3-x^2-2x=0$에서
$x(x+1)(x-2)=0$
$\therefore x=-1$ 또는 $x=0$ 또는 $x=2$
$-1\leq x\leq 0$에서 $y\geq 0$이고, $0\leq x\leq 2$에서
$y\leq 0$이므로 구하는 넓이를 S라 하면

$$S=\int_{-1}^{0}(x^3-x^2-2x)\,dx+\int_{0}^{2}(-x^3+x^2+2x)\,dx$$
$$=\left[\frac{1}{4}x^4-\frac{1}{3}x^3-x^2\right]_{-1}^{0}+\left[-\frac{1}{4}x^4+\frac{1}{3}x^3+x^2\right]_{0}^{2}$$
$$=\frac{37}{12}$$

0822 답 $\frac{2}{3}$

곡선 $y=(x-2)^2$과 x축의 교점의 x좌표는
$(x-2)^2=0$에서 $x=2$
$1\leq x\leq 3$에서 $y\geq 0$이므로 구하는 넓이를 S라
하면

$$S=\int_{1}^{3}(x-2)^2\,dx$$
$$=\int_{1}^{3}(x^2-4x+4)\,dx$$
$$=\left[\frac{1}{3}x^3-2x^2+4x\right]_{1}^{3}$$
$$=\frac{2}{3}$$

0823 답 2

곡선 $y=x^2+4x+3$과 x축의 교점의 x좌표는
$x^2+4x+3=0$에서
$(x+3)(x+1)=0$
$\therefore x=-3$ 또는 $x=-1$
$-2\leq x\leq -1$에서 $y\leq 0$이고, $-1\leq x\leq 0$에
서 $y\geq 0$이므로 구하는 넓이를 S라 하면

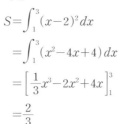

$$S=\int_{-2}^{-1}(-x^2-4x-3)\,dx+\int_{-1}^{0}(x^2+4x+3)\,dx$$
$$=\left[-\frac{1}{3}x^3-2x^2-3x\right]_{-2}^{-1}+\left[\frac{1}{3}x^3+2x^2+3x\right]_{-1}^{0}$$
$$=2$$

0824 답 $\frac{19}{3}$

곡선 $y=-x^2-x+2$와 x축의 교점의 x좌표
는 $-x^2-x+2=0$에서
$(x+2)(x-1)=0$
$\therefore x=-2$ 또는 $x=1$
$-3\leq x\leq -2$에서 $y\leq 0$이고, $-2\leq x\leq 1$에
서 $y\geq 0$이므로 구하는 넓이를 S라 하면

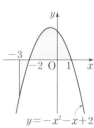

$$S=\int_{-3}^{-2}(x^2+x-2)\,dx+\int_{-2}^{1}(-x^2-x+2)\,dx$$
$$=\left[\frac{1}{3}x^3+\frac{1}{2}x^2-2x\right]_{-3}^{-2}+\left[-\frac{1}{3}x^3-\frac{1}{2}x^2+2x\right]_{-2}^{1}$$
$$=\frac{19}{3}$$

0825 답 $\frac{21}{4}$

곡선 $y=x^3-3x^2$과 x축의 교점의 x좌표는
$x^3-3x^2=0$에서
$x^2(x-3)=0$ $\therefore x=0$ 또는 $x=3$
$-1\leq x\leq 2$에서 $y\leq 0$이므로 구하는 넓이를 S
라 하면

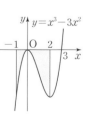

$$S=\int_{-1}^{2}(-x^3+3x^2)\,dx$$
$$=\left[-\frac{1}{4}x^4+x^3\right]_{-1}^{2}$$
$$=\frac{21}{4}$$

09 정적분의 활용 **119**

0826 답 $\dfrac{9}{2}$

곡선 $y=x^2$과 직선 $y=3x$의 교점의 x좌표는
$x^2=3x$에서

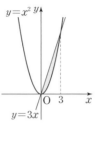

$x^2-3x=0,\ x(x-3)=0$

$\therefore\ x=0$ 또는 $x=3$

$0\le x\le3$에서 $3x\ge x^2$이므로 구하는 넓이를
S라 하면

$$S=\int_0^3(3x-x^2)\,dx$$
$$=\left[\dfrac{3}{2}x^2-\dfrac{1}{3}x^3\right]_0^3=\dfrac{9}{2}$$

0827 답 $\dfrac{1}{3}$

곡선 $y=-2x^2+3x$와 직선 $y=x$의 교점의
x좌표는 $-2x^2+3x=x$에서

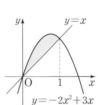

$x^2-x=0,\ x(x-1)=0$

$\therefore\ x=0$ 또는 $x=1$

$0\le x\le1$에서 $-2x^2+3x\ge x$이므로 구하는
넓이를 S라 하면

$$S=\int_0^1\{(-2x^2+3x)-x\}\,dx$$
$$=\int_0^1(-2x^2+2x)\,dx$$
$$=\left[-\dfrac{2}{3}x^3+x^2\right]_0^1=\dfrac{1}{3}$$

0828 답 $\dfrac{32}{3}$

곡선 $y=x^2-5$와 직선 $y=-2x-2$의 교점
의 x좌표는 $x^2-5=-2x-2$에서

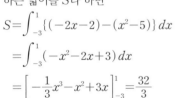

$x^2+2x-3=0,\ (x+3)(x-1)=0$

$\therefore\ x=-3$ 또는 $x=1$

$-3\le x\le1$에서 $-2x-2\ge x^2-5$이므로 구
하는 넓이를 S라 하면

$$S=\int_{-3}^1\{(-2x-2)-(x^2-5)\}\,dx$$
$$=\int_{-3}^1(-x^2-2x+3)\,dx$$
$$=\left[-\dfrac{1}{3}x^3-x^2+3x\right]_{-3}^1=\dfrac{32}{3}$$

0829 답 $\dfrac{8}{3}$

두 곡선 $y=x^2$, $y=-x^2+2$의 교점의 x좌
표는 $x^2=-x^2+2$에서

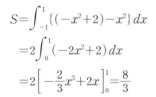

$x^2-1=0,\ (x+1)(x-1)=0$

$\therefore\ x=-1$ 또는 $x=1$

$-1\le x\le1$에서 $-x^2+2\ge x^2$이므로 구하
는 넓이를 S라 하면

$$S=\int_{-1}^1\{(-x^2+2)-x^2\}\,dx$$
$$=2\int_0^1(-2x^2+2)\,dx$$
$$=2\left[-\dfrac{2}{3}x^3+2x\right]_0^1=\dfrac{8}{3}$$

0830 답 $\dfrac{4}{3}$

두 곡선 $y=x^3+x^2$, $y=-x^2$의 교점의 x좌표
는 $x^3+x^2=-x^2$에서

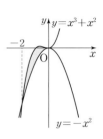

$x^3+2x^2=0,\ x^2(x+2)=0$

$\therefore\ x=-2$ 또는 $x=0$

$-2\le x\le0$에서 $x^3+x^2\ge -x^2$이므로 구하는
넓이를 S라 하면

$$S=\int_{-2}^0\{(x^3+x^2)-(-x^2)\}\,dx$$
$$=\int_{-2}^0(x^3+2x^2)\,dx$$
$$=\left[\dfrac{1}{4}x^4+\dfrac{2}{3}x^3\right]_{-2}^0$$
$$=\dfrac{4}{3}$$

0831 답 $\dfrac{1}{4}$

두 곡선 $y=3x^3-5x^2$, $y=-2x^2$의 교점의 x
좌표는 $3x^3-5x^2=-2x^2$에서

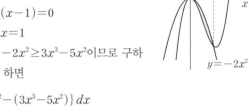

$x^3-x^2=0,\ x^2(x-1)=0$

$\therefore\ x=0$ 또는 $x=1$

$0\le x\le1$에서 $-2x^2\ge3x^3-5x^2$이므로 구하
는 넓이를 S라 하면

$$S=\int_0^1\{-2x^2-(3x^3-5x^2)\}\,dx$$
$$=\int_0^1(-3x^3+3x^2)\,dx$$
$$=\left[-\dfrac{3}{4}x^4+x^3\right]_0^1$$
$$=\dfrac{1}{4}$$

0832 답 -9

$$6+\int_0^3(2t-8)\,dt=6+\left[t^2-8t\right]_0^3$$
$$=6+(-15)=-9$$

0833 답 -8

$$\int_1^5(2t-8)\,dt=\left[t^2-8t\right]_1^5=-8$$

0834 답 10

$1\le t\le4$에서 $2t-8\le0$이고, $4\le t\le5$에서 $2t-8\ge0$이므로 구하는
거리는

$$\int_1^5|2t-8|\,dt=\int_1^4(-2t+8)\,dt+\int_4^5(2t-8)\,dt$$
$$=\left[-t^2+8t\right]_1^4+\left[t^2-8t\right]_4^5$$
$$=10$$

0835 답 4

$$0+\int_0^2(6t-3t^2)\,dt=\left[3t^2-t^3\right]_0^2=4$$

0836 답 -2

$$\int_1^3 (6t-3t^2)\,dt = \Big[3t^2-t^3\Big]_1^3 = -2$$

0837 답 6

$1 \le t \le 2$에서 $6t-3t^2 \ge 0$이고, $2 \le t \le 3$에서 $6t-3t^2 \le 0$이므로 구하는 거리는

$$\int_1^3 |6t-3t^2|\,dt = \int_1^2 (6t-3t^2)\,dt + \int_2^3 (-6t+3t^2)\,dt$$
$$= \Big[3t^2-t^3\Big]_1^2 + \Big[-3t^2+t^3\Big]_2^3$$
$$= 6$$

B 유형 완성

136~144쪽

0838 답 $\dfrac{31}{6}$

곡선 $y=x^2+3x$와 x축의 교점의 x좌표는
$x^2+3x=0$에서
$x(x+3)=0$
$\therefore x=-3$ 또는 $x=0$
따라서 구하는 도형의 넓이는

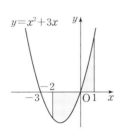

$$\int_{-2}^1 |x^2+3x|\,dx$$
$$= \int_{-2}^0 (-x^2-3x)\,dx + \int_0^1 (x^2+3x)\,dx$$
$$= \Big[-\frac{1}{3}x^3-\frac{3}{2}x^2\Big]_{-2}^0 + \Big[\frac{1}{3}x^3+\frac{3}{2}x^2\Big]_0^1$$
$$= \frac{31}{6}$$

0839 답 ③

곡선 $y=ax^2-2ax$와 x축의 교점의 x좌표는
$ax^2-2ax=0$에서
$x(x-2)=0 \ (\because a>0)$
$\therefore x=0$ 또는 $x=2$
$a>0$이므로 곡선 $y=ax^2-2ax$와 x축으로 둘러싸인 도형의 넓이는

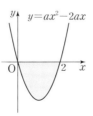

$$\int_0^2 |ax^2-2ax|\,dx = \int_0^2 (-ax^2+2ax)\,dx$$
$$= \Big[-\frac{a}{3}x^3+ax^2\Big]_0^2$$
$$= \frac{4}{3}a$$

따라서 $\dfrac{4}{3}a=4$이므로 $a=3$

0840 답 $\dfrac{20}{3}$

$y=x^2-|x|-2 = \begin{cases} x^2-x-2 & (x \ge 0) \\ x^2+x-2 & (x \le 0) \end{cases}$ 이므로 함수 $y=x^2-|x|-2$
의 그래프와 x축의 교점의 x좌표는
(i) $x \ge 0$일 때
$\quad x^2-x-2=0$에서 $(x+1)(x-2)=0$
$\quad \therefore x=2 \ (\because x \ge 0)$
(ii) $x \le 0$일 때
$\quad x^2+x-2=0$에서 $(x+2)(x-1)=0$
$\quad \therefore x=-2 \ (\because x \le 0)$
(i), (ii)에서 함수 $y=x^2-|x|-2$의 그래프는 y축에 대하여 대칭이므로 구하는 도형의 넓이는

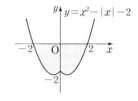

$$2\int_0^2 |x^2-x-2|\,dx$$
$$= 2\int_0^2 (-x^2+x+2)\,dx$$
$$= 2\Big[-\frac{1}{3}x^3+\frac{1}{2}x^2+2x\Big]_0^2$$
$$= \frac{20}{3}$$

0841 답 2

$$S_2 = \int_0^1 x^2\,dx = \Big[\frac{1}{3}x^3\Big]_0^1 = \frac{1}{3}$$

$S_1+S_2=1$이므로

$$S_1 = 1-\frac{1}{3} = \frac{2}{3}$$

$$\therefore \frac{S_1}{S_2} = \frac{\frac{2}{3}}{\frac{1}{3}} = 2$$

0842 답 ④

곡선 $y=x^2-kx$와 x축 및 직선 $x=1$로 둘러싸인 도형의 넓이를 $S(k)$라 하면

$$S(k) = \int_0^1 |x^2-kx|\,dx$$
$$= \int_0^k (-x^2+kx)\,dx + \int_k^1 (x^2-kx)\,dx$$
$$= \Big[-\frac{1}{3}x^3+\frac{k}{2}x^2\Big]_0^k + \Big[\frac{1}{3}x^3-\frac{k}{2}x^2\Big]_k^1$$
$$= \frac{1}{3}k^3-\frac{1}{2}k+\frac{1}{3}$$

$$S'(k) = k^2-\frac{1}{2} = \Big(k+\frac{\sqrt{2}}{2}\Big)\Big(k-\frac{\sqrt{2}}{2}\Big)$$

$S'(k)=0$인 k의 값은 $k=\dfrac{\sqrt{2}}{2} \ (\because 0<k<1)$

$0<k<1$에서 함수 $S(k)$의 증가와 감소를 표로 나타내면 다음과 같다.

k	0	$\cdots$	$\dfrac{\sqrt{2}}{2}$	$\cdots$	1
$S'(k)$		$-$	0	$+$	
$S(k)$		$\searrow$	극소	$\nearrow$	

따라서 $S(k)$는 $k=\dfrac{\sqrt{2}}{2}$에서 최소이다.

0843 답 7

$\int_3^x f(t)\,dt = x^3 - ax^2$의 양변에 $x=3$을 대입하면

$0 = 27 - 9a$ ∴ $a=3$ ...... ❶

$\int_3^x f(t)\,dt = x^3 - 3x^2$의 양변을 x에 대하여 미분하면

$f(x) = 3x^2 - 6x$ ...... ❷

곡선 $y=f(x)$와 x축의 교점의 x좌표는

$3x^2 - 6x = 0$에서

$x(x-2) = 0$ ∴ $x=0$ 또는 $x=2$

곡선 $y=f(x)$와 x축으로 둘러싸인 도형의

넓이 S는

$S = \int_0^2 |3x^2 - 6x|\,dx$

$= \int_0^2 (-3x^2 + 6x)\,dx$

$= \left[-x^3 + 3x^2 \right]_0^2 = 4$ ...... ❸

∴ $a+S = 7$ ...... ❹

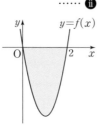

채점 기준

❶ a의 값 구하기	20 %	
❷ $f(x)$ 구하기	20 %	
❸ S의 값 구하기	50 %	
❹ $a+S$의 값 구하기	10 %	

0844 답 9

곡선 $y=f(x)$와 x축 및 두 직선 $x=-2$, $x=1$로 둘러싸인 도형의 넓이를 S_1, 곡선 $y=f(x)$와 x축 및 두 직선 $x=1$, $x=4$로 둘러싸인 도형의 넓이를 S_2라 하자.

(개)에서

$2\int_{-2}^1 f(x)\,dx + \int_1^4 f(x)\,dx = 0$

$2\int_{-2}^1 f(x)\,dx - \int_1^4 \{-f(x)\}\,dx = 0$

∴ $2S_1 - S_2 = 0$ ...... ㉠

(내)에서

$\int_{-2}^4 f(x)\,dx = \int_{-2}^1 f(x)\,dx + \int_1^4 f(x)\,dx$

$= \int_{-2}^1 f(x)\,dx - \int_1^4 \{-f(x)\}\,dx$

∴ $S_1 - S_2 = -3$ ...... ㉡

㉠, ㉡을 연립하여 풀면 $S_1 = 3$, $S_2 = 6$

따라서 곡선 $y=f(x)$와 x축 및 직선 $x=-2$, $x=4$로 둘러싸인 도형의 넓이는

$S_1 + S_2 = 9$

0845 답 ⑤

곡선 $y = -x^2 - 2x + 3$과 직선 $y = -3x+1$의 교점의 x좌표는 $-x^2 - 2x + 3 = -3x + 1$에서

$x^2 - x - 2 = 0$, $(x+1)(x-2) = 0$

∴ $x=-1$ 또는 $x=2$

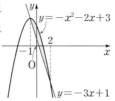

따라서 구하는 도형의 넓이는

$\int_{-1}^2 \{(-x^2 - 2x + 3) - (-3x+1)\}\,dx = \int_{-1}^2 (-x^2 + x + 2)\,dx$

$= \left[-\frac{1}{3}x^3 + \frac{1}{2}x^2 + 2x \right]_{-1}^2$

$= \frac{9}{2}$

0846 답 8

곡선 $y = x^3 - 2x - 1$과 직선 $y = 2x - 1$의 교점의 x좌표는 $x^3 - 2x - 1 = 2x - 1$에서

$x^3 - 4x = 0$

$x(x+2)(x-2) = 0$

∴ $x=-2$ 또는 $x=0$ 또는 $x=2$

따라서 구하는 도형의 넓이는

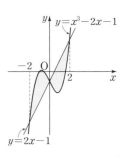

$\int_{-2}^0 \{(x^3 - 2x - 1) - (2x-1)\}\,dx$

$\quad + \int_0^2 \{(2x-1) - (x^3 - 2x - 1)\}\,dx$

$= \int_{-2}^0 (x^3 - 4x)\,dx + \int_0^2 (-x^3 + 4x)\,dx$

$= \left[\frac{1}{4}x^4 - 2x^2 \right]_{-2}^0 + \left[-\frac{1}{4}x^4 + 2x^2 \right]_0^2$

$= 8$

0847 답 ④

곡선 $y = -2x^2 + ax$와 직선 $y=x$의 교점의 x좌표는 $-2x^2 + ax = x$에서

$2x^2 - (a-1)x = 0$

$x\{2x - (a-1)\} = 0$

∴ $x=0$ 또는 $x = \dfrac{a-1}{2}$

따라서 곡선 $y = -2x^2 + ax$와 직선 $y=x$로 둘러싸인 도형의 넓이는

$\int_0^{\frac{a-1}{2}} \{(-2x^2 + ax) - x\}\,dx = \int_0^{\frac{a-1}{2}} \{-2x^2 + (a-1)x\}\,dx$

$= \left[-\frac{2}{3}x^3 + \frac{a-1}{2}x^2 \right]_0^{\frac{a-1}{2}}$

$= -\frac{(a-1)^3}{12} + \frac{(a-1)^3}{8}$

$= \frac{(a-1)^3}{24}$

따라서 $\dfrac{(a-1)^3}{24} = 9$이므로

$(a-1)^3 = 216$

$a-1 = 6$ (∵ a는 실수) ∴ $a=7$

0848 답 14

$f(x) = -\dfrac{1}{3}x^2 + \dfrac{4}{3}x$, $g(x) = \begin{cases} x-2 & (x \geq 1) \\ -x & (x \leq 1) \end{cases}$ 이므로 두 함수

$y = f(x)$, $y = g(x)$의 그래프의 교점의 x좌표는

(i) $x \geq 1$일 때

$-\dfrac{1}{3}x^2 + \dfrac{4}{3}x = x-2$에서

$x^2 - x - 6 = 0$, $(x+2)(x-3) = 0$

∴ $x=3$ (∵ $x \geq 1$)

(ii) $x \leq 1$일 때

$-\dfrac{1}{3}x^2 + \dfrac{4}{3}x = -x$에서

$x^2 - 7x = 0$, $x(x-7) = 0$

$\therefore x = 0 \ (\because x \leq 1)$

$\therefore S = \displaystyle\int_0^1 \left\{ -\dfrac{1}{3}x^2 + \dfrac{4}{3}x - (-x) \right\} dx$

$\qquad + \displaystyle\int_1^3 \left\{ -\dfrac{1}{3}x^2 + \dfrac{4}{3}x - (x-2) \right\} dx$

$= \displaystyle\int_0^1 \left(-\dfrac{1}{3}x^2 + \dfrac{7}{3}x \right) dx$

$\qquad + \displaystyle\int_1^3 \left(-\dfrac{1}{3}x^2 + \dfrac{1}{3}x + 2 \right) dx$

$= \left[-\dfrac{1}{9}x^3 + \dfrac{7}{6}x^2 \right]_0^1 + \left[-\dfrac{1}{9}x^3 + \dfrac{1}{6}x^2 + 2x \right]_1^3$

$= \dfrac{7}{2}$

$\therefore 4S = 14$

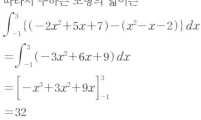

0849 답 32

두 곡선 $y = x^2 - x - 2$,

$y = -2x^2 + 5x + 7$의 교점의 x좌표는

$x^2 - x - 2 = -2x^2 + 5x + 7$에서

$x^2 - 2x - 3 = 0$

$(x+1)(x-3) = 0$

$\therefore x = -1$ 또는 $x = 3$

따라서 구하는 도형의 넓이는

$\displaystyle\int_{-1}^3 \{ (-2x^2 + 5x + 7) - (x^2 - x - 2) \} dx$

$= \displaystyle\int_{-1}^3 (-3x^2 + 6x + 9) dx$

$= \left[-x^3 + 3x^2 + 9x \right]_{-1}^3$

$= 32$

0850 답 $\dfrac{37}{12}$

두 곡선 $y = x^3 - 2x$, $y = x^2$의 교점의

x좌표는 $x^3 - 2x = x^2$에서

$x^3 - x^2 - 2x = 0$

$x(x+1)(x-2) = 0$

$\therefore x = -1$ 또는 $x = 0$ 또는 $x = 2$

따라서 구하는 도형의 넓이는

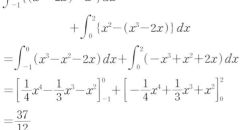

$\displaystyle\int_{-1}^0 \{ (x^3 - 2x) - x^2 \} dx$

$\qquad + \displaystyle\int_0^2 \{ x^2 - (x^3 - 2x) \} dx$

$= \displaystyle\int_{-1}^0 (x^3 - x^2 - 2x) dx + \int_0^2 (-x^3 + x^2 + 2x) dx$

$= \left[\dfrac{1}{4}x^4 - \dfrac{1}{3}x^3 - x^2 \right]_{-1}^0 + \left[-\dfrac{1}{4}x^4 + \dfrac{1}{3}x^3 + x^2 \right]_0^2$

$= \dfrac{37}{12}$

0851 답 ③

$y = -f(x-1) - 1 = -\{ (x-1)^2 - 2(x-1) \} - 1$

$\quad = -x^2 + 4x - 4$

두 곡선 $y = f(x)$, $y = -f(x-1) - 1$의

교점의 x좌표는 $x^2 - 2x = -x^2 + 4x - 4$

에서

$x^2 - 3x + 2 = 0$

$(x-1)(x-2) = 0$

$\therefore x = 1$ 또는 $x = 2$

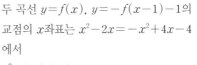

따라서 구하는 도형의 넓이는

$\displaystyle\int_1^2 \{ (-x^2 + 4x - 4) - (x^2 - 2x) \} dx = \int_1^2 (-2x^2 + 6x - 4) dx$

$= \left[-\dfrac{2}{3}x^3 + 3x^2 - 4x \right]_1^2$

$= \dfrac{1}{3}$

0852 답 -8

$\displaystyle\int_{-3}^9 \{ f(x) - g(x) \} dx$

$= \displaystyle\int_{-3}^1 \{ f(x) - g(x) \} dx + \int_1^5 \{ f(x) - g(x) \} dx$

$\qquad + \displaystyle\int_5^9 \{ f(x) - g(x) \} dx$

$= -\displaystyle\int_{-3}^1 \{ g(x) - f(x) \} dx + \int_1^5 \{ f(x) - g(x) \} dx$

$\qquad - \displaystyle\int_5^9 \{ g(x) - f(x) \} dx$

$= -A + B - C$

$= -6 + 8 - 10$

$= -8$

0853 답 ④

$f(x) = x^3 - 3x^2 + 2x + 1$이라 하면

$f'(x) = 3x^2 - 6x + 2$

점 $(0, 1)$에서의 접선의 기울기는 $f'(0) = 2$이므로 접선의 방정식은

$y - 1 = 2x \qquad \therefore y = 2x + 1$

곡선 $y = x^3 - 3x^2 + 2x + 1$과 직선

$y = 2x + 1$의 교점의 x좌표는

$x^3 - 3x^2 + 2x + 1 = 2x + 1$에서

$x^3 - 3x^2 = 0$

$x^2(x-3) = 0$

$\therefore x = 0$ 또는 $x = 3$

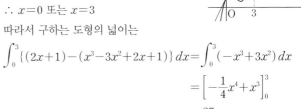

따라서 구하는 도형의 넓이는

$\displaystyle\int_0^3 \{ (2x+1) - (x^3 - 3x^2 + 2x + 1) \} dx = \int_0^3 (-x^3 + 3x^2) dx$

$= \left[-\dfrac{1}{4}x^4 + x^3 \right]_0^3$

$= \dfrac{27}{4}$

0854 답 $\dfrac{1}{3}$

$f(x) = -x^2 + x + 2$라 하면

$f'(x) = -2x + 1$

점 $(1, 2)$에서의 접선의 기울기는 $f'(1) = -1$이므로 접선의 방정식은

$y - 2 = -(x - 1) \qquad \therefore y = -x + 3$

따라서 구하는 도형의 넓이는

$$\int_0^1 \{(-x+3)-(-x^2+x+2)\}\,dx$$
$$=\int_0^1 (x^2-2x+1)\,dx$$
$$=\left[\frac{1}{3}x^3-x^2+x\right]_0^1$$
$$=\frac{1}{3}$$

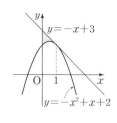

0855 답 $\dfrac{4\sqrt{2}}{3}$

$f(x)=x^2+2$라 하면 $f'(x)=2x$

접점의 좌표를 $(t,\ t^2+2)$라 하면 이 점에서의 접선의 기울기는

$f'(t)=2t$이므로 접선의 방정식은

$y-(t^2+2)=2t(x-t)$ $\quad\therefore\ y=2tx-t^2+2$

이 직선이 원점을 지나므로

$0=-t^2+2,\ t^2-2=0$

$(t+\sqrt{2})(t-\sqrt{2})=0$ $\quad\therefore\ t=-\sqrt{2}$ 또는 $t=\sqrt{2}$

따라서 접선의 방정식은

$y=-2\sqrt{2}x$ 또는 $y=2\sqrt{2}x$ $\qquad\cdots\cdots$ ⓘ

곡선과 두 접선으로 둘러싸인 도
형이 y축에 대하여 대칭이므로 구
하는 도형의 넓이는

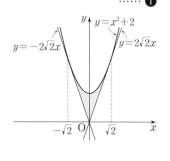

$$2\int_0^{\sqrt{2}} \{(x^2+2)-2\sqrt{2}x\}\,dx$$
$$=2\int_0^{\sqrt{2}} (x^2-2\sqrt{2}x+2)\,dx$$
$$=2\left[\frac{1}{3}x^3-\sqrt{2}x^2+2x\right]_0^{\sqrt{2}}$$
$$=2\times\frac{2\sqrt{2}}{3}=\frac{4\sqrt{2}}{3} \qquad\cdots\cdots$ ⓘ

채점 기준	
ⓘ 두 접선의 방정식 구하기	40 %
ⓘ 곡선과 두 접선으로 둘러싸인 도형의 넓이 구하기	60 %

0856 답 ②

$f(x)=-x^2$이라 하면 $f'(x)=-2x$

점 $(a,\ -a^2)$에서의 접선의 기울기는 $f'(a)=-2a$이므로 접선 l의
방정식은

$y-(-a^2)=-2a(x-a)$ $\qquad\therefore\ y=-2ax+a^2$

$0\le a\le 2$이므로

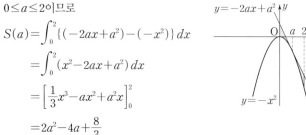

$$S(a)=\int_0^2 \{(-2ax+a^2)-(-x^2)\}\,dx$$
$$=\int_0^2 (x^2-2ax+a^2)\,dx$$
$$=\left[\frac{1}{3}x^3-ax^2+a^2x\right]_0^2$$
$$=2a^2-4a+\frac{8}{3}$$
$$=2(a-1)^2+\frac{2}{3}$$

따라서 $0\le a\le 2$에서 $S(a)$의 최솟값은 $\dfrac{2}{3}$이다.

0857 답 ③

구하는 도형의 넓이를 S라 하면

$$S=\int_0^2 \{g(x)-f(x)\}\,dx \qquad\cdots\cdots$ ㉠

삼차함수 $y=f(x)$의 그래프와 직선 $y=g(x)$가 $x=2$인 점에서 접
하고 $x=0$인 점에서 만나므로 방정식 $f(x)-g(x)=0$은 삼차방정
식이고 $x=2$를 중근, $x=1$을 한 근으로 갖는다.

이때 $f(x)$의 최고차항의 계수가 -3이므로

$f(x)-g(x)=-3x(x-2)^2$

$\therefore\ g(x)-f(x)=3x(x-2)^2=3x^3-12x^2+12x$

따라서 ㉠에서

$$S=\int_0^2 (3x^3-12x^2+12x)\,dx$$
$$=\left[\frac{3}{4}x^4-4x^3+6x^2\right]_0^2=4$$

0858 답 $\dfrac{3}{2}$

$A=B$이므로

$$\int_0^2 (x^3-ax^2)\,dx=0$$
$$\left[\frac{1}{4}x^4-\frac{a}{3}x^3\right]_0^2=0$$
$$4-\frac{8}{3}a=0 \qquad\therefore\ a=\frac{3}{2}$$

0859 답 ⑤

두 도형의 넓이가 서로 같으므로

$$\int_0^1 x(x-a)(x-1)\,dx=0$$
$$\int_0^1 \{x^3-(a+1)x^2+ax\}\,dx=0$$
$$\left[\frac{1}{4}x^4-\frac{a+1}{3}x^3+\frac{a}{2}x^2\right]_0^1=0$$
$$\frac{1}{6}a-\frac{1}{12}=0 \qquad\therefore\ a=\frac{1}{2}$$

0860 답 6

$A=B$이므로

$$\int_0^k (x^2-4x)\,dx=0$$
$$\left[\frac{1}{3}x^3-2x^2\right]_0^k=0,\ \frac{1}{3}k^3-2k^2=0$$
$$k^2(k-6)=0 \qquad\therefore\ k=6\ (\because\ k>4)$$

0861 답 ④

$A=B$이므로

$$\int_0^2 \{(-x^2+k)-(x^3+x^2)\}\,dx=0$$
$$\int_0^2 (-x^3-2x^2+k)\,dx=0$$
$$\left[-\frac{1}{4}x^4-\frac{2}{3}x^3+kx\right]_0^2=0$$
$$2k-\frac{28}{3}=0 \qquad\therefore\ k=\frac{14}{3}$$

0862 답 −6

$A:B=1:2$에서 $B=2A$

곡선 $y=-x^2+6x+k$는 직선 $x=3$에 대하여 대칭이므로 오른쪽 그림에서 빗금 친 부분의 넓이는 $\frac{1}{2}B$이다.

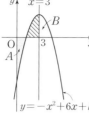

즉, 빗금 친 부분의 넓이는 A와 같다.

따라서 구간 $[0, 3]$에서 곡선 $y=-x^2+6x+k$와 x축, y축 및 직선 $x=3$으로 둘러싸인 두 도형의 넓이가 서로 같으므로

$$\int_0^3 (-x^2+6x+k)\,dx=0$$

$$\left[-\frac{1}{3}x^3+3x^2+kx\right]_0^3=0$$

$18+3k=0$ ∴ $k=-6$

0863 답 4

곡선 $y=-x^2+2x$와 x축의 교점의 x좌표는 $-x^2+2x=0$에서

$x(x-2)=0$ ∴ $x=0$ 또는 $x=2$

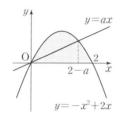

곡선 $y=-x^2+2x$와 x축으로 둘러싸인 도형의 넓이를 S_1이라 하면

$$S_1=\int_0^2 (-x^2+2x)\,dx$$

$$=\left[-\frac{1}{3}x^3+x^2\right]_0^2=\frac{4}{3}$$

곡선 $y=-x^2+2x$와 직선 $y=ax$의 교점의 x좌표는 $-x^2+2x=ax$에서

$x^2+(a-2)x=0,\ x(x+a-2)=0$

∴ $x=0$ 또는 $x=2-a$

곡선 $y=-x^2+2x$와 직선 $y=ax$로 둘러싸인 도형의 넓이를 S_2라 하면

$$S_2=\int_0^{2-a} \{(-x^2+2x)-ax\}\,dx$$

$$=\int_0^{2-a} \{-x^2+(2-a)x\}\,dx$$

$$=\left[-\frac{1}{3}x^3+\frac{2-a}{2}x^2\right]_0^{2-a}$$

$$=-\frac{(2-a)^3}{3}+\frac{(2-a)^3}{2}$$

$$=\frac{(2-a)^3}{6}$$

이때 $S_1=2S_2$이므로

$$\frac{4}{3}=2\times\frac{(2-a)^3}{6}$$ ∴ $(2-a)^3=4$

0864 답 8

곡선 $y=2x^2\,(x\geq0)$과 직선 $y=2$의 교점의 x좌표는 $2x^2=2$에서

$x^2=1$ ∴ $x=1\ (\because x\geq0)$

곡선 $y=2x^2\,(x\geq0)$과 y축 및 직선 $y=2$로 둘러싸인 도형의 넓이를 S_1이라 하면

$$S_1=\int_0^1 (2-2x^2)\,dx$$

$$=\left[2x-\frac{2}{3}x^3\right]_0^1=\frac{4}{3}$$ ⋯⋯ ❶

곡선 $y=ax^2\,(x\geq0)$과 직선 $y=2$의 교점의 x좌표는 $ax^2=2$에서

$x^2=\frac{2}{a}$ ∴ $x=\sqrt{\frac{2}{a}}\ (\because a>0,\ x\geq0)$

곡선 $y=ax^2\,(x\geq0)$과 y축 및 직선 $y=2$로 둘러싸인 도형의 넓이를 S_2라 하면

$$S_2=\int_0^{\sqrt{\frac{2}{a}}} (2-ax^2)\,dx$$

$$=\left[2x-\frac{a}{3}x^3\right]_0^{\sqrt{\frac{2}{a}}}=\frac{4\sqrt{2}}{3\sqrt{a}}$$ ⋯⋯ ❷

이때 $S_1=2S_2$이므로

$$\frac{4}{3}=2\times\frac{4\sqrt{2}}{3\sqrt{a}},\ \sqrt{a}=2\sqrt{2}$$ ∴ $a=8$ ⋯⋯ ❸

채점 기준

❶ 곡선 $y=2x^2\,(x\geq0)$과 y축 및 직선 $y=2$로 둘러싸인 도형의 넓이 구하기	40 %
❷ 곡선 $y=ax^2\,(x\geq0)$과 y축 및 직선 $y=2$로 둘러싸인 도형의 넓이 구하기	40 %
❸ a의 값 구하기	20 %

0865 답 ⑤

곡선 $y=x^2-4x+2$와 직선 $y=x-2$의 교점의 x좌표는

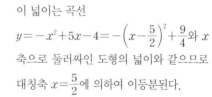

$x^2-4x+2=x-2$에서

$x^2-5x+4=0,\ (x-1)(x-4)=0$

∴ $x=1$ 또는 $x=4$

따라서 곡선 $y=x^2-4x+2$와 직선 $y=x-2$로 둘러싸인 도형의 넓이는

$$\int_1^4 \{(x-2)-(x^2-4x+2)\}\,dx=\int_1^4 (-x^2+5x-4)\,dx$$

이 넓이는 곡선

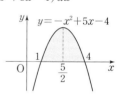

$y=-x^2+5x-4=-\left(x-\frac{5}{2}\right)^2+\frac{9}{4}$와 x축으로 둘러싸인 도형의 넓이와 같으므로

대칭축 $x=\frac{5}{2}$에 의하여 이등분된다.

∴ $a=\frac{5}{2}$

0866 답 ②

두 곡선 $y=f(x),\ y=g(x)$는 직선 $y=x$에 대하여 대칭이므로 두 곡선 $y=f(x),\ y=g(x)$로 둘러싸인 도형의 넓이는 곡선 $y=f(x)$와 직선 $y=x$로 둘러싸인 도형의 넓이의 2배와 같다.

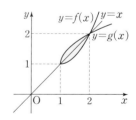

곡선 $y=f(x)$와 직선 $y=x$의 교점의 x좌표는 $x^2-2x+2=x$에서

$x^2-3x+2=0,\ (x-1)(x-2)=0$ ∴ $x=1$ 또는 $x=2$

따라서 구하는 도형의 넓이는

$$2\int_1^2 \{x-(x^2-2x+2)\}\,dx=2\int_1^2 (-x^2+3x-2)\,dx$$

$$=2\left[-\frac{1}{3}x^3+\frac{3}{2}x^2-2x\right]_1^2$$

$$=2\times\frac{1}{6}=\frac{1}{3}$$

0867 답 4

두 곡선 $y=f(x)$, $y=g(x)$는 직선 $y=x$에 대하여 대칭이므로 두 곡선 $y=f(x)$, $y=g(x)$로 둘러싼 도형의 넓이는 곡선 $y=f(x)$와 직선 $y=x$로 둘러싸인 도형의 넓이의 2배와 같다.

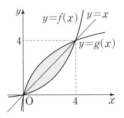

따라서 구하는 도형의 넓이는

$$2\int_0^4 \{x-f(x)\}\,dx = \int_0^4 2x\,dx - 2\int_0^4 f(x)\,dx$$
$$= \Big[x^2\Big]_0^4 - 2\times 6$$
$$= 16-12 = 4$$

0868 답 38

두 곡선 $y=f(x)$, $y=g(x)$는 직선 $y=x$에 대하여 대칭이므로 두 곡선 $y=f(x)$, $y=g(x)$와 직선 $y=-x-6$으로 둘러싼 도형의 넓이는 곡선 $y=f(x)$와 두 직선 $y=x$, $y=-x-6$으로 둘러싸인 도형의 넓이의 2배와 같다.

곡선 $y=f(x)$와 직선 $y=x$의 교점의 x좌표는 $x^3-6=x$에서
$x^3-x-6=0$, $(x-2)(x^2+2x+3)=0$
$\therefore x=2$ ($\because x$는 실수)

구하는 도형의 넓이를 S라 하면 오른쪽 그림에서

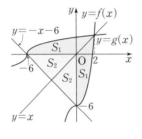

$S=2(S_1+S_2)=2S_1+2S_2$
$$2S_1 = 2\int_0^2 \{x-(x^3-6)\}\,dx$$
$$= 2\int_0^2 (-x^3+x+6)\,dx$$
$$= 2\Big[-\frac{1}{4}x^4 + \frac{1}{2}x^2 + 6x\Big]_0^2$$
$$= 20$$
$$2S_2 = \frac{1}{2}\times 6\times 6 = 18$$
$$\therefore S=38$$

0869 답 ③

$f(0)=2$, $f(1)=3$이고, 두 함수 $y=f(x)$, $y=g(x)$의 그래프는 직선 $y=x$에 대하여 대칭이므로 오른쪽 그림에서
$A=B$

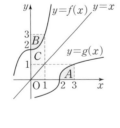

$$\therefore \int_0^1 f(x)\,dx + \int_2^3 g(x)\,dx = C+A$$
$$= C+B$$
$$= \underbrace{1\times 3}_{\text{직사각형의 넓이}} = 3$$

0870 답 ③

두 함수 $y=f(x)$, $y=g(x)$의 그래프는 직선 $y=x$에 대하여 대칭이므로 함수 $y=f(x)$의 그래프가 오른쪽 그림과 같다고 하면
$A=B$

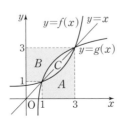

$$\therefore \int_1^3 g(x)\,dx = A+C$$
$$= 3\times 3 - 1\times 1 - B$$
$$= 8-B = 8-A$$
$$= 8 - \int_1^3 f(x)\,dx$$
$$= 8 - \frac{7}{2} = \frac{9}{2}$$

0871 답 $\dfrac{65}{12}$

$g(9)=a$라 하면 $f(a)=9$이므로
$a(a+2)^2=9$, $a^3+4a^2+4a-9=0$
$(a-1)(a^2+5a+9)=0$ $\therefore a=1$ ($\because a$는 실수) ······ **❶**

두 함수 $y=f(x)$, $y=g(x)$의 그래프는 직선 $y=x$에 대하여 대칭이므로 오른쪽 그림에서
$A=B$ ······ **❷**

$$\therefore \int_0^9 g(x)\,dx = A$$
$$= B$$
$$= 1\times 9 - (\text{빗금 친 도형의 넓이})$$
$$= 9 - \int_0^1 f(x)\,dx$$
$$= 9 - \int_0^1 x(x+2)^2\,dx$$
$$= 9 - \int_0^1 (x^3+4x^2+4x)\,dx$$
$$= 9 - \Big[\frac{1}{4}x^4 + \frac{4}{3}x^3 + 2x^2\Big]_0^1$$
$$= 9 - \frac{43}{12} = \frac{65}{12}$$ ······ **❸**

채점 기준

❶	$g(9)$의 값 구하기	30 %
❷	$\int_0^9 g(x)\,dx$와 넓이가 같은 도형 찾기	30 %
❸	$\int_0^9 g(x)\,dx$의 값 구하기	40 %

0872 답 48

시각 $t=1$에서의 점 P의 위치가 6이므로
$$0 + \int_0^1 (3t^2+4t+k)\,dt = 6$$
$$\Big[t^3+2t^2+kt\Big]_0^1 = 6$$
$3+k=6$ $\therefore k=3$

따라서 시각 $t=1$에서 $t=3$까지 점 P의 위치의 변화량은
$$\int_1^3 (3t^2+4t+3)\,dt = \Big[t^3+2t^2+3t\Big]_1^3 = 48$$

0873 답 ③

$t\geq 3$에서 $2t-6\geq 0$이므로 시각 $t=3$에서 $t=k$까지 점 P가 움직인 거리는
$$\int_3^k |2t-6|\,dt = \int_3^k (2t-6)\,dt$$
$$= \Big[t^2-6t\Big]_3^k = k^2-6k+9$$

따라서 $k^2-6k+9=25$이므로

$k^2-6k-16=0$, $(k+2)(k-8)=0$

$\therefore k=8 \ (\because k>3)$

0874 답 17

$v'(t)=a(t)$이므로 (내)에서 $t \geq 2$일 때,

$$v(t)=\int v'(t)\,dt=\int a(t)\,dt$$
$$=\int (6t+4)\,dt=3t^2+4t+C$$

(개)에서 $v(2)=16-16=0$이므로

$12+8+C=0 \qquad \therefore C=-20$

$$\therefore v(t)=\begin{cases} 2t^3-8t & (0 \leq t \leq 2) \\ 3t^2+4t-20 & (t \geq 2) \end{cases}$$

$0 \leq t \leq 2$일 때, $2t^3-8t=0$에서

$t(t+2)(t-2)=0$

$\therefore t=0$ 또는 $t=2 \ (\because 0 \leq t \leq 2)$

$t \geq 2$일 때, $3t^2+4t-20=0$에서

$(3t+10)(t-2)=0$

$\therefore t=2 \ (\because t \geq 2)$

따라서 시각 $t=0$에서 $t=3$까지 점 P가 움직인 거리는

$$\int_0^3 |v(t)|\,dt=\int_0^2 (-2t^3+8t)\,dt+\int_2^3 (3t^2+4t-20)\,dt$$
$$=\left[-\frac{1}{2}t^4+4t^2\right]_0^2+\left[t^3+2t^2-20t\right]_2^3$$
$$=17$$

0875 답 −9

점 P가 운동 방향을 바꿀 때 $v(t)=0$이므로

$t^2-2t-3=0$, $(t+1)(t-3)=0$

$\therefore t=3 \ (\because t>0)$

따라서 시각 $t=0$에서 $t=3$까지 점 P의 위치의 변화량은

$$\int_0^3 (t^2-2t-3)\,dt=\left[\frac{1}{3}t^3-t^2-3t\right]_0^3=-9$$

0876 답 25 m

자동차가 정지할 때 $v(t)=0$이므로

$10-2t=0 \qquad \therefore t=5$ ⋯⋯ ❶

따라서 자동차가 정지할 때까지 달린 거리는

$$\int_0^5 |10-2t|\,dt=\int_0^5 (10-2t)\,dt$$
$$=\left[10t-t^2\right]_0^5$$
$$=25 \text{(m)}$$ ⋯⋯ ❷

채점 기준

❶ 자동차가 정지하는 시각 구하기	30 %
❷ 자동차가 정지할 때까지 달린 거리 구하기	70 %

0877 답 ③

점 P가 출발 후 다시 원점을 지나는 시각을 $t=a$라 하면

$$\int_0^a (t^3-3t^2)\,dt=0$$

$$\left[\frac{1}{4}t^4-t^3\right]_0^a=0, \ \frac{1}{4}a^4-a^3=0$$

$a^3(a-4)=0 \qquad \therefore a=4 \ (\because a>0)$

따라서 시각 $t=0$에서 $t=4$까지 점 P가 움직인 거리는

$$\int_0^4 |t^3-3t^2|\,dt=\int_0^3 (-t^3+3t^2)\,dt+\int_3^4 (t^3-3t^2)\,dt$$
$$=\left[-\frac{1}{4}t^4+t^3\right]_0^3+\left[\frac{1}{4}t^4-t^3\right]_3^4$$
$$=\frac{27}{2}$$

0878 답 ③

두 점 P, Q가 만나려면 위치가 같아야 하므로 두 점이 다시 만나는 시각을 $t=a$라 하면

$$\int_0^a (2t^2-4t+1)\,dt=\int_0^a (-t^2+8t-8)\,dt$$

$$\left[\frac{2}{3}t^3-2t^2+t\right]_0^a=\left[-\frac{1}{3}t^3+4t^2-8t\right]_0^a$$

$$\frac{2}{3}a^3-2a^2+a=-\frac{1}{3}a^3+4a^2-8a$$

$a^3-6a^2+9a=0$, $a(a-3)^2=0$

$\therefore a=3 \ (\because a>0)$

따라서 두 점 P, Q가 출발 후 다시 만나는 시각은 $t=3$이다.

0879 답 16

점 P가 운동 방향을 바꿀 때 $v(t)=0$이다.

$0 \leq t \leq 3$일 때, $-t^2+t+2=0$에서

$(t+1)(t-2)=0 \qquad \therefore t=2 \ (\because 0 \leq t \leq 3)$

$t>3$일 때, $k(t-3)-4=0$에서

$kt=3k+4 \qquad \therefore t=3+\frac{4}{k} \ (\because k>0)$

따라서 출발 후 점 P의 운동 방향이 두 번째로 바뀌는 시각은

$$t=3+\frac{4}{k}$$

시각 $t=3+\frac{4}{k}$에서의 점 P의 위치는

$$\int_0^{3+\frac{4}{k}} v(t)\,dt$$
$$=\int_0^3 (-t^2+t+2)\,dt+\int_3^{3+\frac{4}{k}} (kt-3k-4)\,dt$$
$$=\left[-\frac{1}{3}t^3+\frac{1}{2}t^2+2t\right]_0^3+\left[\frac{1}{2}kt^2-(3k+4)t\right]_3^{3+\frac{4}{k}}$$
$$=\frac{3}{2}-\frac{8}{k}$$

따라서 $\frac{3}{2}-\frac{8}{k}=1$이므로

$k=16$

0880 답 3

두 점 P, Q가 만나려면 위치가 같아야 하므로 두 점이 만나는 시각을 $t=a$라 하면

$$\int_0^a (4t+7)\,dt=-3+\int_0^a (3t^2-8t+16)\,dt$$

$$\left[2t^2+7t\right]_0^a=-3+\left[t^3-4t^2+16t\right]_0^a$$

$2a^2+7a=-3+a^3-4a^2+16a$

$\therefore a^3-6a^2+9a-3=0$ ······ ㉠

$f(a)=a^3-6a^2+9a-3$이라 하면

$f'(a)=3a^2-12a+9=3(a-1)(a-3)$

$f'(a)=0$인 a의 값은 $a=1$ 또는 $a=3$

$a>0$에서 함수 $f(a)$의 증가와 감소를 표로 나타내면 다음과 같다.

a	0	$\cdots$	1	$\cdots$	3	$\cdots$
$f'(a)$		$+$	0	$-$	0	$+$
$f(a)$		↗	1 극대	↘	-3 극소	↗

따라서 $a>0$에서 함수 $y=f(a)$의 그래프는 오른쪽 그림과 같고 함수 $y=f(a)$의 그래프는 a축과 서로 다른 세 점에서 만나므로 삼차방정식 ㉠의 실근은 3개이다.

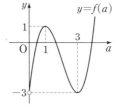

즉, 두 점 P, Q가 만나는 횟수는 3이다.

0881 답 65 m

공이 최고 높이에 도달했을 때 $v(t)=0$이므로

$30-10t=0$ $\therefore t=3$

따라서 공을 쏘아 올린 지 3초 후에 최고 높이에 도달하므로 구하는 높이는

$20+\displaystyle\int_0^3 (30-10t)\,dt=20+\Big[30t-5t^2\Big]_0^3$

$=20+45$

$=65\,(\text{m})$

0882 답 ④

물체가 지면으로부터 60 m 높이에 도달하는 시각을 $t=a$라 하면

$25+\displaystyle\int_0^a (40-10t)\,dt=60$

$25+\Big[40t-5t^2\Big]_0^a=60$

$-5a^2+40a+25=60$

$a^2-8a+7=0,\ (a-1)(a-7)=0$

$\therefore a=1$ 또는 $a=7$

따라서 물체가 두 번째로 지면으로부터 60 m 높이에 도달하는 시각은 $t=7$이다.

따라서 시각 $t=0$에서 $t=7$까지 물체가 움직인 거리는

$\displaystyle\int_0^7 |40-10t|\,dt=\int_0^4 (40-10t)\,dt+\int_4^7 (-40+10t)\,dt$

$=\Big[40t-5t^2\Big]_0^4+\Big[-40t+5t^2\Big]_4^7$

$=125\,(\text{m})$

0883 답 9초

공이 처음 쏘아 올린 위치로 다시 돌아오는 것은 8초 후이므로

$\displaystyle\int_0^8 (a-10t)\,dt=0$

$\Big[at-5t^2\Big]_0^8=0$

$8a-320=0$ $\therefore a=40$ ······ ❶

공이 지면에 떨어지는 시각을 $t=k$라 하면 공이 지면에 떨어질 때의 높이는 0이므로

$45+\displaystyle\int_0^k (40-10t)\,dt=0$

$45+\Big[40t-5t^2\Big]_0^k=0$

$45+40k-5k^2=0$

$k^2-8k-9=0,\ (k+1)(k-9)=0$

$\therefore k=9\ (\because k>0)$

따라서 공을 쏘아 올린 후 지면에 떨어질 때까지 걸리는 시간은 9초이다.   ······ ❷

채점 기준

❶ a의 값 구하기	30 %
❷ 공을 쏘아 올린 후 지면에 떨어질 때까지 걸리는 시간 구하기	70 %

0884 답 ㄴ, ㄷ

ㄱ. 시각 $t=5$에서의 점 P의 위치는

$0+\displaystyle\int_0^5 v(t)\,dt=\int_0^3 v(t)\,dt+\int_3^5 v(t)\,dt$

$=\dfrac{1}{2}\times(1+3)\times2-\dfrac{1}{2}\times2\times2=2$

따라서 $t=5$일 때 점 P는 원점을 지나지 않는다.

ㄴ. 시각 $t=0$에서 $t=6$까지 점 P의 위치의 변화량은

$\displaystyle\int_0^6 v(t)\,dt=\int_0^3 v(t)\,dt+\int_3^5 v(t)\,dt+\int_5^6 v(t)\,dt$

$=\dfrac{1}{2}\times(1+3)\times2-\dfrac{1}{2}\times2\times2+\dfrac{1}{2}\times1\times2=3$

ㄷ. $v(t)=0$이고 그 좌우에서 $v(t)$의 부호가 바뀔 때 운동 방향이 바뀌므로 점 P는 시각 $t=3$, $t=5$에서 운동 방향을 바꾼다.

따라서 점 P는 출발 후 $t=7$까지 운동 방향을 두 번 바꾼다.

따라서 보기에서 옳은 것은 ㄴ, ㄷ이다.

0885 답 ①

점 P는 $t=4$일 때 원점으로부터 가장 멀리 떨어져 있고 그때의 점 P의 위치는

$0+\displaystyle\int_0^4 v(t)\,dt=-\dfrac{1}{2}\times4\times4=-8$

0886 답 8초

원점을 지날 때의 시각을 $t=a$라 하면

$\displaystyle\int_0^a v(t)\,dt=0$

이때 $\displaystyle\int_0^4 v(t)\,dt=\dfrac{1}{2}\times4\times3=6$,

$\displaystyle\int_4^6 v(t)\,dt=-\dfrac{1}{2}\times2\times2=-2$,

$\displaystyle\int_6^8 v(t)\,dt=-2\times2=-4$이므로

$\displaystyle\int_0^4 v(t)\,dt+\int_4^6 v(t)\,dt+\int_6^8 v(t)\,dt=0$

$\therefore \displaystyle\int_0^8 v(t)\,dt=0$

따라서 점 P가 출발 후 처음으로 다시 원점을 지날 때까지 걸리는 시간은 8초이다.

0887 답 1

시각 $t=0$에서 $t=3$까지 점 P가 움직인 거리는

$$\int_0^3 |v(t)|\,dt = \int_0^2 |v(t)|\,dt + \int_2^3 |v(t)|\,dt$$
$$= \frac{1}{2} \times 2 \times 2 + \frac{1}{2} \times 1 \times (-a) = 2 - \frac{a}{2}$$

즉, $2 - \dfrac{a}{2} = \dfrac{5}{2}$이므로 $a = -1$

따라서 시각 $t=6$에서의 점 P의 위치는

$$\int_0^6 v(t)\,dt = \int_0^2 v(t)\,dt + \int_2^5 v(t)\,dt + \int_5^6 v(t)\,dt$$
$$= \frac{1}{2} \times 2 \times 2 - \frac{1}{2} \times (3+1) \times 1 + \frac{1}{2} \times 1 \times 2 = 1$$

0888 답 ㄱ, ㄴ, ㄹ

ㄱ. 시각 t에서의 점 P의 속력은 $|v(t)|$이다.

　　$t=3$일 때 $|v(t)|$의 값이 가장 크므로 $t=3$일 때 점 P의 속력이 가장 크다.

ㄴ. $\displaystyle\int_2^3 v(t)\,dt = -\int_0^2 v(t)\,dt$이므로 시각 $t=3$에서의 점 P의 위치는

$$\int_0^3 v(t)\,dt = \int_0^2 v(t)\,dt + \int_2^3 v(t)\,dt$$
$$= \int_0^2 v(t)\,dt - \int_0^2 v(t)\,dt = 0$$

　　따라서 $t=3$일 때 점 P는 원점에 있다.

ㄷ. 시각 t에서의 점 P의 가속도는 $v'(t)$이다.

　　$t=1$일 때 $v'(1)=0$이므로 가속도는 0이다.

ㄹ. 시각 $t=0$에서 $t=2$까지 점 P는 양의 방향으로 이동하다가 $t=2$에서 운동 방향을 바꿔서 $t=2$에서 $t=3$까지 음의 방향으로 이동하여 $t=3$에서 원점으로 돌아온다.

　　따라서 $t=2$일 때 점 P는 원점에서 가장 멀리 떨어져 있다.

따라서 보기에서 옳은 것은 ㄱ, ㄴ, ㄹ이다.

A3 유형 점검

145~147쪽

0889 답 2

곡선 $y=2x^3$과 x축 및 두 직선 $x=-2$, $x=a$로 둘러싸인 도형의 넓이는

$$\int_{-2}^a |2x^3|\,dx$$
$$= \int_{-2}^0 (-2x^3)\,dx + \int_0^a 2x^3\,dx$$
$$= \left[-\frac{1}{2}x^4 \right]_{-2}^0 + \left[\frac{1}{2}x^4 \right]_0^a$$
$$= 8 + \frac{1}{2}a^4$$

따라서 $8 + \dfrac{1}{2}a^4 = 16$이므로

$a^4 = 16$　∴ $a = 2\ (\because a > 0)$

0890 답 ②

곡선 $y=f(x)$와 x축의 교점의 x좌표는 $kx(x-2)(x-3)=0$에서

$x=0$ 또는 $x=2$ 또는 $x=3$

∴ P$(2, 0)$, Q$(3, 0)$

$(A\text{의 넓이}) - (B\text{의 넓이}) = \displaystyle\int_0^2 f(x)\,dx - \int_2^3 \{-f(x)\}\,dx$
$$= \int_0^2 f(x)\,dx + \int_2^3 f(x)\,dx$$
$$= \int_0^3 f(x)\,dx$$
$$= \int_0^3 kx(x-2)(x-3)\,dx$$
$$= k\int_0^3 (x^3 - 5x^2 + 6x)\,dx$$
$$= k\left[\frac{1}{4}x^4 - \frac{5}{3}x^3 + 3x^2 \right]_0^3$$
$$= \frac{9}{4}k$$

따라서 $\dfrac{9}{4}k = 3$이므로 $k = \dfrac{4}{3}$

0891 답 8

$y=x|x-2| = \begin{cases} x^2-2x & (x \geq 2) \\ -x^2+2x & (x \leq 2) \end{cases}$이므로 곡선 $y=x|x-2|$와 직선 $y=2x$의 교점의 x좌표는

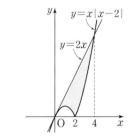

(i) $x \geq 2$일 때

　　$x^2 - 2x = 2x$에서

　　$x^2 - 4x = 0$, $x(x-4) = 0$

　　∴ $x = 4\ (\because x \geq 2)$

(ii) $x \leq 2$일 때

　　$-x^2 + 2x = 2x$에서

　　$x^2 = 0$　∴ $x = 0$

(i), (ii)에서 구하는 도형의 넓이는

$$\int_0^2 \{2x - (-x^2+2x)\}\,dx + \int_2^4 \{2x - (x^2-2x)\}\,dx$$
$$= \int_0^2 x^2\,dx + \int_2^4 (-x^2+4x)\,dx$$
$$= \left[\frac{1}{3}x^3 \right]_0^2 + \left[-\frac{1}{3}x^3 + 2x^2 \right]_2^4 = 8$$

0892 답 $\dfrac{1}{2}$

두 곡선 $y=x^3-2x^2$, $y=x^2-2x$의 교점의 x좌표는 $x^3-2x^2 = x^2-2x$에서

$x^3 - 3x^2 + 2x = 0$

$x(x-1)(x-2) = 0$

∴ $x=0$ 또는 $x=1$ 또는 $x=2$

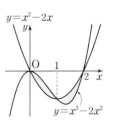

따라서 구하는 도형의 넓이는

$$\int_0^1 \{(x^3-2x^2) - (x^2-2x)\}\,dx$$
$$\quad + \int_1^2 \{(x^2-2x) - (x^3-2x^2)\}\,dx$$
$$= \int_0^1 (x^3-3x^2+2x)\,dx + \int_1^2 (-x^3+3x^2-2x)\,dx$$
$$= \left[\frac{1}{4}x^4 - x^3 + x^2 \right]_0^1 + \left[-\frac{1}{4}x^4 + x^3 - x^2 \right]_1^2 = \frac{1}{2}$$

0893 답 $\dfrac{8}{3}$

곡선 $y=x^2$을 원점에 대하여 대칭이동하면

$-y=(-x)^2$ ∴ $y=-x^2$

이 곡선을 x축의 방향으로 2만큼, y축의 방향으로 4만큼 평행이동하면

$y-4=-(x-2)^2$ ∴ $y=-x^2+4x$

∴ $f(x)=-x^2+4x$

두 곡선 $y=x^2$, $y=-x^2+4x$의 교점의 x좌표는 $x^2=-x^2+4x$에서

$x^2-2x=0$, $x(x-2)=0$

∴ $x=0$ 또는 $x=2$

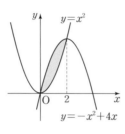

따라서 구하는 도형의 넓이는

$\displaystyle\int_0^2 \{(-x^2+4x)-x^2\}\,dx$

$=\displaystyle\int_0^2 (-2x^2+4x)\,dx$

$=\left[-\dfrac{2}{3}x^3+2x^2\right]_0^2=\dfrac{8}{3}$

0894 답 18

$a>0$이므로

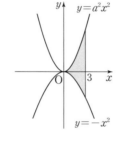

$S(a)=\displaystyle\int_0^3 \{a^2x^2-(-x^2)\}\,dx$

$\qquad=\displaystyle\int_0^3 (a^2+1)x^2\,dx$

$\qquad=\left[\dfrac{a^2+1}{3}x^3\right]_0^3=9(a^2+1)$

∴ $\dfrac{S(a)}{a}=\dfrac{9(a^2+1)}{a}=9\left(a+\dfrac{1}{a}\right)$

이때 $a>0$, $\dfrac{1}{a}>0$이므로 산술평균과 기하평균의 관계에 의하여

$9\left(a+\dfrac{1}{a}\right)\geq 9\times 2\sqrt{a\times\dfrac{1}{a}}=18$ (단, 등호는 $a=1$일 때 성립)

따라서 구하는 최솟값은 18이다.

공통수학2 다시보기

산술평균과 기하평균의 관계

➡ $a>0$, $b>0$일 때, $\dfrac{a+b}{2}\geq\sqrt{ab}$ (단, 등호는 $a=b$일 때 성립)

0895 답 ②

$f(x)=x^2-3x+4$라 하면 $f'(x)=2x-3$

접점의 좌표를 $(t,\ t^2-3t+4)$라 하면 이 점에서의 접선의 기울기는 $f'(t)=2t-3$이므로 접선의 방정식은

$y-(t^2-3t+4)=(2t-3)(x-t)$

∴ $y=(2t-3)x-t^2+4$

이 직선이 점 $(2,\ 1)$을 지나므로

$1=2(2t-3)-t^2+4$

$t^2-4t+3=0$, $(t-1)(t-3)=0$

∴ $t=1$ 또는 $t=3$

즉, 접선의 방정식은

$y=-x+3$ 또는 $y=3x-5$

따라서 구하는 도형의 넓이는

$\displaystyle\int_1^2 \{(x^2-3x+4)-(-x+3)\}\,dx$

$\qquad+\displaystyle\int_2^3 \{(x^2-3x+4)-(3x-5)\}\,dx$

$=\displaystyle\int_1^2 (x^2-2x+1)\,dx$

$\qquad+\displaystyle\int_2^3 (x^2-6x+9)\,dx$

$=\left[\dfrac{1}{3}x^3-x^2+x\right]_1^2+\left[\dfrac{1}{3}x^3-3x^2+9x\right]_2^3$

$=\dfrac{2}{3}$

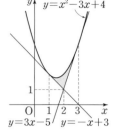

0896 답 3

$A=B$이므로

$\displaystyle\int_0^a (-2x^2+4x)\,dx=0$

$\left[-\dfrac{2}{3}x^3+2x^2\right]_0^a=0$, $-\dfrac{2}{3}a^3+2a^2=0$

$a^2(a-3)=0$ ∴ $a=3\ (\because a>2)$

0897 답 ④

곡선 $y=f(x)$는 y축에 대하여 대칭이므로 오른쪽 그림에서 빗금 친 부분의 넓이는 $\dfrac{1}{2}A$이다.

이때 $A=2B$이므로 빗금 친 부분의 넓이는 B와 같다.

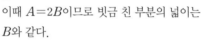

따라서 구간 $[0,\ k]$에서 곡선 $y=f(x)$와 x축, y축 및 직선 $x=k$로 둘러싸인 두 도형의 넓이가 서로 같으므로

$\displaystyle\int_0^k (-x^2+2x+6)\,dx=0$

$\left[-\dfrac{1}{3}x^3+x^2+6x\right]_0^k=0$

$-\dfrac{1}{3}k^3+k^2+6k=0$, $k(k+3)(k-6)=0$

∴ $k=6\ (\because k>4)$

참고 $x\geq 0$일 때, 곡선 $y=f(x)$와 x축의 교점이 Q이면 점 Q의 x좌표는 $-x^2+2x+6=0$에서 $x^2-2x-6=0$

∴ $x=1+\sqrt{7}<k\ (\because x\geq 0,\ k>4)$

따라서 점 Q의 x좌표는 점 R의 x좌표보다 작다.

0898 답 32

곡선 $y=x^2-4x$와 x축의 교점의 x좌표는 $x^2-4x=0$에서

$x(x-4)=0$ ∴ $x=0$ 또는 $x=4$

곡선 $y=x^2-4x$와 x축으로 둘러싸인 도형의 넓이를 S_1이라 하면

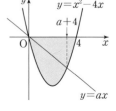

$S_1=\displaystyle\int_0^4 (-x^2+4x)\,dx$

$\quad=\left[-\dfrac{1}{3}x^3+2x^2\right]_0^4=\dfrac{32}{3}$

곡선 $y=x^2-4x$와 직선 $y=ax$의 교점의 x좌표는 $x^2-4x=ax$에서

$x\{x-(a+4)\}=0$ ∴ $x=0$ 또는 $x=a+4$

곡선 $y=x^2-4x$와 직선 $y=ax$로 둘러싸인 도형의 넓이를 S_2라 하면

$$S_2=\int_0^{a+4}\{ax-(x^2-4x)\}\,dx$$
$$=\int_0^{a+4}\{-x^2+(a+4)x\}\,dx$$
$$=\left[-\frac{1}{3}x^3+\frac{a+4}{2}x^2\right]_0^{a+4}$$
$$=\frac{(a+4)^3}{6}$$

이때 $S_1=2S_2$이므로

$$\frac{32}{3}=2\times\frac{(a+4)^3}{6}\qquad\therefore (a+4)^3=32$$

0899 답 ①

두 곡선 $y=f(x)$, $y=g(x)$는 직선 $y=x$에 대하여 대칭이므로 두 곡선 $y=f(x)$, $y=g(x)$로 둘러싸인 도형의 넓이는 곡선 $y=f(x)$와 직선 $y=x$로 둘러싸인 도형의 넓이의 2배와 같다.

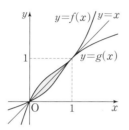

곡선 $y=f(x)$와 직선 $y=x$의 교점의 x좌표는 $x^3-2x^2+2x=x$에서

$$x^3-2x^2+x=0,\ x(x-1)^2=0$$
$$\therefore x=0\ \text{또는}\ x=1$$

따라서 구하는 도형의 넓이는

$$2\int_0^1\{(x^3-2x^2+2x)-x\}\,dx=2\int_0^1(x^3-2x^2+x)\,dx$$
$$=2\left[\frac{1}{4}x^4-\frac{2}{3}x^3+\frac{1}{2}x^2\right]_0^1$$
$$=2\times\frac{1}{12}=\frac{1}{6}$$

0900 답 28

$f(2)=4$, $f(3)=12$이고, 두 함수 $y=f(x)$, $y=g(x)$의 그래프는 직선 $y=x$에 대하여 대칭이므로 오른쪽 그림에서

$A=B$

$$\therefore \int_2^3 f(x)\,dx+\int_4^{12}g(x)\,dx$$
$$=C+A$$
$$=C+B$$
$$=3\times12-2\times4=28$$

참고 $f'(x)=3x^2-6x+4=3(x-1)^2+1>0$이므로 함수 $f(x)$는 실수 전체의 집합에서 증가한다.

0901 답 12

두 점 P, Q의 속도가 같아지는 시각은 $v_1(t)=v_2(t)$에서

$$3t^2+t=2t^2+3t$$
$$t^2-2t=0,\ t(t-2)=0$$
$$\therefore t=2\ (\because t>0)$$

시각 $t=2$에서의 점 P의 위치는

$$0+\int_0^2(3t^2+t)\,dt=\left[t^3+\frac{1}{2}t^2\right]_0^2=10$$

시각 $t=2$에서의 점 Q의 위치는

$$0+\int_0^2(2t^2+3t)\,dt=\left[\frac{2}{3}t^3+\frac{3}{2}t^2\right]_0^2=\frac{34}{3}$$

따라서 $a=\frac{34}{3}-10=\frac{4}{3}$이므로

$$9a=12$$

0902 답 2

점 P가 운동 방향을 바꿀 때 $v(t)=0$이므로

$$3t^2-6at=0,\ t(t-2a)=0$$
$$\therefore t=2a\ (\because t>0)$$

$0\le t\le 2a$에서 $3t^2-6at\le0$이므로 시각 $t=0$에서 $t=2a$까지 점 P가 움직인 거리는

$$\int_0^{2a}|3t^2-6at|\,dt=\int_0^{2a}(-3t^2+6at)\,dt$$
$$=\left[-t^3+3at^2\right]_0^{2a}=4a^3$$

따라서 $4a^3=32$이므로

$$a^3=8\qquad\therefore a=2\ (\because a\text{는 실수})$$

0903 답 $10\,\text{m}$

$$\int_0^8\frac{1}{4}t\,dt+\int_8^{10}(10-t)\,dt=\left[\frac{1}{8}t^2\right]_0^8+\left[10t-\frac{1}{2}t^2\right]_8^{10}$$
$$=10(\text{m})$$

0904 답 ①

ㄱ. 시각 $t=5$에서의 점 P의 위치는

$$0+\int_0^5 v(t)\,dt=\frac{1}{2}\times2\times2-\frac{1}{2}\times(3+1)\times1=0$$

따라서 $t=5$일 때 점 P는 원점을 다시 지난다.

ㄴ. 시각 t에서의 점 P의 속력은 $|v(t)|$이다.

$t=1$일 때 $|v(t)|$의 값이 최대이므로 $t=1$일 때 점 P의 속력이 최대이다.

ㄷ. $v(t)=0$이고 그 좌우에서 $v(t)$의 부호가 바뀔 때 운동 방향이 바뀌므로 점 P는 시각 $t=2$, $t=5$에서 운동 방향을 바꾼다.

따라서 점 P는 출발 후 $t=7$까지 운동 방향을 2번 바꾼다.

ㄹ. 시각 $t=0$에서 $t=6$까지 점 P가 움직인 거리는

$$\int_0^6|v(t)|\,dt=\int_0^2|v(t)|\,dt+\int_2^5|v(t)|\,dt+\int_5^6|v(t)|\,dt$$
$$=\frac{1}{2}\times2\times2+\frac{1}{2}\times(3+1)\times1+\frac{1}{2}\times1\times1=\frac{9}{2}$$

따라서 보기에서 옳은 것은 ㄱ, ㄴ이다.

0905 답 $\frac{11}{12}$

$f(x)=x^3-x$, $g(x)=x^2+ax+b$라 하면

$$f'(x)=3x^2-1,\ g'(x)=2x+a$$

(i) $x=1$인 점에서 두 곡선이 만나므로 $f(1)=g(1)$에서

$$0=1+a+b\qquad\therefore a+b=-1\qquad\cdots\cdots\ \unicode{0x1F110}$$

(ii) $x=1$인 점에서의 두 곡선의 접선의 기울기가 같으므로 $f'(1)=g'(1)$에서

$$2=2+a\qquad\therefore a=0$$

$a=0$을 $\unicode{0x1F110}$에 대입하면 $b=-1$ $\cdots\cdots$ ❶

$$\therefore g(x)=x^2-1$$

두 곡선 $y=x^3-x$, $y=x^2-1$의 교점의 x
좌표는 $x^3-x=x^2-1$에서
$x^3-x^2-x+1=0$
$(x+1)(x-1)^2=0$
$\therefore x=-1$ 또는 $x=1$ ...... ⓘ

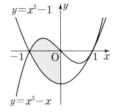

따라서 구하는 도형의 넓이는
$$\int_{-1}^{0}\{(x^3-x)-(x^2-1)\}\,dx=\int_{-1}^{0}(x^3-x^2-x+1)\,dx$$
$$=\left[\frac{1}{4}x^4-\frac{1}{3}x^3-\frac{1}{2}x^2+x\right]_{-1}^{0}$$
$$=\frac{11}{12}$$ ...... ⓘ

채점 기준

ⓘ a, b의 값 구하기	40 %
ⓘ 두 곡선의 교점의 x좌표 구하기	20 %
ⓘ $x\le0$인 부분에서 두 곡선과 y축으로 둘러싸인 도형의 넓이 구하기	40 %

0906 답 −1

두 곡선 $y=x^2+3x+1$, $y=-2x^2-3x+10$의 교점의 x좌표는
$x^2+3x+1=-2x^2-3x+10$에서
$x^2+2x-3=0$
$(x+3)(x-1)=0$
$\therefore x=-3$ 또는 $x=1$ ...... ⓘ
두 곡선 $y=x^2+3x+1$, $y=-2x^2-3x+10$으로 둘러싸인 도형의
넓이를 S_1이라 하면
$$S_1=\int_{-3}^{1}\{(-2x^2-3x+10)-(x^2+3x+1)\}\,dx$$
$$=\int_{-3}^{1}(-3x^2-6x+9)\,dx$$
$$=\left[-x^3-3x^2+9x\right]_{-3}^{1}$$
$$=32$$ ...... ⓘ
두 곡선 $y=x^2+3x+1$, $y=-2x^2-3x+10$과 두 직선 $x=-3$,
$x=k$로 둘러싸인 도형의 넓이를 S_2라 하면
$$S_2=\int_{-3}^{k}\{(-2x^2-3x+10)-(x^2+3x+1)\}\,dx$$
$$=\int_{-3}^{k}(-3x^2-6x+9)\,dx$$
$$=\left[-x^3-3x^2+9x\right]_{-3}^{k}$$
$$=-k^3-3k^2+9k+27$$ ...... ⓘ
이때 $S_1=2S_2$이므로
$32=2(-k^3-3k^2+9k+27)$
$k^3+3k^2-9k-11=0$
$(k+1)(k^2+2k-11)=0$
$\therefore k=-1$ ($\because -3<k<1$) ...... ⓘ

채점 기준

ⓘ 두 곡선의 교점의 x좌표 구하기	20 %
ⓘ 두 곡선으로 둘러싸인 도형의 넓이 구하기	30 %
ⓘ 두 곡선과 두 직선으로 둘러싸인 도형의 넓이 구하기	30 %
ⓘ k의 값 구하기	20 %

0907 답 24

시각 t에서의 점 P의 좌표는
$$\int_{0}^{t}(6t^2+4t-15)\,dt=\left[2t^3+2t^2-15t\right]_{0}^{t}$$
$$=2t^3+2t^2-15t$$
시각 t에서의 점 Q의 좌표는
$$\int_{0}^{t}(-6t^2+8t-9)\,dt=\left[-2t^3+4t^2-9t\right]_{0}^{t}$$
$$=-2t^3+4t^2-9t$$
선분 PQ의 중점 R의 시각 t에서의 위치를 $x_R(t)$라 하면
$$x_R(t)=\frac{(2t^3+2t^2-15t)+(-2t^3+4t^2-9t)}{2}$$
$$=3t^2-12t$$ ...... ⓘ
점 R가 원점을 지날 때 $x_R(t)=0$이므로
$3t^2-12t=0$, $t(t-4)=0$
$\therefore t=4$ ($\because t>0$) ...... ⓘ
시각 t에서의 점 R의 속도는 $x_R{}'(t)=6t-12$이므로 구하는 거리는
$$\int_{0}^{4}|6t-12|\,dt=\int_{0}^{2}(-6t+12)\,dt+\int_{2}^{4}(6t-12)\,dt$$
$$=\left[-3t^2+12t\right]_{0}^{2}+\left[3t^2-12t\right]_{2}^{4}$$
$$=24$$ ...... ⓘ

채점 기준

ⓘ 시각 t에서의 점 R의 위치 구하기	50 %
ⓘ 점 R가 원점을 지날 때의 시각 구하기	20 %
ⓘ 점 R가 출발 후 원점을 지날 때까지 움직인 거리 구하기	30 %

C 실력 향상
148쪽

0908 답 ③

함수 $y=f(x)$의 그래프와 직선 $y=g(x)$의 교점의 x좌표가 0, 1, 2
이므로 삼차방정식 $f(x)-g(x)=0$의 세 근은 0, 1, 2이다.
이때 $f(x)$의 최고차항의 계수가 양수이므로 $f(x)-g(x)$의 최고차
항의 계수도 양수이다.
$f(x)-g(x)=ax(x-1)(x-2)=a(x^3-3x^2+2x)$ $(a>0)$라 하
면 함수 $y=f(x)$의 그래프와 직선 $y=g(x)$로 둘러싸인 도형의 넓
이는
$$\int_{0}^{1}\{f(x)-g(x)\}\,dx+\int_{1}^{2}\{g(x)-f(x)\}\,dx$$
$$=\int_{0}^{1}a(x^3-3x^2+2x)\,dx+\int_{1}^{2}a(-x^3+3x^2-2x)\,dx$$
$$=a\left[\frac{1}{4}x^4-x^3+x^2\right]_{0}^{1}+a\left[-\frac{1}{4}x^4+x^3-x^2\right]_{1}^{2}$$
$$=\frac{a}{2}$$
따라서 $\frac{a}{2}=2$이므로 $a=4$
즉, $f(x)-g(x)=4(x^3-3x^2+2x)$이므로
$f(-1)-g(-1)=4(-1-3-2)=-24$

0909 답 ③

함수 $y=f(x)$의 그래프 위의 점 $(t,\ f(t))\ (0<t<6)$에 대하여
$x<t$일 때, $g(x)=f(x)$
$x\geq t$일 때, $g(x)$는 점 $(t,\ f(t))$를 지나고 기울기가 -1인 직선의
방정식이다.

이때 함수 $y=g(x)$의 그래프와 x축으로
둘러싸인 영역의 넓이가 최대가 되려면 오
른쪽 그림과 같이 $x=t\ (0<t<6)$에서 함
수 $y=f(x)$의 그래프와 직선
$y=-(x-t)+f(t)$가 접해야 한다.

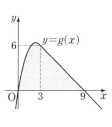

$f(x)=\dfrac{1}{9}x^3-\dfrac{5}{3}x^2+6x$이므로

$f'(x)=\dfrac{1}{3}x^2-\dfrac{10}{3}x+6$

$x=t\ (0<t<6)$에서의 접선의 기울기가 -1이므로 $f'(t)=-1$에서

$\dfrac{1}{3}t^2-\dfrac{10}{3}t+6=-1$

$t^2-10t+21=0,\ (t-3)(t-7)=0$

$\therefore t=3\ (\because 0<t<6)$

따라서 접점의 좌표는 $(3,\ 6)$이고 접선의 방정식은

$y=-(x-3)+6 \qquad \therefore y=-x+9$

따라서 구하는 넓이의 최댓값은

$\displaystyle\int_0^3\left(\dfrac{1}{9}x^3-\dfrac{5}{3}x^2+6x\right)dx+\dfrac{1}{2}\times6\times6$

$=\left[\dfrac{1}{36}x^4-\dfrac{5}{9}x^3+3x^2\right]_0^3+18$

$=\dfrac{57}{4}+18$

$=\dfrac{129}{4}$

0910 답 $\dfrac{8}{3}$

$\displaystyle\int_{2-t}^2 f(x)\,dx+\int_{2+t}^2 f(x)\,dx=0$에서

$\displaystyle\int_{2-t}^2 f(x)\,dx=-\int_{2+t}^2 f(x)\,dx$

$\therefore \displaystyle\int_{2-t}^2 f(x)\,dx=\int_2^{2+t} f(x)\,dx$

따라서 곡선 $y=f(x)$는 직선 $x=2$에 대하여 대칭이므로
$f(x)=(x-2)^2+k=x^2-4x+4+k\ (k$는 상수$)$라 하자.
오른쪽 그림에서 빗금 친 부분의 넓이는
$\dfrac{1}{2}S_2$이고, $S_2=2S_1$이므로 빗금 친 부분의
넓이는 S_1과 같다.
따라서 구간 $[0,\ 2]$에서 곡선
$y=x^2-4x+4+k$와 x축, y축 및 직선 $x=2$
로 둘러싸인 두 도형의 넓이가 서로 같으므로

$\displaystyle\int_0^2 (x^2-4x+4+k)\,dx=0$

$\left[\dfrac{1}{3}x^3-2x^2+(4+k)x\right]_0^2=0$

$2k+\dfrac{8}{3}=0 \qquad \therefore k=-\dfrac{4}{3}$

따라서 $f(x)=x^2-4x+\dfrac{8}{3}$이므로 $f(0)=\dfrac{8}{3}$

0911 답 ③

$v(t)=0$인 t의 값은
$t=0$ 또는 $t=1$ 또는 $t=a$ 또는 $t=2a$
점 P가 출발한 후 운동 방향을 한 번만 바꾸려면 $t>0$에서 $v(t)=0$
이고 그 좌우에서 $v(t)$의 부호가 바뀌는 t의 값이 1개이어야 하므로
$a=0$ 또는 $a=\dfrac{1}{2}$ 또는 $a=1$
시각 $t=0$에서 $t=2$까지 점 P의 위치의 변화량은

(i) $a=0$일 때

$\quad v(t)=-t^3(t-1)$이므로

$\qquad \displaystyle\int_0^2\{-t^3(t-1)\}\,dt=\int_0^2(-t^4+t^3)\,dt$

$\qquad\qquad\qquad =\left[-\dfrac{1}{5}t^5+\dfrac{1}{4}t^4\right]_0^2$

$\qquad\qquad\qquad =-\dfrac{12}{5}$

(ii) $a=\dfrac{1}{2}$일 때

$\quad v(t)=-t\left(t-\dfrac{1}{2}\right)(t-1)^2$이므로

$\displaystyle\int_0^2\left\{-t\left(t-\dfrac{1}{2}\right)(t-1)^2\right\}dt=\int_0^2\left(-t^4+\dfrac{5}{2}t^3-2t^2+\dfrac{1}{2}t\right)dt$

$\qquad\qquad\qquad =\left[-\dfrac{1}{5}t^5+\dfrac{5}{8}t^4-\dfrac{2}{3}t^3+\dfrac{1}{4}t^2\right]_0^2$

$\qquad\qquad\qquad =-\dfrac{11}{15}$

(iii) $a=1$일 때

$\quad v(t)=-t(t-1)^2(t-2)$이므로

$\displaystyle\int_0^2\{-t(t-1)^2(t-2)\}\,dt=\int_0^2(-t^4+4t^3-5t^2+2t)\,dt$

$\qquad\qquad\qquad =\left[-\dfrac{1}{5}t^5+t^4-\dfrac{5}{3}t^3+t^2\right]_0^2$

$\qquad\qquad\qquad =\dfrac{4}{15}$

(i), (ii), (iii)에서 점 P의 위치의 변화량의 최댓값은 $\dfrac{4}{15}$이다.

기출 BOOK

01 / 함수의 극한

2~7쪽

중단원 기출 문제 1회

1 답 ⑤

$\lim\limits_{x \to -1+} f(x)=0$, $\lim\limits_{x \to -1-} f(x)=0$이므로

$\lim\limits_{x \to -1} f(x)=0$

$\therefore \lim\limits_{x \to -1} f(x) + \lim\limits_{x \to 0-} f(x) + \lim\limits_{x \to 1+} f(x) = 0+1+1=2$

2 답 ㄱ, ㄷ

ㄱ. $f(x)=\dfrac{x^2-x-2}{x+1}$라 하면 $x \neq -1$일 때,

$f(x)=\dfrac{x^2-x-2}{x+1}=\dfrac{(x+1)(x-2)}{x+1}=x-2$

따라서 함수 $y=f(x)$의 그래프는 오른쪽
그림과 같고 x의 값이 -1에 한없이 가
까워질 때, $f(x)$의 값은 -3에 한없이 가
까워지므로

$\lim\limits_{x \to -1} \dfrac{x^2-x-2}{x+1}=-3$

ㄴ. $f(x)=\dfrac{1}{|x-4|}$이라 하면 함수 $y=f(x)$
의 그래프는 오른쪽 그림과 같고 x의 값
이 4에 한없이 가까워질 때, $f(x)$의 값은
한없이 커지므로

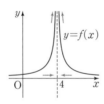

$\lim\limits_{x \to 4} \dfrac{1}{|x-4|}=\infty$

ㄷ. $f(x)=x+|x|$라 하면

$f(x)=\begin{cases} 2x & (x \geq 0) \\ 0 & (x < 0) \end{cases}$

따라서 함수 $y=f(x)$의 그래프는 오른
쪽 그림과 같으므로

$\lim\limits_{x \to 0+} f(x)=0$, $\lim\limits_{x \to 0-} f(x)=0$

$\therefore \lim\limits_{x \to 0} f(x)=0$

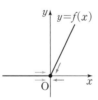

ㄹ. $f(x)=\dfrac{x^2-1}{|x-1|}$이라 하면

$f(x)=\begin{cases} x+1 & (x>1) \\ -x-1 & (x<1) \end{cases}$

따라서 함수 $y=f(x)$의 그래프는 오른
쪽 그림과 같으므로

$\lim\limits_{x \to 1+} f(x)=2$, $\lim\limits_{x \to 1-} f(x)=-2$

따라서 $\lim\limits_{x \to 1+} f(x) \neq \lim\limits_{x \to 1-} f(x)$이므로

$\lim\limits_{x \to 1} f(x)$의 값은 존재하지 않는다.

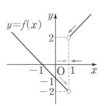

따라서 보기에서 극한값이 존재하는 것은 ㄱ, ㄷ이다.

3 답 3

$a>0$일 때, $\lim\limits_{x \to 2+} f(x)=\lim\limits_{x \to 2+}(x-a)=2-a<2$이므로

$\lim\limits_{x \to 2+} f(f(x))=(2-a)^2-1=a^2-4a+3$

$\lim\limits_{x \to 2-} f(x)=\lim\limits_{x \to 2-}(x^2-1)=3>2$이므로

$\lim\limits_{x \to 2-} f(f(x))=3-a$

$\lim\limits_{x \to 2+} f(f(x))=\lim\limits_{x \to 2-} f(f(x))$이어야 하므로

$a^2-4a+3=3-a$

$a^2-3a=0$, $a(a-3)=0$

$\therefore a=3 \ (\because a>0)$

4 답 -1

$f(x)=t$로 놓으면 $x \to 1+$일 때 $t \to 1-$이므로

$\lim\limits_{x \to 1+} f(f(x))=\lim\limits_{t \to 1-} f(t)=-2$

$x \to 0+$일 때 $t \to -1-$이므로

$\lim\limits_{x \to 0+} f(f(x))=\lim\limits_{t \to -1-} f(t)=1$

$\therefore \lim\limits_{x \to 1+} f(f(x)) + \lim\limits_{x \to 0+} f(f(x))=-1$

5 답 $-\dfrac{1}{4}$

$\lim\limits_{x \to 2} \dfrac{f(x)+\{g(x)\}^2}{2f(x)+g(x)}=\dfrac{-3+2^2}{2 \times (-3)+2}=-\dfrac{1}{4}$

6 답 ②

$\lim\limits_{x \to 1} \dfrac{4f(x)}{x^2-1}=\lim\limits_{x \to 1} \dfrac{4f(x)}{(x+1)(x-1)}$

$=\lim\limits_{x \to 1} \dfrac{f(x)}{x-1} \times \lim\limits_{x \to 1} \dfrac{4}{x+1}$

$=-3 \times \dfrac{4}{2}=-6$

7 답 2

$x-1=t$로 놓으면 $x \to 1$일 때 $t \to 0$이므로

$\lim\limits_{x \to 1} \dfrac{x^2+4x-5}{f(x-1)}=\lim\limits_{x \to 1} \dfrac{(x+5)(x-1)}{f(x-1)}$

$=\lim\limits_{x \to 1} \dfrac{x-1}{f(x-1)} \times \lim\limits_{x \to 1}(x+5)$

$=\lim\limits_{t \to 0} \dfrac{t}{f(t)} \times \lim\limits_{x \to 1}(x+5)$

$=\dfrac{1}{3} \times 6=2$

8 답 $\dfrac{5}{2}$

$2 \leq x < 3$일 때 $[x]=2$이므로 $\lim\limits_{x \to 2+}[x]=2$

$1 \leq x < 2$일 때 $[x]=1$이므로 $\lim\limits_{x \to 2-}[x]=1$

$\therefore \lim\limits_{x \to 2+}([x]^2-x) + \lim\limits_{x \to 2-} \dfrac{[x]}{x}=(4-2)+\dfrac{1}{2}=\dfrac{5}{2}$

9 답 ⑤

$$\lim_{x\to 1}\frac{\sqrt{x^2+3}-2}{\sqrt{x+8}-3}$$

$$=\lim_{x\to 1}\frac{(\sqrt{x^2+3}-2)(\sqrt{x^2+3}+2)(\sqrt{x+8}+3)}{(\sqrt{x+8}-3)(\sqrt{x+8}+3)(\sqrt{x^2+3}+2)}$$

$$=\lim_{x\to 1}\frac{(x^2-1)(\sqrt{x+8}+3)}{(x-1)(\sqrt{x^2+3}+2)}$$

$$=\lim_{x\to 1}\frac{(x+1)(x-1)(\sqrt{x+8}+3)}{(x-1)(\sqrt{x^2+3}+2)}$$

$$=\lim_{x\to 1}\frac{(x+1)(\sqrt{x+8}+3)}{\sqrt{x^2+3}+2}$$

$$=\frac{2(3+3)}{2+2}=3$$

10 답 4

$$\lim_{x\to 0}\frac{\{f(x)\}^2}{f(x^2)}=\lim_{x\to 0}\frac{\left(x+\dfrac{4}{x}\right)^2}{x^2+\dfrac{4}{x^2}}=\lim_{x\to 0}\frac{x^2+8+\dfrac{16}{x^2}}{x^2+\dfrac{4}{x^2}}$$

$$=\lim_{x\to 0}\frac{x^4+8x^2+16}{x^4+4}=\frac{16}{4}=4$$

11 답 ②

$x=-t$로 놓으면 $x\to-\infty$일 때 $t\to\infty$이므로

$$\lim_{x\to-\infty}(\sqrt{x^2+4x}+x)=\lim_{t\to\infty}(\sqrt{t^2-4t}-t)$$

$$=\lim_{t\to\infty}\frac{(\sqrt{t^2-4t}-t)(\sqrt{t^2-4t}+t)}{\sqrt{t^2-4t}+t}$$

$$=\lim_{t\to\infty}\frac{-4t}{\sqrt{t^2-4t}+t}$$

$$=\lim_{t\to\infty}\frac{-4}{\sqrt{1-\dfrac{4}{t}}+1}$$

$$=\frac{-4}{1+1}=-2$$

12 답 -15

$$\lim_{x\to\infty}f(x)=\lim_{x\to\infty}\frac{3x^2-2x+1}{x^2+5x-7}=\lim_{x\to\infty}\frac{3-\dfrac{2}{x}+\dfrac{1}{x^2}}{1+\dfrac{5}{x}-\dfrac{7}{x^2}}=3$$

$$\lim_{x\to\infty}g(x)=\lim_{x\to\infty}\frac{1}{\sqrt{25x^2-2x}-5x}$$

$$=\lim_{x\to\infty}\frac{\sqrt{25x^2-2x}+5x}{(\sqrt{25x^2-2x}-5x)(\sqrt{25x^2-2x}+5x)}$$

$$=\lim_{x\to\infty}\frac{\sqrt{25x^2-2x}+5x}{-2x}$$

$$=\lim_{x\to\infty}\frac{\sqrt{25-\dfrac{2}{x}}+5}{-2}$$

$$=\frac{5+5}{-2}=-5$$

$$\therefore \lim_{x\to\infty}f(x)g(x)=\lim_{x\to\infty}f(x)\times\lim_{x\to\infty}g(x)$$
$$=3\times(-5)=-15$$

13 답 2

$$\lim_{x\to 2}(\sqrt{x^2-3}-1)\left(2+\frac{1}{x-2}\right)$$

$$=\lim_{x\to 2}\left\{\frac{(\sqrt{x^2-3}-1)(\sqrt{x^2-3}+1)}{\sqrt{x^2-3}+1}\times\frac{2x-3}{x-2}\right\}$$

$$=\lim_{x\to 2}\left(\frac{x^2-4}{\sqrt{x^2-3}+1}\times\frac{2x-3}{x-2}\right)$$

$$=\lim_{x\to 2}\left\{\frac{(x+2)(x-2)}{\sqrt{x^2-3}+1}\times\frac{2x-3}{x-2}\right\}$$

$$=\lim_{x\to 2}\frac{(x+2)(2x-3)}{\sqrt{x^2-3}+1}$$

$$=\frac{4\times 1}{1+1}=2$$

14 답 ②

$x\to 3$일 때 (분모) $\to 0$이고 극한값이 존재하므로 (분자) $\to 0$이다.

즉, $\lim\limits_{x\to 3}(x^2+ax+b)=0$이므로

$9+3a+b=0$ $\therefore b=-3a-9$ ······ ㉠

㉠을 주어진 등식의 좌변에 대입하면

$$\lim_{x\to 3}\frac{x^2+ax-3(a+3)}{6-2x}=\lim_{x\to 3}\frac{(x-3)(x+a+3)}{-2(x-3)}$$

$$=\lim_{x\to 3}\left(-\frac{x+a+3}{2}\right)$$

$$=-\frac{a+6}{2}$$

따라서 $-\dfrac{a+6}{2}=-2$이므로

$a+6=4$ $\therefore a=-2$

이를 ㉠에 대입하면 $b=-3$

$\therefore a+b=-5$

15 답 ③

$x\to 2$일 때 (분자) $\to 0$이고 0이 아닌 극한값이 존재하므로 (분모) $\to 0$이다.

즉, $\lim\limits_{x\to 2}(\sqrt{x^2+a}-b)=0$이므로

$\sqrt{4+a}-b=0$ $\therefore b=\sqrt{4+a}$ ······ ㉠

㉠을 주어진 등식의 좌변에 대입하면

$$\lim_{x\to 2}\frac{x-2}{\sqrt{x^2+a}-\sqrt{4+a}}$$

$$=\lim_{x\to 2}\frac{(x-2)(\sqrt{x^2+a}+\sqrt{4+a})}{(\sqrt{x^2+a}-\sqrt{4+a})(\sqrt{x^2+a}+\sqrt{4+a})}$$

$$=\lim_{x\to 2}\frac{(x-2)(\sqrt{x^2+a}+\sqrt{4+a})}{x^2-4}$$

$$=\lim_{x\to 2}\frac{(x-2)(\sqrt{x^2+a}+\sqrt{4+a})}{(x+2)(x-2)}$$

$$=\lim_{x\to 2}\frac{\sqrt{x^2+a}+\sqrt{4+a}}{x+2}=\frac{\sqrt{4+a}}{2}$$

따라서 $\dfrac{\sqrt{4+a}}{2}=2$이므로

$\sqrt{4+a}=4$, $4+a=16$ $\therefore a=12$

이를 ㉠에 대입하면 $b=4$

$\therefore a+b=16$

16 답 −11

$\lim\limits_{x \to \infty} \dfrac{f(x)-x^3}{x^2}=7$에서 $f(x)-x^3$은 최고차항의 계수가 7인 이차

함수이므로 $f(x)-x^3=7x^2+ax+b$ (a, b는 상수)라 하면

$f(x)=x^3+7x^2+ax+b$

$\lim\limits_{x \to 1} \dfrac{f(x)}{x-1}=20$에서 $x \to 1$일 때 (분모) $\to 0$이고 극한값이 존재하므

로 (분자) $\to 0$이다.

즉, $\lim\limits_{x \to 1} f(x)=0$이므로 $f(1)=0$

$1+7+a+b=0$ ∴ $b=-a-8$ …… ㉠

$\therefore \lim\limits_{x \to 1} \dfrac{f(x)}{x-1}=\lim\limits_{x \to 1} \dfrac{x^3+7x^2+ax-(a+8)}{x-1}$

$\qquad =\lim\limits_{x \to 1} \dfrac{(x-1)(x^2+8x+a+8)}{x-1}$

$\qquad =\lim\limits_{x \to 1}(x^2+8x+a+8)=a+17$

따라서 $a+17=20$이므로 $a=3$

이를 ㉠에 대입하면 $b=-11$

즉, $f(x)=x^3+7x^2+3x-11$이므로

$f(0)=-11$

17 답 ③

$x^3+3x^2-4<f(x)<x^3+3x^2+7$에서

$3x^2-4<f(x)-x^3<3x^2+7$

모든 실수 x에 대하여 $5x^2+1>0$이므로 각 변을 $5x^2+1$로 나누면

$\dfrac{3x^2-4}{5x^2+1}<\dfrac{f(x)-x^3}{5x^2+1}<\dfrac{3x^2+7}{5x^2+1}$

이때 $\lim\limits_{x \to \infty} \dfrac{3x^2-4}{5x^2+1}=\dfrac{3}{5}$, $\lim\limits_{x \to \infty} \dfrac{3x^2+7}{5x^2+1}=\dfrac{3}{5}$이므로 함수의 극한의 대

소 관계에 의하여

$\lim\limits_{x \to \infty} \dfrac{f(x)-x^3}{5x^2+1}=\dfrac{3}{5}$

18 답 ④

(i) $x>1$일 때

$x-1>0$이므로 주어진 부등식의 각 변을 $x-1$로 나누면

$\dfrac{x^2-1}{x-1}\leq\dfrac{f(x)}{x-1}\leq\dfrac{3x^2-4x+1}{x-1}$

$\dfrac{(x+1)(x-1)}{x-1}\leq\dfrac{f(x)}{x-1}\leq\dfrac{(3x-1)(x-1)}{x-1}$

$\therefore x+1\leq\dfrac{f(x)}{x-1}\leq 3x-1$

이때 $\lim\limits_{x \to 1+}(x+1)=2$, $\lim\limits_{x \to 1+}(3x-1)=2$이므로 함수의 극한의 대

소 관계에 의하여

$\lim\limits_{x \to 1+} \dfrac{f(x)}{x-1}=2$

(ii) $x<1$일 때

$x-1<0$이므로 주어진 부등식의 각 변을 $x-1$로 나누면

$\dfrac{3x^2-4x+1}{x-1}\leq\dfrac{f(x)}{x-1}\leq\dfrac{x^2-1}{x-1}$

$\dfrac{(3x-1)(x-1)}{x-1}\leq\dfrac{f(x)}{x-1}\leq\dfrac{(x+1)(x-1)}{x-1}$

$\therefore 3x-1\leq\dfrac{f(x)}{x-1}\leq x+1$

이때 $\lim\limits_{x \to 1-}(3x-1)=2$, $\lim\limits_{x \to 1-}(x+1)=2$이므로 함수의 극한의 대

소 관계에 의하여

$\lim\limits_{x \to 1-} \dfrac{f(x)}{x-1}=2$

(i), (ii)에서 $\lim\limits_{x \to 1} \dfrac{f(x)}{x-1}=2$

19 답 $\dfrac{5}{2}$

$P(a, \sqrt{a})$, $H(0, \sqrt{a})$이므로

$\overline{PH}=a$, $\overline{PA}=\sqrt{(3-a)^2+(-\sqrt{a})^2}=\sqrt{a^2-5a+9}$

$\therefore \lim\limits_{a \to \infty}(\overline{PH}-\overline{PA})=\lim\limits_{a \to \infty}(a-\sqrt{a^2-5a+9})$

$\qquad =\lim\limits_{a \to \infty} \dfrac{(a-\sqrt{a^2-5a+9})(a+\sqrt{a^2-5a+9})}{a+\sqrt{a^2-5a+9}}$

$\qquad =\lim\limits_{a \to \infty} \dfrac{5a-9}{a+\sqrt{a^2-5a+9}}$

$\qquad =\lim\limits_{a \to \infty} \dfrac{5-\dfrac{9}{a}}{1+\sqrt{1-\dfrac{5}{a}+\dfrac{9}{a^2}}}$

$\qquad =\dfrac{5}{1+1}=\dfrac{5}{2}$

20 답 $\dfrac{1}{2}$

중심이 원점이고 반지름의 길이가 a인 원의 방정식은

$x^2+y^2=a^2$

이 원이 직선 $y=2ax$와 제1사분면에서 만나는 점 P의 x좌표는

$x^2+(2ax)^2=a^2$, $x^2=\dfrac{a^2}{4a^2+1}$

$\therefore x=\dfrac{a}{\sqrt{4a^2+1}}$ ($\because a>0$, $x>0$)

따라서 $f(a)=\dfrac{a}{\sqrt{4a^2+1}}$이므로

$\lim\limits_{a \to \infty} f(a)=\lim\limits_{a \to \infty} \dfrac{a}{\sqrt{4a^2+1}}$

$\qquad =\lim\limits_{a \to \infty} \dfrac{1}{\sqrt{4+\dfrac{1}{a^2}}}=\dfrac{1}{2}$

중단원 기출 문제 2회

1 답 ④

함수 $y=|x^2-1|$의 그래프는 오른쪽 그림
과 같으므로

$f(t)=\begin{cases} 0 \ (t<0) \\ 2 \ (t=0 \ \text{또는} \ t>1) \\ 4 \ (0<t<1) \\ 3 \ (t=1) \end{cases}$

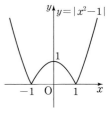

$\therefore f(0)+\lim\limits_{t \to 1-} f(t)+\lim\limits_{t \to 1+} f(t)=2+4+2=8$

2 답 -1

$\lim\limits_{x \to 2+} f(x) = \lim\limits_{x \to 2+} (x^2 - 2k) = 4 - 2k$

$\lim\limits_{x \to 2-} f(x) = \lim\limits_{x \to 2-} (kx + 8) = 2k + 8$

$\lim\limits_{x \to 2+} f(x) = \lim\limits_{x \to 2-} f(x)$이므로

$4 - 2k = 2k + 8, \ -4k = 4$

$\therefore k = -1$

3 답 ②

$\lim\limits_{x \to 1+} f(x) = 2$이므로 $a = 2$

$\therefore \lim\limits_{x \to a-} f(x - 3) = \lim\limits_{x \to 2-} f(x - 3)$

$x - 3 = t$로 놓으면 $x \to 2-$일 때 $t \to -1-$이므로

$\lim\limits_{x \to 2-} f(x - 3) = \lim\limits_{t \to -1-} f(t) = -1$

4 답 4

$\lim\limits_{x \to 1} (x^2 + 1) f(x) = \lim\limits_{x \to 1} \left\{ \dfrac{x^2 + 1}{x + 2} \times (x + 2) f(x) \right\}$

$\qquad = \lim\limits_{x \to 1} \dfrac{x^2 + 1}{x + 2} \times \lim\limits_{x \to 1} (x + 2) f(x)$

$\qquad = \dfrac{2}{3} \times 6 = 4$

5 답 3

$2f(x) - 3g(x) = h(x)$라 하면

$3g(x) = 2f(x) - h(x), \ \lim\limits_{x \to \infty} h(x) = 2$이고,

$\lim\limits_{x \to \infty} f(x) = \infty$ (또는 $-\infty$)이므로

$\lim\limits_{x \to \infty} \dfrac{8f(x) - 3g(x)}{3g(x)} = \lim\limits_{x \to \infty} \dfrac{8f(x) - \{2f(x) - h(x)\}}{2f(x) - h(x)}$

$\qquad = \lim\limits_{x \to \infty} \dfrac{6f(x) + h(x)}{2f(x) - h(x)}$

$\qquad = \lim\limits_{x \to \infty} \dfrac{6 + \dfrac{h(x)}{f(x)}}{2 - \dfrac{h(x)}{f(x)}}$

$\qquad = 3 \left(\because \lim\limits_{x \to \infty} \dfrac{h(x)}{f(x)} = 0 \right)$

6 답 ③

① $-1 \le x < 0$일 때 $[x] = -1$이므로

$\lim\limits_{x \to 0-} [x] = -1$

$\therefore \lim\limits_{x \to 0-} \dfrac{[x]}{x + 1} = \dfrac{-1}{1} = -1$

② $2 \le x < 3$일 때 $1 \le x - 1 < 2$이므로

$[x - 1] = 1$

$\therefore \lim\limits_{x \to 2+} [x - 1] = 1$

$\therefore \lim\limits_{x \to 2+} \dfrac{x}{[x - 1]} = \dfrac{2}{1} = 2$

③ $0 \le x < 1$일 때 $-2 \le x - 2 < -1$이므로

$[x - 2] = -2$

$\therefore \lim\limits_{x \to 1-} [x - 2] = -2$

$\therefore \lim\limits_{x \to 1-} \dfrac{[x - 2]}{x - 2} = \dfrac{-2}{-1} = 2$

④ $3 \le x < 4$일 때 $[x] = 3$이므로

$\lim\limits_{x \to 3+} [x] = 3$

$\therefore \lim\limits_{x \to 3+} \dfrac{[x]^2 + 1}{[x]} = \dfrac{9 + 1}{3} = \dfrac{10}{3}$

⑤ $-1 < x < 0$일 때 $-1 < x^2 - 1 < 0$이므로

$[x^2 - 1] = -1$

$\therefore \lim\limits_{x \to -1+} [x^2 - 1] = -1$

따라서 옳은 것은 ③이다.

7 답 8

$\lim\limits_{x \to a} \dfrac{x^3 - a^3}{x^2 - a^2} = \lim\limits_{x \to a} \dfrac{(x - a)(x^2 + ax + a^2)}{(x + a)(x - a)}$

$\qquad = \lim\limits_{x \to a} \dfrac{x^2 + ax + a^2}{x + a}$

$\qquad = \dfrac{3a^2}{2a} = \dfrac{3a}{2}$

따라서 $\dfrac{3a}{2} = 3$이므로 $a = 2$

$\therefore \lim\limits_{x \to a} \dfrac{x^3 - ax^2 + a^2 x - a^3}{x - a} = \lim\limits_{x \to 2} \dfrac{x^3 - 2x^2 + 4x - 8}{x - 2}$

$\qquad = \lim\limits_{x \to 2} \dfrac{(x - 2)(x^2 + 4)}{x - 2}$

$\qquad = \lim\limits_{x \to 2} (x^2 + 4) = 8$

8 답 ①

$x = -t$로 놓으면 $x \to -\infty$일 때 $t \to \infty$이므로

$\lim\limits_{x \to -\infty} \dfrac{\sqrt{9x^2 + 5} - 4}{x + 2} = \lim\limits_{t \to \infty} \dfrac{\sqrt{9t^2 + 5} - 4}{-t + 2}$

$\qquad = \lim\limits_{t \to \infty} \dfrac{\sqrt{9 + \dfrac{5}{t^2}} - \dfrac{4}{t}}{-1 + \dfrac{2}{t}}$

$\qquad = \dfrac{3}{-1} = -3$

9 답 7

$\lim\limits_{x \to \infty} \dfrac{3x^2 + xf(x)}{x^2 - f(x)} = \lim\limits_{x \to \infty} \dfrac{3 + \dfrac{f(x)}{x}}{1 - \dfrac{f(x)}{x} \times \dfrac{1}{x}} = \dfrac{3 + 4}{1 - 4 \times 0} = 7$

10 답 ③

ㄱ. $\lim\limits_{x \to 1} \dfrac{x^2 - x}{x^3 - 1} = \lim\limits_{x \to 1} \dfrac{x(x - 1)}{(x - 1)(x^2 + x + 1)}$

$\qquad = \lim\limits_{x \to 1} \dfrac{x}{x^2 + x + 1} = \dfrac{1}{3}$

ㄴ. $\lim\limits_{x \to 0} \dfrac{x - \dfrac{1}{x}}{x + \dfrac{1}{x}} = \lim\limits_{x \to 0} \dfrac{x^2 - 1}{x^2 + 1} = -1$

ㄷ. $\lim\limits_{x \to \infty} (\sqrt{2x + 4} - \sqrt{2x + 1})$

$\qquad = \lim\limits_{x \to \infty} \dfrac{(\sqrt{2x + 4} - \sqrt{2x + 1})(\sqrt{2x + 4} + \sqrt{2x + 1})}{\sqrt{2x + 4} + \sqrt{2x + 1}}$

$\qquad = \lim\limits_{x \to \infty} \dfrac{3}{\sqrt{2x + 4} + \sqrt{2x + 1}} = 0$

따라서 보기에서 옳은 것은 ㄷ이다.

11 답 ①

$$\lim_{x \to 0} \frac{1}{x^2 - x}\left(\frac{1}{\sqrt{x+9}} - \frac{1}{3}\right)$$

$$= \lim_{x \to 0}\left(\frac{1}{x^2 - x} \times \frac{3 - \sqrt{x+9}}{3\sqrt{x+9}}\right)$$

$$= \lim_{x \to 0}\left\{\frac{1}{x^2 - x} \times \frac{(3 - \sqrt{x+9})(3 + \sqrt{x+9})}{3\sqrt{x+9}(3 + \sqrt{x+9})}\right\}$$

$$= \lim_{x \to 0}\left\{\frac{1}{x(x-1)} \times \frac{-x}{3\sqrt{x+9}(3 + \sqrt{x+9})}\right\}$$

$$= \lim_{x \to 0}\left\{\frac{1}{x-1} \times \frac{-1}{3\sqrt{x+9}(3 + \sqrt{x+9})}\right\}$$

$$= -1 \times \frac{-1}{3 \times 3 \times (3+3)} = \frac{1}{54}$$

12 답 $\dfrac{1}{6}$

$\left[\dfrac{1}{6x^2}\right] = \dfrac{1}{6x^2} - \alpha \ (0 \le \alpha < 1)$라 하면

$$\lim_{x \to 0} x^2\left[\frac{1}{6x^2}\right] = \lim_{x \to 0} x^2\left(\frac{1}{6x^2} - \alpha\right)$$

$$= \lim_{x \to 0}\left(\frac{1}{6} - \alpha x^2\right) = \frac{1}{6}$$

13 답 32

$\displaystyle\lim_{x \to 3} \dfrac{a\sqrt{x-2} + b}{x-3} = 2$에서 $x \to 3$일 때 (분모) $\to 0$이고 극한값이 존재하므로 (분자) $\to 0$이다.

즉, $\displaystyle\lim_{x \to 3}(a\sqrt{x-2} + b) = 0$이므로

$a + b = 0$ $\therefore b = -a$ ...... ㉠

㉠을 주어진 등식의 좌변에 대입하면

$$\lim_{x \to 3} \frac{a\sqrt{x-2} - a}{x-3} = \lim_{x \to 3} \frac{a(\sqrt{x-2} - 1)}{x-3}$$

$$= \lim_{x \to 3} \frac{a(\sqrt{x-2} - 1)(\sqrt{x-2} + 1)}{(x-3)(\sqrt{x-2} + 1)}$$

$$= \lim_{x \to 3} \frac{a(x-3)}{(x-3)(\sqrt{x-2} + 1)}$$

$$= \lim_{x \to 3} \frac{a}{\sqrt{x-2} + 1}$$

$$= \frac{a}{1+1} = \frac{a}{2}$$

따라서 $\dfrac{a}{2} = 2$이므로 $a = 4$

이를 ㉠에 대입하면 $b = -4$

$\therefore a^2 + b^2 = 32$

14 답 ⑤

$x = -t$로 놓으면 $x \to -\infty$일 때 $t \to \infty$이므로

$$\lim_{x \to -\infty} (\sqrt{ax^2 + 2x} + x) = \lim_{t \to \infty} (\sqrt{at^2 - 2t} - t)$$

$$= \lim_{t \to \infty} \frac{(\sqrt{at^2 - 2t} - t)(\sqrt{at^2 - 2t} + t)}{\sqrt{at^2 - 2t} + t}$$

$$= \lim_{t \to \infty} \frac{(a-1)t^2 - 2t}{\sqrt{at^2 - 2t} + t}$$

$$= \lim_{t \to \infty} \frac{(a-1)t - 2}{\sqrt{a - \dfrac{2}{t}} + 1}$$ ...... ㉠

㉠의 극한값이 존재하므로

$a - 1 = 0$ $\therefore a = 1$

이를 ㉠에 대입하면

$$\lim_{t \to \infty} \frac{-2}{\sqrt{1 - \dfrac{2}{t}} + 1} = \frac{-2}{1+1} = -1$$

$\therefore b = -1$

$\therefore a - b = 2$

15 답 -24

$\displaystyle\lim_{x \to \infty} \dfrac{xg(x)}{f(x)} = \lim_{x \to \infty} \dfrac{3x^2 - 9x}{f(x)} = 1$에서 $f(x)$는 최고차항의 계수가 3인 이차함수이다.

$\displaystyle\lim_{x \to 3} \dfrac{f(x)}{xg(x)} = \lim_{x \to 3} \dfrac{f(x)}{3x(x-3)} = 2$에서 $x \to 3$일 때 (분모) $\to 0$이고 극한값이 존재하므로 (분자) $\to 0$이다.

즉, $\displaystyle\lim_{x \to 3} f(x) = 0$이므로 $f(3) = 0$

$f(x) = 3(x-3)(x+a)$ (a는 상수)라 하면

$$\lim_{x \to 3} \frac{f(x)}{xg(x)} = \lim_{x \to 3} \frac{3(x-3)(x+a)}{3x(x-3)}$$

$$= \lim_{x \to 3} \frac{x+a}{x}$$

$$= \frac{3+a}{3}$$

따라서 $\dfrac{3+a}{3} = 2$이므로 $a = 3$

즉, $f(x) = 3(x-3)(x+3)$이므로

$f(1) = 3 \times (-2) \times 4 = -24$

16 답 9

$\displaystyle\lim_{x \to \infty} \dfrac{f(x)}{g(x)} = 2$에서 $f(x)$, $g(x)$의 차수가 같고, $f(x)$의 최고차항의 계수는 $g(x)$의 최고차항의 계수의 2배이다.

$\displaystyle\lim_{x \to \infty} \dfrac{f(x) - g(x)}{x-4} = 3$에서 $f(x) - g(x)$는 최고차항의 계수가 3인 일차함수이므로 두 함수 $f(x)$, $g(x)$는 모두 일차함수이다.

$f(x) = 2ax + b$, $g(x) = ax + c$ (a, b, c는 상수, $a \ne 0$)라 하면

$f(x) - g(x) = ax + b - c$

$\therefore a = 3$

$\therefore f(x) + g(x) = 9x + b + c$

$\displaystyle\lim_{x \to -1} \dfrac{f(x) + g(x)}{x+1} = \alpha$에서 $x \to -1$일 때 (분모) $\to 0$이고 극한값이 존재하므로 (분자) $\to 0$이다.

즉, $\displaystyle\lim_{x \to -1} \{f(x) + g(x)\} = 0$이므로

$\displaystyle\lim_{x \to -1} (9x + b + c) = 0$

$-9 + b + c = 0$ $\therefore b + c = 9$

따라서 $f(x) + g(x) = 9x + 9$이므로

$$\lim_{x \to -1} \frac{f(x) + g(x)}{x+1} = \lim_{x \to -1} \frac{9x + 9}{x+1}$$

$$= \lim_{x \to -1} \frac{9(x+1)}{x+1} = 9$$

$\therefore \alpha = 9$

17 답 ①

ㄱ. $\lim_{x \to a} f(x) = \alpha$, $\lim_{x \to a} \{g(x) - f(x)\} = \beta$ (α, β는 실수)라 하면

$$\lim_{x \to a} g(x) = \lim_{x \to a} \{g(x) - f(x) + f(x)\}$$
$$= \lim_{x \to a} \{g(x) - f(x)\} + \lim_{x \to a} f(x)$$
$$= \beta + \alpha$$

ㄴ. [반례] $f(x) = g(x) = \begin{cases} 1 & (x \geq a) \\ -1 & (x < a) \end{cases}$ 이면 $\lim_{x \to a} f(x)g(x) = 1$이

지만 $\lim_{x \to a} f(x)$와 $\lim_{x \to a} g(x)$의 값은 모두 존재하지 않는다.

ㄷ. [반례] $f(x) = \dfrac{1}{x^2 + 2}$, $g(x) = \dfrac{1}{x^2 + 1}$이면 모든 실수 x에 대하

여 $f(x) < g(x)$이지만 $\lim_{x \to \infty} f(x) = \lim_{x \to \infty} g(x) = 0$이다.

따라서 보기에서 옳은 것은 ㄱ이다.

18 답 -5

$\lim_{x \to 1} (x - 6) = -5$, $\lim_{x \to 1}(x^2 - x - 5) = -5$이므로 함수의 극한의 대소 관계에 의하여

$$\lim_{x \to 1} f(x) = -5$$

19 답 ③

모든 양의 실수 x에 대하여 $x^2 > 0$이므로 주어진 부등식의 각 변을 x^2으로 나누면

$$\frac{2x^2 + 1}{x^2} < \frac{1}{xf(x)} < \frac{2x^2 + x + 3}{x^2}$$

$$\therefore \frac{2x^2 + 1}{10x^2} < \frac{1}{10xf(x)} < \frac{2x^2 + x + 3}{10x^2}$$

이때 $\lim_{x \to \infty} \dfrac{2x^2 + 1}{10x^2} = \dfrac{1}{5}$, $\lim_{x \to \infty} \dfrac{2x^2 + x + 3}{10x^2} = \dfrac{1}{5}$이므로 함수의 극한의 대소 관계에 의하여

$$\lim_{x \to \infty} \frac{1}{10xf(x)} = \frac{1}{5}$$

$$\therefore \lim_{x \to \infty} 10xf(x) = 5$$

20 답 2

직각삼각형 ABC에서

$\overline{BC} = \sqrt{4^2 + 4^2} = 4\sqrt{2}$

$\therefore \overline{BQ} = 4\sqrt{2} - t$

삼각형 ABC에서 $\angle C = 45°$이므로 삼각형 QCP는 $\overline{QC} = \overline{QP}$인 직각이등변삼각형이다.

따라서 $\overline{QP} = t$, $\overline{PC} = \sqrt{t^2 + t^2} = \sqrt{2}t$이므로

$$S = \frac{1}{2} \times (4\sqrt{2} - t) \times t = \frac{1}{2}t(4\sqrt{2} - t)$$

$$\therefore \lim_{t \to 0+} \frac{S}{\overline{PC}} = \lim_{t \to 0+} \frac{\frac{1}{2}t(4\sqrt{2} - t)}{\sqrt{2}t}$$

$$= \lim_{t \to 0+} \frac{2\sqrt{2}t - \frac{1}{2}t^2}{\sqrt{2}t}$$

$$= \lim_{t \to 0+} \left(2 - \frac{t}{2\sqrt{2}}\right) = 2$$

02 / 함수의 연속

8~13쪽

중단원 기출 문제 1회

1 답 ①

ㄱ. $f(0) = 3$

$\lim_{x \to 0+} f(x) = \lim_{x \to 0+} (x + 3) = 3$,

$\lim_{x \to 0-} f(x) = \lim_{x \to 0-} (-x + 3) = 3$이므로

$\lim_{x \to 0} f(x) = 3$

따라서 $\lim_{x \to 0} f(x) = f(0)$이므로 함수 $f(x)$는 $x = 0$에서 연속이다.

ㄴ. $f(0) = 0$, $\lim_{x \to 0} f(x) = \lim_{x \to 0} (x^2 + 1) = 1$

따라서 $\lim_{x \to 0} f(x) \neq f(0)$이므로 함수 $f(x)$는 $x = 0$에서 불연속이다.

ㄷ. $\lim_{x \to 0+} f(x) = \lim_{x \to 0+} \dfrac{x}{x} = 1$

$\lim_{x \to 0-} f(x) = \lim_{x \to 0-} \dfrac{-x}{x} = -1$

$\therefore \lim_{x \to 0+} f(x) \neq \lim_{x \to 0-} f(x)$

따라서 $\lim_{x \to 0} f(x)$의 값이 존재하지 않으므로 함수 $f(x)$는 $x = 0$에서 불연속이다.

따라서 보기의 함수 중 $x = 0$에서 연속인 것은 ㄱ이다.

2 답 0

$f(x) = \begin{cases} 5 - \dfrac{1}{2}x & (x < -1 \text{ 또는 } x > 1) \\ 1 & (-1 \leq x \leq 1) \end{cases}$ 이므로

$f(-x) = \begin{cases} 5 + \dfrac{1}{2}x & (x < -1 \text{ 또는 } x > 1) \\ 1 & (-1 \leq x \leq 1) \end{cases}$

$\therefore f(x) - f(-x) = \begin{cases} -x & (x < -1 \text{ 또는 } x > 1) \\ 0 & (-1 \leq x \leq 1) \end{cases}$

따라서 함수 $y = f(x) - f(-x)$의 그래프는 오른쪽 그림과 같으므로 함수 $f(x) - f(-x)$가 불연속인 x의 값은 -1, 1이다.

따라서 구하는 합은

$-1 + 1 = 0$

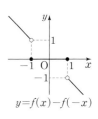
$y = f(x) - f(-x)$

3 답 ㄱ, ㄷ

ㄱ. $\lim_{x \to 0} f(x) = -1$

ㄴ. $\lim_{x \to -1+} f(x) = 1$, $\lim_{x \to -1-} f(x) = -1$이므로

$\lim_{x \to -1+} f(x) \neq \lim_{x \to -1-} f(x)$

따라서 함수 $f(x)$는 $x = -1$에서 극한값이 존재하지 않는다.

ㄷ. $f(1) = -1$, $\lim_{x \to 1} f(x) = 1$

따라서 $\lim_{x \to 1} f(x) \neq f(1)$이므로 함수 $f(x)$는 $x = 1$에서 불연속이다.

따라서 보기에서 옳은 것은 ㄱ, ㄷ이다.

4 답 2

(i) $f(1)g(1)=1\times1=1$, $\displaystyle\lim_{x\to1}f(x)g(x)=0\times1=0$

따라서 $\displaystyle\lim_{x\to1}f(x)g(x)\neq f(1)g(1)$이므로 함수 $f(x)g(x)$는
$x=1$에서 불연속이다.

(ii) $f(2)g(2)=-1\times1=-1$

$\displaystyle\lim_{x\to2+}f(x)g(x)=-1\times0=0$,

$\displaystyle\lim_{x\to2-}f(x)g(x)=1\times0=0$이므로

$\displaystyle\lim_{x\to2}f(x)g(x)=0$

따라서 $\displaystyle\lim_{x\to2}f(x)g(x)\neq f(2)g(2)$이므로 함수 $f(x)g(x)$는
$x=2$에서 불연속이다.

(iii) $f(3)g(3)=0\times2=0$

$\displaystyle\lim_{x\to3+}f(x)g(x)=0\times2=0$,

$\displaystyle\lim_{x\to3-}f(x)g(x)=0\times1=0$이므로

$\displaystyle\lim_{x\to3}f(x)g(x)=0$

따라서 $\displaystyle\lim_{x\to3}f(x)g(x)=f(3)g(3)$이므로 함수 $f(x)g(x)$는
$x=3$에서 연속이다.

(i), (ii), (iii)에서 함수 $f(x)g(x)$가 불연속인 x의 값은 1, 2의 2개
이다.

5 답 ②

함수 $f(x)$가 모든 실수 x에서 연속이면 $x=1$에서 연속이므로

$\displaystyle\lim_{x\to1}f(x)=f(1)$

$\therefore \displaystyle\lim_{x\to1}\frac{(x^2-1)f(x)}{x-1}=\lim_{x\to1}\frac{(x+1)(x-1)f(x)}{x-1}$
$=\displaystyle\lim_{x\to1}(x+1)f(x)$
$=2f(1)$

따라서 $2f(1)=6$이므로 $f(1)=3$

6 답 ④

함수 $f(x)$가 $x=2$에서 연속이므로

$\displaystyle\lim_{x\to2+}f(x)=\lim_{x\to2-}f(x)=f(2)$

$\displaystyle\lim_{x\to2+}f(x)=\lim_{x\to2+}(4x-4)=4$

$\displaystyle\lim_{x\to2-}f(x)=\lim_{x\to2-}(3x-a)^2=(6-a)^2$

$f(2)=8-4=4$

따라서 $4=(6-a)^2$이므로

$a^2-12a+32=0$, $(a-4)(a-8)=0$

$\therefore a=4$ 또는 $a=8$

따라서 모든 상수 a의 값의 곱은

$4\times8=32$

> **참고** 이차방정식 $a^2-12a+32=0$에서 근과 계수의 관계에 의하여 구하
> 는 a의 값의 곱이 32임을 알 수도 있다.

7 답 ⑤

함수 $f(x)$가 $x=3$에서 연속이므로 $\displaystyle\lim_{x\to3}f(x)=f(3)$

$\therefore \displaystyle\lim_{x\to3}\frac{x^2+ax-3}{x-3}=b$ $\quad$ ...... ㉠

$x\to3$일 때 (분모) $\to0$이고 극한값이 존재하므로 (분자) $\to0$이다.

즉, $\displaystyle\lim_{x\to3}(x^2+ax-3)=0$이므로

$9+3a-3=0$ $\quad \therefore a=-2$

이를 ㉠의 좌변에 대입하면

$\displaystyle\lim_{x\to3}\frac{x^2-2x-3}{x-3}=\lim_{x\to3}\frac{(x+1)(x-3)}{x-3}$
$=\displaystyle\lim_{x\to3}(x+1)=4$

$\therefore b=4$

$\therefore a+b=2$

8 답 -2

함수 $f(x)g(x)$가 모든 실수 x에서 연속이면 $x=-2$, $x=1$에서 연
속이다.

(i) $x=-2$에서 연속이면

$\displaystyle\lim_{x\to-2+}f(x)g(x)=\lim_{x\to-2-}f(x)g(x)=f(-2)g(-2)$

$\displaystyle\lim_{x\to-2+}f(x)g(x)=\lim_{x\to-2+}(ax^2+x+b)(-x+5)$
$=7(4a-2+b)$

$\displaystyle\lim_{x\to-2-}f(x)g(x)=\lim_{x\to-2-}(ax^2+x+b)(x^2+1)$
$=5(4a-2+b)$

$f(-2)g(-2)=(4a-2+b)\times(4+1)$
$=5(4a-2+b)$

따라서 $7(4a-2+b)=5(4a-2+b)$이므로

$4a-2+b=0$ $\quad \therefore 4a+b=2$ $\quad$ ...... ㉠

(ii) $x=1$에서 연속이면

$\displaystyle\lim_{x\to1+}f(x)g(x)=\lim_{x\to1-}f(x)g(x)=f(1)g(1)$

$\displaystyle\lim_{x\to1+}f(x)g(x)=\lim_{x\to1+}(ax^2+x+b)(2x+1)$
$=3(a+1+b)$

$\displaystyle\lim_{x\to1-}f(x)g(x)=\lim_{x\to1-}(ax^2+x+b)(-x+5)$
$=4(a+1+b)$

$f(1)g(1)=(a+1+b)\times(2+1)$
$=3(a+1+b)$

따라서 $3(a+1+b)=4(a+1+b)$이므로

$a+1+b=0$ $\quad \therefore a+b=-1$ $\quad$ ...... ㉡

㉠, ㉡을 연립하여 풀면 $a=1$, $b=-2$

$\therefore ab=-2$

9 답 2

함수 $\{f(x)\}^2$이 모든 실수 x에서 연속이면 $x=a$에서 연속이므로

$\displaystyle\lim_{x\to a+}\{f(x)\}^2=\lim_{x\to a-}\{f(x)\}^2=\{f(a)\}^2$

$\displaystyle\lim_{x\to a+}\{f(x)\}^2=\lim_{x\to a+}(5x-2)^2=(5a-2)^2$

$\displaystyle\lim_{x\to a-}\{f(x)\}^2=\lim_{x\to a-}(-5x+a)^2=(-4a)^2=16a^2$

$\{f(a)\}^2=(5a-2)^2$

따라서 $(5a-2)^2=16a^2$이므로

$9a^2-20a+4=0$, $(9a-2)(a-2)=0$

$\therefore a=\dfrac{2}{9}$ 또는 $a=2$

그런데 a는 정수이므로 $a=2$

10 답 7

$x \neq 2$일 때, $f(x) = \dfrac{x^3 - kx + 2}{x - 2}$

함수 $f(x)$가 모든 실수 x에서 연속이면 $x=2$에서 연속이므로

$\displaystyle\lim_{x \to 2} f(x) = f(2)$

$\therefore \displaystyle\lim_{x \to 2} \dfrac{x^3 - kx + 2}{x - 2} = f(2)$ ...... ㉠

$x \to 2$일 때 (분모) $\to 0$이고 극한값이 존재하므로 (분자) $\to 0$이다.

즉, $\displaystyle\lim_{x \to 2}(x^3 - kx + 2) = 0$이므로

$8 - 2k + 2 = 0$ $\therefore k = 5$

이를 ㉠의 좌변에 대입하면

$\displaystyle\lim_{x \to 2} \dfrac{x^3 - 5x + 2}{x - 2} = \lim_{x \to 2} \dfrac{(x-2)(x^2 + 2x - 1)}{x - 2}$
$\qquad\qquad\qquad\quad = \displaystyle\lim_{x \to 2}(x^2 + 2x - 1) = 7$

$\therefore f(2) = 7$

11 답 −4

$x^2 - 4 = 0$에서 $(x+2)(x-2) = 0$ $\therefore x = -2$ 또는 $x = 2$

$x \neq -2$, $x \neq 2$일 때,

$f(x) = \dfrac{x^3 - 2x^2 - 4x + 8}{x^2 - 4} = \dfrac{(x+2)(x-2)^2}{(x+2)(x-2)} = x - 2$

함수 $f(x)$가 모든 실수 x에서 연속이면 $x = -2$에서 연속이므로

$f(-2) = \displaystyle\lim_{x \to -2} f(x) = \lim_{x \to -2}(x - 2) = -4$

또 함수 $f(x)$가 $x = 2$에서 연속이므로

$f(2) = \displaystyle\lim_{x \to 2} f(x) = \lim_{x \to 2}(x - 2) = 0$

$\therefore f(-2) + f(2) = -4$

12 답 ⑤

$\dfrac{f(x)}{f(x) + g(x)} = \dfrac{x^2 - x - 5}{x^2 - 4x - 5} = \dfrac{x^2 - x - 5}{(x+1)(x-5)}$

함수 $\dfrac{f(x)}{f(x) + g(x)}$는 $(x+1)(x-5) \neq 0$인 모든 실수, 즉 $x \neq -1$, $x \neq 5$인 모든 실수 x에서 연속이다.

따라서 구하는 구간은 $(-\infty, -1)$, $(-1, 5)$, $(5, \infty)$이다.

13 답 ①

함수 $\dfrac{f(x)}{g(x)}$가 모든 실수 x에서 연속이므로 이차방정식 $g(x) = 0$, 즉 $x^2 + 2ax - 2a + 3 = 0$은 실근을 갖지 않는다.

이차방정식 $x^2 + 2ax - 2a + 3 = 0$의 판별식을 D라 하면

$\dfrac{D}{4} = a^2 - (-2a + 3) < 0$

$a^2 + 2a - 3 < 0$, $(a+3)(a-1) < 0$ $\therefore -3 < a < 1$

따라서 모든 정수 a의 값의 합은

$-2 + (-1) + 0 = -3$

14 답 ㄷ

ㄱ. [반례] $f(x) = \begin{cases} 1 & (x \geq a) \\ -1 & (x < a) \end{cases}$, $g(x) = \begin{cases} -1 & (x \geq a) \\ 1 & (x < a) \end{cases}$ 이면

    $f(x) + g(x) = 0$이므로 두 함수 $f(x)$, $g(x)$는 $x = a$에서 불연속이지만 함수 $f(x) + g(x)$는 $x = a$에서 연속이다.

ㄴ. [반례] $f(x) = 0$, $g(x) = \begin{cases} 1 & (x \geq a) \\ -1 & (x < a) \end{cases}$ 이면 $f(x)g(x) = 0$이므로 두 함수 $f(x)$, $f(x)g(x)$는 $x = a$에서 연속이지만 함수 $g(x)$는 $x = a$에서 불연속이다.

ㄷ. 두 함수 $f(x) + g(x)$, $f(x) - g(x)$가 $x = a$에서 연속이므로

$\displaystyle\lim_{x \to a}\{f(x) + g(x)\} = f(a) + g(a)$

$\displaystyle\lim_{x \to a}\{f(x) - g(x)\} = f(a) - g(a)$

$\therefore \displaystyle\lim_{x \to a} f(x) = \lim_{x \to a} \dfrac{1}{2}[\{f(x) + g(x)\} + \{f(x) - g(x)\}]$
$\qquad\qquad = \dfrac{1}{2}[\displaystyle\lim_{x \to a}\{f(x) + g(x)\} + \lim_{x \to a}\{f(x) - g(x)\}]$
$\qquad\qquad = \dfrac{1}{2}[\{f(a) + g(a)\} + \{f(a) - g(a)\}]$
$\qquad\qquad = f(a)$

따라서 함수 $f(x)$는 $x = a$에서 연속이다.

ㄹ. [반례] $f(x) = \begin{cases} 1 & (x \geq a) \\ -1 & (x < a) \end{cases}$ 이면 $|f(x)| = 1$이므로 함수 $|f(x)|$는 $x = a$에서 연속이지만 함수 $f(x)$는 $x = a$에서 불연속이다.

따라서 보기에서 옳은 것은 ㄷ이다.

15 답 ③

함수 $f(x) = \dfrac{2x+1}{x-1} = \dfrac{3}{x-1} + 2$의 그래프는 오른쪽 그림과 같다.

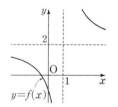

①, ④ 함수 $f(x)$는 닫힌구간 $[-2, -1]$, $[2, 3]$에서 연속이므로 각 구간에서 최댓값과 최솟값을 모두 갖는다.

② 함수 $f(x)$는 반열린구간 $(-1, 0]$에서 최댓값을 갖지 않고, $x = 0$일 때 최솟값 -1을 갖는다.

③ 함수 $f(x)$는 닫힌구간 $[0, 1)$에서 $x = 0$일 때 최댓값 -1을 갖고, 최솟값은 갖지 않는다.

⑤ 함수 $f(x)$는 반열린구간 $(3, 4]$에서 최댓값은 갖지 않고, $x = 4$일 때 최솟값 3을 갖는다.

따라서 최솟값이 존재하지 않는 구간은 ③이다.

16 답 ㄱ, ㄴ

ㄱ. 두 함수 $f(x)$, $g(x)$가 닫힌구간 $[a, b]$에서 연속이므로 함수 $f(x) - g(x)$도 닫힌구간 $[a, b]$에서 연속이다.

    따라서 함수 $f(x) - g(x)$는 이 구간에서 최댓값과 최솟값을 모두 갖는다.

ㄴ. 함수 $f(x)$가 닫힌구간 $[a, b]$에서 연속이므로 함수 $f(x) \times f(x) = \{f(x)\}^2$도 닫힌구간 $[a, b]$에서 연속이다.

    따라서 함수 $\{f(x)\}^2$은 이 구간에서 최댓값과 최솟값을 모두 갖는다.

ㄷ. [반례] 두 함수 $f(x) = 1$, $g(x) = x$는 닫힌구간 $[-1, 1]$에서 연속이지만 함수 $\dfrac{f(x)}{g(x)} = \dfrac{1}{x}$은 이 구간에서 최댓값과 최솟값을 모두 갖지 않는다.

ㄹ. [반례] 두 함수 $f(x)=\begin{cases} x^2 & (x\neq 0) \\ 1 & (x=0) \end{cases}$, $g(x)=x-1$은 닫힌구간

　　$[1,\ 2]$에서 연속이지만 함수 $f(g(x))=\begin{cases} (x-1)^2 & (x\neq 1) \\ 1 & (x=1) \end{cases}$은 닫

　　힌구간 $[1,\ 2]$에서 최솟값을 갖지 않는다.

따라서 보기의 함수 중 최댓값과 최솟값을 모두 갖는 것은 ㄱ, ㄴ이다.

17 답 ⑤

$f(x)=2x^3-5x-9$라 하면 함수 $f(x)$는 모든 실수 x에서 연속이고
$f(-2)=-15,\ f(-1)=-6,\ f(0)=-9,\ f(1)=-12,$
$f(2)=-3,\ f(3)=30$
따라서 $f(2)f(3)<0$이므로 사잇값 정리에 의하여 주어진 방정식은 열린구간 $(2,\ 3)$에서 실근을 갖는다.

18 답 ①

$f(x)=g(x)$에서
$2x^2-x-k=x^2+2x-1$　　$\therefore$　$x^2-3x+1-k=0$
$h(x)=x^2-3x+1-k$라 하면 함수 $h(x)$는 닫힌구간 $[-1,\ 0]$에서 연속이고
$h(-1)=5-k,\ h(0)=1-k$
이때 방정식 $h(x)=0$, 즉 $f(x)=g(x)$가 열린구간 $(-1,\ 0)$에서 적어도 하나의 실근을 가지려면 $h(-1)h(0)<0$이어야 하므로
$(5-k)(1-k)<0$　　$\therefore$　$1<k<5$
따라서 정수 k는 2, 3, 4의 3개이다.

19 답 ③

함수 $f(x)$는 닫힌구간 $[-1,\ 4]$에서 연속이고
$f(-1)f(0)<0,\ f(0)f(1)<0,\ f(2)f(3)<0,\ f(3)f(4)<0$
이므로 사잇값 정리에 의하여 방정식 $f(x)=0$은 열린구간 $(-1,\ 0),\ (0,\ 1),\ (2,\ 3),\ (3,\ 4)$에서 각각 적어도 하나의 실근을 갖는다.
따라서 방정식 $f(x)=0$은 열린구간 $(-1,\ 4)$에서 적어도 4개의 실근을 갖는다.

20 답 1개

함수 $y=f(x)$의 그래프가 네 점 $(-3,\ 2),\ (-2,\ -1),\ (-1,\ 3),\ (0,\ 4)$를 지나므로
$f(-3)=2,\ f(-2)=-1,\ f(-1)=3,\ f(0)=4$
$g(x)=f(x)+2x$라 하면 함수 $g(x)$는 닫힌구간 $[-3,\ 0]$에서 연속이고
$g(-3)=f(-3)+2\times(-3)=2-6=-4$
$g(-2)=f(-2)+2\times(-2)=-1-4=-5$
$g(-1)=f(-1)+2\times(-1)=3-2=1$
$g(0)=f(0)+2\times 0=4$
따라서 $g(-2)g(-1)<0$이므로 사잇값 정리에 의하여 방정식 $g(x)=0$, 즉 $f(x)+2x=0$은 열린구간 $(-3,\ 0)$에서 적어도 하나의 실근을 갖는다.

중단원 기출 문제 2회

1 답 ⑤

① $f(-1)=\sqrt{2}$, $\displaystyle\lim_{x\to-1}f(x)=\lim_{x\to-1}\sqrt{x+3}=\sqrt{2}$

　　따라서 $\displaystyle\lim_{x\to-1}f(x)=f(-1)$이므로 함수 $f(x)$는 $x=-1$에서 연속이다.

② $f(-1)=1$, $\displaystyle\lim_{x\to-1}f(x)=\lim_{x\to-1}\frac{1}{x+2}=1$

　　따라서 $\displaystyle\lim_{x\to-1}f(x)=f(-1)$이므로 함수 $f(x)$는 $x=-1$에서 연속이다.

③ $f(-1)=0$

　　$\displaystyle\lim_{x\to-1+}f(x)=\lim_{x\to-1+}(x+1)=0,$

　　$\displaystyle\lim_{x\to-1-}f(x)=\lim_{x\to-1-}(-x-1)=0$이므로

　　$\displaystyle\lim_{x\to-1}f(x)=0$

　　따라서 $\displaystyle\lim_{x\to-1}f(x)=f(-1)$이므로 함수 $f(x)$는 $x=-1$에서 연속이다.

④ $f(-1)=1$

　　$\displaystyle\lim_{x\to-1+}f(x)=\lim_{x\to-1+}(-x)=1,$

　　$\displaystyle\lim_{x\to-1-}f(x)=\lim_{x\to-1-}x^2=1$이므로

　　$\displaystyle\lim_{x\to-1}f(x)=1$

　　따라서 $\displaystyle\lim_{x\to-1}f(x)=f(-1)$이므로 함수 $f(x)$는 $x=-1$에서 연속이다.

⑤ $f(-1)=1$

　　$\displaystyle\lim_{x\to-1}f(x)=\lim_{x\to-1}\frac{x^2+x}{x+1}=\lim_{x\to-1}\frac{x(x+1)}{x+1}=\lim_{x\to-1}x=-1$

　　따라서 $\displaystyle\lim_{x\to-1}f(x)\neq f(-1)$이므로 함수 $f(x)$는 $x=-1$에서 불연속이다.

2 답 5

(i) $\displaystyle\lim_{x\to1+}f(x)=3$, $\displaystyle\lim_{x\to1-}f(x)=1$이므로

　　$\displaystyle\lim_{x\to1+}f(x)\neq\lim_{x\to1-}f(x)$

　　따라서 $\displaystyle\lim_{x\to1}f(x)$의 값이 존재하지 않으므로 함수 $f(x)$는 $x=1$에서 불연속이다.

(ii) $f(2)=1$, $\displaystyle\lim_{x\to2}f(x)=2$

　　따라서 $\displaystyle\lim_{x\to2}f(x)\neq f(2)$이므로 함수 $f(x)$는 $x=2$에서 불연속이다.

(iii) $\displaystyle\lim_{x\to3+}f(x)=2$, $\displaystyle\lim_{x\to3-}f(x)=1$이므로

　　$\displaystyle\lim_{x\to3+}f(x)\neq\lim_{x\to3-}f(x)$

　　따라서 $\displaystyle\lim_{x\to3}f(x)$의 값이 존재하지 않으므로 함수 $f(x)$는 $x=3$에서 불연속이다.

(i), (ii), (iii)에서 함수 $f(x)$의 극한값이 존재하지 않는 x의 값은 1, 3의 2개이므로
$a=2$
또 함수 $f(x)$가 불연속인 x의 값은 1, 2, 3의 3개이므로
$b=3$
$\therefore$ $a+b=5$

3 답 ㄱ

ㄱ. $\lim\limits_{x \to -1+} \{f(x)+g(x)\}=1+2=3$

$\lim\limits_{x \to -1-} \{f(x)+g(x)\}=1+(-1)=0$

$\therefore \lim\limits_{x \to -1+} \{f(x)+g(x)\} \neq \lim\limits_{x \to -1-} \{f(x)+g(x)\}$

따라서 $\lim\limits_{x \to -1} \{f(x)+g(x)\}$의 값이 존재하지 않으므로 함수

$f(x)+g(x)$는 $x=-1$에서 불연속이다.

ㄴ. $\lim\limits_{x \to 0+} \{f(x)-g(x)\}=-2-2=-4$

$\lim\limits_{x \to 0-} \{f(x)-g(x)\}=0-2=-2$

$\therefore \lim\limits_{x \to 0+} \{f(x)-g(x)\} \neq \lim\limits_{x \to 0-} \{f(x)-g(x)\}$

따라서 $\lim\limits_{x \to 0}\{f(x)-g(x)\}$의 값이 존재하지 않으므로 함수

$f(x)-g(x)$는 $x=0$에서 불연속이다.

ㄷ. $f(2)g(2)=0 \times 1=0$

$\lim\limits_{x \to 2+} f(x)g(x)=0 \times 1=0,$

$\lim\limits_{x \to 2-} f(x)g(x)=0 \times 2=0$이므로

$\lim\limits_{x \to 2} f(x)g(x)=0$

따라서 $\lim\limits_{x \to 2} f(x)g(x)=f(2)g(2)$이므로 함수 $f(x)g(x)$는

$x=2$에서 연속이다.

따라서 보기에서 옳은 것은 ㄱ이다.

4 답 ④

ㄱ. $f(g(1))=f(0)=1$

$g(x)=t$로 놓으면 $x \to 1+$일 때 $t \to 0-$이므로

$\lim\limits_{x \to 1+} f(g(x))=\lim\limits_{t \to 0-} f(t)=1$

$x \to 1-$일 때 $t \to 1+$이므로

$\lim\limits_{x \to 1-} f(g(x))=\lim\limits_{t \to 1+} f(t)=1$

$\therefore \lim\limits_{x \to 1} f(g(x))=1$

따라서 $\lim\limits_{x \to 1} f(g(x))=f(g(1))$이므로 함수 $f(g(x))$는 $x=1$에

서 연속이다.

ㄴ. $f(g(1))=f(1)=1$

$g(x)=t$로 놓으면 $x \to 1$일 때 $t \to -1+$이므로

$\lim\limits_{x \to 1} f(g(x))=\lim\limits_{t \to -1+} f(t)=-1$

따라서 $\lim\limits_{x \to 1} f(g(x)) \neq f(g(1))$이므로 함수 $f(g(x))$는 $x=1$에

서 불연속이다.

ㄷ. $f(g(1))=f(1)=1$

$g(x)=t$로 놓으면 $x \to 1+$일 때 $t=1$이므로

$\lim\limits_{x \to 1+} f(g(x))=f(1)=1$

$x \to 1-$일 때 $t \to 0-$이므로

$\lim\limits_{x \to 1-} f(g(x))=\lim\limits_{t \to 0-} f(t)=1$

$\therefore \lim\limits_{x \to 1} f(g(x))=1$

따라서 $\lim\limits_{x \to 1} f(g(x))=f(g(1))$이므로 함수 $f(g(x))$는 $x=1$에

서 연속이다.

따라서 보기에서 함수 $f(g(x))$가 $x=1$에서 연속이 되도록 하는 함

수 $y=g(x)$의 그래프는 ㄱ, ㄷ이다.

5 답 9

함수 $f(x)$가 $x=3$에서 연속이므로

$\lim\limits_{x \to 3+} f(x)=\lim\limits_{x \to 3-} f(x)=f(3)$

$\lim\limits_{x \to 3+} f(x)=\lim\limits_{x \to 3-} f(x)$에서

$2a-3=-a+9$

$\therefore a=4$

따라서 $f(3)=\lim\limits_{x \to 3+} f(x)=2a-3=8-3=5$이므로

$a+f(3)=9$

6 답 1

함수 $f(x)$가 모든 실수 x에서 연속이면 $x=a$에서 연속이므로

$\lim\limits_{x \to a+} f(x)=\lim\limits_{x \to a-} f(x)=f(a)$

$\lim\limits_{x \to a+} f(x)=\lim\limits_{x \to a+} (3-x^2)=3-a^2$

$\lim\limits_{x \to a-} f(x)=\lim\limits_{x \to a-} (x^2-2x)=a^2-2a$

$f(a)=3-a^2$

따라서 $3-a^2=a^2-2a$이므로

$2a^2-2a-3=0$

이차방정식의 근과 계수의 관계에 의하여 모든 실수 a의 값의 합은 1

이다.

7 답 4

함수 $f(x)$가 $x=-2$에서 연속이므로

$\lim\limits_{x \to -2} f(x)=f(-2)$

$\therefore \lim\limits_{x \to -2} \dfrac{2x+4}{\sqrt{x^2-a}+b}=-1$ ...... ㉠

$x \to -2$일 때 (분자) $\to 0$이고 0이 아닌 극한값이 존재하므로

(분모) $\to 0$이다.

즉, $\lim\limits_{x \to -2} (\sqrt{x^2-a}+b)=0$이므로

$\sqrt{4-a}+b=0$

$\therefore b=-\sqrt{4-a}$ ...... ㉡

㉡을 ㉠의 좌변에 대입하면

$\lim\limits_{x \to -2} \dfrac{2x+4}{\sqrt{x^2-a}-\sqrt{4-a}}$

$=\lim\limits_{x \to -2} \dfrac{(2x+4)(\sqrt{x^2-a}+\sqrt{4-a})}{(\sqrt{x^2-a}-\sqrt{4-a})(\sqrt{x^2-a}+\sqrt{4-a})}$

$=\lim\limits_{x \to -2} \dfrac{(2x+4)(\sqrt{x^2-a}+\sqrt{4-a})}{x^2-4}$

$=\lim\limits_{x \to -2} \dfrac{2(x+2)(\sqrt{x^2-a}+\sqrt{4-a})}{(x+2)(x-2)}$

$=\lim\limits_{x \to -2} \dfrac{2(\sqrt{x^2-a}+\sqrt{4-a})}{x-2}$

$=-\sqrt{4-a}$

따라서 $-\sqrt{4-a}=-1$이므로

$\sqrt{4-a}=1$, $4-a=1$

$\therefore a=3$

이를 ㉡에 대입하면 $b=-1$

$\therefore a-b=4$

8 답 ②

함수 $(x^2+ax+b)f(x)$가 $x=1$에서 연속이므로

$$\lim_{x \to 1+} (x^2+ax+b)f(x) = \lim_{x \to 1-} (x^2+ax+b)f(x)$$
$$=(1+a+b)f(1)$$

$$\lim_{x \to 1+} (x^2+ax+b)f(x) = (1+a+b) \times 2$$
$$=2(1+a+b)$$

$$\lim_{x \to 1-} (x^2+ax+b)f(x) = (1+a+b) \times 1$$
$$=1+a+b$$

$(1+a+b)f(1)=(1+a+b) \times 1=1+a+b$

따라서 $2(1+a+b)=1+a+b$이므로

$1+a+b=0$ ∴ $a+b=-1$

9 답 -2

함수 $f(x)\{f(x)+2k\}$가 $x=0$에서 연속이므로

$$\lim_{x \to 0+} f(x)\{f(x)+2k\} = \lim_{x \to 0-} f(x)\{f(x)+2k\}$$
$$=f(0)\{f(0)+2k\}$$

$$\lim_{x \to 0+} f(x)\{f(x)+2k\} = \lim_{x \to 0+} (-4x)(-4x+2k)$$
$$=0 \times 2k=0$$

$$\lim_{x \to 0-} f(x)\{f(x)+2k\} = \lim_{x \to 0-} (x+4)(x+4+2k)$$
$$=4(4+2k)$$

$f(0)\{f(0)+2k\}=0 \times 2k=0$

따라서 $0=4(4+2k)$이므로

$4+2k=0$ ∴ $k=-2$

10 답 ④

$x \neq 0$일 때, $f(x)=\dfrac{4x}{\sqrt{2+x}-\sqrt{2-x}}$

함수 $f(x)$가 열린구간 $(-2, 2)$에서 연속이면 $x=0$에서 연속이므로

$$\lim_{x \to 0} f(x)=f(0)$$

∴ $f(0)=\displaystyle\lim_{x \to 0} f(x)$

$$=\lim_{x \to 0} \frac{4x}{\sqrt{2+x}-\sqrt{2-x}}$$

$$=\lim_{x \to 0} \frac{4x(\sqrt{2+x}+\sqrt{2-x})}{(\sqrt{2+x}-\sqrt{2-x})(\sqrt{2+x}+\sqrt{2-x})}$$

$$=\lim_{x \to 0} \frac{4x(\sqrt{2+x}+\sqrt{2-x})}{2x}$$

$$=\lim_{x \to 0} 2(\sqrt{2+x}+\sqrt{2-x})$$

$$=4\sqrt{2}$$

11 답 8

(가)에서 $x \neq 1$일 때, $g(x)=\dfrac{f(x)-x^2}{x-1}$

(나)에서 $\displaystyle\lim_{x \to \infty} \dfrac{f(x)-x^2}{x-1}=2$이므로 $f(x)-x^2$은 최고차항의 계수가 2인 일차함수이다.

$f(x)-x^2=2x+a$ (a는 상수)라 하면

$f(x)=x^2+2x+a$, $g(x)=\dfrac{2x+a}{x-1}$

함수 $g(x)$가 모든 실수 x에서 연속이면 $x=1$에서 연속이므로

$$\lim_{x \to 1} g(x)=g(1)$$

∴ $\displaystyle\lim_{x \to 1} \dfrac{2x+a}{x-1}=g(1)$ ······ ㉠

$x \to 1$일 때 (분모) $\to 0$이고 극한값이 존재하므로 (분자) $\to 0$이다.

즉, $\displaystyle\lim_{x \to 1} (2x+a)=0$이므로

$2+a=0$ ∴ $a=-2$

이를 ㉠의 좌변에 대입하면

$$\lim_{x \to 1} \frac{2x-2}{x-1}=\lim_{x \to 1} \frac{2(x-1)}{x-1}=2$$ ∴ $g(1)=2$

또 $f(x)=x^2+2x-2$이므로

$f(2)=4+4-2=6$

∴ $f(2)+g(1)=8$

12 답 ㄱ, ㄴ, ㄹ

두 함수 $f(x)$, $g(x)$는 다항함수이므로 모든 실수 x에서 연속이다.

ㄱ. 함수 $f(x)+g(x)$는 모든 실수 x에서 연속이다.

ㄴ. 함수 $f(x)g(x)$는 모든 실수 x에서 연속이다.

ㄷ. $\dfrac{g(x)}{f(x)}=\dfrac{x^2-3x}{x+2}$이므로 함수 $\dfrac{g(x)}{f(x)}$는 $x+2 \neq 0$인 모든 실수, 즉 $x \neq -2$인 모든 실수 x에서 연속이다.

ㄹ. $\dfrac{1}{g(x)+3}=\dfrac{1}{x^2-3x+3}$에서

$$x^2-3x+3=\left(x-\frac{3}{2}\right)^2+\frac{3}{4}>0$$

따라서 함수 $\dfrac{1}{g(x)+3}$은 모든 실수 x에서 연속이다.

따라서 보기의 함수 중 모든 실수 x에서 연속인 것은 ㄱ, ㄴ, ㄹ이다.

13 답 ⑤

$$f(x)=1-\frac{1}{x-\dfrac{1}{x-\dfrac{1}{x}}}=1-\frac{1}{x-\dfrac{x}{x^2-1}}$$

$$=1-\frac{x^2-1}{x^3-2x}$$

따라서 함수 $f(x)$는 $x=0$, $x^2-1=0$, $x^3-2x=0$인 x의 값에서 정의되지 않으므로 불연속이다.

$x^2-1=0$에서 $(x+1)(x-1)=0$

∴ $x=-1$ 또는 $x=1$

$x^3-2x=0$에서 $x(x+\sqrt{2})(x-\sqrt{2})=0$

∴ $x=-\sqrt{2}$ 또는 $x=0$ 또는 $x=\sqrt{2}$

따라서 함수 $f(x)$가 불연속인 x의 값이 아닌 것은 ⑤이다.

14 답 2

$x \geq -1$에서 $f(x)=5>0$

$x<-1$에서 $x^2+2x+3=(x+1)^2+2>0$

따라서 모든 실수 x에서 $f(x)>0$이다.

한편 함수 $f(x)$는 $x=-1$에서 불연속이고, 함수 $g(x)$는 모든 실수 x에서 연속이다.

함수 $\dfrac{g(x)}{f(x)}$가 모든 실수 x에서 연속이면 $x=-1$에서 연속이므로

$$\lim_{x \to -1+} \frac{g(x)}{f(x)} = \lim_{x \to -1-} \frac{g(x)}{f(x)} = \frac{g(-1)}{f(-1)}$$

$$\lim_{x \to -1+} \frac{g(x)}{f(x)} = \lim_{x \to -1+} \frac{ax+2}{5} = \frac{-a+2}{5}$$

$$\lim_{x \to -1-} \frac{g(x)}{f(x)} = \lim_{x \to -1-} \frac{ax+2}{x^2+2x+3} = \frac{-a+2}{2}$$

$$\frac{g(-1)}{f(-1)} = \frac{-a+2}{5}$$

따라서 $\dfrac{-a+2}{5} = \dfrac{-a+2}{2}$이므로

$-2a+4 = -5a+10$ $\therefore a=2$

15 답 ④

① 함수 $f(x)=x+5$는 닫힌구간 $[-1, 0]$에서 연속이므로 최댓값과 최솟값을 모두 갖는다.

② 함수 $f(x) = \dfrac{x}{x-2} = \dfrac{2}{x-2}+1$은 닫힌구간 $[-1, 1]$에서 연속이므로 최댓값과 최솟값을 모두 갖는다.

③ $f(x)=x^2-2x-2=(x-1)^2-3$
반열린구간 $(0, 3]$에서 함수 $y=f(x)$의 그래프는 오른쪽 그림과 같으므로 함수 $f(x)$는 $x=3$일 때 최댓값 1, $x=1$일 때 최솟값 -3을 갖는다.

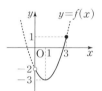

④ 반열린구간 $[-3, 2)$에서 함수 $y=f(x)$의 그래프는 오른쪽 그림과 같으므로 함수 $f(x)$는 $x=-3$일 때 최솟값 0을 갖고, 최댓값은 갖지 않는다.

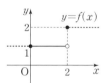

⑤ 닫힌구간 $[0, 2]$에서 함수 $y=f(x)$의 그래프는 오른쪽 그림과 같으므로 함수 $f(x)$는 $x=2$일 때 최댓값 2, $0 \le x < 2$일 때 최솟값 1을 갖는다.

따라서 최댓값과 최솟값을 모두 갖는 함수가 아닌 것은 ④이다.

16 답 1

두 함수 $f(x)=x^2+4x-2=(x+2)^2-6$,

$g(x)=\dfrac{2-x}{x+2}=\dfrac{4}{x+2}-1$은 닫힌구간 $[-1, 1]$에서 연속이므로 이 구간에서 최댓값과 최솟값을 갖는다.

닫힌구간 $[-1, 1]$에서 두 함수 $y=f(x)$, $y=g(x)$의 그래프는 다음 그림과 같다.

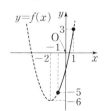 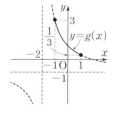

따라서 $M=f(1)=3$, $m=g(1)=\dfrac{1}{3}$이므로

$Mm=1$

17 답 ④

$f(x)=x^3-2x^2-x+a$라 하면 함수 $f(x)$는 닫힌구간 $[2, 3]$에서 연속이고

$f(2)=a-2$, $f(3)=a+6$

이때 방정식 $f(x)=0$이 열린구간 $(2, 3)$에서 오직 하나의 실근을 가지려면 $f(2)f(3)<0$이어야 하므로

$(a-2)(a+6)<0$

$\therefore -6<a<2$

따라서 $\alpha=-6$, $\beta=2$이므로

$\beta-\alpha=8$

18 답 ⑤

$g(x)=f(x)-x$라 하면 함수 $g(x)$는 닫힌구간 $[1, 2]$에서 연속이고

$g(1)=f(1)-1=-a^2+5a-3-1=-a^2+5a-4$

$g(2)=f(2)-2=1-2=-1$

이때 방정식 $f(x)-x=0$, 즉 $g(x)=0$의 중근이 아닌 오직 하나의 실근이 열린구간 $(1, 2)$에 존재하려면 $g(1)g(2)<0$이어야 하므로

$a^2-5a+4<0$

$(a-1)(a-4)<0$

$\therefore 1<a<4$

따라서 모든 정수 a의 값의 합은

$2+3=5$

19 답 2

$g(x)=x^2 f(x)-3x+1$이라 하면 함수 $g(x)$는 닫힌구간 $[-2, 1]$에서 연속이고

$g(-2)=4f(-2)+6+1=4 \times (-2)+7=-1$

$g(-1)=f(-1)+3+1=-4+4=0$

$g(0)=1$

$g(1)=f(1)-3+1=0-2=-2$

이때 $g(0)g(1)<0$이므로 사잇값 정리에 의하여 방정식 $g(x)=0$은 열린구간 $(0, 1)$에서 적어도 하나의 실근을 갖고, $g(-1)=0$이므로 방정식 $g(x)=0$, 즉 $x^2 f(x)=3x-1$은 열린구간 $(-2, 1)$에서 적어도 2개의 실근을 갖는다.

$\therefore n=2$

20 답 2

사잇값 정리에 의하여 오전 10시에서 오후 12시 사이에 기온이 $12\,^\circ C$인 순간이 적어도 한 번 존재한다.

또 사잇값 정리에 의하여 오후 4시에서 오후 6시 사이에 기온이 $12\,^\circ C$인 순간이 적어도 한 번 존재한다.

따라서 오전 10시부터 오후 6시까지 A도시의 기온이 $12\,^\circ C$인 순간이 적어도 2번 존재하므로

$k=2$

03 / 미분계수와 도함수

중단원 기출 문제 1회

1 답 5

함수 $f(x)=x^2-3x$에서 x의 값이 2에서 a까지 변할 때의 평균변화율은

$$\frac{\Delta y}{\Delta x}=\frac{f(a)-f(2)}{a-2}=\frac{(a^2-3a)-(-2)}{a-2}$$
$$=\frac{a^2-3a+2}{a-2}=\frac{(a-1)(a-2)}{a-2}$$
$$=a-1$$

따라서 $a-1=4$이므로 $a=5$

2 답 −5

함수 $f(x)$에서 x의 값이 1에서 a까지 변할 때의 평균변화율은

$$\frac{\Delta y}{\Delta x}=\frac{f(a)-f(1)}{a-1}=\frac{f(a)-5}{a-1}$$

즉, $\frac{f(a)-5}{a-1}=-a$이므로

$$f(a)=-a^2+a+5\ (a>1)$$

따라서 $x=3$에서의 미분계수는

$$f'(3)=\lim_{h\to 0}\frac{f(3+h)-f(3)}{h}$$
$$=\lim_{h\to 0}\frac{\{-(3+h)^2+(3+h)+5\}-(-1)}{h}$$
$$=\lim_{h\to 0}\frac{-5h-h^2}{h}$$
$$=\lim_{h\to 0}(-5-h)=-5$$

3 답 ⑤

$$\lim_{h\to 0}\frac{f(1+3h)-f(1)}{h}=\lim_{h\to 0}\frac{f(1+3h)-f(1)}{3h}\times 3$$
$$=3f'(1)$$
$$=3\times 3=9$$

4 답 1

$$\lim_{h\to 0}\frac{f(2+3h)-f(2-4h)}{2h}$$
$$=\lim_{h\to 0}\frac{f(2+3h)-f(2)+f(2)-f(2-4h)}{2h}$$
$$=\lim_{h\to 0}\frac{f(2+3h)-f(2)}{3h}\times\frac{3}{2}-\lim_{h\to 0}\frac{f(2-4h)-f(2)}{-4h}\times(-2)$$
$$=\frac{3}{2}f'(2)+2f'(2)=\frac{7}{2}f'(2)$$

따라서 $\frac{7}{2}f'(2)=14$이므로 $f'(2)=4$

$$\therefore \lim_{x\to 2}\frac{f(x)-f(2)}{x^2-4}=\lim_{x\to 2}\frac{f(x)-f(2)}{(x+2)(x-2)}$$
$$=\lim_{x\to 2}\frac{f(x)-f(2)}{x-2}\times\lim_{x\to 2}\frac{1}{x+2}$$
$$=\frac{1}{4}f'(2)=\frac{1}{4}\times 4=1$$

5 답 −4

$$\lim_{x\to 1}\frac{f(x)-3x}{x-1}=\lim_{x\to 1}\frac{f(x)-f(1)+f(1)-3x}{x-1}$$
$$=\lim_{x\to 1}\frac{f(x)-f(1)-3x+3}{x-1}$$
$$=\lim_{x\to 1}\frac{f(x)-f(1)}{x-1}-\lim_{x\to 1}\frac{3(x-1)}{x-1}$$
$$=f'(1)-3=-1-3=-4$$

6 답 ④

$f(x+y)=f(x)+f(y)+5xy$의 양변에 $x=0$, $y=0$을 대입하면

$$f(0)=f(0)+f(0)+0 \quad \therefore f(0)=0 \quad \cdots\cdots \text{㉠}$$

$$\therefore f'(1)=\lim_{h\to 0}\frac{f(1+h)-f(1)}{h}$$
$$=\lim_{h\to 0}\frac{f(1)+f(h)+5h-f(1)}{h}$$
$$=\lim_{h\to 0}\frac{f(h)}{h}+5$$
$$=\lim_{h\to 0}\frac{f(h)-f(0)}{h}+5\ (\because \text{㉠})$$
$$=f'(0)+5=1+5=6$$

7 답 ②

$x>1$일 때 $\frac{f(x)-f(1)}{x-1}$은 $a>1$인 실수 a에 대하여 두 점 $(1, f(1))$, $(a, f(a))$를 지나는 직선의 기울기와 같고, $f'(1)$은 곡선 $y=f(x)$ 위의 점 $(1, f(1))$에서의 접선의 기울기와 같다.

ㄱ. 오른쪽 그림에서 두 점 $(1, f(1))$, $(a, f(a))$를 지나는 직선의 기울기가 점 $(1, f(1))$에서의 접선의 기울기보다 크므로 $\frac{f(x)-f(1)}{x-1}>f'(1)$이 항상 성립한다.

ㄴ. 오른쪽 그림에서 두 점 $(1, f(1))$, $(a, f(a))$를 지나는 직선의 기울기가 점 $(1, f(1))$에서의 접선의 기울기보다 작으므로 $\frac{f(x)-f(1)}{x-1}<f'(1)$이 항상 성립한다.

ㄷ. 오른쪽 그림에서 두 점 $(1, f(1))$, $(a, f(a))$를 지나는 직선의 기울기가 점 $(1, f(1))$에서의 접선의 기울기보다 크므로 $\frac{f(x)-f(1)}{x-1}>f'(1)$인 경우가 있다.

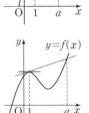

따라서 보기의 함수의 그래프 중 조건을 항상 만족시키는 것은 ㄴ이다.

8 답 ㄱ, ㄴ, ㄹ

ㄱ. $f(x)=\sqrt{x^2}=|x|$

$\lim_{x\to 0}f(x)=f(0)=0$이므로 함수 $f(x)$는 $x=0$에서 연속이다.

$$\lim_{x\to 0+}\frac{f(x)-f(0)}{x}=\lim_{x\to 0+}\frac{x-0}{x}=1$$
$$\lim_{x\to 0-}\frac{f(x)-f(0)}{x}=\lim_{x\to 0-}\frac{-x-0}{x}=-1$$

따라서 함수 $f(x)$는 $x=0$에서 미분가능하지 않다.

ㄴ. $\lim\limits_{x \to 0} f(x)=f(0)=3$이므로 함수 $f(x)$는 $x=0$에서 연속이다.

$$\lim_{x \to 0+}\frac{f(x)-f(0)}{x}=\lim_{x \to 0+}\frac{(x^2-2x+3)-3}{x}$$
$$=\lim_{x \to 0+}(x-2)=-2$$
$$\lim_{x \to 0-}\frac{f(x)-f(0)}{x}=\lim_{x \to 0-}\frac{(x^2+2x+3)-3}{x}$$
$$=\lim_{x \to 0-}(x+2)=2$$

따라서 함수 $f(x)$는 $x=0$에서 미분가능하지 않다.

ㄷ. $\lim\limits_{x \to 0} f(x)=f(0)=0$이므로 함수 $f(x)$는 $x=0$에서 연속이다.

$$\lim_{x \to 0+}\frac{f(x)-f(0)}{x}=\lim_{x \to 0+}\frac{x^2-0}{x}=\lim_{x \to 0+}x=0$$
$$\lim_{x \to 0-}\frac{f(x)-f(0)}{x}=\lim_{x \to 0-}\frac{-x^2-0}{x}=\lim_{x \to 0-}(-x)=0$$

따라서 함수 $f(x)$는 $x=0$에서 미분가능하다.

ㄹ. $\lim\limits_{x \to 0} f(x)=f(0)=0$이므로 함수 $f(x)$는 $x=0$에서 연속이다.

$$\lim_{x \to 0+}\frac{f(x)-f(0)}{x}=\lim_{x \to 0+}\frac{2x-0}{x}=2$$
$$\lim_{x \to 0-}\frac{f(x)-f(0)}{x}=\lim_{x \to 0-}\frac{-2x-0}{x}=-2$$

따라서 함수 $f(x)$는 $x=0$에서 미분가능하지 않다.

따라서 보기의 함수 중 $x=0$에서 연속이지만 미분가능하지 않은 것은 ㄱ, ㄴ, ㄹ이다.

9 답 5

불연속인 x의 값은 -1, 2의 2개이므로
$m=2$
미분가능하지 않은 x의 값은 -1, 1, 2의 3개이므로
$n=3$
$\therefore m+n=5$

10 답 ㈎ $(x+h)^2$ ㈏ $2x+3$ ㈐ $2x$

$$f'(x)=\lim_{h \to 0}\frac{f(x+h)-f(x)}{h}$$
$$=\lim_{h \to 0}\frac{\{㈎(x+h)^2+3(x+h)\}-(x^2+3x)}{h}$$
$$=\lim_{h \to 0}\frac{(㈏2x+3)h+h^2}{h}=\lim_{h \to 0}(㈏2x+3+h)$$
$$=㈐2x+3$$

11 답 ⑤

$f'(x)=6x^2-8x-5$이므로
$f'(-1)=6+8-5=9$

12 답 4

$f(x)=(1+x-x^2)(1-x+x^2)$에서
$f(2)=-1\times 3=-3$
$f'(x)=(1+x-x^2)'(1-x+x^2)+(1+x-x^2)(1-x+x^2)'$
$=(1-2x)(1-x+x^2)+(1+x-x^2)(-1+2x)$
$\therefore f'(2)=-3\times 3+(-1)\times 3=-12$
$\therefore \dfrac{f'(2)}{f(2)}=4$

13 답 ④

$g'(x)=(x^3+x+1)'f(x)+(x^3+x+1)f'(x)$
$=(3x^2+1)f(x)+(x^3+x+1)f'(x)$
$\therefore g'(1)=4f(1)+3f'(1)$
$=4\times 4+3\times 1=19$

14 답 1

$f(x)=x^4+ax^2+b$라 하면 곡선 $y=f(x)$가 점 $(1, -2)$를 지나므로 $f(1)=-2$에서
$1+a+b=-2$ $\therefore a+b=-3$ ……㉠
$f'(x)=4x^3+2ax$이고 점 $(1, -2)$에서의 접선의 기울기가 2이므로 $f'(1)=2$에서
$4+2a=2$ $\therefore a=-1$
이를 ㉠에 대입하면 $-1+b=-3$ $\therefore b=-2$
$\therefore a-b=1$

15 답 ②

$$\lim_{h \to 0}\frac{f(1+h)-f(1-h)}{h}$$
$$=\lim_{h \to 0}\frac{f(1+h)-f(1)+f(1)-f(1-h)}{h}$$
$$=\lim_{h \to 0}\frac{f(1+h)-f(1)}{h}-\lim_{h \to 0}\frac{f(1-h)-f(1)}{-h}\times(-1)$$
$$=f'(1)+f'(1)=2f'(1)$$
$f'(x)=3x^2-4x+3$이므로
$f'(1)=3-4+3=2$
따라서 구하는 값은
$2f'(1)=2\times 2=4$

16 답 ⑤

$f(x)=x^9+x^2+x$라 하면 $f(1)=1+1+1=3$이므로
$$\lim_{x \to 1}\frac{x^9+x^2+x-3}{x-1}=\lim_{x \to 1}\frac{f(x)-f(1)}{x-1}=f'(1)$$
$f'(x)=9x^8+2x+1$이므로 구하는 값은
$f'(1)=9+2+1=12$

17 답 ①

$\lim\limits_{x \to 1}\dfrac{f(x+1)-3}{x^2-1}=4$에서 $x \to 1$일 때 (분모) $\to 0$이고 극한값이 존재하므로 (분자) $\to 0$이다.

즉, $\lim\limits_{x \to 1}\{f(x+1)-3\}=0$이므로 $f(2)=3$

$x+1=t$로 놓으면 $x \to 1$일 때 $t \to 2$이므로

$$\lim_{x \to 1}\frac{f(x+1)-3}{x^2-1}=\lim_{x \to 1}\frac{f(x+1)-f(2)}{(x+1)(x-1)}$$
$$=\lim_{t \to 2}\frac{f(t)-f(2)}{t(t-2)}$$
$$=\lim_{t \to 2}\frac{f(t)-f(2)}{t-2}\times\lim_{t \to 2}\frac{1}{t}$$
$$=\frac{1}{2}f'(2)$$

따라서 $\dfrac{1}{2}f'(2)=4$이므로 $f'(2)=8$

$f(x)=x^3+ax+b$에서 $f'(x)=3x^2+a$

$f(2)=3$에서 $8+2a+b=3$

$\therefore 2a+b=-5$ ...... ㉠

$f'(2)=8$에서

$12+a=8$ $\therefore a=-4$

이를 ㉠에 대입하면

$-8+b=-5$ $\therefore b=3$

$\therefore ab=-12$

18 답 4

$f(x)=ax^2+bx+c$ (a, b, c는 상수, $a\neq0$)라 하면

$f'(x)=2ax+b$

$f(x)$와 $f'(x)$를 주어진 식에 대입하면

$ax^2+bx+c+x(2ax+b)=3x^2+4x-3$

$\therefore 3ax^2+2bx+c=3x^2+4x-3$

이 등식이 모든 실수 x에 대하여 성립하므로

$3a=3$, $2b=4$, $c=-3$

$\therefore a=1$, $b=2$, $c=-3$

따라서 $f'(x)=2x+2$이므로

$f'(1)=2+2=4$

19 답 ④

함수 $f(x)$가 $x=1$에서 미분가능하면 $x=1$에서 연속이고 미분계수 $f'(1)$이 존재한다.

(i) $x=1$에서 연속이므로 $\lim\limits_{x\to1-}f(x)=f(1)$에서

$b+3=a+2$ ...... ㉠

(ii) 미분계수 $f'(1)$이 존재하므로

$\lim\limits_{x\to1+}\dfrac{f(x)-f(1)}{x-1}=\lim\limits_{x\to1+}\dfrac{(ax^2+2x)-(a+2)}{x-1}$

$=\lim\limits_{x\to1+}\dfrac{(x-1)(ax+a+2)}{x-1}$

$=\lim\limits_{x\to1+}(ax+a+2)=2a+2$

$\lim\limits_{x\to1-}\dfrac{f(x)-f(1)}{x-1}=\lim\limits_{x\to1-}\dfrac{(bx+3)-(b+3)}{x-1}$ ($\because$ ㉠)

$=\lim\limits_{x\to1-}\dfrac{b(x-1)}{x-1}=b$

즉, $2a+2=b$이므로 $2a-b=-2$ ...... ㉡

㉠에서 $a-b=1$이므로 ㉡과 연립하여 풀면

$a=-3$, $b=-4$

$\therefore a^2+b^2=25$

다른 풀이

$g(x)=ax^2+2x$, $h(x)=bx+3$이라 하면

$g'(x)=2ax+2$, $h'(x)=b$

(i) $x=1$에서 연속이므로 $g(1)=h(1)$에서

$a+2=b+3$ $\therefore a-b=1$ ...... ㉠

(ii) 미분계수 $f'(1)$이 존재하므로 $g'(1)=h'(1)$에서

$2a+2=b$ $\therefore 2a-b=-2$ ...... ㉡

㉠, ㉡을 연립하여 풀면

$a=-3$, $b=-4$

$\therefore a^2+b^2=25$

20 답 -5

다항식 $f(x)$를 $(x-2)^2$으로 나누었을 때의 몫을 $Q(x)$, 나머지 $R(x)$를 $ax+b$ (a, b는 상수)라 하면

$f(x)=(x-2)^2Q(x)+ax+b$ ...... ㉠

㉠의 양변에 $x=2$를 대입하면

$9=2a+b$ ...... ㉡

㉠의 양변을 x에 대하여 미분하면

$f'(x)=2(x-2)Q(x)+(x-2)^2Q'(x)+a$

양변에 $x=2$를 대입하면 $a=14$

이를 ㉡에 대입하면

$9=28+b$ $\therefore b=-19$

따라서 $R(x)=14x-19$이므로

$R(1)=14-19=-5$

중단원 기출 문제 2회

1 답 5

함수 $f(x)=x^2+4x-3$에서 x의 값이 -1에서 2까지 변할 때의 평균변화율은

$\dfrac{\varDelta y}{\varDelta x}=\dfrac{f(2)-f(-1)}{2-(-1)}=\dfrac{9-(-6)}{3}=5$

2 답 ③

함수 $g(x)$에서 x의 값이 b에서 c까지 변할 때의 평균변화율은

$\dfrac{\varDelta y}{\varDelta x}=\dfrac{g(c)-g(b)}{c-b}=\dfrac{f^{-1}(c)-f^{-1}(b)}{c-b}$

오른쪽 그림에서 $f(b)=c$이므로

$f^{-1}(c)=b$

또 $f(a)=b$이므로 $f^{-1}(b)=a$

따라서 구하는 평균변화율은

$\dfrac{f^{-1}(c)-f^{-1}(b)}{c-b}=\dfrac{b-a}{c-b}$

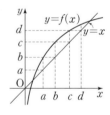

3 답 1

함수 $f(x)=x^2-5x+4$에서 x의 값이 a에서 $a+2$까지 변할 때의 평균변화율은

$\dfrac{\varDelta y}{\varDelta x}=\dfrac{f(a+2)-f(a)}{(a+2)-a}$

$=\dfrac{\{(a+2)^2-5(a+2)+4\}-(a^2-5a+4)}{2}$

$=\dfrac{4a-6}{2}=2a-3$ ...... ㉠

함수 $f(x)$의 $x=2$에서의 미분계수는

$f'(2)=\lim\limits_{h\to0}\dfrac{f(2+h)-f(2)}{h}$

$=\lim\limits_{h\to0}\dfrac{\{(2+h)^2-5(2+h)+4\}-(-2)}{h}$

$=\lim\limits_{h\to0}\dfrac{-h+h^2}{h}$

$=\lim\limits_{h\to0}(-1+h)=-1$ ...... ㉡

㉠, ㉡에서 $2a-3=-1$ $\therefore a=1$

4 답 ②

$\lim\limits_{h \to 0} \dfrac{f(1+2h)-3}{h} = -4$에서 $h \to 0$일 때 (분모) $\to 0$이고 극한값이

존재하므로 (분자) $\to 0$이다.

즉, $\lim\limits_{h \to 0} \{f(1+2h)-3\} = 0$이므로 $f(1) = 3$

$\therefore \lim\limits_{h \to 0} \dfrac{f(1+2h)-3}{h} = \lim\limits_{h \to 0} \dfrac{f(1+2h)-f(1)}{h}$

$\qquad\qquad\qquad\qquad = \lim\limits_{h \to 0} \dfrac{f(1+2h)-f(1)}{2h} \times 2 = 2f'(1)$

따라서 $2f'(1) = -4$이므로 $f'(1) = -2$

5 답 3

$\lim\limits_{x \to 1} \dfrac{xf(1)-f(x)}{x^2-1} = \lim\limits_{x \to 1} \dfrac{xf(1)-f(1)+f(1)-f(x)}{x^2-1}$

$\qquad\qquad\qquad\qquad = \lim\limits_{x \to 1} \dfrac{(x-1)f(1)}{(x+1)(x-1)} - \lim\limits_{x \to 1} \dfrac{f(x)-f(1)}{(x+1)(x-1)}$

$\qquad\qquad\qquad\qquad = \lim\limits_{x \to 1} \dfrac{f(1)}{x+1} - \lim\limits_{x \to 1} \dfrac{f(x)-f(1)}{x-1} \times \lim\limits_{x \to 1} \dfrac{1}{x+1}$

$\qquad\qquad\qquad\qquad = \dfrac{1}{2}f(1) - \dfrac{1}{2}f'(1)$

$\qquad\qquad\qquad\qquad = \dfrac{1}{2} \times 4 - \dfrac{1}{2} \times (-2) = 3$

6 답 4

$f(x+y) = f(x)+f(y)-2xy+1$의 양변에 $x=0$, $y=0$을 대입하면

$f(0) = f(0)+f(0)-0+1$ $\quad \therefore f(0) = -1$ $\quad\cdots\cdots$ ㉠

$\therefore f'(1) = \lim\limits_{h \to 0} \dfrac{f(1+h)-f(1)}{h}$

$\qquad\quad = \lim\limits_{h \to 0} \dfrac{f(1)+f(h)-2h+1-f(1)}{h}$

$\qquad\quad = \lim\limits_{h \to 0} \dfrac{f(h)+1}{h} - 2$

$\qquad\quad = \lim\limits_{h \to 0} \dfrac{f(h)-f(0)}{h} - 2 \ (\because \text{㉠})$

$\qquad\quad = f'(0) - 2$

따라서 $f'(0) - 2 = 2$이므로 $f'(0) = 4$

7 답 ④

ㄱ. 두 점 $(a, f(a))$, $(b, f(b))$를 지나는 직선의 기울기가 직선

$y = 2x$의 기울기보다 작으므로

$\dfrac{f(b)-f(a)}{b-a} < 2$ $\quad \therefore f(b)-f(a) < 2(b-a) \ (\because b-a > 0)$

ㄴ. $f'(a)$는 함수 $y=f(x)$의 그래프 위의 점 $(a, f(a))$에서의 접

선의 기울기이고 두 점 $(a, f(a))$, $(b, f(b))$를 지나는 직선의

기울기가 점 $(a, f(a))$에서의 접선의 기울기보다 작으므로

$\dfrac{f(b)-f(a)}{b-a} < f'(a)$

$\therefore f(b)-f(a) < (b-a)f'(a) \ (\because b-a > 0)$

ㄷ. $f'(b)$는 함수 $y=f(x)$의 그래프 위의 점 $(b, f(b))$에서의 접

선의 기울기이고 원점과 점 $(b, f(b))$를 지나는 직선의 기울기

가 점 $(b, f(b))$에서의 접선의 기울기보다 크므로

$\dfrac{f(b)}{b} > f'(b)$ $\quad \therefore f(b) > bf'(b) \ (\because b > 0)$

따라서 보기에서 옳은 것은 ㄴ, ㄷ이다.

8 답 ㄱ, ㄷ

ㄱ. $-x=t$로 놓으면 $x \to 1$일 때 $t \to -1$이므로

$\lim\limits_{x \to 1} f(x)f(-x) = \lim\limits_{x \to 1} f(x) \times \lim\limits_{t \to -1} f(t) = 0 \times (-1) = 0$

ㄴ. $f(-1)f(1) = 0 \times 1 = 0$

$-x=t$로 놓으면 $x \to -1$일 때 $t \to 1$이므로

$\lim\limits_{x \to -1} f(x)f(-x) = \lim\limits_{x \to -1} f(x) \times \lim\limits_{t \to 1} f(t) = -1 \times 0 = 0$

따라서 $\lim\limits_{x \to -1} f(x)f(-x) = f(-1)f(1)$이므로 함수 $f(x)f(-x)$

는 $x=-1$에서 연속이다.

ㄷ. $g(x) = f(x)f(-x)$라 하면 구간 $(-1, 1)$에서 함수 $g(x)$는

$g(x) = \begin{cases} x^2-x & (0<x<1) \\ 0 & (x=0) \\ x^2+x & (-1<x<0) \end{cases}$

$\lim\limits_{x \to 0+} \dfrac{g(x)-g(0)}{x} = \lim\limits_{x \to 0+} \dfrac{(x^2-x)-0}{x} = \lim\limits_{x \to 0+} (x-1) = -1$

$\lim\limits_{x \to 0-} \dfrac{g(x)-g(0)}{x} = \lim\limits_{x \to 0-} \dfrac{(x^2+x)-0}{x} = \lim\limits_{x \to 0-} (x+1) = 1$

따라서 함수 $f(x)f(-x)$는 $x=0$에서 미분가능하지 않다.

따라서 보기에서 옳은 것은 ㄱ, ㄷ이다.

다른 풀이

함수 $y=f(-x)$의 그래프는 함수 $y=f(x)$

의 그래프를 y축에 대하여 대칭이동한 것이

므로 오른쪽 그림과 같다.

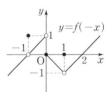

ㄱ. $\lim\limits_{x \to 1} f(x)f(-x) = 0 \times (-1) = 0$

ㄴ. $f(-1)f(1) = 0 \times 1 = 0$

$\lim\limits_{x \to -1} f(x)f(-x) = -1 \times 0 = 0$

따라서 $\lim\limits_{x \to -1} f(x)f(-x) = f(-1)f(1)$이므로 함수 $f(x)f(-x)$

는 $x=-1$에서 연속이다.

9 답 ③

① 점 $(0, f(0))$에서의 접선의 기울기가 양수이므로 $f'(0) > 0$

② $\lim\limits_{x \to 1+} f(x) = \lim\limits_{x \to 1-} f(x)$이므로 $\lim\limits_{x \to 1} f(x)$의 값이 존재한다.

③ 미분가능하면서 접선의 기울기가 0인 x의 값은 존재하지 않는다.

④ 불연속인 x의 값은 1, 3의 2개이다.

⑤ 미분가능하지 않은 x의 값은 1, 2, 3의 3개이다.

따라서 옳지 않은 것은 ③이다.

10 답 ㈎ $(x+h)^2$ ㈏ $2x+h$ ㈐ $2xf(x)$

$g(x) = x^2f(x)$라 하면 $y=g(x)$에서

$y' = \lim\limits_{h \to 0} \dfrac{g(x+h)-g(x)}{h} = \lim\limits_{h \to 0} \dfrac{(x+h)^2f(x+h)-x^2f(x)}{h}$

$\quad = \lim\limits_{h \to 0} \dfrac{(x+h)^2f(x+h)-(x+h)^2f(x)+(x+h)^2f(x)-x^2f(x)}{h}$

$\quad = \lim\limits_{h \to 0} \dfrac{(x+h)^2\{f(x+h)-f(x)\}+f(x)\{(x+h)^2-x^2\}}{h}$

$\quad = \lim\limits_{h \to 0} \boxed{\text{㈎ } (x+h)^2} \times \lim\limits_{h \to 0} \dfrac{f(x+h)-f(x)}{h}$

$\qquad\qquad\qquad\qquad + f(x) \times \lim\limits_{h \to 0} (\boxed{\text{㈏ } 2x+h})$

$\quad = x^2f'(x) + \boxed{\text{㈐ } 2xf(x)}$

11 답 ④

$f(x+y)=f(x)+f(y)+3xy$의 양변에 $x=0$, $y=0$을 대입하면

$f(0)=f(0)+f(0)+0$ $\therefore f(0)=0$ $\cdots\cdots$ ㉠

$\therefore f'(x)=\lim_{h\to 0}\dfrac{f(x+h)-f(x)}{h}$

$\qquad =\lim_{h\to 0}\dfrac{f(x)+f(h)+3xh-f(x)}{h}$

$\qquad =\lim_{h\to 0}\dfrac{f(h)}{h}+3x$

$\qquad =\lim_{h\to 0}\dfrac{f(h)-f(0)}{h}+3x \ (\because ㉠)$

$\qquad =f'(0)+3x=3x+1$

12 답 3

$f'(x)=3x^2+2kx+1$이므로 $f'(-2)=1$에서

$12-4k+1=1$ $\therefore k=3$

13 답 51

$f(x)=2x^2+5x-2$에서 $f'(x)=4x+5$

$g(x)=x^3+3$에서 $g'(x)=3x^2$

$\{f(x)g(x)\}'=f'(x)g(x)+f(x)g'(x)$이므로 함수 $f(x)g(x)$의 $x=1$에서의 미분계수는

$f'(1)g(1)+f(1)g'(1)=9\times 4+5\times 3=51$

14 답 2

$f(x)=(x-a)(x-b)(x-c)$라 하면 곡선 $y=f(x)$가 점 $(2,4)$를 지나므로 $f(2)=4$에서

$(2-a)(2-b)(2-c)=4$ $\cdots\cdots$ ㉠

$f'(x)=(x-b)(x-c)+(x-a)(x-c)+(x-a)(x-b)$이고

점 $(2,4)$에서의 접선의 기울기가 8이므로 $f'(2)=8$에서

$(2-b)(2-c)+(2-a)(2-c)+(2-a)(2-b)=8$ $\cdots\cdots$ ㉡

$\therefore \dfrac{1}{2-a}+\dfrac{1}{2-b}+\dfrac{1}{2-c}$

$\quad =\dfrac{(2-b)(2-c)+(2-a)(2-c)+(2-a)(2-b)}{(2-a)(2-b)(2-c)}$

$\quad =\dfrac{8}{4} \ (\because ㉠, ㉡)$

$\quad =2$

15 답 ③

$f(-1)=0$이므로

$\lim_{h\to 0}\dfrac{f(-1+h)}{4h}=\lim_{h\to 0}\dfrac{f(-1+h)-f(-1)}{h}\times\dfrac{1}{4}$

$\qquad\qquad\qquad =\dfrac{1}{4}f'(-1)$

$f'(x)=(x^2-1)'(x^3+x^2+3x+1)+(x^2-1)(x^3+x^2+3x+1)'$

$\qquad =2x(x^3+x^2+3x+1)+(x^2-1)(3x^2+2x+3)$

$\therefore f'(-1)=-2\times(-2)=4$

따라서 구하는 값은

$\dfrac{1}{4}f'(-1)=\dfrac{1}{4}\times 4=1$

16 답 ③

$f(x)=x^{3n}-x^{2n}+x^n$이라 하면 $f(1)=1-1+1=1$이므로

$\lim_{x\to 1}\dfrac{x^{3n}-x^{2n}+x^n-1}{x-1}=\lim_{x\to 1}\dfrac{f(x)-f(1)}{x-1}=f'(1)$

$\therefore f'(1)=12$

$f'(x)=3nx^{3n-1}-2nx^{2n-1}+nx^{n-1}$이므로 $f'(1)=12$에서

$3n-2n+n=12$, $2n=12$ $\therefore n=6$

17 답 -6

㈎에서 $f(x)-x^3$은 최고차항의 계수가 -3인 이차함수이므로

$f(x)-x^3=-3x^2+ax+b$ (a, b는 상수)라 하면

$f(x)=x^3-3x^2+ax+b$

$\therefore f'(x)=3x^2-6x+a$

㈏에서 $x\to 2$일 때 (분모) $\to 0$이고 극한값이 존재하므로 (분자) $\to 0$이다.

즉, $\lim_{x\to 2}\{f(x)+5\}=0$이므로 $f(2)=-5$

$\therefore \lim_{x\to 2}\dfrac{f(x)+5}{x-2}=\lim_{x\to 2}\dfrac{f(x)-f(2)}{x-2}=f'(2)$

$\therefore f'(2)=-2$

$f'(2)=-2$에서

$12-12+a=-2$ $\therefore a=-2$

$f(2)=-5$에서

$8-12+2a+b=-5$, $8-12-4+b=-5$

$\therefore b=3$

따라서 $f(x)=x^3-3x^2-2x+3$, $f'(x)=3x^2-6x-2$이므로

$f(1)+f'(1)=(1-3-2+3)+(3-6-2)=-6$

18 답 -6

$f(x)=ax^2+bx+c$ (a, b, c는 상수, $a\neq 0$)라 하면

$f'(x)=2ax+b$

$f(x)$와 $f'(x)$를 주어진 식에 대입하면

$x(2ax+b)=ax^2+bx+c-3x^2+2$

$\therefore 2ax^2+bx=(a-3)x^2+bx+c+2$

이 등식이 모든 실수 x에 대하여 성립하므로

$2a=a-3$, $0=c+2$

$\therefore a=-3$, $c=-2$

$f(1)=-1$에서 $a+b+c=-1$

$-3+b-2=-1$ $\therefore b=4$

따라서 $f(x)=-3x^2+4x-2$이므로

$f(2)=-12+8-2=-6$

19 답 -9

$g(x)=\begin{cases} -x^3-3x^2+9x+m & (x\geq a) \\ x^3+3x^2-9x & (x<a) \end{cases}$

함수 $g(x)$가 모든 실수 x에서 미분가능하면 $x=a$에서 미분가능하므로 $x=a$에서 연속이고 미분계수 $g'(a)$가 존재한다.

(i) $x=a$에서 연속이므로 $\lim_{x\to a-}g(x)=g(a)$에서

$a^3+3a^2-9a=-a^3-3a^2+9a+m$ $\cdots\cdots$ ㉠

(ii) 미분계수 $g'(a)$가 존재하므로

$$\lim_{x \to a+} \frac{g(x)-g(a)}{x-a}$$

$$= \lim_{x \to a+} \frac{(-x^3-3x^2+9x+m)-(-a^3-3a^2+9a+m)}{x-a}$$

$$= \lim_{x \to a+} \frac{-(x-a)(x^2+ax+a^2)-3(x+a)(x-a)+9(x-a)}{x-a}$$

$$= \lim_{x \to a+} \frac{-(x-a)\{x^2+(a+3)x+a^2+3a-9\}}{x-a}$$

$$= -\lim_{x \to a+} \{x^2+(a+3)x+a^2+3a-9\}$$

$$= -3a^2-6a+9$$

$$\lim_{x \to a-} \frac{g(x)-g(a)}{x-a}$$

$$= \lim_{x \to a-} \frac{(x^3+3x^2-9x)-(a^3+3a^2-9a)}{x-a} \ (\because \ \text{㉠})$$

$$= \lim_{x \to a-} \frac{(x-a)(x^2+ax+a^2)+3(x+a)(x-a)-9(x-a)}{x-a}$$

$$= \lim_{x \to a-} \frac{(x-a)\{x^2+(a+3)x+a^2+3a-9\}}{x-a}$$

$$= \lim_{x \to a-} \{x^2+(a+3)x+a^2+3a-9\}$$

$$= 3a^2+6a-9$$

즉, $-3a^2-6a+9=3a^2+6a-9$이므로

$a^2+2a-3=0$, $(a+3)(a-1)=0$ $\therefore a=1 \ (\because a>0)$

$a=1$을 ㉠에 대입하면

$1+3-9=-1-3+9+m$ $\therefore m=-10$

$\therefore a+m=-9$

다른 풀이

$h(x)=-x^3-3x^2+9x+m$, $k(x)=x^3+3x^2-9x$라 하면

$h'(x)=-3x^2-6x+9$, $k'(x)=3x^2+6x-9$

(i) $x=a$에서 연속이므로 $h(a)=k(a)$에서

$-a^3-3a^2+9a+m=a^3+3a^2-9a$

$\therefore m=2a^3+6a^2-18a$ ……㉠

(ii) 미분계수 $g'(a)$가 존재하므로 $h'(a)=k'(a)$에서

$-3a^2-6a+9=3a^2+6a-9$, $a^2+2a-3=0$

$(a+3)(a-1)=0$ $\therefore a=1 \ (\because a>0)$

$a=1$을 ㉠에 대입하면 $m=-10$

$\therefore a+m=-9$

20 답 ⑤

다항식 $x^8+x^4+x^3+2$를 $x^2(x-1)$로 나누었을 때의 몫을 $Q(x)$, 나머지 $R(x)$를 ax^2+bx+c (a, b, c는 상수)라 하면

$x^8+x^4+x^3+2=x^2(x-1)Q(x)+ax^2+bx+c$ ……㉠

㉠의 양변에 $x=0$을 대입하면 $c=2$

㉠의 양변에 $x=1$을 대입하면

$1+1+1+2=a+b+c$, $5=a+b+2$

$\therefore a+b=3$ ……㉡

㉠의 양변을 x에 대하여 미분하면

$8x^7+4x^3+3x^2$

$=2x(x-1)Q(x)+x^2Q(x)+x^2(x-1)Q'(x)+2ax+b$

양변에 $x=0$을 대입하면 $b=0$

이를 ㉡에 대입하면 $a=3$

따라서 $R(x)=3x^2+2$이므로 $R(3)=27+2=29$

04 / 도함수의 활용(1)

20~25쪽

중단원 기출 문제 1회

1 답 1

$f(x)=x^2-3x+2$라 하면 $f'(x)=2x-3$

점 $(1, 0)$에서의 접선의 기울기는 $f'(1)=-1$이므로 접선의 방정식은

$y=-(x-1)$ $\therefore y=-x+1$ ……㉠

점 $(3, 2)$에서의 접선의 기울기는 $f'(3)=3$이므로 접선의 방정식은

$y-2=3(x-3)$ $\therefore y=3x-7$ ……㉡

㉠, ㉡을 연립하여 풀면

$x=2$, $y=-1$

따라서 교점의 좌표는 $(2, -1)$이므로

$a=2$, $b=-1$

$\therefore a+b=1$

2 답 ③

$f(x)=-x^3+ax+3$이라 하면 $f'(x)=-3x^2+a$

곡선 $y=f(x)$가 점 $(1, 4)$를 지나므로 $f(1)=4$에서

$-1+a+3=4$ $\therefore a=2$

점 $(1, 4)$에서의 접선의 기울기는 $f'(1)=-1$이므로 접선의 방정식은

$y-4=-(x-1)$ $\therefore y=-x+5$

따라서 $b=-1$, $c=5$이므로

$abc=-10$

3 답 $(-3, 19)$

$f(x)=-x^3-x^2+x+4$라 하면 $f'(x)=-3x^2-2x+1$

점 $(1, 3)$에서의 접선의 기울기는 $f'(1)=-4$이므로 접선의 방정식은

$y-3=-4(x-1)$ $\therefore y=-4x+7$

곡선 $y=-x^3-x^2+x+4$와 접선 $y=-4x+7$의 교점의 x좌표는

$-x^3-x^2+x+4=-4x+7$에서

$x^3+x^2-5x+3=0$, $(x+3)(x-1)^2=0$

$\therefore x=-3$ 또는 $x=1$

따라서 점 P의 좌표는 $(-3, 19)$이다.

4 답 13

$\lim_{x \to -1} \frac{f(x+3)-5}{x^2-1}=2$에서 $x \to -1$일 때 (분모) $\to 0$이고 극한값이 존재하므로 (분자) $\to 0$이다.

즉, $\lim_{x \to -1} \{f(x+3)-5\}=0$이므로 $f(2)=5$

$x+3=t$로 놓으면 $x \to -1$일 때 $t \to 2$이므로

$$\lim_{x \to -1} \frac{f(x+3)-5}{x^2-1} = \lim_{x \to -1} \frac{f(x+3)-f(2)}{(x+1)(x-1)}$$

$$= \lim_{t \to 2} \frac{f(t)-f(2)}{(t-2)(t-4)}$$

$$= \lim_{t \to 2} \frac{f(t)-f(2)}{t-2} \times \lim_{t \to 2} \frac{1}{t-4}$$

$$= -\frac{1}{2}f'(2)$$

따라서 $-\dfrac{1}{2}f'(2)=2$이므로 $f'(2)=-4$

점 $(2, 5)$에서의 접선의 기울기는 $f'(2)=-4$이므로 접선의 방정식은

$y-5=-4(x-2)$ $\therefore y=-4x+13$

따라서 구하는 y절편은 13이다.

5 답 ⑤

곡선 $y=f(x)$ 위의 점 $(0, 0)$에서의 접선의 기울기는 $f'(0)$이므로 접선의 방정식은

$y=f'(0)x$ ······ ㉠

$g(x)=(x+1)f(x)$라 하면 점 $(1, 4)$가 곡선 $y=g(x)$ 위의 점이므로 $g(1)=4$에서

$2f(1)=4$ $\therefore f(1)=2$ ······ ㉡

$g'(x)=f(x)+(x+1)f'(x)$이므로 곡선 $y=g(x)$ 위의 점 $(1, 4)$에서의 접선의 기울기는

$g'(1)=f(1)+2f'(1)=2+2f'(1) (\because ㉡)$

따라서 곡선 $y=g(x)$ 위의 점 $(1, 4)$에서의 접선의 방정식은

$y-4=\{2+2f'(1)\}(x-1)$

$\therefore y=\{2+2f'(1)\}x+2-2f'(1)$ ······ ㉢

두 직선 ㉠, ㉢이 일치하므로

$f'(0)=2+2f'(1),\ 0=2-2f'(1)$

$\therefore f'(1)=1,\ f'(0)=4$ ······ ㉣

$f(0)=0$이므로 $f(x)=ax^3+bx^2+cx (a, b, c$는 상수, $a\neq0)$라 하면

$f'(x)=3ax^2+2bx+c$

㉡에서 $a+b+c=2$

㉣에서 $3a+2b+c=1,\ c=4$

$\therefore a+b=-2,\ 3a+2b=-3$

두 식을 연립하여 풀면 $a=1,\ b=-3$

따라서 $f'(x)=3x^2-6x+4$이므로

$f'(-2)=12+12+4=28$

6 답 16

$f(x)=x^3+2x+1$이라 하면 $f'(x)=3x^2+2$

점 $(-1, -2)$에서의 접선의 기울기는 $f'(-1)=5$

따라서 점 $(-1, -2)$에서의 접선에 수직인 직선의 기울기는 $-\dfrac{1}{5}$이므로 직선의 방정식은

$y+2=-\dfrac{1}{5}(x+1)$ $\therefore x+5y+11=0$

따라서 $a=5,\ b=11$이므로

$a+b=16$

7 답 10

$f(x)=-x^2+3x+1$이라 하면 $f'(x)=-2x+3$

직선 $y=-\dfrac{1}{5}x+1$에 수직인 직선의 기울기는 5이므로 접점의 좌표를 $(t, -t^2+3t+1)$이라 하면 이 점에서의 접선의 기울기는 5이다.

$f'(t)=5$에서

$-2t+3=5$ $\therefore t=-1$

따라서 접점의 좌표는 $(-1, -3)$이므로 접선의 방정식은

$y+3=5(x+1)$

$\therefore y=5x+2$

따라서 $a=5,\ b=2$이므로

$ab=10$

8 답 $\dfrac{32\sqrt{5}}{5}$

$f(x)=x^3-10x-4$라 하면 $f'(x)=3x^2-10$

접점의 좌표를 $(t, t^3-10t-4)$라 하면 이 점에서의 접선의 기울기는 2이므로 $f'(t)=2$에서

$3t^2-10=2,\ t^2=4$

$\therefore t=-2$ 또는 $t=2$

따라서 접점의 좌표는 $(-2, 8)$ 또는 $(2, -16)$이므로 접선의 방정식은

$y-8=2(x+2)$ 또는 $y+16=2(x-2)$

$\therefore 2x-y+12=0$ 또는 $2x-y-20=0$

따라서 두 접선 사이의 거리는 직선 $2x-y+12=0$ 위의 점 $(-6, 0)$과 직선 $2x-y-20=0$ 사이의 거리와 같으므로

$\dfrac{|-12-20|}{\sqrt{2^2+(-1)^2}}=\dfrac{32\sqrt{5}}{5}$

9 답 ④

$f(x)=x^3+3$이라 하면 $f'(x)=3x^2$

접점의 좌표를 (t, t^3+3)이라 하면 이 점에서의 접선의 기울기는 $f'(t)=3t^2$이므로 접선의 방정식은

$y-(t^3+3)=3t^2(x-t)$

$\therefore y=3t^2x-2t^3+3$ ······ ㉠

이 직선이 점 $(0, 1)$을 지나므로

$1=-2t^3+3,\ t^3=1$

$\therefore t=1 (\because t$는 실수$)$

이를 ㉠에 대입하면 접선의 방정식은

$y=3x+1$

따라서 $a=3,\ b=1$이므로

$a+2b=5$

10 답 2

$f(x)=-x^4-3$이라 하면 $f'(x)=-4x^3$

접점의 좌표를 $(t, -t^4-3)$이라 하면 이 점에서의 접선의 기울기는 $f'(t)=-4t^3$이므로 접선의 방정식은

$y-(-t^4-3)=-4t^3(x-t)$

$\therefore y=-4t^3x+3t^4-3$

이 직선이 점 $(0, 0)$을 지나므로

$0=3t^4-3,\ t^4-1=0$

$(t+1)(t-1)(t^2+1)=0$

$\therefore t=-1$ 또는 $t=1 (\because t$는 실수$)$

따라서 접점의 좌표는 $(-1, -4)$ 또는 $(1, -4)$이므로

$\overline{AB}=1-(-1)=2$

11 답 ④

$f(x)=-x^2-2x+a$라 하면 $f'(x)=-2x-2$
접점의 좌표를 $(t, -t^2-2t+a)$라 하면 이 점에서의 접선의 기울기는
$f'(t)=-2t-2$이므로 접선의 방정식은
$y-(-t^2-2t+a)=(-2t-2)(x-t)$
$\therefore y=(-2t-2)x+t^2+a$ ······ ㉠
$g(x)=x^2-2x-3$이라 하면 $g'(x)=2x-2$
점 $(-1, 0)$에서의 접선의 기울기는 $g'(-1)=-4$
$f'(t)=g'(-1)$이므로 $-2t-2=-4$ $\therefore t=1$
이를 ㉠에 대입하면 $y=-4x+1+a$
이 직선이 점 $(2, -3)$을 지나므로
$-3=-8+1+a$ $\therefore a=4$

12 답 1

$f(x)=x^3+a$, $g(x)=bx^2-6$이라 하면
$f'(x)=3x^2$, $g'(x)=2bx$
(i) $x=2$인 점에서 두 곡선이 만나므로 $f(2)=g(2)$에서
$8+a=4b-6$ $\therefore a-4b=-14$ ······ ㉠
(ii) $x=2$인 점에서의 두 곡선의 접선의 기울기가 같으므로
$f'(2)=g'(2)$에서 $12=4b$ $\therefore b=3$
$b=3$을 ㉠에 대입하면
$a-12=-14$ $\therefore a=-2$
$\therefore a+b=1$

13 답 ①

$f(x)=x^3-3x^2+6$, $g(x)=-x^2+4x-2$라 하면
$f'(x)=3x^2-6x$, $g'(x)=-2x+4$
두 곡선이 $x=t$인 점에서 공통인 접선을 갖는다고 하면
(i) $x=t$인 점에서 두 곡선이 만나므로 $f(t)=g(t)$에서
$t^3-3t^2+6=-t^2+4t-2$
$t^3-2t^2-4t+8=0$, $(t+2)(t-2)^2=0$
$\therefore t=-2$ 또는 $t=2$
(ii) $x=t$인 점에서의 두 곡선의 접선의 기울기가 같으므로
$f'(t)=g'(t)$에서 $3t^2-6t=-2t+4$
$3t^2-4t-4=0$, $(3t+2)(t-2)=0$
$\therefore t=-\dfrac{2}{3}$ 또는 $t=2$
(i), (ii)에서 $t=2$
따라서 접점의 좌표는 $(2, 2)$이고 접선의 기울기는 0이므로 공통인 접선의 방정식은
$y-2=0\times(x-2)$ $\therefore y=2$

14 답 ①

삼각형 PAB의 넓이가 최소가 될 때는 곡선 $y=x^2-4x+5$에 접하고 직선 $y=2x-7$에 평행한 접선의 접점이 P일 때이다.
$f(x)=x^2-4x+5$라 하면
$f'(x)=2x-4$

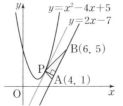

점 P의 좌표를 (t, t^2-4t+5)라 하면 점 P에서의 접선의 기울기가 2이므로 $f'(t)=2$에서
$2t-4=2$ $\therefore t=3$
따라서 점 P의 좌표는 $(3, 2)$이므로 점 P와 직선 $y=2x-7$, 즉
$2x-y-7=0$ 사이의 거리는
$\dfrac{|6-2-7|}{\sqrt{2^2+(-1)^2}}=\dfrac{3\sqrt{5}}{5}$
$\overline{AB}=\sqrt{(6-4)^2+(5-1)^2}=2\sqrt{5}$이므로 삼각형 PAB의 넓이의 최솟값은
$\dfrac{1}{2}\times2\sqrt{5}\times\dfrac{3\sqrt{5}}{5}=3$

15 답 $\dfrac{\sqrt{26}}{5}$

$f(x)=x^3+x^2-2$라 하면 $f'(x)=3x^2+2x$
점 $(1, 0)$에서의 접선의 기울기는 $f'(1)=5$
원의 중심이 y축 위에 있으므로 중심의 좌표를 $(0, a)$라 하면 두 점 $(1, 0)$, $(0, a)$를 지나는 직선은 점 $(1, 0)$에서의 접선과 서로 수직이다.
따라서 $\dfrac{a}{-1}\times5=-1$이므로 $a=\dfrac{1}{5}$
이때 원의 반지름의 길이는 두 점 $(1, 0)$, $\left(0, \dfrac{1}{5}\right)$ 사이의 거리와 같으므로
$\sqrt{(-1)^2+\left(\dfrac{1}{5}\right)^2}=\dfrac{\sqrt{26}}{5}$

16 답 $\dfrac{2}{3}$

함수 $f(x)=x^3-4x^2+4x$는 닫힌구간 $[0, 2]$에서 연속이고 열린구간 $(0, 2)$에서 미분가능하며 $f(0)=f(2)=0$이므로 롤의 정리에 의하여 $f'(c)=0$인 c가 열린구간 $(0, 2)$에 적어도 하나 존재한다.
이때 $f'(x)=3x^2-8x+4$이므로 $f'(c)=0$에서
$3c^2-8c+4=0$, $(3c-2)(c-2)=0$
$\therefore c=\dfrac{2}{3}$ $(\because 0<c<2)$

17 답 4

함수 $f(x)=(x+1)(x-a)$는 닫힌구간 $[-1, a]$에서 연속이고 열린구간 $(-1, a)$에서 미분가능하며 $f(-1)=f(a)=0$이므로 롤의 정리에 의하여 $f'(c)=0$인 c가 열린구간 $(-1, a)$에 적어도 하나 존재한다.
이때 $f'(x)=(x-a)+(x+1)=2x-a+1$이고 롤의 정리를 만족시키는 c의 값이 $\dfrac{3}{2}$이므로 $f'\left(\dfrac{3}{2}\right)=0$에서
$3-a+1=0$ $\therefore a=4$

18 답 ③

ㄱ. 함수 $f(x)=|x|$는 $x=0$에서 미분가능하지 않으므로 닫힌구간 $[-1, 1]$에서 롤의 정리가 성립하지 않는다.
ㄴ. 함수 $f(x)=x^2+4x+1$에서 $f(-1)=-2$, $f(1)=6$이므로
$f(-1)\neq f(1)$
따라서 닫힌구간 $[-1, 1]$에서 함수 $f(x)$는 롤의 정리가 성립하지 않는다.

ㄷ. 함수 $f(x)=x^3-x+20$은 닫힌구간 $[-1, 1]$에서 연속이고 열린구간 $(-1, 1)$에서 미분가능하며 $f(-1)=f(1)=20$이므로 롤의 정리가 성립한다.

따라서 보기의 함수 중 롤의 정리가 성립하는 것은 ㄷ이다.

19 답 $\dfrac{\sqrt{3}}{3}$

함수 $f(x)=x^3+2x$는 닫힌구간 $[0, 1]$에서 연속이고 열린구간 $(0, 1)$에서 미분가능하므로 평균값 정리에 의하여

$\dfrac{f(1)-f(0)}{1-0}=f'(c)$인 c가 열린구간 $(0, 1)$에 적어도 하나 존재한다.

이때 $f'(x)=3x^2+2$이므로 $\dfrac{f(1)-f(0)}{1-0}=f'(c)$에서

$\dfrac{3-0}{1-0}=3c^2+2$

$3c^2+2=3,\ c^2=\dfrac{1}{3}$

$\therefore c=\dfrac{\sqrt{3}}{3}\ (\because 0<c<1)$

20 답 ③

함수 $f(x)=x^2-7x+2$는 닫힌구간 $[a, b]$에서 연속이고 열린구간 (a, b)에서 미분가능하므로 평균값 정리에 의하여

$\dfrac{f(b)-f(a)}{b-a}=f'(c)$인 c가 열린구간 (a, b)에 적어도 하나 존재한다.

이때 $f'(x)=2x-7$이고, $c=3$이므로 $\dfrac{f(b)-f(a)}{b-a}=f'(c)$에서

$\dfrac{(b^2-7b+2)-(a^2-7a+2)}{b-a}=-1$

$\dfrac{(b^2-a^2)-7(b-a)}{b-a}=-1$

$\dfrac{(b-a)(b+a-7)}{b-a}=-1$

$b+a-7=-1$

$\therefore a+b=6$

중단원 기출 문제 2회

1 답 26

$f(x)=-x^3+2x^2+x+5$라 하면 $f'(x)=-3x^2+4x+1$

곡선 $y=f(x)$가 점 $(3, a)$를 지나므로 $f(3)=a$에서

$-27+18+3+5=a$　$\therefore a=-1$

점 $(3, -1)$에서의 접선의 기울기는 $f'(3)=-14$이므로 접선의 방정식은

$y+1=-14(x-3)$　$\therefore y=-14x+41$

따라서 $m=-14,\ n=41$이므로

$a+m+n=26$

2 답 ②

$f(x)=x^3+ax+b$라 하면 $f'(x)=3x^2+a$

곡선 $y=f(x)$가 점 $(1, 2)$를 지나므로 $f(1)=2$에서

$1+a+b=2$　$\therefore a+b=1$　……㉠

점 $(1, 2)$에서의 접선의 기울기는 1이므로 $f'(1)=1$에서

$3+a=1$　$\therefore a=-2$

이를 ㉠에 대입하면

$-2+b=1$　$\therefore b=3$

점 $(1, 2)$에서의 접선의 방정식은

$y-2=x-1$　$\therefore y=x+1$

따라서 $c=1$이므로

$abc=-6$

3 답 ③

$f(x)=x^4-3x^2+1$이라 하면 $f'(x)=4x^3-6x$

점 $(-1, -1)$에서의 접선의 기울기는 $f'(-1)=2$이므로 접선의 방정식은

$y+1=2(x+1)$　$\therefore y=2x+1$

따라서 구하는 삼각형의 넓이는

$\dfrac{1}{2}\times\dfrac{1}{2}\times1=\dfrac{1}{4}$

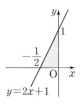

4 답 $y=-3x+2$

㈎에서 $x\to1$일 때 (분모)$\to0$이고 극한값이 존재하므로 (분자)$\to0$이다.

즉, $\displaystyle\lim_{x\to1}\{f(x)g(x)-3\}=0$이므로

$f(1)g(1)=3$

이때 ㈏에서 $f(1)=-3$이므로

$-3g(1)=3$　$\therefore g(1)=-1$

$h(x)=f(x)g(x)$라 하면

$h'(x)=f'(x)g(x)+f(x)g'(x)$

$\therefore \displaystyle\lim_{x\to1}\dfrac{f(x)g(x)-3}{x-1}=\lim_{x\to1}\dfrac{h(x)-h(1)}{x-1}=h'(1)$

$\qquad=f'(1)g(1)+f(1)g'(1)$

$\qquad=-6\times(-1)+(-3)\times g'(1)$

$\qquad=6-3g'(1)$

따라서 $6-3g'(1)=15$이므로 $g'(1)=-3$

곡선 $y=g(x)$ 위의 점 $(1, -1)$에서의 접선의 기울기는 $g'(1)=-3$이므로 접선의 방정식은

$y+1=-3(x-1)$　$\therefore y=-3x+2$

5 답 20

$f(x)=x^3-11x+k$라 하면 $f'(x)=3x^2-11$

점 $(2, a)$에서의 접선의 기울기는 $f'(2)=1$

따라서 점 $(2, a)$에서의 접선에 수직인 직선의 기울기는 -1이므로 직선의 방정식은

$y-a=-(x-2)$　$\therefore y=-x+a+2$

이 직선이 점 $(1, 4)$를 지나므로

$4=-1+a+2$ $\therefore a=3$

따라서 곡선 $y=f(x)$가 점 $(2, 3)$을 지나므로 $f(2)=3$에서

$8-22+k=3$ $\therefore k=17$

$\therefore a+k=20$

6 답 ①

$f(x)=5x^2-1$이라 하면 $f'(x)=10x$

점 $P(a, 5a^2-1)$에서의 접선의 기울기는 $f'(a)=10a$

따라서 점 P에서의 접선에 수직인 직선의 기울기는 $-\dfrac{1}{10a}$이므로

직선의 방정식은

$y-(5a^2-1)=-\dfrac{1}{10a}(x-a)$

$\therefore y=-\dfrac{1}{10a}x+5a^2-\dfrac{9}{10}$

따라서 $f(a)=5a^2-\dfrac{9}{10}$이므로

$\displaystyle\lim_{a \to 0} f(a)=\lim_{a \to 0}\left(5a^2-\dfrac{9}{10}\right)=-\dfrac{9}{10}$

7 답 7

두 점 $(-2, 3)$, $(0, 7)$을 지나는 직선의 기울기는 $\dfrac{7-3}{-(-2)}=2$이

므로 이 직선에 평행한 직선의 기울기는 2이다.

$f(x)=3x^2-4x-2$라 하면 $f'(x)=6x-4$

접점의 좌표를 $(t, 3t^2-4t-2)$라 하면 이 점에서의 접선의 기울기는 2이므로 $f'(t)=2$에서

$6t-4=2$ $\therefore t=1$

따라서 접점의 좌표는 $(1, -3)$이므로 접선의 방정식은

$y+3=2(x-1)$ $\therefore y=2x-5$

따라서 $a=2$, $b=-5$이므로

$a-b=7$

8 답 ⑤

$f(x)=-4x^3+12x^2-8x-1$이라 하면

$f'(x)=-12x^2+24x-8=-12(x-1)^2+4$

따라서 접선의 기울기는 $x=1$에서 최댓값 4를 갖는다.

이때 접점의 좌표는 $(1, -1)$이고 접선의 기울기는 4이므로 접선의

방정식은

$y+1=4(x-1)$ $\therefore y=4x-5$

이 직선이 점 $(k, 3)$을 지나므로

$3=4k-5$ $\therefore k=2$

9 답 -15

$f(x)=x^3+ax$에서 $f'(x)=3x^2+a$

접점의 좌표를 (t, t^3+at)라 하면 이 점에서의 접선의 기울기는

$f'(t)=3t^2+a$이므로 접선의 방정식은

$y-(t^3+at)=(3t^2+a)(x-t)$

$\therefore y=(3t^2+a)x-2t^3$

이 직선이 점 $(0, 2)$를 지나므로

$2=-2t^3$, $t^3=-1$ $\therefore t=-1$ ($\because t$는 실수)

따라서 $x=-1$인 점에서의 접선의 기울기가 -1이므로

$f'(-1)=-1$에서

$3+a=-1$ $\therefore a=-4$

따라서 $f(x)=x^3-4x$이므로

$f(a+1)=f(-3)=-27+12=-15$

10 답 ④

$f(x)=x^3+4$라 하면 $f'(x)=3x^2$

점 Q의 좌표를 (t, t^3+4)라 하면 이 점에서의 접선의 기울기는

$f'(t)=3t^2$이므로 접선의 방정식은

$y-(t^3+4)=3t^2(x-t)$

$\therefore y=3t^2x-2t^3+4$

이 직선이 점 $P(-1, -1)$을 지나므로

$-1=-3t^2-2t^3+4$

$2t^3+3t^2-5=0$, $(t-1)(2t^2+5t+5)=0$

$\therefore t=1$ ($\because t$는 실수)

따라서 $Q(1, 5)$이므로

$\overline{PQ}=\sqrt{(1+1)^2+(5+1)^2}=2\sqrt{10}$

11 답 ④

$f(x)=-x^3+ax+b$, $g(x)=x^2+c$라 하면

$f'(x)=-3x^2+a$, $g'(x)=2x$

(i) 점 $(-1, 3)$에서 두 곡선이 만나므로

　$f(-1)=3$에서

　$1-a+b=3$ $\therefore a-b=-2$ …… ㉠

　$g(-1)=3$에서

　$1+c=3$ $\therefore c=2$

(ii) 점 $(-1, 3)$에서의 두 곡선의 접선의 기울기가 같으므로

　$f'(-1)=g'(-1)$에서

　$-3+a=-2$ $\therefore a=1$

$a=1$을 ㉠에 대입하면

$1-b=-2$ $\therefore b=3$

$\therefore a+b+c=6$

12 답 ①

$f(x)=-x^2-1$, $g(x)=ax^2-2$라 하면

$f'(x)=-2x$, $g'(x)=2ax$

두 곡선의 교점의 x좌표를 t라 하면

(i) $x=t$인 점에서 두 곡선이 만나므로 $f(t)=g(t)$에서

　$-t^2-1=at^2-2$ …… ㉠

(ii) $x=t$인 점에서의 두 접선이 서로 수직이므로

　$f'(t)g'(t)=-1$에서

　$-2t \times 2at=-1$ $\therefore at^2=\dfrac{1}{4}$ …… ㉡

㉡을 ㉠에 대입하면

$-t^2-1=\dfrac{1}{4}-2$ $\therefore t^2=\dfrac{3}{4}$

$t^2=\dfrac{3}{4}$을 ㉡에 대입하면

$\dfrac{3}{4}a=\dfrac{1}{4}$ $\therefore a=\dfrac{1}{3}$

13 답 $(0, 2)$

곡선 $y=-x^2+x+2$에 접하고 직선
$y=x+5$에 평행한 접선의 접점이 P일 때
곡선 $y=-x^2+x+2$와 직선 $y=x+5$
사이의 거리가 최소가 된다.

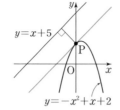

$f(x)=-x^2+x+2$라 하면
$f'(x)=-2x+1$
접점의 좌표를 $(t, -t^2+t+2)$라 하면 이 점에서의 접선의 기울기
가 1이므로 $f'(t)=1$에서
$-2t+1=1$ ∴ $t=0$
따라서 구하는 점 P의 좌표는 $(0, 2)$이다.

14 답 $\dfrac{27}{8}$

삼각형 PAB의 넓이가 최대가 될 때는 곡선
$y=-x^2+4$에 접하고 직선 AB에 평행한 접
선의 접점이 P일 때이다.

$f(x)=-x^2+4$라 하면
$f'(x)=-2x$
직선 AB의 기울기는 $\dfrac{3}{-1-2}=-1$이므로 점 P의 좌표를
$(t, -t^2+4)$라 하면 $f'(t)=-1$에서
$-2t=-1$ ∴ $t=\dfrac{1}{2}$

따라서 점 P의 좌표는 $\left(\dfrac{1}{2}, \dfrac{15}{4}\right)$이다.

직선 AB의 방정식은
$y=-(x-2)$
∴ $x+y-2=0$
점 P와 직선 AB 사이의 거리는

$\dfrac{\left|\dfrac{1}{2}+\dfrac{15}{4}-2\right|}{\sqrt{1^2+1^2}}=\dfrac{9\sqrt{2}}{8}$

$\overline{AB}=\sqrt{(-1-2)^2+3^2}=3\sqrt{2}$이므로 삼각형 PAB의 넓이의 최댓값은
$\dfrac{1}{2}\times 3\sqrt{2}\times\dfrac{9\sqrt{2}}{8}=\dfrac{27}{8}$

15 답 $\dfrac{17}{8}$

$f(x)=x^3-4x$라 하면 $f'(x)=3x^2-4$
원점에서의 접선의 기울기는 $f'(0)=-4$
따라서 원점에서의 접선에 수직이고 원점을 지나는 직선의 기울기는
$\dfrac{1}{4}$이므로 직선의 방정식은

$y=\dfrac{1}{4}x$

원 C의 중심의 좌표를 (a, a^3-4a)라 하면 직선 $y=\dfrac{1}{4}x$가 이 점을
지나므로
$a^3-4a=\dfrac{1}{4}a$
$4a^3-17a=0$, $a(4a^2-17)=0$
∴ $a=-\dfrac{\sqrt{17}}{2}$ 또는 $a=\dfrac{\sqrt{17}}{2}$ (∵ $a\neq 0$)

따라서 원 C의 중심의 좌표는
$\left(-\dfrac{\sqrt{17}}{2}, -\dfrac{\sqrt{17}}{8}\right)$ 또는 $\left(\dfrac{\sqrt{17}}{2}, \dfrac{\sqrt{17}}{8}\right)$
이때 원 C의 반지름의 길이는 원점과 원 C의 중심 사이의 거리이므로
$\sqrt{\left(\dfrac{\sqrt{17}}{2}\right)^2+\left(\dfrac{\sqrt{17}}{8}\right)^2}=\dfrac{17}{8}$

16 답 -1

함수 $f(x)=2x^3-6x-1$은 닫힌구간 $[-\sqrt{3}, \sqrt{3}]$에서 연속이고 열
린구간 $(-\sqrt{3}, \sqrt{3})$에서 미분가능하며 $f(-\sqrt{3})=f(\sqrt{3})=-1$이므
로 롤의 정리에 의하여 $f'(c)=0$인 c가 열린구간 $(-\sqrt{3}, \sqrt{3})$에 적
어도 하나 존재한다.
이때 $f'(x)=6x^2-6$이므로 $f'(c)=0$에서
$6c^2-6=0$, $(c+1)(c-1)=0$
∴ $c=-1$ 또는 $c=1$
따라서 구하는 모든 실수 c의 값의 곱은
$-1\times 1=-1$

17 답 ③

함수 $f(x)=3(x-a)(x-b)+2$는 닫힌구간 $[a, b]$에서 연속이고
열린구간 (a, b)에서 미분가능하며 $f(a)=f(b)=2$이므로 롤의 정
리에 의하여 $f'(c)=0$인 c가 열린구간 (a, b)에 적어도 하나 존재
한다.
이때 $f'(x)=3\{(x-b)+(x-a)\}=6x-3(a+b)$이므로
$f'(c)=0$에서 $6c-3(a+b)=0$
∴ $c=\dfrac{a+b}{2}$

18 답 ②

함수 $f(x)=ax^2+bx+6$은 닫힌구간 $[0, 2]$에서 연속이고 열린구
간 $(0, 2)$에서 미분가능하므로 평균값 정리에 의하여
$\dfrac{f(2)-f(0)}{2-0}=f'(a)$인 a가 열린구간 $(0, 2)$에 존재한다.

이때 $f'(x)=2ax+b$이므로 $\dfrac{f(2)-f(0)}{2-0}=f'(a)$에서
$\dfrac{(4a+2b+6)-6}{2-0}=2a^2+b$
$2a+b=2a^2+b$, $a(a-1)=0$
∴ $a=1$ (∵ $0<a<2$)
$f(3)=9$에서 $9+3b+6=9$ ∴ $b=-2$
따라서 $f(x)=x^2-2x+6$이므로
$f(-2)=4+4+6=14$

19 답 2

닫힌구간 $[1, 6]$에서 평균값 정리를 만족시키는 실수 c는 열린구간
$(1, 6)$에서 두 점 $(1, f(1))$, $(6, f(6))$을 지나는 직선에 평행한 접
선을 갖는 점의 x좌표이다.
이때 오른쪽 그림과 같이 두 점 $(1, f(1))$,
$(6, f(6))$을 지나는 직선에 평행한 접선을
2개 그을 수 있으므로 구하는 실수 c의 개
수는 2이다.

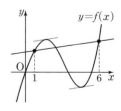

20 답 ④

함수 $f(x)$는 모든 실수 x에서 미분가능하므로 모든 실수 x에서 연속이다.

함수 $f(x)$는 닫힌구간 $[1, 4]$에서 연속이고 열린구간 $(1, 4)$에서 미분가능하므로 평균값 정리에 의하여 $\dfrac{f(4)-f(1)}{4-1}=f'(c)$인 c가 열린구간 $(1, 4)$에 적어도 하나 존재한다.

이때 (나)에서 $0 \le f'(x) \le 3$이므로

$0 \le \dfrac{f(4)-f(1)}{4-1} \le 3$

$0 \le \dfrac{f(4)-2}{3} \le 3$ ($\because$ (가))

$0 \le f(4)-2 \le 9$ $\quad \therefore 2 \le f(4) \le 11$

따라서 $f(4)$의 최댓값은 11이다.

---

05 / 도함수의 활용 (2)

26~31쪽

중단원 기출 문제 1회

1 답 ③

$f(x)=-x^3+6x^2-9x$에서

$f'(x)=-3x^2+12x-9=-3(x-1)(x-3)$

$f'(x)=0$인 x의 값은 $x=1$ 또는 $x=3$

함수 $f(x)$의 증가와 감소를 표로 나타내면 다음과 같다.

x	$\cdots$	1	$\cdots$	3	$\cdots$
$f'(x)$	$-$	0	$+$	0	$-$
$f(x)$	$\searrow$	-4	$\nearrow$	0	$\searrow$

따라서 함수 $f(x)$는 구간 $[1, 3]$에서 증가한다.

2 답 $a \ge \dfrac{1}{6}$

$f(x)=2ax^3-x^2+6ax+5$에서

$f'(x)=6ax^2-2x+6a$

$x_1<x_2$인 임의의 두 실수 x_1, x_2에 대하여 $f(x_1)<f(x_2)$가 성립하려면 함수 $f(x)$가 실수 전체의 집합에서 증가해야 한다.

즉, 모든 실수 x에 대하여 $f'(x) \ge 0$이어야 하므로

$6a>0$ $\quad \therefore a>0$ $\quad \cdots\cdots$ ㉠

이차방정식 $f'(x)=0$의 판별식을 D라 하면

$\dfrac{D}{4}=1-36a^2 \le 0$

$(6a+1)(6a-1) \ge 0$

$\therefore a \le -\dfrac{1}{6}$ 또는 $a \ge \dfrac{1}{6}$ $\quad \cdots\cdots$ ㉡

㉠, ㉡에서 $a \ge \dfrac{1}{6}$

---

3 답 ④

$f(x)=x^3-(a+2)x^2+ax-1$에서

$f'(x)=3x^2-2(a+2)x+a$

함수 $f(x)$가 구간 $[1, 2]$에서 감소하려면

$1 \le x \le 2$에서 $f'(x) \le 0$이어야 하므로

$f'(1) \le 0$, $f'(2) \le 0$

$f'(1) \le 0$에서

$3-2(a+2)+a \le 0$ $\quad \therefore a \ge -1$ $\quad \cdots\cdots$ ㉠

$f'(2) \le 0$에서

$12-4(a+2)+a \le 0$ $\quad \therefore a \ge \dfrac{4}{3}$ $\quad \cdots\cdots$ ㉡

㉠, ㉡에서 $a \ge \dfrac{4}{3}$

따라서 a의 최솟값은 $\dfrac{4}{3}$이다.

4 답 3

함수 $f(x)$는 $x=a$, $x=c$, $x=e$의 좌우에서 증가하다가 감소하므로 $x=a$, $x=c$, $x=e$에서 극댓값을 갖는다.

따라서 구하는 x의 값의 개수는 3이다.

5 답 ⑤

$f(x)=-x^3+6x^2+5$에서

$f'(x)=-3x^2+12x=-3x(x-4)$

$f'(x)=0$인 x의 값은 $x=0$ 또는 $x=4$

함수 $f(x)$의 증가와 감소를 표로 나타내면 다음과 같다.

x	$\cdots$	0	$\cdots$	4	$\cdots$
$f'(x)$	$-$	0	$+$	0	$-$
$f(x)$	$\searrow$	5 극소	$\nearrow$	37 극대	$\searrow$

따라서 함수 $f(x)$는 $x=4$에서 극댓값 37, $x=0$에서 극솟값 5를 가지므로

$M=37$, $m=5$

$\therefore M+m=42$

6 답 3

$f(x)=x^3+ax^2+bx+c$에서

$f'(x)=3x^2+2ax+b$

함수 $f(x)$가 $x=0$에서 극댓값, $x=2$에서 극솟값을 가지므로

$f'(0)=0$, $f'(2)=0$에서

$b=0$, $12+4a+b=0$

$\therefore a=-3$, $b=0$

$\therefore f(x)=x^3-3x^2+c$

함수 $f(x)$가 $x=2$에서 극솟값 -1을 가지므로 $f(2)=-1$에서

$8-12+c=-1$

$\therefore c=3$

따라서 $f(x)=x^3-3x^2+3$이므로 극댓값은

$f(0)=3$

7 답 ③

$f(x)=x^3-3(a+1)x^2+3(a^2+2a)x$에서

$f'(x)=3x^2-6(a+1)x+3(a^2+2a)$
$\quad\quad=3(x-a)\{x-(a+2)\}$

$f'(x)=0$인 x의 값은

$x=a$ 또는 $x=a+2$

함수 $f(x)$의 증가와 감소를 표로 나타내면 다음과 같다.

x	$\cdots$	a	$\cdots$	$a+2$	$\cdots$
$f'(x)$	$+$	0	$-$	0	$+$
$f(x)$	↗	극대	↘	극소	↗

따라서 함수 $f(x)$는 $x=a$에서 극댓값 2를 가지므로 $f(a)=2$에서

$a^3-3a^2(a+1)+3a(a^2+2a)=2$

$a^3+3a^2-2=0$

$(a+1)(a^2+2a-2)=0$

$\therefore a=-1$ 또는 $a=-1\pm\sqrt{3}$ ······ ㉠

한편 $f(3)<0$에서

$27-27(a+1)+9(a^2+2a)<0$

$a(a-1)<0$ $\quad\therefore 0<a<1$ ······ ㉡

㉠, ㉡에서 $a=-1+\sqrt{3}$

따라서 $f(x)=x^3-3\sqrt{3}x^2+6x$이므로

$f(\sqrt{3})=3\sqrt{3}-9\sqrt{3}+6\sqrt{3}=0$

8 답 -1

$y=f'(x)$의 그래프가 x축과 만나는 점의 x좌표가 0, 2이므로 주어진 그래프에서 $f'(x)$의 부호를 조사하여 함수 $f(x)$의 증가와 감소를 표로 나타내면 다음과 같다.

x	$\cdots$	0	$\cdots$	2	$\cdots$
$f'(x)$	$-$	0	$+$	0	$-$
$f(x)$	↘	극소	↗	극대	↘

$f(x)=-2x^3+ax^2+bx+c$에서

$f'(x)=-6x^2+2ax+b$

$f'(0)=0$, $f'(2)=0$에서

$b=0$, $-24+4a+b=0$

$\therefore a=6$, $b=0$

$\therefore f(x)=-2x^3+6x^2+c$

함수 $f(x)$는 $x=0$에서 극솟값 -7을 가지므로 $f(0)=-7$에서

$c=-7$

$\therefore a+b+c=-1$

9 답 ②

주어진 그래프에서 $f'(x)$의 부호를 조사하여 함수 $f(x)$의 증가와 감소를 표로 나타내면 다음과 같다.

x	$\cdots$	-2	$\cdots$	0	$\cdots$	2	$\cdots$	4	$\cdots$
$f'(x)$	$-$	0	$+$	0	$-$	0	$-$	0	$+$
$f(x)$	↘		↗		↘		↘		↗

따라서 보기에서 함수 $f(x)$가 증가하는 구간은 ㄴ, ㅁ이다.

10 답 ①

주어진 그래프에서 $f'(x)$의 부호를 조사하여 함수 $f(x)$의 증가와 감소를 표로 나타내면 다음과 같다.

x	$\cdots$	-3	$\cdots$	-1	$\cdots$
$f'(x)$	$+$	0	$-$	0	$+$
$f(x)$	↗	극대	↘	극소	↗

따라서 함수 $y=f(x)$의 그래프의 개형이 될 수 있는 것은 ①이다.

11 답 ⑤

$f(x)=x^3+ax^2-(a-6)x+5$에서

$f'(x)=3x^2+2ax-(a-6)$

함수 $f(x)$가 극값을 갖지 않으려면 이차방정식 $f'(x)=0$이 중근 또는 허근을 가져야 한다.

이차방정식 $f'(x)=0$의 판별식을 D라 하면

$\dfrac{D}{4}=a^2+3(a-6)\leq 0$

$a^2+3a-18\leq 0$, $(a+6)(a-3)\leq 0$

$\therefore -6\leq a\leq 3$

따라서 정수 a는 -6, -5, -4, $\cdots$, 3의 10개이다.

12 답 25

$f(x)=-x^3+3x^2+ax$에서

$f'(x)=-3x^2+6x+a$

함수 $f(x)$가 $x<-2$에서 극솟값을 갖고, $x>-2$에서 극댓값을 가지려면 이차방정식 $f'(x)=0$의 서로 다른 두 실근 중 한 근은 -2보다 작고, 다른 한 근은 -2보다 커야 하므로

$f'(-2)>0$에서

$-12-12+a>0$ $\quad\therefore a>24$

따라서 자연수 a의 최솟값은 25이다.

13 답 -5

$f(x)=x^3-(a+2)x^2+3ax+3$에서

$f'(x)=3x^2-2(a+2)x+3a$

함수 $f(x)$가 구간 $(-1, 2)$에서 극댓값과 극솟값을 모두 가지려면 이차방정식 $f'(x)=0$이 $-1<x<2$에서 서로 다른 두 실근을 가져야 한다.

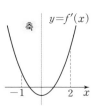

(i) 이차방정식 $f'(x)=0$의 판별식을 D라 하면

$\dfrac{D}{4}=(a+2)^2-9a>0$

$a^2-5a+4>0$, $(a-1)(a-4)>0$

$\therefore a<1$ 또는 $a>4$ ······ ㉠

(ii) $f'(-1)>0$이어야 하므로

$3+2(a+2)+3a>0$ $\quad\therefore a>-\dfrac{7}{5}$ ······ ㉡

$f'(2)>0$이어야 하므로

$12-4(a+2)+3a>0$ $\quad\therefore a<4$ ······ ㉢

(iii) $y=f'(x)$의 그래프의 축의 방정식이 $x=\dfrac{a+2}{3}$이므로

$$-1<\frac{a+2}{3}<2 \qquad \therefore -5<a<4 \quad\cdots\cdots \text{②}$$

⊙~②에서 $-\dfrac{7}{5}<a<1$

따라서 $\alpha=-\dfrac{7}{5}$, $\beta=1$이므로

$$5\alpha+2\beta=-7+2=-5$$

14 답 $a<-8$ 또는 $a>8$

$f(x)=3x^4+ax^3+6x^2-5$에서

$f'(x)=12x^3+3ax^2+12x=3x(4x^2+ax+4)$

함수 $f(x)$가 극댓값을 가지려면 삼차방정식 $f'(x)=0$이 서로 다른 세 실근을 가져야 하므로 이차방정식 $4x^2+ax+4=0$이 0이 아닌 서로 다른 두 실근을 가져야 한다.

이때 $x=0$은 이차방정식 $4x^2+ax+4=0$의 근이 아니므로 이차방정식 $4x^2+ax+4=0$의 판별식을 D라 하면

$D=a^2-64>0$

$(a+8)(a-8)>0 \qquad \therefore a<-8$ 또는 $a>8$

15 답 ⑤

$f(x)=-x^4+8x^2+7$에서

$f'(x)=-4x^3+16x=-4x(x+2)(x-2)$

$f'(x)=0$인 x의 값은

$x=-2$ 또는 $x=0$ ($\because -3\leq x\leq 1$)

구간 $[-3, 1]$에서 함수 $f(x)$의 증가와 감소를 표로 나타내면 다음과 같다.

x	-3	$\cdots$	-2	$\cdots$	0	$\cdots$	1
$f'(x)$		$+$	0	$-$	0	$+$	
$f(x)$	-2	↗	23 극대	↘	7 극소	↗	14

따라서 함수 $f(x)$는 $x=-2$에서 최댓값 23, $x=-3$에서 최솟값 -2를 가지므로

$M=23$, $m=-2$

$\therefore M-m=25$

16 답 -17

$x+1=t$로 놓으면 $-1\leq x\leq 3$에서

$0\leq t\leq 4$

$g(t)=t^3-3t^2-9t+5$라 하면

$g'(t)=3t^2-6t-9=3(t+1)(t-3)$

$g'(t)=0$인 t의 값은 $t=3$ ($\because 0\leq t\leq 4$)

$0\leq t\leq 4$에서 함수 $g(t)$의 증가와 감소를 표로 나타내면 다음과 같다.

t	0	$\cdots$	3	$\cdots$	4
$g'(t)$		$-$	0	$+$	
$g(t)$	5	↘	-22 극소	↗	-15

따라서 함수 $g(t)$는 $t=0$에서 최댓값 5, $t=3$에서 최솟값 -22를 가지므로 함수 $f(x)$의 최댓값과 최솟값의 합은

$$5+(-22)=-17$$

17 답 -1

$f(x)=-x^3-3x^2+9x+a$에서

$f'(x)=-3x^2-6x+9=-3(x+3)(x-1)$

$f'(x)=0$인 x의 값은 $x=1$ ($\because -1\leq x\leq 2$)

구간 $[-1, 2]$에서 함수 $f(x)$의 증가와 감소를 표로 나타내면 다음과 같다.

x	-1	$\cdots$	1	$\cdots$	2
$f'(x)$		$+$	0	$-$	
$f(x)$	$a-11$	↗	$a+5$ 극대	↘	$a-2$

따라서 함수 $f(x)$는 $x=1$에서 최댓값 $a+5$, $x=-1$에서 최솟값 $a-11$을 가지므로

$a+5=10$, $a-11=m \qquad \therefore a=5$, $m=-6$

$\therefore a+m=-1$

18 답 4

점 A의 x좌표를 a라 하면

$\mathrm{A}(a, -a^2+3)$ (단, $0<a<\sqrt{3}$)

직사각형 ABCD의 넓이를 $S(a)$라 하면

$S(a)=2a(-a^2+3)=-2a^3+6a$

$\therefore S'(a)=-6a^2+6=-6(a+1)(a-1)$

$S'(a)=0$인 a의 값은 $a=1$ ($\because 0<a<\sqrt{3}$)

$0<a<\sqrt{3}$에서 함수 $S(a)$의 증가와 감소를 표로 나타내면 다음과 같다.

a	0	$\cdots$	1	$\cdots$	$\sqrt{3}$
$S'(a)$		$+$	0	$-$	
$S(a)$		↗	4 극대	↘	

따라서 직사각형 ABCD의 넓이 $S(a)$의 최댓값은 4이다.

19 답 27

직육면체의 밑면인 정사각형의 한 변의 길이를 x, 직육면체의 높이를 y라 하면 모든 모서리의 길이의 합이 36이므로

$8x+4y=36 \qquad \therefore y=9-2x$

이때 $x>0$, $9-2x>0$이므로 $0<x<\dfrac{9}{2}$

직육면체의 부피를 $V(x)$라 하면

$V(x)=x^2y=x^2(9-2x)=9x^2-2x^3$

$\therefore V'(x)=18x-6x^2=6x(3-x)$

$V'(x)=0$인 x의 값은 $x=3 \left(\because 0<x<\dfrac{9}{2}\right)$

$0<x<\dfrac{9}{2}$에서 함수 $V(x)$의 증가와 감소를 표로 나타내면 다음과 같다.

x	0	$\cdots$	3	$\cdots$	$\dfrac{9}{2}$
$V'(x)$		$+$	0	$-$	
$V(x)$		↗	27 극대	↘	

따라서 직육면체의 부피 $V(x)$의 최댓값은 27이다.

20 답 ⑤

오른쪽 그림과 같이 원뿔의 밑면의 반지름의
길이를 r, 높이를 h라 하면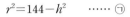

$r^2=144-h^2$ ······ ㉠

이때 $h>0$, $144-h^2>0$이므로

$0<h<12$

원뿔의 부피를 $V(h)$라 하면

$V(h)=\dfrac{1}{3}\pi r^2 h=\dfrac{1}{3}\pi(144-h^2)h$

$\quad\quad=\dfrac{1}{3}\pi(144h-h^3)$

$\therefore V'(h)=\dfrac{1}{3}\pi(144-3h^2)$

$\quad\quad\quad=-\pi(h+4\sqrt{3})(h-4\sqrt{3})$

$V'(h)=0$인 h의 값은 $h=4\sqrt{3}$ ($\because 0<h<12$)

$0<h<12$에서 함수 $V(h)$의 증가와 감소를 표로 나타내면 다음과
같다.

h	0	$\cdots$	$4\sqrt{3}$	$\cdots$	12
$V'(h)$		$+$	0	$-$	
$V(h)$		↗	극대	↘	

따라서 원뿔의 부피 $V(h)$가 최대가 되도록 하는 원뿔의 높이는
$h=4\sqrt{3}$

이를 ㉠에 대입하면

$r^2=144-48=96$ $\quad \therefore r=4\sqrt{6}$ ($\because r>0$)

$\therefore r:h=4\sqrt{6}:4\sqrt{3}=\sqrt{2}:1$

중단원 기출 문제 2회

1 답 ②

$f(x)=2x^3-15x^2+24x$에서

$f'(x)=6x^2-30x+24=6(x-1)(x-4)$

$f'(x)=0$인 x의 값은 $x=1$ 또는 $x=4$

함수 $f(x)$의 증가와 감소를 표로 나타내면 다음과 같다.

x	$\cdots$	1	$\cdots$	4	$\cdots$
$f'(x)$	$+$	0	$-$	0	$+$
$f(x)$	↗	11	↘	-16	↗

따라서 함수 $f(x)$가 감소하는 구간은 $[1, 4]$이므로

$a=1$, $b=4$

$\therefore b-a=3$

다른 풀이

$f(x)=2x^3-15x^2+24x$에서

$f'(x)=6x^2-30x+24=6(x-1)(x-4)$

이때 $f'(x)\leq0$인 구간에서 함수 $f(x)$가 감소하므로

$6(x-1)(x-4)\leq0$ $\quad \therefore 1\leq x\leq4$

따라서 $a=1$, $b=4$이므로

$b-a=3$

2 답 ②

$f(x)=x^3+ax^2+ax-1$에서

$f'(x)=3x^2+2ax+a$

함수 $f(x)$가 실수 전체의 집합에서 증가하려면 모든 실수 x에 대하
여 $f'(x)\geq0$이어야 한다.

이차방정식 $f'(x)=0$의 판별식을 D라 하면

$\dfrac{D}{4}=a^2-3a\leq0$

$a(a-3)\leq0$ $\quad \therefore 0\leq a\leq3$

따라서 정수 a는 0, 1, 2, 3의 4개이다.

3 답 1

$f(x)=-x(x^2-3ax+3a)=-x^3+3ax^2-3ax$에서

$f'(x)=-3x^2+6ax-3a$

함수 $f(x)$의 역함수가 존재하려면 일대일대응이어야 하고 $f(x)$의
최고차항의 계수가 음수이므로 $f(x)$는 실수 전체의 집합에서 감소
해야 한다.

즉, 모든 실수 x에 대하여 $f'(x)\leq0$이어야 한다.

이차방정식 $f'(x)=0$의 판별식을 D라 하면

$\dfrac{D}{4}=9a^2-9a\leq0$

$a(a-1)\leq0$ $\quad \therefore 0\leq a\leq1$

따라서 a의 최댓값은 1이다.

4 답 $a\geq3$

$f(x)=-x^3+2ax^2-3ax+1$에서

$f'(x)=-3x^2+4ax-3a$

함수 $f(x)$가 구간 $[2, 3]$에서 증가하려면

$2\leq x\leq3$에서 $f'(x)\geq0$이어야 하므로

$f'(2)\geq0$, $f'(3)\geq0$

$f'(2)\geq0$에서

$-12+8a-3a\geq0$ $\quad \therefore a\geq\dfrac{12}{5}$ ······ ㉠

$f'(3)\geq0$에서

$-27+12a-3a\geq0$ $\quad \therefore a\geq3$ ······ ㉡

㉠, ㉡에서 $a\geq3$

5 답 ②

$f(x)=x^4-4x^3+16x+11$에서

$f'(x)=4x^3-12x^2+16=4(x+1)(x-2)^2$

$f'(x)=0$인 x의 값은 $x=-1$ 또는 $x=2$

함수 $f(x)$의 증가와 감소를 표로 나타내면 다음과 같다.

x	$\cdots$	-1	$\cdots$	2	$\cdots$
$f'(x)$	$-$	0	$+$	0	$+$
$f(x)$	↘	0 극소	↗	27	↗

따라서 함수 $f(x)$는 $x=-1$에서 극솟값 0을 가지므로

$a=-1$, $m=0$

$\therefore a+m=-1$

6 답 ①

$f(x)=2x^3+ax^2+bx+1$에서
$f'(x)=6x^2+2ax+b$
함수 $f(x)$가 $x=-1$에서 극댓값 8을 가지므로
$f'(-1)=0,\ f(-1)=8$
$f'(-1)=0$에서 $6-2a+b=0$
$\therefore 2a-b=6\ \cdots\cdots$ ㉠
$f(-1)=8$에서 $-2+a-b+1=8$
$\therefore a-b=9\ \cdots\cdots$ ㉡
㉠, ㉡을 연립하여 풀면
$a=-3,\ b=-12$
$\therefore f(x)=2x^3-3x^2-12x+1,$
$\quad f'(x)=6x^2-6x-12=6(x+1)(x-2)$
$f'(x)=0$인 x의 값은 $x=-1$ 또는 $x=2$
함수 $f(x)$의 증가와 감소를 표로 나타내면 다음과 같다.

x	$\cdots$	-1	$\cdots$	2	$\cdots$
$f'(x)$	$+$	0	$-$	0	$+$
$f(x)$	↗	8 극대	↘	-19 극소	↗

따라서 함수 $f(x)$는 $x=2$에서 극솟값 -19를 갖는다.

7 답 -8

㈐에서 함수 $y=f(x)$의 그래프가 원점을 지나므로
$f(x)=x^4+ax^3+bx^2+cx$ ($a,\ b,\ c$는 상수)라 하면
$f'(x)=4x^3+3ax^2+2bx+c$
㈎에서 $f(2+x)=f(2-x)$이므로 함수 $y=f(x)$의 그래프는 직선 $x=2$에 대하여 대칭이고, ㈏에서 $x=1$에서 극소이므로 $x=3$에서 극소이고 $x=2$에서 극대이다.
따라서 $f'(1)=0,\ f'(2)=0,\ f'(3)=0$이고, $f'(x)$의 최고차항의 계수가 4이므로
$f'(x)=4(x-1)(x-2)(x-3)=4x^3-24x^2+44x-24$
즉, $3a=-24,\ 2b=44,\ c=-24$이므로
$a=-8,\ b=22,\ c=-24$
따라서 $f(x)=x^4-8x^3+22x^2-24x$이므로 극댓값은
$f(2)=16-64+88-48=-8$

8 답 4

$y=f'(x)$의 그래프가 x축과 만나는 점의 x좌표가 -1, 1이므로 주어진 그래프에서 $f'(x)$의 부호를 조사하여 함수 $f(x)$의 증가와 감소를 표로 나타내면 다음과 같다.

x	$\cdots$	-1	$\cdots$	1	$\cdots$
$f'(x)$	$+$	0	$-$	0	$+$
$f(x)$	↗	극대	↘	극소	↗

$f(x)=x^3+ax^2+bx+c$ ($a,\ b,\ c$는 상수)라 하면
$f'(x)=3x^2+2ax+b$
$f'(-1)=0,\ f'(1)=0$에서
$3-2a+b=0,\ 3+2a+b=0$
$\therefore 2a-b=3,\ 2a+b=-3$

두 식을 연립하여 풀면 $a=0,\ b=-3$
$\therefore f(x)=x^3-3x+c$
함수 $f(x)$는 $x=1$에서 극솟값 0을 가지므로 $f(1)=0$에서
$1-3+c=0\quad \therefore c=2$
따라서 $f(x)=x^3-3x+2$이고 $f(x)$는 $x=-1$에서 극대이므로 극댓값은
$f(-1)=-1+3+2=4$

9 답 ⑤

주어진 그래프에서 $f'(x)$의 부호를 조사하여 함수 $f(x)$의 증가와 감소를 표로 나타내면 다음과 같다.

x	-4	$\cdots$	-3	$\cdots$	1	$\cdots$	3	$\cdots$	4
$f'(x)$		$+$	0	$-$	0	$+$	0	$-$	
$f(x)$		↗	극대	↘	극소	↗	극대	↘	

① 함수 $f(x)$는 $-1\le x\le1$에서 감소한다.
② 함수 $f(x)$는 $2\le x\le3$에서 증가하고, $3\le x\le4$에서 감소한다.
③ 함수 $f(x)$는 $x=-3$에서 극대이다.
④ 함수 $f(x)$는 $x=1$에서 극소이다.
⑤ 함수 $f(x)$는 $x=-3$, $x=1$, $x=3$에서 극값을 가지므로 극값을 갖는 x의 값은 3개이다.
따라서 옳은 것은 ⑤이다.

10 답 ①

주어진 그래프에서 $f'(x)$의 부호를 조사하여 함수 $f(x)$의 증가와 감소를 표로 나타내면 다음과 같다.

x	$\cdots$	-2	$\cdots$	0	$\cdots$
$f'(x)$	$-$	0	$+$	0	$+$
$f(x)$	↘	극소	↗		↗

따라서 함수 $y=f(x)$의 그래프의 개형이 될 수 있는 것은 ①이다.

11 답 ②

$f(x)=-x^4+\dfrac{8}{3}x^3-2x^2+7$에서
$f'(x)=-4x^3+8x^2-4x=-4x(x-1)^2$
$f'(x)=0$인 x의 값은 $x=0$ 또는 $x=1$
함수 $f(x)$의 증가와 감소를 표로 나타내면 다음과 같다.

x	$\cdots$	0	$\cdots$	1	$\cdots$
$f'(x)$	$+$	0	$-$	0	$-$
$f(x)$	↗	7 극대	↘	$\dfrac{20}{3}$	↘

따라서 함수 $y=f(x)$의 그래프는 오른쪽 그림과 같다.

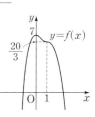

ㄱ. 함수 $f(x)$는 $x=1$에서 극값을 갖지 않는다.
ㄴ. 함수 $f(x)$는 구간 $[0,\ \infty)$에서 감소한다.
ㄷ. 함수 $y=f(x)$의 치역은 $\{y\,|\,y\le7\}$이다.
따라서 보기에서 옳은 것은 ㄴ이다.

12 탑 3

$f(x)=3x^3+2(a+1)x^2+4x+11$에서

$f'(x)=9x^2+4(a+1)x+4$

함수 $f(x)$가 극값을 가지려면 이차방정식 $f'(x)=0$이 서로 다른 두 실근을 가져야 한다.

이차방정식 $f'(x)=0$의 판별식을 D라 하면

$\dfrac{D}{4}=4(a+1)^2-36>0$

$a^2+2a-8>0$, $(a+4)(a-2)>0$

$\therefore a<-4$ 또는 $a>2$

따라서 자연수 a의 최솟값은 3이다.

13 탑 $4<a<\dfrac{25}{6}$

$f(x)=\dfrac{1}{3}x^3-(a-2)x^2+4x$에서

$f'(x)=x^2-2(a-2)x+4$

함수 $y=f(x)$의 그래프에서 극대인 점과 극소인 점이 모두 두 직선 $x=-1$, $x=3$ 사이에 존재하려면 함수 $f(x)$가 구간 $(-1, 3)$에서 극댓값과 극솟값을 모두 가져야 하므로 이차방정식 $f'(x)=0$이 $-1<x<3$에서 서로 다른 두 실근을 가져야 한다.

(i) 이차방정식 $f'(x)=0$의 판별식을 D라 하면

$\dfrac{D}{4}=(a-2)^2-4>0$

$a^2-4a>0$, $a(a-4)>0$

$\therefore a<0$ 또는 $a>4$ $\qquad$ ……㉠

(ii) $f'(-1)>0$이어야 하므로

$1+2(a-2)+4>0$ $\qquad \therefore a>-\dfrac{1}{2}$ $\qquad$ ……㉡

$f'(3)>0$이어야 하므로

$9-6(a-2)+4>0$ $\qquad \therefore a<\dfrac{25}{6}$ $\qquad$ ……㉢

(iii) $y=f'(x)$의 그래프의 축의 방정식이 $x=a-2$이므로

$-1<a-2<3$ $\qquad \therefore 1<a<5$ $\qquad$ ……㉣

㉠~㉣에서 $4<a<\dfrac{25}{6}$

14 탑 $\dfrac{1}{4}$

$f(x)=-x^4-2(a-1)x^2-4ax+1$에서

$f'(x)=-4x^3-4(a-1)x-4a$

$\quad\ =-4(x+1)(x^2-x+a)$

함수 $f(x)$가 극솟값을 갖지 않으려면 삼차방정식 $f'(x)=0$이 중근 또는 허근을 가져야 하므로 이차방정식 $x^2-x+a=0$의 한 근이 -1이거나 중근 또는 허근을 가져야 한다.

(i) 이차방정식 $x^2-x+a=0$의 한 근이 -1인 경우

$1+1+a=0$ $\qquad \therefore a=-2$

(ii) 이차방정식 $x^2-x+a=0$이 중근 또는 허근을 갖는 경우

이차방정식 $x^2-x+a=0$의 판별식을 D라 하면

$D=1-4a\le0$ $\qquad \therefore a\ge\dfrac{1}{4}$

(i), (ii)에서

$a=-2$ 또는 $a\ge\dfrac{1}{4}$

따라서 양수 a의 최솟값은 $\dfrac{1}{4}$이다.

15 탑 $-\dfrac{2}{3}$

$f(x)=-\dfrac{2}{3}x^3+ax^2-a$에서

$f'(x)=-2x^2+2ax=-2x(x-a)$

$f'(x)=0$인 x의 값은

$x=0$ 또는 $x=a$

$0<a<2$이므로 구간 $[0, 2]$에서 함수 $f(x)$의 증가와 감소를 표로 나타내면 다음과 같다.

x	0	$\cdots$	a	$\cdots$	2
$f'(x)$	0	$+$	0	$-$	
$f(x)$	$-a$	$\nearrow$	$\dfrac{1}{3}a^3-a$ 극대	$\searrow$	$3a-\dfrac{16}{3}$

따라서 함수 $f(x)$는 $x=a$에서 최댓값 $\dfrac{1}{3}a^3-a$를 가지므로

$g(a)=\dfrac{1}{3}a^3-a$

$\therefore g'(a)=a^2-1=(a+1)(a-1)$

$g'(a)=0$인 a의 값은

$a=1$ $(\because 0<a<2)$

$0<a<2$에서 함수 $g(a)$의 증가와 감소를 표로 나타내면 다음과 같다.

a	0	$\cdots$	1	$\cdots$	2
$g'(a)$		$-$	0	$+$	
$g(a)$		$\searrow$	$-\dfrac{2}{3}$ 극소	$\nearrow$	

따라서 함수 $g(a)$는 $a=1$에서 최솟값 $-\dfrac{2}{3}$를 갖는다.

16 탑 8

$f(x)=x^3-3x+a$에서

$f'(x)=3x^2-3=3(x+1)(x-1)$

$f'(x)=0$인 x의 값은

$x=-1$ 또는 $x=1$

구간 $[-2, 2]$에서 함수 $f(x)$의 증가와 감소를 표로 나타내면 다음과 같다.

x	-2	$\cdots$	-1	$\cdots$	1	$\cdots$	2
$f'(x)$		$+$	0	$-$	0	$+$	
$f(x)$	$a-2$	$\nearrow$	$a+2$ 극대	$\searrow$	$a-2$ 극소	$\nearrow$	$a+2$

따라서 함수 $f(x)$는 $x=-1$ 또는 $x=2$에서 최댓값 $a+2$, $x=-2$ 또는 $x=1$에서 최솟값 $a-2$를 가지므로

$(a+2)(a-2)=60$, $a^2-64=0$

$(a+8)(a-8)=0$

$\therefore a=8$ $(\because a>0)$

17 답 90

점 P의 좌표를 (t, t^2+1)이라 하면
$$\overline{\mathrm{OP}}^2+\overline{\mathrm{AP}}^2=t^2+(t^2+1)^2+(t-10)^2+(t^2+1)^2$$
$$=2t^4+6t^2-20t+102$$
$f(t)=2t^4+6t^2-20t+102$라 하면
$$f'(t)=8t^3+12t-20=4(t-1)(2t^2+2t+5)$$
$f'(t)=0$인 t의 값은 $t=1$ ($\because t$는 실수)
함수 $f(t)$의 증가와 감소를 표로 나타내면 다음과 같다.

t	$\cdots$	1	$\cdots$
$f'(t)$	$-$	0	$+$
$f(t)$	$\searrow$	90 극소	$\nearrow$

따라서 함수 $f(t)$는 $t=1$에서 최솟값 90을 가지므로 $\overline{\mathrm{OP}}^2+\overline{\mathrm{AP}}^2$의 최솟값은 90이다.

18 답 252π

원기둥의 밑면의 반지름의 길이를 r, 높이를 h라 하면
$$r+h=9 \quad \therefore h=9-r$$
이때 $r>0$, $9-r>0$이므로
$$0<r<9$$
원기둥의 부피를 $V(r)$라 하면
$$V(r)=\pi r^2 h=\pi r^2(9-r)$$
$$=\pi(9r^2-r^3)$$
$$\therefore V'(r)=\pi(18r-3r^2)=3\pi r(6-r)$$
$V'(r)=0$인 r의 값은 $r=6$ ($\because 0<r<9$)
$0<r<9$에서 함수 $V(r)$의 증가와 감소를 표로 나타내면 다음과 같다.

r	0	$\cdots$	6	$\cdots$	9
$V'(r)$		$+$	0	$-$	
$V(r)$		$\nearrow$	108π 극대	$\searrow$	

따라서 원기둥의 부피 $V(r)$는 $r=6$에서 최댓값 108π를 갖는다.
이때 밑면의 반지름의 길이가 6인 반구의 부피는
$$\frac{1}{2}\times\left(\frac{4}{3}\pi\times6^3\right)=144\pi$$
따라서 구하는 전체 입체도형의 부피는
$$108\pi+144\pi=252\pi$$

> **중1 다시보기**
>
> 반지름의 길이가 r인 구의 부피는 $\Rightarrow \dfrac{4}{3}\pi r^3$

19 답 ①

오른쪽 그림과 같이 구에 내접하는 원뿔의 밑면의 반지름의 길이를 r, 높이를 h라 하면
$$r^2=10^2-(h-10)^2=20h-h^2$$
이때 $h-10>0$, $h<20$이므로
$$10<h<20$$

원뿔의 부피를 $V(h)$라 하면
$$V(h)=\frac{1}{3}\pi r^2 h=\frac{1}{3}\pi(20h-h^2)h$$
$$=\frac{1}{3}\pi(20h^2-h^3)$$
$$\therefore V'(h)=\frac{1}{3}\pi(40h-3h^2)=\frac{1}{3}\pi h(40-3h)$$
$V'(h)=0$인 h의 값은 $h=\dfrac{40}{3}$ ($\because 10<h<20$)
$10<h<20$에서 함수 $V(h)$의 증가와 감소를 표로 나타내면 다음과 같다.

h	10	$\cdots$	$\dfrac{40}{3}$	$\cdots$	20
$V'(h)$		$+$	0	$-$	
$V(h)$		$\nearrow$	극대	$\searrow$	

따라서 원뿔의 부피 $V(h)$가 최대인 원뿔의 높이는 $\dfrac{40}{3}$이다.

20 답 30 kg

제품 A를 x kg 판매하여 얻은 이익을 $g(x)$원이라 하면
$$g(x)=5000x-f(x)$$
$$=-2x^3+90x^2-2000 \text{ (단, } x>0)$$
$$\therefore g'(x)=-6x^2+180x=-6x(x-30)$$
$g'(x)=0$인 x의 값은 $x=30$ ($\because x>0$)
$x>0$에서 함수 $g(x)$의 증가와 감소를 표로 나타내면 다음과 같다.

x	0	$\cdots$	30	$\cdots$
$g'(x)$		$+$	0	$-$
$g(x)$		$\nearrow$	극대	$\searrow$

따라서 함수 $g(x)$는 $x=30$일 때 최대이므로 이익을 최대로 하기 위해 하루에 생산해야 할 제품 A는 30 kg이다.

06 / 도함수의 활용 (3)   32~37쪽

중단원 기출 문제 1회

1 답 2

$f(x)=x^4-2x^2-3$이라 하면
$$f'(x)=4x^3-4x=4x(x+1)(x-1)$$
$f'(x)=0$인 x의 값은
$$x=-1 \text{ 또는 } x=0 \text{ 또는 } x=1$$
함수 $f(x)$의 증가와 감소를 표로 나타내면 다음과 같다.

x	$\cdots$	-1	$\cdots$	0	$\cdots$	1	$\cdots$
$f'(x)$	$-$	0	$+$	0	$-$	0	$+$
$f(x)$	$\searrow$	-4 극소	$\nearrow$	-3 극대	$\searrow$	-4 극소	$\nearrow$

따라서 함수 $y=f(x)$의 그래프는 오른쪽 그림과 같이 x축과 서로 다른 두 점에서 만나므로 주어진 방정식의 서로 다른 실근의 개수는 2이다.

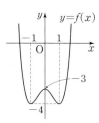

2 답 ③

$3x^4-4x^3-12x^2-k=0$에서
$3x^4-4x^3-12x^2=k$
$f(x)=3x^4-4x^3-12x^2$이라 하면
$f'(x)=12x^3-12x^2-24x=12x(x+1)(x-2)$
$f'(x)=0$인 x의 값은
$x=-1$ 또는 $x=0$ 또는 $x=2$
함수 $f(x)$의 증가와 감소를 표로 나타내면 다음과 같다.

x	$\cdots$	-1	$\cdots$	0	$\cdots$	2	$\cdots$
$f'(x)$	$-$	0	$+$	0	$-$	0	$+$
$f(x)$	$\searrow$	-5 극소	$\nearrow$	0 극대	$\searrow$	-32 극소	$\nearrow$

함수 $y=f(x)$의 그래프는 오른쪽 그림과 같고, 주어진 방정식이 서로 다른 세 실근을 가지려면 곡선 $y=f(x)$와 직선 $y=k$가 서로 다른 세 점에서 만나야 하므로
$k=-5$ 또는 $k=0$
따라서 모든 실수 k의 값의 합은
$-5+0=-5$

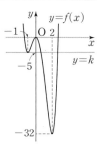

3 답 ④

$2x^3-3x^2-12x+k=0$에서
$2x^3-3x^2-12x=-k$
$f(x)=2x^3-3x^2-12x$라 하면
$f'(x)=6x^2-6x-12=6(x+1)(x-2)$
$f'(x)=0$인 x의 값은
$x=-1$ 또는 $x=2$
함수 $f(x)$의 증가와 감소를 표로 나타내면 다음과 같다.

x	$\cdots$	-1	$\cdots$	2	$\cdots$
$f'(x)$	$+$	0	$-$	0	$+$
$f(x)$	$\nearrow$	7 극대	$\searrow$	-20 극소	$\nearrow$

함수 $y=f(x)$의 그래프는 오른쪽 그림과 같으므로 곡선 $y=f(x)$와 직선 $y=-k$의 교점의 x좌표가 두 개는 양수이고 한 개는 음수이려면
$-20<-k<0$
$\therefore 0<k<20$
따라서 정수 k는 1, 2, 3, $\cdots$, 19의 19개이다.

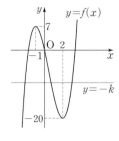

4 답 ③

$f(x)=2x^3-6x^2-18x-k$라 하면
$f'(x)=6x^2-12x-18=6(x+1)(x-3)$
$f'(x)=0$인 x의 값은 $x=-1$ 또는 $x=3$
삼차방정식 $f(x)=0$이 <u>중근과 다른 한 실근</u>을 가지려면
$f(-1)f(3)=0$이어야 하므로
$(-k+10)(-k-54)=0$
$\therefore k=10 \ (\because k>0)$

↳ 서로 다른 두 실근

5 답 $-17<k<15$

주어진 두 곡선이 서로 다른 세 점에서 만나려면 방정식
$x^3+2x^2-5x-12=-x^2+4x+k$, 즉 $x^3+3x^2-9x-12-k=0$이
서로 다른 세 실근을 가져야 한다.
$f(x)=x^3+3x^2-9x-12-k$라 하면
$f'(x)=3x^2+6x-9=3(x+3)(x-1)$
$f'(x)=0$인 x의 값은 $x=-3$ 또는 $x=1$
삼차방정식 $f(x)=0$이 서로 다른 세 실근을 가지려면
$f(-3)f(1)<0$이어야 하므로
$(-k+15)(-k-17)<0$
$(k+17)(k-15)<0$
$\therefore -17<k<15$

6 답 ③

$y=x^3+kx$에서 $y'=3x^2+k$
점 $(2, 4)$에서 곡선 $y=x^3+kx$에 그은 접선의 접점의 좌표를
(t, t^3+kt)라 하면 접선의 방정식은
$y-(t^3+kt)=(3t^2+k)(x-t)$
이 직선이 점 $(2, 4)$를 지나므로
$4-(t^3+kt)=(3t^2+k)(2-t)$
$\therefore t^3-3t^2-k+2=0$ $\cdots\cdots$ ㉠
점 $(2, 4)$에서 주어진 곡선에 오직 하나의 접선을 그을 수 있으려면
t에 대한 삼차방정식 ㉠이 오직 하나의 실근을 가져야 한다.
$f(t)=t^3-3t^2-k+2$라 하면
$f'(t)=3t^2-6t=3t(t-2)$
$f'(t)=0$인 t의 값은 $t=0$ 또는 $t=2$
삼차방정식 $f(t)=0$이 오직 하나의 실근을 가지려면 $f(0)f(2)>0$
이어야 하므로
$(-k+2)(-k-2)>0$
$(k+2)(k-2)>0$
$\therefore k<-2$ 또는 $k>2$
따라서 k의 값이 될 수 없는 것은 ③이다.

7 답 ⑤

$f(x)=x^4+3x^2-10x+k$라 하면
$f'(x)=4x^3+6x-10=2(x-1)(2x^2+2x+5)$
$f'(x)=0$인 x의 값은 $x=1 \ (\because x$는 실수$)$

함수 $f(x)$의 증가와 감소를 표로 나타내면 다음과 같다.

x	$\cdots$	1	$\cdots$
$f'(x)$	$-$	0	$+$
$f(x)$	$\searrow$	$k-6$ 극소	$\nearrow$

함수 $f(x)$의 최솟값은 $k-6$이므로 모든 실수 x에 대하여 $f(x)>0$이 성립하려면

$k-6>0$ $\quad \therefore k>6$

따라서 정수 k의 최솟값은 7이다.

8 답 $k>28$

$f(x)>g(x)$에서 $f(x)-g(x)>0$

$h(x)=f(x)-g(x)$라 하면

$h(x)=2x^3+x+k-(9x^2+x+1)$

$\quad =2x^3-9x^2+k-1$

$\therefore h'(x)=6x^2-18x=6x(x-3)$

$h'(x)=0$인 x의 값은 $x=3$ $(\because x>0)$

$x>0$에서 함수 $h(x)$의 증가와 감소를 표로 나타내면 다음과 같다.

x	0	$\cdots$	3	$\cdots$
$h'(x)$		$-$	0	$+$
$h(x)$		$\searrow$	$k-28$ 극소	$\nearrow$

$x>0$에서 함수 $h(x)$의 최솟값은 $k-28$이므로 $x>0$일 때, $h(x)=f(x)-g(x)>0$이 성립하려면

$k-28>0$ $\quad \therefore k>28$

9 답 ②

$f(x)=x^3-3x+k^2+k$라 하면

$f'(x)=3x^2-3=3(x+1)(x-1)$

$f'(x)=0$인 x의 값은 $x=-1$ 또는 $x=1$

$-1 \le x \le 2$에서 함수 $f(x)$의 증가와 감소를 표로 나타내면 다음과 같다.

x	-1	$\cdots$	1	$\cdots$	2
$f'(x)$	0	$-$	0	$+$	
$f(x)$	k^2+k+2	$\searrow$	k^2+k-2 극소	$\nearrow$	k^2+k+2

$-1 \le x \le 2$에서 함수 $f(x)$의 최솟값은 k^2+k-2, 최댓값은 k^2+k+2이므로 $-1 \le x \le 2$일 때, $0 \le f(x) \le 4$가 성립하려면

$k^2+k-2 \ge 0$, $k^2+k+2 \le 4$

즉, $k^2+k \ge 2$, $k^2+k \le 2$이므로

$k^2+k=2$, $k^2+k-2=0$

$(k+2)(k-1)=0$ $\quad \therefore k=-2$ 또는 $k=1$

따라서 모든 실수 k의 값의 합은

$-2+1=-1$

10 답 -7

$f(x)=2x^3-6x^2-k+1$이라 하면

$f'(x)=6x^2-12x=6x(x-2)$

$f'(x)=0$인 x의 값은 $x=0$ 또는 $x=2$

$2<x<3$일 때, $f'(x)>0$이므로 함수 $f(x)$는 구간 $(2, 3)$에서 증가한다.

따라서 $2<x<3$일 때, $f(x)>0$이 성립하려면 $f(2) \ge 0$이어야 하므로

$-k-7 \ge 0$ $\quad \therefore k \le -7$

따라서 k의 최댓값은 -7이다.

11 답 4

시각 t에서의 점 P의 속도를 v, 가속도를 a라 하면

$v=\dfrac{dx}{dt}=3t^2+2at-8$

$a=\dfrac{dv}{dt}=6t+2a$

$t=2$에서의 점 P의 가속도가 20이면

$6 \times 2+2a=20$ $\quad \therefore a=4$

12 답 -16

점 P가 원점을 지나는 순간의 위치는 0이므로

$-t^3+4t^2=0$, $t^2(t-4)=0$

$\therefore t=4$ $(\because t>0)$

시각 t에서의 점 P의 속도를 v, 가속도를 a라 하면

$v=\dfrac{dx}{dt}=-3t^2+8t$

$a=\dfrac{dv}{dt}=-6t+8$

따라서 $t=4$에서의 점 P의 가속도는

$-6 \times 4+8=-16$

13 답 ⑤

두 점 P, Q의 속도를 각각 v_P, v_Q라 하면

$v_P=\dfrac{dx_P}{dt}=t^2+9$, $v_Q=\dfrac{dx_Q}{dt}=6t$

두 점 P, Q의 속도가 같으면 $v_P=v_Q$에서

$t^2+9=6t$, $t^2-6t+9=0$

$(t-3)^2=0$ $\quad \therefore t=3$

$t=3$에서의 두 점 P, Q의 위치는 각각

$x_P=\dfrac{1}{3} \times 3^3+9 \times 3-6=30$

$x_Q=3 \times 3^2-7=20$

따라서 두 점 P, Q 사이의 거리는

$30-20=10$

14 답 ③

시각 t에서의 점 P의 속도를 v라 하면

$v=\dfrac{dx}{dt}=3t^2-18t+15$

점 P가 운동 방향을 바꾸는 순간의 속도는 0이므로

$3t^2-18t+15=0$, $(t-1)(t-5)=0$

$\therefore t=1$ 또는 $t=5$

따라서 $\alpha=1$, $\beta=5$이므로

$\beta-\alpha=4$

15 답 ④

제동을 건 지 t초 후의 열차의 속도를 v m/s라 하면

$$v=\frac{dx}{dt}=75-3t^2$$

열차가 정지하는 순간의 속도는 0이므로

$$75-3t^2=0,\ t^2=25$$

$$\therefore t=5\ (\because t>0)$$

5초 동안 열차가 움직인 거리는

$$75\times5-5^3=250(\text{m})$$

따라서 역으로부터 250 m 떨어진 지점에서 제동을 걸어야 한다.

16 답 -40 m/s

물 로켓이 지면에 떨어지는 순간의 높이는 0이므로

$$35+30t-5t^2=0,\ (t+1)(t-7)=0$$

$$\therefore t=7\ (\because t>0)$$

t초 후의 물 로켓의 속도를 v m/s라 하면

$$v=\frac{dx}{dt}=30-10t$$

따라서 $t=7$에서의 물 로켓의 속도는

$$30-10\times7=-40(\text{m/s})$$

17 답 ②

시각 t에서의 속도는 $x'(t)$이므로 위치 $x(t)$의 그래프에서 그 점에서의 접선의 기울기와 같다.

① $x'(a)=0$이므로 $t=a$에서의 점 P의 속도는 0이다.

② $x'(c)=0$이고, $a<t<c$에서 $x'(t)<0$이므로 $t=c$에서의 점 P의 속도는 최소가 아니다.

③ $x'(t)=0$이고 그 좌우에서 $x'(t)$의 부호가 바뀔 때 운동 방향이 바뀌므로 $0<t<d$에서 점 P가 운동 방향을 바꾸는 시각은 $t=a$, $t=c$이다.

　　따라서 $0<t<d$에서 점 P는 운동 방향을 두 번 바꾼다.

④ $b<t<c$에서 $x'(t)<0$이므로 점 P는 음의 방향으로 움직인다.

⑤ $x(b)=0$, $x(d)=0$이므로 $0<t<e$에서 점 P는 $t=b$, $t=d$일 때 원점을 지난다.

　　따라서 $0<t<e$에서 점 P는 원점을 두 번 지난다.

따라서 옳지 않은 것은 ②이다.

18 답 ③

학생이 t초 동안 움직이는 거리는 $2t$ m

t초 후 가로등의 바로 밑에서 그림자 끝까지의 거리를 x m라 하면 오른쪽 그림에서 $\triangle ABC\backsim\triangle DEC$이므로

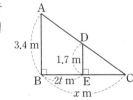

$$3.4:1.7=x:(x-2t)$$

$$1.7x=3.4x-6.8t\qquad\therefore x=4t$$

그림자의 길이를 l m라 하면

$$l=\overline{\text{EC}}=4t-2t=2t$$

$$\therefore \frac{dl}{dt}=2$$

따라서 그림자의 길이의 변화율은 2 m/s이다.

19 답 13.5π m²/s

t초 후의 원의 반지름의 길이는 $1.5t$ m이므로 원의 넓이를 S m²라 하면

$$S=\pi(1.5t)^2=2.25\pi t^2$$

$$\therefore \frac{dS}{dt}=4.5\pi t$$

따라서 $t=3$에서의 원의 넓이의 변화율은

$$4.5\pi\times3=13.5\pi(\text{m}^2/\text{s})$$

20 답 68 cm³/s

t초 후의 사각뿔의 밑면인 정사각형의 한 변의 길이는 $(2+t)$ cm, 높이는 $(3+2t)$ cm이므로 사각뿔의 부피를 V cm³라 하면

$$V=\frac{1}{3}(2+t)^2(3+2t)$$

$$\therefore \frac{dV}{dt}=\frac{1}{3}\{2(2+t)(3+2t)+(2+t)^2\times2\}$$

$$=\frac{2}{3}(2+t)\{(3+2t)+(2+t)\}$$

$$=\frac{2}{3}(2+t)(5+3t)$$

따라서 $t=4$에서의 사각뿔의 부피의 변화율은

$$\frac{2}{3}(2+4)(5+3\times4)=68(\text{cm}^3/\text{s})$$

중단원 기출 문제 2회

1 답 6

$3x^4+4x^3-24x^2-48x-k=0$에서

$$3x^4+4x^3-24x^2-48x=k$$

$f(x)=3x^4+4x^3-24x^2-48x$라 하면

$$f'(x)=12x^3+12x^2-48x-48=12(x+2)(x+1)(x-2)$$

$f'(x)=0$인 x의 값은 $x=-2$ 또는 $x=-1$ 또는 $x=2$

함수 $f(x)$의 증가와 감소를 표로 나타내면 다음과 같다.

x	$\cdots$	-2	$\cdots$	-1	$\cdots$	2	$\cdots$
$f'(x)$	$-$	0	$+$	0	$-$	0	$+$
$f(x)$	$\searrow$	16 극소	$\nearrow$	23 극대	$\searrow$	-112 극소	$\nearrow$

함수 $y=f(x)$의 그래프는 오른쪽 그림과 같고, 주어진 방정식이 서로 다른 네 실근을 가지려면 곡선 $y=f(x)$와 직선 $y=k$가 서로 다른 네 점에서 만나야 하므로

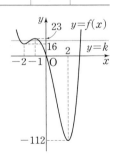

$$16<k<23$$

따라서 정수 k는 17, 18, 19, 20, 21, 22의 6개이다.

2 답 ⑤

$f(x)=x^3-12x+6$이라 하면

$$f'(x)=3x^2-12=3(x+2)(x-2)$$

$f'(x)=0$인 x의 값은 $x=-2$ 또는 $x=2$

함수 $f(x)$의 증가와 감소를 표로 나타내면 다음과 같다.

x	$\cdots$	-2	$\cdots$	2	$\cdots$
$f'(x)$	$+$	0	$-$	0	$+$
$f(x)$	↗	22 극대	↘	-10 극소	↗

함수 $y=|f(x)|$의 그래프는 오른쪽 그림과 같고, 주어진 방정식이 서로 다른 5개의 실근을 가지려면 함수 $y=|f(x)|$의 그래프와 직선 $y=k$가 서로 다른 5개의 점에서 만나야 하므로
$$k=10$$

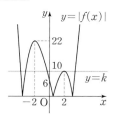

3 답 ②

$x^3-3x^2+3-k=0$에서 $x^3-3x^2+3=k$
$f(x)=x^3-3x^2+3$이라 하면
$f'(x)=3x^2-6x=3x(x-2)$
$f'(x)=0$인 x의 값은 $x=0$ 또는 $x=2$
함수 $f(x)$의 증가와 감소를 표로 나타내면 다음과 같다.

x	$\cdots$	0	$\cdots$	2	$\cdots$
$f'(x)$	$+$	0	$-$	0	$+$
$f(x)$	↗	3 극대	↘	-1 극소	↗

$f(1)=1$이고, 함수 $y=f(x)$의 그래프는 오른쪽 그림과 같으므로 곡선 $y=f(x)$와 직선 $y=k$의 교점의 x좌표가 두 개는 1보다 크고 한 개는 1보다 작으려면
$$-1<k<1$$
따라서 $\alpha=-1$, $\beta=1$이므로
$$\alpha\beta=-1$$

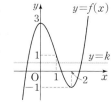

4 답 ④

$f(x)=x^3+6x^2+9x+k$라 하면
$f'(x)=3x^2+12x+9=3(x+3)(x+1)$
$f'(x)=0$인 x의 값은 $x=-3$ 또는 $x=-1$
삼차방정식 $f(x)=0$이 서로 다른 세 실근을 가지려면
$f(-3)f(-1)<0$이어야 하므로
$$k(k-4)<0 \qquad \therefore 0<k<4$$

5 답 33

$f(x)=x^3-6x^2+k$라 하면
$f'(x)=3x^2-12x=3x(x-4)$
$f'(x)=0$인 x의 값은 $x=0$ 또는 $x=4$
삼차방정식 $f(x)=0$이 한 실근과 두 허근을 가지려면 $f(0)f(4)>0$ 이어야 하므로
→ 오직 하나의 실근
$$k(k-32)>0 \qquad \therefore k<0 \text{ 또는 } k>32$$
따라서 자연수 k의 최솟값은 33이다.

6 답 1

주어진 곡선과 직선이 서로 다른 두 점에서 만나려면 방정식
$-x^3+x^2=-x+k$, 즉 $x^3-x^2-x+k=0$이 서로 다른 두 실근을 가져야 한다.
$f(x)=x^3-x^2-x+k$라 하면
$f'(x)=3x^2-2x-1=(3x+1)(x-1)$
$f'(x)=0$인 x의 값은 $x=-\dfrac{1}{3}$ 또는 $x=1$
삼차방정식 $f(x)=0$이 서로 다른 두 실근을 가지려면
$f\left(-\dfrac{1}{3}\right)f(1)=0$이어야 하므로
$$\left(k+\dfrac{5}{27}\right)(k-1)=0$$
$$\therefore k=1 \ (\because k>0)$$

7 답 $4<a<5$

$y=-x^3+4$에서 $y'=-3x^2$
점 $(-1, a)$에서 곡선 $y=-x^3+4$에 그은 접선의 접점의 좌표를 $(t, -t^3+4)$라 하면 접선의 방정식은
$$y-(-t^3+4)=-3t^2(x-t)$$
이 직선이 점 $(-1, a)$를 지나므로
$$a-(-t^3+4)=-3t^2(-1-t)$$
$$\therefore 2t^3+3t^2-a+4=0 \qquad \cdots\cdots ㉠$$
점 $(-1, a)$에서 주어진 곡선에 서로 다른 세 개의 접선을 그을 수 있으려면 t에 대한 삼차방정식 ㉠이 서로 다른 세 실근을 가져야 한다.
$f(t)=2t^3+3t^2-a+4$라 하면
$f'(t)=6t^2+6t=6t(t+1)$
$f'(t)=0$인 t의 값은 $t=-1$ 또는 $t=0$
삼차방정식 $f(t)=0$이 서로 다른 세 실근을 가지려면
$f(-1)f(0)<0$이어야 하므로
$$(-a+5)(-a+4)<0$$
$$(a-4)(a-5)<0$$
$$\therefore 4<a<5$$

8 답 $k\le-32$

$f(x)\le g(x)$에서 $f(x)-g(x)\le 0$
$h(x)=f(x)-g(x)$라 하면
$$h(x)=-x^4+6x^2+k-(2x^4-4x^3-6x^2)$$
$$=-3x^4+4x^3+12x^2+k$$
$$\therefore h'(x)=-12x^3+12x^2+24x$$
$$=-12x(x+1)(x-2)$$
$h'(x)=0$인 x의 값은 $x=-1$ 또는 $x=0$ 또는 $x=2$
함수 $h(x)$의 증가와 감소를 표로 나타내면 다음과 같다.

x	$\cdots$	-1	$\cdots$	0	$\cdots$	2	$\cdots$
$h'(x)$	$+$	0	$-$	0	$+$	0	$-$
$h(x)$	↗	$k+5$ 극대	↘	k 극소	↗	$k+32$ 극대	↘

함수 $h(x)$의 최댓값은 $k+32$이므로 모든 실수 x에 대하여 $h(x)=f(x)-g(x)\le 0$이 성립하려면
$$k+32\le 0 \qquad \therefore k\le-32$$

9 답 ②

$f(x)=2x^3-9x^2-24x+k$라 하면

$f'(x)=6x^2-18x-24=6(x+1)(x-4)$

$f'(x)=0$인 x의 값은 $x=-1 \; (\because x<0)$

$x<0$에서 함수 $f(x)$의 증가와 감소를 표로 나타내면 다음과 같다.

x	$\cdots$	-1	$\cdots$	0
$f'(x)$	$+$	0	$-$	
$f(x)$	$\nearrow$	$k+13$ 극대	$\searrow$	

$x<0$에서 함수 $f(x)$의 최댓값은 $k+13$이므로 $x<0$일 때, $f(x) \leq 0$

이 성립하려면

$k+13 \leq 0 \qquad \therefore k \leq -13$

따라서 k의 최댓값은 -13이다.

10 답 4

$x^n+n(n-3)>nx+1$에서

$x^n-nx+n(n-3)-1>0$

$f(x)=x^n-nx+n(n-3)-1$이라 하면

$f'(x)=nx^{n-1}-n=n(x^{n-1}-1)$

이때 $n \geq 2$이므로 $x>1$일 때, $f'(x)>0$이다.

즉, 함수 $f(x)$는 구간 $(1, \infty)$에서 증가한다.

따라서 $x>1$일 때, $f(x)>0$이 성립하려면 $f(1) \geq 0$이어야 하므로

$1-n+n(n-3)-1 \geq 0$

$n^2-4n \geq 0$, $n(n-4) \geq 0$

$\therefore n \geq 4 \; (\because n \geq 2)$

따라서 자연수 n의 최솟값은 4이다.

11 답 18

시각 t에서의 점 P의 속도를 v라 하면

$v=\dfrac{dx}{dt}=6t^2-6t-10$

점 P의 속도가 2이면

$6t^2-6t-10=2$, $t^2-t-2=0$

$(t+1)(t-2)=0 \qquad \therefore t=2 \; (\because t>0)$

시각 t에서의 점 P의 가속도를 a라 하면

$a=\dfrac{dv}{dt}=12t-6$

따라서 $t=2$에서의 점 P의 가속도는

$12 \times 2-6=18$

12 답 3

점 P의 속도를 $v(t)$라 하면

$v(t)=x'(t)=\dfrac{1}{2}t^2-t-1=\dfrac{1}{2}(t-1)^2-\dfrac{3}{2}$

$0 \leq t \leq 4$에서 $v(t)$의 그래프는 오른쪽 그림과 같으므로

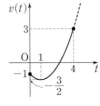

$-\dfrac{3}{2} \leq v(t) \leq 3$

시각 t에서의 점 P의 속력은 $|v(t)|$이고

$0 \leq |v(t)| \leq 3$이므로 구하는 최댓값은 3이다.

13 답 $\dfrac{1}{6}$

두 점 P, Q의 속도를 각각 v_P, v_Q라 하면

$v_P=\dfrac{dx_P}{dt}=4t^3+2kt$, $v_Q=\dfrac{dx_Q}{dt}=8t$

두 점 P, Q의 가속도를 각각 a_P, a_Q라 하면

$a_P=\dfrac{dv_P}{dt}=12t^2+2k$, $a_Q=\dfrac{dv_Q}{dt}=8$

두 점 P, Q의 가속도가 같으면 $a_P=a_Q$에서

$12t^2+2k=8 \qquad \therefore 12t^2=8-2k$

이때 $t>0$에서 $12t^2>0$이므로 두 점 P, Q의 가속도가 같아지는 순간이 존재하려면

$8-2k>0 \qquad \therefore k<4$

따라서 자연수 k는 1, 2, 3이고 각 경우의 t^2의 값은 $\dfrac{1}{2}$, $\dfrac{1}{3}$, $\dfrac{1}{6}$이므로 모든 t의 값의 곱은

$\sqrt{\dfrac{1}{2}} \times \sqrt{\dfrac{1}{3}} \times \sqrt{\dfrac{1}{6}}=\dfrac{1}{6}$

14 답 ④

시각 t에서의 점 P의 속도를 v라 하면

$v=\dfrac{dx}{dt}=3t^2-6t-9$

점 P가 운동 방향을 바꾸는 순간의 속도는 0이므로

$3t^2-6t-9=0$, $(t+1)(t-3)=0 \qquad \therefore t=3 \; (\because t>0)$

시각 t에서의 점 P의 가속도를 a라 하면

$a=\dfrac{dv}{dt}=6t-6$

따라서 $t=3$에서의 점 P의 가속도는

$6 \times 3-6=12$

15 답 64

선분 AB의 중점 M의 좌표를 x라 하면

$x=\dfrac{x_A+x_B}{2}=\dfrac{(t^3-8t^2+12t)+(t^3-10t^2+36t)}{2}$

$\quad =t^3-9t^2+24t$

시각 t에서의 점 M의 속도를 v라 하면

$v=\dfrac{dx}{dt}=3t^2-18t+24$

점 M이 운동 방향을 바꾸는 순간의 속도는 0이므로

$3t^2-18t+24=0$, $(t-2)(t-4)=0$

$\therefore t=2$ 또는 $t=4$

따라서 점 M이 두 번째로 운동 방향을 바꾸는 시각은 $t=4$이므로 그때의 두 점 A, B의 위치는 각각

$x_A=4^3-8 \times 4^2+12 \times 4=-16$, $x_B=4^3-10 \times 4^2+36 \times 4=48$

따라서 선분 AB의 길이는

$48-(-16)=64$

16 답 16

t초 후의 물체의 속도를 v m/s라 하면

$v=\dfrac{dx}{dt}=10-10t$

물체가 최고 높이에 도달하는 순간의 속도는 0이므로

$10-10t=0 \qquad \therefore t=1$

$t=1$에서의 물체의 높이는

$10+10\times1-5\times1^2=15\,(\text{m})$

따라서 $a=1$, $b=15$이므로

$a+b=16$

17 답 ④

시각 t에서의 가속도는 $v'(t)$이므로 속도 $v(t)$의 그래프에서 그 점에서의 접선의 기울기와 같다.

ㄱ. $v'(b)<0$이므로 $t=b$에서의 점 P의 가속도는 음의 값이다.

ㄴ. $a<t<c$에서 $v(t)$는 직선이므로 $v'(t)$의 값이 일정하다.

따라서 $a<t<c$에서 점 P의 가속도는 일정하다.

ㄷ. $v(t)=0$이고 그 좌우에서 $v(t)$의 부호가 바뀔 때 운동 방향이 바뀌므로 $0<t<e$에서 점 P가 운동 방향을 바꾸는 시각은 $t=c$이다.

따라서 $0<t<e$에서 점 P는 운동 방향을 한 번 바꾼다.

ㄹ. $v(a)>0$, $v(d)<0$이므로 $t=a$에서와 $t=d$에서의 점 P의 운동 방향은 서로 반대이다.

따라서 보기에서 옳은 것은 ㄴ, ㄹ이다.

18 답 ④

선분 AB의 길이를 l이라 하면

$l=|t^3+t^2+t-(t^2-2t)|=t^3+3t\ (\because t>0)$

$\therefore \dfrac{dl}{dt}=3t^2+3$

따라서 $t=2$에서의 선분 AB의 길이의 변화율은

$3\times2^2+3=15$

19 답 ②

t초 후의 정사각형의 한 변의 길이는 $(5+0.1t)\,\text{cm}$이므로 정사각형의 넓이를 $S\,\text{cm}^2$라 하면

$S=(5+0.1t)^2$

$\therefore \dfrac{dS}{dt}=2(5+0.1t)\times0.1=0.2(5+0.1t)$

따라서 $t=5$에서의 정사각형의 넓이의 변화율은

$0.2(5+0.1\times5)=1.1\,(\text{cm}^2/\text{s})$

20 답 $\dfrac{9}{2}\pi\,\text{m}^3/\text{s}$

t초 후의 수면의 높이는 $0.5t\,\text{m}$이므로 수면의 반지름의 길이를 $r\,\text{m}$라 하면 오른쪽 그림에서

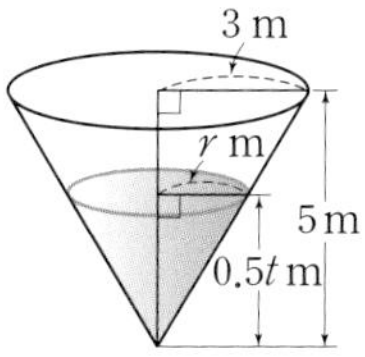

$3:r=5:0.5t$ $\therefore r=0.3t$

물의 부피를 $V\,\text{m}^3$라 하면

$V=\dfrac{\pi}{3}\times r^2\times0.5t=\dfrac{\pi}{3}\times(0.3t)^2\times0.5t$

$=\dfrac{3}{200}\pi t^3$

$\therefore \dfrac{dV}{dt}=\dfrac{9}{200}\pi t^2$

물탱크에 물이 가득 차는 순간의 수면의 높이는 $5\,\text{m}$이므로

$0.5t=5$ $\therefore t=10$

따라서 $t=10$에서의 물의 부피의 변화율은

$\dfrac{9}{200}\pi\times10^2=\dfrac{9}{2}\pi\,(\text{m}^3/\text{s})$

---

07 / 부정적분

38~43쪽

중단원 기출 문제 1회

1 답 ②

$f(x)=\left(\dfrac{1}{4}x^4-2x^3+4x^2+2x+C\right)'$

$=x^3-6x^2+8x+2$

$\therefore f(1)=1-6+8+2=5$

2 답 ⑤

$f(x)=F'(x)=(ax^3-x^2)'$

$=3ax^2-2x$

$f(1)=4$에서

$3a-2=4$ $\therefore a=2$

따라서 $f(x)=6x^2-2x$이므로

$f(2)=24-4=20$

3 답 16

$f(x)=\displaystyle\int xg(x)\,dx$에서

$f'(x)=xg(x)$

$\dfrac{d}{dx}\{f(x)-g(x)\}=6x^3-2x$에서

$f'(x)-g'(x)=6x^3-2x$

$\therefore xg(x)-g'(x)=6x^3-2x$ ······ ㉠

$g(x)$를 n차함수라 하면 $xg(x)$는 $(n+1)$차함수이므로 ㉠에서

$n+1=3$ $\therefore n=2$

따라서 $g(x)$는 최고차항의 계수가 6인 이차함수이므로

$g(x)=6x^2+ax+b\,(a,\ b\text{는 상수})$라 하면

$g'(x)=12x+a$

$g(x)$와 $g'(x)$를 ㉠에 대입하면

$x(6x^2+ax+b)-(12x+a)=6x^3-2x$

$\therefore 6x^3+ax^2+(b-12)x-a=6x^3-2x$

따라서 $a=0$, $b-12=-2$이므로 $a=0$, $b=10$

즉, $g(x)=6x^2+10$이므로

$g(1)=6+10=16$

4 답 29

$f(x)=\displaystyle\int\left\{\dfrac{d}{dx}(x^4+5x)\right\}dx=x^4+5x+C$

$\therefore f'(x)=4x^3+5$

$f(1)=f'(1)$에서

$1+5+C=4+5$ $\therefore C=3$

따라서 $f(x)=x^4+5x+3$이므로

$f(2)=16+10+3=29$

5 답 1

$\dfrac{d}{dx}\left[\displaystyle\int\{2f(x)+2x^2-3x\}\,dx\right]=\displaystyle\int\left[\dfrac{d}{dx}\{f(x)+x^2-1\}\right]dx$에서

$2f(x)+2x^2-3x=f(x)+x^2-1+C$

$\therefore f(x)=-x^2+3x-1+C$

$f(2)=3$에서

$-4+6-1+C=3 \qquad \therefore C=2$

따라서 $f(x)=-x^2+3x+1$이므로

$f(3)=-9+9+1=1$

6 답 ④

$\displaystyle\int (2x^3-6x^2+3)\,dx=2\int x^3\,dx-6\int x^2\,dx+3\int dx$

$\qquad\qquad\qquad\qquad =\dfrac{1}{2}x^4-2x^3+3x+C$

7 답 ①

$f(x)=\displaystyle\int f'(x)\,dx=\int (3x^2-4x+1)\,dx$

$\qquad =x^3-2x^2+x+C$

$f(1)=2$에서

$1-2+1+C=2 \qquad \therefore C=2$

따라서 $f(x)=x^3-2x^2+x+2$이므로

$f(-1)=-1-2-1+2=-2$

8 답 13

$f(x)=\displaystyle\int (2ax-5)\,dx$에서

$f'(x)=2ax-5$

곡선 $y=f(x)$ 위의 점 $(2,\,-1)$에서의 접선의 기울기가 3이므로

$f'(2)=3$에서

$4a-5=3 \qquad \therefore a=2$

$\therefore f(x)=\displaystyle\int (4x-5)\,dx=2x^2-5x+C$

곡선 $y=f(x)$가 점 $(2,\,-1)$을 지나므로 $f(2)=-1$에서

$8-10+C=-1 \qquad \therefore C=1$

따라서 $f(x)=2x^2-5x+1$이므로

$f(4)=32-20+1=13$

9 답 1

$\displaystyle\lim_{h\to 0}\dfrac{f(x-h)-f(x-3h)}{h}$

$=\displaystyle\lim_{h\to 0}\dfrac{f(x-h)-f(x)+f(x)-f(x-3h)}{h}$

$=\displaystyle\lim_{h\to 0}\dfrac{f(x-h)-f(x)}{-h}\times (-1)-\lim_{h\to 0}\dfrac{f(x-3h)-f(x)}{-3h}\times (-3)$

$=-f'(x)+3f'(x)$

$=2f'(x)$

따라서 $2f'(x)=-8x^3+4x-4$이므로

$f'(x)=-4x^3+2x-2$

$\therefore f(x)=\displaystyle\int f'(x)\,dx=\int (-4x^3+2x-2)\,dx$

$\qquad\quad =-x^4+x^2-2x+C$

$f(-1)=5$에서

$-1+1+2+C=5 \qquad \therefore C=3$

따라서 $f(x)=-x^4+x^2-2x+3$이므로

$f(1)=-1+1-2+3=1$

10 답 ④

$f(x)=\displaystyle\int f'(x)\,dx=\int 12x\,dx$

$\qquad =6x^2+C_1$

$f(x)$의 한 부정적분이 $F(x)$이므로

$F(x)=\displaystyle\int f(x)\,dx=\int (6x^2+C_1)\,dx$

$\qquad =2x^3+C_1 x+C_2$

$f(0)=F(0)$에서

$C_1=C_2 \quad \cdots\cdots\ \text{⊙}$

$f(1)=F(1)$에서

$6+C_1=2+C_1+C_2 \qquad \therefore C_2=4$

⊙에서 $C_1=4$

따라서 $F(x)=2x^3+4x+4$이므로

$F(2)=16+8+4=28$

11 답 -4

$f'(x)=3x^2-6x+a$이므로

$f(x)=\displaystyle\int f'(x)\,dx=\int (3x^2-6x+a)\,dx$

$\qquad =x^3-3x^2+ax+C$

곡선 $y=f(x)$가 점 $(1,\,0)$을 지나므로 $f(1)=0$에서

$1-3+a+C=0 \qquad \therefore a+C=2 \quad \cdots\cdots\ \text{⊙}$

곡선 $y=f(x)$가 점 $(-1,\,0)$을 지나므로 $f(-1)=0$에서

$-1-3-a+C=0 \qquad \therefore a-C=-4 \quad \cdots\cdots\ \text{ⓛ}$

⊙, ⓛ을 연립하여 풀면

$a=-1,\ C=3$

$\therefore f(x)=x^3-3x^2-x+3$

$\therefore a+f(2)=-1+(8-12-2+3)=-4$

12 답 -10

$F(x)=xf(x)+2x^3$의 양변을 x에 대하여 미분하면

$f(x)=f(x)+xf'(x)+6x^2$

$xf'(x)=-6x^2 \qquad \therefore f'(x)=-6x$

$\therefore f(x)=\displaystyle\int f'(x)\,dx=\int (-6x)\,dx$

$\qquad\quad =-3x^2+C$

$f(1)=-1$에서

$-3+C=-1 \qquad \therefore C=2$

따라서 $f(x)=-3x^2+2$이므로

$f(2)=-12+2=-10$

13 답 ⑤

$F(x)+\displaystyle\int (2x-1)f(x)\,dx=-x^4+8x^3-x^2$의 양변을 x에 대하여 미분하면

$f(x)+(2x-1)f(x)=-4x^3+24x^2-2x$

$2xf(x)=2x(-2x^2+12x-1)$

$\therefore f(x)=-2x^2+12x-1$

$\qquad\quad =-2(x-3)^2+17$

따라서 함수 $f(x)$의 최댓값은 17이다.

14 답 ⑤

$\dfrac{d}{dx}\{f(x)+g(x)\}=2x+2$에서

$\displaystyle\int\left[\dfrac{d}{dx}\{f(x)+g(x)\}\right]dx=\int(2x+2)\,dx$

$\therefore f(x)+g(x)=x^2+2x+C_1$ ...... ㉠

$\dfrac{d}{dx}\{f(x)g(x)\}=3x^2-2x-1$에서

$\displaystyle\int\left[\dfrac{d}{dx}\{f(x)g(x)\}\right]dx=\int(3x^2-2x-1)\,dx$

$\therefore f(x)g(x)=x^3-x^2-x+C_2$ ...... ㉡

$f(1)=3$, $g(1)=-1$이므로 ㉠, ㉡에서

$f(1)+g(1)=1+2+C_1$

$2=3+C_1$ $\therefore C_1=-1$

$f(1)g(1)=1-1-1+C_2$

$-3=-1+C_2$ $\therefore C_2=-2$

$\therefore f(x)+g(x)=x^2+2x-1,$

$\quad f(x)g(x)=x^3-x^2-x-2=(x-2)(x^2+x+1)$

이때 $f(1)=3$, $g(1)=-1$이므로

$f(x)=x^2+x+1$, $g(x)=x-2$

$\therefore f(3)-g(3)=(9+3+1)-(3-2)=12$

15 답 ②

$\dfrac{d}{dx}\{f(x)g(x)\}=4x$에서

$\displaystyle\int\left[\dfrac{d}{dx}\{f(x)g(x)\}\right]dx=\int 4x\,dx$

$\therefore f(x)g(x)=2x^2+C$

$f(1)=6$, $g(1)=-1$에서

$f(1)g(1)=2+C$

$-6=2+C$ $\therefore C=-8$

$\therefore f(x)g(x)=2x^2-8=2(x+2)(x-2)$

이때 $f(1)=6$, $g(1)=-1$이므로

$f(x)=2x+4$, $g(x)=x-2$

$\therefore f(-1)+g(3)=(-2+4)+(3-2)=3$

16 답 ①

(ⅰ) $x\geq 1$일 때

$f(x)=\displaystyle\int f'(x)\,dx=\int(-4x)\,dx$

$\qquad =-2x^2+C_1$

(ⅱ) $x<1$일 때

$f(x)=\displaystyle\int f'(x)\,dx=\int(4x^3-8x)\,dx$

$\qquad =x^4-4x^2+C_2$

(ⅰ), (ⅱ)에서

$f(x)=\begin{cases}-2x^2+C_1 & (x\geq 1) \\ x^4-4x^2+C_2 & (x<1)\end{cases}$

$f(0)=3$에서 $C_2=3$

함수 $f(x)$는 모든 실수 x에서 연속이므로 $\displaystyle\lim_{x\to 1-}f(x)=f(1)$에서

$1-4+C_2=-2+C_1$

$1-4+3=-2+C_1$ $\therefore C_1=2$

따라서 $f(x)=\begin{cases}-2x^2+2 & (x\geq 1) \\ x^4-4x^2+3 & (x<1)\end{cases}$이므로

$f(2)=-8+2=-6$

17 답 8

함수 $y=f'(x)$의 그래프에서

$f'(x)=\begin{cases}x-2 & (x\geq 0) \\ -2 & (x<0)\end{cases}$

(ⅰ) $x\geq 0$일 때

$f(x)=\displaystyle\int f'(x)\,dx=\int(x-2)\,dx$

$\qquad =\dfrac{1}{2}x^2-2x+C_1$

(ⅱ) $x<0$일 때

$f(x)=\displaystyle\int f'(x)\,dx=\int(-2)\,dx$

$\qquad =-2x+C_2$

(ⅰ), (ⅱ)에서

$f(x)=\begin{cases}\dfrac{1}{2}x^2-2x+C_1 & (x\geq 0) \\ -2x+C_2 & (x<0)\end{cases}$

함수 $y=f(x)$의 그래프가 원점을 지나므로 $f(0)=0$에서

$C_1=0$

함수 $f(x)$가 $x=0$에서 연속이므로 $\displaystyle\lim_{x\to 0-}f(x)=f(0)$에서

$C_2=C_1$ $\therefore C_2=0$

따라서 $f(x)=\begin{cases}\dfrac{1}{2}x^2-2x & (x\geq 0) \\ -2x & (x<0)\end{cases}$이므로

$f(6)+f(-1)=(18-12)+2=8$

18 답 ⑤

$f(x)=\displaystyle\int f'(x)\,dx=\int(6x^2-6x)\,dx$

$\qquad =2x^3-3x^2+C$

$f'(x)=6x^2-6x=6x(x-1)$이므로 $f'(x)=0$인 x의 값은

$x=0$ 또는 $x=1$

함수 $f(x)$의 증가와 감소를 표로 나타내면 다음과 같다.

x	$\cdots$	0	$\cdots$	1	$\cdots$
$f'(x)$	$+$	0	$-$	0	$+$
$f(x)$	↗	극대	↘	극소	↗

함수 $f(x)$는 $x=0$에서 극대이고 극댓값이 6이므로 $f(0)=6$에서

$C=6$

$\therefore f(x)=2x^3-3x^2+6$

함수 $f(x)$는 $x=1$에서 극소이므로 극솟값은

$f(1)=2-3+6=5$

19 답 ④

$f(x)$가 삼차함수이면 $f'(x)$는 이차함수이고 주어진 그래프에서

$f'(0)=f'(3)=0$이므로 $f'(x)=ax(x-3)$ $(a<0)$이라 하면

$f(x)=\displaystyle\int f'(x)\,dx=\int ax(x-3)\,dx$

$\qquad =\displaystyle\int(ax^2-3ax)\,dx=\dfrac{a}{3}x^3-\dfrac{3}{2}ax^2+C$

주어진 그래프에서 $f'(x)$의 부호를 조사하여 함수 $f(x)$의 증가와 감소를 표로 나타내면 다음과 같다.

x	$\cdots$	0	$\cdots$	3	$\cdots$
$f'(x)$	$-$	0	$+$	0	$-$
$f(x)$	$\searrow$	극소	$\nearrow$	극대	$\searrow$

함수 $f(x)$는 $x=3$에서 극대이고 극댓값이 5이므로 $f(3)=5$에서
$$9a-\frac{27}{2}a+C=5 \qquad \therefore -\frac{9}{2}a+C=5 \quad \cdots\cdots \ \bigcirc$$
함수 $f(x)$는 $x=0$에서 극소이고 극솟값이 -4이므로 $f(0)=-4$에서
$$C=-4$$
이를 $\bigcirc$에 대입하면
$$-\frac{9}{2}a-4=5 \qquad \therefore a=-2$$
따라서 $f(x)=-\frac{2}{3}x^3+3x^2-4$이므로
$$f(-1)=\frac{2}{3}+3-4=-\frac{1}{3}$$

20 답 $f(x)=x^2-2x$

$f(x+y)=f(x)+f(y)+2xy$의 양변에 $x=0$, $y=0$을 대입하면
$$f(0)=f(0)+f(0)+0 \qquad \therefore f(0)=0 \quad \cdots\cdots \ \bigcirc$$
도함수의 정의에 의하여
$$\begin{aligned}f'(x)&=\lim_{h\to 0}\frac{f(x+h)-f(x)}{h}\\&=\lim_{h\to 0}\frac{f(x)+f(h)+2xh-f(x)}{h}\\&=\lim_{h\to 0}\frac{f(h)}{h}+2x\\&=2x+\lim_{h\to 0}\frac{f(h)-f(0)}{h}\ (\because \bigcirc)\\&=2x+f'(0)=2x-2\end{aligned}$$
$$\therefore f(x)=\int f'(x)\,dx=\int (2x-2)\,dx$$
$$=x^2-2x+C$$
$\bigcirc$에서 $C=0$
$$\therefore f(x)=x^2-2x$$

중단원 기출 문제 2회

1 답 ③

$$\begin{aligned}xf(x)&=(2x^3+3x^2+C)'=6x^2+6x\\&=x(6x+6)\end{aligned}$$
따라서 $f(x)=6x+6$이므로
$$f(1)+f(-1)=(6+6)+(-6+6)=12$$

2 답 4

$$\begin{aligned}ax^2-4x-3&=(2x^3+bx^2-3x+C)'\\&=6x^2+2bx-3\end{aligned}$$
따라서 $a=6$, $-4=2b$이므로
$$a=6,\ b=-2 \qquad \therefore a+b=4$$

3 답 ②

$$\begin{aligned}f(x)&=\frac{d}{dx}\left\{\int (3x^2-2x)\,dx\right\}+\int \left\{\frac{d}{dx}(2x^2-x)\right\}dx\\&=(3x^2-2x)+(2x^2-x+C)\\&=5x^2-3x+C\end{aligned}$$
$f(0)=4$에서 $C=4$
따라서 $f(x)=5x^2-3x+4$이므로
$$f(2)=20-6+4=18$$

4 답 15

$$\begin{aligned}f(x)&=\int \left\{\frac{d}{dx}(x^2-4x)\right\}dx=x^2-4x+C\\&=(x-2)^2-4+C\end{aligned}$$
함수 $f(x)$의 최솟값이 -1이므로
$$-4+C=-1 \qquad \therefore C=3$$
따라서 $f(x)=x^2-4x+3$이므로
$$f(-2)=4+8+3=15$$

5 답 ②

$$\begin{aligned}f(x)&=\int \frac{2x^2}{x-1}\,dx+\int \frac{3x}{x-1}\,dx-\int \frac{5}{x-1}\,dx\\&=\int \frac{2x^2+3x-5}{x-1}\,dx\\&=\int \frac{(2x+5)(x-1)}{x-1}\,dx\\&=\int (2x+5)\,dx\\&=x^2+5x+C\end{aligned}$$
$f(1)=4$에서
$$1+5+C=4 \qquad \therefore C=-2$$
따라서 $f(x)=x^2+5x-2$이므로
$$f(-1)=1-5-2=-6$$

6 답 6

$$\begin{aligned}f(x)&=\int f'(x)\,dx=\int (ax^2-2x+3)\,dx\\&=\frac{a}{3}x^3-x^2+3x+C\end{aligned}$$
$f(0)=1$에서 $C=1$
$f(2)=19$에서 $\frac{8}{3}a-4+6+C=19$
$$\frac{8}{3}a-4+6+1=19 \qquad \therefore a=6$$

7 답 -4

$$f(x)=\int f'(x)\,dx=\int (-2x+4)\,dx=-x^2+4x+C$$
$f(1)=7$에서
$$-1+4+C=7 \qquad \therefore C=4$$
$$\therefore f(x)=-x^2+4x+4$$
따라서 방정식 $f(x)=0$, 즉 $-x^2+4x+4=0$의 모든 근의 곱은 이차방정식의 근과 계수의 관계에 의하여 -4이다.

8 답 7

$$f(x)=\int f'(x)\,dx$$
$$=\int (1+2x+3x^2+\cdots+nx^{n-1})\,dx$$
$$=x+x^2+x^3+\cdots+x^n+C$$

$f(0)=-2$에서 $C=-2$

$f(1)=5$에서

$$\underbrace{1+1+1+\cdots+1}_{n개}+C=5$$

$n-2=5$ ∴ $n=7$

9 답 15

$f'(x)=2x+6$이므로

$$f(x)=\int f'(x)\,dx=\int (2x+6)\,dx$$
$$=x^2+6x+C$$

다항식 $f(x)$가 $x+2$로 나누어 떨어지므로 $f(-2)=0$에서

$4-12+C=0$ ∴ $C=8$

따라서 $f(x)=x^2+6x+8$이므로

$f(1)=1+6+8=15$

10 답 ③

$F(x)=xf(x)-3x^4+x^2$의 양변을 x에 대하여 미분하면

$$f(x)=f(x)+xf'(x)-12x^3+2x$$
$$xf'(x)=12x^3-2x$$
$$=x(12x^2-2)$$

∴ $f'(x)=12x^2-2$

$$\therefore f(x)=\int f'(x)\,dx=\int (12x^2-2)\,dx$$
$$=4x^3-2x+C$$

$f(1)=5$에서

$4-2+C=5$ ∴ $C=3$

따라서 $f(x)=4x^3-2x+3$이므로 $f(x)$의 상수항은 3이다.

11 답 -40

$F(x)=\int (x-1)f(x)\,dx+x^4-4x^3+4x^2$의 양변을 x에 대하여 미분하면

$$f(x)=(x-1)f(x)+4x^3-12x^2+8x$$
$$(x-2)f(x)=-4x^3+12x^2-8x$$
$$=-4x(x-1)(x-2)$$

∴ $f(x)=-4x(x-1)=-4x^2+4x$

$$\therefore F(x)=\int f(x)\,dx=\int (-4x^2+4x)\,dx$$
$$=-\frac{4}{3}x^3+2x^2+C$$

$F(0)=2$에서 $C=2$

따라서 $F(x)=-\frac{4}{3}x^3+2x^2+2$이므로

$f(3)+F(3)=(-36+12)+(-36+18+2)=-40$

12 답 18

$\dfrac{d}{dx}\{f(x)+g(x)\}=2x+5$에서

$$\int \left[\frac{d}{dx}\{f(x)+g(x)\}\right]dx=\int (2x+5)\,dx$$

∴ $f(x)+g(x)=x^2+5x+C_1$

$\dfrac{d}{dx}\{f(x)-g(x)\}=6x+1$에서

$$\int \left[\frac{d}{dx}\{f(x)-g(x)\}\right]dx=\int (6x+1)\,dx$$

∴ $f(x)-g(x)=3x^2+x+C_2$

$f(0)=-2$, $g(0)=5$에서

$f(0)+g(0)=C_1$ ∴ $C_1=3$

$f(0)-g(0)=C_2$ ∴ $C_2=-7$

∴ $f(x)+g(x)=x^2+5x+3$, $f(x)-g(x)=3x^2+x-7$

두 식을 연립하여 풀면

$f(x)=2x^2+3x-2$, $g(x)=-x^2+2x+5$

∴ $f(1)g(1)=(2+3-2)\times(-1+2+5)=18$

다른 풀이

$$f(x)+g(x)=\int (2x+5)\,dx \quad \cdots\cdots ㉠$$
$$f(x)-g(x)=\int (6x+1)\,dx \quad \cdots\cdots ㉡$$

㉠+㉡을 하면

$$2f(x)=\int (8x+6)\,dx=2\int (4x+3)\,dx$$

$$\therefore f(x)=\int (4x+3)\,dx=2x^2+3x+C_1$$

$f(0)=-2$에서 $C_1=-2$

∴ $f(x)=2x^2+3x-2$

㉠−㉡을 하면

$$2g(x)=\int (-4x+4)\,dx=2\int (-2x+2)\,dx$$

$$\therefore g(x)=\int (-2x+2)\,dx=-x^2+2x+C_2$$

$g(0)=5$에서 $C_2=5$

∴ $g(x)=-x^2+2x+5$

∴ $f(1)g(1)=(2+3-2)\times(-1+2+5)=18$

13 답 8

$g(x)=\int \{4x-f'(x)\}\,dx$에서

$g(x)=2x^2-f(x)+C_1$

∴ $f(x)+g(x)=2x^2+C_1 \quad \cdots\cdots ㉠$

$\dfrac{d}{dx}\{f(x)g(x)\}=6x^2+10x-1$에서

$$\int \left[\frac{d}{dx}\{f(x)g(x)\}\right]dx=\int (6x^2+10x-1)\,dx$$

∴ $f(x)g(x)=2x^3+5x^2-x+C_2 \quad \cdots\cdots ㉡$

$f(0)=3$, $g(0)=2$이므로 ㉠, ㉡에서

$f(0)+g(0)=C_1$ ∴ $C_1=5$

$f(0)g(0)=C_2$ ∴ $C_2=6$

∴ $f(x)+g(x)=2x^2+5$,

$\qquad f(x)g(x)=2x^3+5x^2-x+6$

$\qquad\qquad =(x+3)(2x^2-x+2)$

이때 $f(0)=3$, $g(0)=2$이므로
$f(x)=x+3$, $g(x)=2x^2-x+2$
$\therefore f(2)+g(1)=(2+3)+(2-1+2)=8$

14 답 12

$f'(x)=\begin{cases} 2x-3 & (x\geq3) \\ 3 & (x<3) \end{cases}$이므로

(i) $x\geq3$일 때
$$f(x)=\int f'(x)\,dx=\int(2x-3)\,dx$$
$$=x^2-3x+C_1$$

(ii) $x<3$일 때
$$f(x)=\int f'(x)\,dx=\int 3\,dx$$
$$=3x+C_2$$

(i), (ii)에서
$$f(x)=\begin{cases} x^2-3x+C_1 & (x\geq3) \\ 3x+C_2 & (x<3) \end{cases}$$

$f(1)=2$에서
$3+C_2=2$ $\therefore C_2=-1$

함수 $f(x)$는 $x=3$에서 연속이므로 $\lim\limits_{x\to3-}f(x)=f(3)$에서
$9+C_2=9-9+C_1$
$9-1=9-9+C_1$ $\therefore C_1=8$

따라서 $f(x)=\begin{cases} x^2-3x+8 & (x\geq3) \\ 3x-1 & (x<3) \end{cases}$이므로

$f(4)=16-12+8=12$

15 답 ②

(i) $x>0$일 때
$$F(x)=\int f(x)\,dx=\int\{kx(x+1)-1\}\,dx$$
$$=\int(kx^2+kx-1)\,dx$$
$$=\frac{k}{3}x^3+\frac{k}{2}x^2-x+C_1$$

(ii) $x<0$일 때
$$F(x)=\int f(x)\,dx=\int(2x+1)\,dx$$
$$=x^2+x+C_2$$

(i), (ii)에서
$$F(x)=\begin{cases} \frac{k}{3}x^3+\frac{k}{2}x^2-x+C_1 & (x>0) \\ x^2+x+C_2 & (x<0) \end{cases}$$

함수 $F(x)$가 모든 실수 x에서 연속이면 $x=0$에서 연속이므로
$\lim\limits_{x\to0+}F(x)=\lim\limits_{x\to0-}F(x)$에서
$C_1=C_2$
$F(1)-F(-2)=2$에서
$\left(\frac{k}{3}+\frac{k}{2}-1+C_1\right)-(4-2+C_2)=2$
$\frac{5}{6}k=5$ $\therefore k=6$

16 답 -3

$f'(x)=a(x^2-1)$이므로
$$f(x)=\int f'(x)\,dx=\int a(x^2-1)\,dx$$
$$=\int(ax^2-a)\,dx=\frac{a}{3}x^3-ax+C$$

$f'(x)=a(x^2-1)=a(x+1)(x-1)$이므로 $f'(x)=0$인 x의 값은
$x=-1$ 또는 $x=1$

$a<0$이므로 함수 $f(x)$의 증가와 감소를 표로 나타내면 다음과 같다.

x	$\cdots$	-1	$\cdots$	1	$\cdots$
$f'(x)$	$-$	0	$+$	0	$-$
$f(x)$	$\searrow$	극소	$\nearrow$	극대	$\searrow$

함수 $f(x)$는 $x=1$에서 극대이고 극댓값 3이므로 $f(1)=3$에서
$\frac{a}{3}-a+C=3$ $\therefore -\frac{2}{3}a+C=3$ $\cdots\cdots$ ㉠

함수 $f(x)$는 $x=-1$에서 극소이고 극솟값이 -1이므로
$f(-1)=-1$에서
$-\frac{a}{3}+a+C=-1$ $\therefore \frac{2}{3}a+C=-1$ $\cdots\cdots$ ㉡

㉠$-$㉡을 하면
$-\frac{4}{3}a=4$ $\therefore a=-3$

17 답 ⑤

$f(x)$가 삼차함수이면 $f'(x)$는 이차함수이고 주어진 그래프에서
$f'(0)=f'(2)=0$이므로 $f'(x)=ax(x-2)$ $(a>0)$라 하자.
또 함수 $y=f'(x)$의 그래프가 점 $(1,-2)$를 지나므로 $f'(1)=-2$에서
$-a=-2$ $\therefore a=2$
$\therefore f'(x)=2x(x-2)=2x^2-4x$
$$\therefore f(x)=\int f'(x)\,dx=\int(2x^2-4x)\,dx$$
$$=\frac{2}{3}x^3-2x^2+C$$

주어진 그래프에서 $f'(x)$의 부호를 조사하여 함수 $f(x)$의 증가와 감소를 표로 나타내면 다음과 같다.

x	$\cdots$	0	$\cdots$	2	$\cdots$
$f'(x)$	$+$	0	$-$	0	$+$
$f(x)$	$\nearrow$	극대	$\searrow$	극소	$\nearrow$

함수 $f(x)$는 $x=0$에서 극대이고 극댓값이 6이므로 $f(0)=6$에서
$C=6$
$\therefore f(x)=\frac{2}{3}x^3-2x^2+6$

함수 $f(x)$는 $x=2$에서 극소이므로 극솟값은
$f(2)=\frac{16}{3}-8+6=\frac{10}{3}$

18 답 ④

$f(x)$의 최고차항이 x^3이므로 $f'(x)$의 최고차항은 $3x^2$이다.
㈎, ㈏에서 $f'(-3)=f'(3)=0$
따라서 $f'(x)=3(x+3)(x-3)=3x^2-27$이므로
$$f(x)=\int f'(x)\,dx=\int(3x^2-27)\,dx=x^3-27x+C$$

(나)에서 $f(3)=-4$이므로

$27-81+C=-4$ $\therefore C=50$

따라서 $f(x)=x^3-27x+50$이므로

$f(2)=8-54+50=4$

19 답 3

$f(x-y)=f(x)-f(y)+xy(x-y)$의 양변에 $x=0$, $y=0$을 대입하면

$f(0)=f(0)-f(0)+0$ $\therefore f(0)=0$ $\cdots\cdots$ ㉠

도함수의 정의에 의하여

$$f'(x)=\lim_{h\to0}\frac{f(x+h)-f(x)}{h}$$
$$=\lim_{h\to0}\frac{f(x-(-h))-f(x)}{h}$$
$$=\lim_{h\to0}\frac{f(x)-f(-h)-xh(x+h)-f(x)}{h}$$
$$=\lim_{h\to0}\left\{\frac{f(-h)}{-h}-x(x+h)\right\}$$
$$=-x^2+\lim_{h\to0}\frac{f(-h)-f(0)}{-h}\ (\because ㉠)$$
$$=-x^2+f'(0)$$
$$=-x^2+4$$

$\therefore f(x)=\int f'(x)\,dx=\int(-x^2+4)\,dx$
$$=-\frac{1}{3}x^3+4x+C$$

㉠에서 $C=0$

따라서 $f(x)=-\frac{1}{3}x^3+4x$이므로

$f(3)=-9+12=3$

20 답 4

$f(x+y)=f(x)+f(y)+2$의 양변에 $x=0$, $y=0$을 대입하면

$f(0)=f(0)+f(0)+2$ $\therefore f(0)=-2$ $\cdots\cdots$ ㉠

도함수의 정의에 의하여

$$f'(x)=\lim_{h\to0}\frac{f(x+h)-f(x)}{h}$$
$$=\lim_{h\to0}\frac{f(x)+f(h)+2-f(x)}{h}$$
$$=\lim_{h\to0}\frac{f(h)+2}{h}$$
$$=\lim_{h\to0}\frac{f(h)-f(0)}{h}\ (\because ㉠)$$
$$=f'(0)$$

$f'(0)=k\,(k$는 상수$)$라 하면 $f'(x)=k$이므로

$f(x)=\int f'(x)\,dx=\int k\,dx$
$$=kx+C$$

㉠에서 $C=-2$

$\therefore f(x)=kx-2$

$f(2)=6$에서

$2k-2=6$ $\therefore k=4$

$\therefore f'(0)=k=4$

44~49쪽

08 / 정적분

중단원 기출 문제 1회

1 답 ②

$$\int_0^1 f'(x)\,dx=\left[f(x)\right]_0^1=f(1)-f(0)$$
$$=-1-1=-2$$

2 답 10

$$\int_{-1}^0(4x^3-3x^2+a)\,dx=\left[x^4-x^3+ax\right]_{-1}^0$$
$$=-(1+1-a)$$
$$=a-2$$

따라서 $a-2=8$이므로 $a=10$

3 답 ⑤

$$\int_1^2\left(4x^3+\frac{1}{x}\right)dx-\int_1^2\left(\frac{1}{x}-4\right)dx$$
$$=\int_1^2\left\{\left(4x^3+\frac{1}{x}\right)-\left(\frac{1}{x}-4\right)\right\}dx$$
$$=\int_1^2(4x^3+4)\,dx$$
$$=\left[x^4+4x\right]_1^2$$
$$=(16+8)-(1+4)=19$$

4 답 62

$$\int_{-1}^3 f(x)\,dx-\int_4^3 f(x)\,dx+\int_2^{-1} f(x)\,dx$$
$$=\int_{-1}^3 f(x)\,dx+\int_3^4 f(x)\,dx+\int_2^{-1} f(x)\,dx$$
$$=\int_{-1}^4 f(x)\,dx+\int_2^{-1} f(x)\,dx$$
$$=\int_2^4 f(x)\,dx$$
$$=\int_2^4(x^3+1)\,dx$$
$$=\left[\frac{1}{4}x^4+x\right]_2^4$$
$$=(64+4)-(4+2)=62$$

5 답 ④

$$\int_3^8 f(x)\,dx=\int_3^2 f(x)\,dx+\int_2^8 f(x)\,dx$$
$$=-\int_2^3 f(x)\,dx+\left\{\int_2^6 f(x)\,dx+\int_6^8 f(x)\,dx\right\}$$
$$=-5+6+8=9$$

6 답 ③

$$\int_{-2}^2 f(x)\,dx=\int_{-2}^0(2-4x)\,dx+\int_0^2(3x^2+2)\,dx$$
$$=\left[2x-2x^2\right]_{-2}^0+\left[x^3+2x\right]_0^2$$
$$=-(-4-8)+(8+4)=24$$

7 답 ①

$x|x-2|=\begin{cases} x^2-2x & (x\geq 2) \\ -x^2+2x & (x\leq 2) \end{cases}$ 이므로

$\displaystyle\int_1^3 x|x-2|\,dx=\int_1^2 (-x^2+2x)\,dx+\int_2^3 (x^2-2x)\,dx$

$\qquad=\left[-\dfrac{1}{3}x^3+x^2\right]_1^2+\left[\dfrac{1}{3}x^3-x^2\right]_2^3$

$\qquad=\left(-\dfrac{8}{3}+4\right)-\left(-\dfrac{1}{3}+1\right)+(9-9)-\left(\dfrac{8}{3}-4\right)$

$\qquad=2$

8 답 4

$\displaystyle\int_{-1}^1 (3x^5+5x^4-4x^3+x+1)\,dx=2\int_0^1 (5x^4+1)\,dx$

$\qquad=2\left[x^5+x\right]_0^1$

$\qquad=2(1+1)=4$

9 답 4

$\displaystyle\int_0^3 f(x)\,dx=\int_0^3 (x^2+ax+b)\,dx$

$\qquad=\left[\dfrac{1}{3}x^3+\dfrac{1}{2}ax^2+bx\right]_0^3$

$\qquad=9+\dfrac{9}{2}a+3b$

따라서 $9+\dfrac{9}{2}a+3b=3$이므로

$3a+2b=-4$ ····· ㉠

$\displaystyle\int_{-1}^1 f(x)\,dx=\int_{-1}^1 (x^2+ax+b)\,dx$

$\qquad=2\int_0^1 (x^2+b)\,dx$

$\qquad=2\left[\dfrac{1}{3}x^3+bx\right]_0^1$

$\qquad=2\left(\dfrac{1}{3}+b\right)$

$\qquad=\dfrac{2}{3}+2b$

따라서 $\dfrac{2}{3}+2b=\dfrac{8}{3}$이므로 $b=1$

이를 ㉠에 대입하면

$3a+2=-4$ $\therefore a=-2$

따라서 $f(x)=x^2-2x+1$이므로

$f(3)=9-6+1=4$

10 답 ③

$f(-x)=-f(x)$이므로

$\displaystyle\int_{-4}^4 f(x)\,dx=0$

$g(-x)=g(x)$이므로

$\displaystyle\int_{-4}^4 g(x)\,dx=2\int_0^4 g(x)\,dx$

$\therefore \displaystyle\int_{-4}^4 \{f(x)+g(x)\}\,dx=\int_{-4}^4 f(x)\,dx+\int_{-4}^4 g(x)\,dx$

$\qquad=2\int_0^4 g(x)\,dx$

$\qquad=2\times 3=6$

11 답 4

$f(x+3)=f(x)$이므로

$\displaystyle\int_0^1 f(x)\,dx=\int_3^4 f(x)\,dx$

$\therefore \displaystyle\int_0^4 f(x)\,dx=\int_0^1 f(x)\,dx+\int_1^3 f(x)\,dx+\int_3^4 f(x)\,dx$

$\qquad=2\int_0^1 f(x)\,dx+\int_1^3 f(x)\,dx$

$\qquad=2\int_0^1 2x\,dx+\int_1^3 (3-x)\,dx$

$\qquad=2\left[x^2\right]_0^1+\left[3x-\dfrac{1}{2}x^2\right]_1^3$

$\qquad=2\times 1+\left(9-\dfrac{9}{2}\right)-\left(3-\dfrac{1}{2}\right)=4$

12 답 12

$\displaystyle\int_0^1 f(x)\,dx=k$ (k는 상수)로 놓으면 $f(x)=12x^2+10kx+k^2$이므로

$\displaystyle\int_0^1 f(x)\,dx=\int_0^1 (12x^2+10kx+k^2)\,dx$

$\qquad=\left[4x^3+5kx^2+k^2x\right]_0^1$

$\qquad=4+5k+k^2$

따라서 $4+5k+k^2=k$이므로

$k^2+4k+4=0$, $(k+2)^2=0$

$\therefore k=-2$

즉, $f(x)=12x^2-20x+4$이므로

$f(2)=48-40+4=12$

13 답 ⑤

$\displaystyle\int_1^x f(t)\,dt=-2x^2+ax+5$의 양변에 $x=1$을 대입하면

$0=-2+a+5$ $\therefore a=-3$

$\displaystyle\int_1^x f(t)\,dt=-2x^2-3x+5$의 양변을 x에 대하여 미분하면

$f(x)=-4x-3$

$\therefore f(-2)=8-3=5$

14 답 2

$f(x)=\displaystyle\int_0^x (3t^2-2t+1)\,dt$의 양변을 x에 대하여 미분하면

$f'(x)=3x^2-2x+1$

$\therefore \displaystyle\lim_{h\to 0}\dfrac{f(1+h)-f(1-h)}{2h}$

$\qquad=\dfrac{1}{2}\lim_{h\to 0}\dfrac{f(1+h)-f(1)+f(1)-f(1-h)}{h}$

$\qquad=\dfrac{1}{2}\left\{\lim_{h\to 0}\dfrac{f(1+h)-f(1)}{h}-\lim_{h\to 0}\dfrac{f(1-h)-f(1)}{-h}\times(-1)\right\}$

$\qquad=\dfrac{1}{2}\{f'(1)+f'(1)\}$

$\qquad=f'(1)=3-2+1=2$

15 답 -6

$\displaystyle\int_0^x (x-t)f(t)\,dt=\dfrac{1}{2}x^4-3x^2$에서

$x\displaystyle\int_0^x f(t)\,dt-\int_0^x tf(t)\,dt=\dfrac{1}{2}x^4-3x^2$

양변을 x에 대하여 미분하면
$$\int_0^x f(t)\,dt + xf(x) - xf(x) = 2x^3 - 6x$$
$$\therefore \int_0^x f(t)\,dt = 2x^3 - 6x$$
양변을 다시 x에 대하여 미분하면
$$f(x) = 6x^2 - 6$$
따라서 함수 $f(x)$는 $x=0$에서 최솟값 -6을 갖는다.

16 답 ②

$\int_1^x (x-t)f(t)\,dt = x^3 + ax^2 + bx$의 양변에 $x=1$을 대입하면
$$0 = 1 + a + b \qquad \therefore a+b = -1 \qquad \cdots\cdots ㉠$$
$\int_1^x (x-t)f(t)\,dt = x^3 + ax^2 + bx$에서
$$x\int_1^x f(t)\,dt - \int_1^x tf(t)\,dt = x^3 + ax^2 + bx$$
양변을 x에 대하여 미분하면
$$\int_1^x f(t)\,dt + xf(x) - xf(x) = 3x^2 + 2ax + b$$
$$\therefore \int_1^x f(t)\,dt = 3x^2 + 2ax + b$$
양변에 $x=1$을 대입하면
$$0 = 3 + 2a + b \qquad \therefore 2a+b = -3 \qquad \cdots\cdots ㉡$$
㉠, ㉡을 연립하여 풀면
$$a = -2,\ b = 1$$
$$\therefore ab = -2$$

17 답 81

$f(x) = \int_0^x (-t^2 + t + a)\,dt$의 양변을 x에 대하여 미분하면
$$f'(x) = -x^2 + x + a$$
함수 $f(x)$가 $x=3$에서 극댓값을 가지므로 $f'(3)=0$에서
$$-9 + 3 + a = 0 \qquad \therefore a = 6$$
$$\therefore M = f(3) = \int_0^3 (-t^2 + t + 6)\,dt$$
$$= \left[-\frac{1}{3}t^3 + \frac{1}{2}t^2 + 6t \right]_0^3$$
$$= -9 + \frac{9}{2} + 18 = \frac{27}{2}$$
$$\therefore aM = 81$$

18 답 ㄱ, ㄷ

ㄱ. $h(x) = \int_1^x \{f(t) - g(t)\}\,dt$의 양변에 $x=1$을 대입하면
$$h(1) = 0$$

ㄴ. $h(x) = \int_1^x \{f(t) - g(t)\}\,dt$의 양변을 x에 대하여 미분하면
$$h'(x) = f(x) - g(x)$$
$h'(x) = 0$인 x의 값은 $x = \alpha$ 또는 $x = \beta$
함수 $h(x)$의 증가와 감소를 표로 나타내면 다음과 같다.

x	$\cdots$	α	$\cdots$	β	$\cdots$
$h'(x)$	$-$	0	$+$	0	$-$
$h(x)$	$\searrow$	극소	$\nearrow$	극대	$\searrow$

따라서 함수 $h(x)$는 $x=\alpha$에서 극소이고, $x=\beta$에서 극대이다.

ㄷ. ㄱ에서 $h(1)=0$이므로 함수 $y = h(x)$의 그래프의 개형은 오른쪽 그림과 같다. 따라서 방정식 $h(x)=0$은 두 개의 양의 실근과 한 개의 음의 실근을 갖는다.

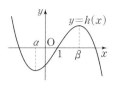

따라서 보기에서 옳은 것은 ㄱ, ㄷ이다.

19 답 ③

$f(x) = \int_1^x t(t-2)\,dt$의 양변을 x에 대하여 미분하면
$$f'(x) = x(x-2)$$
$f'(x)=0$인 x의 값은 $x=0$ 또는 $x=2$
$0 \le x \le 4$에서 함수 $f(x)$의 증가와 감소를 표로 나타내면 다음과 같다.

x	0	$\cdots$	2	$\cdots$	4
$f'(x)$	0	$-$	0	$+$	
$f(x)$		$\searrow$	극소	$\nearrow$	

$$f(0) = \int_1^0 (t^2 - 2t)\,dt = \left[\frac{1}{3}t^3 - t^2 \right]_1^0$$
$$= -\left(\frac{1}{3} - 1 \right) = \frac{2}{3}$$
$$f(2) = \int_1^2 (t^2 - 2t)\,dt = \left[\frac{1}{3}t^3 - t^2 \right]_1^2$$
$$= \left(\frac{8}{3} - 4 \right) - \left(\frac{1}{3} - 1 \right) = -\frac{2}{3}$$
$$f(4) = \int_1^4 (t^2 - 2t)\,dt = \left[\frac{1}{3}t^3 - t^2 \right]_1^4$$
$$= \left(\frac{64}{3} - 16 \right) - \left(\frac{1}{3} - 1 \right) = 6$$

따라서 $0 \le x \le 4$에서 함수 $f(x)$의 최댓값은 6, 최솟값은 $-\frac{2}{3}$이므로
$$M = 6,\ m = -\frac{2}{3} \qquad \therefore Mm = -4$$

다른 풀이
$$f(x) = \int_1^x (t^2 - 2t)\,dt = \left[\frac{1}{3}t^3 - t^2 \right]_1^x$$
$$= \left(\frac{1}{3}x^3 - x^2 \right) - \left(\frac{1}{3} - 1 \right)$$
$$= \frac{1}{3}x^3 - x^2 + \frac{2}{3}$$
$$\therefore f(0) = \frac{2}{3},$$
$$f(2) = \frac{8}{3} - 4 + \frac{2}{3} = -\frac{2}{3},$$
$$f(4) = \frac{64}{3} - 16 + \frac{2}{3} = 6$$

20 답 -2

함수 $f(x)$의 한 부정적분을 $F(x)$라 하면
$$g'(x) = \lim_{h \to 0} \frac{1}{h} \int_x^{x+h} f(t)\,dt$$
$$= \lim_{h \to 0} \frac{1}{h} \Big[F(t) \Big]_x^{x+h}$$
$$= \lim_{h \to 0} \frac{F(x+h) - F(x)}{h}$$
$$= F'(x) = f(x)$$
$$= 2x - 4$$

$$\therefore g(x) = \int g'(x)\,dx = \int (2x-4)\,dx$$
$$= x^2 - 4x + C$$

$g(1) = -1$에서

$1 - 4 + C = -1 \quad \therefore C = 2$

따라서 $g(x) = x^2 - 4x + 2$이므로

$g(2) = 4 - 8 + 2 = -2$

중단원 기출 문제 2회

1 답 ④

$$\int_2^2 (x^4 - 3)\,dx + \int_0^2 (3x^2 + 6x)\,dx = 0 + \int_0^2 (3x^2 + 6x)\,dx$$
$$= \Big[x^3 + 3x^2 \Big]_0^2$$
$$= 8 + 12 = 20$$

2 답 1

$$\int_{-a}^{2a} (3x^2 + 2x)\,dx = \Big[x^3 + x^2 \Big]_{-a}^{2a}$$
$$= (8a^3 + 4a^2) - (-a^3 + a^2)$$
$$= 9a^3 + 3a^2$$

따라서 $9a^3 + 3a^2 = 12$이므로

$3a^3 + a^2 - 4 = 0,\ (a-1)(3a^2 + 4a + 4) = 0$

$\therefore a = 1$ ($\because a$는 실수)

3 답 11

두 함수 $F(x)$, $G(x)$가 모두 함수 $f(x)$의 부정적분이므로

$F(x) = G(x) + C$ (C는 상수)라 하면

㈎에서 $C = 2$

$\therefore F(x) = G(x) + 2$

㈏에서 $G(6) = 12$이므로

$F(6) = G(6) + 2 = 14$

$$\therefore \int_2^6 f(x)\,dx = \Big[F(x) \Big]_2^6$$
$$= F(6) - F(2) = 14 - 3 = 11$$

4 답 ⑤

$$\int_0^3 (2x^2 - 3)\,dx + 2\int_0^3 (2x - x^2)\,dx$$
$$= \int_0^3 \{(2x^2 - 3) + 2(2x - x^2)\}\,dx$$
$$= \int_0^3 (4x - 3)\,dx$$
$$= \Big[2x^2 - 3x \Big]_0^3$$
$$= 18 - 9 = 9$$

5 답 7

$$\int_{-2}^0 f(x)\,dx = \int_{-2}^5 f(x)\,dx + \int_5^0 f(x)\,dx$$
$$= \left\{ \int_{-2}^4 f(x)\,dx + \int_4^5 f(x)\,dx \right\} - \int_0^5 f(x)\,dx$$
$$= 5 + 4 - 6 = 3$$
$$\therefore \int_{-2}^0 \{f(x) - 2x\}\,dx = \int_{-2}^0 f(x)\,dx - \int_{-2}^0 2x\,dx$$
$$= 3 - \Big[x^2 \Big]_{-2}^0$$
$$= 3 - (-4) = 7$$

6 답 ③

$f(0) = f(1) = f(2) = 3$이므로

$f(x) - 3 = ax(x-1)(x-2)$ $(a > 0)$라 하면

$f(x) = ax(x-1)(x-2) + 3$

$$\therefore \int_0^4 f(x)\,dx - \int_2^4 f(x)\,dx = \int_0^4 f(x)\,dx + \int_4^2 f(x)\,dx$$
$$= \int_0^2 f(x)\,dx$$
$$= \int_0^2 \{ax(x-1)(x-2) + 3\}\,dx$$
$$= \int_0^2 \{a(x^3 - 3x^2 + 2x) + 3\}\,dx$$
$$= \Big[a\Big(\tfrac{1}{4}x^4 - x^3 + x^2\Big) + 3x \Big]_0^2$$
$$= a(4 - 8 + 4) + 6 = 6$$

7 답 $\dfrac{5}{2}$

주어진 그래프에서 $f(x) = \begin{cases} x - 1 & (x \geq 1) \\ -x + 1 & (0 \leq x \leq 1) \\ x + 1 & (x \leq 0) \end{cases}$ 이므로

$$\int_{-2}^3 f(x)\,dx$$
$$= \int_{-2}^0 (x+1)\,dx + \int_0^1 (-x+1)\,dx + \int_1^3 (x-1)\,dx$$
$$= \Big[\tfrac{1}{2}x^2 + x \Big]_{-2}^0 + \Big[-\tfrac{1}{2}x^2 + x \Big]_0^1 + \Big[\tfrac{1}{2}x^2 - x \Big]_1^3$$
$$= -(2-2) + \Big(-\tfrac{1}{2} + 1 \Big) + \Big(\tfrac{9}{2} - 3 \Big) - \Big(\tfrac{1}{2} - 1 \Big)$$
$$= \tfrac{5}{2}$$

8 답 4

$|x^2 - 2x| = \begin{cases} x^2 - 2x & (x \leq 0 \text{ 또는 } x \geq 2) \\ -x^2 + 2x & (0 \leq x \leq 2) \end{cases}$ 이고, $a > 2$이므로

$$\int_0^a |x^2 - 2x|\,dx = \int_0^2 (-x^2 + 2x)\,dx + \int_2^a (x^2 - 2x)\,dx$$
$$= \Big[-\tfrac{1}{3}x^3 + x^2 \Big]_0^2 + \Big[\tfrac{1}{3}x^3 - x^2 \Big]_2^a$$
$$= \Big(-\tfrac{8}{3} + 4 \Big) + \Big(\tfrac{1}{3}a^3 - a^2 \Big) - \Big(\tfrac{8}{3} - 4 \Big)$$
$$= \tfrac{1}{3}a^3 - a^2 + \tfrac{8}{3}$$

따라서 $\frac{1}{3}a^3-a^2+\frac{8}{3}=8$이므로

$a^3-3a^2-16=0,\ (a-4)(a^2+a+4)=0$

$\therefore a=4\ (\because a$는 실수$)$

9 답 3

$\displaystyle\int_{-1}^{1}(x^4+3x^3-ax^2+5x+a)\,dx$

$=2\displaystyle\int_{0}^{1}(x^4-ax^2+a)\,dx$

$=2\left[\frac{1}{5}x^5-\frac{a}{3}x^3+ax\right]_{0}^{1}$

$=2\left(\frac{1}{5}-\frac{a}{3}+a\right)=\frac{2}{5}+\frac{4}{3}a$

따라서 $\frac{2}{5}+\frac{4}{3}a=\frac{22}{5}$이므로 $a=3$

10 답 ⑤

$\displaystyle\int_{-3}^{3}\{f(x)\}^2\,dx=\int_{-3}^{3}(x-1)^2\,dx=\int_{-3}^{3}(x^2-2x+1)\,dx$

$\qquad=2\displaystyle\int_{0}^{3}(x^2+1)\,dx=2\left[\frac{1}{3}x^3+x\right]_{0}^{3}$

$\qquad=2(9+3)=24$

$\displaystyle\int_{-3}^{3}f(x)\,dx=\int_{-3}^{3}(x-1)\,dx=2\int_{0}^{3}(-1)\,dx$

$\qquad=2\left[-x\right]_{0}^{3}=2\times(-3)=-6$

따라서 $\displaystyle\int_{-3}^{3}\{f(x)\}^2\,dx=k\left\{\int_{-3}^{3}f(x)\,dx\right\}^2-6$에서

$24=36k-6$ $\qquad\therefore k=\frac{5}{6}$

11 답 ③

$f(-x)=f(x)$이므로 $\displaystyle\int_{-1}^{1}f(x)\,dx=2\int_{0}^{1}f(x)\,dx$

$\displaystyle\int_{-1}^{0}(x+1)f(x)\,dx+\int_{0}^{1}(x+2)f(x)\,dx$

$=\displaystyle\int_{-1}^{0}xf(x)\,dx+\int_{-1}^{0}f(x)\,dx+\int_{0}^{1}xf(x)\,dx+2\int_{0}^{1}f(x)\,dx$

$=\displaystyle\int_{-1}^{0}xf(x)\,dx+\int_{0}^{1}xf(x)\,dx$

$\qquad\qquad+\displaystyle\int_{-1}^{0}f(x)\,dx+\int_{0}^{1}f(x)\,dx+\int_{0}^{1}f(x)\,dx$

$=\displaystyle\int_{-1}^{1}xf(x)\,dx+\int_{-1}^{1}f(x)\,dx+\int_{0}^{1}f(x)\,dx$ $\quad\cdots\cdots$ ㉠

이때 $g(x)=xf(x)$라 하면

$g(-x)=-xf(-x)=-xf(x)=-g(x)$이므로

$\displaystyle\int_{-1}^{1}g(x)\,dx=0$

따라서 ㉠에서

$\displaystyle\int_{-1}^{0}(x+1)f(x)\,dx+\int_{0}^{1}(x+2)f(x)\,dx$

$=\displaystyle\int_{-1}^{1}g(x)\,dx+\int_{-1}^{1}f(x)\,dx+\int_{0}^{1}f(x)\,dx$

$=2\displaystyle\int_{0}^{1}f(x)\,dx+\int_{0}^{1}f(x)\,dx$

$=3\displaystyle\int_{0}^{1}f(x)\,dx$

$=3\times4=12$

12 답 15

㈎에서 $f(-x)=f(x)$이므로

$\displaystyle\int_{-2}^{2}f(x)\,dx=2\int_{0}^{2}f(x)\,dx$

따라서 $2\displaystyle\int_{0}^{2}f(x)\,dx=3$이므로

$\displaystyle\int_{0}^{2}f(x)\,dx=\frac{3}{2}$

㈏에서 $f(x+2)=f(x)$이므로

$\displaystyle\int_{0}^{2}f(x)\,dx=\int_{2}^{4}f(x)\,dx=\int_{4}^{6}f(x)\,dx$

$\qquad=\displaystyle\int_{6}^{8}f(x)\,dx=\int_{8}^{10}f(x)\,dx$

$\therefore \displaystyle\int_{-10}^{10}f(x)\,dx$

$\quad=2\displaystyle\int_{0}^{10}f(x)\,dx$

$\quad=2\left\{\displaystyle\int_{0}^{2}f(x)\,dx+\int_{2}^{4}f(x)\,dx+\int_{4}^{6}f(x)\,dx\right.$

$\qquad\qquad\qquad\left.+\displaystyle\int_{6}^{8}f(x)\,dx+\int_{8}^{10}f(x)\,dx\right\}$

$\quad=2\times5\displaystyle\int_{0}^{2}f(x)\,dx$

$\quad=2\times5\times\frac{3}{2}=15$

13 답 10

$f(x)=24x^2+\displaystyle\int_{0}^{1}(-6x+2t)f(t)\,dt$에서

$f(x)=24x^2-6x\displaystyle\int_{0}^{1}f(t)\,dt+2\int_{0}^{1}tf(t)\,dt$

$\displaystyle\int_{0}^{1}f(t)\,dt=a,\ \int_{0}^{1}tf(t)\,dt=b\,(a,\ b$는 상수$)$로 놓으면

$f(x)=24x^2-6ax+2b$이므로

$\displaystyle\int_{0}^{1}f(t)\,dt=\int_{0}^{1}(24t^2-6at+2b)\,dt$

$\qquad=\left[8t^3-3at^2+2bt\right]_{0}^{1}$

$\qquad=8-3a+2b$

따라서 $8-3a+2b=a$이므로 $2a-b=4$ $\qquad\cdots\cdots$ ㉠

$\displaystyle\int_{0}^{1}tf(t)\,dt=\int_{0}^{1}(24t^3-6at^2+2bt)\,dt$

$\qquad=\left[6t^4-2at^3+bt^2\right]_{0}^{1}$

$\qquad=6-2a+b$

따라서 $6-2a+b=b$이므로 $a=3$

이를 ㉠에 대입하면 $6-b=4$ $\qquad\therefore b=2$

따라서 $f(x)=24x^2-18x+4$이므로

$f(1)=24-18+4=10$

14 답 6

$\displaystyle\int_{a}^{x}f(t)\,dt=x^2+ax-8$의 양변에 $x=a$를 대입하면

$0=a^2+a^2-8,\ a^2=4$ $\qquad\therefore a=2\ (\because a>0)$

$\displaystyle\int_{2}^{x}f(t)\,dt=x^2+2x-8$의 양변을 x에 대하여 미분하면

$f(x)=2x+2$ $\qquad\therefore f(1)=2+2=4$

$\therefore a+f(1)=6$

15 답 **4**

$\int_1^x (x-t)f(t)\,dt = 2x^3 - 4x^2 + 2x$에서

$x\int_1^x f(t)\,dt - \int_1^x tf(t)\,dt = 2x^3 - 4x^2 + 2x$

양변을 x에 대하여 미분하면

$\int_1^x f(t)\,dt + xf(x) - xf(x) = 6x^2 - 8x + 2$

$\therefore \int_1^x f(t)\,dt = 6x^2 - 8x + 2$

양변을 다시 x에 대하여 미분하면

$f(x) = 12x - 8$

$\therefore f(1) = 12 - 8 = 4$

16 답 **−14**

$x^2 f(x) = 2x^3 + \int_1^x (x^2 + t)f'(t)\,dt$에서

$x^2 f(x) = 2x^3 + x^2 \int_1^x f'(t)\,dt + \int_1^x tf'(t)\,dt$

이때 $\int_1^x f'(t)\,dt = \Big[f(t)\Big]_1^x = f(x) - f(1) = f(x) - 2$이므로

$x^2 f(x) = 2x^3 + x^2\{f(x) - 2\} + \int_1^x tf'(t)\,dt$

$\therefore \int_1^x tf'(t)\,dt = -2x^3 + 2x^2$

양변을 x에 대하여 미분하면

$xf'(x) = -6x^2 + 4x = x(-6x + 4)$

$\therefore f'(x) = -6x + 4$

$\therefore f(x) = \int f'(x)\,dx = \int (-6x + 4)\,dx$

$\qquad = -3x^2 + 4x + C$

$f(1) = 2$에서

$-3 + 4 + C = 2 \qquad \therefore C = 1$

따라서 $f(x) = -3x^2 + 4x + 1$이므로

$f(3) = -27 + 12 + 1 = -14$

17 답 **①**

$f(x) = \int_2^x (3t^2 + 3t - 6)\,dt$의 양변을 x에 대하여 미분하면

$f'(x) = 3x^2 + 3x - 6 = 3(x+2)(x-1)$

$f'(x) = 0$인 x의 값은 $x = -2$ 또는 $x = 1$

함수 $f(x)$의 증가와 감소를 표로 나타내면 다음과 같다.

x	$\cdots$	-2	$\cdots$	1	$\cdots$
$f'(x)$	$+$	0	$-$	0	$+$
$f(x)$	↗	극대	↘	극소	↗

함수 $f(x)$는 $x = -2$에서 극대이므로 극댓값은

$f(-2) = \int_2^{-2} (3t^2 + 3t - 6)\,dt = -\int_{-2}^2 (3t^2 + 3t - 6)\,dt$

$\qquad = -2\int_0^2 (3t^2 - 6)\,dt = -2\Big[t^3 - 6t\Big]_0^2$

$\qquad = -2(8 - 12) = 8$

함수 $f(x)$는 $x = 1$에서 극소이므로 극솟값은

$f(1) = \int_2^1 (3t^2 + 3t - 6)\,dt = \Big[t^3 + \frac{3}{2}t^2 - 6t\Big]_2^1$

$\qquad = \Big(1 + \frac{3}{2} - 6\Big) - (8 + 6 - 12) = -\frac{11}{2}$

따라서 극댓값과 극솟값의 곱은

$8 \times \Big(-\frac{11}{2}\Big) = -44$

18 답 $\dfrac{1}{4}$

$f(x) = \int_x^{x+1} (t^3 - t)\,dt$의 양변을 x에 대하여 미분하면

$f'(x) = \{(x+1)^3 - (x+1)\} - (x^3 - x)$

$\qquad = 3x^2 + 3x = 3x(x+1)$

$f'(x) = 0$인 x의 값은 $x = -1$ 또는 $x = 0$

$-2 \le x \le 0$에서 함수 $f(x)$의 증가와 감소를 표로 나타내면 다음과 같다.

x	-2	$\cdots$	-1	$\cdots$	0
$f'(x)$		$+$	0	$-$	0
$f(x)$		↗	극대	↘	

따라서 $-2 \le x \le 0$에서 함수 $f(x)$는 $x = -1$에서 최대이므로 최댓값은

$f(-1) = \int_{-1}^0 (t^3 - t)\,dt = \Big[\frac{1}{4}t^4 - \frac{1}{2}t^2\Big]_{-1}^0$

$\qquad = -\Big(\frac{1}{4} - \frac{1}{2}\Big) = \frac{1}{4}$

19 답 **⑤**

$f(x) = \int_0^x t(x-t)\,dt$에서

$f(x) = x\int_0^x t\,dt - \int_0^x t^2\,dt$

양변을 x에 대하여 미분하면

$f'(x) = \int_0^x t\,dt + x^2 - x^2 = \int_0^x t\,dt = \Big[\frac{1}{2}t^2\Big]_0^x = \frac{1}{2}x^2$

ㄱ. $f'(0) = 0$

ㄴ. $f'(x) = \frac{1}{2}x^2 \ge 0$이므로 모든 실수 x에서 함수 $f(x)$는 증가한다.

ㄷ. 모든 실수 x에서 함수 $f(x)$가 증가하므로 $-1 \le x \le 6$에서 함수 $f(x)$는 $x = -1$에서 최소이고 최솟값은

$f(-1) = \int_0^{-1} t(-1-t)\,dt = \int_0^{-1} (-t^2 - t)\,dt$

$\qquad = \Big[-\frac{1}{3}t^3 - \frac{1}{2}t^2\Big]_0^{-1}$

$\qquad = \frac{1}{3} - \frac{1}{2} = -\frac{1}{6}$

따라서 보기에서 옳은 것은 ㄱ, ㄴ, ㄷ이다.

20 답 **②**

함수 $f(x)$의 한 부정적분을 $F(x)$라 하면

$\displaystyle\lim_{x \to 2} \frac{1}{x^2 - 4} \int_2^x f(t)\,dt = \lim_{x \to 2} \frac{1}{x^2 - 4}\Big[F(t)\Big]_2^x$

$\qquad = \lim_{x \to 2} \frac{F(x) - F(2)}{x^2 - 4}$

$\qquad = \lim_{x \to 2} \Big\{\frac{F(x) - F(2)}{x - 2} \times \frac{1}{x+2}\Big\}$

$\qquad = \frac{1}{4}F'(2) = \frac{1}{4}f(2)$

$\qquad = \frac{1}{4}(8 + 12 - 4) = 4$

09 / 정적분의 활용

50~55쪽

중단원 기출 문제 1회

1 답 $\dfrac{1}{2}$

곡선 $y=x^3-3x^2+2x$와 x축의 교점의 x좌
표는 $x^3-3x^2+2x=0$에서
$x(x-1)(x-2)=0$
$\therefore x=0$ 또는 $x=1$ 또는 $x=2$
따라서 구하는 도형의 넓이는
$$\int_0^2 |x^3-3x^2+2x|\,dx$$
$$=\int_0^1 (x^3-3x^2+2x)\,dx+\int_1^2 (-x^3+3x^2-2x)\,dx$$
$$=\left[\frac{1}{4}x^4-x^3+x^2\right]_0^1+\left[-\frac{1}{4}x^4+x^3-x^2\right]_1^2$$
$$=\frac{1}{2}$$

2 답 ③

㈎에서 $f'(x)=-3x^2-6x+1$이므로
$$f(x)=\int f'(x)\,dx$$
$$=\int (-3x^2-6x+1)\,dx$$
$$=-x^3-3x^2+x+C$$
㈏에서 $f(-2)=-3$이므로
$8-12-2+C=-3$
$\therefore C=3$
$\therefore f(x)=-x^3-3x^2+x+3$
곡선 $y=f(x)$와 x축의 교점의 x좌표는
$-x^3-3x^2+x+3=0$에서
$(x+3)(x+1)(x-1)=0$
$\therefore x=-3$ 또는 $x=-1$ 또는 $x=1$
따라서 구하는 도형의 넓이는
$$\int_{-3}^0 |-x^3-3x^2+x+3|\,dx$$
$$=\int_{-3}^{-1} (x^3+3x^2-x-3)\,dx+\int_{-1}^0 (-x^3-3x^2+x+3)\,dx$$
$$=\left[\frac{1}{4}x^4+x^3-\frac{1}{2}x^2-3x\right]_{-3}^{-1}+\left[-\frac{1}{4}x^4-x^3+\frac{1}{2}x^2+3x\right]_{-1}^0$$
$$=\frac{23}{4}$$

3 답 ④

곡선 $y=x^2-2x$와 직선 $y=ax$의 교점의
x좌표는 $x^2-2x=ax$에서
$x^2-(a+2)x=0$
$x\{x-(a+2)\}=0$
$\therefore x=0$ 또는 $x=a+2$

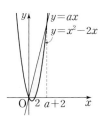

따라서 곡선 $y=x^2-2x$와 직선 $y=ax$로 둘러싸인 도형의 넓이는
$$\int_0^{a+2} \{ax-(x^2-2x)\}\,dx=\int_0^{a+2} \{-x^2+(a+2)x\}\,dx$$
$$=\left[-\frac{1}{3}x^3+\frac{a+2}{2}x^2\right]_0^{a+2}$$
$$=\frac{(a+2)^3}{6}$$
따라서 $\dfrac{(a+2)^3}{6}=36$이므로
$(a+2)^3=216$, $a+2=6$ ($\because a$는 실수)
$\therefore a=4$

4 답 $\dfrac{11}{3}$

곡선 $y=-2x^2+6x$와 x축의 교점의 x좌표는 $-2x^2+6x=0$에서
$x(x-3)=0$ $\quad\therefore x=0$ 또는 $x=3$
곡선 $y=-2x^2+6x$와 x축으로 둘러싸인 도형의 넓이는
$$\int_0^3 (-2x^2+6x)\,dx=\left[-\frac{2}{3}x^3+3x^2\right]_0^3=9$$
곡선 $y=-2x^2+6x$와 직선 $y=2x$의 교점의 x좌표는
$-2x^2+6x=2x$에서
$x^2-2x=0$, $x(x-2)=0$
$\therefore x=0$ 또는 $x=2$
$$\therefore S_1=\int_0^2 \{(-2x^2+6x)-2x\}\,dx$$
$$=\int_0^2 (-2x^2+4x)\,dx$$
$$=\left[-\frac{2}{3}x^3+2x^2\right]_0^2=\frac{8}{3}$$
$S_1+S_2=9$이므로
$$S_2=9-\frac{8}{3}=\frac{19}{3}$$
$$\therefore S_2-S_1=\frac{11}{3}$$

5 답 ⑤

두 곡선 $y=x^2-3x+4$, $y=-x^2+7x-4$
의 교점의 x좌표는
$x^2-3x+4=-x^2+7x-4$에서
$x^2-5x+4=0$
$(x-1)(x-4)=0$
$\therefore x=1$ 또는 $x=4$
따라서 구하는 도형의 넓이는
$$\int_1^4 \{(-x^2+7x-4)-(x^2-3x+4)\}\,dx$$
$$=\int_1^4 (-2x^2+10x-8)\,dx$$
$$=\left[-\frac{2}{3}x^3+5x^2-8x\right]_1^4=9$$

6 답 $\dfrac{4}{3}$

곡선 $y=-x^3+x+a$가 점 $(-1,\ 2)$를 지나므로
$2=1-1+a$ $\quad\therefore a=2$
곡선 $y=x^2+b$가 점 $(-1,\ 2)$를 지나므로
$2=1+b$ $\quad\therefore b=1$

두 곡선 $y=-x^3+x+2$, $y=x^2+1$의 교점의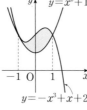
x좌표는 $-x^3+x+2=x^2+1$에서
$x^3+x^2-x-1=0$
$(x+1)^2(x-1)=0$
$\therefore x=-1$ 또는 $x=1$
따라서 구하는 도형의 넓이는
$$\int_{-1}^{1}\{(-x^3+x+2)-(x^2+1)\}\,dx=\int_{-1}^{1}(-x^3-x^2+x+1)\,dx$$
$$=2\int_{0}^{1}(-x^2+1)\,dx$$
$$=2\left[-\frac{1}{3}x^3+x\right]_{0}^{1}$$
$$=2\times\frac{2}{3}=\frac{4}{3}$$

7 답 $\dfrac{1}{3}$

$f(x)=x^2-1$이라 하면 $f'(x)=2x$
점 $(1,\,0)$에서의 접선의 기울기는 $f'(1)=2$이므로 접선의 방정식은
$y=2(x-1)$ $\therefore y=2x-2$
따라서 구하는 도형의 넓이는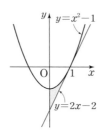
$$\int_{0}^{1}\{(x^2-1)-(2x-2)\}\,dx$$
$$=\int_{0}^{1}(x^2-2x+1)\,dx$$
$$=\left[\frac{1}{3}x^3-x^2+x\right]_{0}^{1}$$
$$=\frac{1}{3}$$

8 답 ③

$f(x)=3x^2+1$이라 하면 $f'(x)=6x$
점 $(a,\,3a^2+1)$에서의 접선의 기울기는 $f'(a)=6a$이므로 접선 l의 방정식은
$y-(3a^2+1)=6a(x-a)$
$\therefore y=6ax-3a^2+1$
$0\le a\le3$이므로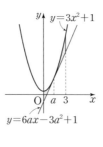
$$S(a)=\int_{0}^{3}\{(3x^2+1)-(6ax-3a^2+1)\}\,dx$$
$$=\int_{0}^{3}(3x^2-6ax+3a^2)\,dx$$
$$=\left[x^3-3ax^2+3a^2x\right]_{0}^{3}$$
$$=9a^2-27a+27$$
$$=9\left(a-\frac{3}{2}\right)^2+\frac{27}{4}$$
따라서 $0\le a\le3$에서 $S(a)$의 최솟값은 $\dfrac{27}{4}$이다.

9 답 3

곡선 $y=-x^2-6x$와 x축의 교점의 x좌표는 $-x^2-6x=0$에서
$x(x+6)=0$
$\therefore x=-6$ 또는 $x=0$

$A=B$이므로
$$\int_{-6}^{k}(-x^2-6x)\,dx=0$$
$$\left[-\frac{1}{3}x^3-3x^2\right]_{-6}^{k}=0$$
$$-\frac{1}{3}k^3-3k^2+36=0$$
$k^3+9k^2-108=0$, $(k+6)^2(k-3)=0$
$\therefore k=3\ (\because k>0)$

10 답 $\dfrac{7}{6}$

두 도형의 넓이가 서로 같으므로
$$\int_{0}^{2}\{a(x-2)^2-(-x^2+2x)\}\,dx=0$$
$$\int_{0}^{2}\{(a+1)x^2-2(2a+1)x+4a\}\,dx=0$$
$$\left[\frac{a+1}{3}x^3-(2a+1)x^2+4ax\right]_{0}^{2}=0$$
$$\frac{8}{3}a-\frac{4}{3}=0 \qquad \therefore a=\frac{1}{2}$$
두 곡선 $y=\dfrac{1}{2}(x-2)^2$, $y=-x^2+2x$의 교점의 x좌표는
$\dfrac{1}{2}(x-2)^2=-x^2+2x$에서
$3x^2-8x+4=0$, $(3x-2)(x-2)=0$
$\therefore x=\dfrac{2}{3}$ 또는 $x=2$
따라서 $k=\dfrac{2}{3}$이므로
$a+k=\dfrac{7}{6}$

11 답 54

곡선 $y=x^2-3x$와 직선 $y=ax$의 교점의
x좌표는 $x^2-3x=ax$에서
$x^2-(a+3)x=0$, $x\{x-(a+3)\}=0$
$\therefore x=0$ 또는 $x=a+3$
곡선 $y=x^2-3x$와 직선 $y=ax$로 둘러싸인
도형의 넓이를 S_1이라 하면
$$S_1=\int_{0}^{a+3}\{ax-(x^2-3x)\}\,dx$$
$$=\int_{0}^{a+3}\{-x^2+(a+3)x\}\,dx$$
$$=\left[-\frac{1}{3}x^3+\frac{a+3}{2}x^2\right]_{0}^{a+3}$$
$$=\frac{(a+3)^3}{6}$$
곡선 $y=x^2-3x$와 x축의 교점의 x좌표는 $x^2-3x=0$에서
$x(x-3)=0$ $\therefore x=0$ 또는 $x=3$
곡선 $y=x^2-3x$와 x축으로 둘러싸인 도형의 넓이를 S_2라 하면
$$S_2=\int_{0}^{3}(-x^2+3x)\,dx$$
$$=\left[-\frac{1}{3}x^3+\frac{3}{2}x^2\right]_{0}^{3}=\frac{9}{2}$$
이때 $S_1=2S_2$이므로
$$\frac{(a+3)^3}{6}=2\times\frac{9}{2} \qquad \therefore (a+3)^3=54$$

12 답 $\dfrac{1}{2}$

두 곡선 $y=f(x)$, $y=g(x)$는 직선 $y=x$에 대하여 대칭이므로 두 곡선 $y=f(x)$, $y=g(x)$로 둘러싸인 도형의 넓이는 곡선 $y=f(x)$와 직선 $y=x$로 둘러싸인 도형의 넓이의 2배와 같다.

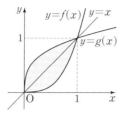

곡선 $y=f(x)$와 직선 $y=x$의 교점의 x좌표는 $x^3=x$에서
$x^3-x=0$, $x(x+1)(x-1)=0$
$\therefore x=0$ 또는 $x=1$ ($\because x\geq 0$)
따라서 구하는 도형의 넓이는
$2\displaystyle\int_0^1 (x-x^3)\,dx=2\left[\dfrac{1}{2}x^2-\dfrac{1}{4}x^4\right]_0^1=2\times\dfrac{1}{4}=\dfrac{1}{2}$

13 답 ④

$f(3)=0$, $f(12)=3$이고, 두 함수 $y=f(x)$, $y=g(x)$의 그래프는 직선 $y=x$에 대하여 대칭이므로 오른쪽 그림에서
$A=B$

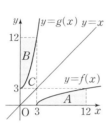

$\therefore \displaystyle\int_3^{12} f(x)\,dx+\int_0^3 g(x)\,dx$
$=A+C=B+C$
$=3\times 12=36$

14 답 $\dfrac{45}{4}$

$f(1)=4$, $f(2)=11$이므로 $g(4)=1$, $g(11)=2$
두 함수 $y=f(x)$, $y=g(x)$의 그래프는 직선 $y=x$에 대하여 대칭이므로 오른쪽 그림에서
$A=B$

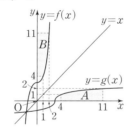

$\therefore \displaystyle\int_4^{11} g(x)\,dx$
$=A=B$
$=2\times 11-1\times 4-\displaystyle\int_1^2 f(x)\,dx$
$=18-\displaystyle\int_1^2 (x^3+3)\,dx$
$=18-\left[\dfrac{1}{4}x^4+3x\right]_1^2$
$=18-\dfrac{27}{4}=\dfrac{45}{4}$

15 답 ⑤

시각 $t=0$에서 $t=2$까지 물체가 움직인 거리는
$\displaystyle\int_0^2 |2-2t^3|\,dt=\int_0^1 (2-2t^3)\,dt+\int_1^2 (-2+2t^3)\,dt$
$=\left[2t-\dfrac{1}{2}t^4\right]_0^1+\left[-2t+\dfrac{1}{2}t^4\right]_1^2=7$

16 답 ④

시각 $t=6$에서의 점 P의 위치가 19이므로
$1+\displaystyle\int_0^6 (t^2+at+3)\,dt=19$

$1+\left[\dfrac{1}{3}t^3+\dfrac{a}{2}t^2+3t\right]_0^6=19$
$91+18a=19$ $\quad\therefore a=-4$

17 답 $\dfrac{3}{2}$

두 점 P, Q가 만나려면 위치가 같아야 하므로 두 점이 다시 만나는 시각을 $t=a$라 하면
$\displaystyle\int_0^a (2t^2+t)\,dt=\int_0^a (t^2+2t)\,dt$
$\left[\dfrac{2}{3}t^3+\dfrac{1}{2}t^2\right]_0^a=\left[\dfrac{1}{3}t^3+t^2\right]_0^a$
$\dfrac{2}{3}a^3+\dfrac{1}{2}a^2=\dfrac{1}{3}a^3+a^2$, $\dfrac{1}{3}a^3-\dfrac{1}{2}a^2=0$
$a^2(2a-3)=0$ $\qquad\therefore a=\dfrac{3}{2}$ ($\because a>0$)

따라서 두 점 P, Q가 출발 후 다시 만나는 시각은 $t=\dfrac{3}{2}$이다.

18 답 ②

점 P가 운동 방향을 바꿀 때 $v(t)=0$이므로 점 P가 운동 방향을 두 번째로 바꿀 때의 시각을 $t=k$라 하면 $v(k)=0$에서
$k^4-2k^2+1-a=0$
$\therefore a=k^4-2k^2+1$ $\qquad\cdots\cdots$ ㉠
시각 $t=0$에서 $t=k$까지 점 P의 위치의 변화량이 0이므로
$\displaystyle\int_0^k (t^4-2t^2+1-a)\,dt=0$
$\left[\dfrac{1}{5}t^5-\dfrac{2}{3}t^3+(1-a)t\right]_0^k=0$
$\dfrac{1}{5}k^5-\dfrac{2}{3}k^3+(1-a)k=0$
$\dfrac{1}{5}k^4-\dfrac{2}{3}k^2+1-a=0$ ($\because k>0$)
$\therefore a=\dfrac{1}{5}k^4-\dfrac{2}{3}k^2+1$ $\qquad\cdots\cdots$ ㉡
㉠, ㉡에서
$k^4-2k^2+1=\dfrac{1}{5}k^4-\dfrac{2}{3}k^2+1$
$3k^4-5k^2=0$, $k^2(3k^2-5)=0$
$\therefore k^2=\dfrac{5}{3}$ ($\because k>0$)
이를 ㉠에 대입하면
$a=\left(\dfrac{5}{3}\right)^2-2\times\dfrac{5}{3}+1=\dfrac{4}{9}$

참고 $v(t)=t^4-2t^2+1-a$에서
$v'(t)=4t^3-4t=4t(t+1)(t-1)$
$t>0$에서 $v'(t)=0$인 t의 값은 $t=1$

t	0	$\cdots$	1	$\cdots$
$v'(t)$		$-$	0	$+$
$v(t)$		$\searrow$	$-a$ 극소	$\nearrow$

$0<a<1$이므로 $t>0$에서 함수 $y=v(t)$의 그래프는 오른쪽 그림과 같이 x축과 서로 다른 두 점에서 만나고 그 좌우에서 $v(t)$의 부호가 바뀐다.
따라서 점 P는 출발 후 운동 방향을 두 번 바꾼다.

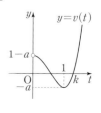

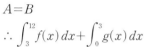

19 답 145 m

공이 최고 높이에 도달했을 때 $v(t)=0$이므로
$$50-10t=0 \quad \therefore t=5$$
따라서 공을 쏘아 올린 지 5초 후에 최고 높이에 도달하므로 구하는 높이는
$$20+\int_0^5 (50-10t)\,dt=20+\left[50t-5t^2\right]_0^5$$
$$=20+125$$
$$=145(\text{m})$$

20 답 ㄴ, ㄹ

ㄱ. 시각 $t=4$에서의 점 P의 위치는
$$0+\int_0^4 v(t)\,dt=\int_0^2 v(t)\,dt+\int_2^4 v(t)\,dt$$
$$=\frac{1}{2}\times2\times1+\frac{1}{2}\times(1+2)\times1$$
$$=\frac{5}{2}$$

ㄴ. $v(t)=0$이고 그 좌우에서 $v(t)$의 부호가 바뀔 때 운동 방향이 바뀌므로 점 P는 시각 $t=5$에서 운동 방향을 바꾼다.
따라서 점 P는 출발 후 $t=8$까지 운동 방향을 한 번 바꾼다.

ㄷ. $t=8$에서의 점 P의 위치는
$$0+\int_0^8 v(t)\,dt=\int_0^2 v(t)\,dt+\int_2^5 v(t)\,dt+\int_5^8 v(t)\,dt$$
$$=\frac{1}{2}\times2\times1+\frac{1}{2}\times(1+3)\times1-\frac{1}{2}\times3\times2$$
$$=0$$
따라서 $t=8$일 때 점 P는 원점에 있다.

ㄹ. 시각 $t=1$에서 $t=7$까지 점 P가 움직인 거리는
$$\int_1^7 |v(t)|\,dt=\int_1^2 |v(t)|\,dt+\int_2^5 |v(t)|\,dt+\int_5^7 |v(t)|\,dt$$
$$=\frac{1}{2}\times1\times1+\frac{1}{2}\times(1+3)\times1+\frac{1}{2}\times2\times2$$
$$=\frac{9}{2}$$

따라서 보기에서 옳은 것은 ㄴ, ㄹ이다.

중단원 기출 문제 2회

1 답 ④

곡선 $y=x^2-2x$와 x축의 교점의 x좌표는
$x^2-2x=0$에서
$$x(x-2)=0 \quad \therefore x=0 \text{ 또는 } x=2$$
따라서 구하는 도형의 넓이는

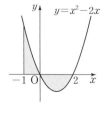

$$\int_{-1}^2 |x^2-2x|\,dx$$
$$=\int_{-1}^0 (x^2-2x)\,dx+\int_0^2 (-x^2+2x)\,dx$$
$$=\left[\frac{1}{3}x^3-x^2\right]_{-1}^0+\left[-\frac{1}{3}x^3+x^2\right]_0^2$$
$$=\frac{8}{3}$$

2 답 ③

$$\int_{-2}^3 f'(x)\,dx=\int_{-2}^1 f'(x)\,dx+\int_1^3 f'(x)\,dx$$
$$=\int_{-2}^1 f'(x)\,dx-\int_1^3 \{-f'(x)\}\,dx$$
$$=A-B$$
$$=7-4=3$$
이때 $\int_{-2}^3 f'(x)\,dx=\left[f(x)\right]_{-2}^3=f(3)-f(-2)$이므로
$$f(3)-f(-2)=3$$
$f(-2)=2$이므로
$$f(3)-2=3 \quad \therefore f(3)=5$$

3 답 $\dfrac{9}{2}$

$\int_0^2 f(t)\,dt=k$ (k는 상수)로 놓으면 $f(x)=x^3-3x+k$이므로
$$\int_0^2 f(t)\,dt=\int_0^2 (t^3-3t+k)\,dt$$
$$=\left[\frac{1}{4}t^4-\frac{3}{2}t^2+kt\right]_0^2=2k-2$$
따라서 $2k-2=k$이므로 $k=2$
$$\therefore f(x)=x^3-3x+2$$
곡선 $y=x^3-3x+2$와 직선 $y=2$의 교점의 x좌표는 $x^3-3x+2=2$에서
$$x^3-3x=0, \; x(x^2-3)=0$$
$$x(x+\sqrt{3})(x-\sqrt{3})=0$$
$$\therefore x=-\sqrt{3} \text{ 또는 } x=0 \text{ 또는 } x=\sqrt{3}$$

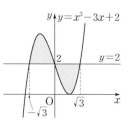

따라서 구하는 도형의 넓이는
$$\int_{-\sqrt{3}}^0 \{(x^3-3x+2)-2\}\,dx+\int_0^{\sqrt{3}} \{2-(x^3-3x+2)\}\,dx$$
$$=\int_{-\sqrt{3}}^0 (x^3-3x)\,dx+\int_0^{\sqrt{3}} (-x^3+3x)\,dx$$
$$=\left[\frac{1}{4}x^4-\frac{3}{2}x^2\right]_{-\sqrt{3}}^0+\left[-\frac{1}{4}x^4+\frac{3}{2}x^2\right]_0^{\sqrt{3}}$$
$$=\frac{9}{2}$$

4 답 $\dfrac{5}{6}$

함수 $y=f(x)$의 그래프와 직선 $y=g(x)$의 교점의 x좌표가 -1, 1, 2이므로 삼차방정식 $f(x)-g(x)=0$의 세 근은 -1, 1, 2이다.
이때 $f(x)$의 최고차항의 계수가 양수이므로 $f(x)-g(x)$의 최고차항의 계수도 양수이다.
$$f(x)-g(x)=a(x+1)(x-1)(x-2)$$
$$=a(x^3-2x^2-x+2)\;(a>0)$$
라 하면
$$S_1=\int_{-1}^1 \{f(x)-g(x)\}\,dx$$
$$=\int_{-1}^1 a(x^3-2x^2-x+2)\,dx$$
$$=2a\int_0^1 (-2x^2+2)\,dx$$
$$=2a\left[-\frac{2}{3}x^3+2x\right]_0^1=\frac{8}{3}a$$
따라서 $\dfrac{8}{3}a=\dfrac{16}{3}$이므로 $a=2$

184 정답과 해설

$$\therefore S_2 = \int_1^2 \{g(x) - f(x)\}\, dx$$
$$= \int_1^2 \{-2(x^3 - 2x^2 - x + 2)\}\, dx$$
$$= -2\left[\frac{1}{4}x^4 - \frac{2}{3}x^3 - \frac{1}{2}x^2 + 2x\right]_1^2$$
$$= -2 \times \left(-\frac{5}{12}\right) = \frac{5}{6}$$

5 답 ④

두 곡선 $y = x^3 - 3x$, $y = 2x^2$의 교점의 x좌표는 $x^3 - 3x = 2x^2$에서

$$x^3 - 2x^2 - 3x = 0$$
$$x(x+1)(x-3) = 0$$
$$\therefore x = -1 \text{ 또는 } x = 0 \text{ 또는 } x = 3$$

따라서 구하는 도형의 넓이는
$$\int_{-1}^{0}\{(x^3 - 3x) - 2x^2\}\, dx + \int_{0}^{3}\{2x^2 - (x^3 - 3x)\}\, dx$$
$$= \int_{-1}^{0}(x^3 - 2x^2 - 3x)\, dx + \int_{0}^{3}(-x^3 + 2x^2 + 3x)\, dx$$
$$= \left[\frac{1}{4}x^4 - \frac{2}{3}x^3 - \frac{3}{2}x^2\right]_{-1}^{0} + \left[-\frac{1}{4}x^4 + \frac{2}{3}x^3 + \frac{3}{2}x^2\right]_{0}^{3}$$
$$= \frac{71}{6}$$

6 답 9

곡선 $y = x^2 + 1$을 x축에 대하여 대칭이동하면
$$-y = x^2 + 1 \qquad \therefore y = -x^2 - 1$$

이 곡선을 x축의 방향으로 -1만큼, y축의 방향으로 7만큼 평행이동하면
$$y - 7 = -(x+1)^2 - 1$$
$$\therefore y = -x^2 - 2x + 5$$
$$\therefore f(x) = -x^2 - 2x + 5$$

두 곡선 $y = x^2 + 1$, $y = -x^2 - 2x + 5$의 교점의 x좌표는 $x^2 + 1 = -x^2 - 2x + 5$에서

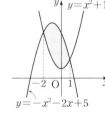

$$x^2 + x - 2 = 0$$
$$(x+2)(x-1) = 0$$
$$\therefore x = -2 \text{ 또는 } x = 1$$

따라서 구하는 도형의 넓이는
$$\int_{-2}^{1}\{(-x^2 - 2x + 5) - (x^2 + 1)\}\, dx$$
$$= \int_{-2}^{1}(-2x^2 - 2x + 4)\, dx$$
$$= \left[-\frac{2}{3}x^3 - x^2 + 4x\right]_{-2}^{1}$$
$$= 9$$

7 답 ②

$f(x) = x^3 + 2$라 하면 $f'(x) = 3x^2$

점 $(1, 3)$에서의 접선의 기울기는 $f'(1) = 3$이므로 접선의 방정식은
$$y - 3 = 3(x - 1) \qquad \therefore y = 3x$$

곡선 $y = x^3 + 2$와 직선 $y = 3x$의 교점의 x좌표는 $x^3 + 2 = 3x$에서
$$x^3 - 3x + 2 = 0, \ (x+2)(x-1)^2 = 0$$
$$\therefore x = -2 \text{ 또는 } x = 1$$

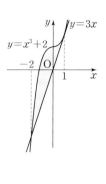

따라서 구하는 도형의 넓이는
$$\int_{-2}^{1}\{(x^3 + 2) - 3x\}\, dx$$
$$= \int_{-2}^{1}(x^3 - 3x + 2)\, dx$$
$$= \left[\frac{1}{4}x^4 - \frac{3}{2}x^2 + 2x\right]_{-2}^{1} = \frac{27}{4}$$

8 답 $\dfrac{16}{3}$

$f(x) = -x^2 + 2x$라 하면 $f'(x) = -2x + 2$

점 $(-1, -3)$에서의 접선의 기울기는 $f'(-1) = 4$이므로 접선의 방정식은
$$y - (-3) = 4(x + 1)$$
$$\therefore y = 4x + 1$$

점 $(3, -3)$에서의 접선의 기울기는 $f'(3) = -4$이므로 접선의 방정식은
$$y - (-3) = -4(x - 3)$$
$$\therefore y = -4x + 9$$

두 직선 $y = 4x + 1$, $y = -4x + 9$의 교점의 x좌표는 $4x + 1 = -4x + 9$에서
$$x = 1$$

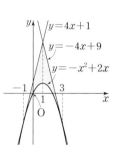

곡선과 두 접선으로 둘러싸인 도형이 직선 $x = 1$에 대하여 대칭이므로 구하는 도형의 넓이는
$$2\int_{-1}^{1}\{(4x + 1) - (-x^2 + 2x)\}\, dx$$
$$= 2\int_{-1}^{1}(x^2 + 2x + 1)\, dx$$
$$= 4\int_{0}^{1}(x^2 + 1)\, dx$$
$$= 4\left[\frac{1}{3}x^3 + x\right]_{0}^{1}$$
$$= 4 \times \frac{4}{3} = \frac{16}{3}$$

9 답 $\dfrac{14}{3}$

$g(x) = \begin{cases} 6x + k & (x \geq 0) \\ -6x + k & (x < 0) \end{cases}$ 이고 함수 $y = f(x)$

의 그래프는 오른쪽 그림과 같으므로 두 함수 $y = f(x)$, $y = g(x)$의 그래프가 만나는 점의 개수가 2이면 $x > 0$일 때 함수 $y = f(x)$의 그래프와 직선 $y = 6x + k$가 접한다.

$f(x) = 2x^3 + x^2 - 2x$에서
$$f'(x) = 6x^2 + 2x - 2$$

접점의 좌표를 $(t, 2t^3 + t^2 - 2t)(t > 0)$라 하면 접선의 기울기는 $f'(t) = 6t^2 + 2t - 2$이므로 $f'(t) = 6$에서
$$6t^2 + 2t - 2 = 6, \ 3t^2 + t - 4 = 0$$
$$(3t + 4)(t - 1) = 0 \qquad \therefore t = 1 \ (\because t > 0)$$

따라서 접점의 좌표는 $(1, 1)$이고 이 점이 직선 $y=6x+k$ 위의 점이므로

$1=6+k$ $\therefore k=-5$

$x<0$일 때 함수 $y=f(x)$의 그래프와 직선 $y=-6x-5$의 교점의 x좌표는 $2x^3+x^2-2x=-6x-5$에서

$2x^3+x^2+4x+5=0$, $(x+1)(2x^2-x+5)=0$

$\therefore x=-1$ ($\because x$는 실수)

따라서 구하는 도형의 넓이는

$$\int_{-1}^{0}\{(2x^3+x^2-2x)-(-6x-5)\}\,dx$$
$$+\int_{0}^{1}\{(2x^3+x^2-2x)-(6x-5)\}\,dx$$
$$=\int_{-1}^{0}(2x^3+x^2+4x+5)\,dx+\int_{0}^{1}(2x^3+x^2-8x+5)\,dx$$
$$=\left[\frac{1}{2}x^4+\frac{1}{3}x^3+2x^2+5x\right]_{-1}^{0}+\left[\frac{1}{2}x^4+\frac{1}{3}x^3-4x^2+5x\right]_{0}^{1}$$
$$=\frac{14}{3}$$

10 답 1

두 도형의 넓이가 서로 같으므로

$$\int_{0}^{2}\left(\frac{1}{2}x^3-a\right)dx=0,\quad \left[\frac{1}{8}x^4-ax\right]_{0}^{2}=0$$

$2-2a=0$ $\therefore a=1$

11 답 $\dfrac{2}{3}$

곡선 $y=x^2-2x+k$는 직선 $x=1$에 대하여 대칭이므로 오른쪽 그림에서 빗금 친 부분의 넓이는 $\frac{1}{2}B$이고, $B=2A$이므로 빗금 친 부분의 넓이는 A와 같다.

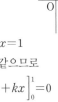

따라서 구간 $[0, 1]$에서 곡선 $y=x^2-2x+k$와 x축, y축 및 직선 $x=1$로 둘러싸인 두 도형의 넓이가 서로 같으므로

$$\int_{0}^{1}(x^2-2x+k)\,dx=0,\quad \left[\frac{1}{3}x^3-x^2+kx\right]_{0}^{1}=0$$

$-\dfrac{2}{3}+k=0$ $\therefore k=\dfrac{2}{3}$

12 답 $\dfrac{4}{3}$

곡선 $y=2x^2-k^2$과 y축 및 직선 $y=k^2$으로 둘러싸인 도형의 넓이를 A, 두 직선 $y=2x-k^2$, $y=k^2$과 y축으로 둘러싸인 도형의 넓이를 B라 하자.

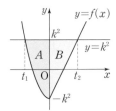

(i) $x<0$일 때

곡선 $y=2x^2-k^2$과 직선 $y=k^2$의 교점의 x좌표를 t_1이라 하면

$2t_1^2-k^2=k^2$, $t_1^2=k^2$ $\therefore t_1=-k$ ($\because t_1<0$)

$$\therefore A=\int_{-k}^{0}\{k^2-(2x^2-k^2)\}\,dx$$
$$=\int_{-k}^{0}(-2x^2+2k^2)\,dx$$
$$=\left[-\frac{2}{3}x^3+2k^2x\right]_{-k}^{0}=\frac{4}{3}k^3$$

(ii) $x\geq0$일 때

두 직선 $y=2x-k^2$, $y=k^2$의 교점의 x좌표를 t_2라 하면

$2t_2-k^2=k^2$ $\therefore t_2=k^2$

$$\therefore B=\frac{1}{2}\times k^2\times 2k^2=k^4$$

(i), (ii)에서 $A=B$이므로

$\dfrac{4}{3}k^3=k^4$ $\therefore k=\dfrac{4}{3}$ ($\because k>0$)

13 답 ①

두 곡선 $y=f(x)$, $y=g(x)$는 직선 $y=x$에 대하여 대칭이므로 두 곡선 $y=f(x)$, $y=g(x)$로 둘러싸인 도형의 넓이는 곡선 $y=f(x)$와 직선 $y=x$로 둘러싸인 도형의 넓이의 2배와 같다.

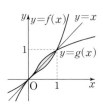

곡선 $y=f(x)$와 직선 $y=x$의 교점의 x좌표는 $x^3-x^2+x=x$에서

$x^3-x^2=0$, $x^2(x-1)=0$

$\therefore x=0$ 또는 $x=1$

따라서 구하는 넓이는

$$2\int_{0}^{1}\{x-(x^3-x^2+x)\}\,dx=2\int_{0}^{1}(-x^3+x^2)\,dx$$
$$=2\left[-\frac{1}{4}x^4+\frac{1}{3}x^3\right]_{0}^{1}$$
$$=2\times\frac{1}{12}=\frac{1}{6}$$

14 답 17

$f(1)=1$, $f(2)=9$이고, 두 함수 $y=f(x)$, $y=g(x)$의 그래프는 직선 $y=x$에 대하여 대칭이므로 오른쪽 그림에서

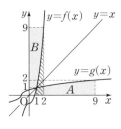

$A=B$

$$\therefore \int_{1}^{2}f(x)\,dx+\int_{1}^{9}g(x)\,dx$$
$$=(\text{빗금 친 도형의 넓이})+A$$
$$=(\text{빗금 친 도형의 넓이})+B$$
$$=2\times9-1\times1=17$$

15 답 ②

두 함수 $y=f(x)$, $y=g(x)$의 그래프는 직선 $y=x$에 대하여 대칭이므로 함수 $y=f(x)$의 그래프가 오른쪽 그림과 같다고 하면

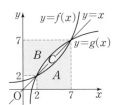

$$B=A=\int_{2}^{7}f(x)\,dx=S$$
$$\therefore \int_{2}^{7}g(x)\,dx=A+C$$
$$=7\times7-2\times2-B$$
$$=45-S$$

$\therefore a=45$

16 답 ㄱ, ㄷ

ㄱ. 시각 $t=2$에서의 점 P의 위치는

$$2+\int_0^2(-3t^2+4t+4)\,dt=2+\Big[-t^3+2t^2+4t\Big]_0^2$$
$$=2+8=10$$

ㄴ. 시각 $t=1$에서 $t=3$까지 점 P의 위치의 변화량은

$$\int_1^3(-3t^2+4t+4)\,dt=\Big[-t^3+2t^2+4t\Big]_1^3=-2$$

ㄷ. 시각 $t=0$에서 $t=3$까지 점 P가 움직인 거리는

$$\int_0^3|-3t^2+4t+4|\,dt$$
$$=\int_0^2(-3t^2+4t+4)\,dt+\int_2^3(3t^2-4t-4)\,dt$$
$$=\Big[-t^3+2t^2+4t\Big]_0^2+\Big[t^3-2t^2-4t\Big]_2^3$$
$$=13$$

따라서 보기에서 옳은 것은 ㄱ, ㄷ이다.

17 답 19

점 P가 운동 방향을 바꿀 때 $v(t)=0$이므로

$$12-3t=0 \qquad \therefore\ t=4$$

따라서 시각 $t=4$에서의 점 P의 위치는

$$-5+\int_0^4(12-3t)\,dt=-5+\Big[12t-\frac{3}{2}t^2\Big]_0^4$$
$$=-5+24=19$$

18 답 4초

t초 후의 두 점 P, Q의 속도는

$$f(t)=2t-2,\ g(t)=-t+4$$

t초 후의 두 점 P, Q의 위치를 각각 $x_\mathrm{P}(t)$, $x_\mathrm{Q}(t)$라 하면

$$x_\mathrm{P}(t)=\int(2t-2)\,dt=t^2-2t+C_1$$
$$x_\mathrm{Q}(t)=\int(-t+4)\,dt=-\frac{1}{2}t^2+4t+C_2$$

$t=0$일 때 $x_\mathrm{P}(t)=0$, $x_\mathrm{Q}(t)=0$이므로

$$C_1=0,\ C_2=0$$
$$\therefore\ x_\mathrm{P}(t)=t^2-2t,\ x_\mathrm{Q}(t)=-\frac{1}{2}t^2+4t$$

두 점 P, Q가 만나려면 위치가 같아야 하므로 $x_\mathrm{P}(t)=x_\mathrm{Q}(t)$에서

$$t^2-2t=-\frac{1}{2}t^2+4t$$
$$t^2-4t=0,\ t(t-4)=0$$
$$\therefore\ t=4\ (\because\ t>0)$$

따라서 두 점 P, Q가 출발 후 다시 만날 때까지 걸리는 시간은 4초이다.

19 답 ②

공이 처음 쏘아 올린 위치로 다시 돌아오는 것은 4초 후이므로

$$\int_0^4(a-10t)\,dt=0$$
$$\Big[at-5t^2\Big]_0^4=0$$
$$4a-80=0 \qquad \therefore\ a=20$$

공이 지면에 떨어지는 시각을 $t=k$라 하면 공이 지면에 떨어질 때의 높이는 0이므로

$$25+\int_0^k(20-10t)\,dt=0$$
$$25+\Big[20t-5t^2\Big]_0^k=0$$
$$25+20k-5k^2=0$$
$$k^2-4k-5=0,\ (k+1)(k-5)=0$$
$$\therefore\ k=5\ (\because\ k>0)$$

따라서 공을 쏘아 올린 후 지면에 떨어질 때까지 공이 움직인 거리는

$$\int_0^5|20-10t|\,dt=\int_0^2(20-10t)\,dt+\int_2^5(-20+10t)\,dt$$
$$=\Big[20t-5t^2\Big]_0^2+\Big[-20t+5t^2\Big]_2^5$$
$$=65(\mathrm{m})$$

20 답 4

시각 $t=4$에서의 점 P의 위치는 $\int_0^4 v(t)\,dt$이므로

$$\int_0^4 v(t)\,dt=4$$

이때 $\int_0^4 v(t)\,dt=\int_0^3 v(t)\,dt+\int_3^4 v(t)\,dt$이므로

$$4=6+\int_3^4 v(t)\,dt$$
$$\therefore\ \int_3^4 v(t)\,dt=-2$$

따라서 시각 $t=4$에서 $t=6$까지 점 P가 움직인 거리는

$$\int_4^6|v(t)|\,dt=\int_3^6|v(t)|\,dt-\int_3^4|v(t)|\,dt$$
$$=6-2=4$$

memo ✦